Knaurs Großer Naturführer

Die Tier- und Pflanzenwelt Mitteleuropas

Knaurs Großer Naturführer

von Josef Reichholf
unter Mitarbeit von Rosina Fechter

Vorwort von Heinz Sielmann

Redaktion: Angela Roßmann, Ida und Anton Hamman
Bildredaktion: Eva von Reibnitz
Bildtafeln: Alfred Limbrunner und Atelier Hartmut Laube

Droemersche Verlagsanstalt Th. Knaur Nachf., München

Reproduktionen: Repro-Union, Augsburg
Satz: G. Appl, Wemding
Druck und Bindung: Salzer-Ueberreuter, Wien
Printed in Austria
ISBN 3-426-26159-6

Inhaltsverzeichnis

Vorwort
von Heinz Sielmann

»Naturschutz – auf jeden kommt es an«
Als ich vor mehr als 50 Jahren in meiner ostpreußischen Heimat mit meinen »Expeditionen ins Tierreich« begann, gab es erst wenige Autos, und nur wenige Autostraßen zerschnitten die Landschaft.

Mit dem Fahrrad konnte ich damals nach kurzer Fahrt Naturidyllen mit einer Artenvielfalt erreichen, wie sie einem heute kaum nach langen Autoreisen beschert werden. Innerhalb weniger Jahrzehnte hat die Zahl der Kraftfahrzeuge bei uns derart zugenommen, wie es auch die kühnsten Futurologen nicht erwartet hätten: Mehr als 30 Millionen Fahrzeuge sind heute in der Bundesrepublik registriert, und ihre Zahl steigt weiter an.

Mit der Motorisierung wurde das Asphaltnetz der Autostraßen immer engmaschiger, die Naturlandschaften wurden mehr und mehr zerschnitten und ihrer Pflanzen- und Tierwelt beraubt.

Heute wohnen in Mitteleuropa bereits an die 60% der Menschen in Städten. Aus der Enge der Ballungsräume zieht es sie hinaus in die Natur. Erfreulicherweise gibt es heute in allen Gegenden Erholungslandschaften für die Städter, die so ausgestattet sind, daß sie wirklich Entspannung bieten. Zu allen Jahreszeiten gelangen Ströme von Touristen bis an die entlegensten Plätze. Seilbahnen führen Millionen von Menschen ins Hochgebirge, das vor Jahren nur von wenigen auf beschwerlichen Pfaden erreicht werden konnte. Vor Steinschlag geschützte Wanderwege, Skipisten und Langlaufloipen mit entschärfter Lawinengefahr, großzügige Restaurationen mit Sonnenterrassen, das sind Einrichtungen einer Erholungslandschaft, die den meisten Menschen vollauf genügen. Aber wir brauchen auch Erholungslandschaften für die Natur selbst. Wer unbedacht in sie eindringt, kann leicht Schaden anrichten, wenn er sich nicht an einige unerläßliche Vorsichtsmaßnahmen hält.

Im Winter sind es vor allem die Skilangläufer, die nicht auf den vorgeschriebenen Loipen bleiben. Meist ohne es zu ahnen, nehmen sie vielen Tieren die Existenzmöglichkeiten. Unsere schönsten Wildhühner, die Birkhühner, werden hoch oben an der Waldgrenze, ihrem letzten Refugium, von Skiläufern immer wieder aus ihren Einständen aufgescheucht. Werden sie bei der Ruhe und bei der Nahrungsaufnahme an den kurzen Wintertagen zu sehr gestört, gehen sie schließlich an Erschöpfung ein. Ähnlich ergeht es den Schneehühnern. Das Wild unserer Berge, die Hirsche und Gemsen, braucht in der Notzeit des Winters Ruhe. Es verbringt die meiste Zeit ohne viel Bewegung im Einstand und zehrt weitgehend von den Körperreserven der Feistzeit.

Durch die fast lückenlose Erschließung unserer Landschaft kommen immer mehr Menschen, viele schon vor Tau und Tag, in den Wald. Der zunehmende Tourismus bedroht Auerhuhn, Haselhuhn und andere bodenbrütende Wildvögel in ihrer Existenz. Besonders gefährdet ist die Natur an heißen Frühjahrs- und Sommertagen auch an biologisch noch intakten Binnenseen mit ihrer reichen Tier- und Pflanzenwelt. Wie oft passiert es, daß Hinweisschilder mit einem Vermerk »Naturschutzgebiet – Zelten, Baden, Angeln oder Paddeln verboten« nicht beachtet werden. Mißachtet der Tourist diese Naturschutzbestimmung, kann an einem Wochenende im Juni oder Juli der Bruterfolg vieler seltener Vögel für ein ganzes Jahr zunichte gemacht werden. Außerdem wird die Ufervegetation mit geschützten Pflanzen zertreten. Meist haben die Menschen, die den Schaden anrichten, keine Ahnung von den Auswirkungen ihres Handelns: Der Angler, der stundenlang in einem Schilf verweilt, weiß natürlich nichts von den gut getarnten Vogelnestern in seiner Nähe, an die sich die Vögel nicht mehr zum Bebrüten der Eier oder zum Füttern der Jungen wagen, solange er in der Nähe ist. Ähnlich sind die Folgen beim Zelten oder beim Paddeln. Vögel werden von den Nestern gescheucht, worauf Elstern und Rabenkrähen nur gewartet haben, um die ungeschützt freiliegenden Eier zu stehlen. Wie oft zelten Touristen für ein Wochenende am Fuße einer Felswand, in der ein Steinadler-, ein Uhu- oder ein Wanderfalkenpaar horstet, scheue Vögel, deren Fluchtdistanz so groß ist, daß sie nicht zum Nest zurückkehren, solange sich Menschen in gefährlicher Nähe aufhalten.

Diese wenigen Beispiele mögen zeigen, daß wir mehr Verhaltensregeln in der Natur brauchen. So wie wir in unseren Wohn- und Erholungsbereichen nicht ohne Ordnung auskommen, um Schäden zu verhindern, so brauchen wir auch Ordnungshüter in der Natur, keine »Grüne Polizei«, sondern Experten, unter deren Anleitung und Aufsicht Städter die Natur erleben; Experten, die genau wissen, wann und wie lange sich Besucher am Standort einer bedrohten Tierwelt aufhalten können, ohne Schaden anzurichten. Hier einige Beispiele: Die winzige Hallig Norderoog im Wattenmeer, ein faszinierendes Vogelparadies, wird in jedem Jahr von der größeren Hallig Hooge aus durch sehr viele Wattwanderer besucht. Auf Norderoog leben nur Seevögel und ein Vogelwart. Ohne dessen Information und sachkundige Führung würden die vielen interessierten Touristen sicher alljährlich eine beträchtliche Zahl der tarnfarbigen Vogeleier oder der tief geduckten Vogelkinder zertreten.

Der wohl am meisten gefährdete Greifvogel unserer Heimat ist der Wanderfalke. Daß dieser beeindruckende Vogel innerhalb weniger Jahre fast ausgerottet wurde, liegt weitgehend daran, daß es viel mehr zahlungskräftige Liebhaber der Beizjagd als freilebende Wanderfalken gibt. Man zahlt heute Unsummen für diese Vögel. Sie wären vielleicht schon aus dem Bundesland Baden-Württemberg verschwunden, wo sie in idyllischer Berglandschaft mit idealen Felswänden eine besonders hohe

Siedlungsdichte hatten, wenn sich nicht rechtzeitig die »Arbeitsgemeinschaft Wanderfalkenschutz« formiert und die noch verbliebenen Horstplätze vom Beginn der Eiablage bis zum Ausfliegen der Jungen durch freiwillige Helfer Tag und Nacht bewacht hätte. Ähnlich organisiert ist der Schutz der letzten drei bis vier Seeadlerbrutpaare in Schleswig-Holstein. Dieser herrliche Wappenvogel kommt hier noch als Brutvogel vor, weil der Schutz unter dem Patronat des Landwirtschaftsministers von Schleswig-Holstein in Zusammenarbeit mit allen Interessierten, wie Ornithologen, Jägerschaft und selbst der Bundeswehr, durchgeführt wird.

Angeregt durch die Tierfilme des Fernsehens hat die Begeisterung für die Jagd mit der Kamera zahllose Menschen erfaßt. Bei uns hat erfreulicherweise die »Gesellschaft der Tierfotografen« schon vor Jahren beschlossen, diejenigen Tierarten in der Nistzeit nicht zu fotografieren, die auf der Roten Liste der vom Aussterben bedrohten Arten stehen. Das ist ein sehr wichtiger Entschluß, da die Jagd mit der Kamera leicht großen Schaden anrichten kann, wenn der Fotograf in seiner Begeisterung, bei mangelnder Geduld und zu wenig Zeit, sein Tarnzelt gleich in unmittelbarer Nähe eines Vogelnestes aufbaut, um möglichst rasch wirkungsvolle Großaufnahmen zu »schießen«. In den meisten Fällen führt das dazu, daß die Vögel ihr Nest aufgeben.

Ungespritzte blumenreiche Wiesen sind bei uns selten geworden, selten wurde auch der Reigen bunter Schmetterlinge. Glücklicherweise sieht man heute kaum noch Leute mit Botanisiertrommel und Schmetterlingsnetzen. Aus der Leidenschaft, Falter zu fangen und sie in Sammlungen aufzuspießen, wurde das Hobby, sie als »lebendes Souvenir« im Farbfoto zu verewigen. Zum Glück erkennen auch immer mehr Menschen, daß es unverantwortlich ist, auf Spaziergängen Blumen zu pflücken, die zumeist verwelkt sind, bis man zu Hause angelangt ist. An den schon selten gewordenen »Blumenwiesen« in Wald und Flur sollen sich möglichst viele Menschen erfreuen. Auch hier kann Fotografieren viel Anregung bringen. Wie oft aber werden beim Suchen nach attraktiven Motiven und bei den Vorbereitungen für eine wirkungsvolle Aufnahme ringsumher zahllose Blüten zertreten.

Schon vor fünfzig Jahren beklagten wir den Rückgang von Kulturflüchtern wie Adler, Kranich und Fischotter als betrübliches Opfer für die Segnungen des Fortschritts. Inzwischen ist aus dem vermeintlichen Fortschritt ein bedrohliches Abrücken von natürlichen Lebensbedingungen geworden. Deshalb bedeutet Naturschutz heute Umweltschutz, ja Lebensschutz für alle Geschöpfe, auch für den Menschen. Es ist zu befürchten, daß bis zum Jahr 2000, also in wenigen Jahren, an die 40% aller irdischen Tier- und Pflanzenarten ausgerottet sind. Das bedeutet nicht allein, daß wir unsere Erde eintöniger machen und uns vielgestaltiger, erlebnisreicher Begegnungen berauben. Wir zerstören auch ein genetisches Potential, das für ein Überleben der Menschheit entscheidend sein kann.

Immer mehr Menschen machen sich heute Gedanken, wie sie einen persönlichen Beitrag zum praktischen Naturschutz leisten können. Hierfür gibt es sehr viele Möglichkeiten. Ein schöner und überaus sinnvoller Beitrag ist es, in den Gärten in Stadt und Land ein möglichst dichtes Netz ökologischer Zellen aufzubauen. Halten Sie in Ihren Gärten nicht nur gepflegte, aber naturfeindliche Rasenflächen, lassen Sie bei sich auch ein Stück Wiese wachsen, die möglichst nur einmal, frühestens Ende Juni, gemäht wird. Lassen Sie in einer Gartenecke neben dem Komposthaufen eine »wilde Zone« entstehen, schaffen Sie am Gartenzaun Hecken und denken Sie an Nistkästen für Meisen und andere insektenfressende Vögel, die dafür bei Ihnen biologische Schädlingsbekämpfung betreiben. Sie brauchen keine Giftspritze für Obstbäume und Rabatten, wenn bei Ihnen die Natur im Gleichgewicht ist. Igel und Kröten werden sich einstellen und die Schädlinge kurzhalten. Auf Ihrer Wiese werden Sie sich wieder an Schmetterlingen erfreuen können.

Wir sollen nicht alles dem Staat überlassen, auf jeden von uns kommt es an. Eine sehr gute Möglichkeit, der Natur unserer Heimat und ihrer Tierwelt zu helfen, besteht darin, einem der großen Naturschutzverbände[*] beizutreten oder ihnen finanzielle Hilfe zu geben.

In der letzten Zeit sind viele gute Bücher über Naturschutz erschienen. Ich bin aber überzeugt, daß dieses Werk einen besonders wertvollen Beitrag zum Natur- und Umweltschutz leistet, weil hier die Lebenserscheinungen nach den neuesten Erkenntnissen der Ökologie dargestellt werden. In diesem Buch empfängt jeder die Kenntnisse, die er braucht, um die Lebenszusammenhänge der Natur zu verstehen und seine Verantwortung gegenüber der Natur und ihren Geschöpfen zu erkennen.

* Beispiele: World Wildlife Fund, größte internationale private Organisation zum Schutz bedrohter Tiere, Pflanzen und deren Lebensräume, mit Umweltstiftung WWF-Deutschland.
Bund für Umwelt und Naturschutz Deutschland e.V.
Frankfurter Zoologische Gesellschaft.

Die Jahreszeiten
Leben im Kreislauf der Natur

Ein merkwürdig gelbes Blatt hängt im dichten Buschwerk einer kleinen Lichtung des Auwaldes. Der Frost der Nacht hat noch einige Eiskristalle an seine Ränder gezaubert. Sie schmelzen in der Morgensonne. Strahlend schön entwickelt sich der Tag. Ein Föhnsturm jagt übers Gebirge und vertreibt die dunklen Wolken. Das Tal des Flusses leitet die warme Luft hinaus in die Niederungen. Rasch steigt die Temperatur. Das Blatt regt sich, zittert ein wenig und fällt dann herab. Doch wenige Zentimeter über dem Boden faltet es sich auseinander. Zwei schwefelgelbe Flügel schlagen. Als ob er eben zum Leben erwacht wäre, fliegt der erste Zitronenfalter durch den lichterfüllten Wald. Ohne Schutz hat er den Winter verbracht. Strenger Frost konnte ihm nichts anhaben. Einfach irgendwo an windgeschützter Stelle festgeklammert, hat er den Unbilden von Schnee und Kälte standgehalten. Man möchte es kaum glauben, daß ein so zartes Gebilde wie ein Schmetterling dies aushält.

Er sucht nach den ersten Blüten. Doch noch mehr interessiert er sich für umherflatternde gelbe oder weißliche Fleckchen: seine Artgenossen. Die intensiv zitronengelben Männchen versucht er aus seinem Fluggebiet zu verjagen. Die blaßgelben Weibchen dagegen umwirbt er so lange, bis es zur Paarung kommt. Dann ist seine Zeit vorbei. Das Weibchen legt die Eier ab, und eine neue Generation von Zitronenfaltern kann heranwachsen.

Bald gesellen sich weitere Schmetterlingsarten hinzu: die bunten Kleinen Füchse, die großen Tagpfauenaugen und zahlreiche kleinere, unscheinbare Arten. Nachts fliegen noch verschiedene Frostspanner. Tagsüber besuchen Eulenfalter die aufblühenden Weidenkätzchen. Jungfernkinder nennt sie der Volksmund, weil sie so plötzlich da sind. An sonnigen Stellen hat der Huflattich seine Blüten geöffnet. In den Auen breiten sich die weißen Kelche der Schneeglöckchen und der Frühlingsknotenblumen aus. Dazwischen lugen schon die Leberblümchen hervor. Bald wird das Weiß der ersten Blütezeit durch ein intensives Blau abgelöst werden, wenn die Blausternchen aufblühen und zu den Leberblümchen das Immergrün hinzugekommen ist. Doch auch diese Farbe ist nicht von Dauer. Mit fortschreitendem Frühling wechselt sie zu Gelb. Goldsterne und Gelbe Windröschen lösen die blauen Blumen ab. Diese Abfolge verläuft sehr genau, wenn das Wetter keine Kapriolen schlägt: weiß, blau, gelb und schließlich grün.

Doch diese letzteren, Blüten von Aronstab und Moschuskraut, gehören schon fast nicht mehr zum Frühling. Denn inzwischen hat sich das Blattwerk der Bäume ausgebildet und das Laubdach geschlossen. Die Zeit der Frühlingsblüher ist vorüber. Die letzten Nachzügler, wie der Aronstab, befinden sich schon im Schatten. Intensiver Duft muß jetzt die Insekten anlocken. Die Bestäubung durch die Insekten verursacht dieses ziemlich genaue Blühschema. Die Farben geben Kontrast zum Hintergrund, und daraus entwickelt sich die Blütenstetigkeit.

Windblütige Arten wie die Erlen oder die Haselnußsträucher brauchen ihre Blüten den Insekten nicht anzupreisen. Der Wind trägt den Pollen weiter.

Im Frühling laufen die Vorgänge in der Natur oft nach recht strengen Regeln ab. Die meisten Zugvögel kehren zu ganz bestimmten Zeiten zurück. Ob das Wetter gut oder schlecht ist, hat nur wenig Einfluß. Die länger werdenden Tage sind die besseren, die zuverlässigeren Zeitgeber, nach denen sich die Natur richtet. So singt das Rotkehlchen trotz eines verspäteten Wintereinbruchs Ende März, und der Kuckuck wird in der zweiten Aprilhälfte kommen, auch wenn er nicht sofort Lust zum Rufen hat.

Der geregelte Gang der Jahreszeiten macht unsere Natur für die Tiere und Pflanzen kalkulierbar. Sie können sich darauf verlassen, daß das Jahr seinen Lauf nehmen wird, gleichgültig, ob das Frühjahr gute oder schlechte Witterung brachte. Die zurückgekehrten Singvögel besetzen ihre Reviere. Die Männchen singen unermüdlich. Damit halten sie andere Männchen fern und locken Weibchen an. Oft genug befindet sich schon die erste Brut im Nest, bevor der Frühling dem Sommer zu weichen beginnt. Und das ist gut so. Denn jetzt tritt die Phase des überreichen Nahrungsangebotes ein. An den Bäumen und Büschen wimmelt es von Insekten, besonders Raupen und anderen Larven. Sie machen sich über die jungen Triebe her, da diese weniger Abwehrstoffe als die voll ausgebildeten Blätter enthalten. Die Vögel, die Insektenlarven verspeisen, haben dadurch ihrerseits einen Vorteil: Ihre Nahrung besteht aus wertvolleren Stoffen und muß nicht erst entgiftet, von Abwehrstoffen befreit werden – genau das richtige Futter für die heranwachsenden Jungen im Nest. Dafür lohnt sich der weite Flug über Wüste, Meer und Gebirge. Nicht die afrikanische Tropenheimat bietet die besseren Lebensbedingungen, sondern der Frühsommer in den gemäßigten Breiten. Hier quillt der Wald für kurze Zeit geradezu über vor Leben. Hier läßt sich die Nahrung fast mühelos finden, wenn der Witterungsverlauf einigermaßen günstig ist. Fünf bis sieben Junge, mitunter auch mehr, kann ein Vogelpaar von diesem Vorrat im Brutrevier großziehen. Vielleicht gelingt ihm später im Jahr sogar noch eine zweite Brut. Einen so vielköpfigen Nachwuchs könnte es in den Tropen in einer Brutperiode nie aufziehen. Dort ist die Nahrung viel knapper, die Zahl der Konkurrenten und der Feinde unvergleichlich größer. Der Sommer der gemäßigten Breiten bietet bessere Bedingungen.

Auch die übrige Tierwelt hat sich auf diese Phase des Überflusses eingestellt. Die Rehe bringen ihre Jungen gerade so zur Welt, daß das beste Angebot an zarten Gräsern und jungen Trieben für das Kitz in dem Augenblick zur Verfügung steht, wenn es beginnt, sich selbst zu versorgen. Es darf nicht zu früh geboren werden, sonst fällt es den späten Nachtfrösten zum Opfer. Aber auch nicht zu spät, sonst erreicht es nicht genügend Körpergewicht, um den ersten Winter zu überstehen. Für viele Jungtiere von Säugetieren gilt das: Sie müssen früh genug zur Welt kommen, um kräftig genug für die erste Überwinterung zu werden. Dieses Problem haben kleine Tiere mit schneller Folge der Generationen oder mit besonderen Mechanismen der Überwinterung nicht. Sie können sich stärker nach der augenblicklichen Witterung richten. Die wechselwarmen Eidechsen huschen im Sonnenschein an warmen, sandigen Stellen umher. Sie suchen nach einem günstigen Platz für die Eiablage. Auch die Ringelnattern, die sich im Ufergebüsch paaren, brauchen solche Plätze. Die nötige Wärme für die Entwicklung der Eier liefert die Sonne.

Über den Wiesen hat der Flug der Schmetterlinge voll eingesetzt. Der Sommer ist für die Falter die Hauptzeit des Jahres. Mit ausgebreiteten Flügeln tanken sie Wärme, wenn sie ihre Schlafplätze verlassen. Zur Mitte des Sommers erreicht das Schmetterlingsleben den eigentlichen Höhepunkt. In den Nächten sinken die Temperaturen nicht mehr unter 20 °C. Nun fliegen auch die empfindlichen Arten der Nachtfalter, die unsere Natur in Hülle und Fülle beherbergt.

Außer Schmetterlingen fliegen große Mengen anderer Insekten. Für die Vögel ist dieses Nahrungsangebot zwar sehr wichtig, weil sie es in dieser Zeit für die Mauser benötigen, aber zur Aufzucht von Jungen eignet es sich viel weniger als Raupen oder Larven. Denn die fertigen Insekten liefern weniger Nährstoffe, dafür aber mehr Unverdauliches, wie den stärkeren Chitinpanzer. Und sie sind schwieriger zu finden und zu fangen.

Der große Flug der Insekten fällt in den Hochsommer, ihre Fortpflanzungszeit. Die Vögel, ihre Hauptfeinde, bereiten sich schon wieder auf den Zug nach Süden vor. Sie halten sich versteckt, singen kaum mehr und wechseln in Ruhe ihr Gefieder. Mit der neuen Federgarnitur treten sie dann die lange Reise an. Manche, wie die Mauersegler und die Schwalben, beginnen schon sehr früh mit dem Rückflug, denn sie haben einen langen Weg. Rauchschwalben fliegen bis ins südliche Afrika.

Nebel charakterisiert den Beginn des Herbstes. Er fängt sich in unzähligen winzigen Tröpfchen in den Netzen der Spinnen, die nun überall Bäume und Büsche überziehen. Diese Lauerjäger sind ähnlich wie die Schwalben auf fliegende Insekten angewiesen. Daher entwickeln sie ihre Hauptaktivität im Spätsommer und Frühherbst, wenn die Insekten nicht mehr so hoch über die Vegetation hinwegfliegen. Ihre Netze schirmen den pflanzennahen Luftraum ab. Myriaden von Mücken und anderen Kleininsekten fangen sich darin. Ohne die Spinnen würden die Insekten gewiß noch mehr Lebensraum einnehmen, als sie dies ohnehin schon tun.

Allmählich verringert sich die Fülle des Sommers. Der Herbst ist die Zeit des Rückzuges. Viele Vögel verlassen unsere Landschaft ganz. Nur die Standvögel bleiben hier. Die meisten ernähren sich von Körnern, die auch im Winter zu finden sind, wenn der Schnee nicht allzu tief liegt. Oder sie beißen Knospen ab. Nur ganz wenige Insektenfresser bleiben ganzjährig bei uns. Die kleinsten von ihnen sind Zaunkönig und Wintergoldhähnchen – Zwerge, die immer in irgendwelchen Ritzen, im Gesträuch oder in den dichten Nadeln der Fichten verborgene Insekten finden. Die kleinen Baumläufer bleiben ebenfalls hier. Die Meisen, die sich im Sommer von Insekten ernähren, stellen sich im Herbst auf Körnernahrung um, die es in Hülle und Fülle gibt. Bucheckern und Nüsse, Eicheln und samenhaltige Beeren werden reif. Fruchtfresser wie die Drosseln bekommen nun einen reichgedeckten Tisch präsentiert. Der Herbst ist die Zeit des Jahres, in der die Pflanzen ihre Samen hervorbringen müssen. Manche haben zwar schon im Sommer gefruchtet, andere warten bis zum Winter, die meisten Samen und Früchte aber reifen im Herbst, in der Zeit der Ernte!

In den Bergwäldern röhren die Hirsche. Ihre Fortpflanzungszeit ist gekommen. Sie sind in bester Kondition, im »Feist«, wie die Jäger sagen. Auch andere Tiere haben Körperfett angelegt: Dachs und Igel, Siebenschläfer und Biber. Die Murmeltiere graben sich einen Schlafkessel und polstern ihn mit Heu aus. In den Feldflächen haben die Hamster ihre Vorratskammern gefüllt, in den Wäldern polstern die Eichhörnchen ihre Nester aus. Wer dem Winter nicht ausweichen kann, muß sich auf ihn einstellen.

Die Strategien fallen ganz unterschiedlich aus. Die Igel suchen sich einen Unterschlupf, einen Laub- oder Reisighaufen, der den Frost abhält, und senken die Körpertemperatur. Zur Stachelkugel zusammengerollt, erstarren sie zum Winterschlaf. Ihr Stoffwechsel läuft auf Sparflamme. Sie verbrauchen sehr wenig Energie, um am Leben zu bleiben. Nicht anders der Siebenschläfer, der sich ebenfalls zur Schlafkugel zusammenrollt, den Kopf mit dem buschigen Schwanz zudeckt und erkaltet. Findet man ihn bei der spätherbstlichen Kontrolle von Vogelnistkästen, so möchte man meinen, er sei längst tot. Doch es steckt Leben in ihm. In der warmen Hand würde er nach einiger Zeit aufwachen. Sechs Monate und mehr kann er im Winterschlaf verbringen. Der Dachs zehrt von seiner Speckschicht, fällt aber nicht in einen richtigen Tiefschlaf mit gesenkter Körpertemperatur. Der Fuchs dagegen bleibt munter und muß auch im Winter Beute erjagen.

Die Frösche und Kröten haben sich in feuchten Boden oder auf den Grund von Teichen zurückgezogen. Als wechselwarme Tiere überstehen sie den Winter in Kältestarre, ebenso wie die Fische in stehenden und langsam fließenden Gewässern ruhen. Vom Köder einer Angel würden sie sich den Winter über nicht locken lassen. Das Heer der Insekten hat sich ebenfalls zurückgezogen. Nur wenige harren aus. Noch bis in die letzten frostfreien Nächte des Spätherbstes fliegen die Frostspanner. Ihre Weibchen besitzen anstelle der Flügel nur kleine, unförmige Stummel. Sie warten auf die Männchen. Sobald sie begattet sind, kriechen sie die Stämme hoch und legen ihre Eier ab. Kaum ein Vogel interessiert sich noch dafür, denn die eigentlichen Insektenfresser sind weggezogen. Die wenigen Zaunkönige, Baumläufer und Goldhähnchen fallen nicht ins Gewicht. Aus den Eiern werden im Frühjahr große Mengen kleiner Raupen schlüpfen – Nahrung für die zurückkehrenden Zugvögel. Über den Schnee huschen vereinzelt noch Spinnen.

Die Winterruhe erfaßt auch den Großteil der Pflanzen. Doch die kleinen Moose, die keine Probleme mit dem Wassertransport haben, und die großen Nadelbäume, die Lärche ausgenommen, bleiben ebenso wie ganz wenige immergrüne Laubbäume auch im Winter aktiv. Die festen Nadeln halten dem Frost stand, wenn die Bäume gut mit Wasser versorgt sind. Das ist ihr Vorteil gegenüber den sonst überlegenen Laubbäumen, die sich in der ungünstigen Jahreszeit ihrer Blätter entledigen. Die wertvollen Stoffe haben sie zurückgezogen, bevor sie das Laub abwerfen. Die Verfärbung deutet dies an. Ohne die Last und Auflagefläche der Blätter entgehen sie auch leichter dem Schneebruch, der die Nadelbäume gefährdet. Das Leben pulsierte im Rhythmus der Jahreszeiten. Die langen Sommertage verlangten hohe Aktivität. Der Herbst brachte den Lohn der Mühe, die Ernte, und der Winter die verdiente Rast und Ruhe. Doch der moderne Mensch hat alle Jahreszeiten gleichgemacht!

Erste Frühlingsboten

Von Weiß zu leuchtenden Farben entwickelt sich die Palette der Frühlingsblüten. Schneeglöckchen und Christrosen sind die ersten, die unter dem Einfluß der zunehmenden Tage durch die Schneedecke kommen. Auf diesen »weißen Aspekt« folgt ein blauer bis violett-roter. Seidelbast, Krokus, Leberblümchen und Schneeheide gehören dazu. Diese Blütenfarben leiten die Insekten zu den Nektarquellen. Der Zitronenfalter und der Kleine Fuchs suchen danach mitunter schon Ende Februar. Mit fortschreitender Jahreszeit ändert sich der Aspekt zu Gelb mit Schlüsselblumen, Huflattich und Forsythien, aber auch den ersten Weidenkätzchen.

Wo die Sonnenstrahlen direkt auftreffen, öffnen sich die Palmkätzchen zuerst und schieben die gelben Staubgefäße hervor. Der Wind überträgt den Pollen auf die weniger auffallenden, grünlichen Stempel. Weidenkätzchen sind im Vorfrühling eine wichtige Bienenweide

Nahe Verwandte der in Gärten gepflanzten Christrosen wachsen bei Temperaturen um den Gefrierpunkt.

Der Laich des Grasfrosches (links) und der Erdkröte (rechts in der Glasschale) wird bereits im März/April abgelegt, wenn die Tümpel auftauen. Gallerthüllen schützen die Eier vor Verpilzung

Buschschnecke

Gartenbänderschnecke

Ein Kalkdeckel verschließt die Mündung der Weinbergschnecke, die im März noch schläft

Bei Tagestemperaturen über 10 °C und intensiver Frühlingssonne strecken sich die Haselkätzchen und geben die Pollen frei

Der Zitronenfalter überwintert als Schmetterling im Freien

Die Schneeheide, eine Gebirgspflanze, blüht auf den Schotterbänken der Voralpenflüsse und an Dämmen

Meist im April schieben die Pappeln ihre Kätzchen auseinander. Klebrige Knospenschuppen fallen davon ab

Intensiv duften die Blüten des Seidelbastes, die vor den Blättern erscheinen und von den ersten Schmetterlingen besucht werden

Die Forsythie stammt aus Ostasien; bei uns ist sie gebietsweise verwildert. Erst Ende der Blütezeit kommen die Blätter heraus. Aus abgeschnittenen Zweigen lassen sich im Winter Blüten treiben

Der Kleine Fuchs überwintert gern in Gebäuden

Der Krokus wächst auf Bergwiesen. Zuchtformen haben alle möglichen Farben

Die dreilappigen, leberförmigen Blätter gaben dem Leberblümchen den Namen

Blütenbau des Krokus; die Linien weisen den Bienen den Weg zum Nektar

Die Frühlingsknotenblume erscheint etwas später als die Schneeglöckchen in Auen und auf Wiesen

Die großen Blütenstände der Roten Pestwurz wachsen an Bachufern

Der Huflattich blüht Wochen bevor die Blätter sprießen

Oft schon im Februar blühen die Schneeglöckchen. Ihre Blüten bestehen aus drei langen und drei kurzen Blütenblättern

Der Frühling, die Zeit des Blühens

Wenn die Buchen ihr frisches Grün entfalten und die Vögel ohne Unterlaß singen, dann hat der Frühling seinen Höhepunkt erreicht. Das erste Erwachen der Natur ging vorüber: Haselnuß und Erlen, vom Wind bestäubt, sind längst verblüht, die Tage bereits merklich länger und wärmer geworden. Noch dringt die Sonne bis zum Waldboden und zu den niedrigen Blumen im Gras. Insekten fliegen auf allen Fluren: sie brauchen Nektar und Pollen, und die Blüten ihre Bestäuber. Hat sich das Laubdach geschlossen, dann werden die Frühlingsblüher zurückgedrängt und die ersten Jungvögel sind ausgeflogen.

Mauserfedern von Schwanz und Flügel: Habicht (a, b), Sperber (c, d), Brustfeder vom Sperber (e)

Lärche mit frischen Nadeln und roten, weiblichen Blütenständen

Aronstab: das weißlichgrüne Hüllblatt bildet am Grund eine Kesselfalle, die kleine Fliegen gefangen hält, bis sie die Blüte bestäubt haben

Aus diesem Ei ist eine Turteltaube normal ausgeschlüpft (gezähnte Bruchstücke)

Löwenzahn

Diese Eier wurden von Krähen ausgefressen: Singdrossel (a), Fasan (b), Kiebitz (c)

(a) (b) (c)

Rote Lichtnelke

Immer seltener wird der Enzian

Maikäfer lieben das frische Grün der Rotbuche

Knospender Ahornzweig

Die Saftmale an den Roßkastanienblüten sind zuerst gelb, später rot

Der Sommer, die Zeit der Lebensfülle

Der Sommer ist die Zeit des überreichen Nahrungsangebotes. Alles wächst und gedeiht. An den Blüten und Blättern finden bunte Falter, Käfer und Raupen ihre Nahrung, Bienen tragen Nektar ein und machen Honig daraus. Die Vögel nutzen die langen Tage zur Aufzucht ihrer Jungen. Bleibt das Wetter gut, werden sie genug Futter bekommen. So ist der Sommer für sehr viele Arten die hohe Zeit des Jahres.

An der Eberesche reifen die ›Vogelbeeren‹

Blühende Waldrebe

Der Schwalbenschwanz ist einer unserer schönsten Falter

Der Moschusbock schillert metallisch grün

Wabe wilder Honigbienen

Die Weinbergschnecke verschließt bei Trockenheit ihre Schalenöffnung mit einer dünnen Membran

Raupennest, zur Verpuppung bereit

Puppennest einer Gespinstmotte

Blattgallen

Breitblättriger Rohrkolben
Lindenzweig mit reifenden Früchten
Sommerlandkärtchen (die dunkle Sommerform)
Junge Grasfrösche
Der Blutweiderich, ein Weiderichgewächs, färbt die Ufer purpurrot
Schwärmerraupe
Haselnuß
Schilfrohr vor der Blüte
Grünes Heupferd
Der Gilbweiderich, ein Primelgewächs, wächst an feuchten Ufern
Himbeere

Der Herbst, die Zeit der Reife

Der Herbst ist nicht nur die Zeit der Ernte, sondern auch der Vorbereitung auf den Winter. Die leuchtenden Farben des Laubes künden davon: Im Sommer hatte das Blattgrün, das Chlorophyll, die gelben und roten Farbstoffe überdeckt, nun wird es abgebaut. Die wertvollen Stoffe wandern in die Speicherorgane: Stämme und Äste oder Knollen und Speicherwurzeln. Die Spinnen machen nun reiche Beute und spannen überall ihre Netze aus. Die auffallenden Farben der Früchte locken Vögel an, die sie verspeisen und dadurch für die Verbreitung der Samen sorgen.

Die Beeren des
Wilden Weines
sind ungenießbar
Stieleiche
mit Eicheln
Rotbuche (a): aus den
stachligen Fruchtbechern
fallen Bucheckern (b)
Reife Früchte der Roßkastanie
(a)
(b)
Haselnuß
Schwalbenschwanz-
puppe, an einem
Grashalm befestigt
Schwärmerpuppen
Kreuzspinne

Der Winter, die Zeit der Ruhe

Für viele Tiere und Pflanzen ist der Winter nicht die Zeit des Sterbens, sondern des Ruhens und Überdauerns: in der Puppenhülle, im Bienenstock, im Bau; mit Zwiebeln und Knollen in der Erde. Erst wenn die Laubgehölze alle wertvollen Stoffe zurückgezogen und ihre Blätter abgeworfen haben, fallen an den Zweigen Knospen und Kätzchen, angelegt für den nächsten Frühling, auf. Mit der Lupe erkennt man unter den Schuppen der Blattknospen die Anlagen von Blättern. Nadelbäume behalten meist ihre Nadeln.

Waldkiefer: Nadeln stehen zu zweien

Waldrebe: typische wollknäuelartige Fruchtstände

Fichte: Unterseite (a), Oberseite (b)

Lärche: sie verliert im Winter ihr Laub

Zweige einer männlichen Eibe: Unterseite mit Blütenanlagen (a), Oberseite (b)

Weymouthskiefer (aus Nordamerika): Nadeln bis 10 cm lang, sie stehen zu fünfen

Weißtanne: Nadeln unterseits mit zwei hellen Längsstreifen; Zapfen reifen aufrecht; nachdem die Schuppen mit den Samen abgefallen sind, bleibt nur die Spindel stehen

Die Bergwelt
Ein Rückzugsraum für bedrohte Arten

Große Abwechslung auf engem Raum charakterisiert das Gebirge. Nicht nur das Landschaftsbild ändert sich schnell, sondern auch das Wetter. Mit zunehmender Höhe stoßen wir auf verschiedene Lebensräume. Folgen wir ihnen vom Tal zu den Gipfeln. Nach der collinen Zone am Fuß der Berge gelangen wir zur montanen mit Bergwäldern, zur Baumgrenze und darüber zur alpinen Zone mit Krummholzgürtel und blühenden Matten. Mehr und mehr tritt der nackte Fels hervor. Im Hochgebirge umschließt die nivale Zone das Reich von Eis, Gletschern und Schnee.

Von den Bergen geht eine besondere Faszination aus. Vor ihrer Größe wird man der gewaltigen Kräfte gewahr, die auf die Erdkruste einwirken. Unmerklich langsam nach menschlichem Zeitmaß schieben sie den harten Fels in die Höhe. Ganze Blöcke der Erdkruste sind es, die dabei gegeneinander driften. Wo sie sich treffen, türmen sich die Gebirge empor. Und noch während sie wachsen, arbeiten schon die Kräfte der Verwitterung dagegen und nagen an ihnen, bis sie im Laufe der Jahrmillionen eingeebnet sind. Die höchsten Gebirge sind daher in der Regel die jüngsten, während die niedrigeren gealtert sind. Unsere Mittelgebirge übertreffen die Alpen um viele Jahrmillionen an Alter. Daher sind ihre Formen gerundeter und verwitterter als die Bergketten und Gipfel der Alpen mit ihren steilen Graten, tiefen Tälern und mächtigen Felswänden. In den Alpen finden wir eine besonders reiche Natur.

Das Panorama um den Königssee gilt als eines der schönsten der Welt. Millionen von Besuchern begeistern sich an dieser grandiosen Landschaft. Und ähnlich ergeht es vielen, wenn sie zum erstenmal das Matterhorn oder den Montblanc sehen. Doch nicht nur einzelne Plätze, sondern die ganze Bergwelt zieht die Menschen an und schlägt sie in ihren Bann. Sie sehen nicht die Härte der Lebensbedingungen, die den ständigen Bewohnern des Gebirges so viele Entbehrungen abverlangt, sie empfinden vielmehr die Vielfalt der Szenerien, die Abwechslungen im Landschaftsbild als das Besondere der Bergwelt. Das war vielleicht schon so, als Menschen erstmals in die Berge eindringen konnten, und ist nicht erst das Ergebnis von Sommerfrische und Skiurlaub. »Der Berg ruft«, sagen die passionierten Bergsteiger und erklimmen die höchsten Gipfel unter Schwierigkeiten, die nicht selten dem Herausforderer mehr abverlangen, als er geben kann. Fast möchte man glauben, der Steinadler, der auf mächtigen Schwingen um die Grate gleitet, oder die Gemse, die leichtfüßig über die Steilwände springt, als wären sie ein Tummelplatz in der Ebene – sie beide würden ein ähnlich erhebendes Gefühl erleben wie der Bergsteiger, der den Gipfel erreicht hat.

Doch der Schein trügt. Das Leben im Gebirge ist gewiß kein Spiel. Adler und Gemse, Schneehase und Murmeltier haben mit Lebensbedingungen zu kämpfen, die Tiere der Ebenen nicht aushalten könnten. Der zarte Filz des Edelweißes hat nichts Edles an sich, sondern ist eine lebensnotwendige Anpassung an das Wechselspiel von brennender Sonne und eisiger Kälte, die innerhalb weniger Stunden aufeinander folgen können. Doch schmälert dies die Schönheit, die wir empfinden? Das Gebirge beeindruckt uns, weil es uns Natur in immer neuer Form erleben läßt. Kein Tal, kein See und kein Berg gleicht dem anderen. Jeder Berg zeigt sich dem Wanderer von vielen Seiten. Nie läßt er sich ganz überblicken, solange wir Boden unter den Füßen haben.

Große Abwechslung auf engem Raum – so könnten wir das Gebirge vielleicht charakterisieren. Das gilt nicht nur für das Landschaftsbild, sondern auch für all jene natürlichen Kräfte und Wirkungen, die die Landschaften gestalten: für Sonne und Regen, Wind und Schnee. Und obwohl ein dickes Schneefeld gleich neben einer blütenübersäten Bergwiese liegen kann oder ein windstilles Plätzchen zum Verweilen einlädt, während um die Ecke der Wind pfeift, so lassen sich doch ganz bestimmte Abfolgen der Umweltbedingungen feststellen, wenn wir vom Tal bergwärts wandern. Deutlich merken wir, wie wir verschiedene Höhenstufen passieren. Unten im Tal befinden wir uns noch in einem Raum, der in vieler Hinsicht den Fluren im Flachland ähnelt. Nur die langen, schweren Schatten der Berge im Westen erinnern uns daran, daß sie ihre Wirkungen auch bis in die Täler hinab entfalten. Schnell wird es kühl. Die kalte Luft fließt von den Berghängen herunter und staut sich im Talkessel in den Schattenlagen, lange bevor im Flachland die Sonne am Horizont verschwindet.

Wandern wir bergwärts, so kommen wir zunächst in eine Zone, die den Hügeln entspricht. Man nennt sie daher die *colline Stufe.* Ihre Oberflächenformen sind noch weich. Schroffe Felsen finden sich nur dort, wo Bäche und Flüsse die Hänge angeschnitten haben. Wiesen und Weiden ziehen sich an ihr empor. Typische Pflanzen der Bergwiesen fehlen oder sind selten. Aber die besonderen Vorrichtungen zum Trocknen des Heus verraten, daß die Niederschlagsmengen schon kräftig angestiegen sind.

Bald beginnt der Bergwald. Er bildet mit seinen verschiedenen Ausbildungsformen die *montane Höhenstufe*. In ihren untersten Abschnitten herrschen noch Laubhölzer vor. Die Ahornböden kennzeichnen diese Laubwaldzone. Ihre Farben wechseln von frischem Grün im Frühling über ein sattes Grün im Sommer zu dem bunten Farbenspiel im Herbst. Darüber setzt sich der Wald mit der viel eintönigeren Nadelwaldstufe fort. Bergfichten herrschen jetzt vor, dazwischen Bergahorn und Lärchen, in besonderen Lagen auch Zirbelkiefern. Diese Arvenwälder mancher Hochtäler der Alpen zählen zu den besonders schönen Waldformationen. In ihnen lebt eine charakteristische Vogelart, die diese Bäume geradezu pflanzt: der Tannenhäher. Viel treffender müßte er Zirbelnußhäher heißen. Denn seine bevorzugte Nahrung stellen die Samen der Zirbelkiefern dar; er versteckt sie im Herbst, um sie im Winter wieder hervorzuholen, wenn die Nahrung knapp geworden ist. Natürlich findet er bloß einen Teil davon wieder – denn so gut funktioniert sein Gedächtnis doch nicht! Dadurch wachsen junge Arven auch an solchen Stellen auf, an die sie durch Windverfrachtung der Samen nie hingekommen wären. Die Bestände klettern so regelrecht bergwärts bis an die Baumgrenze.

Sie signalisiert die Umstellung zu einem anderen, noch härteren Lebensraum: den Beginn der *alpinen Stufe*. Jetzt weichen die Baumbestände zurück. Man spürt förmlich, wie sie um ihr Fortkommen ringen. Von Wind und Wetter zerzaust, stehen die letzten Fichten – vom Volksmund recht treffend als Wetterfichten bezeichnet – in der Kampfzone des Waldes. Die Schneelast im Winter wird hier so drückend, daß die Äste das Gewicht nicht mehr zu tragen vermögen. Der Wind zerrt an ihnen; immer wieder brechen sie an der Windseite ab, so daß sich der Baum nach der dem Wind abgekehrten Seite zu neigen scheint. Hier also beginnt die alpine Stufe, das Reich der Alpenrosen. Diese Sträucher und Zwergsträucher verwachsen miteinander gerade so, daß sie dem Wind die geringste Oberfläche und damit am wenigsten Angriffsmöglichkeiten bieten. Im Winter deckt sie der Schnee oft völlig zu und schützt sie vor dem klirrenden Frost. Auch Nadelbäume sind zu diesem Krummholzwuchs übergegangen, der eine direkte Anpassung an die Witterungsverhältnisse darstellt, wie der Vergleich mit den in Hochmooren am Fuß der Berge wachsenden Formen zeigt. Die Spirke stellt die Baumform der Bergkiefer oder Latsche dar, die vielerorts in den Alpen den Hauptteil der Krummholzvegetation bildet. Was sich unter Tieflandbedingungen durchaus als Baum entfalten kann, existiert oben am Berg in ganz anderer Wuchsform: als scheinbar verkrüppelter Strauch. Scheinbar nur deswegen, weil die Latsche durchaus vollwertig in ihrer Zone wächst und gedeiht. Sie entwickelt Zapfen und vermehrt sich vielleicht sogar besser als ihre nahen Verwandten unten im Hochmoor mit seinem geringen Nährstoffangebot.

Über der Krummholzzone beginnt das Reich der Polsterpflanzen. Immer stärker tritt der nackte Fels hervor. Die Pflanzendecke wird rasch lückenhaft. Längst überzieht sie nicht mehr den gesamten Boden wie noch im Bergwald, wo selbst die hervortretenden Felsen von den Bäumen überwachsen und beschattet sind. Hier oben, in der Grenzzone des Pflanzenlebens, dominiert der offene Fels. Die kleinen Pflanzen schmiegen sich in die geschützten Nischen und Spalten, die der Fels offenläßt. Ihr Wuchs ist rundlich, meist polsterförmig und zeigt, daß die Grenze für dauerhaftes Leben der Pflanzen nicht weit ist. An Kesseln und Nordhängen bleiben Schneefelder bis weit in den Sommer hinein oder gar das ganze Jahr über liegen. Im Bereich der Zentralalpen schieben sich Gletscher aus der Höhe zu Tal.

Die *nivale Zone* beginnt. Es ist die Zone von Eis und Schnee; die letzte Stufe in der Abfolge, die wir vom Tal bis zu den Gipfeln beobachten können. Natürlich reichen längst nicht alle Berge bis in diese Höhe, doch auch die Höhenlage selbst bestimmt keineswegs überall den Verlauf dieser Zoneneinteilung. Ausrichtung des Bergmassivs und seine geographische Lage nehmen einen ganz wesentlichen Einfluß darauf, wie weit die einzelnen Zonen nach oben reichen. So verschieben sich auf der Südseite der Alpen oder der Pyrenäen die Höhenstufen ganz erheblich nach oben, weil die stärkere Sonneneinstrahlung zu anderen klimatischen Verhältnissen führt als auf der Nordseite dieser Gebirge, wo sich die Höhenstufen absenken.

Je weiter die Gebirge im Norden (oder auf der Südhalbkugel der Erde im Süden) liegen, um so weiter reichen die Höhenstufen herab. Ganz grob gesprochen ergibt sich eine Verlagerung um 1000 m Höhe bei einer geographischen Verschiebung um 1000 km. Liegt die Baumgrenze in den Alpen also etwa bei 2500 m Höhe, so würden wir sie in einem Gebirge, das 2000 km nördlich davon liegt, schon in 500 m Meereshöhe finden. Doch das sind nur grobe

In tiefen Rissen verwittert das Kalkgestein im Gebiet der Rotwand (Spitzingsee). In den windgeschützten Klüften blühen Blumen; die starke Sonneneinstrahlung sorgt für gute Erwärmung. Dennoch ist in dieser Höhe die Baumgrenze erreicht, die alpine Zone beginnt.

Die Zonierung der Höhenstufen vom Hochtal bis zu den Felswänden der Gipfelregion zeigt sich im Herbst in bunten Farbbändern. Steilstellen zwischen ihnen unterbrechen die sonst regelmäßige Abstufung am Hochschwab bei Seeberg in der Steiermark.

nerisches Wetter, so werden die Wolken aufgelöst und vom Gebirge weggeschoben. Der Himmel klart auf, die Sonne kann zusätzliche Erwärmung bringen, und die Temperaturen steigen rasch an. Wie lange sich diese Föhnlage halten kann, läßt sich oft nur sehr schwer voraussagen. Oft dauert sie nur ein paar Stunden, dann wieder mehrere Tage. Die Südhänge der Nordalpenkette, die beidem ausgesetzt sind, dem Föhn und der starken Sonneneinstrahlung, weisen daher ganz besondere, klimatisch begünstigte Verhältnisse auf.

An der Nordseite überwiegen normalerweise die Steigungsregen der kühlen und kalten Luftmassen, die von Westen, Nordwesten und Norden herandriften. Diese Region weist daher die höchsten Niederschlagsmengen auf. Je höher man im Gebirge steigt, um so größer werden die Schnee- und Regenmengen, die pro Jahr fallen. Die Zunahme der Niederschlagsmenge stellt daher eine charakteristische Eigenschaft der europäischen Gebirge dar. Nur unter besonderen Bedingungen, etwa im zentralasiatischen Gebirgsmassiv, gilt diese Regel nicht immer uneingeschränkt. Gleichermaßen nimmt die mittlere Temperatur ab. Je höher man kommt, um so kälter wird es. Diese Gesetzmäßigkeit stimmt ohne Ausnahme.

Dennoch können sich bei gleicher Höhe regional ganz entscheidende Unterschiede in den Temperaturverhältnissen ergeben. Das hat mit der sogenannten Exposition zu tun, also mit der Ausrichtung des Ortes zur

Anhaltspunkte für die klimatischen Veränderungen, die sich im Gebirge mit zunehmender Höhe ergeben. Die Ausrichtung des Bergmassivs zu Luftmassen, die vom Meer kommen oder vorwiegend aus Festlandsgebieten stammen, spielt ebenfalls eine wichtige Rolle. Und das Wettergeschehen selbst verursacht manchmal geradezu eine Umkehrung der Verhältnisse, die man erwarten würde.

Ein Musterbeispiel hierfür ist der Föhn. Am Alpennordrand bringt ein Föhnsturm in einer Nacht mitunter mehr Schnee zum Schmelzen, als es die Sonne in 14 Tagen vermag. Schlagartig scheint es mitten im Winter Frühling zu werden, so warm fegt der Wind über die Berge nach Norden. Am Alpennordrand scheint die Sonne aus einem strahlend blauen, fast wolkenlosen Himmel. Bei anhaltender Föhnlage beginnen die Frühlingsblumen zu blühen. Auf der Alpensüdseite, dort, wo man normalerweise wärmeres Wetter erwartet, staut sich dagegen kühle, niederschlagsreiche Luft, die den italienischen Bergen reichlich Schnee oder starke Regenfälle bringt. Diese Umkehrung der Temperaturverhältnisse beruht auf einer Eigenschaft der Luftmassen, die von allgemeiner Bedeutung ist. Wenn sie aufsteigen, kühlen sie sich ab. Dabei verdichtet sich die Feuchtigkeit, die sie mit sich tragen, bei genügender Abkühlung bis zum Kondensationspunkt. Das bedeutet, daß der zu Tröpfchen gewordene Wasserdampf nun als Regen oder, wenn die Luft entsprechend kalt ist, als Schnee fällt. Luftmassen, die von Süden her gegen die Alpen gedrückt werden, regnen sich ab oder verlieren, während sie an den Berghängen hochgleiten, ihre Feuchtigkeit als Schnee. Ist der Druckunterschied stark genug, daß sie nicht nur gegen die Berge geschoben werden, sondern darüber hinwegkommen, erwärmen sie sich, je stärker sie abfallen: pro 100 m Höhe um etwa 1 °C. Diese erwärmte Luft kann nun umgekehrt Feuchtigkeit aufnehmen. Herrschte jenseits der Alpen, auf der Nordseite, trübes, reg-

Zerklüftetes Gestein und gewaltige Schuttkegel kennzeichnen die Dolomitverwitterung an den Drei Zinnen. Kaum noch finden einzelne Pflanzen Halt und Wachstumsmöglichkeiten. Sonneneinstrahlung und Frost verursachen den Zerfall, der hier besonders augenfällig ist.

Sonne hin. Süd- und Südwestlagen werden in den Alpen stets wärmer sein als Nord- und Nordostlagen gleicher Höhe. Denn je höher man ins Gebirge kommt, um so intensiver wird die Sonneneinstrahlung. Weil die Luft dünner wird, können die Sonnenstrahlen mit weniger Wärmeverlust bis zum Boden durchdringen. Jeder, der auf einem höheren Berg in der Sonne gestanden hat, weiß, wie stark sie brennen kann, selbst wenn die umgebende Lufttemperatur vielleicht sogar unter dem Gefrierpunkt liegt. Das machen sich viele Pflanzen und Tiere zunutze: Pflanzen wachsen an Stellen, die besonders viel Sonnenstrahlung erhalten; Tiere suchen solche Stellen auf, um sich zu sonnen. Dabei nehmen sie Strahlungswärme auf und nutzen sie für ihre Lebensfunktionen. Allerdings müssen sie sich vor dem hohen Gehalt des Sonnenlichtes an ultravioletter Strahlung schützen. Diese Strahlung verursacht nicht nur beim Menschen Sonnenbrand, sondern würde auch die Gewebe von Pflanzen und Tieren schädigen. (Die Bräunung der Haut dient als Schutz vor der UV-Strahlung.)

Wir finden daher bei vielen Gebirgspflanzen, die an besonders exponierten Stellen wachsen, Haarfilze – wie beim Edelweiß – oder die UV-Strahlung absorbierende Farben. Gebirgstiere, die viel Sonne brauchen, neigen dazu, dunkle Farben auszubilden. Als Gebirgsmelanismus bezeichnet die Fachsprache diese Eigenschaft und meint damit, daß besonders widerstandsfähige schwarze Farbkörper, die Melanine, in der Haut der Tiere ausgebildet werden oder vorherrschen. Der Alpensalamander ist ganz schwarz, und die Bergeidechsen sind im Gebirge viel dunkler als im Tiefland lebende Artgenossen. Bei der Kreuzotter findet man im Gebirge oft schwarze Formen, die sogenannten Höllenottern. Diese schwarze Färbung hat einen großen Vorteil, denn ein dunkler Körper erwärmt sich besser als ein heller, weil er einen größeren Teil der Lichtstrahlen der Sonne absorbiert und ihren Energieinhalt in Wärme umsetzt, die der Körpertemperatur zugute kommt.

Doch halt! Stimmt diese Regel? Sind nicht die Schneehasen und die Schneehühner im Winter im Gebirge weiß? Also gerade zu einer Zeit, in der die Sonnenstrahlung am schwächsten ist und sie die Wärmezufuhr am besten gebrauchen könnten. Der Widerspruch ist nur ein scheinbarer. Schneehasen und Schneehühner gehören nämlich zu den warmblütigen Tieren, die ihre hohe Körperinnentemperatur mit Hilfe des dichten Haar- und Federkleides nach außen isolieren. Diese Wärmeisolation gelingt weitgehend unabhängig von der Färbung der Federn, wenn diese in der äußeren Schicht geschlossen bleiben. Denn die von den Haaren und Federn eingeschlossene Luft liefert die eigentliche Abschirmung des Körpers gegen die kalte Umgebung. Im übrigen ist es für die Schneehasen und Schneehühner wichtiger, in der Zeit der hohen Schneelage von Feinden nicht gesehen zu werden, als etwas zusätzliche Wärme durch ein dunkles Haar- oder Federkleid zu gewinnen. Wie gut die Isolation durch eingeschlossene Luft tatsächlich funktioniert, sehen wir an der Schneemaus. Dieser kleine Bewohner hoher Gebirgslagen bleibt auch im Winter aktiv. Unter dem Schnee gräbt die Maus sich ihre Gänge und verzehrt Wurzeln von Gräsern und Kräutern. Der darüberliegende Schnee dichtet so gut ab, daß die Schneemaus nichts von der grimmigen Kälte zu spüren bekommt, die oben in den Winternächten herrscht. So kann sie sogar auf einen Winterschlaf verzichten, mit dem die viel größeren Verwandten aus der Familie der Nagetiere, die Murmeltiere, den Winter überdauern. Diese ziehen sich in ihre tiefen, frostfreien Baue zurück. Dort haben sie während des kurzen Herbstes reichlich Heu eingelagert, das auch für die wenigen Mahlzeiten zwischen den langen Schlafphasen reicht.

Das Überstehen des Winters stellt an Pflanzen und Tiere die größten Anforderungen. Die Schneemengen sind in der Regel viel höher als in vergleichbaren Gebieten nördlicher Breiten, in der arktischen Tundra, deren Lebensbedingungen in mancher Hinsicht denen über der Baumgrenze im Gebirge ähneln. Doch in ent-

Unter der Last der Schneemassen und dem Einfluß des Windes krümmen sich die Wetterfichten an der Baumgrenze.

Wie ein gewaltiger, zu Eis erstarrter Fluß wälzt sich der Gepatschferner in den Ötztaler Alpen zu Tal. Unter dem Gewicht der Eismassen kommt die Fließbewegung zustande, die neue Täler schafft und die Landschaft gestaltet. Die Alpengletscher spiegeln die Eiszeitverhältnisse wider.

scheidenden Punkten ist die Tundra anders: Dort bleiben die Schneehöhen gering, die Sonneneinstrahlung ist selbst im Hochsommer ziemlich schwach, und sowohl die Sommertage als auch die Winternächte dauern viel länger an als in den Alpen, wo die Temperaturspanne zwischen Tag und Nacht sich im Sommer erheblich vergrößert und an der Bodenoberfläche von fast 40 °C während der intensivsten Einstrahlung zur Mittagszeit auf einige Grad unter Null während der Nacht abfallen kann. Mit solchen Temperatursprüngen müssen Pflanzen und Tiere zurechtkommen, wenn sie im Lebensraum der Bergwelt bestehen wollen. Ein Junitag im Hochgebirge kann Witterungsbedingungen wie im Winter bringen. Bei einem plötzlichen Regenguß fällt so viel Niederschlag, daß der Boden regelrecht überschwemmt würde, wenn die Neigung des Geländes das Wasser nicht rasch abfließen ließe. Dann wieder brennt die Sonne auf den Boden und trocknet ihn so aus, daß die Pflanzen das lebensnotwendige Wasser tief aus Ritzen und Spalten herausholen müssen, um nicht zu verdursten. Hinzu kommen die hohen Windgeschwindigkeiten, die für zusätzliche Austrocknung sorgen und am Blattwerk der Pflanzen zerren.

Die Umweltbedingungen der Bergwelt sind wirklich hart. Was veranlaßt aber die Pflanzen und Tiere, sich diesen Anforderungen zu stellen? Warum meiden sie nicht einfach die Bergwelt und beginnen ihr Leben erst dort, wo das Kleinklima günstigere Bedingungen ermöglicht? Die Antwort ist so schlicht und einfach, daß man kaum an sie denkt. Es sind die Nährstoffe, die im Gebirge von der Verwitterung freigesetzt werden und den Pflanzen in reichem Maße – ohne künstliche Düngung – zur Verfügung stehen. Für die Nährstoffversorgung »lohnt« sich die Auseinandersetzung mit Wind und Wetter. Würzig nennen wir die Alpenkräuter. Wir schätzen die Milch der Kühe, die auf Almen weiden, nicht nur, weil die Kräuter der Almen weniger Schadstoffe enthalten als solche entlang von Autobahnen, sondern auch wegen des Geschmacks.

Unsere Almen sind erst in den letzten Jahrhunderten entstanden. Ursprünglich hatte es diese Bergwiesen gar nicht gegeben. Sie sind ein »Erzeugnis« des Menschen. Die Bergbauern drängten den Wald unter der Krummholzzone zurück, rodeten ihn und legten Flächen frei, auf denen sich Gräser und Kräuter ausbreiteten. Die Farbenpracht der Bergblumen ist zwar naturgegeben – sie wuchsen an schmalen Säumen an der Waldgrenze, auf Triften und Felsbändern, die keinen Baumwuchs zuließen –, aber ihre große Fülle auf den weiten Almwiesen geht auf die menschliche Bewirtschaftung zurück. Den Lebensbereich der Almwiesen haben wir daher bei der Behandlung der Zonen im Gebirge zunächst ganz zu Recht ausgelassen. In der natürlichen Zonierung findet er sich nicht in so nennenswertem Maße, daß man ihn als eigene Zone betrachten könnte. Erst durch den Eingriff des Menschen konnten die Almen entstehen und sich ausbreiten. Heute allerdings ist die Tendenz bereits eher wieder rückläufig: Die Almen sind gefährdet. Ihre Bewirtschaftung erfordert nach heutigen Maßstäben zuviel Menschenkraft und Arbeitseinsatz. Maschinelle Bearbeitung der steilen Hänge ist in den meisten Gebieten nicht möglich, und Handarbeit will niemand mehr leisten. Das Ergebnis: Viele Almen werden aufgelassen, weil sie sich nicht mehr rentieren, der Wald erobert sie zurück. Einige wenige, die eine intensivere, rationellere Bewirtschaftung zulassen, büßen durch die starke Beweidung ihre natürliche Schönheit ein.

Die Almbewirtschaftung zeigt in besonderem Maße, wie empfindlich dieser Lebensraum ist. Millionen von Menschen nutzen ihn alljährlich als Erholungsraum. Er darf nicht zerstört werden. Er muß ein Hort sauberen Wassers, würziger Almkräuter und der menschlichen Erholung bleiben. Wieweit das die verschiedenen Gebirgsregionen noch sind, das zeigt sich am besten an ihrer Tier- und Pflanzenwelt. Ist sie, die Natur, in Ordnung und im ökologischen Gleichgewicht, so wird sie auch gut für den Menschen sein! Achten wir darauf?!

Die mit Bergblumen übersäten Almwiesen sind erst durch die intensive Weidewirtschaft mit Milchvieh im Gebirge entstanden.

Ungemein reichhaltig blühen die Almwiesen und Matten im Hochgebirge. Auf diesem Hang an der Glocknerstraße offenbart sich die ganze Vielfalt der Bergpflanzen. Sie gelten als besonders würzig und liefern vorzügliche Nahrung für das Vieh, das sie beweidet.

Funde von Bergwanderungen

Von verwitterten Ästen hängende oder auf Gesteinen kriechende Flechten – niedrige, knorrige Latschen – blühende Polster im Sommer: das sind Lebensformen des Hochgebirges, die vom raschen Wechsel zwischen Extremen zeugen; von brennender Sonne und eisiger Kälte, von Regen, Schnee und Trockenheit. Bergkristalle oder Granate wird man allerdings heute leichter finden, als die Feder des mächtigen Steinadlers.

Zwei Kolkrabengewölle
(b)
(a)
Tannenhäher,
(a) Flügel,
(b) Schwanz
Bartflechte
Bergkristalle
(Schweiz: Urbachtal)
Granate
(Tirol: Granatferner)
Blattartig
wachsende
Flechte von
einem Baum
Abwurfstange eines
Rothirsches (Achtender)
Zweig einer Latsche

1

2

3

4

1 Bartflechten wachsen im Bergwald nicht nur an dürren, abgestorbenen, sondern auch an lebenden Ästen. Anders als die Flechten am Stamm, haften sie nur an einem schmalen Abschnitt der Unterlage und hängen dann frei herab. Schon der Nebel, der durch die Wälder zieht, reicht aus, um die Bartflechten mit Wasser und Nährstoffen zu versorgen. Die größte einheimische Bartflechte kann bis 8 m lang werden.

2 Rippenfarn: Vielgestaltig sind die Farne, die in den Gebirgswäldern wurzeln. Manche Arten sind klein und unscheinbar, andere groß und auffällig. Beim Rippenfarn lassen sich deutlich die sporenbildenden Blätter von den gewöhnlichen unterscheiden: Die hohen Wedel, die aus der Mitte hervorkommen, entwickeln auf der Unterseite der schmalen Blätter die bräunlichen Sporenbehälter, während die intensiv grünen, vegetativen (also nur der Pflanzenernährung, nicht aber der Fortpflanzung dienenden) Blätter viel breitere Rippen ausbilden. Diese Wedel liegen oft dem Boden an, während die sporenbildenden stets aufrecht wachsen.

3, 4 Den **Bergahorn** erkennt man an den großen, breiten, fünflappigen Blättern, die viel weniger spitz auslaufen als die des Spitzahorns. Die Blüten, die Mitte bis Ende April erscheinen, bilden lokkere Trauben (Bild 4). Schöne alte Bergahornbäume findet man nicht nur in Gebirgstälern, den sogenannten Ahornböden, und im lichten Bergwald, sondern auch in zahlreichen Varianten mit Höhen bis 35 m in Gärten, Parks und als Alleebäume an Straßen.

5

6

5 Bergkiefer: Diese auch *Latschen* oder *Legföhren* genannten Nadelbäume bilden um manche Gebirgsstöcke in den Alpen einen regelrechten Gürtel. Sie kennzeichnen die Kampfzone des Waldes gegen die Unbilden der mit zunehmender Höhenlage härter werdenden Lebensbedingungen. Während sie in den Hochmooren der Täler durchaus noch zu stattlichen Bäumen heranwachsen, bringen es die Bergkiefern in der Krummholzzone bloß noch zu krüppelhaftem Wuchs. Die Stämme und Äste richten sich nur wenig über den Boden auf. Sie nutzen Windschatten und günstige Winkel hinter Felsblöcken. Dabei »glätten« sie die zerklüftete Oberfläche der Bergflanken und bieten zahlreichen niedrigen Pflanzen und vielen Tieren Unterschlupf und Lebensmöglichkeiten. Nur durch diese besondere Wuchsform, verbunden mit einem ausgedehnten, tiefreichenden Wurzelwerk und äußerst elastischen Zweigen vermögen sie den hohen Schneelagen im Winter und dem eisigen Bergwind ausreichend Widerstand zu leisten.

6 Zirbelkiefern fallen durch ihre oft säulenartige Wuchsform auf. Meist stehen sie ziemlich locker, so daß sich die Kronen mit ihren steil nach oben gerichteten Seitenzweigen nicht berühren. Durch diese Wuchsform wird die Gefahr von Schneebruch vermindert, denn auf ausgebreiteten oder hängenden Zweigen würde erheblich mehr Schnee liegen bleiben. Zirbelnüsse, die wohlschmekkenden, nährstoffreichen, ungiftigen Samen, werden von zahlreichen Tieren im Bergwald als Nahrung sehr geschätzt.

1

2

3

1 Blauer Eisenhut: Seine kappenförmige Blüte, die an einen mittelalterlichen Helm erinnert, wird vor allem von Hummeln besucht, für deren Körpergröße die Abmessungen der Blüten genau passend sind. Das Hahnenfußgewächs ist giftig und steht unter Naturschutz. Von Kühen und Hirschen wird es gemieden.
2 Schneerose: Sobald der Schnee geschmolzen ist, schieben sich die großen Blüten hervor. Gewöhnlich sind sie weiß und blühen manchmal sogar zu Weihnachten.
3 Trollblume: Ausgedehnte Bestände – wie im Bild zu sehen – sind sehr selten geworden, besonders im Alpenvorland, dort, wo Moore und Feuchtwiesen entwässert wurden. Im Gebirge, auf Quellfluren und nassen Wiesen, findet man die Trollblume noch häufiger. Die kugeligen Blüten lassen für Insekten nur einen schmalen Einschlupf offen, sonst bleiben sie geschlossen. Das schützt sie vor starken Regengüssen, wie sie im höheren Bergland oft vorkommen.
4 Gletscherhahnenfuß: Letzte Vorposten der Blütenpflanzen auf dem Geröll an der Stirn eines Gletschers bilden die Stauden dieses robusten Hahnenfußes, der bis in Höhen von mehr als 4000 m steigt, dabei Kalkuntergrund aber meidet.
5 Alpenkuhschelle: Ihr Gelb ist weit weniger intensiv als das der Trollblume, mit der sie als Hahnenfußgewächs ziemlich nahe verwandt ist. Sie wächst auf Hängen und Triften und öffnet im Frühsommer ihre Blüten.

4

5

(Erläuterungen S. 49)

1

2

3

1 Stengelloses Leimkraut: Wie Kissen überziehen die winzigen Stauden Felsblöcke und finden Halt in Ritzen und Spalten, aus denen sie auch Wasser und Nährstoffe schöpfen. Im Hochsommer kommen die kurzgestielten, rosaroten Blüten hervor und färben die Felsen stellenweise rötlich.

2 Berghauswurz: Ihre Rosetten sehen wie Zwergausgaben von Agaven aus. Die Blätter sind an der Basis dick und fleischig und laufen in eine Spitze aus. Damit speichert die Hauswurz Wasser. Ihre Wurzeln dringen tief in Gesteinsspalten. So verankert trotzt sie Wind und Wetter.

3 Alpenveilchen: Ihre unverkennbare Blütenform charakterisiert diese mit den Schlüsselblumen verwandte Pflanze, die viel kleiner bleibt als die auf dem Fensterbrett kultivierten Zierpflanzen. Meist wächst das Alpenveilchen an lichten Hangwäldern, wo es, selbst wenn keine Blüten vorhanden sind, durch die marmorierte Oberseite seiner Blätter auffällt. Im Geröll, wie auf diesem Photo, findet man Alpenveilchen seltener.

4 Behaarte Alpenrose: Nur bei genauem Hinsehen erkennt man den feinen Haarsaum am Blattrand, aber die hellgrüne Farbe der Blätter verrät die Art. Sie wächst in den Kalkalpen auf Schutthalden und zwischen Latschenbeständen. Im Volksmund wird sie Almrausch genannt. Wie die ähnliche Rostrote Alpenrose gehört sie zu den Rhododendren. Beide Arten sind geschützt. In seltenen Fällen trifft man sie im selben Gebiet.

1

2

3

1 Mehlprimel: Weithin leuchten die kugeligen Köpfchen ihrer Blüten aus der moorigen Wiese. Ein gelber Ring kennzeichnet die Öffnung der Blütenröhre und weist Kleininsekten den Weg zum Nektar. Schmetterlinge, Bienen und Hummeln stecken allerdings nur ihre rüsselartigen Zungen in die Blüte. An den Boden stellen die Mehlprimeln geringe Ansprüche; Hauptsache, er ist ausreichend feucht. Was sie jedoch nicht vertragen, ist, überwuchert zu werden. Im Flachland können sie nur dann überleben, wenn die Streuwiesen regelmäßig wenigstens einmal im Jahr gemäht werden. Auf den Bergwiesen aber bleiben Gräser und Kräuter unter dem Einfluß des Klimas so niedrig, daß sich die bis 20 cm hohen Mehlprimeln entfalten können. Sie stehen unter Schutz.

2 Schneeheide: Dieser immergrüne Zwergstrauch macht seinem Namen alle Ehre, wie man deutlich der Abbildung entnehmen kann, denn oft blüht er bereits, wenn noch eine dünne Schneedekke über dem Boden liegt. Die Blüten werden bereits im Herbst entwickelt und können sich deshalb schon öffnen, selbst wenn noch winterliche Verhältnisse an den Berghängen herrschen.

3 Echtes Alpenglöckchen: Auch die zarten Glöckchen der Soldanellen schieben sich durch den Schnee. Die abgebildete Art blüht von April an auf Schneeböden des Hochgebirges bis in Höhen um 3000 m. Erhält sie genügend Licht, so kann sie sogar unter dem Schnee treiben und die Schneedecke mit ihren Blütenknospen und Blättern durchstoßen.

4

5

6

4 Der **Gelbe Enzian** wächst auf Bergwiesen und im lichten Bergwald auf nährstoffreichen Böden zu großen, kräftigen Stauden heran. Die breiten Blätter erzeugen im Laufe des Sommers einen Überschuß an Stärke, der in einem großen unterirdischen Wurzelstock gespeichert wird. Daraus schöpft der Gelbe Enzian im nächsten Frühjahr die nötigen Baustoffe, um rasch austreiben zu können. Bitterstoffe schützen die Wurzel vor Tierfraß, insbesondere vor Mäusen und Insektenlarven. Sie sind es auch, die dem Enzianschnaps, der daraus gebrannt wird, den unverwechselbaren Geschmack verleihen.

5 Der **Frühlingsenzian** ist im Vergleich zum Gelben Enzian ein Zwerg. Er speichert keine umfangreichen Vorräte in seinem Wurzelwerk und kann zur Blütezeit, gleich nach der Schneeschmelze, keine hohen, kräftigen Blüten treiben. Dafür gedeiht er auch an den Voralpenflüssen auf Schwemmböden und auf trockenen Rasen der ehemaligen Schotterebenen.

6 **Clusius-Enzian:** Seine 5–7 cm langen Blütenkelche zählen zu den schönsten Alpenblumen. Mit ihrem tiefen Blau locken sie Hummeln zur Bestäubung an. Bei intensiver Sonneneinstrahlung im Hochgebirge steigt die Temperatur in diesen Blüten deutlich gegenüber der Umgebung an. Bei schlechtem Wetter und nachts schließen sie sich, um Nässe fernzuhalten. Den ähnlichen Stengellosen Enzian erkennt man an den gelbgrünen Streifen, die in den Blütenkelch führen.

1

2

3

1 Edelweiß: Der silbrigglänzende Haarfilz schützt diese an steilen Felswänden wachsende Pflanze vor Wasserverlust durch Verdunstung. Daß das Edelweiß aber fast ausschließlich an so schwer erreichbaren Standorten gedeiht, liegt sicher nicht zuletzt daran, daß Gemsen, Steinböcke, Schneehasen und Murmeltiere die Pflanzen an leichter zugänglichen Stellen abweiden, denn sie besitzen keine Giftstoffe, die vor Tierfraß schützen.

2 Alpenleinkraut: Wie ein zwergenhaftes Löwenmäulchen sieht seine Blüte aus. Dick geschwollene, orangegelbe Leisten weisen den Insekten den Weg zur Nektarquelle, wenn sie auf der Blüte gelandet sind. Die Fernanlockung jedoch erfolgt über die violette Blütenfarbe. Aus dem lockeren Schutt von Wildbächen und Moränen wächst dieses kleine, zarte Blümlein hervor, dessen fast nadelförmige Blätter an Heidekrautgewächse erinnern, während die Blüten die enge Verwandtschaft mit den Rachenblütlern (Braunwurzgewächsen) zeigen.

3 Die **Silberdistel** wird auch *Wetterdistel* oder *Eberwurz* genannt. An sonnigen, trockenen Stellen auf Almen und im lichten Bergwald blühend, waren ihre großen, äußerst haltbaren Blüten so begehrt, daß diese Distel schon seit mehr als einem halben Jahrhundert zusammen mit Edelweiß und Enzianen unter Naturschutz steht. Wie das Bild zeigt, besuchen vor allem Hummeln die Silberdistelblüten und bestäuben sie. Die stacheligen Blätter werden vom Vieh gemieden.

4

5

6

7

4 Krokus: Noch vor wenigen Tagen bedeckte der Schnee diese Bergwiese. Kaum daß er zurückweicht, heben die wilden Krokusse ihre keulenförmigen Blüten aus dem dürren Gras des Vorjahres heraus, öffnen sich in der kräftigen Frühjahrssonne und locken mit ihren weißen oder rötlichvioletten Kelchen Bienen und Hummeln an. Krokusse, in vielen Formen gezüchtet, schätzen wir als Frühlingsblumen auch im Garten.

5 Arnika: Ihre großen gelben Blüten sind leicht am lockeren Ring der äußeren Zungenblüten zu erkennen. Die als Heilpflanze geschätzte Art, auch *Bergwohlverleih* genannt, wächst auf nährstoffreichen Almwiesen und im lichten Bergwald und blüht vom Mai bis in den Hochsommer hinein.

6 Bergflockenblume: Sie blüht an ähnlichen Stellen wie die Arnika und braucht nährstoffreiche, feuchte Standorte. Ihr Blattwerk ist erheblich stärker entwickelt als bei der nahe verwandten Kornblume. Auch öffnen sich die blauvioletten Blüten nicht so deutlich in einer Ebene wie bei dieser.

7 Weiße Narzisse: Wiesen, übersät mit Blüten dieser Narzissenart, gehören in manchen Gebieten der Alpen zu den eindrucksvollsten Schönheiten der Natur. Oft wachsen sie so dicht, daß die Blätter wie Grashalme aneinandergrenzen. Die Blüten öffnen sich fast gleichzeitig (Blütezeit 2. Aprilhälfte) und verströmen einen starken Duft. Solche Kleinode der Pflanzenwelt sollten unter allen Umständen erhalten werden.

1

2

3

4

5

1 Die **Alpenplanarie** wird etwa 1,6 cm lang und ist an den zwei stumpfen, zipfelförmigen, seitlich am Kopf vorragenden Hörnchen und den weit vom Stirnrand entfernten Augen zu erkennen (im Bild rechts oben). Fast das gesamte Innere des Tieres wird von dem verzweigten Darmsystem eingenommen.

2 Lapplandhummel bei der Brutfürsorge, unten ein noch leerer Honigtopf. Das Bild stammt aus einer Zucht; bei dem weißen, faserigen Nistmaterial handelt es sich um Watte, die den Tieren für den Nestbau geboten wurde.

3 Alpenbock: Der prachtvolle Käfer hat von jeher die Sammlerleidenschaft geweckt und wurde daher stark dezimiert. Da zudem morsche, alte Buchenstämme, in denen er lebt, kaum noch stehengelassen werden, ist er heute zur Rarität geworden und steht daher unter strengem Schutz.

4 Der **Faulrüßler** ist mit 1,7–2,5 cm Länge der größte heimische Rüsselkäfer. Seine gefleckten Flügeldecken sind außergewöhnlich hart, häutige Flügel sind nicht ausgebildet: Der Käfer ist also flugunfähig.

5 Alpenblattkäfer: Die Arten dieser Gattung leben ausschließlich im Gebirge, in Höhen zwischen 800 m und 2 500 m, auf großblättrigen Pflanzen. Mit ihren metallschillernden Farben gehören sie zu den schönsten Käfern.

6 Die kleinen, dunklen **Mohrenfalter,** die in den Alpen und den anderen europäischen Gebirgen leben, sind sehr schwer zu be-

6

7

8

9

stimmen. Genauer betrachtet zeigen sie meist feine Unterschiede in Zahl und Anordnung der schwarzen, weiß gekernten Punkte in der braunen Flügelbinde. Nach Blüten suchend, gaukeln die Falter bei Sonnenschein über den Almwiesen und Matten. Die dunkle, samtige Flügelfarbe verstärkt, wenn sich die Falter sonnen, die Wärmeaufnahme durch das Flügelgeäder. Dadurch heizen sie ihre kleinen Körper deutlich stärker auf, als es der Lufttemperatur entsprechen würde. Sie haben wenig Feinde.

7 Der **Apollofalter** gehört zu den besonders schönen Tagfaltern. Er lebt an sonnigen Hängen, wo seine Raupe, die auf die Weiße Fetthenne spezialisiert ist, Nahrung findet. Ihr blauschwarzer Körper trägt zahlreiche rötliche Punkte.

8 Das **Weißfleckwidderchen** kommt nur an sonnigen, warmen Hängen und in Tälern im südlichen Teil der Alpen häufiger vor. Langsam schwirrt es von Blüte zu Blüte; Skabiosen schätzt es besonders. Es ähnelt den Blutströpfchen, gehört aber einer eigenen Familie an. Weil Singvögel den Falter verschmähen, sobald sie einmal die Erfahrung gemacht haben, daß er schlecht schmeckt, kann er sich langsames Fliegen leisten.

9 Den **Großen Perlmutterfalter** findet man zwar auch im Flachland, doch am häufigsten im Mittel- und Hochgebirge, wo er bis zur Baumgrenze fliegt. Wie die intensiv gelbbraune Färbung zeigt, ist der abgebildete Falter ein Männchen. Die Raupen des Falters leben hauptsächlich an Veilchen.

1

2

3

4

1 Bergmolch: Im Hochzeitskleid präsentiert sich dieses Männchen. Der schön gezeichnete, schmale Rückensaum und der Saum am Schwanz verschwinden ebenso wie die bläuliche Körperfarbe, wenn der Bergmolch im Sommer das Laichgewässer verläßt. Dem einfacher gefärbten Weibchen dienen diese Farben als Signal für die Anwesenheit eines paarungsbereiten Männchens. Bergmolche suchen gerne Schmelzwassertümpel auf.

2 Die feuchte Haut des **Alpensalamanders** verrät, daß dieser zu den Lurchen und nicht zu den Kriechtieren gehört, obwohl er vom Wasser ziemlich unabhängig geworden ist. Die schwarzen Salamander bewegen sich sehr langsam. Ihre Jungen entwickeln sich bereits im Mutterleib.

3 Die **Bergeidechse** klettert sehr geschickt im Buschwerk und auf Wurzeln, wobei ihr der lange, dünne Schwanz zur Gewichtsbalance dient. Diese kleinen Eidechsen sonnen sich gern; bei kühlem, regnerischem Wetter dagegen bleiben sie im Versteck. Sie gehören, wie auch die Kreuzottern, zu den Kriechtieren.

4 Die **Kreuzotter** trifft man im Gebirge noch verhältnismäßig häufig. Abgesehen vom dunklen Zickzackband, das über den ganzen Rücken läuft, erkennt man sie auch am dreieckigen Kopf und an dem kurzen, deutlich vom Körper abgesetzten Schwanz. Im Hochgebirge leben auch ganz schwarze Exemplare, die sogenannten Höllenottern. Kreuzottern sind in der Regel träge und scheu; sie beißen nur dann, wenn man auf sie tritt.

5

6

7

8

9

5, 6 Die Schwingen des **Steinadlers** spannen über 2 m. Die Aufwinde an den Hängen nutzt er zu langen Gleit- und Segelstrecken. So spart er Kraft, die er beim Stoßflug braucht, wenn er zum Beispiel einen Schneehasen ergreifen möchte. Abgestürzte Tiere (Aas) bilden einen wichtigen Bestandteil seiner Nahrung. Für das Wild stellt er keine Gefahr dar. Sein Gefieder verändert sich im Laufe der Jahre stark und kann bei alten Steinadlern einen goldfarbenen Ton bekommen. Der mächtige Hakenschnabel dient nicht zum Töten, sondern zum Aufreißen der Beute. Mit den scharfen Schnabelkanten schneidet er passende Stücke aus ihr heraus. Die Federleiste über dem Auge – in Bild 6 deutlich zu sehen – schützt vor blendendem Gegenlicht.

7 Der **Wanderfalke** ist mit Abstand der schnellste unter den im Gebirge vorkommenden Greifvögeln. Im Stoßflug erreicht er 200 km/h. Tauben bilden seine Hauptbeute. An den Horstplätzen jedoch, die in steilen Felswänden liegen, droht ihm nachts Gefahr vom jagenden Uhu.

8 Uhu: Diese Großeule jagt auf nahezu lautlosen Schwingen und greift sich mitunter sogar einen schlafenden Wanderfalken. Dank umfangreicher Schutzmaßnahmen sind beide Arten wieder etwas häufiger geworden und nicht mehr so bedroht.

9 Der **Sperlingskauz** ist, verglichen mit dem Uhu, bei seinen 16 cm Körperlänge ein Zwerg. Er lebt von kleinen Singvögeln. Man trifft ihn auch am Tage in Nadelwäldern der Gebirge.

1

2

3

1 Alpenschneehühner im Winterkleid entgehen selbst guten Beobachtern. Denn nur selten bekommt man sie so wie hier im Bild zu Gesicht: im Kontrast zum dunkleren Hintergrund. Meist ducken sich die Hühner beim Herannahen eines Menschen in den Schnee. Den dunklen Schnabel und die roten Bögen über den Augen, von denen ein schwarzer Zügelstreif zum Schnabel führt, kann man nur aus der Nähe erkennen.

2 Ein balzender **Auerhahn** bietet einen imposanten Anblick, wenn er mit radförmig gefächerten Schwanzfedern, gesträubten Kehlborsten und merkwürdig knackenden und trillernden Geräuschen auf sich aufmerksam macht. Er wird fast doppelt so schwer wie die durch rindenfarbenes Gefieder vorzüglich getarnten Hennen. Auerhühner ernähren sich im Winter vornehmlich von Nadeln und Knospen. Diese wenig ergiebige Nahrung zwingt sie, sich sehr ruhig zu verhalten. Störungen durch Wintersportler, besonders Langläufer, wirken sich daher äußerst nachteilig aus.

3 Den **Dreizehenspecht** kann man in Mitteleuropa als typischen Bergwaldbewohner bezeichnen; man findet ihn in Nadelholzbeständen. Das Männchen, kenntlich am gelben Scheitel, trommelt ähnlich wie der Buntspecht, aber deutlich langsamer. Das Weibchen hat keine Gelbfärbung; es wirkt im Flug schwarzweiß, wobei der weiße Rücken ein gutes Kennzeichen ist. Anders als beim ebenfalls im Bergwald vorkommenden Weißrückenspecht fehlt bei dieser Art aber die Querbänderung.

4

5

6

7

4 Gebirgsstelze: Dieses Männchen trägt noch nicht das volle Brutkleid. Die Kehle, später glänzend schwarz, ist erst grau. Auch das Gelb der Bauchseite wird sich intensivieren. Das blasser gefärbte Weibchen hat eine weißliche Kehle. Doch stets erkennt man Gebirgsstelzen an dem sehr langen Schwanz, der fast ununterbrochen wippt.

5 Dieser **Wasserpieper** hat am Rande eines Alpenrosenbusches Insekten gefangen, die er an seine Jungen verfüttern wird. Wasserpieper nisten auf Quellfluren und feuchten Hängen im Gebirge. Die unscheinbar grauen, etwa sperlingsgroßen, ein wenig an Bachstelzen erinnernden Vögel findet man im Winter auch im Tiefland an Bächen und in Flußniederungen. Ihr scharfer »ist-ist«-Ruf, den sie meist einzeln bringen, verrät ihre Anwesenheit. Am Boden entdeckt man sie nur schwer.

6 Der **Gänsesäger,** der unter Wasser nach Fischen jagt und sie selbst in starker Strömung verfolgt, ist ein seltener Brutvogel an den südbayerischen Voralpenflüssen. Er braucht sauberes Wasser, weil er die Beute unter Wasser nicht aus den Augen verlieren darf. Das vor dem Weibchen schwimmende Männchen hat sein Prachtkleid angelegt. Im Ruhekleid ähnelt es dem Weibchen. Gänsesäger brüten in Baumhöhlen am Ufer der Flüsse.

7 Die **Wasseramsel** ist einer der wenigen Singvögel, die direkt im Wasser nach Insektenlarven, ihrer Hauptnahrung, suchen. Sie kann schwimmen, tauchen und unter Wasser laufen.

1

2

3

4

1 Den **Gimpel,** hier ein Männchen, kennen die meisten von uns im Winter als Besucher der Futterhäuschen. Seine Heimat sind die höhergelegenen Gebirgswaldungen, aber er brütet auch in den Wäldern der Mittelgebirge und gebietsweise sogar im Flachland. Aus dem Gebirge wandern die Gimpel im Winter in die Täler und ins Vorland. Bei den Weibchen ersetzt ein fahles, rötliches Grau die roten Gefiederpartien der Männchen. Gimpel rufen fein und wohltönend »düh«.
2 Die **Alpenbraunelle** ist ein ziemlich wenig bekannter Gebirgsvogel, trotz ihres hübschen, feldlerchenartigen Gesanges. Wie ihre Verwandte, die im Flachland lebende Heckenbraunelle, entzieht sie sich der Beobachtung durch ihr scheues, unauffälliges Verhalten. An offenen Felshängen im Gebirge kann man sie am ehesten finden – allerdings nur mit viel Geduld!
3 Der sehr seltene **Mauerläufer** ist ein besonders schöner Gebirgsvogel. Wie ein Schmetterling gaukelt er an den senkrecht abstürzenden Felswänden umher, klammert sich mal da, mal dort mit seinen langen Zehen ähnlich wie ein Kleiber fest und stochert in den Ritzen nach Spinnen und Insekten.
4 Der **Birkenzeisig** – erkennbar an dem roten Käppchen und dem zartroten Anflug auf der Brust – hat sich in den vergangenen zehn Jahren bis in die Stadtrandgebiete im Flachland ausgebreitet. Zuvor kam dieser Gebirgsvogel nur als Wintergast aus Skandinavien ins Flachland herunter.

5

6

7

8

5 Kolkrabe: Der mächtige Schnabel kennzeichnet diesen größten heimischen Krähenvogel. Früher war er über fast ganz Mitteleuropa verbreitet. Während der starken Verfolgung bildeten die Alpen sein wichtigstes Rückzugsgebiet, von dem aus er sich dank der Schutzmaßnahmen allmählich wieder ausbreitet. Im Flugbild erkennt man ihn am keilförmigen Schwanz.

6 Die **Alpendohle,** ein kleiner Verwandter des Kolkraben, ist ein wahrer Flugkünstler. Man unterscheidet sie am kurzen gelben Schnabel von der ihr sonst recht ähnlichen Alpenkrähe, die einen längeren, gebogenen roten Schnabel hat. Alpendohlen treiben sich oft in kleineren oder größeren Schwärmen an Berggasthöfen herum und lassen sich von Touristen füttern.

7 Die Heimat des **Schneefinken** ist die harte, unwirtliche Gipfelregion der Hochgebirge Europas. Wenn Schneefinken auffliegen, sieht man ihr ausgedehntes weißes Flügelfeld. Der abgebildete Vogel trägt gerade sein Winterkleid. Zur Brutzeit färbt sich der Schnabel dunkel, und die Männchen bekommen eine glänzend schwarze Kehle.

8 Die **Ringamsel** ersetzt in den Bergwäldern die nahe verwandte Amsel. Den scharfen Kontrast zwischen der schwarzen Kehle und dem halbmondförmigen weißen Brustband findet man nur beim Männchen. Bei den bräunlich gefärbten, an Brust und Bauch schuppig gezeichneten Weibchen fällt es viel weniger auf. Das Bild zeigt also ein Männchen.

1

2

3

1 Für die **Murmeltiere** spielt der soziale Zusammenhalt eine große Rolle. Auf dem Bild begrüßen sich zwei Jungtiere und markieren sich gegenseitig mit ihren Duftstoffen. An den großen Zitzen läßt sich erkennen, daß das dabeistehende Muttertier noch säugt. Die kräftigen Nagezähne tragen außen eine rote Schicht, die härter ist als die innere Zone. Daher wetzen sich die Zähne keilförmig ab und bleiben sehr scharf.

2 Der **Schneehase** präsentiert sich im perfekten Winterfell. Nur die schwarzen Spitzen der Ohren und das dunkle Augenpigment sind erhalten geblieben. Mit Beginn der Schneeschmelze wird er aber wieder umfärben und den Sommer über das erdbraune Fell tragen, in dem er einem Feldhasen ähnelt und von dem er sich dann nicht mehr so leicht unterscheiden läßt. Da Schneehasen jedoch die lichten Bergwälder und die alpinen Matten sowie die Almen bewohnen, wo es keine Feldhasen gibt, kann man beide kaum verwechseln.

3 Nur noch ein paar **Braunbären** streifen als Einzelgänger durch die abgelegenen Bergwälder im südlichen Bereich der Alpen. Etwas häufiger sind sie auf dem Balkan, doch nirgends geht von ihnen eine ernsthafte Gefahr für den Menschen aus. Sie versuchen ihm aus dem Weg zu gehen. Die aufgerichtet fast mannshohen Braunbären ernähren sich zu einem wesentlichen Teil vegetarisch und von Fallwild. Deshalb haben sie sich durch Auslegen von Giftködern fast ausrotten lassen.

4

5

6

4 Steinbock: Die Abbildung zeigt eine nur aus Böcken bestehende Gruppe. Außerhalb der Fortpflanzungszeit halten die Männchen nämlich zusammen; lediglich zur Brunftzeit werden sie unverträglich und fechten ihre Rangordnung durch heftige Schläge mit den starken Hörnern aus. Diese wachsen das ganze Leben lang weiter und werden immer größer. Bei den Weibchen, den Steingeißen, bleiben sie erheblich schwächer und sind weniger geschwungen. Steinwild – hervorragende Kletterkünstler – lebt in den Alpen nur vereinzelt in ganz unzugänglichen Hochlagen.

5, 6 Gemse: Fast noch akrobatischer und leichtfüßiger als die Bewegungen der Steinböcke wirken die Sprünge der Gemsen. Selbst wenn sie steile Wände abwärts springen (Bild 5), besteht kaum die Gefahr des Absturzes. Mit fast unglaublicher Trittsicherheit fassen sie auf den schmalen Simsen und Grasbändern wieder Halt. Auch die Jungtiere steigen schon nach wenigen Wochen mit ihren Müttern (Bild 6) in die Steilwände hinein, überwinden Geröllfelder und Schneebretter oder flüchten mit großer Geschwindigkeit ins Latschendickicht, wenn ihr einziger natürlicher Feind, der Steinadler, auftaucht. Die meisten Abstürze verursachen Lawinen im Winter, gegen die selbst die schnellste Gemse hilflos ist. Gemsen sind sehr genügsam. Sie ernähren sich von Alpenkräutern, Flechten, Moosen und Latschenspitzen. Auch im Winter ziehen sie nicht in die Täler hinab, sondern bleiben in ihrer Bergwelt. Beunruhigungen durch Skifahrer bilden eine zunehmende Gefahr für sie.

Die Bergwelt

(Abbildungen S. 28–31)

Bartflechte *(Usnea spec.)*: Wie lange graue Bärte hängen die Bartflechten im Bergwald von den Ästen der Bäume herab, die sie nur als Unterlage benutzen; eine Schädigung entsteht für den Baum dadurch nicht. Diese Flechten kennzeichnen die Zonen am Berg, in denen viel Niederschlag fällt und fast ständig eine hohe Luftfeuchtigkeit herrscht. Allein aus Spuren von Staub in Regen und Schnee entnehmen diese genügsamen Lebenskünstler ihre Nährstoffe. In nebelreichen Bergwäldern wachsen sie so gut, daß sie die Bäume geradezu einhüllen mit ihrem graugrünen oder aschgrauen Flechtwerk, das eher an Wurzeln als an Blätter erinnert. Trotzdem kann man von Wurzeln und Blättern bei Flechten nicht sprechen, denn diese einfachen Pflanzen entwickeln nur einheitliche Sprosse, in denen sich die beiden miteinander in Symbiose lebenden Partner, ein Pilz und eine Alge, eng umschließen und zusammen die Flechte bilden.

Rippenfarn *(Blechnum spicant)*: Die Nähe von Quellen oder Bächen bevorzugt der harte, steif wirkende Rippenfarn. Zwar findet man ihn auch an entsprechenden Stellen im Hügelland, doch sind die Berge seine eigentliche Heimat. Die im Umriß länglich-lanzettförmigen Blätter erkennt man an der tiefen Teilung (Rippen). Sie sind kahl, lederartig und bilden eine Rosette, die am Boden aufliegt und deren Blätter grün überwintern. Die sporenbildenden Blätter dagegen wachsen von Juli bis September und richten sich auf. Die Sporenbehälter sind entlang der Mittellinie angeordnet. Der Rippenfarn wird 20–50 cm hoch. Man trifft ihn selten in größerer Zahl. Daher steht er unter Naturschutz.

Bergahorn *(Acer pseudoplatanus)*: ›Falsche Platane‹ bedeutet der wissenschaftliche Name des Bergahorns, und an Platanen erinnern kräftig gewachsene Exemplare im Bergwald oder auf den sogenannten Ahornböden in der Tat. Die Rinde zerbricht nämlich an den Stämmen felderartig; nur an jungen Bäumen bleibt sie glatt. Die fünflappigen, meist ziemlich großen Blätter tragen deutliche Spitzen. Sie sind tief eingekerbt und sitzen auf etwa 15 cm langen Stielen. Im Herbst verfärben sich die Blätter leuchtend gelb bis rot. Oft tragen sie schwarze Flecken (wie auch bei Spitz- und Feldahorn), die von einem Pilz *(Rhytisma acerinum)* stammen. Die kurzgestielten Früchte stehen in Büscheln beisammen. Die Flügel der beiden Teilfrüchte bilden miteinander einen rechten Winkel.

Bergkiefer *(Latsche; Pinus mugo)*: Ausgedehnte Bestände bildet die Bergkiefer in der subalpinen Stufe, wo sie – als *Spirke* bezeichnet – aufrecht wächst (wie auch im Hochmoor) und bis 20 m hoch wird. In der Krummholzzone dagegen, die von Latschen und Alpenrosen gebildet wird, zeigt sie nur noch Krüppelwuchs und überzieht als Gestrüpp den Fels. Ihre paarweise stehenden stumpfen Nadeln liefern Öle, die zur Inhalation bei Erkrankungen der Atemwege und als Badezusatz verwendet werden. Die Blütezeit liegt im Mai oder Juni. Die rundlichen Zapfen stehen aufrecht oder waagerecht an den Zweigen. Bergkiefern sind geschützt!

Zirbelkiefer *(Arve; Pinus cembra)*: An ihrer Säulen- oder Pyramidenform kann man die bis etwa 20 m hohen Zirbelkiefern oft schon von weitem erkennen. Die ziemlich kurzen Zweige mit den zu fünft stehenden Nadeln wachsen zunächst waagerecht aus dem Stamm und wenden sich dann fast senkrecht nach oben. Dadurch entsteht diese charakteristische Wuchsform, besonders wenn die Zirbelkiefern recht locker stehen. Die 8 cm langen und 6 cm dicken, stumpf eiförmigen Zapfen sind während des Sommers dunkelblau, bei der Reife glänzend rotbraun und fallen als Ganzes ab. Ihre haselnußgroßen Samen, die Zirbelnüsse, bleiben an den geschwollenen Schuppen sitzen. Gerne werden sie von Kleinnagern wie Mäusen und Eichhörnchen gefressen; der Tannenhäher versteckt sie als Vorrat, und weil er einige nicht mehr findet, pflanzt er so neue Bestände an lichten, sonnigen Hängen. Zirbelkiefern zählen nur gebietsweise zu den häufiger vorkommenden Arten.

Blauer Eisenhut *(Aconitum napellus)*: Um zu den Nektarblättern der helmförmigen Blüten des Blauen Eisenhutes zu gelangen, muß eine Hummel – trotz ihres langen Rüssels – durch die ganze Blüte kriechen. Dabei nimmt sie mit ihrem Haarkleid Pollen auf, den sie dann auf andere Blüten des Eisenhutes überträgt. Im Gebirge blüht die Staude von Juli bis Ende August oder Anfang September. Sie kommt auf Schutthalden, auf stark vom Weidevieh gedüngten Hängen oder auch in feuchten Schluchtwäldern bis in 3000 m Höhe vor. Der Blaue Eisenhut entwickelt ein starkes Herzgift, das in der Medizin verwendet wird. Er ist mehrjährig und treibt alljährlich neu aus.

Schneerose *(Christrose; Helleborus niger)*: Von Februar bis April, oft noch, wenn Schnee liegt, blüht die Schneerose. Die Blüten stehen zu zweit oder zu dritt beisammen und können bis 10 cm Durchmesser erreichen. Sie sind weiß oder leicht rosa gefärbt. Ihr Blütenbau verrät die Zugehörigkeit zu den Hahnenfußgewächsen. Die mehrjährige, mit einem kräftigen unterirdischen Wurzelstock ausgestattete Pflanze entwickelt handförmig geteilte Blätter, die oft rötlich oder braun überzogen und meist winterhart sind. Das Hauptvorkommen liegt in den Laubwäldern der Ost- und der Südalpen. Häufig wird die Christrose als Zierpflanze in Gärten gehalten. Der weniger gebräuchliche Name *Schwarze Nieswurz* kommt von der Verwendung der Wurzel als Schnupftabakzusatz.

Trollblume *(Trollius europaeus)*: An ihren großen, kugelig hochgerollten, leuchtend dottergelben Blüten erkennt man die Trollblume. Sie blüht von Mai bis Juni auf feuchten Wiesen und in Flachmooren. In den Alpen kann man sie in Höhen bis 3000 m finden. Mit der endständigen Blüte wird dieses Hahnenfußgewächs bis zu 60 cm hoch. Die Blüte besteht aus 10 bis 15 äußeren Hüll- und zahlreichen schmalen Honig- und Staubblättern. Trollblumen wachsen aus einem dichten Wurzelfilz hervor. Die grundständigen Blätter sind langgestielt, handförmig geteilt und grob gezähnt. Die Stengelblätter sind dreiteilig und sitzend. Auf feuchten Wiesen gibt es Trollblumen auch außerhalb des Gebirges.

Gletscherhahnenfuß *(Ranunculus glacialis)*: Besonders hoch hinauf reicht das Vorkommen dieses Hahnenfußgewächses. Es wächst auf Geröll, feuchten Moränen und am Rande von Gletschern in Höhen zwischen 2300 und 4250 m. Oft wird es in dieser unwirtlichen Umwelt kaum höher als 5 cm. Doch vom Hoch- bis zum Spätsommer kann man seine 2,5–4 cm breiten weißen oder rötlich bis purpurn gefärbten Blüten finden. Sie stehen zu zweit oder zu dritt beisammen, und an ihrer Stengelbasis wachsen schmale, tief gelappte Blätter, wobei die unteren viel breiter, dreilappig angelegt und recht dick sind. Der Gletscherhahnenfuß wächst auf Silikatgesteinen, nicht auf Kalk.

Alpenkuhschelle *(Schwefelanemone; Pulsatilla alpina)*: Von Mai bis Juli kann man die schönen großen Blüten der Alpenkuhschelle, auch *Alpenosterglocke* genannt, auf Wiesen und Matten finden. Die auf Kalkböden wachsenden besitzen weiße, außen oft bläulich oder rötlich überlaufene Blütenblätter. In Gebieten mit sauren Böden sind die Blüten blaßgelb; oft wird die Pflanze dann einer eigenen Unterart zugerechnet. Die Kuh- oder Küchenschellenarten gehören zu den Hahnenfußgewächsen. Sie werden 30–40 cm hoch und besitzen doppelt gefiederte, auf der Oberseite behaarte Blätter. Der Fruchtstand wirkt durch die 3–4 cm langen federartigen Griffel buschig zerzaust und trägt daher im Volksmund den Namen »Teufelsbart«.

Stengelloses Leimkraut *(Silene acaulis):* Kugelförmige, hellgrüne Polster oder Miniaturrasen bildet das Stengellose Leimkraut, ein Nelkengewächs. Der Name weist darauf hin, daß die rosafarbenen Blüten wie ungestielt erscheinen. Tatsächlich tragen sie aber kurze Stiele, die sie über die Polster kahler, nadelförmiger, bis 5 mm langer Blätter hinausheben. Die winzige Staude wird nur wenige Zentimeter hoch und blüht von Juni bis August auf Schutt, Felsbändern und in Spalten. Wie eine Reihe alpiner Arten ist sie ein Eiszeitrelikt, war also während der Eiszeit viel weiter verbreitet, konnte sich aber nur dort halten, wo die klimatischen Bedingungen etwa eiszeitlich blieben – in den Alpen bis in 3700 m Höhe, außerdem in der arktischen Tundra.

Berghauswurz *(Sempervivum montanum):* Von den zahlreichen Hauswurzarten ist sie eine der häufigeren. Man findet dieses Dickblattgewächs, das durch seine dichten, kleinen Rosetten auffällt, auf Silikatfelsen und Schutt in Höhen zwischen 1500 und mehr als 3000 m. Der kräftigen Wurzel genügt ein Felsspalt, in dem sie sich verankert und den spärlichen Humus nutzt. Die Rosetten werden nur bis 2 cm hoch, aber die Blütenstiele erreichen eine Länge von 10 cm. Sie tragen rote, sternförmige Blüten mit gelbem Zentrum und rotbraunem Mittelstreifen in den Kronblättern. Im Durchmesser erreichen sie fast 2 cm.

Alpenveilchen *(Cyclamen purpurascens):* Spät im Jahr, von Juli bis September, blüht das Alpenveilchen. Die zurückgeschlagenen, karminrosafarbenen Kronblätter geben der Blüte eine so charakteristische Form, daß man das Alpenveilchen mit keiner anderen Art verwechseln kann. Man findet es an Bachschluchten in den lichten Wäldern der Alpen und Voralpen. Die runden, stark von Nerven durchzogenen Blätter lassen sich durch ihre purpurfarbene Unterseite von denen der recht ähnlichen Haselwurz *(Asarum europaeum)* unterscheiden, die im Frühjahr ganz unauffällig blüht. Das Alpenveilchen wird 10–15 cm hoch. Es treibt aus einer unterirdischen Knolle und gehört zu den Schlüsselblumengewächsen.

Alpenrose *(Rhododendron):* Zwei einander recht ähnliche Arten schmücken das Hochgebirge. Die Rostrote Alpenrose *(Rhododendron ferrugineum)*, ein immergrüner niedriger Strauch, findet sich, meist in dichten Beständen, im Urgestein als Unterwuchs der Zirbel-Lärchen-Wälder sowie über der Baumgrenze. Ihre rosafarbenen Blütenglocken erscheinen von Ende Mai bis August; die Blätter sind auf der Oberseite dunkelgrün, auf der Unterseite rostrot. Die auf Kalkgestein wachsende Behaarte Alpenrose *(Rhododendron hirsutum)* bildet gemeinsam mit der Latsche die Krummholzzone. Ihre hellgrünen, auf der Unterseite weißlichen Blätter tragen einen Saum wimperartiger Haare; die Blüten sind hellrosa und kleiner als bei der Rostroten Alpenrose.

Mehlprimel *(Primula farinosa):* Ihr Name deutet auf die mehligweiße Unterseite der Blätter hin. Diese sind spatelförmig bis elliptisch und bilden eine grundständige Rosette, aus der der unbeblätterte Blütenstengel 10–20 cm hoch aufsteigt. Meist trägt er 10 bis 15 rosafarbene, zart duftende Blüten, die zu einer Dolde vereint sind und die typische Form einer Schlüsselblumenblüte zeigen. Der Stengel wirkt im Vergleich zu anderen Primeln ziemlich dünn. Mehlprimeln blühen im Mai und Juni, vereinzelt noch im August in Hochmooren und besonders auf feuchten Bergwiesen. Man kann sie bis in Höhen zwischen 2500 und 3000 m finden, ob auf Kalk oder Urgestein, spielt keine Rolle. Auch in der arktischen Tundra gedeiht sie.

Schneeheide *(Alpenheide; Erica carnea):* Oft schon im Februar sieht man die roten Blüten der Schneeheide. Sie bilden kleine, längliche Krüge, aus deren Öffnung die dunklen Staubbeutel herausragen. Oft stehen sie in einer einseitswendigen Traube zwischen den nadelförmigen Blättern. Die Schneeheide, die zu den Heidekrautgewächsen zählt, bleibt auch den Winter über grün und besitzt holzige Stengel, die sich 15–30 cm über den Boden erheben. Man findet sie in lichten Kiefernwäldern, auf Dämmen und Anschwemmungen entlang der Voralpenflüsse, besonders aber im Gebirge am Rande des Latschengebüsches bis in Höhen von 2700 m. In den höheren Lagen blüht sie später.

Echtes Alpenglöckchen *(Soldanella alpina):* Die Soldanellen erkennt man an ihren stark ausgefransten, blauen oder violetten Trichterblüten. Das Echte Alpenglöckchen ist im Hochgebirge weitverbreitet; es wächst auf Kalkböden, die lange von Schnee bedeckt sind, auf Rieselfluren und in feuchten Senken auf den Alpenmatten in Höhen zwischen 1000 und 3000 m. Manchmal kommen die Blüten bereits unter der Schneedecke hervor. Man möchte dies einer so zierlichen Blume – sie wird nur 5–15 cm hoch – gar nicht zutrauen. Die grundständigen Blätter sind rundlich-nierenförmig und 1–3 cm breit. Beim Kleinen Alpenglöckchen *(Soldanella pusilla)* erreichen sie kaum 1 cm Durchmesser. Bei dieser verstreut auf kalkarmen Schneeböden wachsenden Art reichen die Schlitze in den Blütenblättern bis zu etwa einem Viertel der Krone. Soldanellen zählen zu den Schlüsselblumengewächsen.

Gelber Enzian *(Gentiana lutea):* Auf den ersten Blick weist der bis über 1 m hoch wachsende Gelbe Enzian wenig Ähnlichkeit mit den richtigen Enzianen auf. Seine Blüten befinden sich in taschenartig geformten Blättern an den Stielen und sitzen unmittelbar über dem Ansatz dieser Hochblätter. Ihre Krone ist bis zum Grund geteilt, und die einzelnen Blütenblätter sind sehr schlank gebaut. Der Enzian wächst auf Matten und Geröllfluren zwischen 1000 und 2500 m, auch im Alpenvorland. Aus seinen dicken Wurzeln wird Enzianschnaps gebrannt. Bitterstoffe verleihen ihm den eigenartigen Geschmack. Stellenweise wurden die Bestände durch Ausgraben der Wurzeln stark ausgedünnt und gefährdet.

Frühlingsenzian *(Gentiana verna):* Auch auf kalkreichen Trockenrasen außerhalb der Gebirge, am häufigsten jedoch auf Bergwiesen bis in Höhen von 2000 m findet man diesen Enzian. Er blüht früh im Jahr – ab März im Tiefland, bei zunehmender Höhenlage entsprechend später, stets aber gleich nach der Schneeschmelze. Seine fünfstrahligen blauen Blüten tragen ovale, ausgebreitete Zipfel und an jedem Blütenblatt Anhängsel »Nägel«, daher auch der Name »Schusternagerl«. Die Blüten sitzen auf kurzen, blättertragenden Stielen, die aus einer Grundrosette hervorkommen. Manchmal werden sie nur 1 cm hoch.

Clusius-Enzian *(Gentiana clusii):* Auf Kalkböden wächst der prachtvolle Clusius-Enzian, von vielen als eine der schönsten Blütenpflanzen des Gebirges angesehen. Doch der Stengellose Enzian *(Gentiana acaulis)* steht ihm gewiß nicht nach. Diese Art kommt auf saurem Boden vor. Die großen blauen Trompetenblüten des Clusius-Enzians sind innen nicht oder höchstens ganz schwach grün gepunktet, während sie beim Stengellosen Enzian durch diese Punktierung geradezu gelbgrüne Streifen bekommen können. Beide Arten sind übrigens nicht stengellos, nur bleiben ihre Blütenstiele meist kürzer als die Blüte selbst. Die Blütezeit reicht von Mai bis August.

Edelweiß *(Leontopodium alpinum):* Ein dichter weißer oder hellgrauer Haarfilz überzieht Blätter und Blüten des Edelweißes. Er dient als Schutz gegen die extremen Temperaturverhältnisse an den exponierten Standorten, wo diese vielbesungene kleine Pflanze wächst. Man findet das zu den Korbblütlern gehörende Edelweiß auf hochalpinen Rasen, an Steilhängen, oft nur auf ganz schmalen Grasbändern und Simsen. Sein Vorkommen reicht von 1700 bis etwa 3400 m Höhe. Die kleinen, gelblichweißen Blütenköpfchen werden von einem sternförmigen Blätterkranz umgeben. Die vermeintlichen Blütenblätter des Edelweißes sind also keine Bestandteile der Blüte, sondern richtige Laubblätter: Unter dem Haarfilz findet man das grüne Gewebe verborgen!

Alpenleinkraut *(Linaria alpina):* Etwa 10 cm hohe, lockere Polster werden von diesem Rachenblütler gebildet. Aus dem verzweigten Wurzelstock sprießen die von verdickten, lanzettförmigen, blaugrünen Blättern eingehüllten braunen Stiele hervor. Je nach Art des Geländes richten sie sich auf oder wachsen liegend. Die Blütezeit reicht von Juni bis August. Die blauvioletten Blüten entwickeln sich endständig. Sie tragen einen langen Sporn und einen auffälligen gelben Streifen beiderseits des Einganges (Gaumenmal), welcher den Insekten den Weg in die Blüte weist. Das Alpenleinkraut wächst auf Kalkschutt in Höhen bis über 3500 m. Im Geröll der Alpenflüsse kann man es auch in tieferen Lagen finden.

Silberdistel *(Carlina acaulis):* Auf sonnigen, kurzrasigen Hängen wächst diese Distel, die im Gegensatz zu ihren Verwandten ihr scheibenförmiges Blütenkörbchen dicht am Boden entfaltet. Außen ist die 5–10 cm messende Scheibe von einem Strahlenkranz silberweißer, glänzender Hüllblätter umgeben, der ihr eine unverwechselbare Form verleiht. Doch sind diese Hüllblätter ebensowenig Bestandteil der eigentlichen Blüten wie die wolligen Hochblätter beim Edelweiß. Das Blütenkörbchen des Korbblütlers besteht aus dicht gepackten Röhrenblüten. Seine stacheligen Blätter sind bis auf die Mittelachse stark fiederspaltig; sie wachsen rosettig gehäuft aus der dicken, tief hinabreichenden Pfahlwurzel hervor. Die Silberdistel ist geschützt.

Krokus *(Crocus albiflorus):* Bei trüber Witterung schließen sich die Krokusblüten; sobald aber die Sonne scheint, entfalten sie sich. Man findet dies Schwertliliengewächs – gleich nach der Schneeschmelze, von März bis Mai – auf nährstoffreichen Bergwiesen vom Tal bis in Höhen über 2500 m. Neben den weißen Blüten mit ihren auffallenden gelben Staubgefäßen und der orangeroten Narbe sind auch violette oder gestreifte anzutreffen. Die Blütenhüllblätter sind im unteren Teil zu einer Röhre verwachsen. Krokusse werden etwa 10 cm hoch. Sie besitzen eine unterirdische Knolle mit netzartiger Faserhülle. Die dünnen, riemenförmigen, am Rande nach außen gerollten Blätter tragen einen weißlichen Mittelstreifen.

Arnika *(Bergwohlverleih; Arnica montana):* Die deutlich voneinander getrennt stehenden Zungenblüten am Rande des intensiv gelben Blütenkörbchens verleihen der Arnika ein charakteristisches Aussehen. Man hat den Eindruck, als ob jedes zweite Blütenblatt ausgerupft worden wäre. Der bis 50 cm hohe Korbblütler wächst im Urgestein auf Moorwiesen und mageren Weiden; sein Vorkommen beginnt in Tallagen und reicht bis 2500 m Höhe; die Blütezeit liegt im Juni und Juli. Von alters her werden seine Blüten und unterirdischen Stämme gegen Hautentzündungen (Arnikatinktur), Blutergüsse, Prellungen, Mund- und Zahnfleischentzündungen verwendet. Wegen ihrer inselartigen Verbreitung, und weil ihre Bestände durch die Nutzung als Heilpflanze stark zurückgegangen sind, steht sie unter Schutz. Zur Gewinnung von Drogen wird sie feldmäßig angebaut.

Bergflockenblume *(Centaurea montana):* An die Kornblume erinnern die blauen Blüten der Bergflockenblume, die man von Juni bis August auf Bergwiesen in mittleren Höhenlagen und in lichten Wäldern mit nährstoff- und kalkreichen Böden findet. Der aus einem kriechenden Erdsproß austreibende mehrjährige Korbblütler entwikkelt oft nur ein Blütenköpfchen an den bis 80 cm hohen Stengeln. Es wird mit 5–8 cm Durchmesser größer als jenes der Kornblume, mit der die Bergflockenblume so nahe verwandt ist, daß sie auch den Namen *Bergkornblume* trägt.

Weiße Narzisse *(Narcissus poeticus):* Als Gartenblume ist die Weiße Narzisse mit ihrem angenehmen Duft jedermann bekannt. Wild wächst sie auf feuchten, nährstoffreichen Wiesen in Tälern und Hochtälern der Alpen, wo sie stellenweise regelrechte Narzissenwiesen bildet. Sie blüht im Frühling, meist im April oder Mai, in höheren Lagen später. Bei der Schneeschmelze werden die ersten Triebe aus den Zwiebeln geschoben. Die Weiße Narzisse gehört zu den Narzissen- oder Amaryllisgewächsen. Sie wird 30–50 cm hoch. Ihre blaugrünen, linealischen Blätter sind nur 7–8 mm breit. Die große weiße Blüte besteht aus einem Kranz von Perigonblättern und einer kleinen Nebenkrone, die auf hellgelbem Grund einen roten Saum trägt.

Die **Alpenplanarie** *(Crenobia alpina),* ein Strudelwurm kalter Gebirgsbäche, bewegt sich durch den gleichgerichteten, strudelnden Schlag unzähliger Wimpern fort, welche seine Körperunterseite bedekken. Das Tier wird 16 mm lang, am kopfartigen Vorderende befinden sich zwei dicht nebeneinanderstehende, primitiv gebaute Augen und zwei zipfelförmige Fortsätze, die mit Sinnesorganen ausgestattet sind. Unglaublich ist das Regenerationsvermögen der Planarien: Kleine, aus dem Körper geschnittene Teilchen wachsen wieder zu einem vollständigen Tier aus.

Die **Lapplandhummel** *(Bombus lapponicus)* lebt auf Bergwiesen und Weiden, wo sie oft aufgelassene Nester von Nagetieren und Vögeln besetzt. Die Kolonien sind klein, sie umfassen nur etwa zwei Dutzend Tiere. Das befruchtete Weibchen sucht im Frühjahr einen geeigneten Nistplatz, baut sein Nest und belegt eine Brutzelle mit Eiern; die Larven leben von dem in die Zellen eingetragenen Vorrat und verpuppen sich.

Der **Alpenbock** *(Rosalia alpina)* gilt wegen seiner graublauen Flügeldecken, die von samtschwarzen Querbinden geziert sind, und den blau-schwarz geringelten, überkörperlangen Fühlern als der schönste heimische Bockkäfer. Nördlich der Alpen ist er sehr selten geworden und steht unter Naturschutz. Die Larven entwickeln sich im Mulm von Buchenstämmen; sie richten keinen Schaden an, da sie nur in morschem Holz leben. Die Erhaltung solcher Buchenstämme könnte viel zur Wiedereinbürgerung dieses Käfers beitragen.

Der **Faulrüßler** *(Liparus glabirostris),* ein plumper Rüsselkäfer, kriecht schwerfällig auf Huflattich und Pestwurz am Ufer von Gebirgsbächen umher. Wenn man ihn von den Blättern abnehmen will, gelingt dies nur mit Mühe. Ebenso fest klammert er sich sofort an die ihn ergreifenden Finger; dazu dienen ihm kräftige Chitinhaken, die an den Schienenenden der Beine sitzen. Die Larven entwickeln sich an den Wurzeln der Futterpflanzen.

Alpenblattkäfer (Gattung *Chrysochloa*) haben sich dem Leben in der Gebirgsregion mit der verhältnismäßig kurzen Sommerszeit auf besondere Weise angepaßt; sie pflanzen sich durch Ovoviviparität fort: Die Entwicklung der Larve beginnt bereits, wenn sich das Ei noch im Mutterleib befindet. So kann der Käfer kurz nach der Eiablage schlüpfen und sich sofort über seine Fraßpflanze hermachen. Die Zahl der Nachkommen hält sich allerdings in Grenzen: Meist werden nicht mehr als 10–11 Eier abgelegt. Ovoviviparität findet sich bei manchen Tieren, die unter extremen Bedingungen leben.

Mohrenfalter *(Erebia):* Eine ganze Reihe verschiedener Arten von Mohrenfaltern, die meisten schwer bestimmbar, lebt im Alpenbereich. Sie alle kennzeichnet die dunkle, schwärzliche Flügelfärbung, in der sich unterschiedliche Serien von kleinen Augenflecken eingestreut finden. Will man einen Mohrenfalter genau bestimmen, muß man ihn vorsichtig fangen, damit die Flügel nicht verletzt werden. Die geringe Neigung, über größere Strecken freien Geländes zu fliegen, hat die Ausbildung der Arten und Rassen dieser Falter im Gebirgsbereich gefördert, da die Täler unüberwindliche Hindernisse darstellen. Der Große Alpenmohrenfalter *(Erebia pronoe)* ist eine typische Gebirgsart und fliegt auf Matten.

Apollofalter *(Parnassius apollo):* Alpenapollo müßte man diese Schmetterlingsart genauer nennen, da es noch weitere Arten von Apollofaltern, in Mitteleuropa beispielsweise den eher unscheinbar gezeichneten Schwarzen Apollo *(Parnassius mnemosyne),* gibt. Von diesem unterscheidet sich der Alpenapollo durch die beiden schwarz eingerahmten roten Flecke auf den Hinterflügeln. Die Raupen des Alpenapollos leben an der Weißen Fetthenne *(Sedum album).* Wo diese trockene Triften und Hänge besiedelnde Futterpflanze vorkommt, ist auch der Falter zu finden, vorausgesetzt, die Bestände der Weißen Fetthenne sind groß genug. Daher kommt der Apollo auch außerhalb der Alpen, beispielsweise an wenigen Stellen im schwäbisch-fränkischen Jura und in anderen Gebirgen, vor. Er ist seit langem geschützt.

Weißfleckwidderchen *(Amata phegea):* Die rundlichen weißen Flecken auf dem samtschwarzen, blau glänzenden Grund der Flügel kennzeichnen diesen seltenen Schmetterling. Auch der Körper trägt die blauschwarz glänzende Grundfarbe, zeigt aber am Hinterleib zwei gelbe Ringe. Die Weißfleckwidderchen fliegen träge von Blüte zu Blüte. Im südlichen Mitteleuropa kommen sie nur inselartig vor, in Südeuropa dagegen sind sie weit verbreitet. Mit den eigentlichen Widderchen, den Blutströpfchen, sind sie nicht näher verwandt. Die Raupen fressen an niedrigen Pflanzen.

Großer Perlmutterfalter *(Mesoacidalia aglaja):* Eine Anzahl kräftiger Silberflecke schmückt die Unterseite der Hinterflügel des Großen Perlmutterfalters. Ihre Anordnung und Ausbildung kennzeichnet die verschiedenen Arten dieser Gruppe. Der Große Perlmutterfalter fällt durch seine Größe – die Vorderflügel werden etwa 3 cm lang – und Häufigkeit am meisten auf. Er ähnelt dem Kaisermantel. Von Mitte Juni bis in den August hinein fliegt er auf Waldlichtungen und in lockeren Baumbeständen im Bereich der Mittelgebirge, aber auch im Flachland.

Bergmolch *(Triturus alpestris):* Nicht nur im Gebirge, sondern auch im Hügelland und stellenweise in den Ebenen findet man schon im zeitigen Frühjahr in Kleingewässern den Bergmolch. Schmelzwassertümpel, die sich ein paar Monate lang halten, Tümpel und wassergefüllte Kiesgruben bilden zur Fortpflanzungszeit seinen Lebensraum. Die Männchen sind dann besonders prächtig gefärbt: Sie tragen bläuliche Flanken, zwar keinen Kamm, aber einen Flossensaum am Schwanz, der wieder verschwindet, wenn die Landphase beginnt. Die orangerote Unterseite zeigt höchstens im Kehlbereich eine schwache Fleckung. Die Weibchen sind blasser als die Männchen und werden bis zu 12 cm lang, während die Männchen kleiner bleiben.

Alpensalamander *(Salamandra atra):* Anders als der auffallende Feuersalamander lebt sein naher Verwandter, der vollständig schwarze Alpensalamander, überwiegend im Gebirge in Höhen zwischen 800 und 2000 m. Er wird bis zu 16 cm lang und bringt meist zwei, manchmal aber auch vier vollentwickelte Junge zur Welt, die kein Larvenstadium im Wasser mehr durchlaufen müssen. Dies stellt eine Anpassung an den Gebirgslebensraum dar, der für das Larvenstadium in kleinen Schmelzwassertümpeln zu risikoreich wäre. Alpensalamander verstecken sich oft in größerer Anzahl unter auf dem Boden liegenden Brettern oder Holzstapeln. Sie kommen im Alpenraum und in den höheren Gebirgen an der Adria, in Jugoslawien und Albanien, häufig vor.

Bergeidechse *(Waldeidechse; Lacerta vivipara):* Die kleine, unscheinbare Bergeidechse erträgt härtere Lebensbedingungen als die Zauneidechse und kommt noch hoch im Gebirge vor. Ihr gelingt das Vordringen in sonst für die wärmeliebenden Eidechsen recht unwirtliche Lebensräume, was mit ihrer besonderen Art der Fortpflanzung zu tun hat: Sie bringt die Jungen nämlich direkt zur Welt, legt also keine Eier ab. Dieses Lebendgebären hat den Vorteil, daß sich das Muttertier stets an solche Stellen begeben kann, die gerade in der wärmenden Sonne liegen. So werden die Eier im Mutterleib erbrütet. Konstante Körperwärme können die Eidechsen nicht erzeugen. Sie bleiben von der Sonne abhängig.

Kreuzotter *(Vipera berus):* Die verbreitete Furcht vor diesem Reptil ist unnötig, denn die Kreuzotter ist keineswegs so angriffslustig, daß man sie gleich totschlagen muß, um sich vor ihrem Biß zu schützen. Eher trifft das Gegenteil zu. Man braucht Geduld, und man muß sich ruhig verhalten, um Kreuzottern richtig beobachten zu können. Sie leben in Mooren, auf Waldlichtungen und besonders im Gebirge. Ihre Beute besteht hauptsächlich aus Mäusen und anderen Kleintieren entsprechender Größe. Der Biß tötet die Beute oder lähmt sie so stark, daß sie im ganzen verschlungen werden kann. Denn die Zähne der Kreuzotter dienen nur zum Festhalten der Beute, nicht zum Kauen. Wird ein Mensch von einer Otter gebissen, sollte er vorsichtshalber sogleich einen Arzt aufsuchen, auch wenn der Biß praktisch nie lebensgefährlich wird.

Steinadler *(Aquila chrysaetos):* Das Urbild des Adlers, stilisiert auf vielen Wappen europäischer Monarchien wie auf nordamerikanischen Indianertotems, ist der mächtige Steinadler. Seine Schwingen erreichen eine Spannweite von mehr als 2 m. Sein Blick wirkt auf uns kühn und mutig, weil das Gefieder über den Augen vortritt und diese beschattet. Kräftiger Hakenschnabel und starke, spitze Krallen zeichnen ihn aus. Dennoch gehen Steinadler lieber an Aas und Fallwild. Nur kleinere Beute bis zu Hasengröße schlagen sie in der Regel selbst. In Mitteleuropa nisten sie heute nur noch im Alpenbereich in großen Revieren, die viele Quadratkilometer umfassen. Noch im 19. Jahrhundert kam der Steinadler auch in der Ebene vor. Im Flug wirkt er wie ein großer Bussard.

Wanderfalke *(Falco peregrinus):* In den Alpen, an Steilwänden im Jura und in den höheren Mittelgebirgen befinden sich die letzten Rückzugsgebiete des Wanderfalken. Dieser große, kräftige Falke erreicht eine Körperlänge von 40 bis knapp 50 cm. Seine breiten, aber spitz auslaufenden Flügel verleihen ihm ein ankerartiges Flugbild. Er fliegt mit sehr schnellen, flachen Flügelschlägen und zwischengeschalteten Gleitstrecken. Dabei erreicht er außerordentlich hohe Geschwindigkeiten: im Stoßflug bis über 200 km/h! Von der schwarzen Kopfkappe zieht ein breiter Bartstreif keilförmig in die Wangen. An der Brust befindet sich eine schmale, aber kräftige Bänderung. Die Weibchen werden deutlich größer als die Männchen.

Uhu *(Bubo bubo):* Der fast adlergroße Uhu, die mächtigste der einheimischen Eulen, war zeitweise in vielen Gebieten sehr selten geworden. Intensive Schutzbemühungen haben jedoch dazu geführt, daß sich die Bestände festigen konnten. So jagt der Uhu heute wieder in vielen Waldgebieten Mitteleuropas. Tagsüber hält er sich in dichten Baumbeständen versteckt; abends beginnt er die Jagd. Er fängt Tiere bis zur Größe von Hasen und Kaninchen. Igel, durch deren Stachelkleid er mit seinen langen, spitzen Krallen hindurchgreifen kann, stellen einen Großteil seiner Beute dar. Die markanten Federohren verleihen ihm ein drohendes Aussehen. Sie ahmen vielleicht ein Luchsgesicht nach. Zur Brut benutzt der Uhu unzugängliche Felsbänder, Halbhöhlen und Nischen oder alte Horste, die gut versteckt liegen. In den Frühjahrsnächten schallen seine dumpfen »buhu«-Rufe durch die Wälder und Schluchten.

Sperlingskauz *(Glaucidium passerinum):* Mit nur etwa 16–17 cm Körperlänge wird der Sperlingskauz kaum größer als seine Beute. Sie besteht in erster Linie aus Kleinvögeln, die er am Tage und in der Dämmerung jagt. Er bewohnt ausgedehnte Nadelwälder in mittleren und höheren Gebirgslagen. In Mitteleuropa kommt er vorwiegend im Alpenbereich und im Bayerischen Wald vor. Zur Aufzucht seiner Brut bezieht er Höhlen von Spechten. Im Gegensatz zu anderen Eulen wirkt der Kopf verhältnismäßig klein. Besonders auffällig ist das Wippen mit dem Schwanz. Jungvögel tragen eine längsgestreifte Brust, während sie sich bei den Altvögeln im oberen Teil zu Tropfenfleckung entwickelt. Der Ruf erinnert an den des Gimpels.

Alpenschneehuhn *(Lagopus mutus):* Die mit feinen, borstigen Federn dichtbepackten Füße weisen die Schneehühner als Angehörige der Rauhfußhühner aus. Sie zählen daher zur Verwandtschaft von Auer- und Birkhuhn und nicht zu den in Körperform und -größe ähnlichen Rebhühnern. Die dichte Befiederung stellt in ihrem Lebensraum über der Baumgrenze eine unerläßliche Voraussetzung dar, wenn sie die eisigen Winternächte in Schneehöhlen oder im Schutz von Felsen überdauern wollen. Der Wechsel zu einem weißen Wintergefieder ist zudem eine notwendige Anpassung an ihre Umgebung, denn mit dem dunkel-schuppigen Sommerkleid würden sie im Schnee stark auffallen – und umgekehrt!

Auerhuhn *(Tetrao urogallus):* Der größte einheimische Hühnervogel, das Auerhuhn, balzt im Gegensatz zum nahe verwandten Birkhuhn einzeln. Die Hähne beziehen einen freien, kräftigen Ast am Rande einer Lichtung und tragen im Dämmerlicht eine höchst eindrucksvolle Serie von Knacklauten, hölzernen Trillern und schleifenden, zischenden Lauten vor. Der Kopf wird dabei nach oben gestreckt und der Schwanz radförmig aufgestellt. Oft springt der Hahn vom Ast zu Boden, um hier weiterzubalzen. Die Hennen wählen schließlich den Hahn. Mehr noch als das Birkhuhn benötigt das Auerhuhn naturnahe Berg- und Mischwälder mit reichen Ameisenvorkommen und offenen Stellen am Boden. Die Restbestände sind hochgradig gefährdet!

Dreizehenspecht *(Picoides tridactylus):* Auf die Nadelwälder der Alpen, der Karpaten und der Gebirge des Balkans beschränkt sich das zentraleuropäische Vorkommen dieser Spechtart, die wegen ihrer drei Zehen eine Ausnahme bildet. Zwei weisen nach vorne bzw. beim Klettern an den Stämmen nach oben und eine nach hinten bzw. unten. Ein ausgedehnteres Verbreitungsgebiet besitzt der Dreizehenspecht im nordischen Nadelwaldgürtel, wo er auch Weiden- und Birkenbestände besiedelt, in denen es andere Spechtarten seiner Größe nicht mehr gibt. Mit 22 cm Körperlänge wird er fast genauso groß wie ein Buntspecht. Die Männchen tragen eine gelbliche Kopfkappe.

Gebirgsstelze *(Motacilla cinerea):* Nicht nur an Bergbächen, sondern auch an schneller fließenden Bächen des Hügel- und Flachlandes, sogar an Wehren mitten in Städten findet man die Gebirgsstelze. Sie trägt einen noch längeren Schwanz als die Bachstelze, wippt beständig damit und ruft schärfer »zissip«, wenn sie in langgezogenen Bögen fliegt. Die Männchen besitzen einen scharf begrenzten schwarzen Kehllatz und ein intensiveres Gelb am Bauch als die Weibchen. Auch die Jungvögel haben bereits gelbes Bauchgefieder, das jedoch blasser ist als das der Alten. Die Gebirgsstelze ernährt sich von Insekten, die sie am Gewässerufer findet, insbesondere von schlüpfenden Insekten, die sie auch aus flachem Wasser herauspickt.

Wasserpieper *(Anthus spinoletta):* Man muß schon ein Fernglas zu Hilfe nehmen, um diesen unscheinbaren kleinen Pieper richtig zu bestimmen. Graues Gefieder, weiße Schwanzkanten, dunkle Beine und eine kräftige Streifung der Brust kennzeichnen ihn. Am ehesten verrät der scharfe, kurze Ruf »ist« (meist einzeln gebracht!) seine Anwesenheit an Bergbächen oder auf quellfeuchten Bergwiesen. Eine Rasse des auch als *Bergpieper* bezeichneten Wasserpiepers lebt an felsigen Küsten. Sie ist bräunlicher im Gefieder. Der Wasserpieper kommt im Winter in die Tallagen und Niederungen.

Gänsesäger *(Mergus merganser):* Etwas größer als eine Ente wird dieser Schwimmvogel, dessen männliches Prachtkleid sehr auffällig ist. Die etwas kleineren Weibchen geben sich schlichter. Man erkennt sie am schlanken Körper, dem rotbraunen Kopf und dem langen, dünnen, an der Spitze abwärts gebogenen Schnabel. Gänsesäger gehören zu den Entenvögeln. Sie tauchen sehr gut und jagen unter Wasser Fische bis zur Größe eines fast ausgewachsenen Rotauges. Ihr Gefieder bleibt beim Tauchen trocken, so gut wird es eingefettet. Die schlüpfrige Beute halten feine, zähnchenähnliche Lamellen an den Schnabelkanten fest. Gänsesäger brüten vereinzelt an den Alpenflüssen im Voralpenbereich und kommen als Wintergäste zu uns.

Wasseramsel *(Cinclus cinclus):* Wenn ein knapp starengroßer, dunkler, rundlicher Vogel mit weißem Kehllatz vom Ufer ins Wasser eines Baches oder flachen Flusses springt, darin untertaucht und ein paar Meter entfernt wieder auftaucht, dann ist es bestimmt eine Wasseramsel. Kein anderer heimischer Singvogel besitzt diese erstaunliche Fähigkeit zur Nahrungssuche im Wasser. Die Wasseramsel kann dabei gleichermaßen gut schwimmen, wie sie unter Wasser auf dem Grund zu laufen versteht. In klaren Bächen kann man dies, bei etwas Geduld, leicht beobachten! Sie sucht dort nach Insektenlarven, die ihre Hauptnahrung bilden. Ihr Nest errichtet sie als große Mooskugel gern unter Brücken oder hinter kleinen Wehren. Sie bleibt das ganze Jahr über bei uns.

Gimpel *(Dompfaff; Pyrrhula pyrrhula):* Den Gimpel kennt man meist vom winterlichen Futterhaus her, wo sich der massige Finkenvogel gegen die kleineren Grünlinge und die flinken Meisen zu behaupten weiß. Zur Brutzeit bekommt man ihn viel schwerer zu Gesicht, denn die Gimpel verhalten sich dann sehr unauffällig. Im Gegensatz zum Männchen, das durch sein leuchtendrotes Kehl- und Brustgefieder unverkennbar ist, tragen die Weibchen ein schlichtes Braun. Doch stets bleiben der weiße Bürzel, die schwarze Kopfkappe und der kräftige Schnabel charakteristisch. Damit beißen die Gimpel auch Knospen von Obstbäumen ab, was mitunter zu Klagen führt, obwohl der Schaden meist gering bleibt.

Alpenbraunelle *(Prunella collaris):* Die schwarze Sperberung der weißen Kehle, die dicken rostbraunen Streifen an den Flanken und das häufige Wippen mit dem Schwanz, der am Ende weiße Federspitzen trägt, kennzeichnen die mit 18 cm Körperlänge recht kräftige Alpenbraunelle. Sie kommt nur in felsigen, offenen Regionen der Alpen und der höheren Gebirge als Brutvogel vor. Ihr lauter Gesang erinnert an den der Feldlerche. Die Alpenbraunelle gehört zu den wenigen Vogelarten, die man als echte Gebirgsvögel bezeichnen kann.

Mauerläufer *(Tichodroma muraria):* Wie ein Schmetterling fliegt der Mauerläufer an steilen Felswänden im Gebirge umher. Seine breiten, runden Flügel leuchten jedesmal in tiefem Rot auf, wenn er von der Wand abfliegt, an der er wegen seiner ansonsten grauen Gefiederfärbung gar nicht so leicht zu entdecken ist. Mit dem langen, leicht gebogenen und recht dünnen

Schnabel sucht dieser nur gut sperlingsgroße Singvogel in den Ritzen zwischen den Steinen nach Insekten, Spinnen oder Larven. Im Winter verläßt er die unzugänglichen Felswände und zieht talwärts, mitunter bis weit ins Vorland hinaus, wo er auch am Gemäuer alter Burgen angetroffen wird. Die Männchen weisen im Brutkleid eine schwarze, die Weibchen eine weißliche Kehle auf.

Birkenzeisig *(Acanthis flammea)*: Der kleine schwärzliche Kehllatz und die weißliche Flügelbinde unterscheiden das Männchen des Birkenzeisigs vom recht ähnlichen Hänfling. Sieht man beide jedoch aus der Nähe, so erkennt man, daß der Birkenzeisig einen viel feineren Schnabel besitzt. Im Winter turnt er gern an Birken- und Erlenzapfen und holt daraus die Samen hervor. Männchen wie Weibchen tragen eine rote Stirn; nur den Jungvögeln fehlt jegliches Rot. Das Brutgebiet erstreckt sich über die nördliche Hälfte von Skandinavien und über den Alpenraum. Doch hat sich der Birkenzeisig in den letzten Jahren auch im mitteleuropäischen Tiefland, wo er früher nur Wintergast war, als Brutvogel ausgebreitet.

Kolkrabe *(Corvus corax)*: Mit einer Körperlänge von 64 cm erreicht ein ausgewachsener Kolkrabe etwa die Größe eines Bussards; nur die Flügel sind kürzer als bei diesem. Selbst bei weiterer Entfernung, wenn es schwerfällt, den Größenunterschied zur deutlich kleineren Rabenkrähe richtig einzuschätzen, erkennt man den Kolkraben an seinem langen keilförmigen Schwanz, der ihm ein ganz charakteristisches Flugbild verleiht. Seine weit schallenden, tiefen Rufe sind ebenfalls kennzeichnend. Kolkraben brüten hauptsächlich im Alpenbereich und in einigen einsamen Regionen im Ostseeraum und in Nordeuropa. Sie bauen mächtige Horste in Felswänden oder auf Bäumen. Ihre vielseitige Nahrung schließt auch Kadaver ein.

Alpendohle *(Pyrrhocorax graculus)*: Der kurze zitronengelbe Schnabel kennzeichnet die Alpendohle und unterscheidet sie von der sonst sehr ähnlichen Alpenkrähe, die einen fast doppelt so langen, roten Schnabel besitzt. Die schwarzen Vögel fliegen ganz hervorragend in den starken Turbulenzen der Hangaufwinde. Man trifft sie heute bei den meisten Berggasthöfen, wo sie sich vielfach von den Touristen füttern lassen. Im Flugbild fällt der lange, gerundete Schwanz auf, der im Wind unablässig seine Form verändert. Alpendohlen nisten in unzugänglichen Felsspalten. Sie halten in Schwärmen zusammen und rufen weit schallend metallisch »tschirrk«.

Schneefink *(Montifringilla nivalis)*: An den höchsten Bergspitzen der Alpen ist der Schneefink zu Hause. Er besiedelt Felshänge und Schluchten oberhalb der Baumgrenze. Damit gehört er zu den wenigen wirklich alpinen Vogelarten. Mit einer Körperlänge von 18 cm wird er deutlich größer als ein Sperling. Im Flugbild fallen sogleich die weißen Flügel mit ihren schwarzen Handschwingen auf. Der schwarze Kehllatz löst sich beim Übergang vom Sommer- zum Winterkleid in ein schuppiges Grau auf, und der schwarze Schnabel wird gelb wie bei den Jungvögeln. Als Finkenvogel ernährt er sich von Samen, nimmt aber auch Insekten und Spinnen. Er nistet in Spalten und Klüften der Felswände in einem spatzenähnlichen Nest.

Ringamsel *(Ringdrossel; Turdus torquatus)*: Eine nahe Verwandte der allgemein bekannten Amsel lebt in den Wäldern der Gebirge. Von hinten kann man sie leicht mit dieser verwechseln, aber von vorne weist sie sich mit dem breiten weißen Halbring auf der Brust, der beim Männchen noch deutlicher hervortritt als beim blasser gefärbten Weibchen, eindeutig als Ringamsel aus. Am Flügel besitzt sie außerdem einen hellen Fleck, der beim Abfliegen sichtbar wird. Der Gesang der Ringamseln ist abgehackter als bei den Amseln; seine Motive bestehen aus zwei bis drei Silben und werden mehrfach wiederholt. Dazwischen bringt die Ringamsel knarrende Laute. Im Winter kommen diese Vögel mitunter ins Vorland der Gebirge.

Murmeltier *(Marmota marmota)*: Nach dem Biber sind die Murmeltiere die größten mitteleuropäischen Nagetiere. Sie leben ausschließlich im Hochgebirge und kommen außer in den Alpen noch in der Hohen Tatra und in den Pyrenäen vor. Viele der heutigen Vorkommen gehen auf örtliche Einbürgerungen zurück, weil die possierlichen Tiere von den Touristen gern gesehen werden. Sie bevorzugen sonnige Hänge in Höhenlagen zwischen 800 und knapp 3000 m, wo sie sich vom Gras der alpinen Matten und Triften ernähren. Im Herbst ziehen sie sich in ihre geräumigen unterirdischen Baue zurück, die sie mit Heu warm ausgepolstert haben und in Familiengruppen bewohnen. Bis zur Schneeschmelze halten sie Winterschlaf.

Schneehase *(Lepus timidus)*: Die Almen und der lichte Bergwald der Alpen bilden den Lebensraum des Schneehasen. Er stellt dort ein Restvorkommen aus der Eiszeit dar, als es Schneehasen überall in Mitteleuropa gab. Heute hat er sich im Norden auf Skandinavien, Irland, Schottland und Nordrußland zurückgezogen, wo er klimatisch ähnliche Lebensräume (Tundra und Waldtundra) bewohnt wie in den Alpen. Im Winter wechselt er das braune Sommerhaar gegen einen schneeweißen Winterpelz. Nur die schwarzen Spitzen der Ohren bleiben erhalten. Die Ohren werden beim Schneehasen nicht so lang wie beim Feldhasen. Sonst entspricht er diesem in Körpergröße, Gewicht und Form weitgehend.

Braunbär *(Ursus arctos)*: Nur in den Karawanken treiben sich von Zeit zu Zeit noch einzelne Braunbären herum. Sonst ist dieses Großtier in Mitteleuropa ausgestorben – ausgerottet wegen seiner vermeintlichen Gefährlichkeit. Auf dem Balkan, in Italien und in den Karpaten sowie in den Wäldern Skandinaviens gibt es noch größere freilebende Bestände von Braunbären. Sie können sich nur in dünnbesiedelten Gebieten halten. Die größte Gefahr bildet das Auslegen von vergiftetem Fleisch zur Wolfsbekämpfung. Die mitteleuropäischen Braunbären werden nur rund 70 kg schwer. Sie leben von Kleintieren, Wurzeln, Früchten und von Aas, selten von Ziegen oder Schafen, die sie schlagen.

Steinbock *(Capra ibex)*: An den geschwungenen, weit ausladenden Hörnern, die bis zu 1 m lang werden können, sind die Böcke unverwechselbar zu erkennen. Die schlanken, kurzen Hörner der Geißen zeigen deutlicher, daß aus vorderasiatischen Verwandten des Steinbocks unsere Hausziegen hervorgegangen sind. Der Steinbock war um die Jahrhundertwende fast völlig ausgerottet. Die heutigen Vorkommen in den Alpen gehen alle auf Wiedereinbürgerungen zurück – auf Tiere aus dem italienischen Gran-Paradiso-Schutzgebiet. Steinböcke klettern trotz ihres hohen Körpergewichts von 50 kg (Geißen) und bis 100 kg (Böcke) sehr gut in steilsten Wänden. Die Böcke tragen einen Kehlbart.

Gemse *(Rupicapra rupicapra)*: Mit schrillen Pfiffen warnen die Gemsen vor herannahender Störung. Leichtfüßig springen sie in die Felswände hinein, in die ihnen niemand zu folgen vermag. Breite, scharfkantige Hufe und weit abspreizbare Zehen ermöglichen ihnen einen sicheren Tritt. Dennoch kommt es vor, daß allzu waghalsige Gemsen abstürzen und dann dem Steinadler und den Kolkraben zur Beute werden. Im Unterschied zum Steinbock, der ähnlich extreme Gebirgslebensräume bewohnen kann, tragen die Gemsen nur kurze, scharf nach hinten gekrümmte Hörner, die bei den Böcken erheblich stärker ausgebildet sind als bei den Geißen. Der »Gamsbart« wächst allerdings nicht an der Kehle, sondern als Rückenmähne, besonders lang an der Kruppe (Kreuz) bei Böcken.

Der Wald
Mehr als der Holzwert der Bäume

Der Wald wäre in Mitteleuropa fast überall das natürliche Pflanzenkleid. Sich selbst überlassen, wird Rohboden zuerst von Pionierpflanzen besiedelt, dann von mehrjährigen Stauden und Gräsern, schließlich von Bäumen. Der Endzustand dieser Entwicklung ist in den ebenen und hügeligen Lagen der Buchen-Mischwald, in den höheren Lagen der Fichten- und Tannenwald. Gesunde Wälder stellen Speicher für sehr reines Grundwasser dar, sie sorgen für Luftfeuchtigkeit und gleichen Witterungsschwankungen aus. Nicht zuletzt sind sie ein wichtiger Erholungsraum.

Ganz Mitteleuropa war ursprünglich von Wäldern bedeckt, die sich gebildet hatten, als das Land zwischen Küste und Alpen eisfrei geworden war. Während der Eiszeiten dehnten sich hier weite Gebiete mit äußerst spärlicher Tundrenvegetation aus: Zwergbirken, Kriechweiden und Zwergsträucher waren die Holzgewächse, die in den Hauptphasen der Vereisung Nordeuropas und der Alpen den Raum zwischen den Eisschilden bedeckten. Mit der Verbesserung des Klimas wich diese Kältevegetation auf die heutigen arktischen Bereiche in Skandinavien und auf die hochgelegenen Zonen der Gebirge zurück.

Das Tiefland und die Mittelgebirge eroberte der Wald. Dabei durchlief er eine Reihe von Phasen, bis er jenen Zustand erreichte, der den Römern abschreckend erschien und sie von den »finsteren Wäldern Germaniens« sprechen ließ. Nun, ganz so finster und dicht werden sie wohl nicht gewesen sein. Sie wirkten auf die sonnengewöhnten Römer gewiß undurchdringlicher, als sie waren. Lebten doch in diesen Wäldern mächtige Großtiere: die Ure oder Auerochsen. Von ihren domestizierten Abkömmlingen, die Resultate eines langwierigen Zuchtprozesses sind, kann man zwar Rückschlüsse ziehen, doch niemand vermag ein genaues Bild davon zu geben, wie diese größten Tiere des europäischen Waldes tatsächlich ausgesehen haben. Unsere Rinder sind aus diesem Wildrind, bei dem die Stiere bis zu einer Tonne schwer wurden, hervorgegangen, ebenso stammen alle unsere Rinder-Zuchtrassen, ob schwarzbunt, braun, weiß, ob lang- oder kurzhörnig, vom Ur ab. Die letzten Auerochsen wurden zu Beginn des 17. Jahrhunderts ausgerottet.

Beinahe wäre es der zweiten Rinderart, die den Uren an Größe kaum nachsteht, den Wisenten, nicht anders ergangen. Dieser europäische Vetter des großen amerikanischen Indianerbüffels lebte ebenfalls in den Wäldern. Eine kleine Herde, die in zoologischen Gärten gehalten worden war, bildete den Grundstock für die Rückführung des Wisents in die Wälder an der polnischen Ostgrenze und bietet heute die Gewähr dafür, daß diese Art nicht erlöschen wird. Solche Kolosse konnten nur in verhältnismäßig lichten Wäldern leben, wo ihnen der Boden Nahrung bot. Besonders geeignet waren Laubwälder, deren Struktur die Entwicklung von Gräsern und Kräutern oder Jungwuchs zuläßt. Licht kann dort bis zum Boden herabdringen, während es in einförmigen Altersklassenwäldern so stark abgeschirmt wird, daß sich unter den dichten Kronen kaum andere Vegetation entwickeln kann.

Wir müssen uns die ursprünglichen Wälder, in denen der Mensch noch keine Forstwirtschaft betrieb, ganz anders als unsere heutigen vorstellen. Europa wies vor zwei bis drei Jahrtausenden eine klare Pflanzenzonierung auf. Sie begann, wie auch heute noch, mit der arktischen Tundra im hohen Norden. Über die Birkenbestände der Waldtundra ging sie in die zweite große Waldformation über, die nördlichen (borealen) Nadelwälder. Auch dieser Waldgürtel weist bis heute nur verhältnismäßig geringe Lücken auf. In der mittleren Zone Europas wurde er abgelöst vom Laubwaldgürtel, der die breiteste Entfaltung im atlantisch beeinflußten Klimabereich fand. Das ist die Zone der mäßig warmen, regenreichen Sommer und der milden, oft durch Tauwetterperioden unterbrochenen Winter. Nach Süden hin bilden die Alpen und die Gebirge des Balkans sowie die Pyrenäen die Abgrenzung gegen die letzte Waldzone, die von den Hartlaubgehölzen im Mittelmeerraum eingenommen wird. Im Gebirge läuft eine ganz ähnliche Zonierung ab.

Von den Veränderungen der mitteleuropäischen Landschaft durch den Menschen wurde die Laubwaldzone am meisten betroffen. Hier fanden seit dem Mittelalter die großen Rodungen statt, die bis gegen Ende des 19. Jahrhunderts Mitteleuropa noch stärker entwaldeten, als dies heute der Fall ist. Mit rund 30% Waldanteil liegen die Verhältnisse im 20. Jahrhundert rein flächenmäßig wieder deutlich günstiger. Doch auf diesen Flächen findet sich kaum noch wirklich standortgemäßer Wald. Die Forstwirtschaft wählte gemäß ihren Ansprüchen und Vorstellungen ganz bestimmte Baumarten aus, die heute die Zusammensetzung der Wälder bestimmen. Sie wurden und werden gepflanzt. Ein natürliches Aufwachsen der Bestände gibt es, von wenigen Ausnahmen abgesehen, nicht mehr. Der Wald erfüllt für den Menschen eine Reihe von Funktionen. Die wichtigste davon ist die Produktion von Nutzholz – so glaubte man wenigstens bis in unsere Tage! Andere Funktionen hielt man für nebensächlich oder unwichtig.

Doch diese Meinung hat sich in den letzten beiden Jahrzehnten ganz gewaltig verändert. Man spricht heute von der Erholungsfunktion, von der Schutzfunktion und anderem mehr. Regelrechte »Waldfunktionspläne« werden entwickelt, die solch verschiedenartige Zielsetzungen miteinander in Einklang bringen sollen. Der modernen Forstwirtschaft stellen sich vielfältige Probleme, nicht nur die Erzeugung von Nutzholz. Doch betrachten wir die Lebensbedingungen der Wälder noch etwas genauer. Sie vermitteln uns Aufschlüsse darüber, worin sich die einzelnen Typen von Wäldern unterscheiden, welche Baumarten welche Lebensbedingungen beanspruchen und welche Rolle die Tierwelt darin spielt.

Natürlich gleicht kein Wald ganz genau einem anderen. Überall finden sich verschiedene Wachstumsbedingungen. Bodenart und Witterung, Lage an Hängen oder auf Ebenen, auf Sonnen- oder Schattenseiten und viele andere Einflüsse der Umwelt wirken sich unterschiedlich aus. Dennoch können wir die beiden Grundtypen von Wäldern klar unterscheiden, die wir schon bei den natürlichen Waldgürteln genannt haben: die Nadel- und die Laubwälder. Sie sehen nicht nur ganz verschieden aus, sondern sie zeigen auch erhebliche Unterschiede hinsichtlich der Lebens- und Wachstumsbedingungen. Das äußert sich am deutlichsten im Winter, wenn der Laubwald die Blätter abgeworfen hat, während der Nadelwald die den Blättern entsprechenden Nadeln behält.

Die Nadeln bleiben nicht nur an den Zweigen, sondern sind auch den Winter über aktiv. Wasser wird verdunstet, und die Photosynthese geht weiter. Beide Vorgänge verlaufen zwar im Winter erheblich langsamer als im Sommer, doch kommt es nicht zur Unterbrechung der aktiven Lebenstätigkeit wie bei den laubabwerfenden Bäumen.

Ein weiterer Vorteil liegt in der längeren Lebensdauer der Nadeln. Die Laubblätter werden im Frühjahr getrieben und im Herbst wieder abgeworfen. Dabei bleiben alle wertvollen Stoffe für den Baum zwar erhalten, weil sie vor dem Abwurf herausgezogen werden. Trotzdem kostet der Aufbau neuer Blätter den Baum im Frühjahr Energie, zumal er sie ziemlich plötzlich zur Verfügung stellen muß. Die Nadeln dagegen werden nach und nach gewechselt. Sie erreichen mit einem Durchschnittsalter von drei bis vier Jahren die sechs- bis achtfache

Kristallklares Wasser sprudelt aus dieser von Farnen umgebenen Quelle; reines Trinkwasser, wie wir es alle schätzen und brauchen!

Lebensspanne der Blätter! Wegen ihrer Kompaktheit sind sie für Insekten und für die Unbilden der Witterung weniger anfällig als die Laubblätter, die ein Hagelsturm zerschlagen oder ungewöhnlich starke Sonneneinstrahlung zum Vergilben bringen kann.

Zu den sommergrünen Bäumen gehört auch die Lärche, ein Nadelbaum, der im Winter seine Nadeln verliert. Die Lärche verhält sich also ähnlich wie die Laubbäume. Sie bewohnt im Gebirge oft eine Höhenstufe, auf der sehr viel Schnee fällt. Unter seiner Last würden die Äste brechen. Schneebruch stellt nämlich für Nadelbäume eine weitaus größere Gefährdung dar als für Laubbäume. Auch starker Frost kann sie schädigen, weil die Nadeln dadurch zuviel Wasser verlieren, das nicht schnell genug über die Leitungsbahnen im Baum nachgeliefert werden kann. Den Vorteilen der Nadelbäume, auch im Winter aktiv bleiben und Leistungen erbringen zu können, stehen also gewisse Nachteile entgegen.

Worin bestehen nun die Vorteile der Laubbäume? Macht der Schneebruch im Winter tatsächlich so viel aus, daß er die Nadelbäume auf einen ganz bestimmten, klimatisch abgrenzbaren Bezirk zurückdrängt? Die Erfahrung spricht dagegen. Finden wir doch große Nadelwälder, die der Mensch gepflanzt hat, heute auch in Bereichen ursprünglicher Laubwaldvorkommen. Hier wachsen und gedeihen sie so gut, daß man ihnen ihre nicht standortgemäße Herkunft kaum anmerkt. Daß sie in jüngster Zeit durch Umwelteinflüsse, insbesondere durch die Luftverschmutzung, geschädigt werden, steht auf einem anderen Blatt und ist allein Schuld des Menschen. Warum haben die Nadelwälder also nicht seit eh und je Mitteleuropa bedeckt? Die Ursache liegt hauptsächlich in der Wachstumsleistung der Blätter, die fortschrittlichere Organe als die Nadeln darstellen. Mit ihrer breiten Oberfläche, die sie dem Licht zuwenden können, nutzen sie die einfallende Sonnenenergie besser, können mehr Wasser verdunsten und diesen Wasserverbrauch über die Spaltöffnungen mit einem sehr wirkungsvollen Sperr- und Öffnungsmechanismus der Schließzellen besser regulieren. Bei günstigen Wachstumsbedingungen leisten sie also mehr und gewinnen während der Hauptwachstumsperiode im Sommerhalbjahr mehr von den Nährstoffen im Wurzelbereich. Auch besetzen sie einen größeren Anteil am Luftraum als Nadelbäume bei vergleichbarer Ausgangssituation. Die Fichten und Kiefern als Hauptarten unserer Nadelbäume bringen es zwar im Lauf eines Jahres auf fast die gleiche Leistung wie Buchen oder Eichen, aber letztere brauchen dazu eben nur ein halbes Jahr, also die Hälfte der Zeit. Aus diesen Gründen konnten die stammesgeschichtlich jüngeren Laubbäume die Nadelbäume aus jenen Bereichen verdrängen, die klimatisch günstig liegen und ein gutes Angebot an Nährstoffen bereithalten. Auf kargen Standorten dagegen konnten sich auch im Laubwaldgürtel die Nadelbäume halten. Und sie überlebten überall dort, wo die klimatischen Gegebenheiten härter werden – nach Norden zu und in den höheren Lagen der Gebirge. In den Tropen mit ihrer andauernden Wärme und Feuchtigkeit hatten die Laubbäume die Nadelbäume praktisch vollständig ersetzt. Erst der Mensch brachte sie wieder in solche Regionen zurück, wo sie zum Teil recht gut gedeihen und stellenweise eine ähnliche Rolle zu spielen beginnen wie in Mitteleuropa die Fichten und Kiefern. Die rasch wachsenden Fichten liefern auf günstigen Waldböden schneller Bestände, die geschlagen werden können, als die härteres Holz aufbauenden und daher langsamer an Umfang und Höhe zunehmenden Harthölzer wie Eiche und Buche.

Die Kiefern wachsen selbst da noch, wo andere Baumarten kaum oder gar nicht mehr gedeihen. An ihren Wurzeln sitzen Pilze, die zusätzliche Nährstoffe liefern. Diese Lebensgemeinschaft zwischen Bäumen und Pilzen stellt eine der bedeutendsten Anpassungen dar, die wir im Zusammenleben zwischen niederen Organismen und Pflanzen kennen. Wahrscheinlich ging sie ursprünglich auf Wurzelpilzinfektionen zurück, die heute bei vielen Getreidearten gefürchtet sind. Aber in Jahrmillionen langer Auseinandersetzung stellte sich ein Gleichgewicht zwischen den Pilzen und den Wurzeln ein, das sich zu beiderseitigem Vorteil entwickelte. Bei den stammesgeschichtlich alten Nadelbäumen ist dieses Zusammenleben erheblich stärker ausgeprägt als bei den jüngeren Laubbäumen. Diesem Zusammenleben, dieser Symbiose, kommt in der Nährstoffversorgung der Nadelwälder eine Schlüsselrolle zu. Wird es gestört, kränkeln die Wälder.

Der Rückgang der Pilze bedeutet daher gewiß ein Warnsignal, das aber viel zu lange nicht beachtet worden ist. Denn die Pilze, die wir in den Wäldern finden und von denen wir eine ganze Reihe als Speisepilze schätzen, stellen die Fruchtkörper dieser Wurzelpilze dar. Man vermutet, daß durch Umweltverschmutzung die Wurzelpilze und die Bäume geschädigt und in ihrer Symbiose beeinträchtigt werden. Jedenfalls kann man wohl davon ausgehen, daß es dem Wald gutgeht, wenn die Wurzelpilze viele Fruchtkörper ausbilden. Je nährstoffreicher die Wälder, um so seltener werden die symbiontischen Wurzelpilze; die Bäume haben das Zusammenleben dann nicht nötig. In den am besten mit frischen Nährstoffen versorgten Auwäldern werden wir vergeblich nach solchen Pilzen suchen. Hier betätigen sie sich beim Abbau von totem Holz oder infizieren gesunde Bäume.

Der Nadelwald zeichnet sich durch weitere Eigentümlichkeiten aus, die ihn vom Laubwald auch hinsichtlich der Lebensbedingungen unterscheiden. So bilden die abfallenden Nadeln eine mehr oder weniger dichte Lage, die bei der Verrottung Säuren freisetzt: Der Boden in Nadelwäldern reagiert an der Oberfläche daher deutlich sauer. Wie weit diese Ansäuerung geht, hängt von den Bedingungen des Untergrundes und von den Niederschlägen ab. Das Wachstum von Pflanzen, die neutrale oder leicht basische Böden benötigen, wird durch die Säuren gehemmt; der Unterwuchs bleibt in Nadelwäldern – falls die Bestandsdichte ihm überhaupt ein Aufkommen erlaubt – folglich sehr artenarm. Oft finden wir kaum noch Moospolster, sondern nur die Nadelstreu. In Laubwäldern dagegen reicht schon eine mäßige Lichtversorgung, um einen üppigen Unterwuchs zu erzeugen.

Eine Übergangsform stellt der – zumeist gepflanzte – Mischwald dar, der bevorzugt aus Buchen und Lärchen besteht, doch Fichten und Kiefern können ebenfalls mit einbezogen sein. So vielfältig ein gut gemischter Wald auch wirken mag, so wenig entspricht er zumeist den natürlichen Standortverhältnissen. Diese würden im Laufe der Zeit doch mehr oder weniger gleichförmige Wälder entstehen lassen, weil ganz bestimmte Artenkombinationen den Endpunkt der Entwicklungen darstellen. Diese Kombinationen ergeben sich aus den klimatischen und edaphischen Umweltbedingungen – also aus der Art der Witterungsabläufe und der Zusammensetzung des Bodens. In Mitteleuropa war über weite Flächen der Eichen-Hainbuchen-Wald die vorherrschende Endform der Entwicklung, der sog. Sukzession. Am deutlichsten zeigt sie sich in der Zonierung des Auwaldes an nicht regulierten Flüssen. Diese besondere Form des Laubwaldes haben wir in vieler Hinsicht den Feuchtgebieten zuzuordnen, weil das Wasser, genauer das Zusammenspiel von Grundwasserstand und Überschwemmungen durch den Fluß, den bedeutendsten Umweltfaktor darstellt.

Dort, wo jedes Jahr ganz unregelmäßig Überschwemmungen eintreten, entwickelt sich die Weichholzaue. Der Weidenauwald liegt dem Fluß am nächsten und hält am besten Überflutungen aus. Bei wochenlang anhaltendem Hochwasser treiben die Weiden sogar aus den Stämmen und Ästen neue Wurzeln ins Wasser. Schon etwas weiter vom Fluß entfernt liegt die Zone der Erlen. Die Strahlenpilze, die an ihren Wurzeln in kleinen Knollen leben und die sie mit Stickstoff aus der Luft versorgen, leiden unter langandauernder Überflutung, weil sie dann von der Luft abgeschnitten werden.

Noch weiter vom Fluß entfernt beginnt dann die Hartholzaue. Sie besteht aus Eschen, Ulmen und anderen Baumarten. Allmählich geht sie in den Eichen-Hainbuchen-Wald über, der höchstens ganz kurzfristig und nur in längeren Zeitabständen eine Überflutung verträgt. Der Eichen-Hainbuchen-Wald stellt daher eine natürliche Endphase der Waldentwicklung im Laubwaldgürtel Mitteleuropas dar. Doch gibt es zahlreiche standortbedingte Abwandlungen. Die verschiedensten Baumarten können stellenweise bestandsbildend werden. Ihr Wechsel erfolgt so langsam, daß menschliche Lebensspannen nicht ausreichen, ihn zu erfassen. Eichen,

Auch Nadelwälder besitzen im naturnahen Zustand einen reich entwickelten Unterwuchs aus Jungbäumen aller Größen, Beerensträuchern, beispielsweise Heidelbeeren, und Gräsern. In solchen Wäldern fühlen sich auch scheue und seltene Tiere wie das Auerhuhn noch wohl.

die über 1000 Jahre alt werden, haben seit der Waldentwicklung im Anschluß an die letzte Eiszeit erst wenige Generationen hinter sich gebracht. Ihre Bestandsdynamik läßt sich daher nicht mit jener kurzlebiger Baumarten vergleichen. Die Weiden am Fluß wachsen sehr schnell. Aber schon nach 20 oder 30 Jahren ist ihre Vitalität erschöpft. Sie beginnen zusammenzubrechen und neuen Platz zu machen. Wenn sich der Fluß inzwischen verlagert hat, wird wahrscheinlich keine Weide den Platz der absterbenden einnehmen, sondern eine andere Baumart, die unter den mittlerweile veränderten Standortbedingungen besser zurechtkommt.

Hiebreife in 70 oder 90 Jahren zu erreichen erscheint in den Augen der Forstwirtschaft schon als ein ausgesprochen lohnendes Ziel der Waldentwicklung. Dabei entspricht dies dann erst einem Menschenalter! Der Forstmann ist daher gezwungen, in Zeiträumen zu kalkulieren, die das Hundertfache jener Spanne betragen, mit der die Landwirtschaft zu tun hat. In solchen Dimensionen vollziehen sich auch die Stoffkreisläufe, die zwischen den Bäumen und ihrer Umwelt stattfinden. Um sie etwas genauer zu betrachten, müssen wir den Aufbau des Waldes und die Struktur der Bäume näher untersuchen. Der Wald besteht nicht nur aus Bäumen. Sie sind lediglich ein Teil des gesamten Systems, das wir als Ökosystem Wald bezeichnen.

Die Grundlage des Wachstums bildet der Boden. Dieser setzt sich aus verschiedenen Schichten zusammen, die mehr oder minder stufenlos – vom organischen Material an der Oberfläche bis zum Muttergestein, in das die Wurzeln noch nicht vordringen konnten – ineinander übergehen. Anders ausgedrückt: Von unten nach oben nimmt der mineralische Anteil ab und der organische zu. In letzterem verankern sich die Wurzeln und bieten dem Baum die Festigkeit, die er braucht, um seine Krone hoch zum Licht emporheben zu können. Sie versorgen ihn aber auch mit den Nährstoffen aus den Mineralien, die er zum Aufbau benötigt. Ohne Mineralstoffe für das Zellplasma könnten die Bäume keine Zellulose bilden und sie mit Holzstoff (Lignin) zum festen Stützskelett verarbeiten. Die Mineralstoffe lassen sich gegen die Schwerkraft viele Meter hoch nur mit Hilfe der Saugströme transportieren, die bei der Verdunstung des Wassers durch die Blätter und Nadeln erzeugt werden. Das Wasser, das die Bäume brauchen und verbrauchen, stellt also das Transportmittel dar. Außerdem wird es für die chemische Grundreaktion der Photosynthese benötigt.

Hauptaufgabe der Wurzeln ist es, Wasser aufzunehmen, Nährstoffe einzuholen und dem Baum Halt zu geben. Sie verdichten sich zur Bodenoberfläche hin zu einer oder zu mehreren einheitlichen Achsen und bilden den Stamm eines Baumes oder die Stämme eines Busches. Holzstoff härtet die Zellulose und bewirkt, daß diese Stämme gewaltige Kronen tragen können. Man kann sich kaum vorstellen, welcher Belastung der Stamm eines großen Baumes standhalten muß. Das Gewicht der Krone wird zwar zumeist ziemlich genau in der Mitte des Stammes ausbalanciert, aber die Krone kann auch an einer Seite überhängen. Vor allem bei heftigen Stürmen sind die Bäume schier unglaublichen Zerreißproben ausgesetzt.

Holz ist ein außerordentlich elastischer, druck- und zugfester Naturstoff, der wegen dieser Eigenschaften seine Bedeutung als Baustoff bis heute nicht verloren hat. In den Stämmen lagert der Baum Reservestoffe und Produkte ab, welche das Holz vor der Zerstörung durch Bakterien und Insekten schützen. Dieser Schutz ist besonders wichtig, weil das Holz eine tote Substanz darstellt. Es kann nicht mehr aktiv erneuert werden, wenn schädigende Organismen einmal Zugang gefunden haben. Die lebende Schicht legt sich nur als dünne Hülle um den Stamm und schützt sich nach außen durch die Abscheidung von Borke, nach innen durch Schutzstoffe, die im Holz eingelagert sind. Bei den Nadelbäumen kann man sie sehen: Es handelt sich um das Harz, das bei Verletzungen ausfließt und die Wunden schließt. Bei den Laubbäumen imprägnieren andere Stoffe das Holz. (Vor allem Gerbstoffe; da sie tierisches Eiweiß zum Gerinnen bringen, benutzte man sie früher zum Gerben von Häuten.) Die Zellen dieser lebendigen Schicht, die nach innen das Holz und nach außen den Bast bilden, können sich ein ganzes Baumleben lang immer wieder teilen und dadurch den wachsenden Stamm aufbauen.

Nur am Rande dieses gleichaltrigen Bestandes von Fichten kann sich eine kleine Buche halten, da sie hier genügend Licht erhält.

Diese Altersgrenze liegt viel weniger genau fest als bei den Tieren, weil die Bäume in ungleich stärkerem Maße in der Lage sind, sich zu regenerieren. Da dieses Wachstum sich bei den Nadelbäumen im Winter verlangsamt und bei den Laubbäumen sowie der Lärche ganz ruht, bilden sich Schichten mit unterschiedlich großen Zellen aus. Bei starkem Wachstum entstehen große, bei geringem kleine. Der Wechsel von Winter und Sommer bedingt so die Entstehung von Jahresringen im Stamm, an denen sich das Alter des Baumes ablesen läßt. Daher wissen wir, daß es tatsächlich Eichen gibt, die schon wuchsen, als Karl der Große herrschte – eine unvorstellbare Zeitspanne, gemessen am Leben eines Menschen!

Folgen wir den Ästen weiter aufwärts. Sie verzweigen sich mehr und mehr bis zu den dünnen Zweigen, die Blätter oder Nadeln tragen. In diesen Organen befindet sich das »Kraftwerk« des Baumes; sie fangen die Sonneneinstrahlung auf und entnehmen jene Wellenlängen des Lichtes, mit denen sie die biochemischen Prozesse antreiben und in Gang halten. Dort baut die Pflanze mit Hilfe der Lichtenergie die organischen Substanzen auf, die Grundlage allen Lebens sind. Zu dieser Synthese brauchen sie Kohlendioxid (CO_2) aus der Luft, Wasser und Nährsalze aus dem Boden. Das Wasser spielt dabei eine doppelte Rolle, nämlich als Grundstoff für den chemischen Aufbau und – wie gesagt – als Transportmittel. Wegen der großen Kräfte, die zum Transport der Nährsalze aus den Wurzeln in die Höhe notwendig sind, müssen die Bäume sehr viel Wasser verdunsten. Ihr Wasserbedarf liegt daher erheblich höher, als für die Photosynthese allein nötig wäre.

Ein größerer Baum verdunstet an einem heißen Sommertag Hunderte von Litern Wasser. Damit trägt er mehr zur Erhaltung und Erhöhung der Luftfeuchtigkeit bei als eine vergleichbar große Wasserfläche. Im Verband mit anderen Bäumen, also im Wald, ergibt sich daraus eine nachhaltige Beeinflussung des Kleinklimas, bei ausgedehnten Wäldern auch des Klimas ganzer Landstriche. Die Wälder wirken dämpfend auf die Temperaturschwankungen zwischen Tag und Nacht; sie verringern die Windgeschwindigkeiten und daher auch die Abtragung des Bodens; sie mindern die Wucht der Niederschläge und verhindern auf diese Weise, daß wertvolle Nährstoffe ausgeschwemmt werden. Schließlich wirken sie wie riesige Filter für den bodennahen Luftraum. Der Boden bleibt unter dem Zugriff ihrer Wurzeln erhalten. Langsam, aber beständig wächst die Humusschicht. An steilen Hängen befestigen die Wurzeln das Gelände und graben sich tief in das darunterliegende Gestein. Mit Hilfe ausgeschiedener Säuren schließen sie den Fels auf und lösen die für das Pflanzenwachstum unentbehrlichen Mineralien. Im Ökosystem Wald vollziehen sich Stoffaufbau und Stoffabbau in einem Kreislauf.

Neben ihrer Rolle als Holzlieferanten dienen die Wälder, was mindestens ebenso wichtig ist, als Wasserspeicher. Wie ein gewaltiger Schwamm saugen sie die Niederschläge auf, die langsam zum Grundwasser durchsickern. Die dichte Masse der Wurzeln entnimmt ihm gelöste Stoffe und hält so das Wasser rein. Wasserschutzgebiete zur Trinkwassergewinnung werden nicht ohne Grund häufig in Wälder gelegt. Das Wasser, das von dort kommt, enthält sehr viel weniger Verunreinigungen und Schadstoffe als das Grundwasser aus der landwirtschaftlich genutzten Feldflur.

Nicht zuletzt bildet der Wald natürlich einen unentbehrlichen Erholungsraum für den Menschen, vor allem in stadtnahen Regionen. Oft wurden Waldstücke im Bereich der Großstädte bewußt erhalten, gepflegt und zu Parkanlagen umgewandelt, weil die Bewohner der Städte diesen Ausgleich einfach brauchen. Man kann daher regelrecht von den wohltätigen Wirkungen des Waldes sprechen, die jedoch in den letzten Jahren in große Gefahr geraten sind.

Der Wald stirbt. Dies beunruhigt nicht nur die Mittel- und Nordeuropäer, sondern auch gebietsweise die Nordamerikaner und Japaner. Denn überall dort, wo die Luftverschmutzung größere Ausmaße angenommen hat, tritt das Waldsterben ein; unaufhaltsam, wie es scheint! In Mitteleuropa sieht es so aus, als sei die Tanne, die zu den besonders empfindlichen Arten zählt, zum Aussterben verurteilt. Vielleicht rührt diese Empfindlichkeit von ihren Nadeln, die im Gegensatz zu denen der Fichten und Kiefern nicht rund, sondern flach ausgebildet sind. Wie ganz schmale Blätter wirken sie fast. Die Schadstoffe aus der Luft können sich an ihnen leichter festsetzen. Doch auch die anderen Nadelbäume erfaßte das Waldsterben mit Macht. Fichtenwipfel ragen dürr in den Himmel. Ihre Nadeln fallen ab. Die sich lichtenden Kronen sind das erste Anzeichen für die Schädigung, deren Ursachen man nur in der Gesamtwirkung, nicht aber im Detail kennt. Beteiligt sind die Abgase aus den Kraftfahrzeugen und aus den Schornsteinen der Industrie und der Elektrizitätswerke. Beteiligt sind auch Kältewinter und Hitzesommer. Sie setzen besonders jene Bäume unter Streß, die an Stellen wachsen, wo sie eigentlich nicht heimisch sind. Das aber trifft auf nahezu alle Fichten und einen Großteil der anderen Nutzholzbäume zu.

Reich gestuft durch unterschiedlich alte Bäume bietet dieser Bestand vielfältige Lebensmöglichkeiten für Tiere und Pflanzen und guten Wuchs.

Das Waldsterben sollte daher auch den Anstoß dazu geben, wieder verstärkt naturnahe, standortgerechte Wälder aufzubauen. Diese erfüllen dann zwar die Ansprüche der Nutzholzproduktion nicht perfekt, aber doch noch gut genug, um im Verbund mit anderen Nutzungsformen des Waldes die insgesamt beste Lösung zu ergeben. In solchen naturnahen Wäldern würde sich auch das Wild wohl fühlen. Die Schäden, die seit Jahren einen Dauerkonflikt zwischen Jagd und Forstwirtschaft schwelen lassen, gingen zurück. Zu hohe Bestände von Hirschen und Rehen schädigen den Jungwuchs. Ohne Zäunung hätte die natürliche oder durch Pflanzung erzeugte Verjüngung der Wälder überhaupt keine Chancen. Die Wildzäune kosten nicht nur sehr viel Geld, sondern sie schränken auch die übrige Nutzung in starkem Maße ein. Ganz ohne Beweidung durch das Wild drängen Gräser und Kräuter auf den umzäunten Lichtungen mit Macht die Waldbäumchen zurück, müssen daher künstlich kurzgehalten werden. Da die damit verbundene Arbeit wiederum viel Geld kostet, wird immer wieder versucht, auf Herbizide auszuweichen, die aus der Sicht der Forstwirtschaft unerwünschte Arten abtöten oder sie in ihrer Konkurrenzfähigkeit zurückdrängen. Damit geraten aber Schadstoffe auch in den Wald, in seine Böden und in das Grundwasser. Eine Kettenreaktion beginnt, die sich zu einem Teufelskreis schließt.

Je weniger natürliche Äsung für das Wild vorhanden ist, um so stärker wird es die Waldbäume verbeißen. In den einförmigen Fichtenstangenhölzern ohne Unterwuchs schälen die Hirsche die Rinde von den Stämmen. Auf die Feldfluren können und dürfen sie nicht, denn dort würden sie Schäden an den landwirtschaftlichen Kulturen anrichten. So verbannt man sie in den Wald, der im Grunde für die freilebenden Hirsche nur einen Teil des Gesamtlebensraumes darstellt. Flußniederungen mit ihren Auen, Lichtungen und Wiesen werden ihnen jedoch durch Zäune versperrt. Weil sie deshalb weiter im Wald den Jungwuchs verbeißen, muß dieser erneut eingezäunt werden – ein Zaunsystem im eingezäunten Wald, eine Kette ohne Ende. Jeder der Kontrahenten möchte Höchstleistungen für sich beanspruchen. Die Jäger hegen mit dem Ziel, möglichst viele starke Hirsche zu bekommen; die Waldbesitzer und Forstleute umzäunen mit dem Ziel, möglichst viele starke Bäume zu bekommen. Beides läßt sich ohne Abstriche nicht miteinander vereinbaren. Und schon gar nicht, wenn die Erholungsfunktion des Waldes, seine Schutzfunktion und seine Rolle als Lieferant von sauberem Wasser auch noch mit ins Spiel gebracht werden. Der Waldschutz führt uns daher sehr eindringlich vor Augen, wie wichtig es ist, daß die verschiedenen Interessen sorgfältig geprüft und gegeneinander abgewogen werden. Nur so läßt sich für alle eine gute Lösung erzielen.

Der Konflikt speziell zwischen Wild und Wald zeigt uns folgendes: Der Wald verträgt keine hohe Wilddichte. In natürlichen oder naturnahen Wäldern bleiben Großtiere recht selten. Dichte Bestände oder gar Herden finden sich in Regionen mit ausgedehnten Grasflächen. Die Gräser sind dem Verbiß angepaßt, indem sie von unten her immer wieder nachtreiben. Sie ertragen eine sehr viel intensivere Nutzung durch die Pflanzenfresser als Kräuter oder gar Büsche und Bäume. Die Lage der Vegetationspunkte spielt dabei ebenso eine Rolle wie die unterirdische Speicherung großer Reserven für rasches Austreiben. Ein Bäumchen, dessen Sproßspitzen abgebissen werden, verkümmert. Verliert es alle Knospen, so geht es unweigerlich ein. Bei Gräsern tritt dieser Zustand erst bei extremer Überbeweidung ein, wenn sie bis in die obersten Bodenschichten verbissen werden. Den Wiederkäuern, die sich überwiegend von Gräsern ernähren, helfen Einzeller im Pansen beim Verdauen der Zellulose – deshalb können Hirsche wie Kühe im Winter von Heu leben, das fast nur noch aus Zellulose besteht. Die Pansenbakterien spalten die sonst unverdaulichen Pflanzenstoffe in für Wiederkäuer verwertbare Bestandteile. Selbst aus Rindenteilchen holen sie auf diese Weise noch Nahrhaftes heraus.

Diese besondere Anpassung an eine nährstoffarme Nahrung ist nicht in den Wäldern entstanden. Die Wälder bieten den Grasfressern in erster Linie Schutz vor Feinden und den Unbilden der Witterung. Zur Nahrungssuche würden die Hirsche und Rehe viel lieber hinaus in die freie Landschaft ziehen. Allabendlich treten die Rehe zur Äsung aus, sagen die Jäger und meinen damit, daß diese ihre Ruheplätze in der Deckung verlassen, um in altgewohnter Weise vor dem Wald die Nahrung zu suchen. Wo sie nicht herauskönnen oder wo die Fluren völlig abgeerntet und umgebrochen worden sind, versuchen sie im Wald die notwendige Nahrung zu finden. Dabei bevorzugen die Rehe die nährstoffreichen Knospen, solange sie diese erreichen können.

Wie viele Rehe oder Hirsche ein Wald verträgt, läßt sich am besten am Zustand der Naturverjüngung ablesen. Vergleicht man unsere Forste mit wenig intensiv bewirtschafteten, urwaldähnlichen Waldgebieten, so findet man dort nur eine sehr geringe natürliche Bestandsdichte des Rehwildes. Sie beträgt nicht einmal ein Zehntel der Durchschnittswerte in unseren Wäldern. Kein Wunder, daß es in solchen Waldgebieten mit der Naturverjüngung klappt. Zahlreiche Untersuchungen haben übereinstimmend ergeben, daß die Tierwelt insgesamt in halbwegs naturnahen Wäldern nur ungefähr ein Promille der Biomasse der Vegetation ausmacht. Steigt sie wesentlich über diesen Wert an, kommt es unweigerlich zu Schäden, gleichgültig, ob es sich um Insekten oder um Schalenwild, also um Rehe, Hirsche oder Wildschweine, handelt. Denn auch Insektenbestände, die sich zu stark vermehren, beeinträchtigen den Zuwachs des Waldes und damit seine natürliche Leistungsfähigkeit. Normalerweise werden Insekten in naturnahen Wäldern von einer großen Zahl natürlicher Feinde in Grenzen gehalten. Gelingt es dennoch einer Art, diesen Kontrollfaktoren zu entgehen, so treten an ihre Stelle Krankheiten als Regulationsmechanismen, die sie dezimieren.

Die erste und meist Jahr für Jahr wirksame Schranke bildet die Witterung. Sie verläuft so unvorhersagbar, daß es in den gemäßigten Breiten nicht möglich ist, über den groben Rahmen der Jahreszeiten hinaus feinere Anpassungen zu erzielen. Nie wird mehrere Jahre nacheinander die gleiche Kombination von Temperatur, Feuchtigkeit und Wind im gleichen Zeitraum eintreten. Eine Schmetterlingsart, die ihre Eier so ablegt, daß sie Anfang Mai schlüpfbereit sind, kann daher in einem Jahr Glück haben und sich gut vermehren; im nächsten hat sie dafür Pech und muß hohe witterungsbedingte Verluste hinnehmen. Die zweite Schranke bilden die Feinde. Da sind zunächst die insektenfressenden Singvögel. Sie grenzen Territorien ab, in denen sie die Nahrung für sich selbst und für ihren Nachwuchs suchen. Dabei nehmen sie die Insekten nach ihrer Häufigkeit. Nur die schlecht schmeckenden oder giftigen, die ohnehin fast nie zu den häufigen Arten zählen, lassen sie unbehelligt. Die Verluste durch die Singvögel, spinnen- und insektenfressenden Käfer reichen normalerweise aus, um die Bestände unter der Schadensschwelle zu halten. Kommt es aber zu ungewöhnlich günstigen Voraussetzungen für eine Insektenart, und diese beginnt, sich stark zu vermehren, so steigt die Zahl der Singvögel nicht schnell genug an, um Massenentwicklungen, z. B. von Frostspannerraupen oder Eichenwicklern, zu verhindern. Noch weniger gelingt ihnen dies bei Arten wie der Nonne oder dem Kiefernspinner, weil deren Raupen mit ihrem haarigen Kleid über eine recht wirkungsvolle Abwehrwaffe verfügen.

Nun greifen die nächsten Kontrolleure ein: Parasiten, die sich sehr rasch vermehren. Die winzigkleinen parasitischen Wespen legen ihre Eier in die Raupen, und die Larven fressen sie von innen her aus. Noch rascher greifen Krankheiten um sich. Es gibt Bakterien, die nur Insekten befallen, die in hoher Bestandsdichte vorkommen. Massenerkrankungen sind die Folge. Sollte dies alles den Ausbruch der Massenvermehrung nicht stoppen können, so reagieren die Bäume selbst. Sie werfen die Blätter ab und entziehen damit den Larven oder Raupen das Futter. Die meisten Bäume überstehen dies dank ihrer Reserven, und ein kahlgefressener oder seiner Blätter entledigter Baum muß noch lange nicht absterben. Die Raupen der zu den Kleinschmetterlingen gehörenden Gespinstmotten beispielsweise spinnen mitunter Traubenkirschenbäume völlig ein, so daß diese wie silbrigglänzende Skelette Ende Mai im Auwald stehen. Man möchte glauben, daß es um die Bäume nun geschehen sei, daß sie sich von diesem Kahlfraß nicht wieder erholen, doch drei bis vier Wochen später sind sie wieder grün. Aus ihren Reserven

Richtige Urwälder finden wir in Mitteleuropa praktisch nicht mehr. Aber naturnahe Waldbestände können uns doch wenigstens einen Eindruck davon vermitteln, wie die Wälder ausgesehen haben, bevor sie der Mensch intensiv zu nutzen und zu kultivieren begann.

haben sie eine neue Blattgeneration geschoben. Die Raupen haben sich in der Zwischenzeit verpuppt oder sind zugrunde gegangen, als beim Kahlfraß die Nahrung knapp wurde. Die zweite Blattgeneration bleibt unangetastet; die Bäume erholen sich wieder. Nach ein paar weiteren Wochen erinnern nur noch einige Fetzen der seidenartigen Gespinste an die Massenvermehrung.

Gefährlicher wird die Lage erst, wenn die Bäume an den falschen Standorten wachsen. Fichten im Bergwald erweisen sich als weniger anfällig gegen Insekten als im Tiefland gepflanzte, denn dort finden die Schäden verursachenden Käfer und Schmetterlinge günstigere klimatische Bedingungen. Massenvermehrung tritt häufiger auf; vielleicht zu häufig, als daß den Bäumen dazwischen genügend Jahre der Erholung verbleiben. Dennoch muß längst nicht jede Insektenvermehrung als Kalamität bezeichnet und gleich mit Gift bekämpft werden. Genaue Beobachtungen lehren, daß sich diese Wellen meist von selbst totlaufen. Erfolgt gar der Eingriff zum falschen Zeitpunkt, trifft er nicht selten auch die natürlichen Gegenspieler, so daß im nächsten Jahr die Bestandsentwicklung die Schadensschwelle erreicht. Dann muß nochmals, mit höheren Kosten und schwereren Folgen, eingegriffen werden, und bald nähert man sich dem Zustand der modernen Landwirtschaft, bei dem ohne Einsatz von Pflanzenschutzmitteln eine regelmäßige Produktion nicht mehr möglich ist. Das müssen wir in unser aller Interesse vermeiden.

Der Wald ist Teil unserer Kulturlandschaft; er wird zwar noch wenig oder nicht mit Chemiegiften behandelt, bekommt aber über die Luft mehr als genug Schadstoffe zugeführt. Wir müssen ihn vor weiteren Belastungen bewahren, denn er zählt zu den unverzichtbaren Lebenselementen der mitteleuropäischen Natur, ja der ganzen Welt! Der Rückgang der Pilze und der Ameisen gehörte zu den ersten deutlichen Alarmzeichen. Die Ameisen verhindern nämlich, daß Insekten dem Wald zu viele Nährstoffe entziehen, wenn er diese am nötigsten braucht. Doch während man Pilze, weil man sie essen kann, vermißte, kümmerte sich niemand um die Ameisen. Den meisten Leuten scheinen sie eher lästig als nützlich, vor allem wenn sie im Garten den Rasen bevölkern oder gar in die Häuser eindringen. Es gibt viele verschiedene Arten. Längst nicht alle spielen eine gleich wichtige Rolle wie die Große Rote Waldameise, deren oft meterhohe Hügelbaue jeder kennen sollte. Früher waren sie so häufig, daß es niemanden störte, wenn Vogelhalter und -züchter die Nester plünderten, um die Puppen als Futter zu benutzen. Jetzt stehen die Ameisenhügel unter Naturschutz. Doch dieser gesetzliche Schutz wird ihren Rückgang nicht aufhalten können. Fallen sie als »Gesundheitspolizei des Waldes« aus, wird man noch mehr Gift anwenden müssen. Sie gehören zu einem funktionierenden Naturhaushalt wie die Singvögel oder die Fledermäuse.

Das Mosaik von Wald und Flur prägt unsere Kulturlandschaft. Gebietsweise überwiegt, wie hier im Schwarzwald, der Waldanteil; aber meist ist er stark zurückgedrängt auf die ungünstigen Standorte für landwirtschaftliche Produktion. Im Vordergrund blüht Fingerhut.

Die Wälder dürfen nicht zu sehr zu Holzfabriken werden, was sie vielerorts leider längst sind. Stange an Stange stehen die Fichten oder Kiefern in großflächig reinen Beständen gleichen Alters. Zwischen den Kronen und dem wenig oder nicht bewachsenen Boden klafft gähnende Leere. Ein paar Meisen piepsen noch in den Wipfeln, und ein Goldhähnchen wispert. Ganz oben, wo die Kronen das Dach des Waldes bilden, finden sie noch etwas Nahrung. Hier künstliche Bruthöhlen für Singvögel aufhängen zu wollen wäre eine weitgehend vergebliche Liebesmühe. Zuwenig Leben herrscht in solchen Wäldern. Und wenn es einer Insektenart gelingt, der Kontrolle durch die Witterung zu entgehen, dann bleiben die katastrophalen Folgen nicht aus, weil der Baumbestand zu gleichförmig ist. Ein Baum eignet sich so gut wie der andere – und wird auch schnell Opfer der Massenvermehrung der Schädlinge.

Von der Störung des Gleichgewichts spricht man dann. Doch eigentlich stimmt das nicht! Die Insekten könnten nämlich dazu beitragen, das frühere Gleichgewicht des Waldes wiederherzustellen, indem sie die Monokultur vernichten. Ein artenreicher Mischwald würde von selbst nachwachsen, wenn man die Natur gewähren ließe. Im Laufe der Zeit würde er sich in den alten Zustand zurückentwickeln, dessen vielfältige Baumarten von unterschiedlichem Alter und mit reichlicher Struktur solche Massenvermehrungen einer Insektenart nicht mehr zulassen würden. Der Wald hätte seine Selbstkontrolle zurückgewonnen, die wir in den heutigen Wirtschaftswäldern mühsam künstlich erhalten müssen. Naturnahe, stabile Wälder zu schaffen – dies sollte daher die Aufgabe der modernen Forstwirtschaft sein!

Der Wald bedeutet uns mehr als nur die Produktion von Holz. Das wird gerade in unserer Zeit recht unangenehm bewußt. Die Wälder beginnen in großem Umfang zu siechen, ja zu sterben. Noch vor wenigen Jahren konnte man sich einen Zusammenbruch unserer Wälder kaum vorstellen. Doch zu Beginn der achtziger Jahre wurde das Schreckensbild gebietsweise zur Gewißheit: Der Wald ist bedroht. Er verkraftet die enorme Schadstoffbelastung der Luft nicht mehr. Das »Waldsterben« wurde urplötzlich zu weit mehr als zu einem bloßen Schlagwort, zu dem man es anfangs herabgewürdigt hatte. Gewiß, die genauen Ursachen kennen wir noch nicht bis in alle Einzelheiten. Doch die Bilanz bleibt erschreckend genug. Auch in Regionen fernab von den Ballungszentren der Industrie sind die Wälder krank. Wir müssen alles tun, sie zu retten!

Ein Spaziergang im Wald

Fichtenmonokulturen sind öde. Nur wenige größere Tiere trifft man dort. Doch in Mischwäldern gibt es viel zu finden. Im wechselvollen Spiel von Licht und Schatten entfalten sich Moose, Farne, Schachtelhalme, Bärlappe und Sauerklee. Zahlreiche Tiere leben hier. Federn oder Nester und Schädel hinterlassen sie als Spuren ihrer Anwesenheit.

Schwanzfedern von Grünling (a), Ringeltaube (b), Türkentaube (c)

Bergahorn mit Früchten

Birkenrinde mit einem Stockpilz

Blutzikade

Waldkiefernzweig: männliche Blüten (a), vorjähriger Zapfen (b)

Schädel einer Waldohreule

Eingangslöcher des Buchdruckers in Fichtenrinde

Abgeblätterte Kiefernrinde

Keulenbärlapp

Altes Nest einer Grasmücke

Sauerklee

(b)
Fichte: Zapfen (a), männliche Blüten (b), Triebspitzen vom Frühjahr (c)
(c)
(a)
Stieleiche
Wurmfarn
Schädel eines Rehbocks
Waldschachtelhalm
Ein Laubmoos
Eine Strauchflechte auf dürrem Ast
Weißmoos
Frauenhaar-Moos mit reifen Sporenkapseln
Becherflechte (Cladonia) auf Fichtenrinde
Ein Lebermoos

1

2

3

4

5

1 Der **Adlerfarn** breitet seine großen, mehrfach gefiederten Wedel in der Waldlichtung aus. Schnell vermag dieser anspruchslose Farn Kahlschläge oder Forststraßenränder zu besiedeln und so das Nachwachsen junger Bäume zu behindern.
2 Die Wedel des **Wurmfarns** sind im Gegensatz zu denen des Adlerfarns unverzweigt. Dieser Farn wächst meist einzeln oder in kleineren Gruppen an feuchteren Stellen im Wald.
3 Der **Waldschachtelhalm** trägt weit abstehende, dünne Seitensprosse an den sterilen Trieben, die keine Sporenbehälter bilden. Sein Vorkommen zeigt feuchte Stellen im Wald an; besonders häufig findet man ihn an Bächen mit Quellfluren. Kalkreiche Böden dagegen meidet er. Farne und Schachtelhalme gehören zu recht urtümlichen Pflanzengruppen: Aus ihren Vorfahren und deren Verwandten entstanden einst die großen Steinkohlelager. Zwar wurden sie durch die Blütenpflanzen nach und nach verdrängt, doch haben zahlreiche kleinere Arten überlebt, die allerdings nicht leicht zu bestimmen sind.
4, 5 Die **Eibe** ist ein Baum, der in den Wäldern nur recht vereinzelt vorkommt. Von anderen Nadelbäumen weicht sie in vieler Hinsicht ab. So bildet sie, wie auf Bild 4 deutlich zu erkennen ist, keine Zapfen, sondern einen fleischigen Samenmantel, der zu einem fruchtartigen roten Gebilde anschwillt, das sich becherartig nach oben wölbt und den Samen einschließt. Eiben können sehr alt werden, erreichen aber nur geringe Höhen.

1

2

3

4

1 Die **Waldkiefer** gedeiht auf armen Böden und wurde daher überall dort gepflanzt, wo andere Baumarten nicht mehr wachsen können oder keinen guten Ertrag mehr liefern; sie ist einer der forstwirtschaftlich wichtigsten Bäume. Deutlich erkennt man die hellbraune Borke im oberen Teil der Stämme und im unteren Teil die dunklere, sehr rissige, die in breiten Schichten abblättert und den Baum weitgehend vor der Einwirkung von Bodenfeuern schützt, wie sie in den trockenen, streureichen Kiefernwäldern leicht auftreten können. Die Krone entwickelt sich relativ licht. Seitenäste sind oft weit ausladend; die unteren Äste werden bald dürr und brechen mit der Zeit ab. In Küstenwäldern verformt der Wind die Kronen, so daß sie schief werden.

2 Fichte: Einzeln stehend entwickelt dieser Nadelbaum am besten seinen charakteristischen kegelförmigen Wuchs. Die Äste beginnen sich schon bald unterhalb der Spitze nach unten zu neigen, bis sie schräg abstehen. Die nadeltragenden Seitenzweige hängen dann mehr oder minder tief herab. Dadurch rutscht der Schnee leichter ab. In schneereichen Gebieten werden die Äste nicht so lang und stehen lockerer. Die Zapfen der Fichte hängen von den Ästen herab, im Gegensatz zu den Zapfen der Tanne, die aufrecht auf den Zweigen stehen. Fichten können mehr als 40, ja sogar bis 60 m Höhe erreichen.

3 Tanne: Ihre kräftigen Stämme sind säulenartig, und ihre Äste wachsen erheblich stärker zur Waagerechten hin und richten sich

5

im oberen Drittel nach oben, so daß eine gerundete Krone entsteht, durch die sie sich von den in der Umgebung wachsenden Fichten abhebt. Links neben der Tanne wachsen ältere, im Vordergrund junge Fichten. Tannenzapfen stehen aufrecht auf den Ästen; die Mittelachse bleibt lange erhalten, während die samentragenden Schuppen abfallen. Die Tanne ist sehr empfindlich und in den mitteleuropäischen Wäldern in ihrem Fortbestand gefährdet. Ihre breiten, stumpfen Nadeln liegen in einer Ebene am Zweig und tragen an ihrer Unterseite helle Wachsstreifen, durch die sie sich von den Fichtennadeln unterscheiden.

4, 5 Die **Lärche** ist der einzige einheimische Nadelbaum, der im Winter seine Blätter verliert. Während Fichten- und Tannennadeln mehrjährig sind, beträgt das Alter der Lärchennadeln stets nur einige Monate bis ein halbes Jahr. Wie die Blätter von Laubbäumen verfärben sie sich vor dem Abfallen im Herbst. Die Bäume heben sich dann, wie Bild 5 eines Lärchenmischwaldes im Gebirge zeigt, gelb bis goldbraun von den dunklen Fichten ab. Wenn im Frühjahr die neue Nadelgeneration getrieben wird, erscheinen auch die Blütenstände. In Bild 4 sieht man zwischen den gerade stäubenden, nach unten gerichteten männlichen Blüten einen viel größeren, rötlich gefärbten weiblichen Blütenstand, der in seinem Aufbau schon die Entstehung des Zapfens erkennen läßt. Die Lärchenzapfen stehen auf den Zweigen und werden bis 4 cm hoch. Lärchen können eine Höhe von 45 m erreichen.

1

2

3

1 Die **Stieleiche** gehört zu den eindrucksvollsten Baumgestalten. Freistehend entwickelt sie fast perfekt kugelförmige Kronen und außerordentlich starke Seitenäste, die mit ihrem Blattwerk beinahe bis zum Boden herabreichen. Ein mächtiger Stamm trägt die Last dieser großen Krone. Da Eichen recht langsam wachsen, wird ihr Holz sehr hart und hält Druck und Zug besser stand als andere Holzarten. Eichen können über 1000 Jahre alt werden und 40 m Höhe erreichen. Die Früchte (Eicheln) der Stieleiche, auch Sommereiche genannt, wachsen auf mehrere Zentimeter langen Stielen. Sie ragen etwa dreimal so weit aus dem sie tragenden Becher, wie dieser lang ist. Früher wurden Eicheln und Bucheckern zur Schweinemast verwendet.

2, 3 Die **Esche** ist ein Baum der feuchten Niederungen und Flußtäler. In Auen bildet sie einen wesentlichen Anteil am Hartholz. Sie wächst auf schlanken, aber sehr kräftigen Stämmen mit hoch aufragenden oder weit ausladenden Ästen. Die Wuchsform wechselt je nach den Standortverhältnissen. Charakteristisch sind die im Bild 2 gut erkennbaren gefiederten Blätter. Unter ihnen befinden sich bereits in dichten Büscheln die länglichen, geflügelten Früchte. In manchen Jahren fruchten die Eschen sehr stark, in anderen weniger. Im Winter erkennt man sie an den dicken schwarzen Knospen und den graugrünen, sehr glatten Trieben. Eschen liefern wertvolles Hartholz, das für Tischlerarbeiten verwendet wird. Sie können unter günstigen Bedingungen über 30 m Höhe erreichen.

4

5

6

4 Hängebirke: Nicht nur an den schlanken weißen Stämmen erkennt man die Hänge- oder Weißbirke, sondern auch an ihren glänzendgrünen, rautenförmigen und langgestielten Blättern, deren unregelmäßig gesägter Rand in eine vorgezogene Spitze ausläuft. Birken haben sehr dünne, rutenartige Zweige, die abwärts hängen, weil ihr geringer Durchmesser eine größere Festigkeit verhindert. Die zwischen den Blättern erkennbaren Kätzchen sind noch grün. Später im Jahr werden sie braun, und im Herbst geben sie die kleinen, durchsichtig geflügelten Samen frei, die der Wind über weite Strecken trägt, so daß Birken rasch neue, für sie günstige Lebensräume besiedeln können. Die Bäume können eine Höhe von etwa 25 m erreichen.

5 Die **Hainbuche** ist keine Buche, sondern ein Birkengewächs, das strauchförmig in Hecken oder freistehend als Baum wächst. An ihrer Blattform ist sie recht gut von anderen Baumarten zu unterscheiden. Sie trägt eine blaßgraue Rinde.

6 Die **Rotbuche** schmückt sich mit einem intensiv buntgefärbten Herbstlaub. Wenn es in allen Tönen von Gelb über Rot zu Braun changiert, reifen auch die Früchte, die Bucheckern, in den aufplatzenden stacheligen Fruchtbechern. Buchen bilden einen Hauptteil der Laubbäume der mitteleuropäischen Wälder. Sie liefern ein festes, sehr geschätztes Holz. Im Gegensatz zur Hainbuche sind die Blätter der echten Buche, der Rotbuche, am Rande nur leicht gewellt, aber nicht gezähnt.

1

2

3

1 Eberesche: Zwischen den korallenroten Beerenbüscheln kann man die an Eschenblätter erinnernden Fiederblätter erkennen. Da die Beeren gerne von Vögeln verzehrt werden, heißt der Baum auch Vogelbeere. Er wächst an Waldrändern, an lichten Stellen im Bergwald und wird in der offenen Flur und an Straßenrändern als Alleebaum gepflanzt. Die rahmweißen Blüten überziehen den Baum im Mai ähnlich dicht wie im Herbst die roten Früchte. Im Herbst verfärbt sich auch das Laub der Eberesche mehr oder weniger intensiv rot.
2 Pfaffenhütchen: Die orangegelben Samen dieses Pfaffenhütchens schieben sich gerade aus ihren roten Kapseln, die in geschlossenem Zustand wie kleine Barette aussehen – daher auch der Name des überall in lichten Laub- und Auwäldern verbreiteten Strauchs, dessen jüngere Äste auffallend vierkantig sind.
3 Haselnußstrauch: Die knospenförmige weibliche Blüte im Zentrum ist über und über mit Pollen bedeckt, der an den roten, klebrigen Narben hängengeblieben ist. Die männlichen Blüten haben sich in der warmen Frühlingssonne weit geöffnet und den Pollen freigegeben. Aus den weiblichen Blüten werden im Laufe des Sommers die Nüsse heranwachsen, ihre harte Schale ausbilden und im Herbst herausfallen. Eichelhäher, Eichhörnchen und Spechte verstecken sie. Manche Nuß wird nicht mehr gefunden und kann so, trotz ihres erheblichen Gewichtes, weit von dem Strauch entfernt, an dem sie herangewachsen war, auskeimen.

4

5

6

7

4, 5 Gemeiner Schneeball: Gelegentlich an Feldrainen, meist aber in der Strauchschicht lichter Auwälder wächst der Gemeine Schneeball, dessen große weiße Scheinblüten am Rande des Blütenstandes die Insekten anlocken. Im Gegensatz zu den kugeligen Blütenständen von Gartenformen ist er scheibenförmig ausgebildet. Im Spätsommer reifen die korallenroten, sehr saftigen Steinfrüchte und leuchten aus dem noch grünen Blattwerk hervor. Neben ihnen sieht man die etwas an Ahornlaub erinnernden Blätter, die drei- oder fünflappig ausgebildet sein können. Die Blattstiele tragen auf der Oberseite eine Rinne und Drüsen. Schneeballbüsche erreichen eine Höhe von 2–3 m. Vielfach bepflanzt man mit ihnen Anlagen und Hecken.

6, 7 Der **Rote Hartriegel** gedeiht an ähnlichen Stellen wie der Gemeine Schneeball. Man erkennt ihn an den rötlichen Enden der Triebe sowie an den ganzrandigen, stark von Nerven durchfurchten und in eine Spitze auslaufenden Blättern. In Bild 7 sind die rötlichen bis braunroten Triebe erkennbar. Der Hartriegel blüht im Mai oder Anfang Juni, erst nach dem Ausbruch des Laubes, wie Bild 6 deutlich zeigt. Die Früchte reifen im September. Sie schmekken bitter und sind für den Menschen ungenießbar. Gelegentlich beginnen einzelne Triebe des Roten Hartriegels während der Fruchtreife der anderen noch mit einer Herbstblüte, so daß man, wie in Bild 7 zu sehen, Blüten und Früchte nebeneinander findet. Der Strauch wird 2–4 m hoch.

1

2

3

1 Das **Buschwindröschen** hat einen prächtigen Blütenteppich über den Waldboden gebreitet. Gelb leuchten die Staubgefäße im Zentrum der großen weißen Anemonenblüten. Dazwischen entdeckt man die lilafarbenen Blüten des Lerchensporns (Bild 2), der oft mit Buschwindröschen vergesellschaftet in Laubwäldern und auf Obstwiesen vorkommt. Solange die Bäume noch keine Belaubung tragen, kann das Licht ungehindert den Boden erreichen. Die Frühlingsblüher machen sich die Verzögerung des Laubaustriebes der Bäume zunutze, denn später, wenn sich das Blattwerk geschlossen hat, erhalten sie nicht mehr genügend Licht. Dann ziehen sie die Nährstoffe wieder weitgehend in ihre unterirdischen Wurzelstöcke zurück.

2 Beim **Hohlen Lerchensporn** wachsen violette und weiße Blüten nebeneinander. Auch rötliche Blütenfarbe kommt bei diesem Frühlingsblüher vor. Die Blüten enden in einem auffälligen Sporn, der Nektar enthält.

3 **Scharbockskraut:** Wie goldgelbe Sternchen leuchten seine Blüten. Ein Vergleich mit den Buschwindröschen macht klar, daß beide verwandt sind und zu den Hahnenfußgewächsen gehören. Das Scharbockskraut entwickelt auffallend glänzende Blätter und an den Wurzeln feine Knollen, in denen es in der kurzen Phase seiner Entwicklung im Frühling Nährstoffe speichert. Es wächst auf feuchten bis nassen Böden in Flußauen und Bachniederungen. Nur selten findet man so ausgedehnte Reinbestände.

4

5

6

7

4 Leberblümchen: Noch bedecken die dürren Eichen- und Buchenblätter des Vorjahres den Waldboden, da schieben sich im März schon die Blüten des Leberblümchens hervor und locken durch ihren Farbkontrast die ersten Insekten an, die im Frühlingswald fliegen. Meist sind es die auf Blau und Violett besonders ansprechenden Bienen, die diese Blüten bestäuben. Zunächst fehlen die dreilappigen Blätter, die sich lederartig derb anfühlen, gänzlich und haben erst gegen Ende der Blütezeit ihre volle Größe erreicht. Auch das Leberblümchen ist ein Hahnenfußgewächs. Es gedeiht meist in Laubwäldern mit lehmigen Böden, an Hängen und in naturnahen Parkanlagen. Im Frühjahr braucht es viel Licht. Später entdeckt man die Pflanzen kaum mehr am Waldboden.

5 Die Blüten der **Gemeinen Akelei** tragen lange, nach oben gebogene Sporne, in welche die blütenbesuchenden Insekten vordringen müssen, um zum Nektar zu gelangen. Nur langrüsselige Hummeln und Schmetterlinge sind dazu in der Lage. Das Besondere an der Akeleiblüte liegt darin, daß sie gleich fünf solcher nektarproduzierender Sporne ausbildet, was ihr eine für Hahnenfußgewächse ungewöhnliche Blütenform verleiht. Man findet sie auf frischen, kalkreichen Waldböden.

6, 7 Die **Gemeine Waldrebe** bildet in den Auwäldern und an Flußufern ähnliche Kabelstränge aus wie die Lianen in tropischen Urwäldern. Damit klettert sie in die Wipfel der Bäume, wie Bild 6 zeigt. In Bild 7 erkennt man die Form der Blüten.

1

2

3

4

5

1, 2 Der blühende **Seidelbast** verströmt im März einen intensiven, sehr angenehmen Duft, der noch mehr als die lilarote Färbung auf seine Blüten aufmerksam macht. Diese brechen direkt aus den Ästen des kleinen Strauches hervor. Zunächst entwickeln sich noch keine Blätter. Erst später erscheinen sie an den Triebenden in schopfartigen Büscheln. Unter ihnen reifen im Laufe des Sommers die korallenroten, giftigen Beeren (Bild 2). Bei Gartenformen des Seidelbastes kommt es mitunter vor, daß sie bereits im Herbst zu blühen beginnen.

3 Noch sind die Beeren der **Tollkirsche** nicht voll ausgewachsen. Sie werden noch etwas größer und kirschenähnlicher. Die fünf an der Basis breiten, in einen Zipfel auslaufenden Kelchblätter bleiben erhalten und verleihen der hochgiftigen Tollkirsche ihr typisches Aussehen. Die braunroten, glockenförmigen Blüten fallen an der stark belaubten Staude dagegen weniger auf. Die sich entwickelnden Beeren sind anfangs glänzendgrün und färben sich bei der Reife lackartig schwarz. Die Tollkirsche ist ein Nachtschattengewächs.

4 Das **Waldweidenröschen** besticht durch seine hübschen rosaroten Blüten. Da es schnell Lichtungen und Kahlschläge überwuchert, wird es im Forst nicht sonderlich geschätzt.

5 Das **Wohlriechende Veilchen** erkennt man am besten an seinem Duft. Im Frühling bringt es intensiv blaue Blüten, seine Blätter sind anfangs tütenförmig eingerollt.

6

7

8

6 Der **Rote Fingerhut** kann sich so auffallende Blüten leisten, weil seine starken Gifte ihn vor Tierfraß schützen. Er wächst auf Waldlichtungen, an Waldwegen und Schneisen als zweijährige Staude. Im ersten Jahr entwickelt sich nur eine Blattrosette aus großen, stark geäderten Blättern. Im zweiten Jahr wächst daraus der über 1 m hohe, in der Regel unverzweigte Blütenstengel, der bis 5 cm lange, fingerhutartige Blüten trägt, die in ihrer Öffnung dunkelrote, weiß umrandete Flecken aufweisen. Der Blütenstand richtet sich, wie auf dem Bild gut zu sehen ist, zur Hauptrichtung des einfallenden Lichtes hin. Bienen und Hummeln, die in die Blütenröhren kriechen, fangen meist bei den untersten an und gelangen daher zuerst in die älteren Blüten, wo sie Pollen von anderen Fingerhutpflanzen abstreifen, ehe sie in den jüngeren Blüten neuen Pollen aufnehmen. Die Art zählt zu den Rachenblütlern.

7 Maiglöckchen: Wie auch der Fingerhut enthält diese Pflanze herzwirksame Gifte. Den Duft ihrer Blüten nimmt man schon wahr, bevor man sie entdeckt hat. Maiglöckchen wachsen in Laubwäldern auf frischen, nährstoffreichen Böden und blühen im Mai, wie ihr Name sagt, oder auch noch im Juni. Sie treiben aus einem kriechenden Wurzelstock hervor und nicht, wie viele andere Liliengewächse, aus einer Zwiebel.

8 Über den Blattsternen des **Waldmeisters** leuchten feine weiße Blüten. Den charakteristischen Duft entwickelt aber erst die welkende Pflanze, indem sie Cumarin freisetzt.

1

2

3

4

5

1, 2 Wilder Hopfen: Nicht allzu viele Pflanzen dürften, von den Nahrungspflanzen abgesehen, weltweit so bekannt geworden sein wie der Hopfen. Aus den Bitterstoffen veredelter Sorten gewinnt man jenen Zusatz, der dem Bier seinen typischen Geschmack verleiht. Wild kommt der Hopfen in Flußauen vor, wo er sich an den Stämmen der Bäume hochrankt und seine großen, drei- bis fünflappigen Blätter entfaltet. Die Stengel tragen feine Häkchen, mit denen sie sich beim Klettern festhalten. Die weiblichen Blütenstände entwickeln sich zu lockeren Zapfen (Bild 2). Der Hopfen ist eine mehrjährige Pflanze, die oberirdisch alljährlich abstirbt und im Frühjahr neu treibt. Männliche und weibliche Blüten wachsen auf getrennten Pflanzen.

3 Waldsauerklee: Zarte Streifen durchziehen seine anemonenartigen Blüten, die auf dünnen Stielen über die herzförmigen Teilblätter emporragen. Wie beim Wiesenklee bilden drei Lappen ein Blatt. Im Hintergrund stehen junge Blätter, deren zartgrüne Lappen nach abwärts zusammengefaltet sind.

4 Die **Hohe Schlüsselblume** gehört zu den Frühlingsblumen im Laubwald. Ihre schwefelgelben Blüten breiten sich, anders als die dottergelben bis leicht rötlichen der Duftenden Schlüsselblume, flach aus und verströmen nur einen schwachen Geruch.

5 Heidelbeere: Das Bild zeigt zum Abpflücken reife Beeren. Der Zwergstrauch erreicht eine Höhe von 15–50 cm. Seine Blütezeit fällt in den Mai oder Juni, die Beeren reifen im August.

6

7

8

9

6 Die **Rote Taubnessel** kommt häufig in der Krautschicht von Laubwäldern, besonders an feuchten Standorten, vor. Sie blüht fast das ganze Jahr über. Im November, gebiets- und jahrweise im Dezember, ist sie sogar die einzige blühende Pflanze, die man finden kann. Ihre brennesselähnlichen Blätter tragen keine Brennhaare. Die rötliche Färbung der oberen Blätter ist besonders im Frühjahr und Herbst ausgeprägt.

7 **Immergrün:** Seine dünnen, nur leicht verholzenden Stengel kriechen meterweit über den Waldboden, verzweigen sich und behalten die grünen Blätter das ganze Jahr über. Im Frühling, zur Zeit der Leberblümchenblüte, wachsen die langgestielten, hübschen blauen Blüten aus den Blattachseln und entfalten sich, bevor sich das Blätterdach der Bäume schließt. Die Ränder der Blütenblätter sind unterschiedlich lang, so daß die Blüte des Immergrüns an ein Windrädchen erinnert. Man kann dies auf dem Bild gut erkennen.

8 **Walderdbeere:** Blüten und reife Scheinfrüchte findet man bei der kleinen Walderdbeere oft auf ein und derselben Pflanze, da sich die Blütezeit über 6 bis 8 Wochen hinziehen kann. Die kleinen Erdbeeren reifen schnell.

9 **Echtes Lungenkraut:** Deutlich sieht man, daß seine jungen Blüten rötlich gefärbt sind und dann blau werden – eine Änderung im Säuregrad des Zellsaftes verursacht diese Umstellung. Das Lungenkraut blüht im Frühling in lichten Wäldern.

(Erläuterungen S. 112)

1

2

3

1 Die **Frühlingsknotenblume** blüht fast so früh im Jahr wie das ähnliche Schneeglöckchen (Bild 2). Bei genauer Betrachtung der Blüten entdeckt man aber deutliche Unterschiede: So bilden die Blütenblätter ein fast geschlossenes Glöckchen, dessen Spitzen knotenartig verdickt und grünlichgelb gefärbt sind. Die Stengel sind dicker und heller grün als beim Schneeglöckchen. Die Arten zählen zu den Amaryllisgewächsen und wachsen sowohl in getrennten als auch in gemischten Beständen. Frühlingsknotenblume und Schneeglöckchen sind geschützt.

2 Beim **Schneeglöckchen** sind die drei äußeren Kronblätter lang und voneinander getrennt, während sich die drei inneren und kürzeren krönchenartig schließen. Die Innenseite der äußeren Kronblätter reflektiert Ultraviolett und geleitet die Bienen zum inneren Glöckchen, wo sie am Blütengrund Nektar finden. Bei der Suche danach platzen die Spitzen der Staubbeutel und streuen den Pollen über die Biene. Schneeglöckchen blühen mitunter bereits, wenn noch Schnee liegt.

3 Der Blütenstand des **Aronstabs** zeigt einen ganz ungewöhnlichen Bau. Das äußere Hüllblatt, die Spatha, umschließt mit dem erweiterten unteren Teil, dem Kessel, die männlichen und weiblichen Blüten des Kolbens. Eine Reuse verschließt den Kessel. Aasartiger Duft lockt Insekten an, die an der glatten Wand der Spatha abgleiten, durch die Reuse nach unten in den Kessel rutschen und dort die Bestäubung der weiblichen Blüten vollziehen.

4

5

6

7

8

4 Der **Zweiblättrige Blaustern** besitzt meist nur zwei Blätter. Er blüht im Anschluß an Schneeglöckchen und Frühlingsknotenblume in Auwäldern und auf feuchten Wiesen. Blausternvorkommen sind recht selten und gehen mancherorts auf verwilderte Gartenformen zurück. Wo aber Blausterne wachsen, bilden sie in der Regel größere Bestände, die gleichzeitig blühen und das gerade sprießende Gras mit einem blauen Schimmer überziehen.

5 Der **Wohlriechende Lauch** blüht im südlichen Mitteleuropa in Mooren und Sumpfwiesen von Juli bis August. Seine flachen Blätter sind an der Unterseite scharf gekielt und, wenn er nicht blüht, vom Grasteppich schwer zu unterscheiden. In Mitteleuropa kommen 19 weitere, teils aus Gärten verwilderte Laucharten vor.

6 Das **Rote Waldvögelein,** eine Orchidee, ist im Mittelgebirgsbereich und im Süden auf kalkreichen Standorten verbreitet, fehlt jedoch in den Wäldern des norddeutschen Flachlandes. Da es von einem Wurzelpilz miternährt wird, verträgt es jahrelange Beschattung durch den Hochwald, blüht aber erst wieder, wenn der Wald stark ausgelichtet wird.

7 Die Blüte des **Frauenschuhs,** einer der schönsten Orchideen Mitteleuropas, ist unverwechselbar. Die große gelbe Unterlippe ist für den vorübergehenden Fang bestäubender Insekten eingerichtet. Diese gleiten auf ihr aus und fallen ins Blüteninnere.

8 Die **Einbeere** entwickelt eine blauschwarze Beere über vier Laubblättern. Sie wächst in feuchten Laubwäldern.

Der Wald
(Erläuterungen S. 113)

1

2

3

4

1 Saftkugler ähneln den Rollasseln, unterscheiden sich von diesen aber durch die Zahl ihrer Beinpaare, die beim Saftkugler 17–19 beträgt, während die Rollasseln nur 7 Paare besitzen. Bei dem abgebildeten *Getupften Saftkugler* verlaufen über die Rükkenplatten zwei Längsreihen gelblicher Tupfen. Die Art zählt zu den Doppelfüßern und wird bis 14 mm lang.

2 Steinläufer: Hebt man im Gelände einen größeren Stein auf oder reißt ein Stück Rinde von einem Baum, so huscht oft ein vielbeiniges und vielgliedriges, hellbraunes Tier davon. Steinläufer sind sehr scheu und meiden die Helligkeit; ihr Feuchtigkeitsbedürfnis ist so groß, daß sie bei längerer Sonnenbestrahlung eingehen. Bei dem abgebildeten Tier befindet sich das Kopfende rechts.

3 Ein Exemplar der **Roten Wegschnecke** mit ihrem Gelege. 300–500 Eier werden, auf kleinere Portionen verteilt, im Herbst ins Erdreich abgelegt. Nach einem Regenguß findet man die dicken, großen Nacktschnecken häufig auf Wegen umherkriechen. Die Jungschnecken sind grüngrau gefärbt und haben einen schwarzen Kopf. Erwachsene Rote Wegschnecken können die beachtliche Länge von 15 cm erreichen.

4 Rotbeinige Baumwanze: Wie an dem stark vergrößerten Rükkenschild zu erkennen ist, gehört diese Art zu den Schildwanzen. Mit 12–16 mm Länge zählt sie zu den größten heimischen Wanzen; man erkennt sie an den roten Beinen und der roten Spitze des Schildes.

5

6

7

8

5 Mistkäfer: Das abgebildete Pärchen rollt einen Kotballen, der als Nahrung für die Brut in das unterirdisch angelegte Gangsystem geschafft werden soll. Zu den Nahrungsquellen finden die Käfer durch ihren sehr ausgeprägten Geruchsinn. Mistkäfer gehören zu einer Käfergruppe, deren einzelne Arten sich nur schwer voneinander unterscheiden lassen.

6 Fichtenrüßler: Der besonders hart gepanzerte, walzenförmige, etwa 13 mm lange Rüsselkäfer ist flugunfähig; die Flügeldecken sind miteinander verklebt, und das zweite, häutige Flügelpaar fehlt. Der lange Rüssel ist an der Spitze etwas lappig verbreitert. Der Käfer gefährdet durch seine Bohrtätigkeit vor allem junge Nadelholzbäume.

7 Haselnußbohrer: Am Kopf des 6–9 mm langen Käfers fällt der lange, gebogene Rüssel auf, mit dem das Weibchen zur Eiablage einen Kanal in den noch weichen Kern der Haselnuß bohrt. Von den Bäumen und Sträuchern, auf denen er sitzt, läßt er sich bei der geringsten Erschütterung sofort herabfallen.

8 Hirschkäfer: Diesen größten heimischen Käfer (Männchen bis 4 cm) findet man in Beständen alter Eichen. Mit dem Rückgang dieser Bäume ist der Käfer äußerst selten geworden, zumal er als begehrtes Sammlerobjekt noch weiter dezimiert wird. Das Bild zeigt den Rivalenkampf zweier Männchen, die versuchen, sich mit ihren »Geweihen« gegenseitig aus dem Stand zu heben und vom Ast herunterzuwerfen.

1

2

3

4

1 Buchdrucker: Bevorzugt unter die Rinde von Fichtenstämmen, gelegentlich auch von Kiefern und Lärchen legt der knapp 5 mm lange Käfer seine typischen Gangsysteme an. Die geschlüpften Larven nagen senkrecht vom größeren Muttergang ausgehend, 5 cm lange, schmale Seitengänge, wodurch das bekannte, an Schriftzeichen erinnernde Fraßbild entsteht.

2 Der **Pfeifenräumer** ist eine unserer größten (30 mm lang) und schönsten Schlupfwespen. Das Weibchen bohrt hier gerade seinen etwa doppelt körperlangen Legebohrer in das Holz, um seine Eier an Nutzholzschädlinge zu legen. Wegen dieser parasitischen Tätigkeit ist der Pfeifenräumer in der Forstwirtschaft für die biologische Schädlingsbekämpfung von Bedeutung.

3 Der **Moschusbock** führt seinen Namen wegen des moschusartigen Geruches, der ihm anhaftet. Mit seinen metallisch schimmernden Flügeldecken und Beinen zählt er zu den schönsten heimischen Bockkäfern und erreicht die beachtliche Länge von 35 mm. Zur Verteidigung spritzt der Käfer aus dem Mund eine ätzende Flüssigkeit einige Zentimeter weit.

4 Blattwespen: Häufig beobachtet man bei ihren Larven, den Afterraupen, einen Herdentrieb: Sie halten auf den Blättern engen körperlichen Kontakt und bleiben in ihrer Entwicklung zurück, sobald man sie aus dieser Gemeinschaft reißt. Die abgebildeten Raupen zeigen Schreckreaktion: Sie krümmen sich S-förmig und strecken den Hinterleib empor.

5

6

7

8

5 Zwei Arbeiterinnen der **Roten Waldameise,** die sich zur Begrüßung, zur Kontaktaufnahme und um Informationen über die Nahrungsquelle auszutauschen, mit den Fühlern betrillern. Bei der Nahrungssuche bewegen sich die Tiere oft in Kolonnen auf bestimmten Wegen und gelangen manchmal bis in die Wipfel der Bäume. Die meisten Nestinsassen der Roten Waldameise sind Arbeiterinnen.

6 Die **Kamelhalsfliege** verdankt ihren Namen der halsartig verlängerten, sehr beweglichen Vorderbrust, die es ihr erlaubt, den Kopf nach allen Richtungen zu drehen. Die Flügel liegen in Ruhe dachartig über dem Hinterleib. Kamelhalsfliegen werden zur Gruppe der Netzflügler gezählt.

7 Der **Wollschweber** sieht auf den ersten Blick wie eine Hummel aus, ist aber eine Fliege und hat nur ein Paar häutige Flügel. Zeitig im Frühjahr besucht er bereits die ersten Blüten.

8 Raupen von **Gespinstmotten** haben die Bäume, einschließlich des Hochsitzes, mit einem festen Seidengespinst überzogen, als sie die Blätter in den Kronen der Traubenkirschen verspeisten. Es handelt sich hier um die *Traubenkirschen-Gespinstmotte,* deren Raupen nur auf diesen Bäumen leben. In zwei Wochen werden noch einmal neue Blätter ausgetrieben. Dieser zweite Trieb bleibt dann weitgehend frei von Schädlingen. In der Gesamtbilanz verliert die Traubenkirsche daher wenig Substanz, der Schaden durch die Gespinstmotten bleibt also gering.

1

2

3

4

1, 2 Das **Landkärtchen** fliegt in zwei ganz unterschiedlichen Formen: Die Frühjahrsform, die aus den Puppen der zweiten Generation hervorgeht (wie in Bild 2 zu sehen), ist überwiegend braun; die Sommerform (Bild 1) ähnelt mit ihrer schwarzen, von einer schmalen weißen Binde durchzogenen Oberseite dem Kleinen Eisvogel (Bild 4). Die Zeichnung der Flügelunterseite, die etwas an eine Landkarte erinnert, bleibt jedoch bei beiden Formen unverändert. Die unterschiedliche Tageslänge während der Entwicklung der Raupen und Puppen verursachte die Ausbildung der zwei verschiedenen Jahreszeitformen. Die Raupen des Landkärtchens leben an Brennesseln unter Gebüsch oder in Auwäldern. Die Falter besuchen gerne Doldenblüten.

3, 4 Beim **Kleinen Eisvogel** erstreckt sich eine breite weiße Binde über die Ober- und Unterseite beider Flügelpaare (Bild 4). Im Vorderflügel ist sie jedoch in eine Reihe großer Flecken aufgelöst. Das Gelbbraun der Flügelunterseite (Bild 3) steht in scharfem Kontrast zur schwärzlichen Oberseite, so daß der Falter, je nachdem, ob er die Flügel öffnet oder geschlossen hält, ganz verschieden aussieht. Die Weibchen sind oberseits blasser gefärbt als die Männchen. Der Eisvogel fliegt in feuchten Wäldern, Auen und Bachtälern, wo er sich oft auf dem Boden niederläßt. Seine Raupen leben an den Blättern und jungen Trieben von Heckenkirsche, Geißblatt und Schneebeeren; wo diese in den Auwäldern oder Gärten häufig vorkommen, ist auch der Kleine Eisvogel nicht selten.

5

6

7

8

5 Großer Schillerfalter: Schon eine kleine Änderung der Blickrichtung des Betrachters genügt, und der schöne Blauschiller verschwindet. Denn diese Farbe kommt durch Lichtbrechung an feinsten Luftkammern im Flügel, genauer in den Schuppen, welche die Flügel bedecken, zustande. Bei dem abgebildeten Falter handelt es sich um ein Männchen; dem Weibchen fehlt der Schiller. Der dem Großen Schillerfalter im Aussehen sehr ähnliche Kleine Schillerfalter trägt auf dem Vorderflügel einen Augenfleck ähnlich dem, der hier auf dem Hinterflügel deutlich zu sehen ist.

6 Nagelfleck: Tiefes Goldbraun und stark gekämmte Fühler kennzeichnen das Männchen. Wenn die Buchen grünen, sieht man diesen nach den weißen »Nägeln« in den blauen Augenflecken genannten Falter in rastlosem Flug zwischen den Stämmen umherjagen. Die Suche gilt den größeren, gelblichen, recht flugunlustigen Weibchen, die meist an Stämmen oder Blättern sitzend die Männchen erwarten.

7 Nonne: Ein helles und ein verdunkeltes Männchen dieser früher recht gefürchteten Schmetterlingsart aus der Familie der Schadspinner zeigt dieses Bild. Verdunkelte Exemplare werden in flechtenarmen, unter Luftverschmutzung leidenden Wäldern weniger leicht entdeckt als die hellen der Normalform.

8 Der **Trauermantel** sonnt sich an einem Birkenstamm. Er hat als Falter überwintert. Durch den gelben Saum und die blaue Fleckenreihe ist dieser große Tagfalter unverkennbar.

1

2

4

3

5

1, 2 Die Raupe des **Kleinen Nachtpfauenauges,** eines nachtaktiven Pfauenspinners, der mit dem Tagpfauenauge nicht verwandt ist, rollt sich bei Berührung zusammen (Bild 1). Bild 2 zeigt ein Männchen, dessen stark gekämmte Fühler deutlich zu erkennen sind. Beim Weibchen tragen sie nur kleine, schwache Kämme. Dagegen sind die Flügel der Weibchen hellgrau und größer; sie haben eine Spannweite von mehr als 7 cm, beim Männchen nur über 6 cm. Die Augenzeichnung ist bei beiden gleich.
3 Kiefernspinner: Ebenfalls ein Männchen zeigt dieses Bild. Beim Weibchen sind die Flügel weniger deutlich gezeichnet: Der weiße Punkt ist kaum erkennbar, und die Fühler sind ungekämmt. Die Raupen des Kiefernspinners leben von den Nadeln der Kiefern und verursachen bei Massenauftreten Schäden. Doch es kommt mit den heutigen Schädlingsbekämpfungsmitteln nur selten dazu.
4 Der **Pappelschwärmer** tarnt sich mit den blattartigen Flügeln recht gut im Laubwerk, wenn er nicht so frei wie auf dem Bild sitzt. Die Vorderflügel verdecken eine rotbraune Zone der Hinterflügel, die bei Gefahr gezeigt wird. Der Pappelschwärmer ist einer unserer häufigsten Schwärmer.
5 Das Männchen des **Eichenspinners** kann viel dunkler aussehen als hier im Bild, denn die Grundfarbe reicht von Hellbraun bis Schwärzlich. Aber stets bleibt die nach außen unscharfe, helle Linie erhalten. Meist tritt auch der weiße Punkt deutlich hervor. Das Weibchen ist größer und in den Farben blasser.

6

7

8

9

6 Kieferneule: Die in der Flügelzeichnung bei Eulenfaltern oft auftretende Nierenmakel (Nierenfleck) wird durch einen Steg mit der ebenfalls weißlichen Ringmakel zu einem deutlichen Muster verbunden, das – zusammen mit den rotbraunen Farbflecken am Außenrand der Vorderflügel und der bürstenartigen Behaarung an Kopf und Brust – ein deutliches Erkennungszeichen dieses Falters darstellt. Die Raupen fressen Nadeln von Kiefern und anderen Nadelbäumen und verursachen bei Massenauftreten Forstschäden. Sie tragen grüne Längsstreifen am Körper, die sie in den Nadeln der Bäume gegenüber ihren Fraßfeinden tarnen.

7 Der **Schönbär,** auch unter dem Namen *Spanische Fahne* bekannt, gehört zu den Bärenspinnern. Durch auffällige Färbung und Zeichnung warnt er vor seiner Ungenießbarkeit. Seine Raupen leben an Himbeerblättern, Brennesseln und anderen niedrigen Pflanzen stickstoffreicher Standorte.

8 Rotes Ordensband: Das rot-schwarze Muster seiner Hinterflügel dient der kurzfristigen Abschreckung, wenn der große Eulenfalter trotz seiner tarnenden Vorderflügel von einem hungrigen Vogel entdeckt wird. Im Ruhezustand bleibt es verdeckt.

9 Beim **Mondvogel** oder *Mondfleck* muß man schon genau hinsehen, um sicher zu sein, wo vorne und hinten ist. Der gelbe Mondfleck an der Flügelspitze dient wohl dazu, Vögel zu verwirren und sie vom Kopfbereich abzulenken, der wie die Bruchstelle eines dürren Ästchens aussieht.

1

2

3

1, 2 Feuersalamander: Fleckig oder streifenförmig kann das gelbe Muster auf seiner schwarzen Haut angeordnet sein, mit dem er Angreifer vor dem starken Hautgift warnt, das von Drüsen ausgeschieden wird. Der Feuersalamander kann sich daher ein langsames, offenes Umherkriechen leisten, denn er wird nicht behelligt. Hat man einen Feuersalamander angefaßt, so empfiehlt es sich, die Hände zu waschen – das Gift kann die Haut reizen und zu Entzündungen führen (vor allem bei empfindlicher Haut). In feuchten, schattigen Waldschluchten und Bachtälern findet man den Feuersalamander noch recht häufig. Bild 2 zeigt drei jüngere Tiere.
3 Eine **Blindschleiche** mit sieben Jungen. Wahrscheinlich waren es ursprünglich noch mehr, denn meist bringt das Weibchen zwischen 10 und 20 Junge zur Welt. Gleich bei der Geburt schlüpfen sie aus der Eihülle, denn sie haben sich bereits im Mutterleib fertig entwickelt. Trotz ihres schlangenartigen Aussehens gehören sie nicht zu den Schlangen, sondern zu den Eidechsen. Allerdings sind ihre Beine so reduziert, daß äußerlich nichts mehr davon zu sehen ist. An ihrem Skelett kann man aber noch Reste eines Gliedmaßengürtels erkennen. Blindschleichen fühlen sich sehr glatt an. Es fällt nicht leicht, sie in der Hand zu halten, ohne sie zu drücken. Ähnlich wie die Eidechsen können sie den Schwanz an einer bestimmten Stelle abwerfen. Er wächst dann zwar wieder nach, aber nicht mehr bis zu seiner vollen Länge. Die Weibchen werden bis 45 cm lang, die Männchen bleiben kleiner.

4

5

6

7

4 Der **Baumfalke** späht von seiner Sitzwarte aus nach Beute. Er ist ganz ähnlich gezeichnet wie der größere, kräftigere Wanderfalke, von dem er sich jedoch zusätzlich durch rote Beinbefiederung (im Bild nicht sichtbar) unterscheidet. Im Flugbild wirkt er schlanker, manchmal wie ein großer Mauersegler. Vor allem Schwalben, Lerchen und andere Kleinvögel sowie große Libellen bilden seine Beute, die er im Flug schlägt. Er lebt von Mai bis September im mitteleuropäischen Brutgebiet.

5 Der **Wespenbussard,** der sich nur den Sommer über bei uns aufhält, verfüttert hier gerade eine Wespenwabe an sein Junges. Diese Ernährungsweise kennzeichnet ihn. Schuppenartige Federn im Schnabelwinkel und ums Auge schützen vor Stichen.

6 **Sperber:** Das Weibchen ähnelt dem Habicht noch mehr als das um ein Drittel kleinere Männchen. Nur im unmittelbaren Vergleich mit Bild 7 fallen die Unterschiede zwischen beiden Arten in Größe und Stärke auf.

7 Der bussardgroße **Habicht** trägt im Jugendkleid eine tropfenartige Längsstreifung auf der Brust. Erst im Alterskleid entwickelt sich dann die charakteristische Querbänderung, die Sperberung. An der Stärke der Fänge läßt sich ablesen, daß der Habicht mit viel größerer Beute zurechtkommt als sein kleiner Vetter, der Sperber. Er kann Tiere bis zur Größe eines Hasen bewältigen. Sein Flug ist schnell und gewandt. Auch beim Habicht ist das Weibchen größer als das Männchen.

1

2

3

4

1–4 Der **Mäusebussard** ist neben dem Turmfalken der häufigste Greifvogel in Mitteleuropa. Überall in der offenen Landschaft trifft man ihn, sofern sie wenigstens Waldinseln enthält. Denn der Mäusebussard nistet auf Bäumen, die in der Regel nicht frei stehen. Seine Horste erreichen bis zu 75 cm Durchmesser und liegen meist in Stammnähe an einem starken Seitenast im oberen Kronenbereich. Die Brutzeit beginnt im März oder April. Ihr gehen eindrucksvolle Flugspiele mit lauten »hiiä«-Rufen voraus. Die Jungen werden hauptsächlich mit Feldmäusen gefüttert, von denen sich auch die Altbussarde ernähren; andere Tiere machen nur einen geringen Anteil der Beute aus. Besonders Flugwild vermag der Mäusebussard nicht zu schlagen, weil er dafür zu langsam und zuwenig wendig ist. Untersuchungen der als Gewölle bezeichneten hochgewürgten, unverdaulichen Nahrungsreste ergaben, daß Mäuse 70–90% der Beute des Bussards ausmachen. Auf sie ist seine Jagdtechnik, die Ansitzjagd, eingestellt. Der Mäusebussard zeigt ein ziemlich variables Gefieder. Die abgebildeten Bussarde entsprechen recht gut der Norm. Aber es gibt auch fast einfarbig dunkelbraune, helldunkel gefärbte und unterseits fast rein weiße. Besonders die nördlichen Bussarde, die zum Überwintern nach Mitteleuropa ziehen, sind oft sehr hell. Verwechslungen lassen sich daher nicht mit Sicherheit ausschließen. Breite Flügel und ein im Segelflug gefächerter, gerundeter Schwanz kennzeichnen ihn. Eine Bejagung des Mäusebussards ist nicht nötig.

5

6

7

8

5 Turteltaube: Zarte Blau- und Brauntöne überziehen auf den Flügeln ihr Gefieder. Beine und Augen sind rötlich; an den Halsseiten, wo die sonst recht ähnliche Türkentaube den halbmondförmigen Halsring trägt, sind drei feine schwarze Streifen zu erkennen, wie man in der Abbildung deutlich sehen kann. Auch an der Schwanzzeichnung lassen sich diese beiden kleinen Wildtauben unterscheiden: Bei der Turteltaube ist das weiße Endband an der Schwanzunterseite schmal, bei der Türkentaube breit. Den besten Hinweis auf das Vorkommen von Turteltauben gibt aber ihr schnurrender Balzruf im Frühsommer, der wie »turr-turr-turr« klingt. Sie sind keine eigentlichen Waldbewohner, sondern mehr an den Rändern lichter Wälder und an Hecken zu Hause.

6 Die **Waldschnepfe** versteht es meisterhaft, sich zu tarnen. In den moorigen, sumpfigen Bachtälern der Mittelgebirge und des Hügellandes kommt sie vereinzelt als Brutvogel vor. Scheucht man sie zufällig auf, charakterisiert sie im Flugbild ihr sehr langer Schnabel. Im Vorfrühling und im Spätherbst ziehen die im Norden brütenden Vögel von dort durch Mitteleuropa.

7, 8 Kuckuck: Seine Zieheltern, Grauschnäpper, hat der junge Kuckuck an Körpergröße bereits weit übertroffen. Aber noch immer versucht er, mit der roten Innenseite des Schnabels und des Rachens ihren Fütterungstrieb wachzuhalten. Voll ausgewachsen ähnelt der Kuckuck einem Sperber. Es gibt auch braune Farbtypen, sie sind meist bei den Weibchen vorherrschend.

1

2

3

1 Die **Waldohreule** unterscheidet sich durch die langen Federohrbüschel und die rötlichgelben Augen von der ihr sonst recht ähnlichen, aber in ganz anderen Lebensräumen, in der offenen Moor- und Sumpflandschaft, vorkommenden Sumpfohreule. Die Waldohreule sieht wie eine kleine Ausgabe des Uhus aus. Sie lebt in Wäldern aller Art, auch in größeren Parkanlagen, und nistet auf verlassenen Krähennestern. Während Bodenbruten bei ihr nur ausnahmsweise vorkommen, sind sie bei der Sumpfohreule die Regel. Vom Waldkauz unterscheidet sich die Waldohreule im Flug durch die erheblich längeren Flügel und die tief durchgezogenen Flügelschläge. Ihrem nächtlichen Ruf »bu-u-u« fehlt der lange Heulton des Waldkauzes.

2 Der **Rauhfußkauz** kommt nur in großen, geschlossenen Wäldern vor. Deutlich erkennt man im Bild die stark befiederten Zehen. Vom ähnlichen Steinkauz kann man ihn an der Form des Gesichtsschleiers – der über den Augen bei ausgewachsenen Käuzen ein ohrförmiges, schwarzes Dreieck bildet – und an den deutlichen weißen Streifen auf dem Rücken unterscheiden. Letzteres Merkmal sieht man besonders dann, wenn er abfliegt.

3 Den **Waldkauz,** unsere wohl häufigste Eulenart, kennzeichnen der große, runde Kopf und die ziemlich kurzen, gerundeten Flügel. Damit jagt er recht wendig zwischen den Bäumen. Er ist ausgesprochen nachtaktiv und in Wäldern aller Art zu finden. Zum Nisten benötigt er Höhlen oder Halbhöhlen.

4

5

6

7

4 Der krähengroße **Schwarzspecht** schlägt seine Höhlen besonders häufig in Buchen. Dem mächtigen Schnabel widersteht selbst Hartholz nicht. Beim Weibchen sitzt nur ein kleiner roter Fleck am Hinterkopf, ansonsten gleicht es ganz dem Männchen (Bild).

5 Der **Buntspecht,** am roten Fleck am Hinterkopf als Männchen zu erkennen, hat sich einen Zapfen festgeklemmt, den er in seiner »Schmiede« bearbeitet. Da er die Füße zum Festklammern am Stamm benötigt, braucht er diese Arbeitshilfe, um dem Zapfen Halt zu verleihen. Die weißen Schulterflecken fallen beim Klettern und vor allem auch im Fluge auf. Rötlich sind übrigens auch die Federn unter dem Schwanz. Dieses Rot ist ebenfalls bei den Weibchen zu finden, wohingegen ihnen die rote Kopfkappe fehlt. Bei jungen Buntspechten dagegen zieht sich die rote Kappe noch über den ganzen Oberkopf.

6 Wenn der **Waldbaumläufer** in Spiralen die Stämme hochklettert, sieht man oft nur die Bewegung, den kleinen Vogel dagegen wegen seines rindenfarbenen Gefieders kaum. Die lange Hinterkralle unterscheidet ihn vom Gartenbaumläufer.

7 Der sperlingsgroße **Kleinspecht,** der sich recht unauffällig verhält, nutzt dicke Äste und Baumstämme nur zum Anlegen der Nisthöhlen. Die Nahrung sucht er an den dünneren Ästen und Zweigen. Dem Weibchen fehlt die rote Kopfkappe. Die geringe Körpergröße und die weiße Querbänderung an der Oberseite schließen eine Verwechslung mit anderen Arten aus.

1

2

3

4

1 Der **Baumpieper** fliegt im Frühling von randständigen Bäumen oder Büschen über Waldlichtungen und gleitet dann, die Flügel halb ausgebreitet und intensiv »zia-zia-zia« singend, herab. An diesem Singflug erkennt man ihn sicherer als an der oft nur schwer sichtbaren bräunlichen Brustzone, über die sich eine starke Flekkenstreifung zum Bauch hinzieht.

2 **Fichtenkreuzschnabel:** Nach Art kleiner Papageien turnt dieses Paar an den Fichtenzapfen, um mit den gebogenen Schnäbeln die Samen zwischen den Zapfenschuppen hervorzuholen. Ausgefärbte Männchen sind ziemlich intensiv rot, während die Weibchen und die flüggen Jungvögel gelbgrünes Gefieder tragen, das bei den Jungen außerdem stark gestreift ist.

3 **Trauerschnäpper:** Nur bei den im Norden brütenden Vögeln sind die Männchen ganz auffallend schwarzweiß gezeichnet. Die in Mitteleuropa vorkommenden bleiben – mit Ausnahme des auffallenden weißen Flügelfelds – fahler. Die Weibchen sind bräunlichgrau gefärbt. Der Trauerschnäpper ist ein Höhlenbrüter. Er bewohnt lichte Wälder und überwintert in Afrika.

4 Dieser **Zeisig** hält sich bei seinem typischen Winterfutter, den Erlenzapfen, auf. Intensive Gelbfärbung und schwärzliche Stirn kennzeichnen das Männchen gegenüber dem Weibchen, das blaßgrau und grünlichgelb ist und an den Seiten eine kräftige Streifung trägt. Zeisige turnen sehr geschickt, selbst mit dem Kopf nach unten, um an Erlensamen zu gelangen.

5

6

7

5 Unverkennbar ist der winzige **Zaunkönig.** Das Bild zeigt ihn in der typischen Haltung: das Schwänzchen steil nach oben gerichtet und den Schnabel leicht angehoben. Auf dem rindenbraunen Gefieder befinden sich feine weiße Tropfenflecken. Ein schmaler weißer Streifen zieht sich über das Auge. Der dünne Schnabel weist den Zaunkönig als Insektenfresser aus. Er bleibt das ganze Jahr über im Gebiet und hält seine Reviere auch im Winter aufrecht. Schmetternde Gesangsstrophen verkünden die Anwesenheit des kleinen Vogels.

6 **Rotkehlchen:** Das Gelbrot an Gesicht und Brust, der einfarbig graubraune Rücken und die großen schwarzen Augen kennzeichnen das zierliche Rotkehlchen. Es hält sich viel am Boden auf, wo es durch Knicksen und leicht gestelzten Schwanz auffällt. Die Männchen beginnen zeitig im Frühling mit ihrem perlenden Gesang, und auch im Spätherbst kann man mitunter leisen Gesang hören. Männchen und Weibchen unterscheiden sich im Gefieder nicht. Die Jungvögel wirken »schuppig«. In milderen Gegenden überwintern die Rotkehlchen.

7 Die **Singdrossel,** die in den meisten Wäldern vorkommt, unterscheidet sich durch geringere Körpergröße von der recht ähnlichen, aber an der Brust größer gefleckten Misteldrossel. Als Drossel gehört sie zu den Weichfressern. Im Herbst und Winter spielen Beeren und Früchte für ihre Ernährung eine große Rolle. In Mitteleuropa lebt sie als Zugvogel.

1

2

3

4

1 Sommergoldhähnchen: Noch winziger als der Zaunkönig sind die Goldhähnchen, die kleinsten europäischen Vögel. Das Sommergoldhähnchen unterscheidet sich vom nahezu gleich kleinen Wintergoldhähnchen durch seine Stimme, sein Zugverhalten – es überwintert gewöhnlich nicht in Mitteleuropa – und die Zeichnung des Kopfes. Bei ihm läuft ein schwarzer Streifen durchs Auge, wie auf dem Bild gut zu sehen ist. Das Krönchen auf dem Scheitel ist intensiver rotgold gefärbt. Beide Goldhähnchenarten sind ausschließliche Nadelwaldbewohner und sehr selten in anderen Waldtypen zu finden. Sie suchen ihre Nahrung, die aus kleinen Spinnen und Insekten besteht, an den Spitzen der Zweige oder nehmen sie nach Art der Fliegenschnäpper aus der Luft.

2 Die **Sumpfmeise** besucht im Gegensatz zu ihrer Zwillingsart, der sehr ähnlichen Weidenmeise, im Winter regelmäßig Futterhäuschen. Es fehlen ihr die für die Weidenmeise typischen bläulichweißen Federränder im Flügel. Ihre schwarze Kopfkappe glänzt, während sie bei der Weidenmeise matt bleibt. An der Stimme, einem lauten »pistjä«, erkennt man sie zumeist am besten. Die recht kleine, nur gut 11 cm lange Meise nistet in nicht selbst gezimmerten Höhlen, während die Weidenmeise ihre Höhlen selbst in morschen Ästen von Birken und Erlen baut. Sumpfmeisen sind ziemlich selten.

3 Die **Tannenmeise** lebt in Nadelwäldern, wobei das Vorkommen von Tannen keine Rolle spielt. Der deutsche Name sagt daher we-

5

6

7

nig über den Lebensraum aus, den diese kleine Meise bewohnt. Man erkennt sie an der schwarzweißen Kopfzeichnung und insbesondere am auffallenden weißen Nackenfleck. Sie ist erheblich kleiner als die Kohlmeise, sehr flink und, vor allem was den Brutplatz betrifft, recht findig.

4 Auch die **Haubenmeise** bewohnt Nadelwälder, wo sie sich meist im Kronenbereich der Kiefern und Fichten verborgen hält. Bei Erregung sträubt sie das verlängerte, weißgerandete Kopfgefieder. Ihr Ruf tönt »zi-gürr« oder »zi, zi, gürrr«.

5–7 Schwanzmeisen sind durch ihren langen Schwanz gekennzeichnet, mit dessen Hilfe sie bei der Nahrungssuche an den äußersten Zweigspitzen turnen. In Bild 7 erkennt man den weißen Rand, in Bild 6 die Stufung des Schwanzes deutlich. In diesem Bild haben sich vier Schwanzmeisen zu einer Schlafkugel zusammengeschlossen – ein Verhalten, das sie das ganze Jahr über zeigen: Es vermindert die Wärmeverluste während der Nacht. In Bild 5 kommt gerade eine weißköpfige Schwanzmeise mit Futter an das durch Flechten getarnte, kugelförmige Nest, das in die Astgabelung eingebaut ist. Im Westen herrschen streifenköpfige Schwanzmeisen vor. In Mitteleuropa vermischen sich beide Formen. Die beiden Schwanzmeisen in Bild 7 sind flügge Jungvögel. Sie tragen besonders breite schwarze Streifen über den Augen und einen orangefarbenen Augenring. Bei Altvögeln verfärbt sich dieser Augenring zitronengelb.

1

2

1 Der **Pirol** kommt erst Anfang Mai aus seinem Winterquartier in Afrika zurück, wo auch seine Verwandten leben. Das Männchen im Bild bringt den Jungen Futter. Das kleine Napfnest ist – typisch für den Pirol – in eine Astgabel eingeflochten. Da es den Jungen wenig Schutz bietet, sind diese gegen naßkaltes Wetter sehr anfällig. Trotz der Kontrastfärbung von intensivem Gelb und Schwarz entdeckt man den Pirol in den Wäldern der Niederungen nur mit Mühe, weil er sich stets im dichten Blattwerk verborgen hält. Von dort ertönen seine flötenartigen Rufe. Nur wenn sich zwei Männchen ins Gehege kommen, schießen sie in wilder Jagd auch über freie Flächen. Die grünlich gefärbten Weibchen findet man noch schwerer. Ihr Ruf klingt rätschend.

2 Zu den Rabenvögeln gehört der **Eichelhäher,** dessen Warnrufe den Waldwanderer begleiten. Die hübschen, blau-(weiß-)schwarzen Federchen am Flügel findet man nicht selten auf dem Waldboden. Der Häher selbst läßt sich nur ausnahmsweise so gut beobachten, daß man ihn erkennen kann. Meist fällt nur der große weiße Schwanzansatz auf, wenn er rätschend abfliegt und im Gebüsch verschwindet. Mit den kurzen, rundlichen Flügeln fliegt er sehr wendig zwischen den Ästen umher. Wenn er aber freie Strekken überqueren muß, wirkt sein Flug eher unbeholfen und mühsam. Der Eichelhäher lebt von Insekten, Eicheln und Haselnüssen.
3 Dieser junge **Fitis** ist gerade ausgeflogen. Der Schwanz muß noch wachsen, und der Schnabel wird sich strecken. Deutlich er-

3

4

5

kennt man an seinem Spalt noch die gelben Ränder, die verschwinden, wenn der Jungvogel ausgewachsen ist. Dann ähnelt er stark dem in Bild 4 gezeigten Zilpzalp. Nur die Beine bleiben hell, und der Gesamteindruck des Gefieders wirkt gelblicher als beim Zilpzalp, mit dem er oft dieselben Wälder bewohnt. Doch der Gesang des Fitis hört sich deutlich anders an: ein perlendes Flöten, das meist von höheren Singwarten vorgetragen wird als beim Zilpzalp. Der Fitis gehört zu den Laubsängern, einer ausschließlich Insekten fressenden Singvogelgruppe, die den Grasmücken nahesteht.

4 **Zilpzalp:** Dunkleres Gefieder und grauschwarze Beine kennzeichnen den Zilpzalp. Er ist fast genau in Originalgröße abgebildet. Sein einfacher Gesang, der wie »zilp-zalp« klingt, ist unverkennbar. Da er bereits im Mittelmeerraum und nicht, wie der Fitis, im tropischen Afrika überwintert, kommt er schon früh im Jahr, meist im März, aus dem Winterquartier zurück und läßt seinen Schlag aus dem Gebüsch ertönen.

5 Bei der **Mönchsgrasmücke** unterscheiden sich Männchen und Weibchen deutlich an der Färbung der Kopfplatte. Schwarzplättchen, wie die Mönchsgrasmücke im Volksmund gebietsweise genannt wird, trifft nur für das Männchen zu, denn das Weibchen trägt eine gelbbraune Kopfkappe. Der schlanke Schnabel weist darauf hin, daß Insekten die bevorzugte Nahrung bilden. Aber auch Beeren nimmt die Mönchsgrasmücke.

1

2

3

1 Die **Zwergfledermaus** schießt zielsicher in völliger Dunkelheit durch die kleine Öffnung im efeuumrankten Gemäuer. Eine hochentwickelte Orientierung durch Echolot ermöglicht ihr diese Leistung. Die von ihr ausgestoßenen Ultraschallrufe »erhellen« das Dunkel für sie ebenso, wie es dies das Blitzlicht im Bild für die Kamera tut. An der Größe der Efeublätter läßt sich die Kleinheit dieser Fledermaus ablesen. Ihr Gewicht liegt zwischen 3 und 8 g. Sie lebt von Insekten, die sie auf ihren nächtlichen Jagdflügen im Luftraum fängt.

2 Waldspitzmaus: Die rüsselartig verlängerte Schnauze trägt zahlreiche Sinneshaare, die diesem kleinen Insektenfresser, der nur äußerlich einer Maus ähnelt, bei der Nahrungssuche helfen. Sein Fell wirkt dreifarbig, weil sich der dunklere Rücken deutlich von den helleren und mehr bräunlichen Flanken und dem grauweißen Bauch abhebt. Wegen der roten Spitzen an den Zähnen zählt man ihn zur Gruppe der Rotzahnspitzmäuse. Nicht nur in Wäldern und dort vor allem an den nahrungsreichen Rändern, sondern auch in Gärten und Parkanlagen kommt er vor. Insekten bilden seine Hauptnahrung.

3 Waldmaus: Nur eine aufwendige Fototechnik ermöglicht es, sie im Sprung zu fotografieren. Sehr gut erkennt man die Merkmale: die großen Ohren, den grauweißen Bauch und das graubraune Rückenfell; der Schwanz ist fast genauso lang wie der Körper. Bei der Gelbhalsmaus ist er sogar länger.

4

5

6

7

4 **Gelbhalsmaus:** Vergleicht man Bild 4 mit Bild 3, so wird ein feiner Unterschied zwischen diesen beiden häufigen Mausarten andeutungsweise erkennbar. Bei der Gelbhalsmaus, deren namengebende gelbe Kehle im Foto natürlich nicht zu sehen ist, setzt sich das stärker rotbraune Rückenfell scharf gegen die rein weiße Unterseite ab.

5 Die mausgroße **Haselmaus** gehört nicht zu den Mäusen. Ihr dicker, stark behaarter Schwanz weist auf die Zugehörigkeit zur Gruppe der Bilche hin. Die Farbe ihres Rückenfells kann fast orangerot werden. Sie ist dämmerungs- und nachtaktiv. Ihr Winterschlaf dauert sechs Monate. Sehr geschickt turnt das kleine Tierchen im dichten Buschwerk.

6 Die **Rötelmaus** gehört zu den Wühlmäusen. Ihre Ohren ragen nur wenig aus dem Fell hervor, und ihr Schwanz erreicht gerade die halbe Körperlänge, doch sind Ohren und Schwanz länger als bei der Feldmaus. Die rötliche Rückenfärbung ist für diese Wälder und Waldränder bewohnende Maus typisch.

7 Die beiden **Eichhörnchen** tragen noch das hellrotbraune Sommerfell, obwohl die Blätter sich schon herbstlich färben. Zum Winter hin wird es dunkler werden. Neben diesen roten Eichhörnchen gibt es auch solche, deren Fell im Sommer braun bis dunkelbraun, im Winter fast schwarz ist. Sie leben vor allem in Nadelwäldern und im höheren Bergland, während die heller gefärbten Eichhörnchen vor allem Laubwälder bewohnen.

1

2

3

4

1 Scheu und zurückgezogen lebt die **Wildkatze** in den großen Waldgebieten Mitteleuropas. In den letzten Jahrzehnten hat sich ihr Bestand dank der weitgehenden Schonung gebietsweise wieder erholt. Dennoch gehört es zu den seltenen Glücksfällen, eine Wildkatzenfamilie zu entdecken. Oft werden streunende Hauskatzen des wildfarbenen Typs mit der Wildkatze verwechselt, deren Schwanz allerdings stark geringelt ist und zur Spitze hin buschiger wird.
2 Der **Baummarder** duckt sich, bevor er abspringt, an den Ast. Dadurch verdeckt er die gelbliche Kehle, die ihn vom Steinmarder unterscheidet. Er lebt fast ausschließlich in geschlossenen Waldgebieten und wird über 1,5 kg schwer.
3 Nachts kommen die **Dachse** aus ihren geräumigen unterirdischen Bauen hervor und suchen nach Nahrung. Ihre schwarzweiße Kopfstreifung unterscheidet sie von anderen Marderarten ganz eindeutig. Ihr Gang ist watschelnd. Regenwürmer, Früchte und Kleintiere bilden ihre Nahrung.
4 Überrascht dreht sich der **Rotfuchs** um und sichert. Die Ohren gespitzt, die Beine sprungbereit und die Vibrissen (Barthaare) an der Schnauze gespreizt, nimmt er mit der Nase Witterung auf. Trotz aller Nachstellungen konnte sich der anpassungsfähige Fuchs überall in der mitteleuropäischen Kulturlandschaft halten. Mitunter verläßt er sogar den Wald und lebt, von der Bevölkerung unbemerkt, in den Randbezirken der Städte.

(Erläuterungen S. 120)

1

2

3

1, 2 Noch halten die beiden **Rothirsche** in Bild 1 friedlich zusammen. Doch mit Beginn der Brunftzeit, im Herbst, ändert sich dies. Nun fechten sie heftige Kämpfe aus (Bild 2). Dabei verhakeln sich ihre Geweihe meist so ineinander, daß sie sich normalerweise nicht ernsthaft verletzen, sondern nur ihre Kräfte messen können. Hin und her schieben sie sich, bis der Stärkere feststeht. Die Augsprossen am Geweih erfassen mitunter Gräser und Blätter, wie in Bild 2 gut zu sehen ist. Die Stärke des Geweihs vermittelt einen direkten Eindruck der Körperkraft. Deshalb legen sich Hirsche mit schwächerem Geweih in aller Regel mit den starken Platzhirschen, die versuchen, alle übrigen Hirsche von den Hirschkühen fernzuhalten, nicht an. Die Weibchen des Rothirsches, Hirschkühe genannt, entwickeln kein Geweih. Sie werden meist nur halb so schwer wie die Hirsche, die sogar 300 kg erreichen können. Das Geweih wird alljährlich zwischen Februar und April abgeworfen. In dieser Zeit ähneln die Hirsche den Weibchen und sind scheu, bis die neuen Geweihkolben nachwachsen.

3 Der **Elch**, mit Abstand die größte europäische Hirschart, lebt in den feuchten Wäldern des Nordens und kommt nur gelegentlich nach Mitteleuropa. Sein Geweih bildet sich schaufelartig aus; nur junge Elche entwickeln Stangen. Den Elchkühen fehlt ein Geweih, doch wie die Bullen sind auch sie durch pferdeähnliche Körperform und erhebliche Größe gekennzeichnet. Kräftige Elche können sich durchaus gegen den Wolf zur Wehr setzen.

4

5

4 Das Geweih des **Damhirsches** ist am Ende schaufelartig verbreitert, ähnelt aber im unteren Teil dennoch dem Rothirschgeweih. Damhirsche bleiben erheblich kleiner als Rothirsche und liegen in der Körpergröße zwischen diesen und dem Rehwild. Die Weibchen werden etwa 70, die Männchen bis über 125 kg schwer. Im Winter ist ihr Fell, insbesondere am Rücken, einfarbig dunkel. Im Frühjahr dagegen hellt es auf und bekommt zahlreiche helle Flekken auf rötlichbraunem Grund. Der schlanke, grazile Körperbau des Damwildes deutet auf seine Herkunft aus dem viel wärmeren Klima des östlichen Mittelmeerraumes hin. In Mittel- und Westeuropa wurde es eingebürgert, und ohne Winterfütterung könnte es vielerorts nicht dauerhaft überleben. Häufig wird dieser recht genügsame und wenig störungsanfällige Hirsch in Wildgattern zu Schauzwecken und als Lieferant von Hirschfleisch gehalten.

5 Das **Wildschwein** wird fast überall, wo es sich zeigt, heftig verfolgt. Das Bild bringt einen Ausschnitt aus einer größeren Rotte mit Muttersauen, halbwüchsigen Überläufern und noch deutlich gestreiften Frischlingen. Trotz starker Bejagung konnten sie der Ausrottung dank ihrer hohen Fruchtbarkeit entgehen. Sie sind hochbeiniger und flinker als die seit Jahrtausenden aus ihnen gezüchteten Hausschweine. Mitunter treten Wildschweine mit zahlreichen runden Flecken auf. Meist sind sie aber einheitlich schwarzgrau. In manchen Forsten (z. B. bei München) kann man heute Wildschweine treffen, die sich mit Brotabfällen füttern lassen.

Pilze in Wäldern und Wiesen

Pilze sollen den Küchenzettel bereichern, nicht aber Bauchweh oder Schlimmeres verursachen. Deshalb darf man nur solche Pilze sammeln, die man sicher kennt! Einige Merkmale zeigt diese Tafel. Wer Pilze allerdings genau bestimmen will, muß zu einem Pilzbestimmungsbuch greifen.
Wuchsform: Strauchpilze (1); Bauchpilze (2, 3); ein Baumpilz, der einmal waagrecht an einem Stamm saß (11). Alle anderen sind Hutpilze und zwar ein Stachelpilz (4), Röhrenpilze (5–10), Lamellenpilze (12–22), Leistenpilze (23). Weitere Kennzeichen: häutige Schuppen am Hut (4, 16, 17, 21, 22), körnige oder netzartige Strukturen am Stiel (5, 6, 9), Ring oder Knolle am Stiel (16, 17, 21, 22), auffällige Fleischfarbe (10) – Siehe Tabelle S. 121.

1 Goldgelbe Koralle

2, 3 Flaschenbovist

4 Habichtspilz

8 Maronenröhrling

9 Birkenpilz

5 Flockenstieliger Hexenröhrling

11 Wurzelporling

7 Steinpilz

6 Netzstieliger Hexenröhrling

10 Butterpilz

12 Hallimasch

13 Rötlicher Ritterling

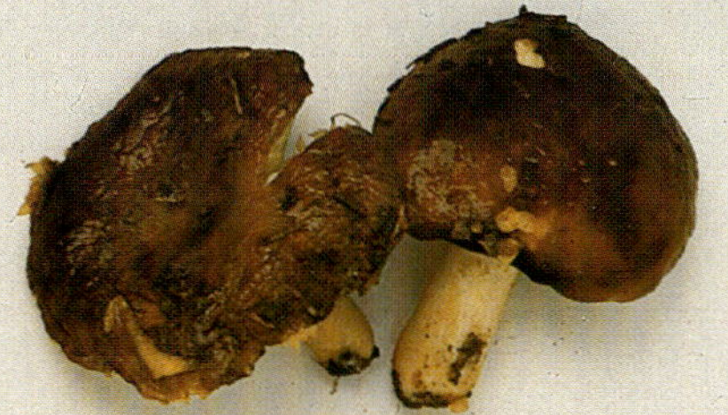
14 Brauner Ledertäubling

16 Perlpilz

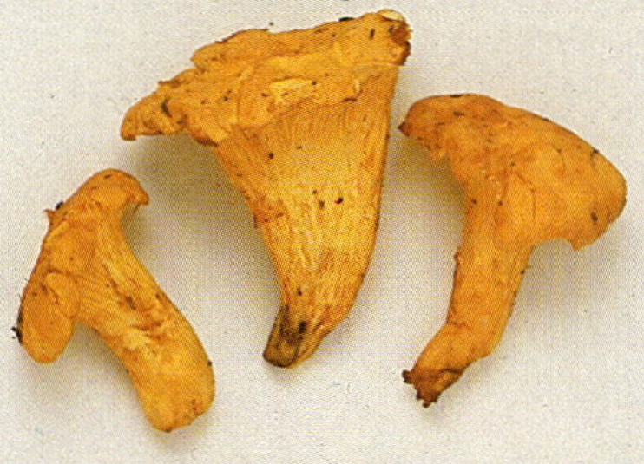
23 Pfifferling

15 Bluttäubling

17 Fliegenpilz

19 Graublauer Schwefelkopf

18 Edelreizker

22 Safranschirmling

21 Waldchampignon

20 Schafchampignon

Der Wald
(Abbildungen S. 64–67)

Adlerfarn *(Pteridium aquilinum):* Schneidet man den Blattstiel eines Adlerfarns schräg durch, so zeigt die Schnittfläche eine Zeichnung, die an einen Adler mit ausgebreiteten Schwingen erinnert – daher der Name dieses großen, häufig anzutreffenden Farnes. Seine Wedel haben einen dreieckigen Umriß und ragen 50–180 cm hoch über den Waldboden auf; sie sind zwei- bis vierfach gefiedert und fühlen sich ziemlich derb an. Die Blattstengel reichen tief in den Boden. Daher wird der Adlerfarn weder durch Waldbrände noch durch Mahd nennenswert geschädigt. Die Sporenbehälter befinden sich unter dem eingerollten Blattrand. Der Adlerfarn wächst – weltweit verbreitet – in lichten Laub- und Nadelwäldern. Bei massenhaftem Auftreten kann er den Aufwuchs junger Bäume hemmen.

Wurmfarn *(Dryopteris filix-mas):* Im Frühjahr treibt der Wurmfarn schön geformte, regelmäßige, einen Trichter bildende Blätter aus einem Wurzelstock. Anfangs sind sie schneckenförmig eingerollt, dann entfalten sie sich zu meterlangen, kräftig dunkelgrünen Wedeln, die doppelt gefiedert sind: Jedes Blättchen ist noch einmal in Abschnitte unterteilt. Die Fiederblättchen sind leicht gesägt. An ihrer Unterseite reifen im Spätsommer in braungerandeten Sporenbehältern die Sporen, aus denen auf dem Weg eines Generationswechsels neue Farnpflanzen hervorgehen. Seinen Namen trägt dieser Farn, weil sein getrockneter Wurzelstock giftige, früher aber dennoch verwendete Bandwurmmittel liefert. Wurmfarne bevorzugen Lehm- und Mineralböden, sie vertragen aber keine Staunässe. Wo sie in Nadelwäldern noch vorkommen, deuten sie auf früheren Mischwald hin.

Waldschachtelhalm *(Equisetum sylvaticum):* In schattigen Laub- und Nadelwäldern auf kalkarmen Böden, besonders in der Nähe von Bächen, findet man den giftigen Waldschachtelhalm. Oft wächst er in größeren Beständen, die bereits von weitem auffallen. Die hellgrünen Stengel tragen viele dünne, quirlig verzweigte, leicht nach unten hängende Seitensprosse (vegetative Triebe), die den Schachtelhalmen ein sehr graziles Aussehen verleihen. Die fertilen (fruchtbaren) Triebe schieben an ihrer Spitze eine länglich-walzenförmige Sporenähre, in der die winzigen Sporen gebildet werden. Fertile Triebe erkennt man auch an den Scheiden der Sproßknoten, die abstehen und aufgetrieben wirken, während sie bei den sterilen Trieben eng anliegen. Diese Scheiden sind aus sehr kleinen, miteinander verwachsenen Blättern entstanden; beim Waldschachtelhalm tragen sie 3 bis 6 lanzettförmige Zähnchen.

Eibe *(Taxus baccata):* Die immergrüne Eibe, die als Baum oder Strauch vorkommt, ist zweihäusig: Männliche bzw. weibliche Blüten wachsen auf verschiedenen Bäumen, also nicht auf derselben Pflanze. Die nadelförmigen Blätter sind flach und werden 2–3 cm lang. Oberseits glänzen sie dunkelgrün, unterseits sind sie matter und heller. Von März bis April erscheinen die Blüten, von denen die männlichen in kleinen, kugeligen Kätzchen beisammenstehen, während die weiblichen einzeln bleiben und weniger auffällig sind, ganz im Gegensatz zu den scharlachroten Scheinbeeren, die im Oktober reifen. Die äußere Hülle dieser Samen ist becherförmig gestaltet, schmeckt süß und fühlt sich schleimig-saftig an. Man kann sie unbeschadet essen, nicht aber den holzbraunen giftigen Kern. Giftige Alkaloide treten – ausgenommen der rote Samenmantel – in der ganzen Eibe auf. 50 bis 100 Nadeln würden ausreichen, um einen Menschen in Todesgefahr zu bringen. Das harte, sehr zähe Holz wird seit alter Zeit geschätzt.

Waldkiefer *(Gemeine Kiefer; Pinus sylvestris):* Auf mageren, sandigen Böden gedeiht diese Kiefer noch ganz gut. Sie wurde daher in großem Umfang in forstlichen Kulturen gepflanzt und bildet in Nordbayern, in der Norddeutschen Tiefebene und nach Nordosten zum Baltikum hin ausgedehnte Bestände. In der Regel stocken die Kiefernwälder erheblich lichter als Fichten oder Tannen, denn die Kronen der Kiefern entwickeln sich stärker in die Breite. Die Stämme erkennt man an der tief rissigen, dunkelroten bis schwarzen Borke, die auch Bodenfeuer standhält und die lebende Rinde darunter vor Hitzeeinwirkung schützt. An den Trieben trägt die Kiefer lange Doppelnadeln, die bei älteren Bäumen 5–7 cm, bei stark wachsenden jüngeren bis 10 cm lang werden. Kiefern verankern sich mit kräftigen Pfahlwurzeln im Boden und werden daher selten vom Sturm umgeworfen; eher brechen sie ab. Sie können ein Alter von mehr als 250 Jahren erreichen.

Fichte *(Rottanne; Picea abies):* Fichtenwälder sind heute viel weiter verbreitet und kommen in erheblich größeren Beständen vor, als dies von Natur aus der Fichte entsprechen würde. Denn dieser schnellwüchsige, leistungsfähige Nadelbaum wurde zu Ausgang des 19. Jahrhunderts zum Brotbaum der mitteleuropäischen Forstwirtschaft. Besonders im Flachland und in mittleren Höhenlagen ersetzte man die dort ursprünglich wachsenden Eichen-Hainbuchen-Mischwälder durch Fichtenforste, die schon nach 70 oder 80 Jahren hiebreif sind und gutes Nutzholz liefern. So sind vielfach völlig einförmige Monokulturen entstanden, die sich später zudem als anfällig für Schädlinge und Erkrankungen erwiesen. Besonders kritische Ausmaße nahm das Fichtensterben Anfang der achtziger Jahre an. Nach dem sehr heißen, trockenen Sommer 1983 mußten mehr als 30% des gesamten Fichtenbestandes als erkrankt oder hochgradig gefährdet eingestuft werden. Die Ursachen, die zusammenwirken, sind wahrscheinlich vielfältig: Luftverschmutzung, Trockenheit, seuchenartige Erkrankungen. Fichten tragen im Gegensatz zu Tannen hängende Zapfen, die bei der Reife im ganzen abfallen. Die Fichtennadeln enden spitz und reihen sich rings um den ganzen Trieb. Sie können über zehn Jahre alt werden. Die Fichten selbst erreichen ein Höchstalter von mehr als 200 Jahren und eine Höhe von gut 40 m.

Tanne *(Weißtanne, Edeltanne; Abies alba):* Nur wenige Prozente macht der Anteil der Tanne in unseren Wirtschaftswäldern aus. Selbst die Restbestände, die sich vorwiegend im Schwarzwald und im östlichen Alpenvorland finden, drohen zu verschwinden. Viele Bäume kränkeln oder sterben ab. Die genauen Ursachen für dieses Tannensterben kennt man bis heute nicht, doch weiß man, daß es auch schon in früheren Zeiten auftrat. Sicher spielt die Luftverschmutzung eine Rolle, aber sie ist nicht der einzige Grund dafür. Anders als bei der Fichte sind bei der Tanne die an der Unterseite silbrig glänzenden Nadeln in zwei Reihen angeordnet; außerdem enden sie stumpf und fühlen sich weicher an. Die Baumkronen wachsen rundlicher als bei der spitzwipfligen Fichte. Tannen können bis zu 600 Jahre alt werden und eine Höhe von fast 50 m erreichen. Die Zapfen stehen aufrecht auf den Zweigen. Bei der Reife lösen sich die Schuppen einzeln ab, nicht wie bei der Fichte die ganzen Zapfen. Der Stamm besitzt eine ziemlich helle, glatte Rinde. Die Frühjahrstriebe sind anfällig für Spätfröste.

Lärche *(Larix decidua):* Ähnlich den Laubbäumen wirft die Lärche im Herbst ihre Nadeln ab und bleibt den Winter über kahl. Im Frühjahr treibt sie hellgrüne Nadeln, die an den neuen Langtrieben locker spiralig, an den Kurztrieben aber gedrängt büschelförmig angeordnet sind. Die kurzen Zapfen stehen aufrecht und fallen erst nach Jahren mit den Trieben ab. Junge Lärchen wachsen schlank-kegelförmig. Sie gewinnen sehr schnell an Höhe und können 45 m erreichen. Der Abwurf der Nadeln, die im Herbst hellgoldbraun werden, vermindert für die schlanken Seitenäste die Gefahr von Schneebruch ganz erheblich. Lärchen kommen nur gebietsweise häufiger, jedoch in ganz Mitteleuropa vor. Alte Bäume haben eine rötliche bis bräunliche, schuppig-rissige Borke und tief ansetzende, kräftige Seitenäste.

Stieleiche *(Sommereiche; Quercus robur):* Auf langen, dünnen Stielen sitzen hier die Früchte, die Eicheln. Oft sind sie zu zweien; sie werden meist 2–3 cm lang und stecken in einem flachen Becher. Dadurch unterscheidet sich die Stieleiche von der vor allem im Spessart häufigen Trauben- oder Wintereiche *(Quercus petraea),* bei der die Eicheln zu mehreren dicht beisammen an ganz kurzen Stielen sitzen. Doch beginnen bei letzterer die Blattspreiten mit einem 1–2 cm langen Stiel, der bei der Stieleiche fast ganz fehlt. Bei den Blättern verhält es sich also umgekehrt wie bei den Eicheln! Eichen wachsen recht langsam. Sie können ein Jahrtausend überdauern (»Tausendjährige Eichen«). Die Stämme erreichen bei solchen Veteranen einen Umfang von mehr als 10 m. Eichenholz wird wegen seiner Härte (»Edelholz«, Hartholz) sehr geschätzt, denn dank der eingelagerten Gerbstoffe verrottet es nur langsam.

Esche *(Fraxinus excelsior):* Am Ufer von Bächen und in Flußauen findet man Eschen besonders häufig. Die hohen, schlanken, glattrindigen Bäume lassen sich leicht an ihren gefiederten Blättern erkennen; bei alten Eschen wird die Rinde von breiten Furchen durchzogen. Die offene Krone wölbt sich hoch, und die Hauptäste richten sich steil, oft spitzwinklig vom Hauptstamm nach oben. Von Anfang bis Mitte April erfolgt der Laubaustrieb. Ein einzelnes Blatt wird 20–30 cm lang. Es trägt 9 bis 13 Blättchen, von denen das am Ende stehende am größten und dazu kurzgestielt ist. Längs der Mittelrippe sind die Blättchen fein weiß behaart. Auch an den Winterknospen läßt sich die Esche leicht erkennen; sie sind kurz, dick und von schwarzen Schuppen eingehüllt. Die länglichen, lanzettförmigen Früchte hängen in Büscheln beisammen und sind geflügelt.

Hängebirke *(Weißbirke; Betula pendula):* Heide, Moore und Waldränder sind die Lebensräume, in denen die Weißbirke am häufigsten vorkommt. Dieser anspruchslose Baum gedeiht auch auf mineralstoffarmen Böden und verträgt erhebliche Schwankungen der Bodenfeuchtigkeit. Man erkennt die Birken sofort am Glanz ihrer silbrigweißen Borke, der durch feine Luftkammern in den dünnen Rindenschichten entsteht. Junge Birken wachsen zunächst mit schmal-kegelförmiger Krone und aufwärtsgerichteten Zweigen. Später wölbt sich der Gipfel, und die dünnen Zweige hängen nach unten – was selbst blattlosen Birken die typische Form verleiht. Die 3–7 cm langen Blätter haben einen rautenförmigen Umriß mit deutlich ausgezogener Spitze. Im Herbst verfärben sie sich gelb; die reifen Kätzchen werden braun, zerfallen, und der Wind verbreitet ihre kleinen Samen.

Hainbuche *(Weißbuche; Carpinus betulus):* Von den Pyrenäen bis Südschweden und Kleinasien kommt die Hainbuche in Wäldern, Parkanlagen und Feldgehölzen vor. Der stattliche Baum kann bis zu 30 m Höhe und 4 m Stammumfang erreichen, wird meist jedoch nicht so kräftig wie die Rotbuche. Von dieser unterscheidet sich die Hainbuche durch den längsgefurchten Stamm und besonders durch ihre Blätter, die am Rande doppelt gesägt sind und in eine dünne Spitze auslaufen. Dadurch ähneln sie den Blättern des Haselnußstrauches. Bei der Rotbuche dagegen sind sie leicht gewellt, ganzrandig und glänzend; ihr Stamm ist glatt. Hainbuchen entwickeln etwa 6 cm lange Fruchtstände. Jede Frucht – ein 6 mm großes Nüßchen – besitzt einen dreilappigen, etwa 3 cm langen Flugapparat, der aus den drei Tragblättern der Blüte hervorgegangen ist. Mit Hilfe dieser Flügel werden die Früchte vom Wind verfrachtet.

Rotbuche *(Fagus silvatica):* Nach Fichte und Kiefer ist die Rotbuche der wichtigste Nutzholzbaum unserer Wälder. Ihren Namen verdankt sie der rötlichen Färbung ihres Holzes, das recht hart ist und vielseitig verwendet werden kann. Rotbuchen wachsen in ganz Europa – ausgenommen das nördliche Skandinavien und größere Gebiete des Mittelmeerraumes – insbesondere auf Kalk- und Sandböden. Sie können über 600 Jahre alt werden, eine Höhe von 40 m und einen Stammumfang von 6 m erreichen. In Reinbeständen fühlt man sich oft an weite Säulenhallen erinnert. Mit ihrem dichten Laubwerk vermindern sie im Sommer den Lichteinfall so stark, daß sich am Boden kaum mehr eine nennenswerte Strauch- oder Krautschicht ausbilden kann. Die Früchte, die ölhaltigen Bucheckern, sind im Querschnitt dreikantig, die Hüllen außen stachelig; sie springen bei der Reife auf. In manchen Jahren (Mastjahre, da früher Schweinemastfutter wie auch die Eicheln) reifen enorme Mengen.

Eberesche *(Vogelbeere; Sorbus aucuparia):* Die 5–15 m hohe Eberesche, die sich in lichten Wäldern findet, wird gerne auch als Alleebaum gepflanzt, weil sie im Herbst durch ihre scharlachroten Früchte die Landschaft belebt. Sie gehört zu den Rosengewächsen. Die gefiederten Laubblätter enden in einem unpaaren Teilblatt; sie sind am Rande scharf gezähnt und von lanzettförmiger Gestalt. Wenn die weißen Blüten, die in vielblütigen Doldenrispen stehen, im Mai und Juni voll aufblühen, verbreiten sie einen eher unangenehmen Geruch. Die auffallend gefärbten Früchte der Vogelbeere werden gerne von Drosseln und anderen Vögeln verzehrt. Für den Menschen schmecken sie wegen ihres Gehaltes an Sorbin- und Parasorbinsäure, Gerbstoffen und Vitamin C recht bitter und sauer; zudem wirken sie schwach giftig. Trotzdem läßt sich aus ihnen Marmelade kochen.

Pfaffenhütchen *(Spindelbaum; Euonymus europaea):* An den vierkantigen grünen Zweigen erkennt man das Pfaffenhütchen selbst dann noch eindeutig, wenn es die charakteristischen Früchte bereits verloren hat. Ihnen verdankt es den Namen: Wenn die Fruchtkapsel nämlich bei der Reife aufspringt, treten die von einem orangefarbenen Mantel umgebenen Samen aus einer karminroten, an das Barett eines Geistlichen erinnernden Kapsel hervor. Recht unscheinbar sind dagegen die grünlichen, in achselständigen, gestielten Trugdolden angeordneten Blüten, die man zudem unter dem Blattwerk kaum entdeckt, wenn sie im Mai oder Juni hervorkommen. Die Samen und ihr Samenmantel sind für den Menschen giftig. Sie verursachen kolikartige Schmerzen, die sich jedoch erst nach mehr als zwölf Stunden äußern. Das Holz wurde früher zu Drechslerarbeiten verwendet, insbesondere zur Herstellung von Spindeln.

Haselnußstrauch *(Corylus avellana):* Schon im Herbst legt die Hasel die langen männlichen Blütenkätzchen an. Im zeitigen Frühjahr beginnen sie sich zu strecken. Ist es genügend warm geworden, strecken sich auch die weiblichen Blüten aus ihren Knospen. Man erkennt diese Knospen daran, daß sie deutlich dicker sind als die gewöhnlichen Blattknospen; später treten karminrote Fäden, Griffel der Blüten, hervor. Die männlichen Kätzchen bilden Unmengen feinster Pollenkörner, die vom Wind in Gärten und lichte Wälder getragen werden, wo sie auf die Narben an den Griffelspitzen der weiblichen Haselnußblüten fallen und diese bestäuben. Während die Blätter erscheinen und die Haselbüsche dicht umhüllen, wachsen die Früchte, die allbekannten Haselnüsse, heran. Ihre Samen enthalten 50–60% fette Öle und verschiedene Vitamine. Die Früchte dienen zahlreichen Tieren als Nahrung.

Der Wald

(Abbildungen S. 71–74)

Gemeiner Schneeball *(Viburnum opulus)*: Keine »Schneebälle«, sondern große weiße Scheiben bringt der Gemeine Schneeball hervor, wenn er im Mai blüht. Dabei umgeben auffällige weiße Schaublüten die fruchtbaren Blüten im Zentrum des Blütenstandes. Die unfruchtbaren Randblüten dienen nur der Anlockung von Insekten. Zu Beginn des Herbstes werden die großen korallenroten Steinfrüchte reif, die einen saftreichen Mantel tragen, unangenehm riechen und roh verzehrt Brechdurchfall und Krämpfe verursachen. So verwundert es nicht, daß die Früchte bis in den Winter hinein hängenbleiben und erst nach und nach von Vögeln abgepickt werden. Man findet den Schneeball im Unterholz von Auwäldern, an Bachufern und an anderen feuchten Standorten in Wäldern und Schluchten. Er wächst als Strauch bis auf eine Höhe von knapp 4 m.

Roter Hartriegel *(Cornus sanguinea)*: Im Mai und Juni blüht der Rote Hartriegel, dessen weiße Blüten in endständigen Trugdolden schirmförmig beisammenstehen. Im September reifen die blauschwarzen, ein- bis zweisamigen Steinfrüchte auf roten Fruchtstielen. Sie schmecken bitter und sind ungenießbar. Den Roten Hartriegel kennzeichnen die gestielten, länglich-eiförmigen, glattrandigen Blätter, die gegenständig angeordnet sind. Über die Blattflächen verlaufen 3 bis 4 Nervenpaare im Bogen zur Spitze. Der Strauch wird 2–4 m hoch. Man findet ihn an Waldrändern, in Hecken, oft auch an Straßenrändern gepflanzt. Die einjährigen Zweige fallen durch ihre glänzend purpurrote bis braunrote Färbung auf.

Buschwindröschen *(Anemone nemorosa)*: Von März bis Mai, in niedrigeren Lagen früher als im Bergland, blüht in lichten Wäldern das Buschwindröschen, ein Hahnenfußgewächs. Durch das zeitige Aufblühen, lange bevor die Bäume ihr Laub entfalten, kann es Insekten anlocken, die die Bestäubung vollziehen; gerne wird es von Bienen besucht. Die weißen Blütenblätter weisen ihnen den Weg, bevor sich die höhere Vegetation über den nur 10–20 cm hohen, unscheinbaren Pflänzchen schließt. Die befruchteten Blüten bringen rasch Samen hervor. Allerdings müssen die Pflanzen mehr als zehn Jahre alt sein, bevor sie überhaupt blühen können – eine ungewöhnlich lange Spanne für die Entwicklung einer kleinen Blütenpflanze! Durch seinen unterirdischen Stamm (Wurzelstock), in dem es Nährstoffe speichert, überdauert das Buschwindröschen den Winter.

Hohler Lerchensporn *(Corydalis cava)*: Eine hohle Knolle und ein Sporn an der Blüte, die an einen Lerchenfuß erinnert, gaben dieser zu den Mohngewächsen gehörenden Pflanze den Namen. Sie blüht im März und April in Obstgärten, lichten Laub- und Auwäldern in den Farben Weiß, Rosa und Rot. Die gut 2 cm lange Schote bildet glänzendschwarze Samen aus. Sie werden von Ameisen verbreitet, die ihr weißes, eßbares Anhängsel schätzen. Wegen des Gehaltes an Alkaloiden ist der Lerchensporn giftig. Am stärksten konzentriert sich das Gift in der Knolle, da dort die Vorratsstoffe für den Austrieb im nächsten Frühjahr gespeichert werden. Der Lerchensporn entwickelt sich nur langsam und braucht 3 bis 4 Jahre, bis er zum erstenmal Blüten treibt.

Scharbockskraut *(Ficaria verna)*: Diese zur Familie der Hahnenfußgewächsen zählende Pflanze – wie ein Vergleich ihrer Blüten mit denen des Scharfen Hahnenfußes zeigt – bleibt meist ziemlich niedrig. Ihre glänzendgrünen, nierenförmigen Blätter können einen regelrechten Teppich bilden, aus dem sich im März und April die schwefel- bis dottergelben Blüten hervorheben. Samen entwickeln sich nur selten, doch gehen neue Pflanzen aus Brutknöllchen hervor, die sich in den Blattachseln bilden und dann abfallen. Als Standort bevorzugt das Scharbockskraut frische bis feuchte Böden in Laubwäldern, unter Hecken oder an Bachufern. In spindelförmigen Wurzelknollen, die an kleine Kartoffeln erinnern, speichert es Nährstoffe. Man kann diese leicht sehen, wenn man ein Pflänzchen vorsichtig anhebt und aus dem Boden nimmt.

Leberblümchen *(Hepatica nobilis)*: In Laubwäldern, besonders auf kalkreichen Böden, erblüht von März bis April, solange noch die Sonnenstrahlen den Waldboden erreichen können, das Leberblümchen. Seine großen blauen Blüten mit 6 bis 7, ausnahmsweise auch 10 Blütenblättern leuchten bereits aus dem alten Laub, wenn die Schneeglöckchen in voller Blüte stehen. Seltener treten auch rötliche und weiße Blüten auf. Seinen Namen erhielt das Leberblümchen von der leberähnlichen, dreilappigen Form seiner ziemlich derben Blätter, auf denen an der Oberseite die Adern kräftig hervortreten. Gegen Leberleiden hilft es jedoch nicht, auch wenn man im Mittelalter aus der Blattform einen Hinweis auf eine solche Wirkung zu erhalten glaubte. Wenn die Samen reifen, scheint die Pflanze fast verschwunden zu sein, denn inzwischen hat sich der Wald belaubt, und Gras und Kräuter sind hochgewachsen.

Gemeine Akelei *(Aquilegia vulgaris)*: Eine besonders schöne Blütenform entwikkelt die Gemeine Akelei. Die Blütenblätter tragen je einen langen hakenförmigen Honigsporn. Durch ihre aufwärts gerichtete Krümmung verleihen diese Sporne der Blüte eine unverwechselbare Gestalt. Weil zu den Nektarabsonderungen im Sporn nur langrüsselige Insekten vordringen können, wird die Blüte vor allem von bestimmten Hummeln und Schmetterlingen bestäubt. Kurzrüsselige Hummeln und Bienen beißen den Sporn manchmal von außen an, um an den Nektar heranzukommen. Die Gemeine Akelei, ein Hahnenfußgewächs, gedeiht in lichten Laubwäldern auf kalkreichem Untergrund. In Norddeutschland fehlt sie, kommt aber dafür in Österreich und Süddeutschland stellenweise nicht selten vor. Mancherorts findet man auch aus Gärten verwilderte Formen. Die mehrjährige Staude entspringt einem ausdauernden kurzen, hellbraunen Wurzelstock und wird bis zu 60 cm hoch.

Gemeine Waldrebe *(Clematis vitalba)*: Mit Stämmen, die langen, festen Kabelsträngen gleichen, klettert die Gemeine Waldrebe an Bäumen oder Abhängen empor. Waldreben sind die einzigen Pflanzen in Mitteleuropa, die die Wuchsform einer Liane zeigen. Alte, kräftige Waldreben können armdick werden und ohne weiteres das Gewicht eines Menschen tragen. Die Kabelstruktur hält die verholzten Sprosse biegsam und drehbar. Die schwach duftenden Blüten – innen weiß, außen gelblichgrün – erscheinen von Juni bis in den Hochsommer. Im Herbst entwickeln sich die Früchte, die einen federartigen, aus dem Griffel hervorgegangenen Flugfortsatz tragen. Wenn sich die Flugorgane entfalten, überziehen sie das Hahnenfußgewächs wie mit einem seidigen Flaum. In Mitteleuropa findet man die Gemeine Waldrebe nur stellenweise häufiger, besonders in Auwäldern.

Seidelbast *(Daphne mezereum)*: Schon im Vorfrühling brechen an den Zweigen des Seidelbastes die lilaroten Blüten hervor, deren Duft mitunter so stark ist, daß man den Seidelbast riecht, bevor man ihn sieht. Die Blüten üben auf die ersten Schmetterlinge im Frühlingswald, die Kleinen Füchse, Zitronenfalter und Tagpfauenaugen, die gleiche Anziehungskraft aus wie im Hochsommer der in Gärten blühende Sommerflieder *(Buddleia)*. Nach den Blüten treibt der 0,5–2 m hohe Strauch die blaßgrünen, lanzettförmigen Blätter. Mitunter kommt es, besonders bei Gartenformen, im Spätherbst zu einer zweiten Blüte. Die korallenroten Früchte sind, wie auch die ganze Pflanze, sehr giftig.

Tollkirsche *(Atropa belladonna)*: Die kirschgroße, schwarzglänzende, saftige Beere der Tollkirsche enthält das hochgiftige Alkaloid Atropin, das in der Medizin verwendet wird. Schon wenige Beeren können bei Kindern zum Tod führen. Erregungszustände, Pupillenerweiterung, Tobsucht und Krämpfe sind die ersten Hinweise auf eine Tollkirschenvergiftung. Daneben treten Sinnestäuschungen auf. Der lateinische Artname *belladonna* (schöne Frau) erinnert daran, daß man früher den Saft der Beeren in die Augen träufelte, um ihnen einen besonderen Glanz zu verleihen. Die reichverzweigte, ausdauernde Staude erreicht eine Höhe von 60–150 cm. Sie wächst in Lichtungen und an Waldrändern meist in Gruppen. Sie blüht und fruchtet im Hochsommer. Die Blüten sind glockenförmig und die Kronblätter innen schmutziggelb und purpurn geädert, außen braunviolett. Sie sind von einem kurzen, fünfteiligen Kelch eingefaßt.

Waldweidenröschen *(Epilobium angustifolium):* Kahlschläge und Lichtungen überwuchert das Waldweidenröschen oft so stark, daß man durch die fast mannshohen Bestände kaum hindurchzudringen vermag. Wenn die Weidenröschen zu blühen beginnen, überziehen sie alles mit einem rosafarbenen Schimmer. Ihre Blüten sind vierzählig und stehen in langen Trauben am Ende der innen hohlen Stengel. Bienen und andere Insekten besorgen die Bestäubung. Die Frucht entwickelt sich als schmale Kapsel mit vier Klappen; die Samen tragen lange weiße Haarschöpfe. Doch vermehren sich die Pflanzen nicht nur durch Samen, sondern auch durch Ausläufer aus dem Wurzelstock. Wenn Birken, Weiden oder Espen sich in der Lichtung ansiedeln, gehen die Bestände der lichthungrigen Weidenröschen zurück.

Wohlriechendes Veilchen *(Duftveilchen; Viola odorata):* Der starke, sehr angenehme Duft und das tiefe Blau der Blüten unterscheiden das Duftveilchen von anderen Veilchenarten, insbesondere vom Hundsveilchen *(Viola canina).* Es kommt an Bachufern unter Eschen, an lichten Waldrändern mit feuchten Böden und – verwildert – in Gärten vor. Hier blüht es von Ende März bis April. Die Blätter sind anfangs tütenförmig eingerollt; nach der Blüte wachsen sie kräftig weiter und entfalten ihre am Grund herzförmigen Spreiten, die weniger spitz sind als beim Hundsveilchen. Die Frucht, eine dreiklappige Kapsel, reift im Hochsommer. Das Duftveilchen ist in den letzten Jahren recht selten geworden. Vielleicht trägt auch das Abpflücken der Blüten zum Rückgang bei, obwohl die Pflanze mehrjährig ist und in einem Wurzelstock (Rhizom) Baustoffe speichert.

Roter Fingerhut *(Digitalis purpurea):* Auf kalkfreien Böden an Waldrändern und auf Lichtungen, besonders in den Mittelgebirgen, blüht von Juni bis zum Spätsommer der Rote Fingerhut. Die purpurroten, nikkenden Blütenglocken – voll aufgeblüht bis 5 cm lang – stehen in einseitswendigen Trauben im oberen Bereich der bis zu 150 cm hohen Triebe. Vor dem Aufblühen hängt die Stengelspitze zur Hauptrichtung des Lichteinfalls über. Die Pflanze ist zweijährig; offene Stellen im Nadelwald überwuchert sie meist sehr rasch, wobei die winzigen Samen durch den Wind verbreitet werden. Der Rote Fingerhut enthält in allen Teilen äußerst herzwirksame Glykoside, die in der Medizin Verwendung finden. Rehe und Hirsche meiden ihn wegen seiner Giftigkeit. Zwei Arten gelbblühender Fingerhüte kommen in Laubwäldern vor.

Maiglöckchen *(Convallaria majalis):* Einen starken, sehr angenehmen Duft verströmen die kleinen Blütenglöckchen dieses Liliengewächses. Meist hängen 5 bis 10 Glöckchen in einer einseitswendigen Traube am geneigten Blütenstiel. Die 10–30 cm hohe Pflanze gedeiht vor allem in Mischwäldern, wo sie im Mai, in höheren Lagen auch erst im Juni, Blätter und Blüten treibt. Meist wachsen zwei lanzettförmige Blätter aus einem dünnen, unterirdischen Wurzelstock hervor. Die reifen Beerenfrüchte sind korallenrot. Ähnlich wie der Rote Fingerhut enthält die Pflanze starke Gifte, die in geringen Mengen den Herzschlag stabilisieren, bei Überdosierung aber zum Herzstillstand führen können. Pulverisierte Maiglöckchenblüten wurden früher als Schnupftabak verwendet.

Waldmeister *(Galium odoratum):* Zur artenreichen Gattung der Labkräuter und damit zu den Rötegewächsen gehört der Waldmeister, der wegen seines Aromastoffes bekannt geworden ist. Die bis 30 cm hohen, aufrechten und unverzweigten Stauden mit den charakteristischen Blattquirlen und den kleinen weißen Blüten werden wegen ihres Gehaltes an Cumarin für Limonaden und Maibowlen verwendet. Größere Cumarinmengen wirken giftig. Der Waldmeister blüht im April und Mai. Die Blattquirle an der Stengelbasis tragen kürzere Blätter als die höher ansetzenden. Die ausdauernde Pflanze wächst in Laubwäldern, besonders unter Buchenbeständen, auf kalkreichen Böden. Oft bildet sie mehr oder weniger große Reinbestände an Stellen mit wenig Unterwuchs.

Wilder Hopfen *(Humulus lupulus):* Der zu den Hanfgewächsen zählende Wilde Hopfen ist eine mehrjährige Kletterpflanze, deren dünne Stengel sich im Uhrzeigersinn um einen Stamm oder Ast winden, um an ihm hochzuklettern. Die Triebspitze dreht sich so lange im Bogen, bis sie eine geeignete Stütze gefunden hat, an der sie sich hochwinden kann. Dabei verhindern die feinen Häkchen, die dem Stengel eine rauhe Oberfläche verleihen, daß er abrutscht. Die am Grund herzförmigen Blätter sind meist drei- bis fünflappig geteilt; an ihnen kann man den Wilden Hopfen stets eindeutig erkennen. Die Blütezeit der zweihäusigen Pflanze beginnt erst im Hochsommer. Die männlichen Blüten stehen dann in lockeren Rispen, die weiblichen sehen wegen der sich überlappenden Tragblätter wie lockere Zapfen aus. Ihre Bitter- und Aromastoffe verleihen dem Bier den unverwechselbaren Geschmack.

Waldsauerklee *(Oxalis acetosella):* Mit dem Klee ist der Sauerklee trotz der großen Ähnlichkeit seiner Blätter nicht verwandt. Er gehört vielmehr zur Familie der Sauerkleegewächse, von denen einige Arten in Mitteleuropa vorkommen. Im Frühjahr fällt er durch seine Blüten auf; an den weißen Blütenblättern treten rötliche Adern hervor. Oft sind die Blätter der zarten Schattenpflanze zusammengefaltet und herabgeschlagen, so bei Sonneneinstrahlung und bei Dunkelheit. Wegen des Gehaltes an Oxalsäure schmecken sie etwas bitter-säuerlich. Man kann sie für Salate verwenden, doch können sie, in größeren Mengen genossen, zur Nierensteinbildung führen. Der Sauerklee, eine häufige, ausdauernde Pflanze, wächst in nicht allzu dichten Wäldern, meist in flächig ausgebildeten Beständen, und wird nur gut 10 cm hoch.

Hohe Schlüsselblume *(Waldschlüsselblume; Primula elatior):* Die Blüten der Hohen Schlüsselblume duften nur schwach. Mit ihrem eng anliegenden grünen Kelch und ihrer blaß- bis schwefelgelben, ausgebreiteten Blütenkrone unterscheiden sie sich von der häufiger an Waldrändern und auf Wiesen wachsenden Duftenden Schlüsselblume. Außerdem werden die Blütenstiele meist länger, so daß sich die Blüten deutlich über die grundständige Blattrosette emporheben – die blühende Pflanze wird bis 30 cm hoch. Die Blütezeit beginnt im März und reicht bis in den Mai hinein; an schattigen Stellen blühen die Schlüsselblumen deutlich später als an sonnigen. Man findet sie in feuchten Laub- und Auwäldern, auf Auwiesen und im Bergland. Glücklicherweise ist sie noch relativ häufig.

Heidelbeere *(Blaubeere, Bickbeere; Vaccinium myrtillus):* In Wäldern, Heiden und Mooren, vom Flachland bis zum

Hochgebirge, wächst sie auf sandig-torfigen Böden als Zwergstrauch. Sie besitzt stark verzweigte, scharfkantige grüne Stengel und rundlich-eiförmige, zugespitzte Blätter mit fein gesägtem Rand. Die grünlichen oder rötlichen kugelig-krugförmigen Blüten, die auf einem kurzen, nickenden Stielchen sitzen, fallen kaum auf, wenn sie im Mai und Juni austreiben. Je nach Höhenlage beginnt die Reife der Beeren zwischen Mitte Juli und Anfang September. Die blaubereiften Beeren enthalten neben Fruchtsäuren und Zuckern verschiedene Vitamine und Mineralstoffe und werden zur Herstellung von Marmelade, Kompott, Saft, Wein und Desserts verwendet.

Rote Taubnessel *(Lamium purpureum):* Die Blätter der Roten Taubnessel sehen sehr ähnlich aus wie Brennesselblätter, doch im Gegensatz zu diesen sind sie taub, d. h. es fehlen ihnen die ameisensäurehaltigen Brennhaare. Taubnesselblätter fühlen sich weich an und werden oft runzelig. Die Rote Taubnessel gehört zu den Lippenblütlern und wird 10–30 cm hoch. Ihre rosaroten Blüten stehen in dichten Scheinquirlen in den Blattachseln. Am Blütengrund enthalten sie ein wenig Nektar, riechen aber für menschliche Begriffe nicht besonders angenehm. Die Blütezeit erstreckt sich in der Regel von Mai bis Oktober, doch kann es in Laubwäldern mit dichtem Unterwuchs zu einer besonders intensiven Blüte auch erst im Spätherbst kommen. Manche Rote Taubnesseln blühen bei milder Witterung selbst noch im Dezember. Die Samen werden von Ameisen verbreitet und auf diese Weise an ungewöhnliche Stellen, z. B. auf Mauern, getragen.

Immergrün *(Vinca minor):* Erst im Winter, wenn nahezu alle Kräuter und Bodenpflanzen braun und dürr geworden sind, entdeckt man das Immergrün. Wie eine Miniaturausgabe des Efeus überzieht es den Boden von Hartholzauen und Laubmischwäldern. Im Frühjahr beginnt es zu blühen, bevor sich das Laubdach schließt. Die blauen, fünfstrahligen Blüten stehen einzeln an den niederliegenden Stengeln des immergrünen Halbstrauches. Sie heben sich deutlich von den dunkelgrünen, länglich-lanzettförmigen, lederartigen Blättern ab, die gegenständig angeordnet sind. Die Stengel können auch an Mauern hochwachsen, jedoch nicht richtig klettern wie beim Efeu.

Walderdbeere *(Fragaria vesca):* An sonnigen Böschungen im Wald, auf Lichtungen und an Wegrändern wächst die kleine Walderdbeere, die zu den Rosengewächsen zählt. Auch ohne die Scheinfrüchte erkennt man sie an den hellgrünen, dreizählig gefiederten, 4–6 cm langen Blättern mit gesägtem Rand. Die Unterseiten sind eng anliegend seidig behaart. Im Juni und Juli öffnen sich die fünfstrahligen, weißen Blüten mit den vielen kleinen gelbgrünen Stempeln, aus denen die feinen grünlichen Nüßchen auf der Außenseite der Erdbeere hervorgehen. Die beliebte karminrote Scheinfrucht entsteht aus dem Blütenboden. Die Gartenerdbeere *(Fragaria ananassa)* ist eine größere Ausgabe der Walderdbeere, hat aber kein so feines Aroma.

Echtes Lungenkraut *(Pulmonaria officinalis):* Ein Betasten der Blätter verrät, daß diese Pflanze zu den Rauhblattgewächsen gehört. Sie enthält neben Gerbstoffen und Kieselsäure auch Saponine und wird deswegen als schleimlösendes Mittel gegen Husten, Bronchitis, Heiserkeit und Katarrhe verwendet. Gegen Lungenerkrankungen hilft sie allerdings nicht. Sie sproßt im zeitigen Frühjahr aus einem kriechenden Wurzelstock bis zu einer Höhe von etwa 20–30 cm und blüht im März und April. Die unbefruchteten Blüten sind rosarot und verfärben sich nach der Befruchtung durch Änderung des Säuregrades im Zellsaft in Dunkelblau. Die weißlichen Flecken in den Blättern werden durch symbiontische Bakterien verursacht, die dem Lungenkraut Stickstoffverbindungen liefern.

Frühlingsknotenblume *(Leucojum vernum):* Etwas später als das Schneeglöckchen zwar, doch auch im zeitigen Frühjahr – oft, wenn noch Schneereste liegen – beginnt die Blüte der Frühlingsknotenblume. Meist fällt diese Zeit in den Februar oder März. Gebietsweise wird die Blume deshalb auch *März(en)becher* genannt, was aber zu Verwechslungen mit der Gelben Narzisse *(Narcissus pseudonarcissus)* führen kann. Die Blüten der Frühlingsknotenblumen besitzen grünlichgelbe Spitzen. Sie sind deutlich stärker glockenförmig als beim Schneeglöckchen, dazu kräftiger und meist auch höher. In der Regel trägt ein Stengel nur eine Blüte, mitunter auch zwei. Bei der nahe verwandten, seltenen Sommerknotenblume *(Leucojum aestivum)*, die erst im April oder Mai blüht, trägt der Stengel 3 bis 8 Blüten.

Schneeglöckchen *(Galanthus nivalis):* Zu den ersten Frühlingsblumen gehört das sehr selten gewordene Schneeglöckchen. Nur an wenigen Stellen im Alpenvorland gibt es in ausgedehnten Flußauen noch größere Bestände. Oft schon im Februar schieben sich die Blüten durch den Schnee hervor. Sie sitzen einzeln auf den Stielen und hängen glockig nach unten. Die äußeren Blütenblätter sind rein weiß und zeichnen sich durch eine gerundete Spitze aus; die inneren sind kürzer und grünspitzig. Die Laubblätter bleiben schmaler als bei der Frühlingsknotenblume und wirken weißlich bereift. Die Pflanze treibt aus einer unterirdischen, meist mehr als 30 cm tief sitzenden Zwiebel und wird 10–20 cm hoch.

Aronstab *(Arum maculatum):* Von den tropischen Aronstabgewächsen konnten sich nur ganz wenige Arten in den gemäßigten Zonen ausbreiten. Der Aronstab zählt zu ihnen und gab der ganzen Familie den Namen. Er wächst in Auen und feuchten Laubwäldern im Unterholz, wo die breiten, spieß- bis pfeilförmigen, kräftig dunkelgrünen Blätter im Sommer kaum auffallen; eher entdeckt man die scharlachroten Beeren, die einen unregelmäßigen Kolben bilden. Interessant ist der Aronstab zur Blütezeit im Frühjahr. Ein tütenförmiges, blaßgrünes Hüllblatt, die Spatha, erweitert sich unten zu einem Kessel, der einen schlanken, bläulichen Kolben umfängt; an seiner Basis stehen die männlichen und weiblichen Blüten. Dem Blütenstand entströmt ein moschusartiger Geruch, der kleine Mücken anzieht. Einmal gefangen, können sie nicht mehr entfliehen, denn starre Haare verschließen den Ausgang. Indem sie einen Ausweg suchen, bestäuben sie die weiblichen Blüten; danach schrumpfen die Sperrhaare und geben den Weg frei. Mit Blütenstaub bepudert eilen die Mücken zur nächsten Kesselfalle.

Zweiblättriger Blaustern *(Scilla bifolia):* Zwischen zwei schlanken grünen Blättern entspringt der Blütenstand, dessen Blüten in lockeren Trauben stehen oder hängen und gerne von Bienen besucht werden. Das 10–20 cm hohe Liliengewächs blüht im Frühling nach Schneeglöckchen und Frühlingsknotenblume in lichten Auwäldern oder Obstwiesen; seine Hauptblüte liegt meist im April. Bei dichten Beständen kann der ganze Boden dann einen blauen Schimmer zeigen. Die Pflanze treibt aus Zwiebeln und braucht feuchte, nährstoffreiche Böden. Blausternchen sind recht selten geworden, mancherorts findet man sie aber aus Gärten verwildert.

Wohlriechender Lauch *(Allium suaveolens):* Die meisten heimischen Laucharten verbreiten einen intensiv knoblauchartigen Geruch. Beim Wohlriechenden Lauch ist er nur schwach entwickelt und wird vom Blütenduft überlagert. Seine dünnen Blätter übersieht man oft; die rötlichen Blüten fallen dagegen eher auf. Man findet diesen Lauch auf feuchten Wiesen. In lichten Wäldern erfüllt der weiß blühende Bärlauch *(Allium ursinum)* insbesondere im Frühling die Luft mit schwerem, unangenehmem

Duft. Die Laucharten gehören zu den Liliengewächsen. Sie besitzen unterirdische Zwiebeln, mitunter auch Brutzwiebeln in den Blütenständen.

Rotes Waldvögelein *(Cephalanthera rubra)*: In lichten Buchenwäldern, bevorzugt auf Kalkböden, findet man das Rote Waldvögelein. Es gehört zu den Knabenkrautgewächsen, den Orchideen, obwohl es bei flüchtigem Hinsehen vielleicht eher an eine Lilie erinnert. Von Mai bis Juni oder Juli entwickelt es seine purpurroten Blüten, die sich nur wenig öffnen. Die Lippe ist heller und trägt, im Unterschied zu anderen Orchideen, keinen Sporn. Das Rote Waldvögelein wird 20–50 cm hoch und wächst häufig in lockeren Wäldern im Halbschatten; im tiefen Schatten können die Blätter fast grasartig dünn werden. Ähnlich ist das Weiße Waldvögelein *(Cephalanthera damasonium)*, das auch an ähnlichen Standorten vorkommt, jedoch weiß blüht.

Frauenschuh *(Cypripedium calceolus)*: Mit keiner anderen Pflanze kann der blühende Frauenschuh verwechselt werden, so charakteristisch sind seine Blüten. Vier purpurbraune, gewellte bis gedrehte schmale Blütenblätter umrahmen die leuchtendgelbe, pantoffelförmig aufgetriebene Lippe, die innen einige rötliche Flekken zeigt. Die Blüte erreicht bis 10 cm Durchmesser. Sie funktioniert nach dem Kesselfallenprinzip. Kleine Bienen, die sich im hohlen Schuh fangen, besorgen die Bestäubung, ehe sie wieder freigelassen werden. Häufig stehen zwei Blüten auf einem Stiel beisammen. Der Frauenschuh wächst auf Kalkböden in lichten Laubwäldern und bildet oft Gruppen. Er ist streng geschützt.

Einbeere *(Paris quadrifolia)*: Über vier gleichartigen, quirlständigen Blättern erhebt sich im Mai oder Juni die unscheinbare grüne Blüte der Einbeere. Sie ist von vier langen, zipfelförmigen Kelchblättern umgeben und entwickelt sich bei der Reife zu einer großen, blauschwarzen Beere, die aus dem Grün der unter ihr ansetzenden Blätter deutlich hervorsticht. Wie alle Teile der Pflanze ist sie ziemlich giftig, doch nicht annähernd so gefährlich wie die Frucht der Tollkirsche. Einbeeren gedeihen in Hartholzauen und Edellaubwäldern an feuchten Standorten und auch in Weichholzauen. Meist wachsen sie einzeln oder in kleinen Gruppen. Sie sind mehrjährig und werden zu den Liliengewächsen gerechnet.

Getupfter Saftkugler *(Glomeris pustulata)*: Als Lebensraum bevorzugt er die Streuschicht der Bergwälder, doch findet man ihn zuweilen auch an sonnigen Hängen in offenem Gelände; Nahrung bieten ihm verrottende oder auch frische Pflanzenteile, vor allem Buchenlaub, von dem große Mengen, zusammen mit Erde, aufgenommen und im Darm aufbereitet werden. Bei Belästigung rollt sich der Saftkugler zu einer fest geschlossenen Kugel zusammen und kann in diesem Zustand einige Tage verharren. Wird er aber stärker beunruhigt, sondert er aus Wehrdrüsen ein übelriechendes, sogar giftiges Sekret ab. Bei der Eiablage werden die Eier einzeln in eine aus dem Darm gepreßte Erdmasse eingebettet und dann einfach fallengelassen; eine weitere Brutpflege findet nicht statt.

Steinläufer *(Lithobius forficatus)*: Der etwa 20 mm lange Hundertfüßer mit verhältnismäßig geringer Anzahl von Körperabschnitten und Beinpaaren ist ausgesprochen feuchtigkeitsabhängig und geht schon bei kurzem Aufenthalt in praller Sonne zugrunde. Dementsprechend versteckt er sich tagsüber unter Steinen, Laub und Baumrinde. Nachts macht er Jagd auf Regenwürmer, Spinnen, Fliegen und dergleichen. Die Beute lähmt er durch einen Biß mit den Klauen des ersten Beinpaares, die mit Giftdrüsen ausgestattet sind. Der Begattung geht ein stundenlanges Paarungsspiel voraus, bei dem die Partner, einen Kreis bildend, mit den Fühlern gegenseitig ihre Hinterenden betrillern.

Rote Wegschnecke *(Arion rufus)*: Ihre Farbskala reicht von Ziegelrot über Braun bis Tiefschwarz, sie ist dann leicht mit der Schwarzen Wegschnecke zu verwechseln. Die träge dahinkriechenden Tiere bewegen sich auf einem von der Fußsohle abgesonderten Schleimteppich voran. Dieser Schleim wurde früher zu Arzneien gegen Schwindsucht und Keuchhusten verarbeitet. Den Lebensraum der Roten Wegschnecke bilden feuchte Wälder und Wiesen, doch kommt sie als Kulturfolger auch in Gärten vor. Sie ernährt sich von verschiedenen Pflanzenteilen, Aas und Kot. Flüssigkeitsverluste können die Tiere durch Trinken von Tau und Wasseraufnahme über die Körperoberfläche ausgleichen.

Rotbeinige Baumwanze *(Pentatoma rufipes)*: Sie ist eine der größten unserer heimischen Wanzen, lebt auf Sträuchern und Bäumen, bevorzugt Birken, und saugt dort, nachdem die Bäume ausgeschlagen haben, an der Rinde junger Triebe, später an den Früchten. Gewöhnlich bleibt das für die Pflanze ohne Folgen; nur im Obstbau entsteht geringfügiger Schaden, da die Früchte des Steinobstes schrumpfen und am Kernobst die Saugstellen versteinern.

Mistkäfer *(Geotrupes spec.)*: Die stämmigen, blauschwarzen Mistkäfer haben eine besondere Art der Brutfürsorge entwickelt. Die Käfer leben in Einehe, ein Pärchen legt im Herbst unter frischem Pferdemist einen senkrecht in den Boden führenden, 35–60 cm langen Stollen an, von dem Seitengänge abzweigen. In diese blind endenden Gänge wird Mist eingebracht und zu einem länglichen Brutballen festgepreßt. Das Weibchen zwängt sich in diesen Ballen und fertigt an dessen Ende eine Eikammer, die es mit einem Ei belegt. Nach der Eiablage wird der Eingang mit weiterem Dung verstopft und schließlich mit einem Sandpfropfen verschlossen, so daß sich die Nachkommen, überreichlich mit Nahrung versorgt und geschützt vor dem Zugriff von Feinden, entwickeln können. Ein Pärchen stellt meist mehrere Brutbauten her. Die im Frühjahr geschlüpften Larven überwintern und verpuppen sich im nächsten Sommer, auch die Jungkäfer brauchen noch eine Winterruhe, um im nächsten Jahr geschlechtsreif zu werden.

Fichtenrüßler *(Großer Brauner Rüsselkäfer; Hylobius abietis)*: Nicht von den Larven droht bei diesem Nadelholzschädling große Gefahr für die Kulturen, sondern von den ausgewachsenen Käfern. Das Weibchen legt die Eier in Baumstöcke oder unter die Rinde sterbender Bäume. Von dort bohren die Larven Gänge bis zu den Wurzeln, ohne nennenswerten Schaden anzurichten. Der geschlüpfte Jungkäfer aber beginnt an den Stämmen junger Bäume seine Zerstörungstätigkeit, indem er erbsengroße Löcher in Rinde und Splint nagt, die so dicht nebeneinanderliegen, daß die befallenen Stellen durch den Harzausfluß flächig verkrusten und die Bäumchen absterben.

Haselnußbohrer *(Curculio nucum)*: Wie alle Nußbohrer, eine Gattung der Rüsselkäfer, zeichnet sich auch diese Art durch einen körperlangen, gebogenen Rüssel aus. Mit ihm bohrt das Weibchen im Frühsommer einen Kanal bis ins Innere einer noch weichen Haselnuß und schiebt ein Ei hinein. Die weiße, braunköpfige, fußlose Larve frißt im Lauf ihrer Entwicklung den saftigen Kern völlig leer, nagt dann durch die inzwischen harte Schale ein Loch ins Freie, läßt sich zu Boden fallen und gräbt sich etwa 15 cm tief ins Erdreich ein. Erst im Frühjahr erfolgt die Verpuppung, und ein paar Wochen später schlüpft der Käfer. Ungünstige Umweltbedingungen können durch ein bis zu fünf Jahre währendes Larvenstadium im Boden überdauert werden.

Hirschkäfer *(Hornschröter; Lucanus cervus)*: Männchen und Weibchen unterscheiden sich deutlich in ihrem äußeren Erscheinungsbild. Während das braunschwarze Weibchen normale, wenn auch kräftige

Kiefer besitzt, sind diese beim kastanienbraunen Männchen zu mächtigen, geweihartigen Zangen entwickelt. Damit bei diesem gewaltigen Aufbau keine Kopflastigkeit entsteht, sind sie innen teilweise mit Luft gefüllt. Die Käfer nähren sich vom gärenden Saftfluß der Eichen. Um die viel selteneren Weibchen entbrennen unter den Männchen heftige Kämpfe, die manchmal sogar Verstümmelungen zur Folge haben. Ende Juni legen die Weibchen ihre Eier in den Mulm alter Baumstümpfe ab. Die engerlingartigen Larven zerschroten (Schröter!) mit den kräftigen Kiefern das morsche Holz. Nach 5–8 Jahren errichten sie in der Brutstätte eine aus Mulm gefertigte faustgroße Höhle, in der sie sich verpuppen und in der auch der geschlüpfte Käfer sich noch bis zum nächsten Sommer aufhält.

Buchdrucker *(Ips typographus)*: Im Frühjahr beginnt dieser Borkenkäfer sein zerstörerisches Werk. Das Männchen nagt ein Loch durch die Rinde und legt eine »Rammelkammer« an; dort begattet es die 2 bis 3 Weibchen, die ihm dahin folgen. Sogleich danach beginnen die Weibchen, nach oben und unten ihre Muttergänge zu bauen; zu beiden Seiten der Gänge legen sie in Nischen jeweils ein Ei ab. Währenddessen säubert das Männchen den Gang vom Bohrmehl. Die aus den Eiern geschlüpften Larven fressen senkrecht zum Muttergang weitere Gänge, an deren Ende sie sich verpuppen; es entsteht so das typische Fraßbild. Nach etwa zwei Monaten bohrt sich die neue Generation von Käfern ein Ausflugloch durch die Rinde und beginnt sofort mit der Fortpflanzung.

Pfeifenräumer *(Holzschlupfwespe; Rhyssa persuasoria)*: Diese stattliche Schlupfwespe mit dem schwarzen, weißgefleckten Körper und den rötlichen Beinen ist eine imponierende Erscheinung. Das Weibchen legt seine Eier in die Nähe oder direkt in die Eier von Holzwespen oder Bockkäfern. Dazu treibt es mit steil aufgerichtetem Körper den weit über körperlangen, borstendünnen Legebohrer bis zu 6 cm tief in das Holz, um an die Wirte zu gelangen. Es bedarf einer großen Sinnesleistung, um zielsicher die nicht sichtbare Wirtsbrut zu treffen. Die geschlüpften Larven leben parasitisch von den Körpersubstanzen des Wirtes und verpuppen sich schließlich in dessen Fraßgang.

Moschusbock *(Aromia moschata)*: An dem herrlich metallisch schillernden Bockkäfer fallen die weit über körperlangen Fühler und die beiden spitzen Höcker auf, die seitlich am Halsschild vorragen. Man trifft die Käfer im Hochsommer auf Weidenbäumen, wo sie sich gesellig an den salicylsäurehaltigen Ausflüssen der Rinde zusammenfinden und den Saft aufsaugen. Diese Nahrung bewirkt den moschusartigen Geruch, der den Moschusbock kennzeichnet. Bietet man ihm eine andere Nahrung, beispielsweise Zuckersaft, so verschwindet der Geruch. Die Larven leben im faulenden Holz alter Weiden.

Blattwespen *(Tenthredo spec.)*: Charakteristisch für die Blattwespen sind Bau und Lebensweise ihrer Larven, die, oberflächlich betrachtet, Schmetterlingsraupen sehr ähnlich sehen und deshalb als »Afterraupen« bezeichnet werden. Sie unterscheiden sich von diesen nur durch die größere Zahl (6 bis 8) der stummelförmigen Bauchbeinpaare. Bei Beunruhigung zeigen sie eine Schreckreaktion: Manche Arten lassen sich fallen, andere krümmen sich S-förmig, recken ihr Hinterende steil empor und versuchen durch Hin- und Herpendeln den Feind zu vertreiben. Kaum geschlüpft, beginnen die Larven mit dem Blattfraß. Manche Arten fressen ununterbrochen, andere nur abends oder nachts; der angerichtete Schaden ist entsprechend groß.

Rote Waldameise *(Formica rufa)*: Bei den hohen, kuppelartigen Ameisenhaufen in Wäldern und an Waldrändern handelt es sich nur um den oberirdischen Teil des großangelegten Baues der Roten Waldameise, der sich mit seinen Gängen, Vorrats- und Brutkammern tief in den Boden erstreckt. Jeder Bau beherbergt eine Königin und mehrere hunderttausend Arbeiterinnen, die das Baumaterial herbeischaffen, den Bau sauberhalten, ausbessern und vergrößern, Nahrung (Insekten, Spinnen und Würmer) eintragen und die Brut sowie die Königin versorgen. Aus der Hauptmenge der Eier entwickeln sich Arbeiterinnen, aus einem kleinen Teil geflügelte, schlanke Männchen und dickere Weibchen; einmal im Jahr steigen sie auf zum Hochzeitsflug, bei dem die Männchen die Weibchen begatten. Die Männchen sterben kurz danach, während die jungen Königinnen ihre Flügel abwerfen und sich daranmachen, einen neuen Staat zu gründen. Dazu besetzt die Königin, deren Samenvorrat für das ganze Leben ausreicht, einen fremden, königinlosen Ameisenstaat. Da nur die Königin Eier legen kann, wird das Volk vorerst gemischtartig und mit der Zeit zu einem reinen Staat der Roten Waldameise.

Kamelhalsfliegen *(Raphidia spec.)*: Kamelhalsfliegen kennt man fossil bereits aus den Kohleablagerungen der Karbonzeit; sie zählen also zu einem sehr alten Zweig der Netzflügler und sind als solche durch ihre gleichartigen reichgeäderten Flügel gekennzeichnet. Die Tiere leben hauptsächlich an Waldrändern auf Bäumen und Sträuchern und stellen anderen Insekten nach, die sie mit ihren kräftigen Kiefern zerreißen. Mit einer Legeröhre bringen die Weibchen ihre Eier unter die Baumrinde. Die beweglichen Larven erweisen sich als nützliche Vertilger von Holzschädlingen, die unter der Rinde sitzen. Sie überwintern unter Rinde, Moos und Flechten und verpuppen sich im Frühjahr. Bereits die Puppen laufen nach ihrer Puppenruhe umher, indem sie sich gewandt vor- und rückwärts bewegen, ein für Insektenpuppen sehr ungewöhnliches Verhalten.

Wollschweber *(Bombylius major)*: Der Wollschweber gehört zu den Hummelfliegen und ähnelt mit seiner dichten, pelzigen Behaarung und dem gedrungenen Körper tatsächlich einer kleinen Hummel. Wie ein Kolibri kann er im Flug »rüttelnd« über den Blüten verharren, in die er seinen 10 mm langen biegsamen Rüssel einführt, um an den Nektar zu gelangen. Die Larven der Wollschweber leben als Parasiten in anderen Insektenlarven, vor allem von Hautflüglern und Heuschrecken, und saugen sie aus.

Traubenkirschen-Gespinstmotte *(Yponomeuta evonymellus)*: Bei starkem Befall fressen die Raupen der Traubenkirschen-Gespinstmotte die Traubenkirschen *(Prunus padus)* völlig kahl und überziehen Zweige, Äste und Stämme mit einem dichten, silbrigglänzenden Gespinst. Nur noch kahle Baumgerippe ragen dann Ende Mai oder Anfang Juni durchs Blattwerk der anderen Bäume im Auwald. Die kleinen Raupen befressen die ersten Triebe im Frühjahr. Kommt ein Spätfrost im April oder Mai, so gehen sie zugrunde, und nur wenige spät geschlüpfte Räupchen überleben. Bei warmem, trockenem Frühlingswetter dagegen kommen die meisten Jungraupen durch und verursachen den Kahlfraß. Er schädigt die Bäume allerdings nicht wesentlich, weil sie im Juni eine zweite Blattgeneration treiben, die nicht mehr befressen wird. Nur Traubenkirschen werden von diesem Kleinschmetterling befallen. Andere, nahe verwandte Gespinstmotten wählen auch Pfaffenhütchen, Weißdorn, Weiden oder Apfelbäume als Nahrung. Die Traubenkirschen-Gespinstmotte trägt viele kleine schwarze Punkte auf den silbrigglänzenden Vorderflügeln. Die Hinterflügel sind dunkel.

Landkärtchen *(Araschnia levana)*: Das Gitter- und Linienmuster auf der Unterseite der Flügel hat dem Landkärtchen seinen Namen gegeben. Doch das wirklich Interessante an seiner Lebensweise ist, daß es in zwei ganz verschiedenartigen Färbungsformen auftritt. Die Falter der Frühjahrsgeneration sind gelbbraun mit nur wenigen dunklen Flächen. Aus ihren Eiern schlüpfen Raupen, die nach der Verpuppung eine weitgehend schwarze Sommergeneration hervorbringen. Eine unterbrochene helle Binde zieht sich über beide Flügel; sonst sind sie fast schwarz. Doch aus dieser Generation entsteht nach der Überwinterung der Puppen wieder die braune Frühjahrsgeneration. Man nennt dies einen Saisondimorphismus. Die Tageslänge steuert die Entwicklung der beiden Formen! Ihre Raupen leben an Brennesseln.

Kleiner Eisvogel *(Limenitis camilla):* Dieser besonders auf der Flügelunterseite recht hübsch gezeichnete Falter ist in vielen Gegenden ziemlich selten geworden, weil sein wichtigster Lebensraum, die feuchten Flußauen, in Mitteleuropa fast vollständig vernichtet wurde. So haben nur Restbestände überlebt. Die Falter fliegen von Mitte oder Ende Juni bis Mitte August. Sie tragen auf der dunklen Flügeloberseite ein charakteristisches weißes Band. Gerne setzen sie sich an feuchten Stellen auf den Boden oder saugen an Tierexkrementen. Die Raupe lebt an Geißblatt oder Heckenkirsche; sie überwintert in noch sehr kleinem Zustand in einem Gespinst.

Großer Schillerfalter *(Apatura iris):* Von einer unregelmäßigen weißen Linie durchzogen, sonst aber dunkel sind die Flügeloberseiten des Großen Schillerfalters, der mit einer Vorderflügellänge von mehr als 3 cm zu den größten heimischen Tagfaltern zählt. Fällt aber das Licht im richtigen Winkel darauf, so leuchten sie tiefblau schillernd wie die großen südamerikanischen Morphos. Dünne Luftschichten in den Flügelschuppen erzeugen dieses Schillern, das deshalb eine sogenannte Strukturfarbe darstellt. Wäre das Blau eine Pigmentfarbe, würde man es immer sehen können. Der Große Schillerfalter fliegt im Hochsommer. Seine Raupen leben an Weiden. Der sehr ähnliche Kleine Schillerfalter *(Apatura ilia)* trägt im unteren Teil des Vorderflügels zusätzlich einen ringförmigen Augenfleck, der dem Großen Schillerfalter fehlt.

Nagelfleck *(Aglia tau):* Im April und Mai fliegen die Männchen des Nagelflecks in Buchenwäldern. Ihr Flug ist so reißend, daß man Mühe hat, ihnen zu folgen. Sie suchen nach den viel heller gefärbten, etwas größeren Weibchen, die irgendwo am Stamm sitzen und ihre Duftstoffe aussenden. Mit ihren stark gekämmten Fühlern nehmen die Männchen diese Lockstoffe auf. Bei der Paarung lassen sich die weißen »Nägel« in den tiefblauen Augenflecken auf den Flügeln erkennen, die diesem Schmetterling den Namen gegeben haben. Die Raupen des Nagelflecks ernähren sich von jüngerem Buchenlaub. Die Männchen erreichen eine Flügelspannweite von gut 6 cm, die Weibchen von fast 8 cm.

Nonne *(Lymantria monacha):* Bis zum Beginn der zweiten Hälfte des 20. Jahrhunderts galt die Nonne als hochgradig gefährlicher Waldschädling, der viele Quadratkilometer große Forstflächen vernichten konnte. Doch seit dem Einsatz der chemischen Insektizide hat ihre Bedeutung stark abgenommen. Nonnenraupen sind nicht eng auf eine bestimmte Nahrungspflanze spezialisiert. Doch wenn es in Fichten- oder Kiefernforsten zu Massenvermehrungen kommt, verbrauchen sie mit 1000 Nadeln pro Raupe (wobei noch einmal so viele durch Abbeißen ungenutzt zugrunde gehen!) bald so viele Nadeln, daß die Bäume absterben. Bei etwa 70% Nadelverlust geht eine Fichte, bei rund 90% eine Kiefer zugrunde. Die Massenvermehrungen des hell oder dunkel gefärbten Schmetterlings verlaufen oft in mehrjährigen Zyklen.

Trauermantel *(Nymphalis antiopa):* Meist findet man den an der Art seiner Flügelfärbung und -zeichnung unverkennbaren Trauermantel nur einzeln. Die Falter schlüpfen im Juli oder August, fliegen eine Weile umher und suchen dann ein Winterquartier. Im April und Mai kommen sie wieder hervor, paaren sich und legen ihre Eier an Salweiden, Birken oder Zitterpappeln ab. Die Raupen fressen anfangs gesellig, später einzeln an den Blättern. Sie sind schwarz und tragen zwei Reihen runder roter Punktflecken auf dem Rücken sowie wenige lange Stachelhaare. Warum stets nur wenige das Falterstadium erreichen und der Trauermantel so selten bleibt, ist unbekannt. Die Weibchen sind blasser gefärbt als die Männchen.

Kleines Nachtpfauenauge *(Eudia pavonia):* Die Nachtpfauenaugen aus der hauptsächlich in den Tropen verbreiteten Familie der Pfauenspinner gehören zu den eindrucksvollsten einheimischen Schmetterlingen. Sie tragen auf allen vier Flügeln große Augenflecke, die aus dunklen und hellen Ringen zusammengesetzt sind. Die Männchen erkennt man an der intensiveren Färbung und den großen, stark gekämmten Fühlern, mit denen sie die Duftstoffe der etwas größeren, graueren Weibchen auffangen. Sie suchen die Partner in der Dämmerung und Dunkelheit. Die Raupen des Kleinen Nachtpfauenauges, das in Mitteleuropa weit verbreitet ist, leben an Heidekraut, Schlehen und anderen Sträuchern. Sie verpuppen sich in einem amphorenförmigen Kokon.

Kiefernspinner *(Dendrolimus pini):* Die Raupen dieses großen Falters aus der Verwandtschaftsgruppe der Spinner verursachen gewaltige Schäden an Kiefernkulturen, von deren Nadeln sich die langen, stark behaarten Raupen ernähren. Wenn die äußeren Umstände günstig sind, also geringe Verluste durch Witterungseinflüsse und natürliche Feinde entstehen, kann es zu Massenvermehrungen kommen, die Kiefernmonokulturen bedrohen. Zu wirklichen Waldschäden führen sie jedoch selten. Kiefernwälder auf geeigneten Standorten erweisen sich als weniger anfällig als solche, die auf Böden wachsen, die für die Kiefern eigentlich nicht günstig sind. Standortgerechte Forstwirtschaft vermag daher die Schädlingsanfälligkeit zu vermeiden.

Pappelschwärmer *(Laothoe populi):* Mit den breiten, zackigen Flügeln, die in Ruhestellung ganz merkwürdig gehalten werden, weicht der Pappelschwärmer deutlich vom Aussehen der anderen Schwärmer ab. Seine Flügel sind bei weitem nicht so schnittig wie die der ähnlich häufigen und fast gleich großen Abendpfauenaugen. Im Flug erweist er sich zwar als recht wendig, aber nicht besonders schnell. Deshalb vermeidet er es, am Tage umherzufliegen. Dann ruht er mit blattartig wirkenden Flügeln im Dickicht und wartet auf die Dämmerung. Seine Raupen fressen an Pappeln.

Eichenspinner *(Lasiocampa quercus):* Die Männchen des zu den Glucken (einer Familie der den Nachtfaltern zugerechneten Spinner) gehörenden Eichenspinners fliegen auch am Tage. In reißendem, sehr schwer verfolgbarem Flug patrouillieren sie auf ihrer Route. Sie suchen nach den deutlich größeren, heller gefärbten Weibchen, die sich irgendwo in der Vegetation versteckt halten. Die Flugzeit liegt zwischen Ende Juni und Mitte August. Die Raupen fressen an den Blättern von Laubhölzern und überwintern. Sie tragen lange Haare, die bei Berührung ein nesselartiges Brennen hervorrufen. Bei Gefahr rollen sie sich zu Stachelkugeln zusammen.

Kieferneule *(Forleule; Panolis flammea):* Der Farbton der Vorderflügeloberseite kann bei der Kieferneule von Orangegelb bis Rot, Grau und Weißlich schwanken. Die in der Ruhehaltung verdeckten Hinterflügel sind schwärzlich. Die Raupen dieses mit 1–1,5 cm Vorderflügellänge mittelgroßen Eulenfalters haben gebietsweise in Kiefernforsten, insbesondere in jungen Pflanzungen, erhebliche Schäden durch Abbeißen der Nadeln verursacht. Neben Waldkiefern befallen die Kieferneulen auch Weymouthskiefern *(Pinus strobus)* und Fichten. Die Höhenverbreitung der Kieferneule reicht bis etwa 1700 m im Gebirge. In den meisten Gebieten und Jahren bleibt sie allerdings eine seltene Erscheinung.

Schönbär *(Spanische Fahne; Panaxia dominula):* Die intensiv roten Hinterflügel dieses hübsch gefärbten, schlanken Bärenspinners zeigen von den Außenrändern herkommende schwarze Fleckenbänder, während die schwarzen Vorderflügel von weißen und gelben Flecken bedeckt sind. Dieses Farbmuster stellt eine Warnung an Freßfeinde aus der Vogelwelt dar. Es signalisiert ihnen schlechten Geschmack. Die Falter verhalten sich träge. Sie legen ihre Eier an Brennesseln ab, an denen sich auch die Raupen entwickeln. Aber auch Vergißmeinnicht, Taubnesseln und andere niedrige Kräuter dienen als Futterpflanzen. Die Raupen verpuppen sich Ende Mai; im Hochsommer fliegen die Falter meist in feuchten Bachschluchten und Lichtungen.

Rotes Ordensband *(Catocala nupta):* Zur sonst eher unscheinbaren Familie der Eulenfalter gehört auch die Gruppe der Ordensbänder. Es handelt sich bei ihnen um ziemlich große Nachtschmetterlinge mit tarnfarbenen Vorderflügeln, die in Ruhestellung die kontrastreich rot-schwarz, blau-schwarz oder gelb-schwarz gefärbten Hinterflügel überdecken. Werden die am Tage ruhenden Ordensbänder von einem Singvogel aufgestöbert, so präsentieren sie blitzschnell die Hinterflügel, nutzen die Schrecksekunde des Feindes aus und verschwinden in torkelndem Flug. In dem Augenblick, wenn sie sich wieder auf einem Baumstamm niederlassen, schließen sie die Vorderflügel über den Hinterflügeln und lassen damit diese Signalfärbung verschwinden.

Mondvogel *(Phalera bucephala):* Dieser merkwürdige Falter aus der Familie der Zahnspinner rollt in der Ruhehaltung die Flügel so zusammen, daß er mit den gelben Mondflecken am Flügelende und dem gelben Kopfbereich einem abgebrochenen Holzstückchen täuschend ähnlich sieht. Außerdem fällt es schwer, vorne und hinten zu unterscheiden. So getarnt, ruht der Mondvogel tagsüber im Gestrüpp. Seine Flugzeit erstreckt sich von Mai bis Juli. Er wird in den Abendstunden aktiv. Die Raupen leben an verschiedenen Laubholzarten. Mondvögel kommen fast überall vor, wenn auch nicht häufig.

Feuersalamander *(Salamandra salamandra):* Mit seiner gelb-schwarzen Musterung ist der Feuersalamander, ein weitverbreiteter, aber nirgends häufiger Vertreter der überwiegend landlebenden Schwanzlurche, unverkennbar. Die Muster variieren. Im Bereich der Westalpen nehmen sie eine streifige Anordnung ein. Die Färbung stellt eine Warntracht dar, die den Feuersalamander als ungenießbar oder giftig ausweist. Die Larven entwickeln sich in kühlen, schattigen Quellgewässern, Brunnenstuben oder klaren Waldbächen. Nach der Umwandlung verlassen sie das Wasser und leben an schattig-feuchten Stellen am Land. Die Hauptvorkommen liegen in Waldgebirgen unter 800 m Höhe.

Blindschleiche *(Anguis fragilis):* Zwar sieht sie wie eine Schlange aus, ist aber keine, sondern zählt zu den Verwandten der Eidechsen. Die Beine der Blindschleiche, die im übrigen nicht blind ist, sind so stark zurückgebildet, daß man nur noch winzige Reste davon als Knochenteilchen im Körper findet, äußerlich aber nichts mehr davon sieht. Sie wird etwa 30–40 cm lang, selten noch etwas länger. Die Männchen bleiben stets kleiner als die Weibchen. Die Körperfarbe kann grau, braun, rötlich oder grünlich sein. Die Weibchen tragen auf dem Rücken eine dunkle Mittellinie. Die Jungen werden gegen Ende des Sommers geboren; sie sind dann so weit in der Eihülle entwickelt, daß sie gleich nach der Eiablage auskriechen können. Blindschleichen kommen in Mitteleuropa noch verhältnismäßig häufig vor.

Baumfalke *(Falco subbuteo):* Selbst die pfeilschnellen Mauersegler sind vor diesem kleinen Falken nicht sicher. Im Stoßflug erreicht er so hohe Geschwindigkeiten, daß er es ohne weiteres mit Schwalben und Seglern aufnehmen kann. Im Flugbild sieht der Baumfalke, der etwa die Größe eines Turmfalken erreicht, wie ein zu groß geratener Mauersegler aus. Meist fliegt er so schnell vorüber, daß man die rote Beinbefiederung (»Hosen«) gar nicht erkennt. Baumfalken ernähren sich fast ausschließlich von Kleinvögeln und großen Insekten. Sie nisten so spät im Jahr, daß sie häufig die Horste von Krähen übernehmen können, wenn deren Brut bereits ausgeflogen ist. Ihr Winterquartier befindet sich in Afrika.

Wespenbussard *(Pernis apivorus):* Auf ganz ungewöhnliche Weise ernährt sich der Wespenbussard. Aus anhaltendem Segelflug späht er nach ein- und ausfliegenden Wespen oder Hummeln. Hat er ein Nest dieser stachelbewehrten Insekten entdeckt, scharrt er es, ähnlich wie Hühner dies tun, mit den Beinen frei, bis er an die Waben mit den Maden gelangt. Von diesen ernährt er sich, und damit versorgt er auch seine Jungen. Er nistet spät im Jahr, denn im Frühling, wenn die anderen Bussarde Junge großziehen, fangen die Wespen erst an, ihre Staaten aufzubauen. Im Juni und Juli bringen sie dann lohnende Beute. Um ihre Stiche kümmert sich der Wespenbussard kaum. Die schuppenartigen Federn am Kopf, das Gefieder und die Beinbeschilderung wehren sie ab.

Sperber *(Accipiter nisus):* Als eine verkleinerte Ausgabe des Habichts könnte man den Sperber bezeichnen. Tatsächlich fällt es mitunter schwer, ein vorbeischießendes Sperberweibchen von einem kleinen Habichtsmännchen zu unterscheiden. Beide Arten sehen sich sehr ähnlich und zeigen den gleichen Unterschied in der Größe: Die Männchen, Terzel genannt, sind etwa ein Drittel kleiner als die Weibchen. Sperber fangen hauptsächlich Vögel, die sie im Überraschungsangriff aus der Deckung zu schlagen versuchen. Dabei stoßen sie bisweilen sogar in Büsche hinein. Die Männchen sind am Rücken kräftiger bläulich gefärbt und auf der Brust rötlichbraun gebändert, »gesperbert«. Jungvögel tragen ähnlich wie beim Habicht eine braune Tropfenfleckung auf der Brust. Im Winter jagen Sperber oft in Siedlungen nach Sperlingen, Grünfinken und anderen Kleinvögeln. Seit einige Schädlingsbekämpfungsmittel wie das DDT verboten sind, erholt sich ihr Bestand allmählich wieder. Bei zu hohem DDT-Gehalt der Nahrung waren die Eier zerbrochen, was zu einem starken Rückgang der Bestände geführt hatte.

Habicht *(Accipiter gentilis):* Ein langer Schwanz und breite, gerundete Flügel kennzeichnen den bussardgroßen Habicht. Sein schneidig wirkender Jagdflug kommt so überraschend schnell, daß er die Beute schlagen kann, noch bevor sie in der Deckung verschwindet. Die gerundeten Flügel und der lange Schwanz verleihen eine besondere Wendigkeit und ermöglichen blitzschnelles Starten. Beim Habicht wird das Weibchen erheblich größer als das Männchen. Es schlägt auch größere Beute. Diese besteht aus Tauben, Eichelhähern, Kaninchen und Enten. Wenngleich auch Fasanen, Hasen und Rebhühner erbeutet werden, so besteht doch kein Anlaß, den Habicht deswegen zu verfolgen. Für den Bestand an Jagdwildarten ist er ohne nennenswerte Bedeutung. Habichte besetzen ihre Reviere das ganze Jahr über und leben mitunter sogar in Städten, wo sie die Tauben als Hauptbeute wählen. Von Falknern werden sie besonders gern zur Beizjagd abgerichtet. Junghabichte erkennt man an der kräftigen Längsstreifung auf der Brust; Althabichte sind quergebändert. Die Spannweite ihrer Flügel erreicht gut 1 m.

Mäusebussard *(Buteo buteo):* Überall, wo es durch Waldstücke aufgelockerte Landschaft gibt, findet man den Mäusebussard, der wohl die häufigste Greifvogelart in Mitteleuropa darstellt. Nur gänzlich waldfreie Gebiete und ausgedehnte, dichte Wälder meidet er, denn er braucht die Freiflächen zur Nahrungssuche. Die Beute besteht in überwiegendem Maße aus Feldmäusen, die er vom Ansitz, seltener aus einem schwerfälligen Rüttelflug heraus, schlägt. Daneben nimmt er gern Aas, beispielsweise Tierkadaver von Straßenrändern. Für die Niederwildbestände spielt der Mäusebussard keine Rolle. Er kommt in zahlreichen Farbvariationen vor, nistet in Horsten auf Bäumen und ruft bezeichnend »hiiä«.

Turteltaube *(Streptopelia turtur):* Das sanfte, rollende Gurren des Taubers brachte der Turteltaube ihren deutschen wie auch den wissenschaftlichen Namen ein. Sie kommt, bei rückläufiger Bestandsentwicklung, vorwiegend in den wärmeren Klimabereichen Mitteleuropas vor. Ihr Hauptverbreitungsgebiet liegt im Süden und Südosten. Sie nistet gern in lockeren Feldgehölzen oder Gebüschstreifen und sucht am Boden vor den Bäumen, oft auch weiter draußen in der Feldflur, nach Nahrung. Im Gegensatz zur Türkentaube ist sie ein Zugvogel. Mit einer Körperlänge von 27 cm wird sie nicht ganz so groß wie die Türkentaube. Wenn sie abfliegt, fällt das schmale weiße Endband am verhältnismäßig kurzen schwarzen Schwanz auf.

Waldschnepfe *(Scolopax rusticola):* Aus ihrer Umgebung herausgelöst, macht die Waldschnepfe eine ganz ungewöhnliche Figur. Ihr Schnabel wirkt viel zu lang und ihr Körper zu dick. Die Augen scheinen zu weit seitlich am Kopf zu liegen. Doch im passenden Lebensraum, in den stillen Waldsümpfen und Bachschluchten, erweist sie sich als Meisterin der Tarnung und den Anforderungen ihrer Umwelt hervorragend angepaßt. Man braucht schon sehr scharfe Augen, um sie zu finden, wenn sie sich im Sumpf drückt! Sie bemerkt die Annäherung sehr schnell, weil ihre Augenstellung eine komplette Rundumsicht ermöglicht. Den ungewöhnlich langen Schnabel kann sie an der Spitze öffnen, ohne ihn ganz aufmachen zu müssen, wenn sie im weichen Morast nach Würmern sucht. Im Frühjahr vollführen die Männchen einen eindrucksvollen Balzflug.

Kuckuck *(Cuculus canorus):* Den Kuckucksruf kennt jeder, aber den Vogel selbst haben die wenigsten gesehen. Denn der Kuckuck hält sich ziemlich scheu im Kronendach der Bäume oder im Dickicht der Gebüsche verborgen. Fliegt er einmal ein Stück über eine freie Fläche, dann ähnelt er so stark einem kleinen Falken, daß er sicher oft dafür gehalten wird. Zusätzlich zu den falkenartig spitzen Flügeln besitzt er nämlich noch eine gesperberte Brust und einen langen Schwanz. Der Kuckuck brütet nicht selbst; vielmehr legen die Weibchen ihre Eier in die Nester von Wirtsvogelarten; diese ziehen den jungen Kuckuck selbst dann groß, wenn er gleich nach dem Schlüpfen Eier oder kleine Junge seiner Zieheltern aus dem Nest geworfen hat. Das muß er tun, weil er sonst nicht genügend Nahrung bekäme. Der Kuckuck kommt Mitte bis Ende April aus seinem afrikanischen Winterquartier zurück und bleibt bis August oder September hier.

Waldohreule *(Asio otus):* Bei Erregung, etwa wenn sie an ihrem Tagesrastplatz entdeckt wird, richtet die Waldohreule ihre auffallend langen Federohren auf, sträubt das Gefieder und droht mit knackendem Schnabel. Sie sieht wie eine verkleinerte Ausgabe des Uhus aus, der sie aber an Körperlänge um fast das Doppelte übertrifft. Waldohreulen kommen recht häufig vor. Sie bewohnen nicht nur die meisten Waldgebiete, sondern auch größere Stadtparks, fallen aber durch ihre fast ausschließlich nächtliche Lebensweise kaum auf. Sie nisten in verlassenen Krähennestern und ernähren sich von Mäusen.

Rauhfußkauz *(Aegolius funereus):* Dichte, geschlossene Wälder bewohnt der nur 25 cm große Rauhfußkauz. Seine Zehen sind bis zu den Krallen stark befiedert; daher kann er in kälteren Lebensräumen existieren als der ihm ähnliche Steinkauz. Nachts jagt er Mäuse und versucht, schlafende Kleinvögel im Geäst zu überraschen. Seine Balzrufe klingen sehr charakteristisch »pu, pu, pu ...«, erst aufsteigend, dann wieder abfallend. Er nistet in Höhlen. Sind diese jedoch zu geräumig, wird er dabei vom stärkeren und häufigeren Waldkauz verdrängt. Sein Flug ist geradlinig und nicht wellenförmig wie der des Steinkauzes.

Waldkauz *(Strix aluco):* Das schaurige »huhuhuhu«, das nachts in Wäldern und größeren Parkanlagen vor allem im Februar und März zu hören ist, stammt vom Waldkauz. Dieser dürfte die häufigste heimische Eulenart und gewiß die anpassungsfähigste sein. Auf kurzen, rundlichen Flügeln geistert er nachts zwischen den Bäumen umher und greift sich lautlos eine Maus oder einen schlafenden Vogel. Zwei Farbphasen, eine graue und eine rötlichbraune, kommen vor. Die jungen Waldkäuze wirken, wenn sie entdeckt werden, mit ihrem gesträubten Gefieder oft noch größer als die alten. Waldkäuze nisten in Höhlen aller Art, mitunter sogar in Taubenschlägen, ohne die Tauben zu behelligen.

Schwarzspecht *(Dryocopus martius):* Der krähengroße Schwarzspecht ist die mit Abstand größte heimische Spechtart. Das völlig schwarze Gefieder und die rote Kopfkappe machen ihn unverkennbar. Beim Männchen dehnt sich das Rot bis zum Hinterkopf aus, wo es einen schwach angedeuteten Schopf bildet. Beim Weibchen befindet sich an dieser Stelle ein roter Fleck, während der Scheitel schwarz bleibt. Schwarzspechte zimmern mit ihren mächtigen Schnäbeln große Höhlen in die Baumstämme, deren Einflugloch gut faustgroß ist. In der sich nach unten zu sackartig erweiternden Höhle ziehen sie ihre Jungen groß. Hackspäne des Holzes dienen als Unterlage. Größere Wälder bilden ihren bevorzugten Lebensraum.

Buntspecht *(Dendrocopos major):* Geringe Ansprüche an den Lebensraum stellt der Buntspecht. Er braucht Baumbestände zur Anlage seiner Bruthöhlen und zur Nahrungssuche. Dabei nimmt er gleichermaßen Laub- wie Nadelbäume an und kommt deshalb von unseren Spechtarten im allgemeinen am häufigsten vor. Man findet ihn nicht nur in Wäldern, sondern auch in Gärten, auf Friedhöfen und in Parkanlagen. Ein scharfer »kick«-Ruf, im Frühjahr auch ein anhaltendes Trommeln und die auffälligen Flüge von Baum zu Baum verraten seine Anwesenheit. Das Männchen trägt am Hinterkopf einen kleinen roten Fleck, der dem Weibchen fehlt. Junge Buntspechte besitzen eine rote Kopfkappe. In der Nisthöhle rufen sie oft sehr laut und auffällig.

Waldbaumläufer *(Certhia familiaris):* Im Gegensatz zu seiner Zwillingsart, dem Gartenbaumläufer *(Certhia brachydactyla),* dem er ansonsten sehr ähnlich sieht, besitzt der Waldbaumläufer einen vollständig weißen Bauch, etwas längere Krallen an den Zehen und einen deutlich andersartigen Gesang. Trotzdem ist es nicht leicht, beide Arten im Freiland mit Sicherheit zu unterscheiden. Allerdings kommen sie selten im selben Lebensraum vor: Der Waldbaumläufer zieht dichte Wälder, insbesondere Nadelwälder, vor, während der Gartenbaumläufer Laubwälder bewohnt. Letzterer kommt auch in Gärten, Parkanlagen und auf mit Obstbäumen bepflanzten Wiesen vor.

Kleinspecht *(Zwergspecht; Dendrocopos minor):* Mit nur gut 14 cm Länge ist der Kleinspecht der kleinste Specht Europas. Abgesehen von der geringen Größe fällt auf, daß der Rückenbereich kräftig schwarzweiß quergebändert ist. Das Männchen trägt eine rote Kopfkappe hinter der hellen Stirn. Beim Weibchen ist dieser Bereich schwarz. Kleinspechte leben an dünneren Ästen als die viel größeren Buntspechte. Sie zimmern sich ihre Bruthöhlen in kaum armdicken Stämmen, meist ziemlich hoch am Baum. Im Winter schließen sie sich oft mit Meisenschwärmen zusammen und streifen mit ihnen durch den Wald. Zwar sind Kleinspechte weit verbreitet, aber nirgends häufig anzutreffen.

Baumpieper *(Anthus trivialis):* Dieser etwa 15 cm lange, unscheinbar gezeichnete Pieper bewohnt lichte Wälder, Kahlschläge und offenes, buschiges Gelände. Man würde ihn kaum entdecken, wenn er nicht so auffallende Singflüge unternehmen würde. Von der Spitze eines Baumes schwingt er sich in die Luft und beginnt einen lauten Schmettergesang, der mit einem charakteristischen »zia-zia-zia« endet. Dabei segelt er mit schräg ausgebreiteten Schwingen in Spiralen zu Boden. Baumpieper erinnern in ihrem Bodenverhalten an Lerchen. Sie tragen auf der Brust eine kräftige Streifung auf bräunlichem Grund. In den letzten beiden Jahrzehnten sind sie vielerorts selten geworden.

Fichtenkreuzschnabel *(Loxia curvirostra):* Eine ganz ungewöhnliche Lebensweise kennzeichnet den Fichtenkreuzschnabel und seine Verwandten aus der Gattung der Kreuzschnäbel. Die Überkreuzung der Schnabelspitzen, die sich im Laufe der Entwicklung der Jungvögel ausbildet, dient dem Öffnen der Schuppen an den Fichtenzapfen. Damit erst gelangen die Schnäbel, die finkenartig kurz sind, an die darunterliegenden Samen, von denen sich die Vögel fast ausschließlich ernähren. Auch die Jungen werden mit zerquetschten Fichten- oder Tannensamen gefüttert. Dadurch können die Fichtenkreuzschnäbel bei reicher Zapfenmast auch im Winter brüten. Sie streifen unstet umher, bis sie gute Zapfenvorkommen finden. Nur die Männchen werden rot, die Weibchen bleiben gelblichgrün, verlieren aber die Streifung der Jungvögel. Ihr Ruf ertönt »gipp, gipp«.

Trauerschnäpper *(Ficedula hypoleuca):* Die Fliegenschnäpper, zu denen auch der Trauerschnäpper zählt, tragen einen sehr treffenden Namen. Denn sie warten auf einem Zweig oder am Zaun sitzend, bis ein Insekt, eine Fliege etwa, in geeigneter Entfernung vorüberkommt. Dann fliegen sie schnell auf die Beute zu, schnappen sie und schwenken wieder auf den Ansitzplatz zurück. Mit dieser Art des Beuteerwerbs liegen sie zwischen den im Blattwerk und Geäst nach Nahrung suchenden Grasmücken und Laubsängern und den im freien Luftraum jagenden Schwalben und haben somit ihre besondere ökologische Nische gefunden. Der Trauerschnäpper, mit 13 cm Körperlänge ein typischer Vertreter dieser Gruppe, kommt in einer hellen und einer schwarzen Variante in Mitteleuropa vor. Die helle ähnelt dem Weibchenkleid, die schwarze bewohnt vorwiegend Skandinavien. Auffällig sind die weißen Flügelfelder.

Zeisig *(Erlenzeisig; Carduelis spinus):* Der Zeisig sieht wie eine etwas kleinere, stärker gezeichnete Ausgabe des Grünlings aus. Allerdings trägt er im Gegensatz zu diesem eine schwarze Kopfkappe, die beim Weibchen kaum angedeutet und bei Jungvögeln gar nicht erscheint. Gedehnte »dieh«-Rufe verraten die Anwesenheit von Zeisigen im Winterwald. Zur Brutzeit findet man sie vorwiegend im Bergland und im südlichen Skandinavien, aber im Winter treten sie überall in Auwäldern der Flußniederungen und in größeren Parkanlagen auf. Bei der Nahrungssuche bevorzugen sie Erlenzapfen. Im Flugbild des Zeisigs fallen die intensiv gelben Schwanzseiten und die dunkel eingefaßte, gegabelte Spitze auf.

Zaunkönig *(Troglodytes troglodytes):* Nach den Goldhähnchen ist der Zaunkönig die kleinste heimische Vogelart. Aber dieser Zwerg von nur etwa 9 cm Körperlänge besitzt eine so laute, schmetternde Stimme, daß man seinen Gesang einer viel größeren Vogelart zuschreiben möchte. Er singt fast das ganze Jahr über, weil er auch im Herbst und Winter sein Revier besetzt hält und gegen Artgenossen verteidigt. Da er sich nicht auf Körnernahrung umstellen kann, sondern Winter wie Sommer auf Kleininsekten angewiesen ist, muß er einen Lebensbezirk beanspruchen, der ihn auch gut genug versorgt. Er baut, gut versteckt an Baumstümpfen oder im Gestrüpp, ein kugelförmiges Nest aus Moos mit seitlichem Einschlupfloch.

Rotkehlchen *(Erithacus rubecula):* Die intensiv gelbrote Kehle kennzeichnet unser Rotkehlchen so sehr, daß es mit keiner anderen heimischen Vogelart verwechselt werden kann. Die bräunliche Färbung der Rückenseite tarnt es vorzüglich bei der Nahrungssuche am Boden, wo es mitunter wie eine Maus umherhuscht. In Gestalt und Körperbau erinnert es an die Drosseln. Es ist ziemlich hochbeinig und »knickst« beim Laufen, wobei der Schwanz, ähnlich wie bei den Rotschwänzchen, auf und ab geschlagen wird, aber weniger wippt. Die rote Brust dient als Signal für die Verständigung. Männchen greifen jeden roten Fleck passender Größe heftig an, der in ihrem Revier auftaucht, und seien es nur ein paar rote Federn.

Singdrossel *(Turdus philomelos):* Weil sie jedes Motiv im Gesang mehrfach wiederholt, läßt sich der Gesang der Singdrossel leicht von dem der Amsel oder der Misteldrossel unterscheiden. Sie ist in den meisten Gebieten noch weitgehend ein Waldvogel geblieben, aber in manchen Städten dringt sie ähnlich vor wie die etwas größere Amsel. Bei der Singdrossel unterscheiden sich Männchen und Weibchen im Gefieder nicht. Es fällt bisweilen auch nicht ganz leicht, sie von der größeren Misteldrossel klar zu unterscheiden, denn wie diese trägt sie eine bräunliche Oberseite und eine gefleckte Brust. Doch die ockergelben Unterflügeldecken (Achseln) und der charakteristische Flugruf (»zip«) ermöglichen eine sichere Artbestimmung.

Sommergoldhähnchen *(Regulus ignicapillus):* Nicht der Zaunkönig, sondern das Sommergoldhähnchen ist die kleinste in Mitteleuropa heimische Vogelart. Der winzige, ein wenig an Meisen erinnernde Vogel wird nur 9 cm lang und gerade 5 g schwer. Darin steht ihm das eng verwandte Wintergoldhähnchen *(Regulus regulus)* kaum nach, von dem es sich durch den schwarzen Augenstreif und die intensivere Färbung des orangefarbenen Scheitels unterscheidet. Das Sommergoldhähnchen zieht zur Überwinterung in den Mittelmeerraum, während das Wintergoldhähnchen das ganze Jahr über im Brutgebiet bleibt. Dabei übersteht es auch die kalten Winternächte ohne den Schutz von Höhlen. Kleininsekten und kleine Spinnen bilden seine Nahrung.

Sumpfmeise *(Parus palustris):* Wenn die kleine Sumpfmeise im Winter nicht regelmäßig die Futterhäuschen besuchen würde, fiele ihr Vorkommen kaum auf. Sie ist viel seltener als die anderen Arten und zudem noch leicht mit der Weidenmeise zu verwechseln, von der sie sich jedoch im Ruf und in Feinheiten des Gefieders unterscheidet. Die etwas größere Weidenmeise *(Parus montanus)* ruft gedehnt »deeh, deeh« und trägt einen leicht angedeuteten Flügelspiegel, den die hellen Säume der Armschwingen hervorrufen. Die Sumpfmeise ruft »pistjä« und trägt eine glänzend schwarze Kopfkappe. Im Gegensatz zur Weidenmeise zimmert sie ihre Bruthöhle nicht selbst.

Tannenmeise *(Parus ater):* Die kleine, nur 11,5 cm lange Tannenmeise kommt fast ausschließlich in Nadelwäldern vor. Sie wirkt zunächst wie eine schlicht gefärbte kleine Kohlmeise. Dreht sie dem Betrachter den Hinterkopf zu, so erkennt man den für sie typischen weißen Fleck. Sie singt mit schwacher Stimme »wizewizewize«. In der Wahl des Nistplatzes ist sie sehr findig. Sie nimmt alle möglichen Höhlen, mitunter sogar Mäuselöcher am Boden, die sie gegen die stärkeren Konkurrenten unter den höhlenbrütenden Singvögeln verteidigen kann. Ihre Nahrung sucht sie vornehmlich im Außenbereich der Fichten-, Tannen- oder Kiefernzweige. Im Gegensatz zur im gleichen Lebensraum vorkommenden Haubenmeise besucht sie im Winter Futterhäuschen, wenn sie diese geboten bekommt.

Haubenmeise *(Parus cristatus):* Diese typische Kleinvogelart des Nadelwaldes entdeckt man am ehesten, wenn sie ihren Ruf, ein hohes »zi, zi, gürrr«, hören läßt. Denn nur selten verläßt die Haubenmeise das dichte Astwerk von Fichten, Kiefern und Tannen. Sie sucht darin zwischen den Nadeln nach Kleininsekten und Spinnen sowie nach deren Eiern oder Larven. Als einzige in Mitteleuropa vorkommende Meisenart trägt sie eine Haube, deren Federn sie bei Erregung aufrichtet. Die schwarzweiße Schuppung verstärkt den Kontrast und läßt die Haube besonders auffällig gegen den Hintergrund der grünen Nadeln erscheinen. Haubenmeisen sind sehr eng an ihre artgemäßen Lebensräume gebunden und verlassen diese selten.

Schwanzmeise *(Aegithalos caudatus):* Wie winzige Federbällchen mit einem viel zu langen Schwanz sehen diese Vögel aus, die man zwar nicht häufig, aber doch überall in bewaldetem Gelände finden kann. Mit kaum 10 g Gewicht zählen sie zu den kleinsten heimischen Vögeln. Daß sie dennoch der Winterkälte trotzen können, liegt an einem besonderen Verhalten: Am Abend treffen sich die Schwanzmeisen eines Schwarms am Schlafplatz. Dort rükken sie so dicht zusammen, daß man innerhalb der großen Federkugel nur anhand der herausragenden Schwänze erkennt, wie viele Vögel darin stecken. Das vermindert die Wärmeverluste in der kalten Winternacht. Auch die ausgeflogenen Jungen bilden solche Schlafreihen und überleben damit besser als die einzeln schlafenden, viel größeren Kohlmeisen. Den langen Schwanz brauchen sie zum Turnen an den äußersten Zweigspitzen. Dort macht ihnen kein anderer Vogel Konkurrenz. Ihr Nest verstecken sie unter Flechten, die sie mit Spinnweben auf die Mooskugel kleben, die innen mit einer dicken Lage aus Federn ausgekleidet wird. Es gibt in Mitteleuropa weißköpfige, streifenköpfige und Mischformen unter den Schwanzmeisen.

Pirol *(Oriolus oriolus):* Goldamsel nennt der Volksmund gebietsweise recht treffend den Pirol, der als einzige Art einer sonst in den Tropen verbreiteten Singvogelfamilie bei uns vorkommt. Das Männchen ist durch das leuchtende Gelb, zu dem die schwarzen Flügel einen besonderen Kontrast bilden, unverkennbar. Doch es verhält sich so scheu, daß man es höchst selten zu Gesicht bekommt. Seine Rufe kann man dagegen in Flußauen recht häufig hören. Noch schwieriger läßt sich das grünlich gefärbte Weibchen auffinden. Die Pirole kehren Anfang Mai aus dem afrikanischen Winterquartier zurück. Mit 24 cm Körperlänge werden sie etwas größer als der Star, der manchmal ihren Flötenruf nachahmt.

Eichelhäher *(Garrulus glandarius):* Ganz zu Unrecht hält man den schmucken Eichelhäher für einen Feind der Singvögel. Denn wenn er auch hin und wieder ein Vogelnest plündert, so beeinträchtigt dies noch lange nicht das Überleben der Grasmücken, Amseln oder Rotkehlchen. Dieser anpassungsfähige Vertreter der sonst so düster gefärbten Rabenvögel ernährt sich und seine Jungen zur Brutzeit hauptsächlich mit Raupen und anderen Insekten. Im Herbst sammelt er Eicheln oder Haselnüsse und versteckt sie als Vorrat für den Winter. Einen Teil davon findet er allerdings nicht wieder. Die Eicheln keimen somit an Stellen, an die sie wegen ihres Gewichtes ohne den Transport durch den Häher nie gekommen wären. Auf diese Weise pflanzt der Eichelhäher regelrecht Bäume im Wald.

Fitis *(Fitislaubsänger; Phylloscopus trochilus):* Gut zwei Wochen nach dem Zilpzalp kommt der Fitis aus dem afrikanischen Winterquartier zurück. An warmen Apriltagen läßt er die ersten Strophen seines sehr angenehm klingenden, leicht und weich vorgetragenen Gesanges hören, die ihn viel deutlicher als das hellere, gelblichere Gefieder und die rötlichgelben Beine vom Zilpzalp unterscheiden. Der Fitis baut ein backofenförmiges Bodennest und brütet nur einmal im Jahr. Sein Verbreitungsgebiet reicht bis in die nördliche Waldtundra. Die beiden häufigen Laubsänger unterscheiden sich hinsichtlich ihrer Lebensraumansprüche nur wenig, benutzen aber verschiedene Winterquartiere.

Zilpzalp *(Weidenlaubsänger; Phylloscopus collybita):* Weidenlaubsänger wird der Zilpzalp auch genannt, weil er besonders häufig in weidenreichen Flußauen vorkommt. Doch auch aus Parkanlagen und Lichtungen in Mischwäldern ertönt von Ende März bis in den Sommer hinein sein einförmiger charakteristischer Gesang, der wie »zilp-zalp« oder »zilp-zilp-zalp« klingt und ihm den Namen gab. Der gelblichgrüne kleine Laubsänger läßt sich, wenn er nicht singt, nur schwer von seiner Zwillingsart, dem Fitis, unterscheiden. Er brütet in Mitteleuropa zweimal im Jahr und überwintert bereits im Mittelmeerraum.

Mönchsgrasmücke *(Sylvia atricapilla):* Schwarzplättchen nennt der Volksmund die Mönchsgrasmücke. Doch die schwarze Kopfkappe trägt nur das Männchen. Das Weibchen besitzt an dieser Stelle eine etwas kleinere braune Färbung. Die sperlingsgroße Mönchsgrasmücke bewohnt dicht bewachsene, größere Gärten, Parks und Wälder aller Art, jedoch vorwiegend ihre Ränder und Lichtungen. Ihre Nahrung bilden Insekten; nach der Brutzeit, die sich von April bis Juli erstreckt, auch Beeren. Sie überwintert im Mittelmeerraum und kommt schon Ende März bis Anfang April zurück. Ihr lauter, wohltönender Gesang steigert sich im Gegensatz zu dem der Gartengrasmücke und endet in einem besonders lauten Überschlag.

Zwergfledermaus *(Pipistrellus pipistrellus):* Nur um die 5 g wiegt die Zwergfledermaus und ist damit die kleinste der europäischen Fledermausarten. Ihre kurzen, rundlichen, nur leicht faltigen Ohren ragen kaum aus dem einheitlich hell- bis rost- oder dunkelbraunen Fell hervor. Sie zählt zu den häufigsten Fledermäusen und findet sich gern im Siedlungsbereich, aber auch an den Randzonen von Gewässern und in Wäldern. Als Tagesrastquartiere bezieht sie Spalten, Ritzen und hohle Baumstämme oder Dächer. Zur Überwinterung sucht sie Höhlen und Stollen oder tiefe Felsspalten auf, in denen sich manchmal Zehntausende von Zwergfledermäusen sammeln.

Waldspitzmaus *(Sorex araneus):* Mit bis zu 8,5 cm Körperlänge zählt die Waldspitzmaus zu den großen Arten unter den heimischen Spitzmäusen. Man erkennt sie am dreifarbigen Fell: dunkelbrauner Oberkopf und Rücken, weißer Bauch und rostbraune Flanken. Doch zur sicheren Bestimmung muß man die Zähne genau untersuchen. Sie tragen wie bei den anderen Angehörigen der Rotzahnspitzmäuse kräftigrote Spitzen. Waldspitzmäuse leben nicht nur in Wäldern aller Art, sondern auch in der offenen Parklandschaft, in Gärten, auf Wiesen und Feldern sowie am Ufer von Gewässern. Sie ernähren sich von Insekten und Schnecken. Täglich müssen sie nahezu ihr Eigengewicht an Nahrung zu sich nehmen.

Waldmaus *(Apodemus sylvaticus):* Nicht nur im Wald, sondern in Gärten, Parks und Siedlungen, aber auch in offenen Fluren kommt die Waldmaus vor. Sie besitzt auffallend große, dünnhäutige Ohrmuscheln, einen etwa körperlangen, dünnen Schwanz und ein graubraunes Rückenfell. Die Bauchseite bleibt im Grauton stets dunkler als bei der sonst ähnlichen Gelbhalsmaus. An der Kehle befindet sich nur ein schmaler, länglicher gelbbrauner Fleck, der auch fehlen kann und nie ein Halsband bildet. Die Waldmaus wird etwa 10 cm lang und 20–30 g schwer.

Gelbhalsmaus *(Apodemus flavicollis):* Äußerlich sieht die Gelbhalsmaus der nahe verwandten Waldmaus sehr ähnlich. Wie diese trägt sie einen langen, dünnen Schwanz und große Ohren. Aber an der Kehle besitzt sie einen auffallenden, meist dreieckigen gelblichen Fleck. Sonst ist die Unterseite weißlich oder hellgrau. Gelbhalsmäuse leben überall in locker bewachsenem Gelände und ziehen im Spätherbst gern in die Häuser, wo sie leichter als Hausmäuse in Fallen gehen. Sie werden etwa 9–12 cm lang und 20–50 g schwer.

Haselmaus *(Muscardinus avellanarius):* Lichte Wälder, die reich an Unterholz sind, bewohnt die zierliche Haselmaus. Sie gehört zwar in die Verwandtschaft der Schlafmäuse oder Bilche, ähnelt aber mehr einer Maus und wird bei flüchtiger Betrachtung für eine solche gehalten. Mit gut 6 bis knapp 9 cm Körperlänge entspricht sie in der Größe einer Hausmaus. Doch der buschig behaarte Schwanz, der etwa körperlang wird, wie auch ihre außerordentliche Turnfähigkeit verraten die Verwandtschaft mit den Bilchen. Haselmäuse bauen kugelförmige Nester mit rund 12 cm Durchmesser aus Gras oder Rindenstreifen im dichten Gestrüpp. Das Einschlupfloch liegt seitlich. Im Herbst werden besondere Überwinterungsnester in Bodennähe oder geschützt zwischen Wurzelwerk angelegt, in denen die Haselmäuse ihren von Oktober bis April dauernden Winterschlaf halten. Die Nahrung bilden Samen, Früchte und Knospen, gelegentlich auch Rinde.

Rötelmaus *(Waldwühlmaus; Clethrionomys glareolus):* Deutlich größere Ohren, längerer Schwanz und die charakteristische rötlichbraune bis fuchsrote Fellfärbung unterscheiden die 9–11 cm lange, 15–40 g schwere Rötelmaus von den Feldmäusen, denen sie verwandtschaftlich nahesteht. Sie lebt mehr in deckungsreicher Landschaft, insbesondere in unterwuchsreichen Wäldern, und wird deswegen auch Waldwühlmaus genannt. In Europa ist sie weit verbreitet und kommt meist auch in recht großer Zahl vor. Jungtiere sehen etwas blasser im Fell aus als die erwachsenen Rötelmäuse. Viele Tiere ernähren sich von ihnen, so beispielsweise in großem Umfang der Waldkauz, der Fuchs und die Wildkatze, wo sie noch vorkommt; daneben steht sie auch auf dem Speisezettel von Schlangen und Greifvögeln.

Eichhörnchen *(Sciurus vulgaris):* In manchen Parkanlagen nehmen die Eichhörnchen sogar Futter aus der Hand, so zutraulich sind sie geworden. Draußen im Wald bleiben sie dagegen in aller Regel scheu. Blitzschnell sausen sie den nächsten Stamm hoch und verschwinden in der Krone, wenn sie bei der Nahrungssuche am Boden gestört werden. Beim Sprung in den nächsten Baum dient der lange, buschige Schwanz als Steuer. Hoch oben in den Baumwipfeln bauen sie auch ihre etwa fußballgroßen, kugelförmigen Nester aus Zweigen und Laub. Darin schlafen sie, und hier bringen die Weibchen ihre Jungen zur Welt. Es gibt dunkelbraune, fast schwarze und hell- bis fuchsrote Fellfärbungen. Die dunklen Eichhörnchen leben meist im Nadel-, die hellen im Laubwald.

Wildkatze *(Felis sylvestris):* In großen, geschlossenen Waldgebieten lebt die europäische Wildkatze. Von wildfarbenen Hauskatzen ist sie nicht leicht zu unterscheiden. Meist endet der Schwanz in einer deutlich verdickten, dunklen Spitze, so daß er viel kräftiger als bei der Hauskatze aussieht. Wildkatzen werden überhaupt stärker. Doch mitunter fällt die exakte Trennung selbst Fachleuten schwer. Das rührt daher, daß die Hauskatze von der europäischen Wildkatze, genauer gesagt von der im südöstlichen Mittelmeerraum vorkommenden Unterart, der Falbkatze, abstammt, die unserer Wildkatze sehr nahesteht. Kreuzungen sind jederzeit möglich. Wildkatzen führen ein sehr zurückgezogenes Dasein und jagen neben Mäusen und anderen Kleinnagern auch Vögel. Auf die Bestandsentwicklung der Singvögel oder jagdbarer Wildarten nehmen sie aber ebensowenig Einfluß wie die streunenden Hauskatzen.

Baummarder *(Edelmarder; Martes martes):* Wegen seines qualitativ besseren Fells wird der Baummarder auch Edelmarder genannt. Er lebt im Gegensatz zum nahe verwandten, bis auf den Kehlfleck auch sehr ähnlichen Steinmarder praktisch ausschließlich in geschlossenen Waldgebieten, wo er Eichhörnchen, Kleinnager und Wildtauben jagt. Zusätzlich nimmt er im Herbst Beeren und Obst. Baummarder klettern äußerst geschickt und springen meterweit durchs Geäst, besonders wenn sie hinter einem Eichhörnchen herjagen. Sie paaren sich im Hochsommer, die Jungen kommen im April zur Welt. Die Baummarderbestände dürften in den letzten Jahrzehnten zugenommen haben und sind gegenwärtig nicht bedroht.

Dachs *(Meles meles):* Durch seine eigenartige schwarzweiße Kopfzeichnung und die Körperform unverkennbar, gehört der Dachs zwar zu den weitverbreiteten, aber nur selten beobachteten größeren Tierarten, denn er ist fast ausschließlich nachts aktiv. Tagsüber ruht er in seinem selbstgegrabenen unterirdischen Bau, den nicht selten später Füchse beziehen oder sogar noch während seiner Anwesenheit mitbewohnen. Im Sommer wiegt dieser große Marder etwa 10 kg, im Herbst wird er rund doppelt so schwer. Dieses Zusatzgewicht braucht er für die lange Winterruhe, während der er von seinem Körperfett zehrt. Verschiedene Kleintiere, hauptsächlich Regenwürmer, bilden seine Nahrung.

Rotfuchs *(Vulpes vulpes):* Zur Familie der Hunde gehört unser Rotfuchs, doch wenn er eine Maus – seine wichtigste Beute – fängt, ähnelt er im Verhalten eher einer Katze. Der sehr anpassungsfähige Fuchs hat sich nicht einmal durch die systematische Baubegasung zur Bekämpfung der Tollwut ausrotten lassen. Immer wieder versteht er es, sich den vom Menschen gestalteten Lebensbedingungen anzupassen. Gebietsweise hausen Füchse sogar in Städten – wegen ihrer Vorsicht und ihrer nächtlichen Lebensweise von der Bevölkerung unbemerkt. Ihr Speisezettel reicht von Abfall, Ratten und Mäusen bis zu Geflügel, doch Schäden richten die Füchse selten an. Aber äußerste Vorsicht ist geboten, wenn sich ein Fuchs am Tage zeigt und auffallend verhält: Tollwutgefahr!

Rothirsch *(Cervus elaphus):* Einen geweihtragenden Rothirsch kann man mit keiner anderen Art verwechseln. Aber auch die Weibchen, Hirschkühe genannt, unterscheiden sich so deutlich vom Reh oder vom Damwild, daß man keine Mühe haben wird, das Rotwild richtig »anzusprechen«, wie der Jäger sagt. Rotwild kommt in größeren Waldgebieten der Mittelgebirge und der Alpen sowie in einzelnen Wäldern im Flachland vor, wo es eine intensive Hege durch die Jäger genießt. Ursprünglich bewohnte es vor allem die Auwälder entlang der Flüsse und die lichten Wälder der Mittelgebirge. Von dort unternahm es jahreszeitliche Wanderungen, die heute nicht mehr möglich sind, weil die Rotwildvorkommen gegen das Vorland abgegattert sind. Rotwild wird 70 (Weibchen) bis über 150 kg (Männchen) schwer und liefert hochgeschätztes Wildbret.

Elch *(Alces alces):* Mit einem Gewicht bis zu 530 kg und einer Schulterhöhe von 2,2 m übertrifft der Elch alle anderen heimischen Hirscharten bei weitem. Selbst starke Rothirsche werden kaum so schwer wie ausgewachsene Elchkühe. Dieser große Hirsch mit dem charakteristischen Schaufelgeweih bewohnt die Wälder des Nordens. Gelegentlich wandern einzelne Elche von Osten her nach Mitteleuropa ein, wo sie leider allzu schnell erlegt werden. In Skandinavien und im Baltikum sowie im nördlichen Teil Polens breitete sich der Elch in den letzten Jahrzehnten wieder stark aus, so daß seine Bestände heute gesichert sind. Triebe von Büschen und jungen Bäumen sowie Wasserpflanzen bilden die Hauptnahrung des Elchs, der weniger häufig grast als Rothirsche. Die weit abspreizbaren Zehen ermöglichen ihm trotz seines Gewichtes das Eindringen in die Sümpfe. Dorthin versucht er auch seinem einzigen natürlichen Feind, dem Wolf, zu entkommen.

Damhirsch *(Dama dama)*: Der zierliche, am schaufelartig verbreiterten Geweih und an den Tupfenflecken auf dem Körper leicht erkennbare Damhirsch lebte zwar nacheiszeitlich schon einmal in den lichten Wäldern Mitteleuropas, starb aber dann wieder aus, als das Klima rauher wurde. Jetzt gehen sämtliche Bestände von Damwild auf eingebürgerte Tiere zurück, die aus dem vorderasiatischen Raum stammen. Sie brauchen gute Hege, Winterfütterung und mildes Winterwetter, um im Freiland überdauern zu können. Mehr Damwild wird allerdings in Wildgattern gehalten. Die Hirsche stehen in der Größe zwischen Reh und Rothirsch.

Wildschwein *(Sus scrofa)*: Die hochgezüchteten Mastschweine von heute haben mit dem Wildschwein nur noch wenig Ähnlichkeit, obwohl sie in all ihren Zuchtformen von ihm abstammen. Die schlanke, keilförmige Körpergestalt ging ebenso verloren wie das dichte Borstenfell und die auffällige Streifung der Jungen (Frischlinge). Wildschweine leben in größeren Waldgebieten. Sie werden durch scharfe Bejagung kurzgehalten. Ihre Nahrung besteht aus Wurzelknollen, großen Insektenlarven, Würmern, Eicheln und Bucheckern. Aber ähnlich wie die Hausschweine nehmen sie nahezu alles verwertbare organische Material. Häufig durchwühlen sie den Boden.

Tabelle zur Tafel »Pilze« Seite 106/107

Name, ähnliche Arten	Aussehen, Vorkommen und Wert
1 Goldgelbe Koralle *(Clavaria aurea)*	Stamm weißlichgelb, Äste goldgelb, bis 15 cm hoch; besonders im Nadelwald; jung eßbar
ähnlich: Bauchwehkoralle *(Clavaria pallida)*	graubraungelblich, reich verzweigt, bis 10 cm hoch; bitter, gekocht säuerlich; giftig
2, 3 Flaschenbovist *(Lycoperdon gemmatum)*	jung weiß, dann braun, warziger Kopf, bis 10 cm; solange innen rein weiß, guter Speisepilz
ähnlich: Kartoffelbovist *(Scleroderma vulgare)*	unreif hart, dicke Schale, Ø 8 cm, Haut oft aufgerissen, alle Brauntöne der Kartoffel; roh giftig, gekocht verdächtig; andere Boviste jung meist eßbar
4 Habichtspilz *(Sarcodon imbricatus)*	braun, schwarzgerandete Schuppen, unten graue bis braune Stacheln, Ø 20 cm; Speise- und Würzpilz, Geschmack herb; alle Stachelpilze sind ungiftig
5, 6 Flocken- und **Netzstieliger Hexenröhrling** *(Boletus miniatoporus* und *Boletus luridus)*	olivbräunlich, Ø 15 cm, grüngelbe Röhren mit roten Mündungen, stark bläuend; Stiel bei **5** rot punktiert, bei **6** mit rotem Adernetz; Fleisch blaßgelb, roh giftig, gekocht gute Speisepilze
ähnlich: Satanspilz *(Boletus satanas)*	Hut hellgrau, Röhren wie bei **5**, rotes Adernetz, Fleisch weiß, schwach bläuend; giftig
7 Steinpilz *(Boletus edulis)*	hell- bis dunkelbraun, rotbraun, Ø 20 cm, alte Röhren gelblichgrün; guter Speisepilz
ähnlich: Gallenröhrling *(Tylopilus felleus)*	Hut hellbraun bis braun, Röhren weiß bis rosa; ungenießbar, bitter
8 Maronenröhrling *(Xerocomus badius)*	Hut kastanienbraun, jung samtig, alt glatt und feucht, bläuend; meist im Nadelwald; guter Speisepilz
9 Birkenpilz *(Trachypus scaber)*	hell bis dunkel graubraun, Stiel schlank mit dunklen Schuppen; unter Birken; jung gut
10 Butterpilz *(Ixocomus luteus)*	schokoladebraun bis gelb, Ø 10 cm, Huthaut schleimig, beringter Stiel, Fleisch gelb; guter Speisepilz
11 Wurzelporling *(Polyporus annosus)*	Unterseite cremefarben, Ø bis 10 cm; wächst an Nadelholz(-wurzeln); korkigzäh
12 Hallimasch *(Armillaria mellea)*	braun mit dunkleren Schuppen, Ø 10 cm, Stiel beringt; wächst büschelweise auf meist totem Holz, oft bis November; guter Würz- und Speisepilz, roh leicht giftig; Baumschädling
13 Rötlicher Ritterling *(Tricholoma rutilans)*	Hut und Stiel gelb mit roten Schuppen; wächst auf totem Nadelholz; für die Küche wertlos

Name, ähnliche Arten	Aussehen, Vorkommen und Wert
14 Brauner Ledertäubling *(Russula integra)*	Hut glänzend rotbraun, Ø 10 cm, Lamellen jung weiß, später gelb; im Nadelwald; eßbar
15 Bluttäubling *(Russula sanguinea)*	Hut glänzend rot, Stiel rot überlaufen, Ø 9 cm; wächst oft unter Kiefern; ungenießbar, da bitter; alle mild schmeckenden Täublinge sind eßbar (dies gilt aber nur für Täublinge!)
16 Perlpilz *(Amanita rubescens)*	hellbraun bis rötlich mit hellen Warzen, Fleisch schwach rötend, Stiel mit Knolle und geriefter Manschette; auf Riefung und Rötung achten, sonst Verwechslung möglich mit Pantherpilz
ähnlich: Pantherpilz *(Amanita pantherina)*	Hut mehr braun als beim Perlpilz, nie rötend; Manschette und Stiel darüber nicht gerieft; giftig!
17 Fliegenpilz *(Amanita muscaria)*	Hut rot mit weißen Hautfetzen, Ø 20 cm; Stiel mit Manschette und Knolle; giftig
18 Edelreizker *(Lactarius deliciosus)*	Hut orangefarben, oft gezont und grünfleckig, Ø 10 cm, orangeroter Milchsaft; guter Speisepilz
ähnlich: Birkenreizker *(Lactarius torminosus)*	weißer Milchsaft; meist unter Birken; scharf, giftig
19 Graublauer Schwefelkopf *(Hypholoma capnoides)*	hell ockerfarben; wächst in Büscheln auf Nadelholzstümpfen; eßbar
ähnlich: Grünblättriger Schwefelkopf *(Hypholoma fasciculare)*	Lamellen schwefelgelb-olivgrün; meist auf Laubholzstümpfen; bitter, giftig
20 Schafchampignon *(Anisegerling; Agaricus arvensis)*	Hut weiß bis cremefarben, beringter Stiel mit Knolle; Lamellen jung grau, bald rosa, dann schokoladebraun; Geruch nach Anis; guter Speisepilz; Verwechslung beachten mit Knollenblätterpilz!
Weißer und Grüner Knollenblätterpilz *(Amanita virosa* und *Amanita phalloides)*	Hut rein weiß bzw. helloliv, Lamellen stets rein weiß, Stiel beringt, deutliche Knolle mit häutiger Scheide; kein auffälliger Geschmack oder Geruch; tödlich giftig!
21 Waldchampignon *(Agaricus silvaticus)*	Hut braunfaserig, Ø 8 cm, Lamellen und Stiel wie beim Schafchampignon, rötet bei Verletzung; guter Speisepilz
22 Safranschirmling *(Lepiota rhacodes)*	jung keulenförmig, alt bis 15 cm Ø, Fleisch weiß, läuft verletzt gelbrot an; jung guter Speisepilz
23 Pfifferling *(Eierschwamm, Rehling; Cantharellus cibarius)*	dottergelb, »Lamellen« dick, gegabelt, weit herablaufend; guter Speisepilz, aus der Familie Leistenpilze (nicht Lamellenpilze); Verwechslung mit Semmelpilz (einem Stachelpilz) möglich, aber harmlos

Die Flur
Vom Menschen gemacht, vom Menschen bedroht

Das Bild unserer Fluren ist sehr vielgestaltig: Felder, Wiesen, Weiden, Hecken und Reste der ehemaligen Naturlandschaft bilden ein Mosaik von Lebensräumen in der Kulturlandschaft. Die Fluren sind vom Menschen geschaffene Wirtschaftsflächen. Sie entstanden durch Rodung großer Waldgebiete, um Siedlungs-, Kultur- und Weideland zu schaffen. Unterschiedliche Lage, Oberflächenformen, Klima und Nutzung prägen die Fluren. Die Pflanzen- und Tierwelt wird entscheidend vom Menschen beeinflußt; aber auch einer wildlebenden Fauna und Flora bieten sich Chancen.

Wiesen und Felder, die offene Flur, waren in Mitteleuropa nicht immer vorhanden. Sie sind erst durch die Landnahme des Menschen entstanden. Die großen Rodungen der Wälder im Mittelalter schufen die Freiräume für Ackerbau und Viehhaltung. In den ursprünglichen nacheiszeitlichen Wäldern gab es nur kleine Lichtungen.

Wie kommt es, daß unsere Fluren so erfüllt sind mit einheimischen Tieren und Pflanzen? Wo hielten sie sich versteckt, als die Wälder die Landschaft nahezu vollständig bedeckten? Nun, ein Teil von ihnen stammt zwar aus den Waldrandzonen, doch die meisten sind von weiter her eingewandert. Im kontinentalen Übergangsbereich nach Osten zu löst sich nämlich der geschlossene Wald allmählich auf und macht einer Natursteppe Platz. Die geringen Niederschläge, das flache Land und die tiefliegenden Grundwasserschichten erschweren den Bäumen das Wachstum. Ein Baum vervielfacht nämlich mit seinem Blattwerk die Oberfläche und verdunstet an einem heißen Sommertag entsprechende Wassermengen, die er aus dem Grundwasser mit Hilfe langer Wurzeln heraufschöpfen muß. Reicht der Wasservorrat nicht aus, liegt er zu tief oder fällt zu unregelmäßig Regen, dann gerät der Baum unter Wasserstreß. Das schwächt seine Widerstandskraft und macht ihn anfällig für Feinde und Krankheiten.

Im Steppenklima wird daher das Wachstum der Bäume durch die Umweltbedingungen eingeschränkt. An ihre Stelle treten die Gräser, einkeimblättrige Pflanzen. Sie entwickeln ein reichverzweigtes unterirdisches Wurzelsystem, decken den Boden sehr dicht ab und wachsen von der Basis her. Ihre Vegetationspunkte, die zum Wachstum befähigten Stellen an der Pflanze, liegen nämlich nicht, wie bei den zweikeimblättrigen Pflanzen, an der Spitze der Triebe, sondern an ihrer Basis. Sie schieben von dort Blatt für Blatt nach oben. Das meist schmal-lanzettförmige Grasblatt wächst also von unten her, während das Laubblatt eines Baumes oder einer anderen zweikeimblättrigen Pflanze von endständigen Vegetationspunkten aus wächst. Diese Form des Wachstums bedingt, daß Gräser auch ungleich widerstandsfähiger gegen Witterungsschwankungen sind als Kräuter. Die meisten größenmäßig vergleichbaren Kräuter werden nur ein Jahr alt. In dieser Zeitspanne müssen sie zum Aussamen kommen, sonst fällt die nächste Generation aus. Die Gräser brauchen dies nicht. Wie mehrjährige Kräuter wachsen sie aus den unterirdischen Wurzelstöcken immer wieder nach und können sich daher in der Regel dauerhaft an einem bestimmten Standort halten. Außerdem vollziehen die Gräser noch eine etwas andere Form der Photosynthese, also des Aufbaues organischer Substanzen mit Hilfe des Lichtes, die sie den meisten anderen Pflanzen gegenüber überlegen macht und ein schnelles Wachstum ermöglicht.

Ein Großteil des Pflanzenkörpers befindet sich unter der Erdoberfläche in Form von Wurzeln und Speicherorganen wie Knollen oder Rüben, in denen die Pflanzen ihre Reserven für den Bedarf bereit halten. Bei Gräsern ist der unterirdische Teil selbst dann zumeist deutlich größer als der oberirdische, wenn sie voll ausgetrieben haben. Von ihnen steckt, vereinfacht ausgedrückt, mehr unter als über der Bodenoberfläche. Die Gräser verdanken ihre Verbreitung der Anpassung an die geringen Niederschläge in erdgeschichtlichen Trockenphasen. In Gebieten mit reichlich Regen kommen sie gegen die Konkurrenz der Kräuter und besonders gegen die Büsche und Bäume nicht an. Da diese in ihren Körpern sehr wirkungsvolle Stützelemente aus Holz und sehr leistungsfähige Leitungsbahnen für Wasser und Zellsaftströme aufbauen, können sie erheblich höher hinaufwachsen als die Gräser und machen diesen nicht nur Wasser und Nährstoffe im Wurzelbereich, sondern ganz wesentlich das Sonnenlicht streitig. Wo sich Büsche und Bäume breitmachen, verschwinden die Gräser! Denn für ihren besonderen Stoffwechsel brauchen sie viel Licht.

Nur bei ganz unregelmäßigen Regenfällen geraten auch die Gräser ins Hintertreffen. Die einjährigen Kräuter produzieren sehr schnell Samen, die ausgestreut und vom Wind verweht werden. Trocknet der Boden aus, so ruhen sie oft viele Jahre, bis ein neuer Regenguß plötzlich frisches Grün aus diesen schlummernden Samen hervorzaubert. Dann blüht die Wüste! Solche Bedingungen sind ungünstig für die meisten Gräser. Das Grasland nimmt also eine Mittelstellung zwischen den Waldgebieten und den Halbwüsten und Wüsten ein. Es zählt mit dieser Zwischenstellung zu den großen Naturlandschaften der Erde.

Aber in Mitteleuropa entstand es erst durch Menschenhand. Als die Wälder gerodet wurden, konnten die Gräser aus den östlichen und südöstlichen Gebieten am Schwarzen Meer und aus der Ukraine westwärts wandern. Und mit den Steppengräsern kamen die Steppentiere. Kaum jemand kann sich heute vorstellen, daß es viele der typischen Pflanzen und Tiere unserer Fluren erst seit einigen hundert Jahren bei uns gibt. Der Feldhase gehört dazu, der Hamster und die Feldmaus, der Feldmaikäfer und der Heufalter, die Zauneidechse und viele andere mehr. Sicher gab es manche dieser Arten, so auch das Reh, in den Jahrhunderten vor den großen Rodungen in Mitteleuropa. Doch waren diese Tiere ganz selten und auf wenige kleine Lebensrauminseln im Waldmeer beschränkt. Erst viel später breiteten sie sich aus und nahmen von der Kulturlandschaft Besitz. Manche Arten kamen auch von Südwesten her, wo sie die Eiszeit überdauert hatten.

So begegnen uns immer wieder Artenpaare, wenn wir die Tierwelt der offenen Landschaft genauer betrachten. Beim Igel gibt es einen Westigel und einen Ostigel. Sie sind einander sehr ähnlich und oft nur vom Fachmann zu unterscheiden. Wie die Namen andeuten, kamen die beiden Igelformen aus jeweils dem westlichen und dem östlichen Refugium, in die sich der Igel während der Eiszeit zurückziehen mußte, als über ganz Mitteleuropa Eispanzer lagen oder arktische Tundraverhältnisse herrschten. Auch der Iltis weist ein solches Artenpaar auf: Neben dem europäischen Iltis gibt es im Osten den Steppeniltis. Man unterscheidet eine Westschermaus und eine Ostschermaus, eine Rabenkrähe und eine Nebelkrähe. Letztere lebt in den offenen Landschaften östlich der Elbe, während die Rabenkrähe westlich davon vorkommt. Beide Krähenformen vermischen sich kaum, obwohl sie sich noch nicht vollständig zu zwei verschiedenen Arten auseinanderentwickelt haben. So zeigt die Tierwelt bei einer ganzen Reihe von Arten recht genau, wo vor mehr oder weniger langer Zeit die Ausgangspunkte ihrer heutigen Verbreitung gelegen haben.

Bei den Pflanzen ist es ähnlich, wenn auch die richtigen Steppengräser ganz überwiegend aus dem Osten stammen. Sie sind Windblütler und nicht auf Insekten eingerichtet. Die Kräuter dagegen warten mit einer Fülle schöner Blumen auf. Eine nicht nennenswert gedüngte Wiese erstrahlt im Frühsommer in einer Blütenpracht, wie man sie sich schöner kaum vorstellen kann. Intensive Farben des gesamten Spektrums locken Insekten an. Duftende Blüten finden wir dagegen weniger. Die ständige Luftbewegung über der freien Landschaft erschwert jenen Blütenbesuchern, die sich nach Düften richten, die Orientierung. Optische Signale sind da wirkungsvoller. Sie geben die richtige Information, ob Wind weht oder ob Windstille herrscht. Das Flimmern in der Mittagshitze macht nur wenig aus, weil die meisten Insekten so dicht über den Pflanzen fliegen, daß sie diese auf jeden Fall gut erkennen können. Allzu weit dürfen sie sich nämlich in der offenen Steppe nicht in den Luftraum vorwagen. Schnell erfaßt sie der Wind und trägt sie über weite Strecken mit sich fort. Nur ganz flugtüchtige Arten können es sich leisten, den windgeschützten Luftraum um die Spitzen der Gräser ungefährdet zu verlassen.

In der ungleich windärmeren Kultursteppe liegen die Verhältnisse für die blütenbesuchenden Insekten viel günstiger. So kommt es, daß früher über den Wiesen tatsächlich erheblich mehr Tagfalter geflogen sind als über natürlichen Steppen. Die vom Menschen geschaffenen Wiesen wurden

Als besonders reizvoll empfinden wir die Heidelandschaft. Wenn das Heidekraut zu blühen beginnt, färbt sie sich purpurrot. Die dunkelgrünen Wacholderbüsche bilden einen auffälligen Kontrast dazu. Die Heide als Landschaft geht auf die Tätigkeit des Menschen zurück.

Die Bachtäler mit ihren guten Böden wurden schon frühzeitig gerodet und in Kultur genommen. Wegen des hohen Grundwasserstandes eignen sie sich vor allem als Wiesen und Weidegelände. Der üppig blühende Knöterich zeigt einen hohen Grundwasserstand an.

artenreicher als ihr natürliches Vorbild. Auch die Behandlung der Wiesen durch den sie bewirtschaftenden Menschen, die Beweidung durch das Vieh und die kleinräumigen Veränderungen in der Bodenzusammensetzung förderten den Artenreichtum. Man kann daher ohne Übertreibung feststellen, daß die Kulturlandschaft bis in das 20. Jahrhundert hinein artenreicher gewesen ist als die ursprüngliche Naturlandschaft der Steppe.

Das änderte sich erst in jüngster Zeit nachhaltig, als die modernen landwirtschaftlichen Produktionsmethoden aus den Feldern Monokulturen und aus den Wiesen das EG-Einheitsgrün machten. Gewaltige Einsätze von Dünge- und Pflanzenschutzmitteln vernichteten seitdem den Artenreichtum und erlauben nur noch den wenigen Kulturpflanzen ungehindertes Wachstum. So fliegen über intensiv bewirtschafteten Fluren heute kaum noch 5% der Tagfaltermengen, die dort noch vor einem Vierteljahrhundert anzutreffen waren oder die es nach wie vor auf extensiv bewirtschafteten Fluren gibt. Zahlreiche Ackerwildkräuter, so nennt man sie jetzt, nachdem sie bis dahin als Unkraut bezeichnet worden waren, sind am Aussterben. Die neue Bewertung wird ihnen auch nicht mehr viel nützen!

Die freie Flur braucht dringend ein Netzwerk von Inselbiotopen, naturnahe Kleinlebensräume wie Hecken, Feldraine, Einzelgehölze, die als ökologische Zellen den Artenreichtum der freilebenden Tier- und Pflanzenwelt sichern. Es ist Aufgabe der modernen Flurbereinigung, derartige Inselbiotope in der Kulturlandschaft zu erhalten oder wieder zu schaffen.

Betrachten wir nun die Tierwelt noch etwas näher. Das ausgewählte Artenspektrum bietet einen Überblick über die auffallendsten Lebensformen, die wir in der offenen Flur finden. Die Säugetiere lassen sich hauptsächlich in zwei große Gruppen unterteilen: die Läufer und die Wühler. Ein paar typische Arten führen dies vor Augen. Ein ausgesprochenes Lauftier ist der Feldhase. Er besitzt keine dauerhaften Reviere wie viele andere Säugetiere. Fast ständig streift er umher. Er sucht sich irgendwo ein Lager, das hinreichend trocken ist, oder er drückt sich in eine Ackerfurche. Sein Fell paßt genau zum Untergrund. Wenn er die Ohren anlegt und den Körper flach auf den Boden preßt, hat selbst das scharfe Auge eines Greifvogels Schwierigkeiten, ihn auszumachen. Naht dennoch ein Feind, so schnellt er urplötzlich aus seinem Lagerplatz heraus und schießt mit einer Geschwindigkeit, die einem Windhund Ehre machen würde, davon. Seine weit seitlich am Kopf liegenden Augen erlauben es ihm dabei sogar, den Verfolger im Blickfeld zu behalten. Einem gesunden Hasen gelingt es fast immer, im richtigen Moment den Haken zu schlagen, der den Hund, der gerade meint zuschnappen zu können, ins Leere laufen läßt. Die langen Hinterbeine ermöglichen nicht nur den Blitzstart, sondern auch gewaltige Sätze über Gräben, kleine Hecken oder sogar rückwärts über den Verfolger hinweg. So nimmt es nicht wunder, daß selbst die blitzschnell angreifenden Habichte oder andere Greifvögel das Nachsehen haben, wenn der Hase nicht verwundet oder geschwächt ist. Zusätzlich zu ihrer Spurtschnelligkeit sind die Hasen noch recht ausdauernde Läufer. Hartnäckige Verfolger bekommen das zu spüren und ermüden meist als erste.

Die Feldhasenbestände wuchsen daher in der Kultursteppe Mitteleuropas auf viel höhere Dichte an, als dies in den Natursteppen normalerweise der Fall ist. Denn die Kulturlandschaft bietet auch im Winter, wenn die Nahrungsverhältnisse sehr ungünstig werden, mehr frisches Grün als die Natursteppe. Wintergetreide und Raps be-

Hecken spielen im Naturhaushalt der Kulturlandschaft eine große Rolle. Sie bieten zahlreichen Tieren, besonders auch dem Wild, Deckung und Nahrung, halten auch den Boden gesund, schützen vor starkem Wind und machen die Landschaft auch optisch reizvoller.

Ähnlich den Wildgräsern gedeiht das Getreide auf der vom Menschen geschaffenen Kultursteppe. Am Rain ist noch Platz für Mohn und andere Ackerwildkräuter. Müssen sie wirklich der modernen »Agrarfabrik« und der »chemischen Sense« der Pflanzenschutzmittel weichen?

finden sich auf den Feldern; schneefreie Stellen an den Waldrändern eröffnen den Zugang zu Gräsern und Knospen. Jagdstrecken in Millionenhöhe erzielten die Jäger in Mitteleuropa allein beim Hasen. Eine hohe Fortpflanzungsleistung, verbunden mit Genügsamkeit und Ausdauer, versetzte den Feldhasen in die Lage, diese Verluste und die natürlichen Ausfälle bisher immer wieder auszugleichen. Erst in den letzten Jahren setzte ein starker Rückgang ein, der vielleicht mit den Änderungen in der Landwirtschaft in Zusammenhang steht. Der »Kulturfolger« Hase scheint zum »Kulturflüchter« zu werden. Hoffentlich gelingt es, die Bestände erfolgreicher zu erhalten als beim Rebhuhn, das schon vor rund 20 Jahren an Zahl erheblich zurückgegangen ist.

Für den Naturhaushalt der freien Landschaft spielen die kleinen Säugetiere eine erheblich größere Rolle. Am stärksten greifen die Mäuse in den Kreislauf der Stoffe und in die Produktivität ein. Man bekämpft sie daher mit allen Mitteln. Die Feldmaus nimmt unter den Tieren der Fluren geradezu eine Schlüsselposition ein. Sie vermehrt sich unter günstigen Witterungsbedingungen so stark, daß sie die Umgebung ihrer unterirdischen Baue an der Bodenoberfläche regelrecht kahlfrißt. Handelt es sich dabei um Kulturpflanzen, kann der Schaden ganz beträchtlich werden. Die Feldmaus vereint zwei Eigenschaften in sich, die für das Leben in der Steppe von größter Bedeutung sind: Sie gräbt sich in den Boden ein und lebt darin sicher verborgen, holt sich aber die Nahrung hauptsächlich von der Oberfläche. Damit kombiniert sie Eigenschaften der echten Wühler, wie man sie am besten ausgebildet beim Maulwurf findet, mit solchen der Läufer. Blitzschnell flitzt sie in ihren Bau zurück, wenn sie sich gestört fühlt. Und dazu hat sie oft genug allen Grund. In der Luft wie am Boden lauern Feinde in großer Zahl auf sie. Einen ganz sicheren Platz gibt es für sie nirgends. Ihre Überlebenschance liegt in der immensen Vermehrung. Einige wenige Feldmäuse, die den Winter überleben, genügen, um im Verlauf des nächsten Sommers über mehrere Mausgenerationen hinweg eine wahre Schwemme, eine Massenvermehrung, hervorzubringen.

Dennoch können sich die Feldmäuse nicht ungehemmt weitervermehren. Bei Übervölkerung kommt es zum Massensterben durch Erkrankung und Nahrungsmangel, das nur wenige Tiere überleben. Auch eine Vielzahl von Feinden reguliert den Bestand. Turmfalken hängen rüttelnd in der Luft und warten darauf, daß eine Feldmaus unvorsichtig ihren Bau verläßt. Mit zusammengeklappten Flügeln stoßen sie herab und greifen mit spitzen Krallen zu. Der Mäusebussard benutzt eine andere Technik. Der schwerere Bussard kann sich die Anstrengung, die der Rüttelflug des Turmfalken kostet, nur in Ausnahmefällen oder bei sehr günstigem Wind leisten. Er setzt sich daher auf einen Pfosten, Baum oder Leitungsmast und wartet dort ab, ob sich im erreichbaren Umkreis eine Maus zeigt. Dann fliegt er so schnell wie möglich darauf zu. Im Sommer ist die Technik des Turmfalken überlegen, denn dem Bussard, der schräg von der Seite beobachtet, wird durch das hochgewachsene Gras die Sicht genommen. Er jagt daher meist an Waldrändern, weniger häufig ganz draußen in der freien Flur. Da die vielen Leitungsmasten der Hochspannungsleitungen ihnen aber günstige Sitzwarten bieten, haben die Mäusebussarde in der heutigen Kulturlandschaft fast die gleiche Häufigkeit wie die Turmfalken erreicht.

Feldholzinseln gab es früher viele in der Ackerlandschaft. Ähnlich wie Hecken beherbergen sie zahlreiche Tiere und Pflanzen, die in der ausgeräumten Agrarsteppe nicht überleben können. Solche Biotope sollten unbedingt erhalten und soweit möglich noch vermehrt werden.

In wieder anderer Jagdtechnik stellen die Weihen den Mäusen nach. Sie segeln in eleganten Kurven dicht über der Pflanzendecke dahin. Wenn sie dabei Beute entdecken, lassen sie sich schnell fallen und greifen mit ihren langen Beinen in die Gräser hinein. In der Abenddämmerung, gebietsweise auch am Tag, bedient sich die Sumpfohreule der gleichen Jagdtechnik. Sonst jagen die Eulen zumeist nachts nach den Mäusen. Sie weichen den tagaktiven Greifvögeln aus. Ihr Flug ist nicht schnell genug, um die Beute zu erwischen, wenn sie nicht das Dunkel der Nacht verbergen würde. Feines Gehör und hervorragende Augen kennzeichnen diese Nachtjäger. Die in der Feldflur jagende Schleiereule kann sogar Mäuse fangen, die sie nicht sieht. So fein ist ihr Gehör, daß sie »blind« genau an die richtige Stelle greift!

Zu den Feinden aus der Luft kommen die Jäger am Boden, die den Feldmäusen nachstellen. Am Abend zieht der Fuchs

Obwohl mehr als 90% der Fläche intensiv landwirtschaftlich genutzt sind, hat diese Landschaft ihren Reiz behalten. Das Netzwerk von Hecken und Rainen gliedert sie. Es garantiert ein reiches Tierleben und setzt die Anfälligkeit der angebauten Kulturpflanzen für Schädlinge herab.

vom nahen Waldrand her auf Jagd. Er krümmt sich zusammen und springt wie eine Katze nach der Maus. Seinen stumpfen Krallen an den Vorderpfoten fällt es nicht leicht, die Maus zu halten und fest genug an den Boden zu drücken, bis der Biß erfolgen kann. Die schmale, spitze Schnauze hilft dabei. Viele Mäuse muß er fangen, um satt zu werden. Noch ausgeprägter lauern die Katzen den Mäusen auf. Sie riechen genau, ob es sich lohnt, an einem bestimmten Loch zu warten. Doch ob die Maus dann auch tatsächlich kommt?

Ein völlig anderes Beutefangverhalten zeigen dagegen die kleinen Wiesel. Ihr ganzer Körper scheint vor Nervosität und Aktivität zu sprühen. Sie sind so schlank gebaut, daß sie den Mäusen bis in ihre Schlupfwinkel folgen können. Das kleine Mauswiesel, das gerade die Körperdicke einer kräftigen Wühlmaus erreicht, vermag sogar in die Gänge der Mäuse einzudringen. Ein perfekter Jäger, möchte man meinen! Doch der schlanke Körperbau bringt auch Nachteile mit sich. Er strahlt wegen der großen Oberfläche sehr viel Wärme ab. Ein Fettdepot zur besseren Isolierung ist unzweckmäßig, weil das Mauswiesel sonst nicht mehr in die Gänge käme. Daher bleibt ihm keine andere Wahl, als ununterbrochen aktiv zu sein und zu jagen. Das gilt für Sommer wie Winter. Trotzdem entstehen gerade im Winter hohe Verluste, wenn die Bestände der Mäuse sehr gering geworden sind. Ersatznahrung steht kaum zur Verfügung, weil das kleine Tier keine Beute überwältigen kann, die ihm an Größe deutlich überlegen ist.

Die Spezialisierung fordert ihren Preis. Der Spezialist gewinnt nicht immer im Kampf ums Überleben. Oftmals kann eine weniger gut angepaßte Art schneller die Möglichkeiten nutzen, die sich gerade bieten. Dazu gehören vor allem die Krähen. Auch ihnen fällt manche Maus zum Opfer, obwohl sie keine Krallen zum Greifen besitzen. Sie nutzen nur die Chancen, die sich so nebenbei ergeben. Die Feldflur ist vielseitig im Angebot. Im Frühling sind es die jungen Saaten mit ihren zuckerhaltigen Trieben, später die Nester der Vögel, verunglückte Jungtiere, Kadaver von Straßenverkehrsopfern, reifende Feldfrüchte, Reste der Ernte und so fort. Jede Jahreszeit bietet den Krähen etwas. Die Nahrung steht nie im Überfluß zur Verfügung. Oft genug gibt es erfolgreichere Nahrungskonkurrenten. Aber die Alleskönner im schwarzen Federkleid kommen dennoch über die Runden. Sogar jahrzehntelange Verfolgung durch den Menschen haben sie überstanden! Ob sie aber auch mit den Giften zurechtkommen, die von der Landwirtschaft eingesetzt werden? Unsere Fluren unterliegen einer harten Ausnutzung. Die Böden, die Nährstoffe in Jahrtausenden angesammelt haben, werden so sehr strapaziert, daß Düngung und Schädlingsbekämpfung zweifellos notwendig sind. Doch auch in diesem Umfang wie heutzutage? Das ist die Frage, die nicht nur Naturschützer bewegt.

Von der Gesundheit der Böden, von ihrer Leistungsfähigkeit hängt mehr ab als das Überleben von ein paar Blumen, Kräutern oder Vögeln. Wir Menschen leben von ihr. Der Rückzug der Tierwelt sollte uns davor warnen, den Boden über die Maßen zu strapazieren. Er darf seine Fruchtbarkeit nicht verlieren. Der Boden einzig und allein als Getreidefabrik kann nicht das Ziel sein!

Die bäuerlich genutzte Landschaft behielt jahrhundertelang durch naturgemäße Bewirtschaftung ihre Fruchtbarkeit. Sie bildete die Grundlage für die Ausgestaltung einer vielseitigen, harmonischen Kulturlandschaft. Seit etwa 150 Jahren hat sich das Bild tiefgreifend und weiträumig geändert. Die fortschreitende Industrialisierung mit allen Folgen, insbesondere Bevölkerungswachstum und Verstädterung sowie der Nutzungs- und Strukturwandel in der Landwirtschaft, haben nicht nur zum Verlust an freier Landschaft geführt, sondern auch den Naturhaushalt durch Umweltverschmutzung nachhaltig gestört. Das Ausmaß der Umweltverschmutzung ist bereits zu einer ernsten Gefahr für die Gesundheit von Tier, Pflanze und Mensch geworden.

Eine besondere Vielfalt an Pflanzen und Kleintieren findet sich in extensiv bewirtschafteten Wiesentälern. Ein kleiner Bach schlängelt sich hindurch. Solche Lebensräume sind in doppelter Hinsicht in Gefahr: durch Drainage zur Verbesserung der Wiesen und durch Verbuschung.

Die Wiese und ihre Blumen

Warum wachsen auf der Wiese so viel mehr bunte Blumen als im Wald? Zu einem Sommerstrauß kann man leicht einige Dutzend verschiedene Arten pflükken. Sie alle lieben das volle Sonnenlicht oder verlangen wenigstens Halbschatten. Falter, Bienen, Hummeln finden im hellen Licht und freien Raum leicht und ungehindert den Weg zu den Blüten. Auch viele Gräser und das Getreide brauchen Sonne und Wind.

Zweizeilige Gerste
Weizen
Hafer
Roggen
Nickende Distel
mit einem
Rosenkäfer
Kornblume
Klatschmohn
Maulwurfsgrille

Die Flur

(Erläuterungen S. 168)

1

2

3

4

5

1, 2 Berberitze: Gegen Ende des Sommers leuchten ihre scharlach- bis zinnoberroten Beeren aus Feldgehölzen, Waldrändern und Hecken. Besonders häufig findet man sie an felsigen Hängen. Die säuerlichen Beeren werden bis etwa 1 cm lang. Ihre Kerne enthalten Giftstoffe und müssen entfernt werden, wenn man aus den Beeren Kompott bereiten will. Die gelblichen, stark riechenden Blüten entwickeln sich vor der Blattentfaltung im Frühling.

3, 4 Wacholder: Seine dichten, schlanken Büsche prägen das Bild der Heidelandschaften. Da sie mit ihren zu spitzen, stacheligen Nadeln umgewandelten Blättern der Beweidung durch Schafe und Ziegen widerstehen, sind sie in solchen Gegenden oft als einzige Sträucher übriggeblieben. Die an Heidelbeeren erinnernden Früchte entwickeln sich dicht an den Zweigen. Botanisch gesehen sind es keine Beeren, sondern Beerenzapfen, welche die hartschaligen Samen enthalten. Nur weibliche Büsche tragen »Beeren«, die als Gewürz von Bedeutung sind. Der Wacholder ist zweihäusig.

5 Den **Feldahorn,** der in Hecken oft als Strauch wächst, erkennt man an den tief dreilappigen Blättern. Handelt es sich um frisch ausgetriebene, reichen die Einschnitte zwischen den Lappen noch nicht so tief wie bei den älteren, bei denen sich die Lappen bis nah zur Mittelrippe teilen. Es fehlen ihnen die bei anderen Ahornarten auffälligen Spitzen. Das reichverzweigte Ahorngebüsch bietet dem Wild Unterschlupf und Schutz vor den Unbilden der Witterung. Kleinvögel bauen gern darin ihre Nester.

6

7

8

9

6, 7 Schlehe: Tausende kleiner weißer, kräftig duftender Blüten überziehen im April oder Mai die stark verzweigten Äste der Schlehen. Von den Blättern ist zu dieser Zeit noch nicht viel zu sehen. Sie beginnen erst zu treiben, wenn die Schlehe verblüht. Dann werden die Büsche allmählich grün. Die verhältnismäßig kleinen, ei- bis lanzettförmigen Blätter sitzen auf einem kurzen Stiel. Erst im Oktober reifen die einsamigen, schwarzblauen, hell bereiften Steinfrüchte aus, die nach den Herbstfrösten angenehmer schmecken. Vorher sind die drall und saftig wirkenden, vitaminhaltigen Früchte recht herb.

8, 9 Im Juni blüht die **Hundsrose** an sonnigen Waldrändern, Böschungen, Feldgehölzen und Steinwällen in der offenen Feldflur. Ihre im Vergleich zu den Gartenrosen einfach gebauten Blüten (Bild 8) verströmen einen zarten Duft. In wärmeren Gebieten Mitteleuropas werden sie von den großen goldgrünen Rosenkäfern besucht, die den reichlich gebotenen Pollen verzehren. Ein solcher Käfer findet gerade Platz in der Hundsrosenblüte. Wenn sich im Herbst das Laub gelb verfärbt, leuchten die reifen Hagebutten daraus hervor, an denen in Bild 9 noch deutlich die vertrockneten Kelchblätter zu sehen sind. Mit ihrer roten Farbe locken sie Vögel an, die die fleischige Wand der Hagebutten aufpicken, ihre steinharten unverdaulichen Nußfrüchtchen bei dieser Gelegenheit mit verzehren und anschließend mit dem Kot verbreiten. Hagebutten sind – botanisch gesehen – Scheinfrüchte.

1

2

3

1 Akeleiblättrige Wiesenraute: Ihr eindrucksvoller Blütenstand reckt sich hoch über das kniehohe, saftige Gras der feuchten Wiese empor. Auch am Rande von Auwäldern, Wiesenbächen und -gräben findet man dieses Hahnenfußgewächs. An den Blüten fallen nur die violetten Staubgefäße auf; die Blütenhüllblätter sind gleich nach dem Öffnen abgefallen. Die Blätter, die denen der Akelei sehr ähnlich sind, kann man im unteren Bildteil einigermaßen erkennen.

2 Frühlingsadonis: Unter den großen gelben Blüten erkennt man die fein zerteilten, sattgrünen Blätter. Das die Pflanzen umgebende Steppenheidengras ist noch dürr, denn das Adonisröschen gehört zu den ersten blühenden Pflanzen im Frühling.

3 Scharfer Hahnenfuß: In voller Blüte steht dieser ausgedehnte Bestand des Scharfen Hahnenfußes, der wegen seiner Giftigkeit im Wiesengras nicht sehr geschätzt wird. Zu Heu getrocknet verliert sich diese Giftwirkung weitgehend. Da der Saft des Scharfen Hahnenfußes die Mundschleimhäute reizt, wird die frische Pflanze vom Weidevieh nicht angerührt.

4 Klatschmohn: Ein ganzes Feld in voller Blüte wird man höchst selten einmal finden. Ausgedehnte Klatschmohnbestände wachsen aber an frisch aufgeschütteten Böschungen von Straßen oder auf Schuttabladeplätzen. Die Blütenknospen hängen nach unten, ihre beiden Kelchblätter fallen beim Aufblühen zu Boden. Die zarten roten Blütenblätter werden bei Berührung schnell abgeworfen.

1

2

3

4

1 Weißer Steinklee: Seine dreiteiligen, nach unten hängenden Blättchen und die feinen weißen Blüten weisen trotz des hohen ästigen Wuchses darauf hin, daß er in die Verwandtschaft der Kleearten gehört. Bei ihm sind die bei Rot- und Weißklee kugeligen Blütenköpfchen gewissermaßen stark in die Länge gezogen, so daß sie eine etwa 5 cm lange Blütentraube bilden. Der Weiße Steinklee wächst bevorzugt an trockenen, sonnigen Standorten; oft findet man ihn auf frisch aufgekiesten Stellen oder am Rande von Kiesgruben.

2 Der **Rotklee** dürfte die häufigste der heimischen Kleearten sein, die auf Wiesen und Fluren wachsen. Seine meist rötlichen bis violettroten Blüten kennt jeder. Sie wachsen auf dünnen, aber recht festen Stielen und werden gerne von Bienen und langrüßligen Hummeln besucht. Je nach dem Zeitpunkt der Mahd kann man den Rotklee fast den ganzen Sommer über in Blüte antreffen.

3 Die **Wiesenplatterbse** gehört wie die Kleearten zu den Schmetterlingsblütlern. Die Blütenstiele stehen aufrecht, die Blätter tragenden Sprosse versuchen sich an anderen Pflanzen hochzuranken. Die Blütezeit erstreckt sich von Mai bis August.

4 Gemeiner Hornklee: Die Fahnen in seinen Blüten können noch deutlicher, als auf dem Bild erkennbar, rötlich überlaufen sein. Die übrigen Blütenteile bleiben intensiv gelb. Dieser anspruchslose, kleine Klee wächst auf mageren Wiesen und Trockenrasen oft an den sonnigsten Stellen.

5

6

7

8

5, 6 Das **Wiesenschaumkraut** blüht von Ende März bis Mitte Mai auf feuchten Wiesen. Normalerweise bestehen die rosa oder lila überhauchten weißen Blüten aus vier kreuzförmig einander gegenüberstehenden Kronblättern, die damit den typischen Bau eines Kreuzblütlers zeigen (Bild 6). Stellenweise findet man aber deutlich größere, kräftigere Exemplare, deren Blüten wie kleine Röschen gebaut sind (Bild 5). Dieses gefüllte Wiesenschaumkraut entsteht durch Vervielfachung des normalen Satzes von Erbanlagen (Polyploidie). Es ist steril und kann sich nur durch unterirdische Ausläufer fortpflanzen. Man möchte es kaum für möglich halten, daß beide Bilder die gleiche Pflanzenart darstellen. Am Wiesenschaumkraut lebt die Raupe des Aurorafalters.

7 Den **Knöllchensteinbrech** kennzeichnen die dicken bräunlichen Stiele, die von der grundständigen Rosette aufwachsen und die weißen Blüten tragen. Gräbt man vorsichtig die Erde neben ihm auf, dann findet man die charakteristischen Brutzwiebeln, die Knöllchen. Die Art besiedelt sandige, trockene Wiesen, verschwindet aber auf gut gedüngten Böden.

8 Der **Gemeine Frauenmantel** kann an den Spitzen des Blattrandes Wassertropfen abscheiden. Da die hier abgebildeten Blätter mit Tau bedeckt sind, lassen sie dieses Phänomen nicht deutlich erkennen. Dafür sieht man im Bild ihre an einen kuttenartigen Mantel erinnernde Form und die kleinen gelbgrünen Blüten in den rispenartigen Blütenständen.

(Erläuterungen S. 169/170)

1

2

3

4

1 Tüpfel-Hartheu: Um die Zeit der Sommersonnenwende findet man seine Blüten an Feldrainen, Heckenrändern, Böschungen und anderen sonnig-trockenen Standorten der Flur. Die zahlreichen strahlig angeordneten Staubblätter ragen über die intensiv gelben Kronblätter empor. Blüten- und Laubblätter dieser Pflanze enthalten Öldrüsen, die man im Gegenlicht punktförmig durchscheinen sieht. Aus den Blüten wird das Johanniskrautöl gewonnen.

2 Zypressenwolfsmilch: Einen giftigen Milchsaft führt diese auf sonnigen Triften, an Rainen und Hecken häufige Pflanze. Die Blüten werden von gelben Hochblättern umschlossen, die sich später rötlich färben. Die Blätter ähneln Nadeln, sind aber ganz weich. Vor Tierfraß schützt sie der weiße Milchsaft.

3 Wilde Möhre: Diese wildlebende Verwandte der Mohrrübe wächst überall auf trockenen bis mäßig feuchten Wiesen, an Wegrändern und Böschungen. Ihre weißen Blüten bilden schirmförmige Blütenstände, wie sie für Doldengewächse typisch sind. Abgeblüht drehen sie sich hoch und schließen die reifenden Samen zu einer vogelnestähnlichen Kugel. Die Hochblätter an den Blütenständen sind viel feiner zerteilt als die grundständigen Hauptblätter, die denen der Mohrrübe ähneln.

4 Der **Wiesenbärenklau** entwickelt stattliche Blütenstände, die intensiv riechen und von zahlreichen Kleininsekten gerne besucht werden. Auch die Pflanze selbst, deren Blätter sich rauh anfühlen, strömt einen unverwechselbaren Geruch aus.

5

6

7

5 Kuckuckslichtnelke: Feine, zerschlissene Blütenblätter kennzeichnen ihre Blüten. Deutlich sind die dünnen, aber kräftigen, rötlich gefärbten Stengel zu sehen. Die ihr nahestehende Rote Taglichtnelke dagegen hat dicke, behaarte Stengel und größere, weniger stark geteilte Blüten. Beide Arten findet man häufig auf Wiesen und an Rainen oder Böschungen.

6 Echtes Tausendgüldenkraut: Erst im oberen Drittel verzweigen sich seine schlanken, aufrechten Stengel. Es besitzt nur wenige grundständige Blätter sowie zwei bis drei Blattpaare pro Stengel, aber einen vielzähligen Blütenstand. Das zu den Enziangewächsen gehörende Tausendgüldenkraut wächst auf Waldlichtungen unter Sträuchern und auf Wiesen mit nährstoffarmem Untergrund. Es blüht von Juli bis September. In vielen Gegenden ist es auf einzelne Standorte beschränkt und wurde wegen seiner Seltenheit unter Schutz gestellt.

7 Blühendes **Heidekraut** überzieht die Landschaft mit purpurrotem Schimmer. Es zeigt an, daß der Sommer seinen Höhepunkt erreicht hat und sich zum Herbst neigt. Der gewöhnlich im Unterwuchs von Kiefernwäldern auf Sandböden wachsende Zwergstrauch hat sich unter dem Einfluß der Beweidung stark ausgebreitet und prägt seit Jahrhunderten das Landschaftsbild von Gegenden wie der Lüneburger Heide. In den Wäldern des Nordens stellt das Heidekraut eine wichtige Pflanze für die Wildtiere und die großen Hühnervögel dar.

(Erläuterungen S. 170)

1

2

3

4

1 Der **Echte Thymian** wächst auf felsigen, der Sonneneinstrahlung stark ausgesetzten Trockenrasen. Die kleinen, länglichovalen, an den Rändern eingerollten Blätter dieses Zwergstrauches enthalten intensiv riechende Öle, die ihm einen unverwechselbaren Duft verleihen. Die kleinen Lippenblüten stehen in ährigen oder köpfchenartigen Scheinquirlen und locken zur Blütezeit, von April bis Juli, zahlreiche Insekten an. Wild kommt der Echte Thymian im westlichen Mittelmeerraum vor, der Wilde Thymian oder Feldthymian wächst auf Trockenrasen auch in Mitteleuropa.

2 Der **Kriechende Günsel** zeigt einen sich nach oben verdichtenden, pyramidenförmigen Aufbau des Blütenstandes. Die oberen Blüten im Bild sind noch keulenförmig geschlossen.

3 **Wiesensalbei:** Zuerst reifen in einer Blüte die Staubgefäße. Versucht eine Hummel oder Biene zum Nektar am Blütengrund zu gelangen, werden die Staubgefäße durch einen besonderen Mechanismus auf ihren Rücken gedrückt und bepudern ihn. (Wenn man eine Nadel in die Blüte führt, kann man diesen Vorgang simulieren.) Bei älteren Blüten hat sich die nun reife Narbe über den Eingang gebogen und wird automatisch von Pollen tragenden, vorbeischlüpfenden Insekten bestäubt.

4 Der **Gemeine Augentrost** ist ein Halbschmarotzer, dessen Wurzeln die Wurzeln von Gräsern anzapfen. Das gelbe Mal auf seinen hübschen kleinen Blüten lenkt die Insekten zu ihrem Eingang und damit zum Nektar.

5

6

7

8

5 Die **Ackerwinde** hat sich wie eine Miniaturliane am Weizenhalm emporgewunden und zwei zartrosafarbene Trichterblüten entfaltet. Bei einer dritten Blüte, links im Bild, läßt sich die Windung des dünnen Stengels erkennen. Winden wachsen recht schnell, weil sie selbst keine festen, stützenden Gewebe ausbilden müssen. Große weiße Trichterblüten kennzeichnen die an Gartenzäunen und Waldrändern häufige Zaunwinde.

6 Dieses **Wiesenlabkraut** ist gut 60 cm hoch. Den glatten, vierkantigen Stengeln fehlt meist der steife, aufrechte Wuchs. Sie sind überzogen von kleinen weißen Blüten. Betrachtet man diese aus der Nähe, so sehen sie wie vierstrahlige weiße Sternchen aus, die einen grünen Mittelpunkt tragen. Das Wiesenlabkraut lehnt sich wegen seiner relativ weichen Stengel gerne an andere Pflanzen an. Man findet es auch an Gartenzäunen und Mauern.

7 **Sumpfvergißmeinnicht:** Seine fünfstrahligen hellblauen Blüten besitzen ein gelbes Zentrum, von dem feine helle Strahlen auf die Kronblätter hinausgehen. Solange die Blüten noch geschlossen sind, bilden sie weiße, rosa überhauchte Kügelchen. Die saftiggrünen Blätter verraten, daß das Sumpfvergißmeinnicht an feuchten Standorten wächst.

8 **Taubenskabiose:** Noch sind ihre geöffneten Blüten rötlich; etwas später verfärben sie sich bläulichlila. Selten findet man auch weiße Blüten, bei denen sich kein Blütenfarbstoff (Anthocyan) gebildet hat. Die Taubenskabiose ist ein Kardengewächs.

1 

2 

3 

1 Die **Knäuelglockenblume** bildet am Ende des Stengels ihre großen blauvioletten Blüten, in denen die dreilappige Narbe sichtbar ist. Beim Vergleich mit Bild 3 wird der typische Bau der Glockenblumenblüte deutlich, obwohl besonders die Knäuelglockenblume an Enziane erinnert, mit denen sie aber nicht verwandt ist. In den Achseln der Stengelblätter sind einige weitere Blüten zu sehen. Diese zwar weitverbreitete, aber doch nicht häufige Glockenblume wächst auf nicht zu trockenen Wiesen mit kalkreichem Untergrund.

2 Löwenzahn: In ein Meer von gelben Blüten hat sich diese Wiese im Voralpenland Anfang Mai verwandelt. So eindrucksvoll ein solches Bild auch sein mag, es bedeutet, daß die Wiese viel zu stark gedüngt worden ist. Erst dadurch konnte sich der Löwenzahn so stark ausbreiten, daß er zur einzigen Frühlingsblume geworden ist, die hier noch wächst. 2 bis 3 Wochen später werden Millionen winziger Fallschirme, die reifen Früchte, übers Land getragen.

3 Wiesenglockenblume: Ein Gegenstück zur Fettwiese des Löwenzahns stellt die Wiese dar, auf der diese Blume wächst. Ihre zarten, von dunkleren Adern durchzogenen Blütenglöckchen findet man nur auf nährstoffarmen Böden, nicht aber auf dem »Einheitsgrün« unserer Hochleistungswiesen. Folglich ist ihr Verschwinden ein Preis, den wir für die Intensivierung der landwirtschaftlichen (Überschuß-)Produktion bezahlen müssen. Neben der Glockenblume wächst Zittergras.

4

5

6

4 Gänseblümchen: So ausgedehnte Blütenteppiche findet man selten, auch wenn diese anspruchslose kleine Pflanze fast überall gedeiht. Da ihre Blätter nur wenig über den Boden reichen, verträgt sie selbst regelmäßiges Mähen. Schnell treibt sie neue Blüten, wenn durch die Mahd wieder volles Sonnenlicht zu ihr gelangt. So kommt es, daß das Gänseblümchen vom zeitigen Frühjahr bis in den Spätherbst hinein unentwegt blüht.

5 Die **Gemeine Wegwarte,** eine ausgesprochene Sommerpflanze, entwickelt von Juni bis September auf sperrigen Ästen ihre schönen kreisförmigen Blütenkörbchen. Nährstoffarme Standorte am Rand von Flurwegen, auf Rainen und an Böschungen reichen ihr aus; auf zu gut gedüngten Wiesen dagegen verschwindet sie unter dem Konkurrenzdruck der fetten Gräser und des Löwenzahns, zu dessen Verwandtschaft sie als eine Art der Korbblütler gehört. Ihre hellblauen, an der Spitze gekerbten Zungenblüten öffnen sich nur im vollen Sonnenlicht und schließen sich in der Vase alsbald. Die Pflanze erreicht bis zu 150 cm Höhe.

6 Die großen Blütensterne der **Margerite** sind nicht zu übersehen, wenn sie Ende Mai auf den Wiesen zu blühen beginnt. Die weißen Zungenblüten am Rande umgeben dicht an dicht die gelben, in der Mitte leicht hochgewölbten Röhrenblüten. Von unbebauten Äckern, Straßenböschungen und Schuttplätzen nimmt die *Wiesenwucherblume,* wie die Margerite auch genannt wird, schnell Besitz und breitet sich aus.

1

2

3

4

5

1 Schafgarbe: Zu dichten Blütenständen schließen sich ihre weißen oder rötlich überhauchten Blüten zusammen, die gern von Faltern besucht werden. Am Stengel stehen ihre charakteristischen, vielfach geteilten und aufgefiederten Blätter, die sich rauh, fast unangenehm anfassen.
2 Die **Ackerkratzdistel,** eine auf den Fluren recht häufige, von den Landwirten nicht gern gesehene Distelart, wird durch rote Blüten und rötliche Stiele gekennzeichnet. Da sie schneller als das Getreide wächst, gelingt es ihr oft, noch vor der Ernte auszusamen. Ihre kleinen, stachelbewehrten Blätter zeigen, daß sie auch mit Trockenheit zurechtkommt, wie sie im Frühsommer auf den Feldern nicht selten herrscht.
3 Kleine Traubenhyazinthe: Zu einem feinen weißen Kranz öffnen sich die kugeligen Blüten dieser kleinen Kostbarkeit unter den Wild- und Gartenzwiebelgewächsen, die unter Naturschutz steht. Nur an wenigen Stellen findet man sie auf mageren Wiesen und in lichten Wäldern. Ihre Blätter sind schmal und grasähnlich.
4 Die **Kohldistel** wächst an feuchten Ufern und auf nassen Wiesen. Ihre schweren Blütenköpfe entwickeln sich erst im Sommer nach der ersten Mahd der Wiesen.
5 Die Blüten der **Acker-Hundskamille** sehen wie kleine Margeriten aus. Von der echten Kamille unterscheiden sie sich durch die ausgebreiteten Randblüten, die nicht nach unten klappen, und durch den kaum gewölbten Blütenkopf.

6

7

8

6 Helmorchis: Deutlich erkennt man in der Detailaufnahme des Blütenstandes den Helm, der von den fünf oberen Blütenblättern gebildet wird und dieser Orchidee den Namen gab. Innen trägt er feine Linien, außen ist er heller gefärbt als die übrige Blüte. Die breiten, saftig grünen Blätter formen am Boden eine lockere Rosette. Sie haben keine Flecken, lassen aber die Blattnerven deutlich hervortreten. Die Helmorchis gehört zwar zu den häufigsten Orchideen in Mitteleuropa, ist aber, verglichen mit anderen Blumen, recht selten und wie alle Orchideen geschützt. Sie wächst auf Magerrasen und bevorzugt kalkreiche Standorte.

7 Herbstzeitlose: Wenn alle Blumen verblüht sind, öffnen sich die Kelche dieses Liliengewächses, das im Gegensatz zum Krokus im Herbst blüht und im Frühjahr Blätter treibt. Man findet es auf feuchten Wiesen und in lichten Auwäldern auf kalkreichen Lehmböden. Mit dem Krokus, dem die Herbstzeitlose von der Blütenform her ähnelt, ist sie nicht näher verwandt.

8 Das **Gefleckte Knabenkraut** gehört zu den schwierig zu bestimmenden heimischen Orchideen, weil es mehrere sehr ähnliche Arten gibt. Die Fleckung der Blätter, die schmal sind und spitz auslaufen, ist rundlich. Im Bau der Blüte ähnelt das Gefleckte Knabenkraut der Helmorchis (Bild 6), doch schließen sich die oberen Blütenblätter nicht so dicht zusammen. Die Unterlippe trägt streifenartig angeordnete Flecken und ist breiter als bei der Helmorchis. Die Pflanze bevorzugt feuchte, lichte Standorte.

Süß- und Sauergräser

Süßgräser (Fam. *Gramineae*): 1–12 tragen auf dem runden, hohlen, durch Knoten gegliederten Halm verschieden gestaltete Blütenstände: schlanke Ähren (1), etwas breiter wirkende Ährenrispen oder Scheinähren (2, 3) oder lockere und verzweigte Rispen (4–12). Binsengewächse (Fam. *Juncaceae*): (13) haben runde Stengel ohne Knoten und Blütchen mit Blütenhüllblättern. Die Stengel der Sauer- oder Riedgräser (Fam. *Cyperaceae*): 14–15 dreikantig, ohne Knoten, oft schneidend scharfkantig. – Manche Gräser treiben ober- oder unterirdische Ausläufer (A), die sich bewurzeln und neue Pflanzen hervorbringen. Viele bestocken sich (B), d.h. sie entwickeln zwischen den unterirdischen Stengelknoten Nebenwurzeln, Seitenhalme und Blatttriebe: Sie bilden einen Horst. – Beschreibung der Gräser Seite 181.

12 Nickendes Perlgras
7 Wiesen-Rispengras
10 Wolliges Honiggras
9 Weiche Trespe
3 Wohlriechendes Ruchgras
11 Zittergras
4 Gemeines Knäuelgras
5 Flaumhafer
6 Federgras
8 Einjähriges Rispengras

1 

2 

3 

4 

5 

1 An dem abgebildeten **Regenwurm** erkennt man die hellere, gürtelförmige Hautverdickung, das Clitellum. Dieser drüsenreiche Abschnitt sondert während der Fortpflanzung zähen Schleim ab, der den äußeren Geschlechtsbereich der bei der Paarung aneinanderliegenden Partner für die Samenübertragung und Eiablage abschirmt. Um die Eier bildet der erhärtende Schleim einen schützenden Kokon. Regenwürmer sind Zwitter.

2 Röhrenspinne: Besonders fällt an dieser Art das bei Spinnen häufig vorkommende unterschiedliche Aussehen der Geschlechter auf. Das Weibchen ist größer und unscheinbar schwarz; das viel kleinere Männchen (Bild) dagegen besitzt einen ziegelroten, mit vier schwarzen Punkten geschmückten Hinterleib; dieses prächtige Kleid bekommt das Männchen allerdings erst nach der letzten Häutung, bevor es zur Paarung kommt.

3 Raubspinne: Das abgebildete Weibchen trägt seinen Eikokon mit den Kieferfühlern (Chelizeren) mit sich herum, bis die Jungen schlüpfreif sind. Diese Spinnen leben bevorzugt an Kräutern und Stauden, wo sie sich gerne auf großen Blättern sonnen.

4 Das Weibchen der **Zebraspinne** spannt sein senkrecht stehendes Netz zwischen Grashalmen aus.

5 Haubennetzspinne: Diese nur 5–7 mm große, auffallend gezeichnete Spinne ist stets auf Raub aus. Dabei überwältigt sie oft Beutetiere, die ihr an Größe weit überlegen sind, und verschont auch die eigene Verwandtschaft nicht.

6

7

8

9

6 Die **Gemeine Ackerschnecke** ist auf Äckern und in Gärten verbreitet, wo sie durch Blattfraß großen Schaden anrichten kann. Aber nicht nur Pflanzen nimmt sie als Nahrung, sie macht sich nahezu über alles her: Pilze oder Aas, Regenwürmer, Jungvögel von am Boden brütenden Arten, unter anderem auch Kot, von dem sie Bakterien und Viren auf Pflanzen übertragen kann. Die Färbung der bis 60 mm langen Gemeinen Ackerschnecke ist sehr veränderlich und von der Art der aufgenommenen Nahrung abhängig.
7 Die **Große Vielfraßschnecke,** eine besonders wärmeliebende Art, lebt in Gruppen auf Kalkbödenwiesen. Bei lange andauernder, starker Hitze sucht allerdings auch sie schattige Verstecke in Bodenspalten und Maulwurfshügeln auf.

8 Heideschnecken: Die kalkweißen Gehäuse dieser Arten sind oft in großer Zahl an Pflanzenstengel angeklebt der prallen Sonne ausgesetzt; es handelt sich hier um extreme Trockenformen.
9 Die Abbildung zeigt eine **Weinbergschnecke** bei der Eiablage; sie gräbt dazu ein Erdloch, in das sie erbsengroße, mit einer Kalkschale umgebene Eier (40 bis 60 Stück) absetzt, die sie danach mit Erde überdeckt. Nach etwa 30 Tagen schlüpfen die Jungschnecken und kriechen nach einigen Tagen aus der Erde. Der Begattung geht ein stundenlang dauerndes Liebesspiel voraus, bei dem die Partner ihre Fußsohlen aneinanderlegen und sich gegenseitig zur Stimulation spitze Kalkgebilde, die sog. »Liebespfeile«, ins Fleisch stoßen. Die eigentliche Begattung dauert nur wenige Minuten.

1

2

3

4

1 Warzenbeißer: Im Gegensatz zum Grünen Heupferd überragen bei dieser gedrungenen Laubheuschrecke die Flügeldecken den Hinterleib nur wenig. Das Bild stellt ein Männchen dar; die Weibchen tragen am Hinterleibsende eine kräftige, sichelartig gebogene Legeröhre, mit der die Eier im Herbst im Erdreich abgelegt werden. Die Larven bohren sich im Frühjahr an die Erdoberfläche.

2 Gottesanbeterin: Ihren Namen hat sie von der Art, wie sie beim Lauern auf Beute ihre Fangbeine, einem frommen Beter gleich, emporhält, während sie mit den großen Augen am äußerst beweglichen Kopf ihr Opfer aufmerksam fixiert. An den Fangbeinen des abgebildeten Exemplars erkennt man die für das Opfer höchst gefährlichen Dornen.

3 Rotflügelige Schnarrheuschrecke: Diese in Ruhe unscheinbaren, dunkelgefärbten Feldheuschrecken entfalten beim Auffliegen leuchtend rote, an den Spitzen schwarz gesäumte Hinterflügel; die Männchen geben dabei ein schnarrendes Geräusch von sich. Feldheuschrecken lassen sich von den Laubheuschrecken auf den ersten Blick durch die kurzen Fühler unterscheiden.

4 Grünes Heupferd: Ausgewachsene Tiere findet man selten, meist sind es Jugendstadien, die auf den Wiesen herumhüpfen. Die erwachsenen Laubheuschrecken halten sich im Buschwerk und in der Krone von Laubbäumen auf, wo sie ihren zirpenden Gesang ertönen lassen. Die Flügeldecken überragen den Hinterleib weit. Das Weibchen im Bild ist gerade bei der Eiablage.

5

6

7

8

5 Die **Feldgrillen** leben an sandigen, besonnten Hängen, wo sie ihre tief in den Boden führenden Röhren anlegen, die sie erbittert gegen Eindringlinge verteidigen. Mit einem Grashalm kann man sie leicht aus den Höhlen herauskitzeln. Das Bild zeigt ein Grillenpärchen vor dem Eingang in seine Wohnröhre.
6 Die **Blutzikade** ist unsere farbenprächtigste Schaumzikade. Ihre rot-schwarz gefleckten, derben Vorderflügel liegen in Ruhe dachförmig über dem Hinterleib und bergen die weichhäutigen, gefalteten Hinterflügel. Unterirdisch an Wurzeln und Stengeln findet man die Schaumnester ihrer Larven.
7 **Feuerwanze:** In der dicht zusammengedrängten Ansammlung von Feuerwanzen erkennt man unter den Larven mit völlig rotem Hinterleib ein erwachsenes Tier (Bildmitte) mit zwei deutlichen schwarzen Punkten auf den Flügeldecken und einer schwarzen Zeichnung am Hinterleibsende. Durch die auffälligen Farben und Muster der Feuerwanzen sollen Feinde abgeschreckt werden. Die Tiere saugen an faulenden Pflanzenteilen und Früchten, ohne aber Schaden anzurichten.
8 **Streifenwanze:** Diese rot-schwarz gestreifte Schildwanze mit dem großen, fast den ganzen Körper bedeckenden Rückenschild findet man vor allem auf Doldengewächsen. Sie ernährt sich von Pflanzensäften und Früchten und macht diese durch ein übelriechendes Sekret, das sie absondert, für den Menschen oft ungenießbar, für kleine Insekten ist dieses Sekret sogar giftig.

1

2

3

4

5

1 Dieser **Maikäfer** ist bereit zum Abheben: Er hat seine harten Flügeldecken weit abgespreizt und entfaltet nun die zarthäutigen Hinterflügel mit ein paar pumpenden Bewegungen. Bald wird er mit Gebrumm davonschwirren – ein eindrucksvolles Beispiel für die Flugfähigkeit vieler Käfer.
2 **Goldlaufkäfer** oder auch *Goldschmied* wird dieser prächtige Laufkäfer wegen seiner metallisch goldgrün schimmernden Flügeldecken genannt. Er ist 2–2,5 cm lang.
3 Vom **Saatschnellkäfer** kennt man vor allem die Larven, die hart chitinisierten, rötlichgelben *Drahtwürmer*. Sie befressen die Wurzeln verschiedener Bäume und Gräser oder bohren sich in die Wurzeln und Knollen von Rüben und Kartoffeln ein; besonders schädigen sie Salatwurzeln. Der Käfer selbst lebt auf Blüten und in Getreidefeldern. Die Abbildung zeigt das Vorderende eines Drahtwurms.
4 **Sandlaufkäufer:** Weite Sandflächen, Heidewege und sandige Flußufer sind sein Lebensraum. Bei Sonnenschein läuft er flink umher, ist jedoch schwer zu fangen, weil er ganz plötzlich auffliegt, wenn man sich nähert, um sich ein Stück weiter gleich wieder niederzulassen. Im Bild sitzt er ausnahmsweise auf einem Moospolster. Diese Käferfamilie umfaßt weltweit etwa 1300 Arten.
5 **Weichkäfer:** Wegen ihres bunten Rockes werden die schmalen Weichkäfer auch *Soldatenkäfer* genannt. Sie sitzen meist auf Blüten, wo sie Pollen und Nektar fressen.

6

7

8

9

6 Der **Zweipunkt-Marienkäfer** ist bei der Eiablage. Die bis 400 Eier werden in kleinen Partien von 20 bis 30 Stück meist an die Unterseite von Blättern abgelegt. Mit ihren kräftigen Beinen laufen die Larven auf den Pflanzen umher; zur Verpuppung heften sie sich mit dem Hinterende an Pflanzenteilen fest. Die Käfer sind sehr farbvariabel, es gibt auch schwarze Tiere mit roten Punkten. Larven wie Käfer sind sehr nützlich, da sie Blatt- und Schildläuse vertilgen und sogar stark verlauste Pflanzen von diesen Schädlingen befreien können.

7 Der **Rosenkäfer** gehört zu den schönsten einheimischen Käfern; er wird 20–24 mm lang. Auf blühenden Sträuchern und Rosen lebt er vom Blütenpollen, wobei er die Staubgefäße abfrißt.

8 **Spanische Fliege:** Man findet sie oft auf Büschen und Bäumen und nimmt an ihr häufig einen beißend scharfen Geruch wahr, der von Flüssigkeitsabsonderungen aus ihren Beingelenken herrührt. Die Käfer machen eine komplizierte Entwicklung durch; einen Teil ihres Lebens verbringen die Larven in Bienennestern, wo sie an der Bienenbrut schmarotzen.

9 **Kartoffelkäfer:** Wegen seiner schwarz-gelb gestreiften Flügeldecken und seines schwarzgefleckten Halsschilds ist er mit keinem anderen heimischen Käfer zu verwechseln. Man trifft ihn und auch die Larve auf ihrer Nahrungspflanze, der Kartoffelstaude. Es leben also, wie bei vielen Blattkäfern, Kartoffelkäfer und Larve nebeneinander auf demselben Blatt.

1

2

3

4

1, 2 Bild 1 zeigt eine **Sandbiene** in ihrem Wohngebiet. Die Tiere sind Beinsammler: Zur Aufnahme des Pollens tragen sie an der Außenseite der Hinterbeine lange Haare. Einige Arten haben sich auf den Besuch ganz bestimmter Blüten spezialisiert. In sandigen Böden legen die Sandbienen ihre Erdnester an, wie in Bild 2 zu sehen. Damit das Erdreich in den gegrabenen Gängen nicht nachrutscht, wird es mit Speichel getränkt, dadurch verfestigt und wasserundurchlässig gemacht. In der Abbildung kann man zwei Einschlupflöcher im Sandboden erkennen.

3 Eine **Erdhummel** beim Blütenbesuch. Es gibt Blüten, die speziell für die Bestäubung durch Hummeln eingerichtet sind, sog. Hummelblüten; die Taubnessel, Salbeiarten und der Rote Wiesenklee sowie verschiedene Korbblütler (Bild) gehören dazu. Hummeln besitzen wie die Bienen an den Hinterbeinen Körbchen und Bürsten zum Sammeln von Pollen; auch am pelzig behaarten Körper bleibt Pollen hängen.

4 Nest der **Ackerhummel** mit Brutzellen und Honigtöpfen. Das Bild stammt aus einer Zucht, als Nistmaterial wurde Watte angeboten. Am unteren Bildrand sind drei bereits mit Honig gefüllte Töpfe zu sehen. In die Brutzellen tragen die Arbeiterinnen Pollen ein, dann legt die Königin Eier darauf; die schlüpfenden Larven werden mit dem Pollen und dem Vorrat aus den Honigtöpfen ernährt, den die Hummeln immer wieder ergänzen. Auch die Verpuppung der Larven erfolgt in den Brutzellen.

5

6

7

8

5 **Hornisse:** Arbeiterinnen bauen am Nest, bessern es aus, halten es sauber und versorgen die Brut darin. In den mit weißem Deckel verschlossenen Zellen verpuppen sich die Larven. Diese heimische Faltenwespe unterscheidet sich von den anderen bei uns vorkommenden Wespen nicht nur durch ihre Größe, sondern auch durch den rotbraunen Farbton am Vorderkörper.
6 **Große Blattschneiderbiene:** Aus Blättern von Rosen, Flieder, Birke oder Buche schneidet sich die Blattschneiderbiene ovale Blattstückchen für den Bau ihrer Brutzellen, in die sie als Nahrung für die Larven Pollen einträgt.
7 Männchen und Weibchen des **Glühwürmchens** unterscheiden sich stark in ihrem Aussehen. Während das Männchen ein graubrauner Käfer mit normal entwickelten Flügeldecken ist (unten), gleicht das Weibchen mehr den flachen Larven, hat eine wurmförmige Gestalt und kleine, zu Schuppen verkümmerte Flügeldecken, was ihm den Namen Glüh»würmchen« eingetragen hat. An warmen Sommerabenden leuchten die Tiere in einem grünlichen Farbton im Dunkeln, um einen Partner zu finden.
8 **Feldwespe:** Die aus sechseckigen Zellen errichteten Waben der Feldwespe bestehen aus fein zerkautem, mit klebrigem Speichel vermengtem Holz und sind mit einem kräftigen Stiel am tragenden Material befestigt. Ihre Nester bestehen – wie hier im Bild zu sehen – meist nur aus wenigen Waben. Sehr oft werden sie geschützt unter Dächern, an Schuppen und Mauerwerk angebracht.

1

2

3

4

1 Rinderbremse: Die Männchen dieser großen Fliegen sind Blütenbesucher, während die Weibchen als lästige Blutsauger dem Weidevieh oft arg zusetzen; an schwülen Tagen können sie auch für den Menschen unangenehm werden. Beim Männchen der Rinderbremse stoßen die riesigen Augen in der Kopfmitte zusammen, beim Weibchen sind sie – wie hier im Bild zu sehen – durch eine schmale Stirn getrennt.

2 Märzfliege: Die gedrungen gebauten, borstig behaarten Mükken (daher auch *Haarmücken* genannt) unterscheiden sich je nach Geschlecht deutlich: Die Männchen haben große, fast den ganzen Kopf einnehmende, behaarte Augen; die nackten Augen der Weibchen sind dagegen klein und liegen weit auseinander. Das Flugbild dieser Mücken mit den lang herabhängenden Hinterbeinen ist unverwechselbar.

3 Ein **Ameisenlöwe** in seinem Fangtrichter, in den er gerade eine Ameise zu ziehen versucht. Ameisenlöwen, die Larven der *Ameisenjungfern,* wühlen sich in wenigen Augenblicken in den Sand, indem sie sich auf spiraliger Bahn rückwärtsschieben. Dabei heben sie durch Wegschleudern der Sandkörnchen einen Trichter aus, auf dessen Grund verborgen sie auf Beute lauern.

4 Ameisenjungfer: Unbekannter als ihre Larve, der plumpe *Ameisenlöwe,* ist die zarte Ameisenjungfer. Sie ähnelt bestimmten Libellen, ist aber durch die keulenartigen Fühler leicht von diesen zu unterscheiden.

5

6

7

8

5 Schwebfliege: Wegen ihres gelb und schwarz geringelten Hinterleibs ist sie leicht mit einer Wespe zu verwechseln und schreckt dadurch manche Feinde ab, die den Giftstachel der Wespe fürchten und daher auch diesen harmlosen Imitator in Ruhe lassen. Selbst von Menschen wird sie mitunter für ein stechendes Insekt gehalten. Im Flug vermag sie schwebend in der Luft zu stehen. Sie zählt zu den besten Fliegern unter den Insekten.
6 Männchen und Weibchen der **Kohlschnake** sind hier bei der Paarung zu sehen. Das größere, dickere Weibchen trägt am Hinterende eine rostgelbe, säbelförmige Legeröhre. Besonders gut sind bei beiden Tieren die knopfförmigen Schwingkölbchen hinter den Flügeln zu erkennen.
7 Kleiner Weinschwärmer: Ein breites, eckiges gelbes Feld zieht sich durch die Flügel des sonst auffallend roten Falters, einer häufigen Schwärmerart. Mit schwirrendem Flügelschlag besucht er abends und nachts nektarreiche Blüten. Seine Flugzeit erstreckt sich von Mitte Mai bis Anfang Juli. Die Raupen tragen am Vorderkörper eine auffällige Augenzeichnung.
8 Großes Ochsenauge: Am großen, von einem gelblichen Ring und hellbraunen Feld umgebenen Auge auf dem Vorderflügel erkennt man das Weibchen. Das erheblich dunklere Männchen besitzt nur einen kleinen, sich kaum abhebenden Augenfleck. Es ist zudem ein wenig kleiner als das Weibchen. Das Große Ochsenauge gehört zu den Augenfaltern und ist recht häufig.

1

2

3

4

1, 2 Schwalbenschwanz: Nicht nur der Falter gehört zu den schönsten europäischen Schmetterlingen, sondern auch die Raupen des Schwalbenschwanzes zeichnen sich durch ein auffallendes Muster aus. Auf grünem Grund tragen sie schwarze Ringe, in die orangerote Punkte eingelagert sind. Sie fressen vornehmlich an Wilden Möhren und an Mohrrüben. Bei Berührung stülpen sie eine Drüse aus, die einen abschreckenden Geruch verbreitet. Der Abwehr von Feinden dient auch die schöne Zeichnung auf den Flügeln des Falters. Sie lenkt Vögel von Kopf und Körper ab und richtet ihren Zugriff mehr auf die für das Leben des Schmetterlings entbehrliche Zone am Hinterrand der Hinterflügel, wo die beiden kennzeichnenden Schwänzchen ansetzen. Der abgebildete Schwalbenschwanz gehört der Sommergeneration an. Das zeigen die feinen gelben Schuppen auf den schwarzen Zeichnungsteilen. Das Gelb kann erheblich intensiver sein.

3 Der **Hauhechelbläuling** gehört zu den häufigsten der mitteleuropäischen Bläulinge. Zu seiner genauen Bestimmung müßte man das Zeichnungsmuster der Flügelunterseite sehen. Die Weibchen sind oberseits bräunlich gefärbt.

4 Kleiner Kohlweißling: Die nur schwach ausgebildete, dunkle Spitze des Vorderflügels weist dieses Männchen als Angehörigen der Frühjahrsgeneration aus. Im Sommer wird die schwarze Zeichnung etwas größer und erheblich kräftiger. Seine Raupen leben an Kohl und anderen Kreuzblütlern.

5

6

7

8

5 Distelfalter: Eine besonders schöne Zeichnung trägt die Unterseite der Flügel dieses Falters, der wahrscheinlich schon nördlich der Alpen schlüpfte, denn die aus dem Süden einfliegenden weisen in der Regel beschädigte Flügelränder und »abgeflogene« Muster auf. Der Distelfalter wandert alljährlich aus dem Mittelmeerraum oder aus Nordafrika in Mittel- und Nordeuropa ein, wo er sich fortpflanzt. Die Falter dieser Generation ziehen mit Beginn des Herbstes wieder zurück in den Süden.

6 Der **Admiral** verhält sich ähnlich wie der Distelfalter. Auch er ist ein ausgeprägter Wanderfalter, der nördlich der Alpen den Winter nicht überlebt. Auf seinem Zug ist er ein Einzelgänger. Seine Raupen leben an Brennesseln.

7 Das **Damebrett** fliegt nur kurze Strecken und vermeidet es, ungeeignetes Gelände zu überqueren. Daher entwickeln sich die einzelnen Vorkommen sehr unabhängig voneinander, und ganz unterschiedliche Muster der Schwarzweißverteilung können entstehen. Das Damebrett gehört zu den Augenfaltern. Auf der Flügelunterseite läßt sich die Augenzeichnung noch erkennen.

8 Goldene Acht: Inmitten der goldgelben Flügelunterseite liegt die goldene 8, die diesem überall verbreiteten und meist nicht seltenen Tagfalter aus der Familie der Weißlinge den Namen gegeben hat. Die Männchen sind intensiv gelb, die Weibchen blaßgelb gefärbt. Beide tragen dunkle Flügelspitzen und einen schwarzen Punkt im Vorderflügel.

1

2

3

4

1 Das Männchen der **Zauneidechse** präsentiert sich im Hochzeitskleid und erwärmt sich auf dem sonnenbeschienenen Stein. Grüne Schuppen trägt es nur an den Körperseiten. Über den Rükken zieht sich ein breiter brauner Streifen zum langen, dünnen Schwanz hin, der bei etwas unsanfter Berührung wenige Zentimeter hinter den Hinterbeinen leicht abbricht, noch ein Weilchen zappelt und sich vom Feind »fangen« läßt, während die Eidechse entwischt. Sieht man eine Zauneidechse mit deutlich abgesetztem, kurzem und zu spitz auslaufendem Schwanz, dann handelt es sich um einen nachgewachsenen. Die Zauneidechsenweibchen sind kleiner und fast ganz braun. Sie verscharren ihre 5 bis 14 Eier mit den Hinterbeinen in lockerer Erde.

2 Oft wird die harmlose **Schlingnatter** wegen ihrer Zeichnung und Aggressivität mit der Kreuzotter verwechselt. Doch ihr Kopf setzt viel schlanker am Körper an, und die dunkle Rückenzeichnung bildet kein zusammenhängendes Zackenband.

3 Den braunen **Grasfrosch** findet man auf feuchten Wiesen und in lichten Wäldern mit reichlich Unterwuchs. Die Brauntöne können allerdings wechseln. Kennzeichnend für ihn sind der dunkle Keilfleck, in welchem sich das Trommelfell befindet, sowie die sehr frühe und kurze Laichzeit im März.

4 Die kleine **Wechselkröte** sieht ausgesprochen bunt aus mit ihrem grünen Fleckenmuster und den vielen roten Tupfen. Sie läuft geschickt und hüpft mehr als andere Kröten.

5

6

7

8

5 Rebhuhn: Das stark gesträubte Gefieder läßt die beiden Rebhühner fast kugelig erscheinen. Die darunter eingeschlossene Luft isoliert den Vogelkörper vor der Kälte. Im Winter halten die Rebhühner in Ketten oder Völkern zusammen; im Frühjahr sondern sich die Hähne ab. Die unbefiederten Läufe zeigen, daß das Rebhuhn zu den Feldhühnern und nicht zu den Rauhfußhühnern gehört. Es lebt in der Flur.

6 Turmfalke: Den Schwanz weit gefächert, rüttelt dieser Turmfalke. Dabei werden, wie man auf dem Bild deutlich sieht, die kleinen Daumenfittiche abgespreizt. Es handelt sich um ein Weibchen. Den aufwendigen Rüttelflug setzt der Turmfalke hauptsächlich im Frühsommer und bei leichtem Wind ein.

7 Großtrappe: Balzbereit marschiert der Hahn auf die Wiese. Dort wird er Schwanz und Schwingen so nach oben drehen, daß das weiße Untergefieder wie eine überdimensionale Blüte aufgeht, mit der er die Hennen herbeilockt. Großtrappen, die aus den östlichen Steppengebieten in die vom Menschen geschaffene Kultursteppe eingewandert sind, findet man noch an wenigen Stellen in den ausgedehnten Getreideflächen Mitteleuropas.

8 Der aus Asien stammende **Fasan** wurde künstlich eingebürgert. Es gibt Formen mit grünschillernder Brust und ohne weißen Halsring, häufiger jedoch ist meist der Ringfasan. Die Hähne behalten ihr Prachtkleid das ganze Jahr über. Das Gefieder der Hennen ist schlichter und tarnfarben.

1

2

3

4

1 Der **Kiebitz** ist ein charakteristischer Bewohner der Wiesen und Fluren in den großen Flußtälern. Durch sein auf Distanz schwarzweiß wirkendes, in der Nähe metallisch grün schillerndes Gefieder und die lange, spitze Haube ist er mit keiner anderen Vogelart zu verwechseln. Die Männchen besitzen eine längere Haube und eine vollständig schwarze Brust, während diese beim Weibchen weiße Partien aufweist. Mit durchdringenden »kiewit«-Rufen warnen die Kiebitze bei Annäherung an ihr Revier.

2 **Bachstelze:** Die schwarzweiße Kopfmaske und der lange, beständig wippende Schwanz kennzeichnen die Bachstelze und unterscheiden sie von Gebirgs- und Schafstelze. Im Flug zeichnet sie lange, flache Bögen.

3 Besonders erregt ist diese **Feldlerche,** denn sie sträubt ihre Haube sehr stark. Sie sichert, ob keine Gefahr droht, bevor sie ihre bereits sperrenden Jungen füttert. Feldlerchen gibt es noch überall in der offenen Flur. Die Männchen steigen in langen Singflügen fast senkrecht in die Luft und kennzeichnen damit ihre Reviere gegenüber Artgenossen.

4 Die **Schafstelze** ist in den letzten Jahrzehnten ziemlich selten geworden – was offenbar mit dem Rückgang der extensiven Weidewirtschaft zusammenhängt. Die Männchen tragen zur Brutzeit eine graue Kopfkappe mit einem weißen Streifen über dem Auge. Das Gelb der Brust zieht sich bis zur Kehle hoch. Die Weibchen sind blasser gefärbt. Schafstelzen rufen weich »psüüh«.

5

6

7

8

5 **Raubwürger:** Deutlich hebt sich der Haken an der Spitze seines Schnabels vom Hintergrund ab. Mit diesem greifvogelähnlichen Schnabel kann er selbst Beute bewältigen, die ihm an Größe nahekommt. Der Raubwürger, als Brutvogel in Mitteleuropa sehr selten, jagt Feldmäuse und Kleinvögel. Die schwarze Gesichtsmaske, die das Auge verdeckt, reicht nicht auf die Stirn wie beim kleineren, in Südosteuropa häufigen Schwarzstirnwürger.

6 Der **Neuntöter** – hier hat er einen Segelfalter aufgespießt – ist ein kleinerer Verwandter des Raubwürgers und lebt vorwiegend von großen Insekten, die er gelegentlich auf Dornen und Stacheln spießt, um sie zu bearbeiten oder aufzubewahren. Denn im Gegensatz zu den insektenfressenden Greifvögeln verfügt der Singvogel nicht über den festen Griff krallenbewehrter Fänge. Dem Weibchen fehlt die kontrastreiche Zeichnung. Es trägt an der Brust eine feine Querwellung, die sich bei den Jungen auch auf den rotbraunen Rücken erstreckt. Der breite schwarze Augenstreif wird bei ihnen nicht ausgebildet.

7 Das weiße Kehlgefieder der **Dorngrasmücke** sträubt sich beim Singen. Bräunliche Federsäume an den Flügeln und ein grauer Kopf beim Männchen sind die einzigen nennenswerten Kennzeichen dieser kleinen Grasmücke. Erheblich leichter erkennt man sie an ihrem Ruf »woid, woid, woid, wit«.

8 **Steinschmätzer:** Ein Männchen bringt eine Raupe zum Nest. Dem fast einfarbig braunen Weibchen fehlt der Wangenfleck.

1

2

3

4

1 Dieser **Stieglitz** wurde an seiner typischen Futterpflanze, der Distel, fotografiert. Die rote Kopfmaske bekommen die *Distelfinken,* wie sie auch genannt werden, erst, wenn sie voll erwachsen sind. Die gelbe Zeichnung im Flügel, eine breite Binde, charakterisiert den fliegenden Vogel. Männchen und Weibchen sind gleich gefärbt. Stieglitze brüten spät im Jahr, wenn die Samen reifen.

2 Diese **Wacholderdrossel** hat vitaminreiche Sanddornbeeren gepflückt und plustert in der Kälte ihr Gefieder auf. Ihre Nahrung bilden Würmer und Kleintiere sowie auch Beeren und Fallobst. Der beim Abflug kennzeichnende graue Bürzel ist beim sitzenden Vogel nicht zu sehen. Im Gegensatz zu den anderen heimischen Drosselarten ist die Wacholderdrossel auffallend bunt. Im Winter zieht sie in Schwärmen auf den Wiesen umher und brütet im Frühjahr in lockeren Kolonien.

3 **Bluthänfling:** Zum Füttern besucht das Männchen sein gut getarntes Nest in einer Fichtenhecke. Dem Weibchen fehlt das Rot; seine Brust ist kräftig gestreift. Hänflinge bewohnen die offene Landschaft. Sie nisten in Hecken und Gebüsch.

4 **Feldsperlinge** nisten in Baumhöhlen oder Nistkästen mit passender Einfluglochgröße. Hier inspiziert ein Paar die Höhle. Man kann die beiden am Gefieder nicht voneinander unterscheiden. Beide besitzen den kennzeichnenden schwarzen Fleck in der weißen Wange und eine braune Kopfkappe. Sonst gleichen sie weitgehend dem Haussperling.

5

6

7

5 **Grauammer:** »Zick, zick, zick, schnirrrps« ertönt der Gesang der Grauammer. Unermüdlich trägt sie ihre klirrende Strophe von einer Singwarte am Feldrain oder am Rande einer Hecke vor. Die Grauammer ist deutlich größer als die Goldammer, auch wenn die Abbildungen wegen unterschiedlicher Maßstäbe den umgekehrten Eindruck vermitteln. Besondere Kennzeichen fehlen ihr – abgesehen davon, daß sie im Flug die Beine hängen läßt. In vielen Landschaften ist sie in den letzten Jahrzehnten selten geworden.

6 Die **Goldammer,** hier ein Männchen bei der Nahrungsaufnahme, ist etwa 2 cm kleiner als die Grauammer. Im Gegensatz zu dieser sind bei ihr Männchen und Weibchen ganz unterschiedlich gefärbt; die Weibchen zeigen ein sehr viel blasseres Gelb an Kopf und Brust. Die Goldammer überwintert in Mitteleuropa und gehört zu den häufigsten Vogelarten der Kulturlandschaft.

7 **Schwarzkehlchen:** Auf den verdorrten Blütenständen der Wilden Karde, einer Distelart, hat sich dieses Männchen mit Futter im Schnabel niedergelassen. Am schwarzen Kopf, an der rotbraunen Brust und dem weißen Halsring sowie an der stets aufrechten Körperhaltung ist es unverkennbar. Diese Haltung zeichnet ebenso das Weibchen aus, dem die Farbmuster des Männchens bis auf die heller rotbraune Brust fehlen. Allerdings trägt es ebenfalls einen weißen Flügelfleck, der im Flug bei beiden Geschlechtern sichtbar wird. Schwarzkehlchen leben in offenem Ödland. Sie sind leider recht selten geworden.

1

2

3

4

1 Die **Rabenkrähe** wird als Feind der Singvögel und des Niederwildes angesehen, weil sie Gelege ausnimmt. Doch der Schaden, den sie damit anrichtet, ist viel geringer, als man gemeinhin annimmt. Die Bekämpfung der Rabenkrähen, dieser anpassungsfähigen und intelligenten Krähenvögel, ist also ziemlich unnötig. Weder die Singvogelbestände noch die Jagdstrecken des Niederwildes werden dadurch ansteigen. Von den sehr ähnlichen jungen Saatkrähen unterscheiden Rabenkrähen sich durch das Fehlen der langen Beinbefiederung, vom Kolkraben durch ihre viel geringere Größe. Jedes Rabenkrähenpaar bewohnt ein eigenes Revier.

2 Der lange Schwanz der **Elster** schillert von oben metallisch in allen Farben. Das übrige Gefieder ist auffallend schwarzweiß gezeichnet. Die Elster lebt paarweise, im Winter auch in kleinen Gruppen, in der offenen Kulturlandschaft, wo sie in Hecken, dichten Baumkronen und Alleen ihre sperrigen, überdachten Nester errichtet. Die Überdachung schützt nicht nur vor Regen, sondern auch vor dem Zugriff der Rabenkrähen.

3 Die **Saatkrähe** erkennt man am grauen, grindigen Schnabelgrund, denn durch das Stochern im Boden brechen die Federn in dieser Zone ab. Bei Jungvögeln ist die Schnabelwurzel noch befiedert. Saatkrähen brüten in Kolonien in Hecken und Alleen.

4 Das **Mausohr** fliegt zur Insektenjagd aus seinem Versteck, in dem es den Tag über geruht hat. Ein Blitzlicht, von einer Lichtschranke ausgelöst, erhellt das Dunkel.

5

6

7

8

5 Drohend richtet sich der **Feldhamster** auf und präsentiert seine schwarze Bauchseite. An der Oberseite ist dieses in Mitteleuropa recht selten gewordene Nagetier aus den östlichen Steppen gelblich und bräunlich gefärbt. Hamster graben sich ausgedehnte unterirdische Baue, in denen sie Vorratskammern anlegen und Getreidekörner horten.

6 Die kleine **Feldmaus** ist zweifellos das häufigste Säugetier der offenen Feldflur. Ihre Ohren ragen kaum aus dem Fell hervor, und ihr Schwanz erreicht nicht einmal die halbe Körperlänge. Dadurch unterscheidet sie sich von den echten oder Langschwanzmäusen, zu denen unsere Hausmaus zählt. Feldmäuse graben sich unterirdische Gänge und Wohnkammern, legen aber keine Vorräte an und sind somit den ganzen Winter über auf Nahrungssuche angewiesen. Sie vermehren sich außerordentlich schnell, in manchen Sommern so stark, daß man von Mäusejahren spricht.

7 **Maulwurf:** Fast das ganze Leben verbringt der Maulwurf im Boden. In regelmäßigen Abständen schaufelt er die Erde, die sich in seinen Gangsystemen angesammelt hat, an die Oberfläche. Von den Auswürfen der Schermäuse lassen sich die Maulwurfshügel durch die Größe und durch das Fehlen oberflächlicher Gänge unterscheiden.

8 Die **Zwergmaus** ist ein wahrer Kletterkünstler im Gewirr der Halme; mit dem Schwanz hält sie sich an den Stengeln fest. Sie baut ein kugelförmiges Nest im Dickicht der Halme.

1

2

3

4

1 Kaninchen: Rundlicher Kopf und kurze Ohren – daran lassen sich Kaninchen leicht von Feldhasen unterscheiden. Außerdem tragen sie ein rundliches Schwänzchen (Blume) und graben sich unterirdische Baue. Ihre Jungen kommen blind und hilflos zur Welt. Kaninchen leben in Kolonien zusammen und besiedeln die Randzonen des Waldes oder der Feldhecken. Ihre Nahrung, die ausschließlich aus Pflanzen besteht, finden sie auf Wiesen und Feldern. Bei Gefahr versuchen sie so schnell wie möglich in ihre Baue zu verschwinden. Haken schlagen sie selten.
2 Drei **Ziesel** beriechen sich vor ihrem Baueingang. Diese kleinen Erdhörnchen sind in den östlichen Steppen zu Hause und erreichen gerade den Randbereich von Mitteleuropa. Sie sind Pflanzenfresser und gehören wie die echten Hörnchen zu den Nagetieren. Bei Gefahr pfeifen sie schrill. Deutlich erkennt man beim linken Tier den kurzen Schwanz.
3 Ein **Hermelin** im Winterfell macht Männchen. Damit orientieren sich diese flinken kleinen Marder, nehmen Witterung auf und beobachten mit ihren guten Augen die Umgebung. Im Unterschied zum kleineren, im Sommerfell aber recht ähnlichen Mauswiesel besitzt das Hermelin stets eine schwarze Schwanzspitze. Beim Vergleich mit Bild 7 sieht man auch, daß der Schwanz des Mauswiesels erheblich kürzer ist.
4 Dieser **Feldhase** läßt es sich mitten im Kohl gutgehen. Vergleicht man sein Kopfprofil mit dem des Kaninchens (Bild 1), dann wird

5

6

7

der Unterschied sofort klar. Seine Augen befinden sich weit seitlich am Kopf, was dem Hasen eine fast geschlossene Rundumsicht erlaubt. Bewegungen entgehen ihm auf diese Weise nicht so leicht, doch Entfernungen lassen sich schlecht einschätzen. Feldhasen sind sehr seuchenanfällig.

5, 6 Rehe wagen sich in zunehmendem Maße auch aufs Feld, wo sie im Winter größere Familiengruppen oder Rudel bilden. Diese Feldrehe sind kräftig genug, um die Witterungsbedingungen im Freiland ganz ungeschützt zu überstehen. Im Frühjahr lösen sich die Rudel auf, und Böcke und Geißen beziehen ihre Territorien. Dann färbt sich das Fell vom fahlen Graubraun des Winters auf das Rotbraun des Sommers um. Die Böcke, im oberen Bild noch im Bast mit wachsendem Geweih, fegen nun die nährende Haut, den Bast, und legen den harten Knochen frei. Das Geweih (bei den Jägern Gehörn genannt) ist jetzt einsatzfähig für den Rivalenkampf. In Bild 6 hat der Bock probeweise einen Strauch geforkelt und trägt ihn im Geweih.

7 In elegantem Sprung setzt das **Mauswiesel** über den Bach. Notfalls würde es auch schwimmen, wenn das Gewässer zu breit wäre. Das braune Rückenfell grenzt nicht scharf, sondern ausgerandet an die weiße Bauchseite. Diese Färbung bleibt in der Regel auch im Winter erhalten, nur in Hochlagen und im Norden kann sie ganz weiß werden. Mauswiesel sind so schlank, daß sie ihrer Hauptbeute, den Feldmäusen, bis in die Gänge folgen können.

Die Flur

(Abbildungen S. 130–134)

Berberitze *(Sauerdorn; Berberis vulgaris):* Bis zu 2,5 m hohen Sträuchern wächst die Berberitze heran, wenn sie sich ungestört entwickeln kann. In der Vergangenheit wurde sie jedoch vielerorts als Zwischenwirt für einen gefürchteten Rostpilz, den Getreiderost, stark bekämpft. In Getreideanbaugebieten versuchte man, die Berberitze auszurotten, um eine Ansteckung des Getreides zu verhindern. Heute sorgen die in der Landwirtschaft eingesetzten Pflanzenschutzmittel dafür, daß diese Übertragung weitestgehend bedeutungslos geworden ist. Die Berberitze besitzt an den gelblichen Zweigen einfache bis siebenteilige, meist aber dreiteilige Blattdornen. Die stark riechenden, in kleinen Trauben hängenden gelben Blüten erscheinen im März und April; die roten Beeren reifen im Spätsommer.

Wacholder *(Juniperus communis):* Zu den Zypressengewächsen zählt der Wacholder, den man an seiner schlanken Wuchsform sogleich erkennt. Er wird bis 12 m hoch und trägt 1–2 cm lange Nadeln, die mit einer scharfen Spitze versehen sind und meist in dreizähligen Quirlen beisammenstehen. Männliche und weibliche Blüten erscheinen im April und Mai auf getrennten Pflanzen: Der Wacholder ist also zweihäusig. Reifende Früchte findet man nicht häufig, doch sind sie um so auffallender. Sie wachsen zu bläulichen, kugeligen bis eiförmigen, 4–9 mm langen Beerenzapfen heran und reifen erst im zweiten Jahr voll aus. Dann bekommen sie einen süßlich-aromatischen Geschmack und werden nicht nur als Gewürz und Räuchermittel, sondern auch in der Heilkunde verwendet. Die hellbraunen Samen sind länglich und von einer harten Schale geschützt.

Feldahorn *(Acer campestre):* Fast überall in Europa kommt der meist als kleiner Baum oder bis 4 m hoher Strauch wachsende Feldahorn vor. Häufig wird er in Gärten und Parkanlagen oder in Hecken gepflanzt. Einzeln stehend kann er zu einem stattlichen Baum von über 20 m Höhe und 3 m Stammumfang heranwachsen. Seine Blätter werden nicht annähernd so groß wie die der anderen bei uns vorkommenden Ahornarten. Sie sind tief dreilappig geteilt und im ausgewachsenen Zustand bis nahe zur Rippe eingeschnitten. Im Herbst verfärben sie sich goldgelb, später auch purpurn. Die kleinen grüngelben Blüten kommen ab Ende April bis Ende Mai hervor. Sie wachsen in Doldenrispen und stehen aufrecht. Die 5–6 cm breiten Spaltfrüchte – meist befinden sich zwei beisammen – tragen waagerecht abstehende Flügel, mit denen sie vom Wind verbreitet werden.

Schlehe *(Schwarzdorn; Prunus spinosa):* Die dornige Schlehe ist ein Rosengewächs. Am deutlichsten erkennt man das an der Blüte, die wie eine Miniaturapfel- oder -pflaumenblüte gebaut ist. Im April oder Mai überziehen sich die Schlehen mit einer Fülle solcher kleiner weißer, stark duftender Blüten, die Insekten in großer Zahl anlocken. Im Herbst reifen die blauschwarzen Früchte, die trotz ihres herben, zusammenziehenden Geschmacks eßbar sind und für Säfte, Marmeladen, Schlehenwein oder -likör verwendet werden. Ihr Geschmack wird milder nach den ersten Nachtfrösten. Die gelblichen Samen schmecken nach Bittermandeln und sollten nicht gegessen werden. Schlehen wachsen an Waldrändern, im Gebüsch, in Hecken und an Triften früherer Weidegebiete.

Hundsrose *(Heckenrose; Rosa canina):* Die wildwachsende Hundsrose öffnet im Juni ihre großen rosafarbenen, schwach duftenden Blüten. Beim Aufblühen schlagen sich die Kelchblätter zurück und bleiben an der Spitze der Scheinfrüchte, der intensiv rot leuchtenden Hagebutten, als Schopf stehen. Letztere enthalten viel Vitamin C, weiterhin die Vitamine B_1, B_2 und K und Flavone; man bereitet aus ihnen Marmelade, aus getrockneten Hagebutten einen angenehm schmeckenden Tee. Die Hundsrose wächst als sehr stacheliger, bis 3 m hoher Strauch in Hecken und an Waldrändern. Ihre Stacheln setzen auf elliptischer Grundfläche an Zweigen und Stielen an und krümmen sich an der Spitze sichelförmig abwärts.

Akeleiblättrige Wiesenraute *(Thalictrum aquilegifolium):* Auf feuchten Wiesen, in lichten Auwäldern und an Ufergebüschen wächst die Akeleiblättrige Wiesenraute, eine 50–150 cm hohe Staude, die von Mitte oder Ende Mai bis Ende Juni blüht. Ihre zahlreichen hellvioletten oder weißlichen Blüten stehen in ausgebreiteten Rispen. Die vier Blütenhüllblätter fallen bald nach dem Öffnen ab; die intensiv violetten Staubgefäße bestimmen das Aussehen der Rispen und lassen sie besonders auffällig erscheinen. An den kräftigen, verzweigten Stengeln sitzt das charakteristische, an Akeleiblätter erinnernde Laub. Daran und an der Farbe der Blüten kann man die Akeleiblättrige von der Gelben Wiesenraute *(Thalictrum flavum)* unterscheiden, deren gelbe Blüten in länglicheiförmigen Rispen stehen. Beide Arten sind nicht selten; sie gehören zu den Hahnenfußgewächsen.

Frühlingsadonis *(Adonis vernalis):* Auf Steppenheiden, an sonnigen, trockenen Triften und an Südhängen, meist auf kalkreichen Böden, blüht im April und Mai das Frühlingsadonisröschen. In Mitteleuropa kommt es nur stellenweise vor und zählt zu den seltenen Pflanzen. Am Blütenbau erkennt man die enge Verwandtschaft mit den Hahnenfußarten. Die flache, weit ausgebreitete, glänzendgelbe Blüte erreicht bis zu 8 cm Durchmesser und wird hauptsächlich von Bienen bestäubt. Die 10–30 cm hohe Staude wächst aus einem mehrteiligen schwärzlichen Wurzelstock, der zunehmend verholzt. Die Blätter entspringen am Stengel, sind zwei- bis vierfach gefiedert und glänzend hellgrün. Braune Schuppen umgeben die Stengel am Grund. Die giftige Pflanze enthält herzwirksame Glykoside.

Scharfer Hahnenfuß *(Ranunculus acris):* Mehr Gift als die meisten Hahnenfußgewächse enthält dieser Hahnenfuß, der seinen Namen wegen des scharfen Geschmacks führt, der ihn davor schützt, abgeweidet zu werden. In größeren Mengen dem Futter beigemischt, kann er beim Vieh Vergiftungen hervorrufen. Beim Menschen bewirkt er heftige Haut- und Schleimhautreizungen: Es entwickeln sich juckende Bläschen, im Mund und Rachen verspürt man ein scharfes Brennen. Auf Erbrechen folgen kolikartige Leibschmerzen. Im Gegensatz zu den fünf- bis siebenteiligen, handförmigen, grundständigen Blättern sind die Stengelblätter in drei schmale Äste zerteilt und erinnern an den Fuß eines Hahnes. Der Scharfe Hahnenfuß blüht von Mai bis Juli, mitunter auch später, und ist auf Wiesen recht häufig zu sehen.

Klatschmohn *(Papaver rhoeas):* Dank der winzigen Samen, die er in großen Mengen erzeugt, gelangt der Klatschmohn sehr schnell an offene Bodenflächen, wie sie bei der Feldbestellung oder an frisch aufgeschütteten Straßenböschungen entstehen. Er keimt rasch, und schon nach etwa zwei Monaten entfalten sich seine Blüten – in der Regel vor dem Abernten des Getreides. Dadurch konnte sich der Klatschmohn früher, als die Felder noch nicht mit Herbiziden behandelt wurden, überall sehr erfolgreich ausbreiten. Heute sind von Klatschmohn blutrot leuchtende Felder sehr selten geworden; Straßenböschungen bilden gebietsweise ein wichtiges Reservoir für diese schöne Feldblume, die sicher nicht so schädlich ist, wie vermutet wurde. Das Mohngewächs führt einen weißen, klebrigen und giftigen Milchsaft. Stengel und Blätter tragen steife Haare.

Weißer Steinklee *(Melilotus albus):* Bis über 1 m hoch wächst dieser schlanke, von Mai bis August unscheinbar blühende Klee. Er ist zweijährig und trägt zahlreiche kleine weiße Blüten, deren Bau verrät, daß es sich um einen Schmetterlingsblütler handelt. Sie stehen in einer etwa 5 cm langen, endständigen Traube, die bis zu 80 Einzelblüten enthalten kann. Trotz ihrer geringen Größe werden sie gerne von Bienen, Hummeln und anderen Insekten besucht. Bienen schwärmen oft in größeren Beständen des Weißen Steinklees umher. Solche Vorkommen bilden sich auf Ruderalflächen, frisch aufgeschüttetem Erdmaterial oder auf Schuttabladestellen, besonders auf kalkreichen Böden. Auch an Bahndämmen oder an Ackerrainen findet man den Weißen Steinklee, doch wächst er hier meist nicht so hoch. In Mitteleuropa ist er weit verbreitet.

Rotklee *(Wiesenklee; Trifolium pratense):* Eine wichtige Futterpflanze stellt der überall auf den Wiesen häufige Rotklee dar. Er wächst als 15–30 cm hohe Staude in lockeren oder dichten Beständen und blüht von Mai bis Oktober. Die Blüten stehen dicht in Köpfchen beisammen, während sie beim ebenfalls häufigen Weißklee *(Trifolium repens)* lockerer gebaut sind. Sie sind aufwärts gerichtet und werden als gute Nektarlieferanten sehr intensiv von Bienen und Hummeln besucht. Die kurzrüsselige Erdhummel und die Honigbiene gelangen allerdings nur an den Nektar, indem sie die Blütenröhren anbeißen. Die Blütenfarbe wechselt von Purpurrot bis Rosa, kann aber auch weiß oder gelblich sein. In diesen Fällen kann man den Rotklee auf den ersten Blick mit dem Weißklee verwechseln, dessen Blätter aber erheblich runder sind. Rotkleeblätter sind normalerweise dreizählig; vierzählige Kleeblätter, »Vierklee«, findet man als angebliche Glücksbringer in zahlreichen Familien- und Gemeindewappen.

Wiesenplatterbse *(Lathyrus pratensis):* Aus unterirdischen Ausläufern sproßt die mehrjährige Wiesenplatterbse hervor. Ihre Blätter bestehen aus einem Paar lanzettförmiger, flächig ausgebildeter Fiederblättchen und einer dünn auslaufenden Ranke, mit der sich der Schmetterlingsblütler an anderen Wiesenpflanzen festhält und bis zu 1 m emporrankt. Die am Grunde des Blattstiels sitzenden pfeil- oder spießförmigen Nebenblätter übertreffen die Fiederblätter an Größe. Von Mai bis August erscheinen die intensiv gelben Blüten, die gut 1 cm lang werden und sich zu Trauben gruppieren. Die reifen Hülsen sind schwarz. Man trifft die Wiesenplatterbse in feuchten Wiesen und an Wegrändern, bevorzugt auf humusreichen, lehmigen Böden. In Mitteleuropa ist sie die häufigste Platterbsenart.

Gemeiner Hornklee *(Lotus corniculatus):* Oft schließen sich die gelben, an der Fahne rötlich überhauchten Blüten des Gemeinen Hornklees zu einem Krönchen und verleihen diesem kleinen Klee zur Blütezeit – die sich über den ganzen Sommer erstreckt – ein unverwechselbares Aussehen. In der 1,5 cm langen Schmetterlingsblüte, die von Bienen und anderen Insekten bestäubt wird, biegt sich das Schiffchen fast rechtwinklig nach oben. Der Hornklee wächst als 10–30 cm hohe Staude auf Trokkenrasen und mageren Wiesen. Die Stengel der mehrjährigen Pflanze können auch ein Stück am Boden kriechen. Die locker stehenden Blätter sind dreizählig, wirken aber durch die ähnlich gestalteten Nebenblätter fünfteilig. An der Basis der Blütendolden stehen drei kleine Hochblätter. Durch starke Düngung wird der Hornklee zurückgedrängt und selten.

Wiesenschaumkraut *(Cardamine pratensis):* Das zu den Kreuzblütlern gehörende Wiesenschaumkraut entfaltet seine Blütentrauben auf schlanken Stengeln, die je nach Standortverhältnissen 20–60 cm hoch werden können und die noch niedrigen Wiesengräser und -kräuter überragen, denn die Blütezeit beginnt bereits Ende März oder im April und erstreckt sich bis in den Mai hinein. Die weißen Kronblätter sind lila oder rosa überhaucht, die Staubbeutel gelb. Ausgereift entwickeln sich gut 2 cm lange Schoten. Die gefiederten Blätter stehen in einer grundständigen Rosette. Feuchte Wiesen bilden den bevorzugten Biotop des Wiesenschaumkrautes. Gebietsweise findet man neben normalen Pflanzen auch solche mit kräftigeren Stengeln und röschenartig gefüllten Blüten. Sie gehören zu einer Abart, die sich allerdings nur vegetativ fortpflanzen kann.

Knöllchensteinbrech *(Wiesensteinbrech; Saxifraga granulata):* Zwischen den untersten Rosettenblättern entwickelt der Knöllchensteinbrech seine etwa 0,5 cm großen Brutzwiebeln (Knöllchen). Er gehört zur artenreichen Familie der Steinbrechgewächse, die vor allem im Gebirge verbreitet sind, wo er von Mai bis Juni auf sonnigen Triften, mageren Wiesen und an Hängen bis in die Tallagen hinab blüht; in den südlichen Teilen Mitteleuropas besiedelt er bevorzugt das Bergland. Seine großen weißen Blüten stehen in Doldentrauben an einem aufrechten, kräftigen Stengel, der 20–50 cm Höhe erreicht. Der Knöllchensteinbrech enthält Gerb- und Bitterstoffe. Früher wurde er als Mittel gegen Nieren- und Blasensteine verwendet. Da die Magerrasen immer seltener werden, geht auch dieser Steinbrech zurück.

Gemeiner Frauenmantel *(Alchemilla vulgaris):* Eine besondere Eigenschaft zeichnet den Frauenmantel aus: Er kann Wasser direkt in Form kleiner Tropfen am Rande der gekerbten Blätter abgeben, was nur bei wenigen Pflanzenarten der Fall ist. Bei den allermeisten verdunstet überschüssiges Wasser durch die geöffneten Spaltöffnungen – so auch normalerweise beim Frauenmantel. Doch bei sehr hoher Luftfeuchtigkeit, am Morgen und am Abend, scheidet er Wasser aktiv am Blattrand aus sogenannten Wasserspalten seines Gewebes ab. Der Frauenmantel gehört zu den Rosengewächsen. Seine Blütezeit erstreckt sich von Mai bis September. Als ausdauernde, bis 50 cm hohe Halbrosettenstaude wächst er auf feuchten Wiesen, Quellfluren, an Wald- und Gebüschrändern.

Tüpfel-Hartheu *(Echtes Johanniskraut; Hypericum perforatum):* Aus dem kräftigen kriechenden Wurzelstock treiben die aufrechten, bis zu 90 cm hohen Stengel, die zwei deutliche Längsleisten tragen und am Grunde meist verholzen. Die gegenständigen Blätter werden etwa 2 cm lang und enthalten charakteristische, im Gegenlicht durchscheinende, wie Tüpfelchen aussehende Öldrüsen. Von Juni bis in den Hochsommer hinein entwickeln sich an den Sproßenden gehäuft die gelben, drüsigen Blüten, aus denen Kapselfrüchte hervorgehen. Das in Europa weit verbreitete Hartheugewächs findet sich ziemlich häufig an Wegrändern, Gartenzäunen, in lichten Wäldern und auf Ödlandflächen, wo es auf trockenen Standorten wächst. Seine Inhaltsstoffe, besonders das rote Johanniskrautöl aus den Blüten, helfen bei Wundbehandlung sowie Beschwerden der Verdauungsorgane und Depressionen.

Zypressenwolfsmilch *(Euphorbia cyparissias):* Etwa 30 cm hoch werden die blühenden Triebe dieses Wolfsmilchgewächses. Der Namensbestandteil »Zypresse« deutet auf die Wuchsform der nicht blühenden Triebe hin. Man findet die mäßig giftige Pflanze auf sonnigen Triften, trockenen Wiesen und Weiden, wo sie von April bis Juni blüht. Ihr Milchsaft kann bei empfindlicher Haut Entzündungen hervorrufen. Früher benutzte man ihn zum Entfernen von Warzen. Ins Auge gebracht, brennt er heftig. Zu inneren Vergiftungen kommt es heute praktisch nicht mehr, weil man eingedickten Wolfsmilchsaft kaum noch als Brech- oder Abführmittel verwendet. Vom Vieh wird die Zypressenwolfsmilch gemieden. Lange, gelblich verfärbte Triebe, die man oft neben normalen findet, sind mit einem Rostpilz befallen, der zu Änderungen in der Wuchsform führt.

Die Flur

(Abbildungen S. 136–138)

Wilde Möhre *(Mohrrübe; Daucus carota)*: Unsere Karotten und Mohrrüben im Garten stammen von der Wilden Möhre ab, die seit alter Zeit vor allem im Mittelmeerraum kultiviert und auf Vergrößerung und Verbesserung der schmackhaften Rübe gezüchtet wurde. Die Wildform kommt auf mäßig feuchten bis trockenen Wiesen vor. Dort blüht sie von Juni bis Oktober. Ihre großen weißen Blütenschirme, oft mit einer dunkelroten Zentralblüte, lokken zahlreiche Insekten an. Voll aufgeblüht erreicht die Wilde Möhre eine Höhe von 50–80 cm; auf mageren Wiesen bleibt sie kleiner. Die Blüten verraten sofort ihre Zugehörigkeit zu den Doldenblütlern, von denen man eine Reihe weiterer Arten auf den Wiesen findet, wenn die erste Mahd vorüber ist. Im Gegensatz zu diesen Arten trägt die Wilde Möhre die typischen Mohrrübenblätter: zwei- bis dreifach gefiedert mit fiederspaltigen Zipfeln. Im unreifen Zustand, und auch später bei Feuchtigkeit und Tau, zieht sich der Fruchtstand zur Form eines Vogelnestes zusammen. An der Wilden Möhre leben die Raupen des Schwalbenschwanzes.

Wiesenbärenklau *(Heracleum sphondylium)*: Bis über 1 m hoch wächst dieser kräftige mehrjährige Doldenblütler in Auwäldern und auf feuchten Wiesen. Meist tragen die starken Stengel ausgeprägte Rippen und steife Haare. Sie fühlen sich rauh an, wie auch die einfach bis zweifach gefiederten Blätter, die mit bauchig aufgetriebenen Blattscheiden am Stengel ansetzen. Die großen weißen Blütendolden erscheinen im Hochsommer, meist nach der letzten Mahd, und erreichen über 20 cm Durchmesser. Eine verwandte Art, der Riesenbärenklau (Herkuleskraut; *Heracleum mantegazzianum)*, verwildert zunehmend aus Gärten. Er stammt aus Südwestasien und wird bis zu 5 m hoch. Seine Inhaltsstoffe können allergische Hautreaktionen hervorrufen.

Kuckuckslichtnelke *(Lychnis flos-cuculi)*: Bis über die Mitte hinaus tief gespaltene, dünne Kronblätter unterscheiden die intensiv roten Blüten der Kuckuckslichtnelke von denen der ähnlich häufigen Roten Taglichtnelke *(Melandrium silvestre)*. Die Kelchblätter setzen sich deutlich von den Kronblättern ab, sind aber nicht so blasig aufgetrieben wie bei der Taglichtnelke. Von Ende Mai bis in den August reicht die Blütezeit. Ähnlich wie die Blüten- fallen auch die Laubblätter der zu den Nelkengewächsen gehörenden Wiesenpflanze erheblich schmaler aus als bei der Taglichtnelke. Sie sind spatelig bis lineal-lanzettförmig, insbesondere am Blütenstengel. Die bis zu 60 cm hohe Kuckuckslichtnelke kommt hauptsächlich auf feuchten bis nassen Wiesen vor.

Echtes Tausendgüldenkraut *(Centaurium erythraea)*: Aus einer grundständigen Rosette ovaler Blätter wächst der 15–30 cm hohe Stengel des Echten Tausendgüldenkrautes und trägt in einem schirmförmigen Blütenstand zahlreiche fast stiellose rosarote Blüten. Betrachtet man sie genauer, so fällt die Ähnlichkeit mit Enzianblüten ins Auge. Tatsächlich gehören die Tausendgüldenkräuter zu den Enziangewächsen. Die Kronblätter ihrer Blüten sind verwachsen. Das Echte Tausendgüldenkraut blüht im Hochsommer an kurzrasigen Standorten wie Triften, Dämmen, in lichten Wäldern und im Gebüsch. Obschon die häufigste Art der Tausendgüldenkräuter, ist es doch selten und wie alle Verwandten geschützt. Ähnlich den Enzianarten enthält es Bitterstoffe, die als Appetitanreger, bei Verdauungsstörungen und für Magenschnäpse verwendet werden.

Heidekraut *(Calluna vulgaris)*: Der kleine, immergrüne Strauch verzweigt sich stark aus den im unteren Teil oft am Boden liegenden Hauptästen hinaus, die sich in Bögen emporheben und 20–60 cm hoch werden. Die ziemlich kleinen, nadel- oder schuppenartig wirkenden Blätter sind ungestielt und am Rand leicht gerollt. Sie werden nur 2 mm lang und sind an den Kurztrieben in vier Längszeilen angeordnet. Die glockenartigen Blüten besitzen rosa- bis dunkelrote Kelch- und Blütenblätter, außerdem grüne kelchähnliche Hochblätter. Zwar stehen sie einzeln in den oberen Blattachseln, erzeugen aber durch ihre Vielzahl und ihr fast gleichzeitiges Aufblühen im Hoch- bis Spätsommer das berühmte Bild der roten Heide, die als Landschaft nach der sie prägenden Pflanze benannt worden ist. Sie wächst in lichten, sauren Nadelwäldern, auf Mooren und Heiden.

Echter Thymian *(Thymus vulgaris)*: Als winziger Zwergstrauch besiedelt dieser Lippenblütler trockene, magere Wiesen auf sandigem Boden. Seine Blüten bilden ein längliches oder rundliches Köpfchen, das durch seine intensive Farbe von den ovalen, dunkelgrünen, sehr kleinen Blättern absticht. Je nach Standort wechselt die Blütenfarbe von Rosa über Purpurrot bis Violett. Der Echte und der nahe verwandte Wilde Thymian *(Thymus serpyllum)* enthalten starke ätherische Öle, die ihnen einen aromatischen Duft verleihen, der besonders auffällt, wenn man die Blättchen zwischen den Fingern zerreibt. Daher dient der Thymian auch als Gewürz und Heilpflanze und wird insbesondere im Mittelmeerraum zu diesem Zweck kultiviert.

Kriechender Günsel *(Ajuga reptans)*: Von April bis Juni, bevor sich der heranwachsende Grasteppich schließt, blüht der Kriechende Günsel, ein sehr charakteristischer Lippenblütler, der überall in Gärten und auf Wiesen oder an Waldrändern an kurzrasigen Stellen zu finden ist. Die ausdauernde Staude bildet nach allen Seiten Ausläufer, die sich bewurzeln. Aus einer grundständigen Blattrosette erhebt sich der blütentragende Trieb, dessen leuchtendblaue Blüten die obersten Blätter an Größe übertreffen. Sie sitzen in Sechsergruppen in Scheinquirlen dicht beisammen und werden sehr gern von Bienen besucht. Voll aufgeblüht erreicht die Pflanze eine Höhe von 10–25 cm.

Wiesensalbei *(Salvia pratensis)*: Zu den eindrucksvollsten Blüten unserer Wiesen zählen die des Wiesensalbeis. Dieser mehrjährige Lippenblütler bildet einen langen, bis 80 cm hohen Blütenstand, dessen dunkelblaue bis blauviolette, selten rosafarbene oder weiße Blüten durch ihre bis über 2 cm lange, sichelförmige Oberlippe auffallen und mit keiner anderen Blüte verwechselt werden können. Der unregelmäßig gezähnte Kelch erreicht nur etwa ein Drittel der Blütenlänge. Besuchen Bienen oder Hummeln die Salbeiblüten, läßt sich die Funktion dieser besonderen Lippenblüten gut beobachten, denn die weit vorstehenden Staubgefäße streichen nun über den Köpfen oder Rücken der Bienen den Pollen ab, der in der nächsten Blüte auf die ebenfalls weit vorstehende Narbe übertragen wird. Die Unterlippe befindet sich genau im richtigen Landeabstand für die Bienen und Hummeln.

Gemeiner Augentrost *(Euphrasia rostkoviana)*: Die verschiedenen mitteleuropäischen Arten des Augentrostes lassen sich nicht leicht unterscheiden. Der häufigste von ihnen ist zumeist der Gemeine Augentrost, der seinen wissenschaftlichen Artnamen dem Botaniker Rostkov verdankt, während der deutsche Name an die Verwendung als Heilmittel bei Augenleiden erinnert. Das zierliche einjährige Pflänzchen wächst als Halbschmarotzer auf trokkenen, mageren Wiesen. Die Wurzeln seiner Keime können sich nur dann weiterentwickeln, wenn sie die Saftleitungsbahnen von Gräserwurzeln angezapft haben. Einen Teil der Nährstoffe bildet der Augentrost nicht selbst, sondern entnimmt sie der Wirtspflanze, die er allerdings nicht besonders stark schädigt, weil er selbst Blattgrün besitzt und damit Zuckerverbindungen und Stärke aufbauen kann. Der von April bis Oktober blühende Augentrost ist ein Rachenblütler.

Ackerwinde *(Convolvulus arvensis):* An Getreidehalmen oder hohen Gräsern, die am Wegrand stehen, rankt sich die Ackerwinde empor oder überzieht, bei genügend Licht, den Boden. Dieses ausdauernde Windengewächs treibt alljährlich aus einem tiefreichenden, kräftigen Wurzelstock die linkswindenden, fast meterlangen Triebe, an denen sich von Juni bis in den Spätsommer hinein große rosafarbene Trichterblüten entfalten. Die Blütenkrone, die bis 2,5 cm lang wird, besitzt fünf undeutliche Zipfel und enthält fünf Staubblätter und einen Stempel. Aus dem Fruchtknoten geht eine Kapselfrucht hervor. Die breit-pfeilförmigen Blätter sind kurz gestielt und folgen wechselständig aufeinander. Wegen ihrer tiefen Wurzel wächst die Ackerwinde auch auf trockenen Böden und erträgt längere Dürrephasen.

Wiesenlabkraut *(Galium mollugo):* Die Verwandtschaft mit dem Waldmeister sieht man dem Wiesenlabkraut nicht ohne weiteres an, denn es fehlt ihm der steife, aufrechte Wuchs, und die stachelspitzen Blätter sind erheblich breiter. Doch bei genauerem Vergleich erkennt man die Gemeinsamkeiten in Wuchsform und Blütenbau. Das Wiesenlabkraut kommt hauptsächlich an Waldrändern, Gartenzäunen und auf Fettwiesen vor; den Wald meidet es. Nicht selten bastardiert es mit dem gelbblühenden Echten Labkraut *(Galium verum)*, das erheblich feinere, fast nadelartige Blätter trägt. Die kleinen weißen Blüten des Wiesenlabkrautes stehen in umfangreichen Rispen auf langen, dünnen Stielen. Es blüht vom Mai bis zum Herbst.

Sumpfvergißmeinnicht *(Myosotis palustris):* Nicht nur in Sümpfen, sondern auch weit verbreitet in feuchten Wiesen, an Ufern von Bächen und Tümpeln und im lockeren Röhricht blüht von Mai bis Oktober das Sumpfvergißmeinnicht. Diese mehrjährige, sehr formenreiche Art wird bis zu 40 cm hoch. Sie braucht stickstoffreiche lehmige oder schlammige Böden mit viel Feuchtigkeit. Die bis 10 cm langen und 2 cm breiten Blätter sind behaart und weisen darauf hin, daß das Sumpfvergißmeinnicht zu den Rauhblattgewächsen gehört. Die hellblauen, seltener weißlichen Blüten besitzen flach ausgebreitete Kronzipfel, sie können eine Breite bis zu 8 mm erreichen, wodurch die Blüten recht auffällig werden. Der Kelch ist angedrückt und behaart. Beim ebenfalls häufigen Ackervergißmeinnicht sind die Blüten kleiner.

Taubenskabiose *(Scabiosa columbaria):* Nur vier Arten von Skabiosen gelangten aus dem Mittelmeergebiet über die Alpen nach Norden. Die Taubenskabiose ist die häufigste davon. Sie wächst auf mageren bis mäßig nährstoffreichen Wiesen von der Ebene bis ins Gebirge. Eine tiefreichende, spindelförmige Wurzel versorgt die zwei- bis mehrjährige Pflanze mit Wasser und Nährstoffen. Voll aufgeblüht wird sie 25–60 cm hoch. Die untersten Blätter sind leierförmig oder fiederspaltig, die oberen auch ungeteilt und gegenständig. Meist tragen sie eine feine Behaarung. Die Blüten findet man von Juli bis November. Sie stehen in langgestielten, bis über 3 cm breiten Köpfchen, die von einer mehrblättrigen Hülle umgeben sind. Je nach Alter kann ihre Farbe von Rötlich bis Lila wechseln.

Knäuelglockenblume *(Büschelglockenblume; Campanula glomerata):* Mit ihren weiten, kelchförmigen, auffallend blauen Blüten erinnert diese Glockenblume an Enziane, und sicher wird sie nicht selten damit verwechselt. Auf kalkreichen Wiesen und auch in lichten Wäldern, vom Tiefland bis in mittlere Höhenlagen, kann man sie finden. Die Blüten sitzen meist in einer dichten Gruppe am Ende der Blütentriebe beisammen, aber auch aus den mittleren Stengelabschnitten schieben sich aus enganliegenden Blattachseln kleinere Blüten hervor. Die Blütezeit beginnt im Juni und kann sich bis in den Oktober hinein erstrecken. Die unteren Blätter sind länglich eiförmig und gestielt, die oberen lanzettförmig und sitzend.

Löwenzahn *(Taraxacum officinale):* Im Mai wirken manche Wiesen wie ein goldgelber Teppich durch die zahllosen leuchtenden Blüten des Löwenzahns. Dieser Korbblütler hat von der Düngung profitiert und sich in den letzten Jahrzehnten stark ausgebreitet. Wo er in Massen blüht, weist er auf ein hohes Nährstoffangebot im Boden hin. Wenn er oberflächlich abgerupft oder abgeschnitten wird, treibt er immer wieder neu aus seiner rübenartig verdickten, sehr tief reichenden Wurzel hervor. Die unregelmäßig fiederspaltigen oder tief gelappten Blätter wachsen in einer grundständigen, vielblättrigen Rosette, aus der sich die Blütenknospe auf einem langen, glatten, hohlen Stengel erhebt. Die ganze Pflanze enthält einen weißlichen Milchsaft. Junge Blätter ergeben einen vitaminreichen Salat, die Wurzeln, wenn sie im Herbst gestochen werden, ein Gemüse. Der Löwenzahn breitet sich dank der durch den Wind verfrachteten Früchte schnell aus. Diese tragen einen Miniaturfallschirm, mit dem sie über weite Strecken segeln.

Wiesenglockenblume *(Campanula patula):* Anders als bei der Knäuelglockenblume richten sich bei der auf sandigen, trokkenen Wiesen häufigen Wiesenglockenblume die einzeln stehenden Blüten nach unten und erwecken somit nicht den unzutreffenden Eindruck, mit den Enzianen verwandt zu sein. Die Blütezeit beginnt Ende Mai und reicht bis in den Hochsommer hinein. Die Blüten sitzen in lockeren Rispen und werden etwa 2 cm lang. Sie sind violett und weisen hervortretende dunkle Adern auf; der Kelch ist tief in feine Spitzen gespalten. Glockenblumen waren früher auf den extensiv genutzten Wiesen sehr häufig. Heute werden sie wegen zu starker Düngung immer seltener.

Gänseblümchen *(Bellis perennis):* Das ganze Jahr über kann man blühende Gänseblümchen im Garten und auf den Wiesen finden. Der Boden muß nur schneefrei sein, und die Temperaturen dürfen nicht unter dem Gefrierpunkt liegen. Föhneinbrüche im Januar, die für milde Witterung sorgen – wenn diese auch nur eine Woche oder zwei anhält –, reichen schon aus, um die ersten Blüten hervorzubringen. Das Gänseblümchen nutzt als anspruchsloser Korbblütler besonders solche Zeiten zum Blühen, zu denen die anderen Pflanzen noch ruhen. Es kommt selbst auf gepflegten Rasenflächen zurecht, auf denen andere zweikeimblättrige Pflanzen nicht mehr überleben können, weil zu oft gemäht wird. Die kleinen margeritenähnlichen Blütenkörbchen werden gerne von Bienen und anderen Insekten besucht.

Gemeine Wegwarte *(Zichorie; Cichorium intybus):* Die großen hellblauen Körbchen dieses Korbblütlers zählen zu den schönsten Blumen, die wir auf trockenen Wiesen, Triften und an Wegrändern von Juni bis September finden. In den Vormittagsstunden, bei vollem Sonnenschein, sind sie weit geöffnet und locken mit ihrer intensiven Färbung Insekten an. Voll ausgebreitet ergeben die Zungenblüten ein Strahlenrad, das mit keiner anderen Blüte zu verwechseln ist. Die reifen Früchte der Wegwarte, die 30–150 cm hoch wächst, besitzen einen kurzen Trageschirm und werden vom Wind verbreitet. Die mit dem Löwenzahn verwandte Pflanze enthält, anders als dieser, keinen Milchsaft. Ihre Wurzel wurde als verdauungsförderndes Mittel genutzt. Aus den Wurzeln von Kulturformen wird Zichorienkaffee hergestellt. Eine Zuchtform liefert den Chicoréesalat.

Margerite *(Wiesenwucherblume; Chrysanthemum leucanthemum):* Die großen weißen Stieltellerblumen der Margeriten erblühen gegen Ende Mai auf nährstoffarmen, mageren Wiesen sowie an Hängen und an Feldrändern, die nicht gespritzt werden. Die leuchtendgelben inneren Blüten des Körbchens sind Röhrenblüten, am Rand stehen die auffälligen weißen Zungenblüten, die das Anlocken der Insekten besorgen. Margeriten werden meist 20–30 cm hoch, blütentragende Stengel ausnahmsweise fast 1 m lang. Die Blüten stehen in der Regel einzeln. Die Stiele sind schwach beblättert, die an der Basis sitzenden Blätter spatelig bis fiederspaltig mit gekerbtem Rand. Bei dichtem Wuchs können regelrechte Margeritenwiesen entstehen.

Schafgarbe *(Achillea millefolium)*: »Tausendblättrig« bedeutet der wissenschaftliche Artname der Schafgarbe und charakterisiert damit recht treffend die in eine Vielzahl feiner und feinster Teile aufgefiederten Blätter. Die unteren Blätter sind noch insgesamt bis 3 cm breit, doch nach oben zu werden sie an der bis 80 cm hoch wachsenden Schafgarbe immer schmaler und feiner. Zerreibt man sie zwischen den Fingern, geben sie einen kennzeichnenden Geruch frei. Sie eignen sich als Beimischung zu Wildpflanzensalaten. Aus den weißlichen, oft rötlich überhauchten Blüten wird ein Tee mit krampflösender Wirkung zubereitet. Schafgarben gehören zu den Korbblütlern. Sie wachsen auf Wiesen aller Art, an Zäunen und Wegrändern. Die Blütezeit erstreckt sich vom Juni bis in den Herbst.

Ackerkratzdistel *(Cirsium arvense)*: Die stachelige Ackerkratzdistel gehört zu den besonders erfolgreichen Pionierpflanzen in offenen Kulturlandschaften mit lehmigen, nährstoffreichen Böden. Mit ihrer langen Pfahlwurzel dringt sie so tief in den Boden ein, daß sogar normales Umpflügen ihr Wachstum eher anregt als hemmt. Man hat bis über 3 m in den Boden hinabreichende Wurzeln festgestellt! Die ungeschlechtliche Vermehrung durch Wurzelbruchstücke und die weite Verbreitung mit Hilfe der gut flugfähigen, vom Wind verdrifteten Früchte machten diesen rotblühenden Korbblütler zu einem allgegenwärtigen Unkraut auf Feldern und Fluren, bis die Pflanzenschutzmittel sie auf Wegränder und Ruderalflächen zurückdrängten.

Kleine Traubenhyazinthe *(Muscari botryoides)*: Im April und Mai blüht die kleine, zu den Liliengewächsen gehörende Traubenhyazinthe an kalkreichen Standorten auf trockenen Wiesen und in lichten Wäldern. Die Blütentraube treibt aus einer unterirdischen Zwiebel, die im vorangegangenen Sommer die für ihre Entwicklung notwendigen Reservestoffe angesammelt hat. Sie wird etwa 10–20 cm hoch und ist aufgrund der in dichter Traube stehenden kleinen, kugeligen Blüten, deren Himmelblau weiß gesäumt ist, nicht zu verkennen. Verwechseln könnte man sie höchstens mit der Weinberg-Traubenhyazinthe *(Muscari racemosum)*, die jedoch meist erheblich seltener vorkommt und dichtere, dunkelblaue Blütentrauben trägt.

Kohldistel *(Cirsium oleraceum)*: Fiederspaltige oder ungeteilte, weiche Blätter kennzeichnen die nichtblühenden Triebe dieses Korbblütlers. Sobald die bis 150 cm hohen Blütentriebe geschoben sind, ist sie mit keiner anderen Distelart zu verwechseln. Sie blüht von Mitte Juni bis September. Die Blüten bilden kompakte, bis 4 cm große, aufrecht stehende Köpfchen, die von großen, bleichen Hochblättern umhüllt sind und auf einfachen oder wenig verzweigten Stielen stehen. Die dort ansetzenden Blätter umfassen zwar die Stengel, laufen aber nicht daran herab. Kohldisteln wachsen auf feuchten, nährstoffreichen Wiesen, an den Ufern von Gräben wie an Auwaldrändern und ertragen Schatten.

Acker-Hundskamille *(Anthemis arvensis)*: Die Kamillen bilden eine artenreiche, vielgestaltige Gruppe innerhalb der Korbblütler. Bekannt ist die wegen ihrer Heilwirkung geschätzte Echte Kamille *(Matricaria chamomilla)*. Sie unterscheidet sich von der viel häufigeren Acker-Hundskamille durch den kegelförmigen, hohlen Blütenkopf mit abwärts gerichteten Strahlenblüten. Bei der Hundskamille, die erheblich weniger nach Kamille riecht, breiten sich die Blütenblätter waagerecht aus; der Blütenkopf ist flach mit einer schwach kugeligen Aufwölbung in der Mitte. Die Blütezeit beider Kamillenarten erstreckt sich vom Mai bis in den Hoch- oder Spätsommer hinein. Man findet sie auf Ackerrainen und an Wegen auf sonnigen Stellen.

Helmorchis *(Helmknabenkraut; Orchis militaris)*: Von Anfang bis Mitte Mai treibt die Helmorchis ihre kegelförmigen Blütenstände. Man findet diese zur Gruppe der Knabenkräuter gehörende Orchidee stellenweise auf halbtrockenen und trockenen Wiesen mit kalkreichem Untergrund, an Dämmen und in Flußauen auf Trockenflächen. Trotz ihrer nur gebietsweisen Vorkommen zählt sie zu den häufigeren Knabenkräutern. Die rosa- bis fleischfarbenen Blüten tragen eine 10–15 mm lange Lippe, die in zwei breite untere und zwei schmale obere Lappen und eine dünne Spitze in der Mitte aufgeteilt ist. Die übrigen Blütenblätter schließen sich helmartig zusammen. Auf der Oberseite der Lippe befinden sich feine, behaarte dunkle Papillen. Die Helmorchis kann bei günstigen Bedingungen bis 50 cm hoch werden. Wie alle heimischen Orchideen ist sie geschützt.

Herbstzeitlose *(Colchicum autumnale)*: Eine merkwürdige Umkehrung der Blüte- und Wachstumszeiten zeigt die zu den Liliengewächsen gehörende Herbstzeitlose. Ihre Blüten erscheinen gegen Ende des Spätsommers, nachdem sich die zugehörigen Blätter schon längst zurückgezogen haben und die Reservestoffe in der unterirdischen Knolle abgelegt worden sind. Erst im nächsten Spätfrühling entwickeln sich die neuen Blätter, und die Früchte der im Herbst befruchteten Blüten beginnen zu reifen. Es zeigen sich große grüne Kapseln zwischen den breit-lanzettförmigen, grundständigen Blättern. Im Juni springen sie mit drei Klappen auf. Die Herbstzeitlose ist sehr giftig!

Geflecktes Knabenkraut *(Dactylorhiza maculata)*: Mit seinen schmalen, stark gegliederten, rötlich- bis lilafarbenen Blüten ähnelt das Gefleckte Knabenkraut zwar einigen anderen Knabenkrautarten, unterscheidet sich aber von diesen durch die spitz auslaufenden, schmalen, lanzettförmigen Blätter. Diese sind paralleladrig und tragen rundliche, dunkle Flecken. Die Blütenlippe gliedert sich in drei schwach geteilte Lappen, von denen der mittlere kleiner und kürzer ist als die beiden seitlichen. Die Blüten stehen in einer kegel-, später walzenförmig werdenden Ähre. Die blühende Pflanze erreicht eine Höhe von 20–40 cm, ausnahmsweise auch mehr. Man findet sie in Wäldern und Mooren an lichten, feuchten Standorten. Wie die meisten Orchideen ist sie selten. Die Keimlinge der winzigen Samen brauchen die Mithilfe von Pilzen. Erst dann können sie Nährstoffe aus dem Boden aufnehmen und sich langsam entwickeln. Das Gefleckte Knabenkraut ist daher besonders empfindlich für Umweltveränderungen; vor allem Düngung beeinträchtigt die Orchidee.

Der **Gemeine Regenwurm** *(Lumbricus terrestris)* ist mit 30 cm Länge der größte einheimische Regenwurm. Er gräbt bis zu 1,5 m tiefe Gänge in lehmigen Boden und frißt sich dabei regelrecht durch das Erdreich, das auf diese Weise gelockert, reicher durchlüftet, umgeschichtet und aufgeschlossen und somit in seiner Qualität verbessert wird. Die Tiere kommen in feuchten Nächten regelmäßig an die Oberfläche, ziehen abgefallene Blätter in ihre Erdröhren und nehmen sie dann in verrottetem Zustand als Nahrung zu sich. Bei starkem Regen kommen die Würmer aus ihren unterirdischen Gängen hervor, um nicht darin zu ertrinken. Meist sterben sie dabei jedoch den sogenannten Lichttod, da sie den ultravioletten Anteil des Sonnenlichts nicht vertragen.

Röhrenspinne *(Eresus niger):* Nicht nur im Aussehen, sondern auch in der Lebensweise unterscheiden sich bei dieser Spinnenart Männchen und Weibchen. Während das Männchen in kurzen Sätzen springend umherstreift, sitzt das Weibchen in einer Erdröhre, die völlig mit Gespinst austapeziert und von einer Gespinstdecke überdacht ist, unter der die Spinne auf Beute, meist Käfer, lauert. Im Herbst geht das Männchen auf die Suche nach einem Weibchen, kriecht zu ihm in die gepolsterte Wohnröhre und überwintert dort. Erst im Frühjahr erfolgt die Paarung. Sie geht ohne großes Vorspiel vor sich, kann sich aber über Stunden hinziehen. Das Eipaket wird vom Weibchen mit Spinnfäden umhüllt und an die Brust gepreßt herumgetragen.

Raubspinne *(Pisaura mirabilis):* Zur Paarungszeit, im Mai, bereitet das Männchen eine Hochzeitsgabe vor. Dazu fängt es eine Beute, zum Beispiel eine Fliege, und umspinnt sie zu einem weißen, kugeligen Gebilde. Dieses Paket vor sich hertragend, geht das Pisaura-Männchen nun auf die Suche nach einer Partnerin und hält ihr sein Geschenk entgegen. Das Weibchen interessiert sich nur für den ihm dargereichten Leckerbissen. Während es sich darüber hermacht, benutzt das Männchen die Ablenkung dazu, sich unter das Weibchen zu schieben, seine mit Samen gefüllten Begattungsorgane in die Geschlechtsöffnung des Weibchens einzuführen und das Sperma herauszupressen. Dann allerdings wird es für das Männchen Zeit, das Weite zu suchen, wenn es nicht vom Weibchen gefressen werden will.

Zebraspinne *(Argyope bruennichi):* Das Weibchen spannt seine senkrecht stehenden Netze zwischen hohen Gräsern aus. Man erkennt sie leicht an den sog. Stabilimenten, Zickzackbändern, die zwischen zwei benachbarten Speichen verlaufen. Zur Paarungszeit versetzt das reife Weibchen durch wackelnde Bewegungen mit dem Hinterleib und Trommeln auf den Netzfäden das Männchen in Erregung und erleichtert ihm darüber hinaus durch Heben des Hinterleibs die Kopulation. Danach aber kennt es kein Erbarmen: Das Männchen hat seinen Zweck erfüllt, es wird gefesselt und schließlich gefressen.

Haubennetzspinne *(Enoplognatha ovata):* Diese kleine Spinne ist so gierig und angriffslustig, daß sie auch vor einer Beute nicht zurückschreckt, die weit größer ist als sie selbst. So kann man sie dabei überraschen, wie sie Honigbienen überwältigt, indem sie diese mit einer aus den Spinnwarzen austretenden klebrigen Substanz im Nu kampfunfähig macht. Selbst über die eigene Verwandtschaft fallen die kleinen Räuber her, nicht nur, um den Hunger zu stillen, sondern auch, um bei dieser Gelegenheit die Behausung des Opfers zu besetzen; in seinen Eikokons, die sie zuvor leerfressen, bringen sie dann ihre eigene Brut unter.

Gemeine Ackerschnecke *(Deroceras agreste):* Das Gehäuse dieser Egelschnekken ist bis auf ein Kalkplättchen zurückgebildet, das unter einer schildförmigen Hautfalte am vorderen Rückenteil liegt. Von den nahe verwandten Wegschnecken lassen sich die Egelschnecken durch die Lage des Atemlochs am rechten Schildrand unterscheiden; es liegt bei den Wegschnecken vor, bei den Egelschnecken hinter der Schildmitte. Beide Arten sind Nacktschnecken.

Große Vielfraßschnecke *(Zebrina detrita):* Diese besonders wärmeliebende Schnecke lebt meist gesellig auf trockenen Wiesen, an warmen Rasenhängen, wo sie, der direkten Sonneneinstrahlung ausgesetzt, an Pflanzenstengeln hängt. Das dickwandige weiße Gehäuse ist lichtundurchlässig. Die Schnecke dient dem Kleinen Leberegel als Zwischenwirt; weidende Tiere nehmen diesen Parasiten mit der Schnecke auf, vor allem Schafe werden daraufhin von der sog. Leberfäule befallen.

Die **Heideschnecke** *(Helicella spec.)* ist eine Trockenform, die selbst an heißen Sommertagen die pralle Sonne nicht meidet. Entsprechend findet man sie an trockenen Hängen und Dämmen. Um Feuchtigkeitsverluste zu vermeiden, zieht sie sich in ihr Gehäuse zurück, klebt es an Stengel oder Blätter und spannt außerdem ein Trockenhäutchen über die Mündung ihres Gehäuses.

Weinbergschnecke *(Helix pomatia):* Während sie früher vorwiegend im Mittelmeerraum als Nahrung diente, schätzt man sie heute auch bei uns als Delikatesse. Allerdings droht ihr dadurch die Gefahr der Ausrottung, es mußten daher bereits Maßnahmen gegen das Übersammeln der Bestände ergriffen werden. In Weinbergen kommt sie heute kaum noch vor; als Lebensraum bevorzugt sie Kulturlandschaft, mit Büschen und Hecken bestandenes Gelände, Gartenmauern, lichte Wälder und Waldränder. Während der sommerlichen Trockenperiode schützt sich die Weinbergschnecke vor Feuchtigkeitsverlust, indem sie ihre Schalenöffnung mit einem Häutchen aus getrocknetem Schleim verschließt. Auch zur Überwinterung wird die Mündung mit einer Membran verschlossen und an diese Kalk angelagert, so daß ein fester Deckel entsteht. Hinter diesem Deckel sind in bestimmten Abständen weitere Schleimhäutchen ausgespannt; durch die dazwischenliegenden Luftpolster ist eine gute Wärmeisolierung geschaffen, vergleichbar etwa mit Winterfenstern in einem Haus. Die Weinbergschnecke ist unsere größte beschalte Schnecke. Entsprechend dem Wachstum ihres Körpers muß auch das Gehäuse zunehmen. Dies geschieht durch Anlagerung von Substanz an der Mündung. Feine, parallel zum Mündungsrand verlaufende Rillen und dunklere Zonen (Zuwachsstreifen) dazwischen lassen die Wachstumsschübe erkennen.

Warzenbeißer *(Decticus verrucosus):* Ergreift man einen Warzenbeißer, so läßt er aus dem Mund ein bräunliches Sekret austreten, das Feinde abwehrt. Früher wurde dem Sekret die Fähigkeit zur Warzenbeseitigung nachgesagt. Auf Wiesen und Kleefeldern, im Gebirge bis 2000 m Höhe, gehen diese Laubheuschrecken dem Beutefang nach; alle möglichen Insekten, sogar Vertreter der eigenen Art, ergreifen und zermalmen sie mit den mächtigen Oberkiefern. Der Biß wird auch vom Menschen als schmerzhaft empfunden. Wie beim Grünen Heupferd legt das Weibchen mit einer langen Legeröhre die Eier im Herbst ins Erdreich ab, von wo aus sich die Larven im Frühjahr an die Oberfläche arbeiten.

Gottesanbeterin *(Mantis religiosa):* An trockenwarmen Südhängen des Kaiserstuhls und im Saargebiet kann man diese bizarre Fangschrecke finden, die in den Ländern rings um das Mittelmeer heimisch ist. Stundenlang verharrt sie regungslos auf Stauden und Sträuchern und lauert mit erhobenen Fangbeinen auf Beute. Gelangt ein Opfer in Reichweite, schnellen die Fangbeine blitzartig vor, und die Beute wird nicht nur eingeklemmt, sondern auch von spitzen Dornen an Ober- und Unterschenkel aufgespießt und dann in aller Ruhe verzehrt. Die Gottesanbeterin ist so gefräßig, daß sie sogar bei der Paarung das Männchen vom Kopf her anknabbert, während dessen Hinterende die Begattung vollzieht. Die Eier werden in Eikapseln an Pflanzen und Steine geklebt, wo sie überwintern. Im Frühjahr schlüpfen die Larven und machen eine unvollkommene Verwandlung durch. Das erwachsene Insekt mißt 60–70 mm.

Rotflügelige Schnarrheuschrecke *(Psophus stridulus):* Die Männchen dieser Heuschrecke erzeugen beim Auffliegen ein schnarrendes Geräusch mit den auffällig gefärbten Hinterflügeln. Offenbar gehört dieses Verhalten zum Balzspiel. Die Weibchen sind kaum flugfähig, sie benutzen die Flügel nur zu einem kurzen Sprungflug, können aber im Sitzen schnarren. Bevorzugter Lebensraum dieser Art sind Waldlichtungen, besonnte Wiesen und Hänge; häufig findet man sie auch im Gebirge.

Grünes Heupferd *(Tettigonia viridissima):* Die kräftigen Zirplaute, welche die Männchen an warmen Sommerabenden hören lassen, entstehen durch das Aneinanderreiben der Vorderflügel. Eine gerillte Schrilleiste auf der Unterseite eines Deckflügels wird dabei wie ein Fidelbogen über eine glatte Schrillkante auf der Oberseite des anderen Flügels gestrichen. Da die Laute von den Artgenossen, vor allem den Weibchen, gehört werden sollen, besitzen die Insekten Gehörorgane. Diese liegen in den beiden Schienen der Vorderbeine; die Tonschwingungen werden über Trommelfelle (verdünnte Hautstellen) auf Sinneszellen übertragen und von dort an das Zentralnervensystem weitergeleitet. Heupferde leben räuberisch von anderen Insekten, die sie im Sprung erbeuten.

Feldgrille *(Gryllus campestris):* An warmen Sommertagen erklingt der Gesang der Männchen bis tief in die Nacht. Die Laute werden auf die gleiche Weise erzeugt wie beim Grünen Heupferd; auch das Gehörorgan an den Vorderbeinschienen und die lange, jedoch nicht gebogene Legeröhre haben die Grillen mit den Laubheuschrekken gemeinsam. Wenn man bereits im Frühjahr ein Zirpen hört, so handelt es sich immer um den Lockruf der Grillenmännchen; die übrigen Heuschrecken erscheinen erst später. Die Eier werden in den Boden abgelegt; die geschlüpften Larven laufen zunächst umher, begeben sich aber nach der zweiten Häutung zum Überwintern in kleine Erdlöcher. Die Feldgrillen ernähren sich vegetarisch, selten einmal erbeuten sie andere Insekten.

Die **Blutzikade** *(Cercopis sanguinea)* gehört zu den Schaumzikaden, deren Eigenart es ist, daß ihre Larven sich in selbst erzeugten Schaum hüllen. Auch die Larven der Blutzikade leben in einer solchen Schaummasse, doch nicht an oberirdischen Pflanzenteilen, sondern etwa 10 cm unter der Erde an Wurzeln und Stengeln, an denen sie saugen. Der Schaum entsteht durch flüssige Ausscheidungen, die sich mit Wachsabsonderungen des Körpers vermischen und so eine seifige Lösung bilden; zusammen mit verbrauchter Atemluft ergibt sich die schaumige Beschaffenheit. Die erwachsenen Insekten sitzen auf Kräutern und Stauden, vor allem aber saugen sie auch an Kernobstfrüchten und setzen deren Qualität dadurch erheblich herab.

Feuerwanze *(Pyrrhocoris apterus):* Am Fuß alter Laubbäume sitzen diese lebhaft schwarz und blutrot gezeichneten Wanzen manchmal in Scharen, saugen an faulenden Pflanzenteilen und abgefallenen weichen Früchten oder nähren sich von den Körpersäften toter Insekten. Die Flügel der Vollinsekten sind unterschiedlich ausgebildet; es gibt Tiere mit voll entwickelten Vorder- und Hinterflügeln und solche mit rückgebildeten Hinterflügeln. Die Weibchen legen ihre Eiklumpen an Baumstämmen ab, und bald sieht man die ebenfalls rot und schwarz gefärbten Larven umherkrabbeln, die in wiederholten Häutungen mehr und mehr das Aussehen ihrer Eltern erlangen.

Streifenwanze *(Graphosoma lineatum):* Bei dieser prachtvoll gefärbten Schildwanze ist der dreieckige Rückenschild so enorm vergrößert, daß er fast den ganzen Hinterleib überdeckt. Die Schildwanzen sondern einen widerlich riechenden Körpersaft ab, mit dem sie die Blüten und Früchte, auf denen sie sitzen, beschmieren; für kleine Insekten wirkt dieses Sekret giftig. Die Eier werden in Gruppen auf Pflanzenteile abgelegt; das Weibchen bewacht das Gelege wie auch die frisch geschlüpften Larven noch einige Zeit. Die Eihüllen haben einen Deckel, den die schlüpfbereiten Larven mit Hilfe eines Eisprengers richtiggehend absprengen.

Maikäfer *(Melolontha melolontha):* Kein Käfer ist so berühmt wie er; in Liedern und Versen wird er besungen und in Schokolade nachgebildet. Kinder reißen sich um ihn, und alljährlich im Mai beschäftigt sich die Presse mit der Frage: Gibt es ihn noch, oder gibt es ihn nicht mehr? Es gibt ihn noch: Im Frühjahr kommt er aus seinem Winterquartier im Boden hervor und fliegt sofort auf Laubbäume, bevorzugt Eichen, deren Blätter er frißt. Zur Eiablage graben sich die Weibchen in den Boden ein und setzen kleine Eihaufen ab. Die daraus schlüpfenden Larven, die Engerlinge, befressen in 10–20 cm Tiefe die Wurzeln und Knollen aller Pflanzen, auf die sie stoßen, und legen dabei weite Strecken zurück. Erst nach 3 bis 4 Jahren verpuppen sie sich in 1,5 m Tiefe in ovalen Höhlungen mit verfestigten Wänden. Nach 4 bis 8 Wochen schlüpfen die jungen Käfer und überwintern im Boden. Der Käfer verbringt also den Hauptteil seines Lebens als Larve; als fertiges Insekt dient sein Leben nur noch der Fortpflanzung, danach stirbt er. Das vieldiskutierte Massenauftreten des Maikäfers ist bis heute nicht geklärt, doch wenn es dazu kommt, steigt in bestimmten Arealen die Zahl der Tiere auf Millionen, was zum völligen Kahlfraß führen kann.

Der **Goldlaufkäfer** *(Goldschmied; Carabus auratus)* ist wie alle Laufkäfer ein gewaltiger Räuber: Nicht nur bei Nacht unternimmt er seine Beutezüge, sondern auch am Tag stellt er Insektenlarven, Schnecken und Würmern nach. Mit seinen kräftigen Kiefern hält er die Opfer fest, überspeit sie mit Verdauungssaft und schlürft die so vorverdaute Nahrung auf. Ebenso räuberisch leben seine schwarzen, während des Tages im Boden vergrabenen Larven. Nimmt man einen Goldlaufkäfer in die Hand, so verspritzt er oft aus Drüsen des Hinterleibs eine stinkende Flüssigkeit, die Feinde abwehren soll.

Saatschnellkäfer *(Agriotes lineatus):* Die Schnellkäfer verfügen über eine Vorrichtung, die es ihnen erlaubt, aus der hilflosen Rückenlage augenblicklich wieder auf die Beine zu kommen. Bei Beunruhigung lassen sie sich nämlich mit angezogenen Beinen fallen und landen dabei meist auf dem Rücken. Nun setzt sich ein bestimmter Mechanismus in Gang: Ein Dorn an der Vorderbrust rastet mit knipsendem Geräusch ruckartig in einer Grube der Mittelbrust ein, der Käfer schnellt 20–30 cm in die Höhe und fällt meist wieder auf die Beine.

Sandlaufkäfer *(Cicindela hybrida):* Sandlaufkäfer sind nur bei Sonnenschein flink und beweglich, der geringste Schatten treibt sie jedoch in ihre Erdlöcher. Sie leben, wie auch ihre Larven, räuberisch. Die Larve sitzt in einer senkrechten Erdröhre, in der sie sich mit den kräftigen Beinen und Stemmpolstern am Hinterleibsrücken wie ein Bergsteiger im Kamin auf und ab bewegt. Der große Kopf und der angrenzende harte Rückenschild verschließen den Röhreneingang, in dem die Larve mit geöffneten Kiefern auf Beute lauert, jedes Opfer, das in die Nähe kommt, blitzschnell ergreift und am Grund der Röhre aussaugt.

Weichkäfer *(Cantharis livida):* Die schlanken Käfer mit den lederartig weichen Flügeldecken findet man meist auf Blüten sitzend, manchmal bei der Paarung, die Stunden andauern kann. Während dieser Zeit lassen sich die Käfer durch nichts stören. Die Larven überwintern unter Steinen und Laub; an sonnigen, warmen Wintertagen kommen sie manchmal hervor und kriechen über den Schnee, was ihnen den Namen *Schneewürmer* eingetragen hat.

Zweipunkt-Marienkäfer *(Adalia bipunctata):* Die reizenden Käferchen werden sogar in Wohnungen geduldet und nicht, wie sonst lästiges Ungeziefer, vernichtet. Diese Schonung zahlt sich aus, denn die Käfer machen sich nützlich, indem sie schädliche Insekten, vor allem Blattläuse, Schildläuse und Milben, vertilgen. Der Zweipunkt ist außerordentlich farbvariabel; es gibt zum Beispiel Tiere mit roten Flügeldecken und zwei schwarzen Punkten und umgekehrt schwarze mit roten Punkten oder gänzlich schwarze Formen. Die Art bringt drei Generationen im Jahr hervor, die Färbung ist erblich bedingt. Im Sommer treten im Zusammenhang mit den höheren Temperaturen mehr schwarze Individuen auf, im Winter jedoch nimmt deren Sterblichkeit zu, so daß im Frühjahr die roten Exemplare überwiegen.

Der **Rosenkäfer** *(Cetonia aurata)* hat eine Eigenheit, die ihn von allen anderen Käfern unterscheidet: Er fliegt mit geschlossenen Flügeldecken. Diese sind am Außenrand etwas ausgeschnitten, so daß die häutigen Hinterflügel durch den gebildeten Spalt hervorgestreckt und entfaltet werden können, ohne daß die Flügeldecken gelüftet werden müssen. Die Larven, Engerlinge wie beim Maikäfer, leben in Mulm und morschem Holz; ihre Puppenruhe verbringen die Tiere in einem Kokon, der aus Holzstückchen und Kot gefertigt wird.

Die **Spanische Fliege** *(Lytta vesicatoria)* gehört zu den Ölkäfern, deren Eigenart es ist, bei Gefahr aus den Beingelenken einen öligen, gelblichen Saft austreten zu lassen; es handelt sich hierbei um die Blutflüssigkeit der Käfer, die ein starkes Gift, das Cantharidin, enthält. Bereits 30 mg sind für den Menschen tödlich, in geringer Dosierung jedoch hat es eine heilsame Wirkung. Das war schon den Ärzten des Altertums bekannt; im Mittelalter wurde es geradezu ein Universalmittel, das man zum Beispiel für Salben, blasenziehende Pflaster und als Bestandteil harntreibender Substanzen verwendete. Als Aphrodisiakum mischte man es gern in Liebestränke.

Kartoffelkäfer *(Coloradokäfer; Leptinotarsa decemlineata):* Zum Nachdenken regt die Geschichte seiner weltweiten Ausbreitung an. Zu Beginn des 19. Jahrhunderts in Nordamerika, im Staate Colorado, eine noch weitgehend unbekannte, an wilden Nachtschattengewächsen lebende Art, hat der Käfer mit dem Vordringen der Siedler und dem Anbau der Kartoffel bald eine traurige Berühmtheit erlangt. Er stürzte sich mit Eifer auf diese ausgedehnten Monokulturen, konnte sich bei dem plötzlichen Nahrungsüberfluß ins Unermeßliche vermehren und war bereits gegen 1860 der gefährlichste Kulturpflanzenschädling Nordamerikas. Trotz intensivster Vorsichtsmaßnahmen wurde er von dort aus bald überallhin eingeschleppt, wo man Kartoffelanbau betrieb. Der Käfer befrißt die Blätter und Stengel der Kartoffelpflanzen und legt seine orangegelben Eier auf die Unterseite der Blätter ab. Auch die orangeroten Larven leben vom Kraut der Wirtspflanze; zur Verpuppung (ebenfalls orangefarbene Puppen) begeben sie sich 10 cm tief in den Boden. Unter günstigen Witterungsbedingungen können zwei Generationen im Jahr auftreten.

Sandbiene *(Andrena vaga):* Die etwa 80 in Deutschland vorkommenden Arten sind nur sehr schwer zu unterscheiden. Sandbienen leben solitär und legen in sandiglehmigem Erdreich 20–50 cm lange, schräg verlaufende Gänge an, von denen kurze Seitengänge mit flaschenförmigen Ausbuchtungen abgehen. In diese Zellen wird Pollen eingetragen, dann werden sie mit Eiern belegt. Die Brut wächst in den Zellen heran. Zellen und Bau werden mit einem Erdpfropfen verschlossen. Oft legen die Tiere ihre Bauten so dicht nebeneinander an, daß der Eindruck von Kolonien entsteht. Die Sandbienen gehören zu den ersten Bienen, die zeitig im Frühjahr, kaum daß die ersten Weidenkätzchen blühen, ihre Nester verlassen und umherfliegen. 14 Tage nach den Männchen erscheinen die Weibchen, und es kommt zur Paarung.

Die **Erdhummel** *(Bombus terrestris)* baut ihr Nest bis über 1 m tief in die Erde, meist in leere Nagetiergänge. Der Staat wird bei diesen Hummeln jedes Jahr von einer Königin, die überwintert hat, neu gegründet. Als Baustoff für das Nest dient mit Harz vermengtes Wachs. Zuerst wird eine mit Nektar und Pollen versehene Brutkammer und daneben, als Vorratsspeicher, ein Honigtopf errichtet. In die Brutzelle legt die Königin mehrere Eier und verschließt danach die Zelle mit einem Deckel. Der verbrauchte Nahrungsvorrat wird während der Larvenentwicklung immer wieder ergänzt. Die Larven verpuppen sich in der Brutzelle, nach einiger Zeit schlüpfen kleine Arbeiterinnen, welche die weitere Brut versorgen. Gegen Sommerende treten männliche und weibliche Tiere auf, die Begattung findet im Nest statt. Arbeiterinnen, Männchen und die alte Königin sterben zu Winterbeginn, während die befruchteten Weibchen an geschützten Orten überwintern.

Die **Ackerhummel** *(Bombus pascuorum)* errichtet ihre oberirdischen Nester an Hauswänden und auf Dachböden, in verlassenen Vogelnestern, manchmal auch in Gras und Moos, nach der für Hummeln tpyischen Art mit Brutzelle und Honigtopf. Der Hummelstaat wird, wie bei der Erdhummel beschrieben, jedes Jahr neu gegründet. Die Arbeiterinnen sind kaum größer als Stubenfliegen. Zum Einbringen des Pollens tragen sie Sammelapparate an den Beinen, ähnlich wie die Bienen.

Hornisse *(Vespa crabro):* Wie bei allen Wespen beginnt das Weibchen, das überwintert hat, im Frühjahr mit dem Nestbau und der Eiablage. Anfangs, solange die Königin alle Arbeit allein bewältigen muß, entwickelt sich das Volk nur langsam, später, wenn Arbeiterinnen da sind, wächst es rasch an. Das Baumaterial für das Nest, zerkleinertes, mit Speichel vermengtes Holzpapier, wird zu dünnen Lamellen geformt, die Schutzhüllen um die Waben bilden. Die Brut wird mit zu Brei zerkauten Insekten gefüttert. Im Herbst entwickeln sich geschlechtsreife Weibchen, aus deren Eiern die stachellosen Männchen schlüpfen, um die Weibchen zu begatten. Die Weibchen gründen im Frühjahr den neuen Staat.

Die **Große Blattschneiderbiene** *(Megachile centuncularis)* ist eine einzeln lebende Biene. Das Weibchen sucht zur Eiablage einen geeigneten Platz in Baumspalten oder Rohrstengeln; auch Bohrlöcher von Käfern und Raupen können als Bauplatz für die Kinderwiege herhalten. Aus den eingetragenen ovalen Blattstücken werden fingerhutförmige Nester zusammengebastelt; runde Stückchen ergeben Boden und Deckel. In die mit Pollen gefüllte Zelle wird ein Ei abgelegt und die Zelle verschlossen. Der Deckel der einen Zelle bildet den Boden für die nächste; 8 bis 10 solcher Zellen werden hintereinander errichtet. Die Larve ernährt sich vom Pollenvorrat.

Glühwürmchen *(Leuchtkäferchen; Lamprohiza splendidula):* Wenn es in warmen Sommernächten hier und dort im Gras blinkt, dann weiß man, die Glühwürmchen, Männchen und Weibchen, sind dabei, sich gegenseitig ihre Anwesenheit zu signalisieren. Während die Männchen, die Johanniskäfer, suchend umherfliegen, verharren die Weibchen regungslos im Gras und senden nur ihr Licht aus, oder sie klettern an Halmen empor, um besser gesehen zu werden. Das grüne Licht wird von Leuchtorganen auf der Bauchseite ausgesandt und kommt durch eine chemische Reaktion zustande. Auch Larven und Puppen, ja sogar die Eier können leuchten. Larven und Käfer ernähren sich von Schnecken.

Feldwespe *(Polistes gallicus):* Ihr Nest wird meist von mehreren Weibchen errichtet, doch behält nur dasjenige von ihnen, das mit dem Bau begonnen hat, als Königin die Oberhand; die anderen werden zu Hilfsweibchen degradiert. Der Staat der Wespen ist wie der der Hummeln einjährig. Jede Zelle des Nestes wird mit einem Ei belegt, die daraus schlüpfenden Larven werden von den Weibchen mit zerkauten Insekten gefüttert. Auch die Verpuppung erfolgt in der Zelle. Die geschlüpften Arbeiterinnen bauen weiter am Nest, das jedoch meist nur aus wenigen Zellen besteht. Erst gegen Ende des Sommers erscheinen die Geschlechtstiere; nur die befruchteten Weibchen überwintern.

Rinderbremse *(Tabanus bovinus)*: In Gebieten, in denen Viehzucht getrieben wird, findet man diese großen Bremsen häufig an Pferden und Kühen. Die Weibchen durchstoßen mit ihren stechend-saugenden Mundwerkzeugen die derbe Tierhaut und saugen Blut. Gleichzeitig geben sie blutgerinnungshemmenden Speichel in den Stichkanal ab. Stark befallene Tiere werden durch den Blutverlust geschwächt; bei Kühen kann die Milchleistung darunter leiden. Die Larven leben in feuchtem Erdreich und fressen Insektenlarven. Auch die Verpuppung erfolgt im Boden. Farbe und Musterung der Bremsenaugen sind so charakteristisch, daß man die Arten daran unterscheiden kann.

Märzfliege *(Markusfliege; Bibio marci)*: Die Weibchen legen ihre Eier in die Erde an faulende Pflanzenteile oder auch in Dung; mit Stallmist gedüngte Felder werden dabei bevorzugt. Von diesen Substanzen nähren sich die weißlichen oder gelblichen Maden; reichen die Vorräte nicht aus, so befallen sie auch die Wurzeln junger Pflanzen und richten manchmal beträchtlichen Schaden an.

Ameisenlöwe *(Myrmeleon formicarius)*: Die plumpe Larve der Ameisenjungfer ist etwa 12 mm lang. Der schmale Kopf trägt zu Saugzangen umgebildete Mundwerkzeuge und sitzt auf einem halsartigen Teil der Vorderbrust. Das Tier errichtet an sandigen, trockenen Plätzen einen Fangtrichter, in dem es dann auf der Lauer liegt und wartet, bis ein Opfer auf der abschüssigen Sandbahn ins Rutschen gerät. Versucht die Beute zum Trichterrand zu flüchten, so wird sie durch nachgeschleuderte Sandkörnchen erneut zum Straucheln gebracht und wieder auf den Trichtergrund zurückgeholt. Die mächtigen Kiefer packen das Opfer und lähmen es durch einen Giftbiß. Die ausgesogenen Häute werden aus dem Trichter hinausgeworfen. Das erwachsene Insekt, die **Ameisenjungfer**, ist weit weniger bekannt als ihre Larve, der Ameisenlöwe. Während der warmen Sommermonate fliegt sie abends unsicher flatternd zwischen niedrigem Buschwerk umher und ist daher nur selten zu sehen. Tagsüber sitzt sie meist bewegungslos auf Blättern und Zweigen. Die schmalen, durchsichtigen Flügel dieser libellenähnlichen Tiere überragen den Körper weit; sie sind glasklar, manchmal mit dunklen Flecken und Punkten gezeichnet. Ameisenjungfern ernähren sich räuberisch von kleinen Insekten. Die Weibchen legen ihre Eier in den Sand ab.

Schwebfliege *(Xanthogramma pedissequum)*: Schwebfliegen sind ausdauernde und schnelle Flieger, die rüttelnd in der Luft vor Blüten verharren, um dann plötzlich davonzuschießen. Mit ihrem langen Rüssel dringen die Fliegen in die Blüten ein und bestäuben sie dabei. Die erwachsenen Tiere ernähren sich von Nektar und Pollen; die Larven dieser Art haben ein blutegelähnliches Aussehen, leben räuberisch von Blattläusen und sind daher nützlich.

Kohlschnake *(Tipula oleracea)*: Jeder kennt diese großen Mücken mit den überlangen Beinen, die manchmal abends taumelnd ans Licht fliegen. Hinter den zwei Flügeln fallen zwei kurze Stielchen auf, die am Ende je ein Knöpfchen tragen. Es handelt sich um das hintere Flügelpaar, das bei den Mücken und Fliegen zu Schwingkölbchen umgewandelt ist. Diese dienen unter anderem als Organe der Lagekontrolle und als Kreiselstabilisatoren. Kohlschnaken treten in zwei Generationen auf, einer im Frühjahr und einer im Herbst. Die Weibchen legen ihre Eier in feuchtes Erdreich ab. Die grauen, madenartigen Larven schädigen Kulturpflanzen durch Benagen der Wurzeln und auch der oberirdischen Pflanzenteile. Atemöffnungen, Zacken, Höcker und Wülste scheinen am Hinterende ein verzerrtes Gesicht zu bilden; man nennt die Larven daher »Teufelsfratzen« und kann die Arten an diesen Fratzen unterscheiden. Die Larven verpuppen sich im Boden. Die Puppen besitzen am Kopf zwei kurze Atemrohre und am Hinterleib eine Reihe von Dornen, mit denen sie sich vor dem Schlüpfen an die Bodenoberfläche emporarbeiten.

Kleiner Weinschwärmer *(Deilephila porcellus)*: Zusammen mit dem nahe verwandten, aber deutlich größeren Mittleren Weinschwärmer *(Deilephila elpenor)* gehört der Kleine Weinschwärmer zu den häufigsten Schwärmern bei uns. Da er aber nachts fliegt, fällt er kaum jemandem auf. Dabei kann er wie ein Kolibri perfekt vor den Blüten in der Luft stehen, so schnell schlagen seine Flügel. Ganz ruhig führt er den langen Saugrüssel in die Blüte ein und entnimmt den Nektar. Die braunen Raupen leben an Weidenröschen, Labkraut und anderen krautigen Pflanzen. Sie tragen am Vorderkörper auffällige Scheinaugen, mit denen sie Freßfeinde abwehren. Ein kurzer, gebogener Dorn am Hinterleib kennzeichnet sie als Schwärmerraupen.

Ochsenauge *(Maniola)*: Aus der Gruppe der Augenfalter gibt es in Mitteleuropa eine ganze Reihe von Arten, die sich mitunter nur schwer voneinander unterscheiden lassen. Das Große Ochsenauge *(Maniola jurtina)* gehört zu den häufigsten. Von Juni bis August fliegt es über Wiesen, an Waldrändern, in größeren Gärten und in Parkanlagen. Das Männchen trägt kleine Augenflecke auf samtschwarzem Grund, das Weibchen größere in rotbrauner Flügelbinde. Die Raupen fressen an Gräsern. Man erkennt sie an dem dünnen gelben Streifen, der seitlich an ihrem nur schwach beborsteten grünen Körper verläuft. Im Gras allerdings sind sie schwer zu finden. Sie überwintern und verpuppen sich im Mai.

Schwalbenschwanz *(Papilio machaon)*: Höchstens mit dem noch schnittigeren, im Flug gewandteren Segelfalter *(Iphiclides podalirius)* könnte man den Schwalbenschwanz verwechseln. Doch im Gegensatz zu diesem bildet die schwarze Streifung auf den Vorderflügeln keine halb oder ganz durchgehenden Bänder, und die »Schwänzchen« am Hinterflügel sind kürzer. Schwalbenschwänze kommen noch ziemlich weit verbreitet in solchen offenen Landschaften Mitteleuropas vor, wo es Wilde Möhren gibt, an denen sich die Raupen entwickeln. Doch auch Mohrrüben im Garten werden als Futterpflanze akzeptiert. Die mit roten Punkten überzogenen, schwarzgebänderten grünen Raupen sind unverkennbar. Wegen der Seltenheit des Schwalbenschwanzes sollten Gartenbesitzer nicht verhindern, daß sich die Raupen an den Mohrrüben entwickeln, denn sie schädigen diese kaum!

Hauhechelbläuling *(Gemeiner Bläuling; Polyommatus icarus)*: Gemeiner Bläuling wird dieser Tagfalter auch genannt, weil er in den meisten Gegenden mit Abstand der häufigste aus der Bläulingsgruppe ist. Die Männchen tragen eine leuchtendblaue Flügeloberseite mit schmalen weißen Säumen. Die Weibchen besitzen rötlich umringelte schwarze Augenflecke am Rand der dunkelbraunen Flügel, denen der blaue Glanz fehlt. Doch erst die Verteilung der schwarzgekernten weißen Punktflecke auf der Flügelunterseite ermöglicht im Vergleich mit den entsprechenden Mustern anderer Bläulinge die sichere Artbestimmung. Der Hauhechelbläuling fliegt in zwei Generationen von Mai bis September. Die Raupen leben an Hauhechel, Klee und anderen Schmetterlingsblütlern.

Kleiner Kohlweißling *(Pieris rapae)*: Drei verschiedene Arten von Kohlweißlingen sind bei uns weit verbreitet und häufig. Der Große Kohlweißling *(Pieris brassicae)* ist der größte unter ihnen. Seine Vorderflügel werden 3 cm lang. Männchen weisen, von der schwarzen Flügelspitze abgesehen, kein Schwarz im Flügel auf, während die Weibchen zwei kräftige, runde schwarze Punkte tragen. Der Kleine Kohlweißling erreicht gut 2 cm Vorderflügellänge; die Männchen besitzen einen kleinen schwarzen Punkt im Vorderflügel. Beim Rapsweißling *(Pieris napi)* ist die schwarze Flügelspitze verwaschen, und die Äderung tritt an der Unterseite deutlich hervor. Die Raupen aller dieser Arten leben an Kohl und anderen Kreuzblütlerarten.

Distelfalter *(Vanessa cardui):* Noch größere Wanderungen als der Admiral unternimmt sein naher Verwandter, der Distelfalter. In manchen Jahren fliegt er zu Tausenden aus Nordafrika nach Mitteleuropa, pflanzt sich hier fort und zieht in großen Scharen wieder nach Süden. Bei regelrechten Massenwanderungen, die Millionen von Faltern umfassen können, gelangen sie oft in ganz entlegene Gebiete fernab von ihrem normalen Vorkommen. Der Distelfalter ist weniger wählerisch als der Admiral. Seine Raupen leben nicht nur an Brennnesseln, sondern – wie der Name sagt – auch an Disteln, Kletten und Huflattich. Falter, die nördlich der Alpen zu überwintern versuchen, gehen zugrunde.

Admiral *(Vanessa atalanta):* Der an der roten Binde in den Flügeln unverkennbare Admiral gehört zu den ausgeprägten Wanderfaltern. Alljährlich fliegen im Frühsommer in wechselnden Mengen Falter, die im Mittelmeerraum überwintert haben, über die Alpen nach Norden, um sich hier fortzupflanzen. Die Weibchen wählen zumeist als Ablageorte für die Eier Brennesseln, von denen sich dann die Raupen ernähren. Sie wickeln ein Blatt tütenförmig zusammen und verbergen sich darin. Im August, besonders aber im September und bei milder Witterung auch noch im Oktober wandern die Admiräle der Sommergeneration wieder nach Süden. Man erkennt sie am zielstrebigen Flug, den sie nur kurz unterbrechen, um an abgefallenem Obst zu saugen.

Damebrett *(Schachbrett; Melanargia galathea):* Zu den Augenfaltern, also zu den zumeist bräunlichen Tagfaltern, gehört das Damebrett. Die »Augenflecke« auf der Flügelunterseite verraten dies bei genauerem Hinsehen. Doch meist hält das Damebrett die Flügel halb oder fast ganz geöffnet und zeigt die charakteristische schwarzweiße Musterung der Oberseite. Es fliegt, in einer Generation, von Ende Juni bis in den August hinein auf blütenreichen, mageren Wiesen. Die grünlichen Raupen fressen nachts an verschiedenen weichen Gräsern. Tagsüber halten sie sich im Gras und Wurzelbereich versteckt. Vielerorts sind die Bestände der Falter zurückgegangen, weil trockene, magere Wiesen zu Fettwiesen umgewandelt wurden.

Goldene Acht *(Colias hyale):* Überall über offenem Gelände findet man auch heute noch diesen Tagfalter nicht selten. In zwei Generationen fliegt er von Mitte Mai bis Mitte Juni und dann wieder von Mitte Juli bis in den Herbst hinein. Die Raupen leben an Luzerne, Hornklee und anderen Kleearten. Bei trocken-heißer Sommerwitterung gedeihen sie gut, und es kommt unter Umständen noch zur Ausbildung einer dritten Generation. Im Spätherbst stellen die Raupen die Nahrungsaufnahme ein und überwintern, bis sie sich im Frühjahr verpuppen. Die Weibchen sind sehr viel heller gefärbt als die Männchen und fliegen nicht so viel umher. Die Zeichnung, eine goldene 8 auf der Unterseite der Hinterflügel, gab dieser Art den Namen.

Zauneidechse *(Lacerta agilis):* Die Agile, die Bewegliche, nennt der wissenschaftliche Name recht zutreffend die flinke Zauneidechse. Sie sonnt sich am Rand von Wegen, Siedlungen, an Bahndämmen oder Waldrändern und huscht beim Herannahen blitzschnell in Deckung. Oft hört man nur das Rascheln im Laub. Die Männchen tragen besonders im Frühjahr intensiv grüne Flanken, die sie von den kleineren bräunlichen Weibchen unterscheiden. Stets verbleibt aber auf der Rückenmitte ein brauner Streifen. So kann sie kaum mit der mehr als doppelt so großen, sehr seltenen Smaragdeidechse verwechselt werden. Zauneidechsen vergraben ihr Gelege im warmen Sand und lassen es von der Sonnenwärme ausbrüten. Leider werden sie immer seltener!

Schlingnatter *(Coronella austriaca):* Eine entfernte Ähnlichkeit mit der Rückenzeichnung der Kreuzotter wird der recht seltenen, ungiftigen Schlingnatter immer wieder zum Verhängnis. Man schlägt sie tot, weil sie sich nicht selten selbst einem Menschen »stellt«, wenn sie sich in die Enge getrieben fühlt. Sie zischt und beißt dabei recht aggressiv. Schlingnattern erkennt man am typisch natternförmig schlanken Kopf und Körper, die sanft ineinander übergehen und nicht, wie bei den Ottern, stumpf dreieckig und voneinander abgesetzt sind. Auch bilden sie auf dem Rücken niemals ein vollständiges Zickzackband aus. Da ihre wichtigste Nahrung aus Eidechsen besteht, die sie umschlingen und so erdrükken, leben sie wie ihre Opfer bevorzugt an sonnigen, trockenen Stellen.

Grasfrosch *(Rana temporaria):* Der braune Grasfrosch läßt sich leicht vom etwa gleich großen Wasserfrosch unterscheiden. Er sucht seine Wohngewässer, meist kleine Tümpel und Teiche, als einer der ersten Froschlurche im zeitigen Frühjahr, oft schon im März, auf, um dort zu laichen. Im April sieht man die großen Laichklumpen an der Wasseroberfläche schwimmen. Manchmal laichen die Grasfrösche bereits, wenn noch ein Teil des Teiches eine Eisdekke trägt. Dadurch ist ihr Laich einigermaßen vor dem Zugriff ihrer ärgsten Feinde, der Molche, geschützt. Grasfrösche rufen kaum und wenn, dann nur leise. Die Männchen bekommen bei der Paarung eine bläuliche Kehle. Gleich danach verlassen sie das Wasser wieder und suchen in feuchten Wiesen nach Nahrung. Der ähnliche, aber mit besserem Sprungvermögen ausgestattete Springfrosch *(Rana dalmatina)* bewohnt Auwälder.

Wechselkröte *(Grüne Kröte; Bufo viridis):* Diese Art zeichnet sich durch ein grünliches Warzenmuster auf der Körperoberseite aus. Sie kann zwar die Farbe wechseln, aber dieses Muster bleibt. Die kleine Wechselkröte trillert im Frühjahr ausdauernd und unverkennbar. Sie nimmt schon mit kleinen, flachen Gewässern zum Laichen vorlieb. Als Art der südöstlichen Steppengebiete ist sie erst in historischer Zeit in Mitteleuropa eingewandert und findet sich heute vorwiegend in der landwirtschaftlich genutzten Kulturlandschaft.

Rebhuhn *(Perdix perdix):* Mit lauten »rep-rep-rep«-Rufen und purrenden Flügelschlägen stiebt ein aufgescheuchtes Volk Rebhühner auseinander. Bald folgen Gleitstrecken auf die schnellen Flügelschläge, und nach kurzem Flug fallen die Hühner wieder ein. Laufend machen sie sich davon. Das Rebhuhn benötigt als ausgesprochene Feldhuhnart weite, offene Fluren mit stellenweise hohen Gräsern und etwas Deckung. Im Winterhalbjahr bildet es Gruppen (»Ketten«, »Völker«), die sich im Frühjahr auflösen, wenn die Hähne mit der Balz beginnen. Sie grenzen durch intensives Rufen (»kirrrek«), vor allem in der Dämmerung, ihre Reviere ab. Hähne erkennt man an der ausgeprägten hufeisenförmigen Zeichnung auf der Brust. Bei den Weibchen ist sie nur schwach angedeutet. Das Rückengefieder tarnt vorzüglich. Eine brütende Rebhenne, deren Gelege mehr als zehn Eier beinhalten kann, wird schwer entdeckt.

Turmfalke *(Falco tinnunculus):* Von allen europäischen Falkenarten trifft man den Turmfalken mit Abstand am häufigsten an. Er kommt mit den Bedingungen der Kulturlandschaft gut zurecht und nistet sogar mitten in den Städten auf Simsen und Nischen, in Kirchtürmen oder an Hochhäusern. Draußen in der freien Landschaft bevorzugen Turmfalken alte Krähennester als Unterlage. Sie jagen im charakteristischen Rüttelflug nach Mäusen, im Winter gelegentlich auch nach Sperlingen und Grünfinken. Der kräfteintensive Rüttelflug wird jedoch nur eingesetzt, wenn das Gras hoch oder die Beute schon ausgemacht ist. Sonst warten die Turmfalken meist auf Pfosten, Masten oder Ästen und spähen nach Beute aus. Wegen ihrer geringen Größe von nur 34 cm Körperlänge fällt es ihnen bereits schwer, die großen Schermäuse zu fangen, zumeist erbeuten sie Feldmäuse.

Großtrappe *(Otis tarda):* Mit einem Gewicht bis zu 20 kg zählt die Großtrappe zu den schwersten flugfähigen Vögeln in Europa. Sie kommt nur noch in wenigen Gebieten vor, wo großflächiger Getreideanbau weite, steppenähnliche Landschaftsformen geschaffen hat, in denen sie ursprünglich zu Hause war. Die Hähne vollführen im Frühjahr eine faszinierende Balz, bei der sie ihr Gefieder geradezu umzukrempeln scheinen und wie ein weißer Federball aufgehen. Die Weibchen sind viel kleiner und aufgrund ihrer Tarnfarbe schwer auszumachen, obwohl auch sie noch recht stattliche Vögel darstellen. Sie brüten gut versteckt in der freien Flur, möglichst weit von der nächsten Deckung entfernt, über die ein Feind nahen könnte. Großtrappen sind heute stark bestandsgefährdet und in Mitteleuropa vom Aussterben bedroht.

Fasan *(Phasianus colchicus):* Aus Asien kam der bunte Fasan in unsere Breiten, wo er sich seit dem 19. Jahrhundert durch Massenaussetzungen und intensive Hege seitens der Jagd so gut eingebürgert hat, daß er vielerorts bodenständig geworden ist. Die Hähne werden erheblich größer als die unscheinbaren Hennen. Im Unterschied zu den ursprünglich heimischen Feld- und Rauhfußhühnern besitzen beide Geschlechter spitz verlängerte Schwanzfedern, die allerdings bei den Hähnen viel länger und farbenprächtiger ausfallen. Da die Fasane aus verschiedenen Gebieten Ostasiens und Vorderasiens stammen, lassen sich auch heute noch unterschiedliche Formen erkennen; insbesondere solche mit weißem Halsring (Ringfasan) und ohne Ring. Fasane bilden die wichtigste Federwildart in Mitteleuropa.

Kiebitz *(Vanellus vanellus):* Die lange, spitz auslaufende Federhaube, die aufgerichtet werden kann, ist das Kennzeichen der schwarzweiß wirkenden Kiebitze. Im Gegensatz zu anderen Watvögeln besitzen sie nur kurze Schnäbel. Sie sichern daher sehr sorgfältig, bevor sie sich zur Nahrungsaufnahme bücken. Die gerundeten Flügel erlauben ein blitzschnelles Ausweichen, so daß die Kiebitze selten Luftfeinden zum Opfer fallen. Sie nisten in feuchten Wiesen, im Binnenland aber auch auf Kartoffel- und Maisäckern, solange die Kulturpflanzen noch nicht hochaufgewachsen sind. Wintereinbrüche im Frühjahr führen oft zu starken Verlusten, ebenso zu frühe Mahd.

Bachstelze *(Motacilla alba):* Ausgewachsene Bachstelzen sind im Sommer- wie im Winterkleid unverkennbar. Ihr maskenartig umrahmter weißer Kopf und der lange, wippende Schwanz sind nicht zu verwechseln. Im Winter verschwindet die schwarze Kehle bis auf einen Brustring und macht einem verwaschenen Weiß Platz. Junge Bachstelzen mit ihrem bräunlichgrauen, wenig deutlichen Gefieder kann man dagegen für die etwas kurzschwänzigeren jungen Schafstelzen halten. Bachstelzen leben nicht nur an Gewässern, sondern auch in der offenen Landschaft und bevorzugt sogar im Siedlungsbereich. Im Herbst und Winter suchen sie gern an Flußufern und an Sandbänken nach Nahrung. In feuchtem Wiesengelände und auf Äckern findet man statt ihrer die gelbe Schafstelze, an Bächen und kleinen Flüssen die Gebirgsstelze.

Feldlerche *(Alauda arvensis):* Das Lied der Lerche gehört zum Erlebnis der Feldflur wie das Korn und der Wind. Doch heimisch geworden ist dieser unscheinbare Vogel, der sich beim Singflug fast mühelos in die Luft emporzuschrauben scheint, in Mitteleuropa erst mit der Ausbreitung des Ackerbaus. Seine ursprüngliche Heimat bildeten die Steppen im Südosten von Europa. Die Feldlerche nistet am Boden und versteckt ihr Gelege in einem einfachen Nest meist unter einem Grasbüschel. Wenn der Vogel darauf brütet, wird er durch seine Tarnfärbung fast unsichtbar. Feldlerchen verkünden ihren Rivalen den Revierbesitz mit ihrem Gesang und nicht mit einem bunten Gefieder. Sie ernähren sich von Sämereien und kleinen Insekten. Im Winter ziehen sie nach Süden in schneefreie Gebiete.

Schafstelze *(Motacilla flava):* Diese vornehmlich auf landwirtschaftlich genutztem Gelände in den Niederungen vorkommende Stelze bildet eine Reihe deutlich unterschiedlicher Rassen aus, die man am besten auf dem Frühjahrszug von Mitte April bis Mitte Mai beobachten kann, wenn die Männchen das Brutkleid tragen. Anders als bei der Bachstelze ist ihre Kehle niemals schwarz, sie können aber, wenn es sich um die nordische Rasse handelt, eine fast schwarze Kopfkappe aufweisen. Zur genaueren Bestimmung der einzelnen Rassen muß man jedoch einen guten Feldführer zu Rate ziehen. Die mitteleuropäischen Schafstelzen tragen einen deutlichen weißen Augenstreif, der die graue Kopfkappe abgrenzt. Die Weibchen sind blasser gefärbt.

Raubwürger *(Lanius excubitor):* Etwa 24 cm lang wird dieser größte der vier heimischen Würgerarten, den sein schwarzweißes Gefieder unverkennbar macht. Im Flugbild fallen die weißen Schulterflecke auf. Beim Sitzen hält er den Schwanz ziemlich waagerecht; daran erkennt man ihn schon auf Distanz. Er ernährt sich von Feldmäusen, großen Insekten, aber auch von Kleinvögeln, die er fast nach Art eines Sperbers jagt und fängt. In Mitteleuropa findet man ihn nur noch sehr selten als Brutvogel, aber im Herbst erscheinen die Raubwürger aus Skandinavien und Nordosteuropa bei uns.

Neuntöter *(Lanius collurio):* Mit wenig freundlichen Namen bedachte der Volksmund die Gruppe der Würger. Sie stellen gewissermaßen die Miniaturgreifvögel unter den Singvögeln dar. Denn trotz ihres leicht hakenartigen Schnabels gehören sie zu den Singvögeln. Sie ernähren sich von Großinsekten, die sie mitunter auf Dornen und Stacheln von Heckenpflanzen aufspießen. Dieses Verhalten trug ihnen den Namen ein. Der größere Raubwürger spießt sogar Mäuse auf Dornen. Der Bestand des Neuntöters ist in den letzten Jahren stark zurückgegangen. Man nimmt an, daß nicht allein das schwindende Angebot an Großinsekten, sondern auch die Dürre im Winterquartier am Südrand der Sahara die Hauptursachen gewesen sein dürften.

Dorngrasmücke *(Sylvia communis):* Wenn auch der wissenschaftliche Artname *communis* »häufig« oder »allgemein verbreitet« bedeutet, so stimmt das heutzutage längst nicht mehr. Die Dorngrasmücke ist in den letzten Jahrzehnten so selten geworden, daß ihre Bestände gebietsweise bereits erloschen sind und sich anderwärts nur sehr zögernd erholen. Das liegt wohl hauptsächlich an der anhaltenden Dürre in ihrem Hauptwinterquartier, der Sahelzone in Afrika, wo durch die Ausbreitung der Wüste die dort überwinternden Singvögel dezimiert werden. Doch in Mitteleuropa ist es um ihre Lebensräume nicht viel besser bestellt. Hecken und Feldgehölze verschwinden; ungepflegte, verwilderte Böschungen oder Bahndämme gibt es kaum mehr.

Steinschmätzer *(Oenanthe oenanthe):* Der etwa sperlingsgroße Steinschmätzer bewohnt offene Landschaften mit reichlichem Angebot an trockenen, möglichst vegetationsarmen Stellen. Er fällt am meisten auf, wenn er abfliegt. Dann bilden die schwärzlichen Flügel, der graue Rücken und Oberkopf einen scharfen Kontrast zum weißen Bürzel und weißen Schwanz, den eine T-förmige schwarze Endbinde begrenzt. Auch das Weibchen trägt dieses kennzeichnende Muster; ansonsten ist sein Körpergefieder gelblichbraun, und es fehlt der für das Männchen typische schwarze Fleck unter dem Auge. Steinschmätzer kommen in fast ganz Europa vor, doch nördlich der Alpen beschränken sich die von ihnen besiedelten Gebiete auf Heiden, Halden, ausgedehnte Ruderalflächen und Bahndämme.

Stieglitz *(Distelfink; Carduelis carduelis):* Die rote Kopfmaske und das breite gelbe Feld im Flügel zeichnen den Stieglitz aus. Männchen und Weibchen tragen die gleiche Färbung, nur den flüggen Jungvögeln fehlt noch das Rot. Stieglitze brüten spät im Sommer, wenn die ersten Samen in größerer Menge verfügbar sind. Gern suchen sie Dörfer und die Ränder von Städten auf, wo es distelbewachsene Ruderalflächen gibt. Mit ihren verhältnismäßig langen, spitzen Schnäbeln holen sie die Samen aus den Distelköpfchen heraus. Der Name Stieglitz ist lautmalerisch und ahmt den Flugruf nach. Der 12 cm lange und noch recht häufig anzutreffende Vogel bleibt auch im Winter hier.

Wacholderdrossel *(Turdus pilaris):* Selbst viel größere Feinde wie Bussarde oder Habichte kapitulieren vor den Wacholderdrosseln, wenn diese zur gemeinsamen Flugabwehr übergehen. Dabei versuchen sie, ihren Kot dem Feind recht gezielt an den Kopf, nach Möglichkeit in die Augen, zu spritzen. Man hat Greifvögel gefunden, deren Gefieder so kotverklebt war, daß sie nicht mehr fliegen konnten. Wacholderdrosseln halten sich nicht nur außerhalb der Brutzeit oft in größeren Schwärmen auf, sondern schließen sich auch zum Brüten in lockeren Kolonien zusammen. Wenn ein Feind auftaucht, erfolgt sogleich die gemeinsame Abwehr. Sie ernähren sich von Würmern und Kleintieren.

Bluthänfling *(Carduelis cannabina):* Nur gut 13 cm lang wird der fast überall anzutreffende Bluthänfling. Die Weibchen ähneln Sperlingen, insbesondere wenn sie am Boden nach Nahrung suchen. Beim Auffliegen sieht man jedoch die bläulichen Ränder der Handschwingen und den gegabelten Schwanz. Die Männchen sind leichter zu bestimmen: Eine rote Stirnkappe und eine rötliche Brust unterscheiden sie von anderen kleinen Finkenarten. Allerdings sehen sie dem Birkenzeisig recht ähnlich, nur daß sie keine Flügelbinde besitzen. Bluthänflinge bewohnen offene Landschaften. Sie ernähren sich von Sämereien. In Mitteleuropa sind sie weitgehend Standvögel.

Feldsperling *(Passer montanus):* Vom Haussperling, dem er ansonsten sehr ähnlich sieht, unterscheidet sich der Feldsperling durch den länglichen schwarzen Ohrfleck und die braune – nicht graue – Kopfkappe. Beide Geschlechter sind gleich gefärbt. Der Feldsperling schließt sich Menschen erheblich weniger eng an. Er nistet in Baumhöhlen und Nistkästen. Im Winter bilden die Feldsperlinge kleine Schwärme und suchen Futterstellen auf. Die Rufe sind kürzer und härter als beim Haussperling, dem er an den Futterhäuschen im Winter meist unterlegen ist. Obstgärten, Feldgehölze und Dorfränder stellen seinen wichtigsten Lebensraum in Mitteleuropa dar.

Grauammer *(Emberiza calandra):* Einst war sie der Charaktervogel der ausgedehnten mitteleuropäischen Feldfluren. Auf jeder Gemarkung konnte man im Frühjahr die sperlingsgroße und ebenso schlicht gefärbte Grauammer finden, insbesondere wenn die Männchen ihren klingelnden Gesang »zick, zick, zick, schnirrrps« hören ließen. Heute ist die Grauammer fast überall selten geworden. Die moderne Landwirtschaft nimmt ihr Lebensraum und Nahrung, denn sie braucht ein Mindestmaß an Dekkung in Form von Büschen und Feldrainen sowie Insektennahrung zur Aufzucht ihrer Jungen. Die Hauptnahrung bilden für ältere Jungvögel und für die erwachsenen Grauammern Sämereien und frische Pflanzentriebe, die sie mit ihrem kräftigen Schnabel abzwicken oder öffnen.

Goldammer *(Emberiza citrinella):* Von allen heimischen Ammern hat sich die Goldammer als die anpassungsfähigste erwiesen. Sie kommt auch heute nicht gerade selten vor und besiedelt sogar landwirtschaftlich intensiv genutzte Flächen. Ihr einfaches Nest errichtet sie am Boden, meist etwas unter einem Grasbüschel versteckt. Die Jungen werden mit Insekten gefüttert. Die Altvögel ernähren sich von Samen und Insekten, im Winterhalbjahr nahezu ausschließlich von Körnern verschiedenster Pflanzenarten. Goldammern überwintern zwar bei uns, doch sind es bei größerer Kälte oder höherer Schneelage gewöhnlich die Männchen, die im Gebiet bleiben, während die Weibchen zu günstigeren Landstrichen abziehen. Das Goldammerlied besteht aus einer einfachen Strophe mit am Schluß hochgezogenem »wieze«.

Schwarzkehlchen *(Saxicola torquata):* Ein wenig an den Gartenrotschwanz erinnert das Schwarzkehlchen. Es bewohnt offenes Gelände mit Ruderalflächen, lockeres Buschwerk, Heideflächen und Bahndämme. Hier findet man diesen gut 12 cm langen Vogel meist auf einer Warte sitzend. Von einer dürren Distelstaude, einem Zaunpfosten oder auch nur von einem Stein aus beobachtet er die Umgebung. Fliegt ein Insekt vorüber oder entdecken die Schwarzkehlchen eines am Boden, so fliegen sie schnell hin und schnappen es – eine unverwechselbare Art der Nahrungssuche. Die Männchen besitzen einen schwarzen Kopf und im Flügel ein weißes Feld sowie einen weißen Halbring am Hals. Die rotbraune Färbung der Brust ist intensiver als bei den Weibchen.

Rabenkrähe *(Corvus corone):* Die kleinere Ausgabe des Kolkraben, die Rabenkrähe, gehört zu den bekanntesten und weitverbreiteten Vogelarten in Mitteleuropa. Sie ist die Krähe schlechthin, auch wenn es andere Krähenvögel bei uns gibt. Gerade mit den im Herbst aus dem Osten ankommenden und gebietsweise in großen Scharen überwinternden Saatkrähen sollte man die Rabenkrähe nicht verwechseln, denn dies gäbe ein völlig falsches Bild ihrer Häufigkeit. Die Rabenkrähen verteilen sich nämlich fast das ganze Jahr recht gleichmäßig in geringer Bestandsdichte über die Landschaft, weil jedes Paar ein Revier für sich beansprucht, aus dem es andere Krähen vertreibt. Eine Bejagung zur Bestandsregulierung ist daher nicht nötig!

Elster *(Pica pica):* Zu den Rabenvögeln zählt die Elster, die zu Unrecht als »diebisch« angesehen wird, weil sie gern glänzende und glitzernde Sachen mitnimmt. Dieser schwarzweiße Vogel mit dem langen, metallisch schillernden Schwanz bewohnt gern den Randbereich von Siedlungen, in denen er mit weniger Feinden als im Wald und in der freien Flur zu rechnen hat. Sein Nest ist ein sehr sperriger, kugelförmiger Bau, bei dem der eigentliche Nestnapf von locker zusammengefügten Ästchen überdacht ist. Das schützt vor Krähen, die Elsternnester gern ausnehmen. Geschickt schlüpfen die Altvögel hinein. Sie versorgen ihre Brut mit Insekten; später nehmen sie nahezu alles Verwertbare. Ihre Rolle als Nestplünderer bei Singvögeln wird allerdings meist gewaltig überschätzt.

Saatkrähe *(Corvus frugilegus):* Im Gegensatz zur einzeln brütenden Rabenkrähe nistet die Saatkrähe in Kolonien. Die Brutpaare verteidigen kein Nahrungsrevier, sondern nur den unmittelbaren Nestbezirk. Denn die Nahrungssuche erfolgt weitgehend gemeinsam – wie auch die Abwehr von Feinden, die in die Brutkolonie eindringen. Bei uns gibt es nicht mehr viele dieser Kolonien. In den weiten Waldsteppengebieten des Ostens dagegen sind sie viel häufiger anzutreffen, und von dorther ziehen die Saatkrähen alljährlich im Herbst nach Mittel- und Westeuropa, um hier im milderen atlantischen Klima zu überwintern. Oft vergesellschaften sie sich mit Dohlen, die aus den gleichen Gebieten kommen. Am Abend sammeln sie sich zu Tausenden an ihren Schlafplätzen.

Mausohr *(Myotis myotis)*: Mit 7–8 cm Körperlänge und knapp 20–40 g Gewicht gehört das Mausohr zu den großen Fledermausarten in Mitteleuropa. Es zeichnet sich durch eine kurze, breit angelegte Schnauze und einen am Ansatz breiten, spitz auslaufenden Ohrdeckel aus, der die halbe Ohrlänge nicht erreicht. Mausohren jagen nach Einbruch der Dunkelheit über offenem Gelände vornehmlich umherschwirrende Käfer und Nachtfalter. Sie fliegen meist in Baumhöhe. Als Winterquartiere dienen Höhlen und geräumige Kellergewölbe. Hier sammeln sie sich in nur kleinen Gruppen, während die säugenden Weibchen große Wochenstuben in Dachstühlen und Kirchtürmen bilden.

Feldhamster *(Cricetus cricetus)*: Das sprichwörtliche Hamstern von Vorräten leitet sich von der Tätigkeit des Hamsters ab, Körner in eigens dazu errichteten unterirdischen Vorratskammern zu sammeln. Das 20–30 cm lange, bis 500 g schwere Nagetier kam früher in den großen Weizenanbaugebieten erheblich häufiger vor als heute. Die Bestände in Mitteleuropa leben an der Westgrenze des Verbreitungsgebietes, dessen Zentrum in den östlichen Steppen liegt. Naßkaltes Wetter schadet dieser auf kontinentale Klimabedingungen eingerichteten Art, die zu den großen Schädlingen in der Landwirtschaft gerechnet worden ist, weil ein einzelner Hamster mehrere Kilogramm Körner pro Saison verbraucht.

Feldmaus *(Microtus arvalis)*: Kleine, kaum aus dem Fell hervortretende Ohren und ein kurzer Schwanz, der höchstens die halbe Körperlänge erreicht, kennzeichnen eine Gruppe von Wühlmäusen, unter denen die Feldmaus mit weitem Abstand die häufigste ist. Sie wird 8–12 cm lang und bis 50 g schwer. Offene Flächen mit Grasnarbe, insbesondere Feldränder, Triften und nicht zu feuchte Wiesen bilden ihren bevorzugten Lebensraum. Aber außer in geschlossenen Wäldern, sehr feuchten Sumpfgebieten und Häusern kann man die Feldmaus fast überall antreffen. Bei günstigen Witterungsverhältnissen ist alle drei bis vier Jahre mit Massenvermehrungen (Feldmauszyklen) zu rechnen. Feldmäuse stellen eine wichtige Nahrungsgrundlage für zahlreiche Tierarten dar.

Maulwurf *(Talpa europaea)*: Der allgemein bekannte Maulwurf gehört in die Ordnung der Insektenfresser, was ein Blick auf sein Gebiß sogleich zeigt. Es ähnelt viel stärker dem der Spitzmäuse und Igel als dem anderer Säugetiergruppen. Mit ihm erfaßt und zerbeißt er die Regenwürmer und Insektenlarven, die er in seinen unterirdischen Gängen findet. Dieser Lebensweise angepaßt, zeigt sein Fell keine Strichrichtung, und seine Augen vermitteln nur noch Hell-Dunkel-Eindrücke. Darüber hinaus kann der Maulwurf vorzüglich schwimmen, wobei er seine schaufelförmigen Vorderbeine wie ein Raddampfer einsetzt und die verlängerte Schnauze so hoch wie möglich übers Wasser emporreckt.

Zwergmaus *(Micromys minutus)*: Ungemein putzig turnt die winzigkleine Zwergmaus im Gewirr der Halme eines Getreidefelds. Während sie sich mit dem Schwanz daran festklammert, zieht sie mit der Hand eine Ähre heran. Mit nur 6–8 cm Körperlänge und 5–10 g Gewicht gehört sie zu den kleinsten europäischen Säugetieren. Sie baut ein kunstvolles Kugelnest, das nur etwa faustgroß wird und zwischen den Halmen befestigt ist. Das daumendicke und runde seitliche Einschlupfloch weist es sogleich als Mäusenest aus. Zur Überwinterung zieht sie sich aber in die geschützteren unterirdischen Nester oder in dichte Reisighaufen zurück. Pro Jahr kann sie bis zu sieben Würfe mit vier bis sechs Jungen bringen!

Kaninchen *(Oryctolagus cuniculus)*: Trotz großer äußerer Ähnlichkeiten verhält sich das Kaninchen ganz anders als der Feldhase. Es lebt in selbstgegrabenen unterirdischen Bauen in Familiengruppen, die von einem alten Männchen geführt werden und dauerhaft zusammenhalten. Es bringt hilflose, blinde Lagerjunge zur Welt, die voll auf die Pflege der Mutter angewiesen sind, und es läßt sich, wiederum im Gegensatz zum Feldhasen, leicht zähmen. Die »Stallhasen« stammen alle von Kaninchen ab! Wichtige Unterscheidungsmerkmale bilden die verhältnismäßig kurzen Ohren, die nach vorne geklappt nicht die Schnauzenspitze erreichen, die rundliche Kopfform, die kürzeren Hinterbeine und der fast kreisrunde, weiße Schwanz, der beim flüchtenden Kaninchen ein gut sichtbares Signal darstellt. Unsere Kaninchenbestände werden immer wieder von einer Virusseuche, der Myxomatose, dezimiert. Diese Krankheit wurde ursprünglich zur Bekämpfung der Kaninchen aus Nordamerika eingeführt, hat sich aber in Europa unkontrolliert ausgebreitet. Kaninchen stammen von der Iberischen Halbinsel und wurden im Mittelalter in Mitteleuropa eingebürgert, damals aber in Freigehegen gehalten.

Ziesel *(Citellus citellus)*: In der Gegend von Wien, insbesondere am Neusiedler See, befinden sich die westlichsten Vorkommen dieses typischen Steppenbewohners, der wie eine Miniaturausgabe des Murmeltiers aussieht. Ziesel werden, ohne den kurzen Schwanz gerechnet, der sie gleich deutlich vom Eichhörnchen unterscheidet, gut 20 cm lang. Sie leben in selbstgegrabenen Erdhöhlen, die in frostsichere Tiefen hinabführen. Bei Gefahr stoßen sie einen Pfiff aus und verschwinden blitzschnell in ihren Bauen. Kommen sie wieder hervor, dann machen sie Männchen und halten Ausschau, ob sich ein Feind nähert. Greifvögel, Iltisse und Hermeline stellen ihnen besonders nach. Ziesel sind reine Pflanzenfresser.

Hermelin *(Mustela erminea)*: Das ohne Schwanz 17–32 cm lange Hermelin erkennt man stets an der schwarzen Schwanzspitze, die beim Umherlaufen meist etwas angehoben getragen wird und einen zupackenden Greifvogel möglicherweise vom Kopf ablenkt. Im Spätherbst wird das braune Sommerfell gegen ein rein weißes Winterkleid getauscht. Dieses wird dichter und daher auch für die Pelzherstellung wertvoller. Hermelinmäntel zählen zu den teuersten Rauchwaren. Die schwarze Schwanzspitze bleibt im Winterfell erhalten. Hermeline sind sehr agile, rastlose Jäger. Sie ernähren sich vornehmlich von Feldmäusen, können aber auch halbwüchsige Kaninchen überwältigen.

Feldhase *(Lepus europaeus)*: Längere Ohren, kräftigere Hinterbeine und eine weniger rundliche Kopfform unterscheiden den Feldhasen vom Kaninchen. Im Gegensatz zu diesem ist er ein ausgesprochener Einzelgänger, der sich nur zur Paarung für die Artgenossen interessiert. Hasen bringen weit entwickelte Junge zur Welt, die bereits sehen, nach ein paar Tagen auch davonlaufen und allein gelassen werden können. Je nach Witterungsverlauf werfen die Häsinnen zwei- bis dreimal im Jahr: 1 bis 2 Junge im ersten Wurf und je 2 bis 5 Junge in den späteren. Ausgewachsen erreichen sie bei gut 0,5 m Länge ein Gewicht von 2,5–6,5 kg. Sie ernähren sich ausschließlich von Pflanzen. In feuchtkalter Witterung sind sie sehr krankheitsanfällig. Die Hasenbestände schwanken daher von Jahr zu Jahr stark. Gebietsweise sind sie rückläufig.

Reh *(Capreolus capreolus)*: Unsere kleinste heimische Hirschart ist das Reh, von dem allein in der Bundesrepublik Deutschland mehr als eine Million leben.

Gebietsweise sind die Bestände so hoch, daß sie durch Verbiß der jungen Bäume ein natürliches Nachwachsen des Waldes verhindern. Die Rehe müssen daher nach Abschußplan bejagt werden. Ganz wesentlich hat die Winterfütterung zum Anwachsen der Rehbestände beigetragen. Auf der offenen Feldflur kann man in manchen Gegenden Rehrudel von 30 und mehr Tieren beobachten. Den Sommer über verhalten sich die Rehe territorial, d.h. die Böcke und Geißen beanspruchen Reviere. Nach der Befruchtung entwickelt sich der Keim bei der Rehgeiß nur ein wenig und ruht dann während des Winters. Auf diese Weise können die Kitze zur günstigen Jahreszeit im Frühjahr geboren werden. Rehe werden bis 25 kg schwer. Um erfolgreich durch den Winter zu kommen, müssen die Jungrehe ein Gewicht von mindestens 12,5 kg erreicht haben. Hinsichtlich ihrer Nahrung sind die Rehe sehr wählerisch: Sie fressen gern Knospen und frische Triebe. Die Geißen entwickeln kein Geweih; die Böcke verlieren es jeden Herbst und bauen ein neues auf, das während des Wachstums von einer Nährschicht (Bast) umgeben und sehr empfindlich ist.

Mauswiesel *(Mustela nivalis):* Der extrem schlanke Körper erlaubt dem nur gut 20 cm langen Mauswiesel sogar das Eindringen in die unterirdischen Gangsysteme der Wühlmäuse, die seine Hauptbeute darstellen. Darin ist es dem fast doppelt so großen Hermelin überlegen, dafür kann es aber keine größere Beute mehr bewältigen. Mauswiesel tragen keine schwarze Spitze am Schwanz; im mitteleuropäischen Klimabereich bleibt ihr Fell auch im Winter braun. Lediglich die Tiere im Norden und im Hochgebirge färben dann auf ein weißes Kleid um. Die Grenzlinie zum weißen Bauch verläuft im Gegensatz zum Hermelin unregelmäßig. Männchen sind deutlich größer als Weibchen. Die Bestände schwanken stark und sind von der Häufigkeit der Wühlmaus abhängig. Es bewohnt Baumhöhlen und Steinhaufen.

Tabelle zur Tafel »Gräser« Seite 144/145

Namen, ähnliche Arten	Aussehen (Habitus)	Vorkommen und Bedeutung
1 Englisches Raygras *(Lolium perenne):* in Mitteleuropa heimisch, zuerst in England kultiviert; ähnlich Taumelloloch, Quecke	Blätter bis 6 mm breit, dunkelgrün, glänzend, unbehaart; glatter Halm, 20–60 cm, in lockeren Horsten; Ähre bis 30 cm; Blütezeit 5–9	vom Tiefland bis in 1500 m Höhe wildwachsend und angebaut auf Wiesen, Sportplätzen, Zierrasen; sehr gutes Futtergras
2 Wiesen-Fuchsschwanzgras *(Alopecurus pratensis):* viele Formen; ähnlich die spät blühenden Lieschgräser (Phleum)	Blätter lang, bis 9 mm breit, frischgrün, Oberseite rauh; Halm 30–100 cm; Ährenrispe (Scheinähre) 4–8 cm lang; Blütezeit 5–6	verbreitet und häufig auf feuchteren Wiesen und Weiden, frosthart; sehr gutes Futtergras
3 Wohlriechendes Ruchgras *(Anthoxanthum odoratum):* der Name ist auf das beim Trocknen entstehende Kumarin zurückzuführen	Blätter kurz, 3–5 mm breit, gelbgrün; Halm 15–20 cm, in dichten Horsten; grannenlose Ährenrispe; Blütezeit 5–6	verbreitet und häufig vom Flachland bis ins Gebirge, auf Wiesen, Triften, in Wäldern; wenig wertvolles Futtergras
4 Gemeines Knäuelgras *(Dactylis glomerata):* ähnlicher, doch lockerer Blütenstand beim Wald-Knäuelgras *(Dactylis polygama)*	Blätter 3–10 mm breit, graugrün; Halm 30–140 cm, steif, glatt, in dichten Horsten; Rispe bis 30 cm; Blütezeit 5–7	verbreitet und häufig auf Wiesen, bevorzugt schwere, gedüngte Lehmböden; wertvoll als Weide und zur Heugewinnung
5 Flaumhafer *(Weichhaariger Hafer, Flaumiger Wiesenhafer; Helicotrichon pubescens):* ähnlich Rauher und Bunter Wiesenhafer	Blätter weich, 2–6 mm breit; Halm 30–120 cm; lockere Horste; Rispe bis 20 cm; Ährchen mit 1–2 cm langen Grannen; Blütezeit 5–7	weit verbreitet von Mitteleuropa bis Sibirien, auf trockenen bis mäßig feuchten Wiesen, als Futtergras nur mäßig gut
6 Federgras *(Stipa pennata):* das ähnliche Halfa- oder Espartogras *(Stipa tenacissima)* ist wichtiges Nutzgras	Blätter flach, 2 mm breit, graugrün, Rand rauh; Halm 30–80 cm, steif, dichte Horste; Rispe mit langen Grannen; Blütezeit 5–6	Steppen und Trockengebiete vom Oberrhein bis Afghanistan; in manchen Gebieten als Trachtenschmuck und für Trockensträuße
7 Wiesen-Rispengras *(Poa pratensis):* ähnlich, aber mit größeren Rispen das Rote und das Weiße Straußgras	Blätter 1–6 mm breit, graugrün; Halm 10–80 cm; schmale Rispe; zur Blütezeit (5–6) pyramidenförmig, rauhe Äste ohne Grannen	auf der Nordhalbkugel verbreitet und häufig vom Tiefland bis ins Gebirge; gutes Futtergras, das auch angebaut wird
8 Einjähriges Rispengras *(Poa annua):* als Kulturfolger in allen von Menschen bewohnten Gebieten; ähnlich das Kleine Rispengras	Blätter 2–5 mm breit, oft quer gefaltet; Halm bis 30 cm, oft niederliegend; Rispe unter 6 cm lang, waagrecht abstehende Äste; Blütezeit 1–12	verbreitet und häufig in allen Klimagebieten vom Tiefland bis ins Hochgebirge, auf Äckern, Wiesen, an Wegrändern
9 Weiche Trespe *(Bromus hordeaceus):* Sammelart mit vielen Formen; ähnlich, aber unbegrannt der Wiesenschwingel	Blätter 4–6 mm breit, graugrün; Halm 10–60 cm, in Horsten; Ährchen 1–2 cm lang mit Grannen bis 1 cm Länge; Blütezeit 5–6	sehr häufig vom Tiefland bis ins Gebirge, auf trockenen Wiesen und Äckern, wenig wertvolles und ergiebiges Futtergras
10 Wolliges Honiggras *(Holcus lanatus):* der Name kommt von dem süßlich schmeckenden Halm, »lanatus« bedeutet »samthaarig«	Blätter schlaff, bis 5 mm breit, graugrün; Halm 20–100 cm, dichte Horste; Rispe rötlichweiß, flaumig; zur Blütezeit (6–8) locker	verbreitet und häufig vom Tiefland bis 1000 m Höhe, auf feuchten Wiesen und schweren Böden; wenig wertvoll
11 Zittergras *(Briza media):* ähnlich das südeuropäische Große Zittergras *(Briza maxima),* das als Ziergras kultiviert wird	Blätter schmal, blaugrün; Halm 20–60 cm, zierliche Rispe mit herzförmigen Ährchen an langen Ästchen; Blütezeit 5–6	weit verbreitet in Europa auf kalkhaltigen, meist trockeneren Böden, wenig wertvolles Futtergras, beliebtes Ziergras
12 Nickendes Perlgras *(Melica nutans):* ähnlich das Einblütige Perlgras *(Melica uniflora)* mit oft nur einem großen Ährchen	Blätter dünn, schlaff, 4 mm breit, hellgrün; Halm 30–60 cm; Blütenstand teils Traube, teils Rispe; grüne bis rötliche Ährchen; Blütezeit 5–6	in gemäßigtem Klima von Europa bis Westasien verbreitet, bis 1800 m Höhe, bevorzugt humose Böden
13 Hainsimsen *(Luzula):* die Arten dieser Gattung sind sehr ähnlich, dazu zählen Busch-Hainsimse und Feld-Hainsimse	Blätter flach, grasähnlich, in drei Reihen am Halm; Halm 5–90 cm; sehr kleine vollständige Blüten mit Blütenhüllen; Blütezeit 3–7	etwa 80 Arten (12 heimisch), weit verbreitet in gemäßigtem Klima, in den Alpen bis über die Baumgrenze (2300 m)
14 Seggen *(Carex):* sehr ähnliche Arten, 50 der 1500 Arten bei uns heimisch, z.B. die Blausegge, Blaugrüne Segge, Zittergrassegge	Blätter schmal, grasartig, in drei Reihen am 10–60 cm hohen Halm; Blüte ohne Blütenhülle, ohne Spelzen, eingeschlechtig; Blütezeit 4–7	Blätter und Halme haben scharfe Kanten durch Kieselsäureneinlagerungen und sind deshalb als Tierfutter nicht geeignet
15 Wollgras *(Eriophorum):* alle Arten sehr ähnlich; mit Wolle sind die Fäden an den Früchten gemeint	Blätter und Halm wie Seggen; runde vielblütige Ähren; Blütenhülle aus feinen Borsten, als Schwebhilfe für Samen; Blütezeit 3–5	in Mooren der Nordhalbkugel und Südafrikas bis 2000 m Höhe, als Futtergras ungeeignet, beliebt als Ziergras

Die Feuchtgebiete
Flüsse und Seen, Bäche und Teiche

Bäche und Flüsse durchziehen wie ein riesiges System von Adern die Landschaft. Seen, in Talkessel und Niederungen eingebettet, Teiche und Tümpel, aber auch die Moore und Feuchtwiesen gehören zu den heutzutage so gefährdeten Feuchtgebieten. In ihnen konzentriert sich das Leben, aber auch der Nutzungsanspruch des Menschen: sauberes Trink- und Brauchwasser, Wasserkraft, Ableitung von Abwasser, Schiffahrt, Bewässerung, Fischerei und Erholungsnutzung. Zuviel auf einmal! Sauerstoffmangel und Verschmutzung sind bereits in vielen Gewässern anzutreffen.

Wasser in der Landschaft

Alles Leben hängt vom Wasser ab. Im Wasser hat es sich entwickelt, und keine Lebensform kann darauf verzichten, selbst wenn sie noch so trockene Gebiete besiedelt. Wasser ist daher im wahrsten Sinn des Wortes lebensnotwendig. Das gilt nicht nur für den einzelnen Organismus, ob Mikrobe, Pflanze, Tier oder Mensch, sondern auch für die Lebensräume selbst. In keinem von ihnen kommt das Leben ohne Wasser aus. Und nirgends finden wir eine solche Fülle von Lebensformen wie in den Feuchtgebieten. Unter diesem Begriff faßt man so unterschiedliche Lebensstätten wie Seen und Teiche, Flüsse und Bäche, aber auch regelmäßig überschwemmte Auwälder, Moore und feuchte Wiesen zusammen. Überall dort ist Wasser reichlich vorhanden oder bildet überhaupt erst den eigentlichen Lebensraum wie im Falle der Gewässer. Das größte Feuchtgebiet, das Meer, wird in diesem Buch als Lebensraum gesondert behandelt, da es sich in seinen Gegebenheiten in vieler Hinsicht von den Gewässern und Feuchtlebensräumen des Binnenlandes unterscheidet.

Die Feuchtgebiete lassen sich, trotz aller individuellen Unterschiede, in Gruppen einteilen. So kann man alle stehenden Gewässer als Stillgewässer zusammenfassen und den Fließgewässern gegenüberstellen. Häufig unterscheidet man die Gewässer auch einfach nach ihrer Größe: Seen sind große Stillgewässer, Tümpel und Teiche kleine; große Fließgewässer nennt man Flüsse oder Ströme, kleine dagegen Bäche oder Rinnsale. Zu diesen Gruppierungen kommen die Auen und Bruchwälder als baumbestandene, die Feuchtwiesen als grasbewachsene Feuchtgebiete; bei beiden ist der Untergrund zwar feucht, aber doch fest genug, um Bäume oder Menschen zu tragen. Bei den Mooren dagegen wird der Untergrund zumindest stellenweise so naß, daß der obere Teil mehr oder minder darauf schwimmt. Bei typischen Mooren federt daher der Untergrund, und es besteht die Gefahr, daß man durchbricht. Anders als bei den Auen und Feuchtwiesen stammt das Wasser hier überwiegend aus Niederschlägen, ist damit also nährsalzarm, und bei der Entwicklung zum Hochmoor versauert der Boden. Der innere Teil des Hochmoores (daher der Name!) wölbt sich schließlich über den äußeren Rand empor.

Als weitere Einteilungsmöglichkeit kann man im Binnenland noch den Salzgehalt des Wassers im Feuchtgebiet berücksichtigen. Liegt dieser niedrig, enthält es Süßwasser. Haben sich aber Salze angereichert, so wird das Wasser zum brackwasserähnlichen Binnenland-Salzgewässer. Dieser Zustand tritt vor allem dort ein, wo flache Gewässer starker Sonneneinstrahlung ausgesetzt sind. Das Wasser verdunstet dann schneller, als es nachgeliefert wird. Auf diese Weise reichert sich der ursprünglich geringe Salzgehalt immer weiter an, bis Salz- bzw. Natron- oder Sodaseen entstehen, die im Salzgehalt dem Meerwasser gleichkommen können oder dieses sogar übertreffen. Solche Binnenland-Salzgewässer kommen in der Ungarischen Tiefebene, in den Lachen des Seewinkels im österreichischen Burgenland oder im Hochland von Anatolien vor. Auch küstennahe Lagunen können ganz ähnliche Bedingungen entwickeln. Es verwundert daher nicht, an solchen Binnenland-Salzgewässern auch Tiere und Pflanzen zu finden, die normalerweise nur an Meeresküsten angesiedelt sind.

Seen

Vielgestaltig wie die Landschaften, in die sie eingebettet sind, erleben wir die Seen. Keiner gleicht dem anderen. Jeder stellt gewissermaßen ein Individuum dar. Von nur wenige Hektar großen, von steilen Wänden umschlossenen Gebirgsseen bis zu den flachen Trögen in den Ebenen und zu den riesigen Wasserflächen der großen Seen, an denen man das andere Ufer nicht mehr erblicken kann, reicht das Spektrum. Nur wenige Seen weisen ein hohes Alter auf. In Europa sind die meisten erst während und nach der Eiszeit entstanden. Die Gletscher schürften Wannen aus dem Untergrund, in denen sich nach dem Abschmelzen die Wassermassen anstauten. Die Moräne, die der Gletscher vor sich abgelagert hatte, bildete die Barriere. Je nach Größe der Eismassen sind auf diese Weise große und tiefe Seen wie der Bodensee und der Genfer See entstanden und kleinere wie der Königssee. Manche Seen verlandeten nach ihrer Entstehung rasch, weil ein Fluß gewaltige Massen von Schotter und Schwemmaterial hineintrug – so füllte der

Inn den nacheiszeitlichen Rosenheimer See vollständig auf. Der Chiemsee dagegen ist wegen der viel geringeren Materialzufuhr durch die kleine Tiroler Ache erhalten geblieben. Gemessen an der Erdgeschichte stellen Seen also vergleichsweise kurzlebige Gebilde dar. Nur an ganz wenigen Stellen und unter besonderen Bedingungen konnten sich Seen sehr lange erhalten. Der älteste dürfte der Baikalsee sein, der die fast unvorstellbare Menge von 23 000 km^3 Wasser speichert.

Unter den europäischen Seen zählen der Ochrid- und der Prespasee auf dem Balkan zu den alten, die weit vor dem Eiszeitalter, dem Pleistozän, entstanden sind. Alle Seen der Alpen und der norddeutschen Tiefebene verdanken dagegen ihre Entstehung der Eiszeit. Die Vorgänge der Verlandung zeigen, daß es Kräfte der Natur sind, die jeden See altern und schließlich verschwinden lassen. Wie schnell dieser Vorgang abläuft, hängt vom Einzugsgebiet des Sees ab. Und natürlich spielt auch seine Größe eine Rolle. Kleine Seen verlanden schneller als große, flache leichter als tiefe. So weist jeder See seine eigene Geschichte auf. Sie läßt sich an den Schichten in seinen Sedimenten ablesen. Die Zusammensetzung der abgelagerten Schichten wechselt mit den unterschiedlichen Bedingungen zu den verschiedenen Zeiten der Erdgeschichte. War das Umfeld des Sees stark bewachsen oder gar mit einem geschlossenen Wald überzogen, so entstehen keine grobkörnigen Sedimente im Wasser, denn die Zuflüsse können nur feines Material wie Lehm- und Tonteilchen, vor allem organische Stoffe wie Blätter und Ästchen aus den Wäldern heraustransportieren. Verschlechtert sich das Klima und verschwindet der Wald, dann gelangen mit den Zuflüssen gröbere Sedimente ins Seebecken.

Noch genauere Aufschlüsse über die Vorgänge in der Vergangenheit vermitteln aber die Pollen von Blütenpflanzen. Sie sind außerordentlich widerstandsfähig und werden nicht oder nur wenig von Bakterien angegriffen. So gelangen sie mit Wind und Schwemmgut in die Seen und werden dort abgelagert. Jede Pflanzenart besitzt eigene Pollen. Sie lassen sich unter dem Mikroskop unterscheiden. Die Pollenanalyse, wie eine solche Untersuchung genannt wird, vermittelt daher ein recht zutreffendes Bild von den Vegetationsverhältnissen im Umfeld der Seen und Moore. Die Schichten zeigen, ob Birken und Haselnußsträucher, Fichten oder Eichen die vorherrschenden Baumarten in früheren Zeiten gewesen sind. Man kann daraus Rückschlüsse auf die klimatischen Verhältnisse ziehen, denn die betreffenden Baumarten stellen heute sicher im Prinzip ähnliche Ansprüche an ihre Umwelt. Neuerdings liefern die Schichten im Seeboden auch andere wichtige Daten, nämlich über die Umweltbelastung. Kann man ihnen doch entnehmen, wie hoch die Belastung durch die Elemente Quecksilber und Cadmium, zwei besonders gefährliche Schadstoffe in der Umwelt von heute, früher gewesen ist und wie sie sich im Laufe der Zeit entwickelt hat. Die Sedimente im See sind natürliche Archive mit Dokumenten der Vegetations- und Kulturgeschichte.

Der Seeboden bildet einen sehr bedeutenden Teil des Lebensraums See: Hier sammeln sich vielerlei Stoffe. Verschiedene dem Bodenleben angepaßte Organismen nehmen sie auf. Sie bearbeiten das von oben herabkommende organische Material so lange, bis es wieder in die mineralischen Bestandteile zersetzt ist. Doch das funktioniert nicht in jedem See, weil die obere Zone vielfach mehr produziert, als am Boden abgebaut werden kann – die Folge: Es kommt zur Anhäufung von organischem Material und anschließend zur Bildung von Faulschlamm.

Die Seen gliedern sich in ganz unterschiedliche Schichten. Der Wasserkörper ist nicht überall gleich. Das zeigt sich schon, wenn man ein Temperaturprofil durch den See – von der Oberfläche bis zum Grund – anfertigt. An der Oberfläche ist das Wasser im Sommer am wärmsten, weil dort die Sonneneinstrahlung am stärksten wirkt. Ist das Wasser klar und gut lichtdurchlässig, reicht die Erwärmung mehrere Meter tief hinab. In trübem Wasser stellt man schon beim Schwimmen fest, daß die Beine deutlich kältere Schichten berühren. Erwärmtes Wasser dehnt sich aus und verringert sein Gewicht ein wenig. Das reicht aus, um eine Schichtung zu erzeugen, denn das erwärmte Wasser schwimmt über dem kälteren. Dort, wo es auf das kältere trifft, nimmt die Temperatur sehr rasch, oft geradezu sprunghaft ab. Diese Zwischenschicht bezeichnet man daher als Sprungschicht. Unter ihr befindet sich kaltes Tiefenwasser, das bei großen Seen eine Temperatur von etwa +4 °C hat – bei dieser Temperatur ist das Wasser spezifisch am schwersten. Kühlt es noch weiter ab, wird es wieder leichter und steigt an die Oberfläche empor. Dadurch bleibt auch im Winter eine Sprungschicht bestehen, wenn die Oberfläche kälter als +4 °C geworden ist oder gar eine Eisdecke trägt. Eis dehnt sich beim Gefriervorgang aus und schwimmt daher immer an der Oberfläche.

Die Sprungschicht trennt so in großen Seen zwei Wasserkörper voneinander. In der oberen Schicht, dem Epilimnion, entwickeln sich mikroskopisch kleine Algen, die aus dem Wasser Mineralstoffe und Kohlendioxid aufnehmen. Mit Hilfe des Sonnenlichtes synthetisieren sie daraus organische Stoffe. Sie sind die »Produzenten«. Enthält das Wasser viele Nährstoffe, entwickeln sich die Algen stark und umgekehrt. Von diesen Algen leben Kleinkrebschen und andere Kleintiere. Sie sind die

Eine große Fülle von Kleintieren beherbergen solche Kleingewässer. Reiches Pflanzenwachstum am Ufer sorgt für Nahrung und Unterschlupf für die Larven von Wasserinsekten. Besonders Libellen wird man hier in verschiedenen Arten finden und sich an ihrem Flug erfreuen.

»Erstkonsumenten«. Auf sie folgen Kleinfische als »Zweitkonsumenten«, die wiederum von größeren gefressen werden. So entwickeln sich die Nahrungsketten.

Aber alle Tiere und Pflanzen oder ihre Reste, die sich im Wasser befinden, sinken über kurz oder lang zum Seeboden ab. Sie versorgen die Tiefenzone, in die nicht mehr genügend oder überhaupt kein Licht hinabdringt, mit Nährstoffen. Von diesem beständigen Zustrom von oben leben die tierischen Bodenorganismen. Fällt er gering aus, können sich am Boden nur wenige Organismen halten und entwickeln. Fällt er reichlich aus, geraten sie aus einem anderen Grund bald in Schwierigkeiten: Die Versorgung mit Sauerstoff wird knapp. Diesen setzen nämlich die grünen Pflanzen der oberflächennahen Schichten bei ihrer Photosynthese frei. Auch Wind und Wellen tragen Sauerstoff in den See hinein. Ein gewisser Teil mag noch von den Zuflüssen des Sees stammen. Im Gegensatz zu den Pflanzen verbrauchen aber alle Tiere, ob groß oder klein, bei ihrer Lebenstätigkeit Sauerstoff. Die Pflanzen benötigen ihn zwar auch zur Atmung, doch während der Photosynthese überwiegt die Freisetzung den Verbrauch bei weitem. In der lichtlosen Tiefe gibt es keine Freisetzung von Sauerstoff durch grüne Pflanzen. Dort herrscht nur noch Verbrauch. Wohl kann eine Reihe besonderer Bakterien ohne Sauerstoff auskommen, doch wo diese sich breitmachen, ist alles höhere Leben in Gefahr zu ersticken. Gelangt also zu reichlich organisches Material in die Tiefe, verbraucht seine Zersetzung den dort vorhandenen Sauerstoff. Zuviel in den See gelangende organische Nährstoffe sind – mit anderen Worten – zuviel des Guten.

Da Sauerstoff an der Oberfläche reichlich zur Verfügung steht, entwickelt sich dort eine genau umgekehrte Situation. Die intensiv wachsenden Algen betreiben Photosynthese und setzen viel Sauerstoff frei. Bei starker Sonneneinstrahlung kann es sogar zu Übersättigung mit Sauerstoff kommen. Das bedeutet, daß die Pflanzen mehr davon freigesetzt haben, als sich im Wasser überhaupt gelöst halten kann. Nach und nach entweicht dieser überschüssige Sauerstoff in kleinen Gasbläschen – man kann sie im Sommer an den Wasserpflanzen eines Weihers oft beobachten. Es würde daher nicht lange dauern, bis in der obersten Schicht, im Epilimnion, alle Nährstoffe verbraucht wären und sich in der unteren Schicht, im Hypolimnion, angesammelt hätten. Die Sprungschicht, das Metalimnion, stellt eine ziemlich scharfe Grenze zweier Wasserschichten dar.

Aus der Eiszeit stammen die Seen des Voralpen- und Alpengebietes. Die im Hintergrund leuchtenden Schneefelder des Wettersteingebirges erinnern an diese Herkunft beim Riegsee. Solche Seen werden schnell zu Nährstoffallen, wenn man nicht auf ihre Reinheit achtet.

Wie kann so ein geschichteter See jahrelang, ja, über Jahrtausende hinweg produktiv bleiben? Der Mechanismus, der die Produktivität erhält, ist einfach. Jedes Jahr wälzt der See seine Wassermassen zweimal mehr oder minder vollständig um. Dies geschieht im Frühjahr und im Herbst, wenn das Oberflächenwasser genau die Temperatur des Tiefenwassers, also zumindest 4 °C, erreicht hat. Mit dem Auftauen des Eises erwärmt sich das kalte Oberflächenwasser und wird bald jene 4 °C erreichen, die für den Austausch nötig sind. Umgekehrtes vollzieht sich im Herbst bei Abkühlung des warmen Oberflächenwassers. Nun reichen schon verhältnismäßig geringe Windstärken aus, um den gesamten Wasserkörper des Sees in Bewegung zu setzen. Das kalte Tiefenwasser mit seinen Nährstoffen gelangt nach oben und reichert sich dort wieder mit Sauerstoff an, während das nährstoffarme Oberflächenwasser nach unten kommt und dort neue Nährstoffe aus dem Bodenschlamm herauslöst. So findet alljährlich ein intensiver Stoffkreislauf statt. Nur solche Seen, deren Tiefenwasseranteil erheblich größer als der Oberflächenanteil ist, mischen sich nicht vollständig. Umgekehrt kann es bei flachen Seen mit großer Oberfläche und kleinem Rauminhalt zu mehrfachen Durchmischungen kommen, weil die Wassertemperaturen witterungsbedingt oft nicht ganz gleichmäßig zu- oder abnehmen. Die Lebensgemeinschaften werden jedenfalls durch diesen grundlegenden Vorgang im Ökosystem See immer wieder mit Nährstoffen und Sauerstoff versorgt.

Allerdings liegt hierin auch eine große Gefahr verborgen. Wenn nämlich der Mensch mit Abwässern Schadstoffe in den See geleitet hat, so dauert es sehr lange, bis sich der größte Teil davon im Sediment so festsetzt, daß er nicht mehr bei jeder Zirkulation des Wassers frei wird. Die Seen stellen regelrechte Nähr- und Schadstoffallen dar, die sich nicht wie die Flüsse verhältnismäßig schnell wieder reinigen können. Die Verschmutzung der Seen ist daher ein besonders schwerwiegendes Problem. Es bedarf größter Anstrengungen, um unsere Seen sauberzuhalten. Tatsache ist, daß der Mensch am meisten zur Beschleunigung des Alterungsprozesses der Seen beiträgt.

Seen können wie gesagt richtiggehend altern – und sie tun dies auch unter natürlichen Bedingungen. Jede neue Fracht an Nährstoffen, die mit den Zuflüssen hineingelangt, verbleibt größtenteils im See und trägt zur Erhöhung seines Nährstoffgehalts bei. Ursprünglich hat jeder See mit dem nährstoffarmen Grundzustand angefangen. Man bezeichnet ihn als nährstoffarm, oligotroph, weil er weniger Nährstoffe zur Verfügung hat, als er im Verlauf der Umsatzzyklen zwischen Winter und Sommer abbauen könnte. Die Abbauvorgänge verlaufen schneller und wirkungsvoller als der Aufbau. Ein oligotropher See enthält daher vergleichsweise wenige Organismen. Edelfische dominieren. Das Wasser ist klar und bis in große Tiefen durchsichtig. Aufgrund des Nährstoffmangels reicht es zu keiner großen Pflanzenproduktion. Solche Seen dienen dem Menschen als Speicher für Trinkwasser.

Mit fortschreitender Zufuhr von Nährstoffen nimmt die Produktivität aber allmählich zu. Algen können sich zeitweise entwickeln; am Gewässergrund wachsen höhere Wasserpflanzen, soweit das Licht hinabreicht. Doch das Wasser bleibt klar und sauber: Der See hat einen Übergangszustand erreicht, in dem sich Produktion und Verbrauch vielleicht gerade die Waage halten. Man bezeichnet ihn als mesotroph und meint damit einen mittleren Zustand in der Nährstoffversorgung. Jetzt heißt es auf der Hut sein, wenn der See weiterhin sauberes Trinkwasser liefern soll. Jede weitere Nährstoffzufuhr erhöht seine Produktivität. Rasch kann der Punkt erreicht werden, an dem sie die Abbauleistung übersteigt. Dann beginnt der See mehr und mehr, fäulnisfähiges organisches Material in der Tiefe anzusammeln. Die Qualität des Wassers verschlechtert sich. Der See ist eutroph, also nährstoffreich geworden. Nur mit enormen Kosten kann es dann noch gelingen, den See zu retten und die Wasserqualität wieder zu verbessern. Die Maßnahmen hätten bereits vorher ergriffen werden müssen!

Die meisten Veränderungen in den Nährstoffbilanzen der Seen hat der Mensch auf dem Gewissen. Er war und ist es, der zu hohe Mengen an Nähr- und Schadstoffen einleitet oder im Uferbereich freisetzt, so daß Wind und Niederschläge sie hineinverfrachten können. Er beschleunigt damit nicht nur den natürlichen Alterungsprozeß der Seen, sondern »gräbt sich selbst das Wasser ab«. Immer größere Anstrengungen werden notwendig, um sauberes, gesundheitlich einwandfreies Trinkwasser zu beschaffen. Denn auch das Grundwasser wird mehr und mehr belastet. Die Düngemittel der Landwirtschaft werden von den Niederschlägen ausgewaschen und dringen ins Grundwasser ein. Phosphate und Nitrate spielen die größte Rolle. Gebietsweise belasten sie das Grundwasser so sehr, daß es als Trinkwasser nicht mehr verwendet werden darf. Es strömt über die Bäche und Flüsse in die Seen und »füttert« die Algen darin so reichlich, daß es zu übermäßiger Produktion kommt. Der Sauerstoff wird aufgebraucht, und die Wasserqualität nimmt rapide ab.

Wir sehen daraus, daß wir die Seen nicht als isolierte Gebilde in der Landschaft betrachten dürfen. Sie sind darin eingebunden! Was wir mit dieser Landschaft anstellen, davon hängt in starkem Maße ab, ob die Seen gesund bleiben oder erkranken. Heute werden an den meisten Seen umfangreiche Messungen vorgenommen, die den Zustand ermitteln sollen.

Unbelastetes Quellwasser wird selbst im Hochgebirge zur Mangelware, weil sogar schon mit dem Wind Schadstoffe eingetragen werden.

Doch viel einfacher und überzeugender als durch chemische oder physikalische Messungen können wir dies oft nach der Zusammensetzung seiner Lebewesen beurteilen. Es gibt Arten, die nur in sauberem, klarem Wasser vorkommen und die Verschmutzung nicht vertragen. Andere dagegen brauchen ein hohes Nährstoffangebot, wie sie es in verschmutzten Gewässern vorfinden. Die besten Indikatoren wären sicher die mikroskopisch kleinen Tiere und Pflanzen, das Plankton, doch erfordert es besondere Kenntnisse und teure Geräte, um Wasseruntersuchungen durchführen zu können. Auch mit den Fischen gibt es Probleme, denn die meisten werden heute künstlich eingesetzt. Es gibt kaum mehr einen See, in dem sich ein natürlicher Fischbestand entwickeln könnte.

Die Wasservögel dagegen fliegen dorthin, wo es ihnen gefällt und wo es für sie die entsprechende Nahrung gibt. Vereinfacht können wir sagen: Je mehr Wasservögel, desto schlechter die Wasserqualität und umgekehrt. Noch mehr nähern wir uns den Verhältnissen, wenn wir die Wasservögel ihrer Ernährungsweise nach in Gruppen einteilen. Da gibt es Fischjäger im Freiwasser wie die Taucher und Kormorane, Lauerjäger am Ufer wie die Reiher und Rohrdommeln. Die Möwen sammeln alles an der Oberfläche treibende verwertbare tierische Material. Die Tauchenten tauchen metertief zum Bodenschlamm hinunter, um darin nach Nahrung zu suchen. Die Gründelenten kippen nur und recken den mehr oder minder langen Hals ins Flachwasser hinab. Es gibt unter ihnen solche, die sich von Wasserpflanzen ernähren, und andere, die – ausgestattet mit feinen Lamellen an den Schnabelrändern – Würmer und Mükkenlarven aus dem Schlamm herausfiltern.

Vielfältig sind die Methoden des Nahrungserwerbs. Aber stets lassen sich drei Haupttypen von Nahrung unterscheiden: Wasserpflanzen, Kleintiere im Schlamm und Fische. Ist das Wasser gut, so besitzt es viel Sauerstoff. Die Fische überleben und können sich stark vermehren. Wäre ihnen viel reichlicher Nahrung geboten, würde ihnen das nichts nützen, weil der Sauerstoffgehalt zu stark sänke und sie ersticken müßten, denn anders als die Wasservögel decken sie ihren Sauerstoffbedarf aus dem Wasser. Das setzt ihnen Grenzen. Gibt es viele Fische, so werden sich auch viele fischfressende Wasservögel einstellen als Anzeiger für guten Fischbesatz. Im Gegensatz zur Meinung vieler Fischer sind diese Vögel keineswegs für die Fischbestände schädlich. Da sie sehr viel Aufwand treiben müssen, um unter Wasser einen Fisch zu erbeuten, gelingt ihnen dies nur, wenn entweder sehr reichlich Fische vorhanden sind oder wenn viele nicht mehr vital genug sind. Die Fischjäger unter den Wasservögeln hielten daher früher die Fischbestände gesund und produktiv.

Haben sich im Uferbereich aber große Mengen an Wasserpflanzen entwickelt, so werden sich – vorausgesetzt, sie bleiben von der Jagd verschont – entsprechende Mengen pflanzenfressender Wasservögel einstellen: die kleinen, flinken und gut tauchenden Bläßhühner, die unscheinbaren Schnatterenten, vielleicht auch die seltenen und besonders schönen Kolbenenten sowie die großen Höckerschwäne. Gemeinsam beweiden sie die im Sommer aufgewachsenen Wasserpflanzen und tragen durch ihre Tätigkeit ganz entscheidend zum Funktionieren des Gewässerhaushalts bei. Man sollte sie daher nicht geringschätzen, die kleinen schwarzen Gesellen mit dem weißen Stirnlatz. Das Bläßhuhn hat seinen Platz, seine Rolle im Naturhaushalt. Mit der Belastung der Gewässer ist seine Bedeutung sogar ganz erheblich gestiegen, denn Massenauftreten von Bläßhühnern und Höckerschwänen deuten auf eine starke Zufuhr anorganischer Nährstoffe (Mineralstoffe wie Phosphate und Nitrate) hin. Das Wasser kann dennoch einen sauberen Eindruck machen – vorausgesetzt, die Wasservögel dürfen die Unterwasserwiesen einigermaßen ungestört beweiden.

Schließlich signalisieren die anderen Enten, insbesondere die Tauchenten, eine

Belastung mit organischen, fäulnisfähigen Stoffen. Von diesen ernähren sich die Kleintiere des Bodenschlamms, die Schlammröhrenwürmer (den Aquarianern als *Tubifex* bekannt) und die Larven der nicht stechenden Zuckmücken (Chironomiden). Auch bestimmte Muschelarten wie die Wandermuschel *(Dreissena polymorpha)* nutzen das eingeschwemmte organische Material und entwickeln sich in Massen, wenn der See zu sehr damit belastet wird. Die Zusammensetzung der Wasservogelgemeinschaften läßt also auf den ersten Blick erkennen, in welchem Zustand sich ein See befindet.

Allerdings darf man sich nicht von Futterstellen der Menschen täuschen lassen. Selbst am besonders nährstoffarmen Königssee finden sich Enten und Bläßhühner an den Anlegestellen der Boote ein, weil die Leute füttern. Ohne diese Fütterung würden sie solche Seen meiden. Damit ist ein Problem angesprochen, das vor allem bei kleineren Gewässern ins Gewicht fällt: der Nährstoffeintrag durch die Fütterung der Wasservögel. An großen Seen spielt er im Vergleich zum sonstigen Zustrom von Nährstoffen zumeist keine Rolle. Kleingewässer können dagegen durch eine übermäßige Fütterung der Wasservögel beträchtlich verschmutzen.

Kleingewässer

Teiche, Tümpel und Weiher bilden die Gruppe der Kleingewässer. Sie führen in lückenlosem Übergang zu den Mooren oder Auwäldern, die oft solche Tümpel enthalten. Ihrer geringen Größe entsprechend bildet sich bei ihnen keine eigentliche Temperaturschichtung aus. Das Licht kann bis zum Boden durchdringen; höhere Wasserpflanzen werden in jeder Tiefe ausreichend damit versorgt, es sei denn, der Teich weist eine außergewöhnlich starke Wassertrübung auf. Teiche werden vom Menschen künstlich angelegt und gestaltet. Weiher und Tümpel bilden sich dagegen oft auf natürliche Weise, oder sie sind schon so naturnah geworden, daß man ihnen nicht mehr ansieht, wie sie entstanden sind. Kolke in Auwäldern können ihre Entstehung Bombentrichtern verdanken. Tümpel und Weiher haben eine erheblich kürzere Lebenszeit als Seen. Manche bringen es nur auf ein paar Jahre.

Die Tier- und Pflanzenwelt muß sich diesem raschen Wechsel anpassen. Die meisten Bewohner von Kleingewässern kommen daher auch an Land ganz gut zurecht. Sie können laufen oder fliegen und suchen so bei Bedarf neue Wohngewässer auf. Frösche und Kröten, Unken und Molche sind solche typischen Bewohner von Kleingewässern. Wanderer zwischen zwei Elementen sind sie: dem festen Land mit seinem Luftraum darüber und dem Wasser. Der Fachmann nennt sie Amphibien und meint damit ihre Doppelnatur, einmal im Wasser, dann an Land zu leben. Sie sind meist etwas schwerfällig zu Fuß, auch wenn der mächtige Satz eines großen Frosches eine beachtliche Leistung darstellt. Nur allzu schnell würde er aber ermüden, wenn er nicht bald das rettende Wasser erreichte. Die langsamere Kröte könnte ihn, wollte man einen Wettlauf zwischen beiden veranstalten, ganz gewiß überholen. Nach einer Serie von Sprüngen hat sich der Frosch verausgabt, während sich die Kröte langsam, aber stetig fortbewegt. So entfernt sie sich im Laufe des Sommers bei ihren Streifzügen mitunter kilometerweit von ihrem Laichgewässer. Doch mit bewundernswerter Sicherheit findet sie ihren Tümpel wieder, wenn im nächsten Frühjahr die Fortpflanzungszeit kommt.

Nur allzuoft wurde ihr Tümpel aber zwischenzeitlich zugeschüttet. Die Kleingewässer sind wie kaum ein anderer Lebensraum bedroht – und mit ihnen die ganze Schar von Kleintieren, die ihn wie ein riesiges Aquarium bewohnen. Da schwimmen große, kräftige Käfer mit gelblichen Rändern, strecken sich zur Wasseroberfläche, holen Vorrat an Luft und tauchen wieder hinab ins Gewirr der Pflanzen: Gelbrandkäfer sind auf der Jagd! Ihr stromlinienförmiger Körper verursacht nur geringen Wasserwiderstand. Kräftige Schwimmbeine überwinden den Auftrieb. Elegant jagen diese Käfer unter Wasser, packen einen Molch und verzehren ihn. Doch Mitleid mit dem armen Molch wäre gewiß fehl am Platze. Hatte er doch gerade vorher den Laubfröschen den Laich weggefressen. Von den haselnußgroßen Ballen blieben nur die leeren Gallerthüllen übrig. Der Laichballen nahe dem Ufer hatte mehr Glück; ihn entdeckten die Molche nicht. Bald wimmelte es von kleinen Kaulquappen des Laubfroschs. Bei den Grasfröschen und Erdkröten, die viel früher gelaicht hatten, waren die Kaulquappen inzwischen schon so groß, daß sich die Beinchen zeigten.

Eine strenge Abfolge der Laichzeiten am Tümpel garantiert, daß sich die verschiedenen Arten nicht allzusehr ins Gehege kommen. Als erster trifft im März der Grasfrosch ein. Er produziert in ganz kurzer Zeit solche Massen von Laich, daß die vielen Feinde keine Chance haben, alle Kaulquappen zu erwischen. Bald danach durchziehen die langen Gallertfäden der Erdkröten den Ufersaum. Die dunklen Eier liegen perlschnurartig aufgereiht in Doppelreihen

Baggerseen in den Flußniederungen bilden wichtige Ersatzlebensräume für die zugrundegerichteten Kleingewässer. Aber auch sie verkrauten schnell mit Wasserpflanzen, wenn aus den umliegenden landwirtschaftlichen Nutzflächen ständig Dünger in ihr Wasser gelangt.

Altwasser sind vor der Regulierung der Flüsse auf natürliche Weise entstanden, wenn der Strom sein Bett verlagerte. Doch sie blieben damit in Verbindung. Heute schneidet sie der Wasserbau oft vom Fluß ab und hält das für die Reinigung notwendige Hochwasser fern.

darin. Wenn auch diese Laichperiode zu Ende gegangen ist, beginnen die Chöre der Wasser- und der Laubfrösche. Die Wasserfrösche quaken am Tage, die Laubfrösche abends und in der Nacht. Sie locken die Weibchen von weit her an und signalisieren ihnen, wo sich ein günstiges Laichgewässer befindet. Im Laufe des Sommers wachsen dann die zuerst an Fische erinnernden Kaulquappen heran. Sie bilden Beine aus, der Schwanz geht zurück, bis schließlich im Hochsommer die kleinen Frösche dem Wasser entsteigen und ihr Dasein an Land beginnen.

So herrscht stets Leben am Teich. Libellen schwirren umher, zeigen ihre unglaublichen Flugkünste und vereinigen sich zu herzförmigen Paarungsrädern. Die Kleingewässer beherbergen eine großartige Fülle von Organismen auf engem Raum. Nirgendwo läßt sich die Vielfalt des Lebens besser beobachten. Wer die Möglichkeit dazu hat, sollte sich daher selbst einen kleinen Teich im Garten anlegen. Er wird überrascht sein, was sich alles schon in kurzer Zeit darin einfindet.

Bäche und Flüsse

In den Seen und Teichen steht das Wasser mehr, als daß es fließt. Gewiß gibt es auch Strömungen, oder es ziehen Flüsse hindurch, doch insgesamt bleibt der Wasserkörper ziemlich in Ruhe, die Austauschrate ist gering. Temperaturbedingte Umschichtungsprozesse wie die Zirkulationen im Frühjahr und Herbst, bei Kleingewässern auch im Wechsel von Tag und Nacht, spielen eine größere Rolle als der Durchfluß. Das ist ganz anders bei den Fließgewässern. In ihnen strömt das Wasser beständig talwärts; zwar manchmal mit wechselnder Geschwindigkeit, aber stets so stark, daß es nur kurze Zeit in einem bestimmten Abschnitt des Fließgewässers verweilt.

Der Weg des Wassers beginnt nicht an den Quellen. Sie sind nur der sichtbare Anfang der Bäche. Wenn das Wasser aus dem Quelltopf heraussickert oder hervorsprudelt, hat es schon einen mehr oder weniger weiten Weg hinter sich. Es mußte, nachdem es als Regen oder Schnee niederging, zunächst durch den Boden hindurch. In den feinen Gängen und Kapillaren bekam es Kontakt mit dessen Bestandteilen. Wurde der Boden stark gedüngt oder mit Abwässern belastet, nahm das durchströmende Wasser die löslichen Stoffe auf. Vor allem die Nitrate aus den Düngemitteln lösen sich sehr leicht und verschmutzen das Grundwasser. Belastungen mit über 50 mg Nitrat pro Liter sind in einer Reihe von Gebieten, beispielsweise in Westfalen oder in anderen Gegenden mit durchlässigen Böden und intensiver Bewirtschaftung, keine Seltenheit mehr. Nitratarmes Grundwasser kommt nur noch aus den höheren Bergregionen. Aber auch andere Schadstoffe nimmt das Wasser auf, während es zum Grundwasser hinuntersickert. Die mitteleuropäischen Quellen sprudeln oft nur noch scheinbar rein. In Wirklichkeit sind sie ziemlich verschmutzt, und die wenigsten würden sich als Trinkwasser eignen. Man hat die Bäche und Flüsse daher auch als die »Exkretionssysteme der Landschaft« bezeichnet, Ausscheidungskanäle also, die das Abwasser wegführen. Ihren Zustand, der die Belastung der Landschaft widerspiegelt, zeigen die Tiere und Pflanzen an, die in den Bächen und Flüssen leben – oder nicht mehr leben können, weil das Wasser zu stark verschmutzt ist. Forellen zum Beispiel signalisieren besonders sauberes Wasser.

Solches Wasser findet man natürlicherweise im schnellfließenden, klaren und sprudelnden Bereich der Oberläufe der Bäche und Flüsse. Man nennt diese Zone daher die *Forellenregion.* Das Wasser dort ist kalt und reich an Sauerstoff. Es wechselt nur wenig im Jahreslauf, weil das Grundwasser, aus dem die Hauptmasse der Wasserschüttung stammt, eine Temperatur besitzt, die etwa dem Jahresmittelwert entspricht, den die Lufttemperatur in Bodennähe erreicht. So kommt das Wasser gleichmäßig kühl aus den Quellen. Noch enthält es Nährstoffe höchstens in Form gelöster Salze, welche Pflanzen verwerten können. Organisches Material, von dem Tiere im Bergbach leben, führt es dagegen sehr wenig mit sich. Die Fische wachsen langsam und produzieren ein wohlschmeckendes Fleisch, das wenig Gräten enthält. Solche Fische bezeichnen wir als Edelfische und stellen sie den grätenreichen Vertretern der Karpfenfamilie gegenüber, welche die wärmeren, nahrungsreicheren Abschnitte im Unterlauf bewohnen.

Die Fließgewässer wurden daher schon frühzeitig in Fischregionen eingeteilt: Auf die Forellenregion folgt bach- und flußabwärts die *Äschenregion* mit der Äsche als Leitfischart. Hier strömt das Wasser immer noch flach über das schon geweitete Flußbett, aber es weist keine so hohen Fließgeschwindigkeiten mehr auf wie im Oberlauf. Das Gefälle hat abgenommen. Dafür steigt die Wassermenge, denn immer mehr Nebenflüsse und -bäche hat der Fluß bereits aufgenommen.

Jetzt beginnt die *Barbenregion* mit der Flußbarbe als typischer Art. Hier jagt auch der Huchen, eine als Speisefisch besonders geschätzte Fischart, die beinahe ausgestorben wäre, weil sie die Wasserverschmutzung nicht verträgt.

Schließlich weitet sich der Fluß im Unterlauf. Oft über ausholende Windungen ziemlich träge, wälzt er seine Wassermassen meerwärts oder in einen See. Doch es ist nicht so sehr die Abnahme der Strömungsgeschwindigkeit, die diese untere Region, die *Brachsenregion,* kennzeichnet, sondern der Nahrungsreichtum. Der hochrückige Brachsen schiebt sich durch Wälder von Wasserpflanzen hindurch, die in den fast strömungsfreien Buchten wachsen. Er weicht blitzschnell zur Seite aus, wenn ihn ein Hecht zu packen versucht.

Den Winter verbringt er weitgehend in Ruhe wie auch sein naher Verwandter, der Karpfen. Anders als in der Forellenregion, wo das Wasser einigermaßen gleichmäßige Temperaturen aufweist, erwärmt sich hier unten der Fluß im Sommer und kühlt im Winter unter Umständen so stark ab, daß sich Eis bildet. Die Nahrungsorganismen der Fische sind diesem Wechsel viel stärker angepaßt als jene im Bergbach. Brachsen und Karpfen, Hecht und Rotauge müssen im Winter auf Sparflamme leben. Dafür bietet ihnen der Sommer um so mehr Nahrung.

Die Fischregionen spiegeln daher stärker den Zustand der Nahrungsversorgung wider als die Strömungsgeschwindigkeit. Diese kann auch im Tieflandfluß und -strom überraschend hohe Werte von über 1 m/s erreichen – dafür sorgt der Schub des Wassers, besonders bei Hochwasser. Mit der fortschreitenden Wasserverschmutzung nahmen zunächst die Edelfische ab, während die weniger geschätzten Arten zunahmen. In Fischereikreisen sprach man von »Verbarschung«, weil der kleine, sehr anpassungsfähige Flußbarsch, dessen Nahrungsgrundlage durch die Wasserverschmutzung verbessert wurde, an Zahl wuchs. Doch mit zunehmender Abwasserbelastung kehrte sich der Nähreffekt ins Gegenteil um: Die Sauerstoffverluste wurden so groß, daß die Fische starben. Zu Tausenden trieben ihre Kadaver die Flüsse hinunter, als die Spülmittel und Waschmittelzusätze Schaumberge auf dem Wasser entstehen ließen. Die feinen Kiemen, die den Fisch mit Sauerstoff versorgen, wurden verätzt und schließlich ganz zerstört.

In den fünfziger und sechziger Jahren waren die Belastungen besonders schlimm geworden. Dann setzten sich Änderungen in der Waschmittelzusammensetzung durch, und verstärkt wurden Kläranlagen gebaut. Resultat: zwischen 1970 und 1980 ließ sich eine deutliche Verbesserung der Wasserqualität unserer Flüsse feststellen. Auch die Bäche sind vielerorts stark belastet; hier spielen immer wieder plötzliche Einschwemmungen aus der Landwirtschaft eine Rolle. Ein Faß Jauche, das unsachgemäß auf die Wiesen am Ufer ausgebracht wird, kann innerhalb von wenigen Stunden nahezu alle Kleinlebewesen und Fische im nahen Bach vernichten. Der Landwirtschaft obliegt daher eine hohe Verantwortung für die Erhaltung unserer Bäche und Kleingewässer als Lebensraum. Besonders wichtig ist die Sicherung der Ufervegetation. Bäume beschatten den Bach und verhindern übermäßiges Pflanzenwachstum darin. Ihre Wurzeln befestigen zuverlässig die Ufer.

Einfluß des Menschen auf Flüsse und Ströme

Bäche, Flüsse und Ströme unterscheiden sich hinsichtlich ihrer Größe. Sie gehen kontinuierlich ineinander über. Durch die Eigenart der Landschaft, aus der er kommt, erhält jeder Fluß sein besonderes Gepräge. Wie groß die Unterschiede tatsächlich sind, auch wenn es uns schwerfällt, dies zu erkennen, zeigt sich nirgends deutlicher als an den Lachsen. Der Lebenskreislauf dieser großen Fische verläuft in umgekehrter Richtung wie beim Aal. Während dieser in den Flüssen lebt und zur Fortpflanzung ins Meer, in die Sargassosee, den Ursprung des Golfstroms, zieht, wandern die Lachse in die umgekehrte Richtung. Ausgewachsen leben sie im Meer, kommen aber zum Laichen in die Flüsse. Das wäre an sich nicht so erstaunlich, wenn nicht jeder Lachs genau wieder den Fluß aufsuchen würde, in dem er zur Welt gekommen ist. Ja, innerhalb des betreffenden Flußsystems wählt er genau den Quellbach, in dem das Ei reifte, aus dem er geschlüpft ist. Ein unvorstellbar feines Unterscheidungsvermögen der chemischen Zusammensetzung des Flußwassers leitet den Lachs auf seinem Weg zurück ins Süßwasser. Man weiß nicht, was man für die größere Leistung halten soll: im Meer die feinen Unterschiede aufzuspüren, die zur richtigen Flußmündung führen, oder im Fluß den richtigen Bach wiederzufinden! In manchen europäischen Flüssen waren die Lachse noch im 19. Jahrhundert so häufig, daß sie höchstens ein Arme-Leute-Essen darstellten. Heute versucht man, mit immer noch recht kläglichem Erfolg, den Lachs wieder in unseren Flüssen einzubürgern. Das ist vielleicht auch deswegen besonders schwierig, weil wir den Flüssen eine gewaltige Fracht von Chemikalien aufbürden, die das Geruchsempfinden der Lachse beeinträchtigen können.

Unter zahlreichen Folgen der menschlichen Zivilisation haben unsere Flüsse zu leiden. Wenn Öle die Oberflächen der Kiemen verkleben und die Wassertiere daran ersticken, so sind diese Auswirkungen für uns durchschaubar. Doch wir wissen zum Beispiel nicht, was mit den Phenolen und anderen Stoffen der chemischen Industrie oder den Ölrückständen geschieht und wie sie auf die Lebewesen chemisch einwirken. Der Zustand der Fische, besonders ihre Fähigkeit oder Unfähigkeit, sich in unseren stark verunreinigten Gewässern fortzupflanzen, sagt mehr über die tatsächliche Belastung aus als noch so schöne Broschüren über die Erfolge der Gewässerreinhaltung. Doch ist es richtig, nur den Behörden und der Industrie die Verantwortung zuzuschieben? Im Grunde genommen liegt es an jedem von uns, ob unsere Gewässer wieder sauber werden. Rechtzeitig gewartete Hauskläranlagen, Autowäsche fern von Gewässern und Quellgebieten, Ausfahren von Jauche erst, wenn der Boden nicht mehr gefroren ist, solche Maßnahmen tragen dazu bei.

Allzuoft dachten wir nur an den materiellen Nutzen, den uns das Gewässer erbringen sollte; so wurden schon im 19. Jahrhundert die meisten mitteleuropäischen Flüsse reguliert und kanalisiert. Dabei ging man sehr gründlich vor. Man

Natur blieb kaum noch übrig am Rheinbogen in Düsseldorf. Der Fluß wird intensiv als Großschifffahrtsstraße genutzt. Würden ihn die Hochwasser nicht immer wieder etwas reinigen und für Sauerstoffzufuhr sorgen, wäre hier der Rhein ohne Leben und Selbstreinigungskraft.

zwängte die großen Flüsse in ein enges Korsett. Fast geradlinig, so wie es eben der Verlauf der Talniederungen erlaubte, zog man sie durch die Landschaft. Die Seitenarme wurden abgetrennt und vom Hauptfluß nur noch bei Hochwasser durchströmt. Inseln wurden dem Ufer angegliedert, Seitenbuchten geschlossen. Das Wasser mußte auf dem kürzesten Weg geführt werden. Auf diese Weise glaubte man, die Hochwasser unter Kontrolle zu bringen.

Doch statt dessen stieg nicht nur deren Häufigkeit, sondern auch ihre Heftigkeit. Denn das zu rasch zu Tal geschickte Wasser wurde nirgends mehr abgebremst und zurückgehalten. Die Auwälder, die dies ursprünglich getan hatten, waren vernichtet oder vom Fluß getrennt. Nur für die Schiffahrt war diese Großkorrektur der Flüsse ein nachhaltig günstiger Eingriff. Sie hatte nicht mehr mit sich verlagernden Sand- oder Kiesbänken und zu niedrigen Wasserständen zu kämpfen. Doch abflußbeschleunigt, wie sie waren, gruben sich die Flüsse immer tiefer in den Untergrund. Bald sank der Grundwasserspiegel im Uferbereich, weil der Fluß bei Normalpegel schon mehrere Meter unter dem Landniveau lag. Dagegen mußte vorgegangen werden. Der nächste Eingriff der Technik begann.

Stauseen

Im Bau von Stauseen bestand die Gegenmaßnahme! Sie bewirkte zweierlei: Erstens lieferte die Wasserkraft Strom – nachhaltig, billig und ohne Umweltverschmutzung –, und zweitens machte sie die Eintiefung wieder rückläufig. Auf die erste Phase der Kanalisierung der Flüsse erfolgte daher im 20. Jahrhundert die zweite, die Umwandlung zu Ketten von Stauseen. Es gibt in Mitteleuropa kaum mehr einen längeren Flußabschnitt, der nicht gestaut oder sonst irgendwie wasserbautechnisch verändert worden wäre. Die meisten Alpenflüsse sind seit langem Stauseeketten.

Ihre Typen wechseln. Im Gebirge finden sich hauptsächlich Talsperren. Ihr Rauminhalt ist im Vergleich zur Zuflußmenge oder zum Abfluß groß. Sie produzieren Strom mittels großer Fallhöhen des Wassers bei kleiner Wassermenge. Die Laufstauseen im Mittel- und Unterlauf sind anders konstruiert. Bei ihnen liefert die große Wassermenge, gepaart mit geringer Fallhöhe, die elektrische Energie. Wasserspeicherung erzielen sie höchstens für ein paar Stunden bei Hochwasser oder für ein paar Tage bei Niedrigwasser. Die durchfließende Wassermenge ist groß im Vergleich zum Staurauminhalt. Beide Bautypen wirken sich auf die Lebewesen im Wasser und damit auf die Fähigkeit zur Selbstreinigung ganz unterschiedlich aus. Laufstauseen entsprechen mehr den Verhältnissen in Fließgewässern, Talsperren denen von Seen. Stauseen wurden und werden von Naturschützern oft als schwerwiegende Eingriffe in den Naturhaushalt bekämpft. Das ist sicher dann richtig, wenn sie an noch unverbauten Flüssen errichtet werden sollen. In dieser Situation müssen sie sich zwangsläufig ungünstig auf den Naturhaushalt auswirken. Dessen Gleichgewicht wird durch den Ausbau gestört – ob er als Längsausbau (Kanalisation) oder als Querverbau (Kraftwerke) vorliegt, ist im Prinzip gleichgültig.

Anders liegen die Verhältnisse an bereits regulierten Flüssen. Hier bietet die Errichtung von Stauseen einige Chancen, das ökologische Gleichgewicht der Flüsse wieder zu verbessern. Dazu bedarf es allerdings der richtigen Konstruktionstypen. Werden die Stauseen nur als lange, schlanke Kanäle gebaut, die über die gesamte Staustrecke von hohen Dämmen eingefaßt sind, so bieten sich kaum Möglichkeiten zur Regeneration. Leider ist dies der vorherrschende Bautyp moderner Flußstauseen, weil er wenig Fläche beansprucht.

Die Alternative wäre ein breit angelegter Stauraum, der insbesondere im Bereich der sogenannten Stauwurzel großflächige Verlandungszonen mit Inseln und Seitenbuchten ermöglicht. Ein derartiger Bautyp könnte nicht nur als Rückhalteraum für Hochwasser wirksam werden, sondern er würde auch weniger hohe Dämme beanspruchen und sich rasch zu einem Dorado für Wasservögel und andere Tiere entwickeln. Für den Fluß wirkt ein derartiger Stausee wie ein See, der die ankommenden Wassermassen abbremst und verlangsamt – die mitgebrachten Schwebstoffe fallen aus, sie können sich absetzen. Der Fluß bildet ein Binnendelta, das er nach und nach in den See hinausschiebt. Genau dies läuft in einem Stausee ab, der so gebaut ist, daß Verlandung möglich wird. In dieser Verlandungszone setzen sich nämlich mit dem Schwebstoff und Geschiebe auch die Nährstoffe ab. Da das Wasser im Stauwurzelbereich nicht tief ist, kann Licht fast überall bis zum Boden durchdringen. Wasserpflanzen nehmen die Nährstoffe auf und wachsen kräftig. Sie entziehen dem Fluß damit einen Großteil seiner anorganischen Belastung. Die organischen Stoffe setzen sich ebenfalls ab; Kleintiere des Bodenschlamms wandeln sie in lebende Biomasse um. Davon wiederum können sich Fische und Wasservögel ernähren. Die Enten grasen die Wasserpflanzen ab oder schnattern die Kleintiere aus dem Bodenschlamm heraus. Auch die Fische holen sich ihren Teil.

Solche Stauseen erweisen sich also als außerordentlich produktiv und sind in dieser Hinsicht den Flußdeltas am Meer vergleichbar, die zu den produktivsten Naturlandschaften zählen. Je besser die Lebensgemeinschaften funktionieren, um so stärker wird das Wasser von der Verschmutzung gesäubert. Weil es flach in die Stauräume strömt, behält es genügend Sauerstoff. Es kommt zu keiner gefährlichen Verknappung wie in tiefen Staubekken, wo das untere Wasser zuwenig erneuert wird, weil im Sommer das wärmere und leichtere Oberflächenwasser darüber hinwegströmt. Flache Stauseen wurden zu Zentren für durchziehende, rastende und überwinternde, aber auch für brütende Wasservögel. Eine ganze Reihe von ihnen erhielt den Rang »Feuchtgebiet von internationaler Bedeutung« und wurde zum Naturschutzgebiet erklärt. Eine merkwürdige

Im Herbst wird das Moor besonders farbenprächtig. Jetzt reifen die Beeren, und die Birkhähne legen sich die notwendigen Fettreserven für den Winter zu. Im Frühling werden sie hier wieder an ihren gewohnten Plätzen balzen. Doch wo gibt es heute noch Birkhähne?

Wie im Dschungel wuchern die Pflanzen in den von Wasserarmen durchzogenen Auwäldern im Überschwemmungsbereich der Flüsse.

Der Auwald beherbergt die größte Artenvielfalt von allen Lebensräumen. Flußbegradigungen haben jedoch viele Auen bereits veröden lassen.

Situation: Zuerst bekämpfte der Naturschutz die Errichtung der Stauseen, und dann bemühte er sich, sie unter möglichst wirkungsvollen Schutz zu stellen.

Dieser Widerspruch erklärt sich aus der Art der Stauseen. Die besten sind jene geworden, die den kanalisierten Flüssen wieder großflächig Chancen zur Regeneration geboten haben, denn die Fließgewässer sind so dynamisch, daß sie sich sehr schnell an die neuen Gegebenheiten anpassen. Sie verlanden, wo ihnen der Raum dazu geboten wird; sie bilden neue Auwälder und Inseln aus, wo ihnen die Flächen zur Verfügung gestellt werden – und genauso schnell kehren auch die meisten der Arten zurück, die vordem die Flüsse und ihre Auen bewohnten. Die Wasservögel gehören zu den ersten, die zurückkehren. Ihre Bestände reagieren besonders schnell auf die neuen Möglichkeiten. Aber auch die Fische kommen wieder, wenn sie irgendwo noch ein Refugium hatten, wo sie sich bis dahin halten konnten. So gesehen sind Stauseen tatsächlich eine Chance für den Naturschutz!

Auwälder und Moore

Die Wasserführung der Flüsse wechselt im Jahreslauf. Es gibt Phasen mit hohen Wasserständen zu allen Jahreszeiten je nach Menge der Niederschläge. Doch meist kommen die Hochwasser im Frühjahr oder im Frühsommer nach der Schneeschmelze im Bergland oder im Hochgebirge. In dieser Zeit treten die Flüsse über ihre Ufer und überschwemmen die Talaue. Die Überflutungen vernichten zwar einerseits viel Leben, andererseits bringen sie aber neue Nährstoffe in die Auen. Eine starke Dynamik kennzeichnet daher diesen Lebensraum. Er zählt zu den artenreichsten, die es bei uns gibt; eine Vielzahl unterschiedlichster Lebensbedingungen entwickelt sich hier auf engstem Raum. Ausgesprochen nasse Standorte wechseln mit trockenen; kiesiger Untergrund mit sandigem oder lehmigem Boden. Mal reißt der Fluß eine neue Schneise durch die Aue und bildet einen Seitenarm, mal verschüttet er die Nebengewässer oder schneidet sie von der regelmäßigen Durchströmung ab.

Die Pflanzen und Tiere, die solche Auen bewohnen, müssen sich diesem steten Wechsel anpassen. Wenn ihnen dies gelingt, stehen ihnen Nährstoffe in größerem Umfang zur Verfügung als an anderen Stellen. Der Fluß liefert immer wieder nach! Üppiges Wachstum ist die Folge. Der Auwald entwickelt sich im Laufe des Sommers zu einer dschungelähnlichen Landschaft. Reichliche Wasserversorgung, bestes Nährstoffangebot und günstige Temperaturen in den Flußniederungen wirken zusammen. Jahrelang bleibt das Hochwasser mitunter aus. Dann wieder kommt es mit Wucht und scheint den Auwald zu zerstören. Doch ungemein rasch erholt er sich wieder. Er braucht das Hochwasser zu seiner Existenz. Die Flußbegradigungen und Eindämmungen haben ihn jedoch in den meisten Fällen vom Fluß abgeschnitten, so daß die Auen austrocknen. Die Landwirtschaft dringt vor. Maisfelder ersetzen den einst so artenreichen Lebensraum. Der Auwald ist in höchster Gefahr. Kein anderer Lebensraum unterliegt so massiver Gefährdung. Die winzigen Restbestände an noch wirklich naturnahen Auen verdienen den höchsten Rang in den Schutzbemühungen; sonst wird Mitteleuropa in absehbarer Zeit den wertvollsten Lebensraum für Tiere und Pflanzen der freien Natur verlieren.

Ähnlich stark gefährdet unter den Feuchtgebieten sind nur noch die Moore. Sie stellen eine Besonderheit unserer Natur dar, deren Wert und Bedeutung wir noch gar nicht voll abschätzen können. Entstanden sind sie an Orten, die ständig reichlich Niederschläge erhielten und schlecht entwässert wurden. Oft haben sie sich dort gebildet, wo ein See verlandet ist. Im Gegensatz zu Seen und Flüssen, in denen die Umschichtungen oder die Strömungen immer wieder für die Zufuhr von Nährstoffen und den Abtransport von Material sorgen, steht das Wasser in den Mooren praktisch still: es stagniert. Die Pflanzen, die im Moor wachsen, entnehmen die vorhandenen Nährstoffe. Schnell werden die Mineralsalze knapp. Nur aus der Luft kommt noch ein wenig »Düngung«, denn Wind und Regen verfrachten feinste Mineralstoffe über große Distanzen. Das Moor richtet sich daher in seiner Struktur auf das aus, was von oben kommt. Von unten her wird nichts mehr nachgeliefert. Das Wasser ist sauer geworden, weil Kalk fehlt und die sich zersetzenden Pflanzenstoffe Humussäuren bilden. Sauerstoff kommt in der Tiefe nicht mehr vor, er wurde vollständig aufgebraucht. Dadurch kann sich das Pflanzenmaterial nicht mehr zersetzen und wird zu Torf. Weil oben aber eine Schicht weiterwächst, die Licht und Luft sowie etwas Nährstoffe von außen erhält, hebt sich das Moor allmählich vom Rand her zur Mitte hin empor. Es wird zum Hochmoor.

Ganz besondere Lebensbedingungen herrschen hier. Die Organismen im Wasser müssen sich mehr als in anderen Feuchtgebieten vor dem Verlust von Mineralstoffen schützen. Die Hauptentfaltung des Lebens finden wir an der Oberfläche, wo im Frühjahr die Birkhähne balzen oder die Brachvögel trillern. Bei genauerem Hinsehen entdeckt man merkwürdige Pflanzen. Sie tragen klebrige Tröpfchen an den Rändern der Blätter, mit denen sie Insekten fangen. Fleischfressende Pflanzen sind es – ebenfalls eine Besonderheit, die auf das extrem geringe Angebot an Nährstoffen im Moor hinweist. Sonnentau und Fettkraut leben auf dem Moor, der Wasserschlauch in den Kolken und Moorseen im Wasser. Er fängt winzige Tiere mit Hilfe seiner Fangblasen, die aus umgebildeten Blättern entstanden sind. Verdauungsstoffe lösen die gefangenen Tierchen auf und entnehmen ihnen die lebenswichtigen Stickstoff- und Phosphorverbindungen, an denen es im Moor so sehr mangelt.

Das sind nur ganz wenige Beispiele vom faszinierenden Leben im Moor. Unsere Enkel werden sich daran wohl kaum mehr erfreuen können, wenn die Geschwindigkeit, mit der die Moore zerstört werden, weiter anhält. Aus der »Landeskultur« früherer Jahrhunderte ist heute die Vernichtung der »Landesnatur« geworden.

An Bach, Fluß und See

Vielfältig ist das Leben am und im Wasser. Schilf, Binsen und üppige Stauden säumen die Ufer. Weiter draußen heben Seerosen an langen kabelartigen Stielen ihre Blatteller und Blüten über den Wasserspiegel. Wie Miniaturausgaben davon wirken die Wasserlinsen, nicht im Boden verwurzelte Schwimmpflanzen auf stillen Teichen. Auch untergetaucht können Pflanzen gedeihen, so tief das Licht hinabdringt. Zwischen dem Gewirr ihrer Blätter und Stiele tummeln sich Insektenlarven, Schwimmkäfer und Fische; am Grund liegen Schnecken und, halb vergraben, Muscheln.

Flutender Hahnenfuß mit fein zerteilten untergetauchten Blättern

Wasserschwaden

Ausgefressene Reste eines Flußkrebses

Wasserlinsen sind winzige Schwimmpflanzen

Malermuschel

Leerer Flußkrebspanzer nach einer Häutung

Zwei Bachkiesel und drei Köcherfliegenlarven

Von Bisamratte geknackte Teichmuschel

Teichmuschel: das Schloß am Rücken verbindet die beiden Klappen

Im Wasser verwittertes Holzstück

Gelbrandkäfer, Männchen
Sumpfsegge
Wasserschwertlilie
(a)
(b)
(c)
Stockerpelfedern: Flügeldecke (a), Brustfeder (b), Erpellocken (c)
(a)
Deckel
(a)
Von Wasserspitzmaus ausgefressene Sumpfdeckelschnecken (a), Schlammschnecken (b)
(b)
Lebende Sumpfdeckelschnecke zwischen fädigen Grünalgen
Schilfblatt mit Häutungshülle einer Libellenlarve
Blatt der gelben Teichrose
Tannwedel

1

2

3

1, 3 Schwarzerlen gedeihen an Flußufern und auf feuchten Niederungen, denn sie vertragen zeitweise Überschwemmungen und einen hohen Grundwasserstand. Sie verbessern lockere, sandige Schwemmböden, weil an ihren Wurzeln Strahlenpilze wachsen, die Stickstoff aus der Luft aufnehmen und binden können. Mit diesen lebenswichtigen Stickstoffverbindungen versorgen die Pilze nicht nur die Schwarzerlen, sondern reichern auch den Boden an und fördern dadurch seine Fruchtbarkeit. Selten findet man so schöne freistehende und ausgewachsene Exemplare wie die hier abgebildeten, denn die Erlen werden meist nur als Brennholz genutzt. Dabei könnten sie durchaus mehr als 20 m Höhe erreichen. Anders als bei der Grauerle sind die Blätter der Schwarzerle stumpf und fast glattrandig, wie der Vergleich der Bilder 2 und 3 deutlich zeigt. Die Blätter der Grauerle fassen sich außerdem rauh an. In manchen Jahren werden Schwarz- und Grauerle stark vom Erlenblattkäfer *(Agelastica alni)* befressen und bis auf die Rippen skelettiert. Sie erholen sich jedoch rasch wieder.

2 Die **Grauerle** bildet besonders in den Auen der Donau und ihrer Zuflüsse größere Bestände. Wegen der ehemaligen Niederwaldbewirtschaftung treibt sie meist aus Stockausschlägen aus und wächst daher ziemlich krumm. Ihre Stämme tragen eine dünne hellgraue Rinde. Die Blätter besitzen einen gesägten Rand und eine deutliche Spitze. Dadurch unterscheiden sie sich deutlich von der an ähnlichen Standorten wachsenden Schwarzerle.

4

5

6

7

4 Salweide: Bevor sich im Frühling die langen, gelbköpfigen Staubgefäße oder die grünen Stempel aus den Kätzchen hervorschieben, sind sie mit eng anliegenden, silbrig glänzenden Haaren bedeckt. In diesem Zustand werden sie als Palmkätzchen bezeichnet. Auch andere Weidenarten bilden solche Kätzchen aus. Bei der Salweide werden sie aber besonders groß und wirken durch die braune Schuppe, die sie im unteren Teil bedeckt, sehr kontrastreich. Bei warmem Vorfrühlingswetter treiben die Salweiden ihre Kätzchen schon im Februar. Im März oder April blühen sie dann auf und werden von Bienen besucht.

5, 6 Silberweide: Ihre Kätzchen sind erheblich länger, dünner und meist leicht bogenförmig gedreht. Auch blüht sie später als die Salweide und ist an Flußufern und in Auen recht häufig. Die frischen Blätter sind glänzend grün; später fallen sie durch ihre silbrige Unterseite auf. Silberweiden können zwar zu starken Bäumen heranwachsen (Bild 6), werden aber nicht alt. Ihr rascher Wuchs bedingt ein ziemlich weiches Holz, das Sturm und Wetter nicht lange standhält. Mit 20 bis 30 Jahren brechen die Weiden unter dem Gewicht der Äste und des Laubwerks zusammen.

7 **Pappeln** gehören ebenfalls zu den raschwüchsigen Bäumen in Flußniederungen. Besonders schnell wächst in Auen auf sandigen Lehmböden die *Kanadapappel.* Sie wurde in großem Umfang gepflanzt, weil sie schon nach zwei Jahrzehnten genutzt werden kann. Allerdings ist sie recht anfällig gegen Wind und Wetter.

1

1 Sumpfdotterblume: Ihre Blüten an den Ufern schlammiger Gewässer locken im Frühjahr mit leuchtendem Gelb die Insekten an. Noch sind die Blätter klein und unter den Blüten kaum zu entdekken. Nach dem Verblühen wachsen sie kräftig heran und verdoppeln ihre Größe. Man findet die Pflanze recht häufig an nicht verbauten Bachufern und in nassen Wiesen. Sie treibt aus einem ausdauernden Wurzelstock, der sich ganz unter Wasser befinden kann. Die hierzu notwendigen Reservestoffe wurden im Vorjahr in den Blättern gebildet und vom Wurzelstock für den nächsten Austrieb gespeichert. Die Stengel der Sumpfdotterblume sind sehr saftig und innen hohl. Da diese Pflanze stets in sehr feuchter Umgebung wächst, steht ihr Wasser im Überfluß zur Verfügung. Bereits in nassen Wiesen erreichen ihre Blätter nicht einmal mehr die halbe Größe, weil ihnen Wasser fehlt. Die Sumpfdotterblume gehört übrigens zu den wenigen heimischen Pflanzen, die nicht nur in weiten Teilen Europas und Asiens, sondern auch in Nordamerika verbreitet sind. Sie wächst im Tiefland an Flußufern und Bächen, im Bergland in Quellfluren und Erlenbrüchen. Im Gebirge kommt sie bis in höhere Lagen vor. Wie die meisten der Hahnenfußgewächse ist sie giftig und wird von vielen Tieren als Futterpflanze gemieden. Dennoch gedeiht sie meist nur in einzelnen Stöcken und nicht in größeren, geschlossenen Beständen. Ihr Name bezieht sich auf das Dottergelb der Blüten. Gelegentlich wurden ihre Blüten zur Gelbfärbung der Butter verwendet.

2

3

4

5

2 Wasserhahnenfuß: Deutlich erkennbar ist der Unterschied zwischen den herz- bis nierenförmigen Schwimmblättern auf der Wasseroberfläche und den darunterliegenden, fein zerteilten Wasserblättern. Mit der großen Oberfläche der Wasserblätter nimmt die Pflanze Nährstoffe aus dem Wasser auf; mit der Oberfläche der Schwimmblätter nutzt sie in erster Linie das Sonnenlicht. Eine Wachsschicht läßt die Oberfläche glänzen und verhindert die Benetzung. Die Blüten ragen über den Wasserspiegel hinaus und werden von Insekten bestäubt.
3 Weiße Seerose: Die großen weißen Seerosenblüten besitzen innen zahlreiche gelbe Staubgefäße und schließen sich bei regnerischem Wetter. Die großflächigen Blätter bedecken mitunter die Wasseroberfläche vollständig. An der Oberseite werden sie von einer Wachsschicht vor Benetzung geschützt.
4 Wasserknöterich: Je nach Standort entwickeln sich größere Schwimmblätter oder aufgerichtete Luftblätter. Wie die Blüten zeigen, gehört diese Pflanze, die vor allem an Weihern in dichten Beständen vorkommt, zu den Knöterichgewächsen und nicht etwa in die Verwandtschaft von Seerosen.
5 Gelbe Teichrose: Ihre halbkugeligen gelben Blüten heben sich 5–20 cm über die Wasseroberfläche empor, anstatt wie die Blüten der Weißen Seerose auf ihr zu treiben. Die großen, derben Blätter richten sich in dichten Beständen über der Wasseroberfläche auf. Der ausdauernde Wurzelstock ist knollenartig.

Die Feuchtgebiete

(Erläuterungen S. 232/233)

1

2

3

4

1 Kanadische Wasserpest: Wo sie vorkommt, wuchert diese Pflanze so dicht, daß sie wie eine geschlossene Wiese unter Wasser wirkt. Dadurch bremst sie den Wasserabfluß und behindert die Schiffahrt – der bezeichnende Name bezieht sich auf diese unerwünschte Eigenschaft. Die Wasserpest wurde aus Nordamerika nach Europa eingeschleppt, wo sie sich inzwischen über alle Fließwassersysteme ausgebreitet hat. Mit der Verbesserung der Wasserqualität durch gut funktionierende Kläranlagen ist sie allerdings in ihrem Bestand wieder zurückgegangen.

2 Kleine Wasserlinse: Sie gehört zu den kleinsten einheimischen Blütenpflanzen und wird gerade so groß, wie im Bild dargestellt. Dennoch bringt sie es fertig, durch rasches Wachstum ganze Teiche mit einer geschlossenen grünen Schicht zu überziehen, verlangt aber nährstoffreiches Wasser. Aus den kleinen Schwimmblättern sprossen winzige Wurzeln, die ins Wasser hinabreichen und daraus die Nährstoffe entnehmen.

3, 4 Wasserschlauch: Nur die Blüten heben sich über die Wasseroberfläche empor (Bild 3), während die Pflanze selbst vollständig unter Wasser lebt. Mit ihren Fangblasen (auf Bild 4 vergrößert), die mit bloßem Auge gerade noch erkennbar sind, erbeutet sie Wasserflöhe und andere Kleintiere. Die fangbereiten Blasen sind flach. Bei entsprechender Berührung der Sinnesborsten am Eingang öffnen sie sich ganz schnell, saugen das Opfer ein und verdauen es danach. So versorgt sich die Pflanze mit Eiweiß.

5

6

7

5, 6 Rundblättriger Sonnentau: Diese fleischfressende Pflanze wächst nur in nährstoffarmen Mooren an sehr feuchten oder nassen Stellen. Ihre Blätter scheiden klebrige Tröpfchen an rötlichen Drüsenhaaren ab. Landet ein Insekt auf den Haaren, ergeht es ihm wie dem Bläuling (Bild 5): es bleibt daran haften. Nun schließen sich die Drüsenhaare über der Beute und verdauen sie. Auf Bild 6 erkennt man an einem Blatt ein gefangenes Insekt, das gerade verdaut wird. Der Sonnentau benötigt offenbar diese Zusatzversorgung, weil es an seinen Standorten an Stickstoffverbindungen mangelt. In Wirklichkeit ist die Pflanze etwas kleiner als abgebildet; sie wird 5–15 cm hoch. Von den drei heimischen Sonnentauarten ist diese Art am häufigsten auf Mooren anzutreffen.

7 **Torfmoos** gestaltet als einziges Moos regelrecht Landschaften. Es wächst in großen Mengen auf und in Mooren. Indem es von unten her abstirbt, bildet es den Torf, da sich seine Bestandteile in der angesäuerten Umgebung nicht zersetzen, sondern weitgehend erhalten bleiben. Außerdem speichert es viel Wasser. Ein Torfmoosbestand saugt die Niederschläge wie ein Schwamm auf und gibt sie nur ganz langsam wieder ab. Dadurch schaffen die Torfmoose Lebensbedingungen, die ihnen selbst ein günstiges Wachstum garantieren, andere Pflanzen aber an ihrer Entwicklung und Ausbreitung hindern. Die ausgedehnten Hochmoore sind daher mehr oder weniger das Werk einer einzigen Pflanzenform, von der ein einzelnes Pflänzchen nur wenige Zentimeter lang ist.

1

2

3

4

1 Sumpfsegge: Deutlich lassen sich auf dieser Abbildung die bräunlichen männlichen Blüten von den gelbgrünen weiblichen unterscheiden. Auch die Rinnenform der Blätter ist erkennbar; an den Rändern tragen sie feine Häkchen, die ziemlich scharfe Schnitte verursachen können. Das Vieh meidet daher die Seggen, die wegen des Kieselsäuregehaltes ihrer Stengel und Blätter oft auch als Sauergräser den als Viehfutter gut geeigneten weichen Süßgräsern gegenübergestellt werden.
2 Froschlöffel: Ästige Blüten und große, an den Rändern leicht aufgebogene Blätter kennzeichnen diese Pflanze, die am Ufer stehender und langsam fließender Gewässer, bevorzugt an nährstoffreichen, aber nicht stark verschmutzten Wiesenbächen, gedeiht. Auch aufgelassene Baggerseen besiedelt diese blaßrosa bis weiß blühende Uferpflanze sehr rasch.
3 Ästiger Igelkolben: Er verdankt seinen Namen den an verzweigten Ästen sitzenden, kugelförmigen, stachelig wirkenden Blütenständen. Doch ihre Spitzen sind weich. Die oberen Kugeln stellen die männlichen, die größeren unteren die weiblichen Blütenstände dar. Die Blätter erinnern an die von Schwertlilien und können auch unter Wasser fluten.
4 Schilfrohr: Die neuen Halme schieben sich zwischen die dürren des Vorjahres, die an ihrer Spitze noch die großen Wedel tragen. Bis über 4 m hoch können die Halme dieser großen Grasart an den Ufern von Seen werden. Sie halten Wind und Wellen stand, nicht

5

6

7

aber der Wasserverschmutzung, die in den letzten Jahrzehnten zu einem starken Rückgang an vielen Gewässern geführt hat. Steht das Schilf so wie hier, dann sind die Bedingungen noch gut, und das Wasser ist nicht übermäßig verschmutzt. Die Elastizität der meterlangen, kaum kleinfingerdicken Halme ist zu bewundern.

5 Wasserschwertlilien wachsen am Ufer schlammiger, nährstoffreicher Gewässer, an nassen Stellen in Auwäldern und in aufgelassenen Kiesgruben, die sich mit Wasser gefüllt haben. Ihre großen gelben Blüten entfalten sich im Frühsommer. Die bis über 1 m langen Blätter werden durch eine starke, verdickte Mittelrippe aufrecht gehalten und verdünnen sich nach den Seiten. Dadurch erinnern sie an Schwerter und gaben der Pflanze ihren Namen.

6 Breitblättriger Rohrkolben: Im Gegensatz zu den Schwertlilien haben seine Blätter keine verdickte Mittelrippe. Daran kann man ihn von Schwertlilien auch dann unterscheiden, wenn er seine charakteristischen Kolben, die im reifen Zustand braun sind, noch nicht ausgebildet hat.

7 Teichbinsen werden durch zähe, schwammige Stengel gekennzeichnet. Früher benutzte man sie für Flechtarbeiten. Ihre drehrunden Stengel tragen an der Spitze die Blüten. An manchen Gewässern bilden Teichbinsen ähnlich wie das Schilf Röhrichte. Meist findet man sie in kalkärmeren Gewässern. Verschmutzung halten sie besser aus als Schilf. Teichbinsen zählen nicht zu den Binsengewächsen, sondern zu den Sauergräsern.

(Erläuterungen S. 233/234)

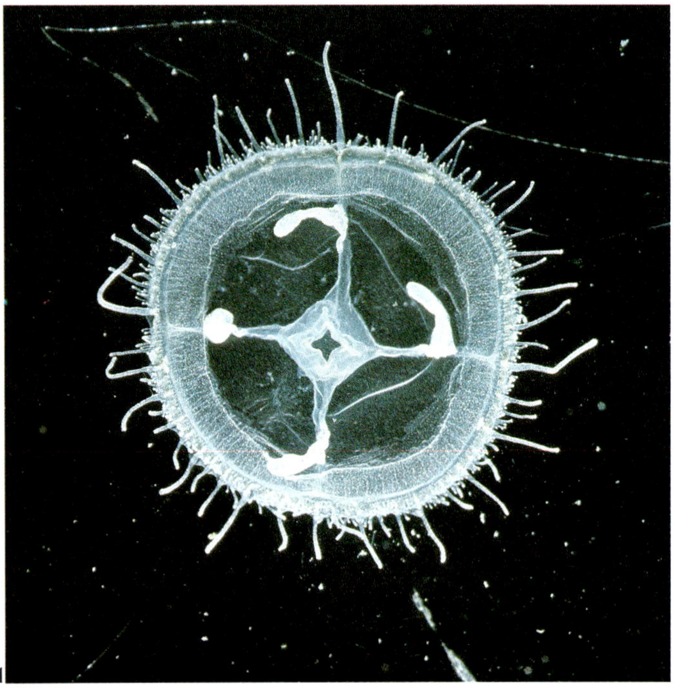

1

2

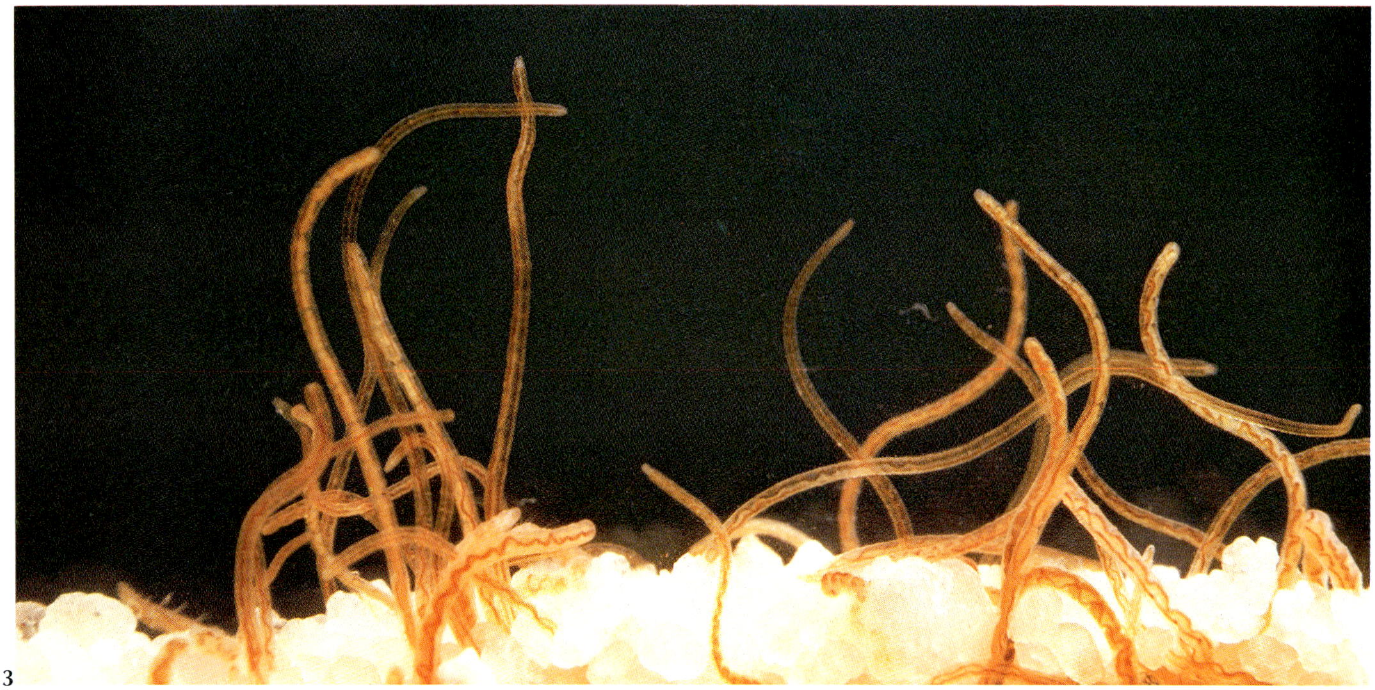

3

1 Der flache Schirm dieser **Süßwassermeduse,** hier von unten gesehen, kann in ausgewachsenem Zustand 2 cm Durchmesser erreichen und ist dann am Rand von über 600 Fangarmen umgeben. In der Mitte liegt das kurze, vierzipfelige Mundrohr; von ihm führen vier schmale Radiärkanäle zum Schirmrand. In der Nähe des Schirmrandes hängen von den Radiärkanälen die Geschlechtsorgane herab. Sie ist die einzige einheimische Süßwasserqualle; als Lebensraum bevorzugt sie flache, künstliche, planktonreiche Wasserbecken wie Aquarien, Seerosenteiche oder Warmwasserbekken von Gewächshäusern. In einem solchen Becken wurde die Süßwassermeduse auch erstmals im Jahre 1880 in Kew Gardens bei London entdeckt.

2 Ein weißer und ein grüner **Süßwasserpolyp** (Körperlänge 1–2 cm) sitzen auf einem Pflanzenstengel, ihre langen, dünnen Fangarme zum Beutefang nach oben gerichtet. Es handelt sich um zwei verschiedene Arten. Die Bestimmung der Arten erfolgt nach den in den Fangarmspitzen sitzenden Nesselkapseln. Durch die Giftwirkung dieser Kapseln wird die von den Fangarmen ergriffene Beute gelähmt und dann in den Magenraum aufgenommen. Die unverdaulichen Rückstände spuckt der Polyp wieder aus. Nicht selten wird relativ große Beute mühsam in den Magenraum gestopft, so daß die kleinen Tiere dann recht aufgetrieben wirken.

3 **Schlammröhrenwürmer** stecken mit ihrem Vorderende im schlammigen Grund; mit ihrem Hinterende ragen sie heraus und

4

5

6

7

bringen durch schwingende Bewegungen Atemwasser zum Körper. Sie sind ein beliebtes Futter für Aquarientiere.

4 Die Abbildung zeigt zwei **Spitzschlammschnecken** bei der Begattung: Deutlich erkennt man den Kopf mit den dreieckigen, zur Ansatzstelle hin verbreiterten Fühlern. Die hohen, spitzen Gehäuse können bei Tieren, die in der Brandungszone leben, kürzer und gedrungener, der Fuß kann breiter sein.

5 Ein **Blutegel** umschlingt hier gerade einen Molch. Mit seinen drei scharfen Kiefern bringt er dem Opfer eine Wunde bei, um Blut zu saugen. Ein hungriger Blutegel kann auf einmal bis zum Zehnfachen des eigenen Körpergewichts an Nahrung aufnehmen und danach 1½ Jahre lang fasten.

6 **Posthornschnecken** werden gern in Aquarien gehalten. Sie nähren sich von Algen und verrottenden Pflanzenteilen und sind fortwährend damit beschäftigt, den Algenbewuchs an den Aquarienscheiben sowie abgestorbene Pflanzenteile zu vertilgen, wodurch sie die Becken sauberhalten. Die Schnecke hängt hier am Oberflächenhäutchen des Wassers; als Lungenatmer muß sie von Zeit zu Zeit auftauchen, um Luft zu holen.

7 Die **Gemeine Bernsteinschnecke** kriecht auf Blättern und Stengeln in feuchten Wiesen, Sümpfen und Auwäldern umher. In das eiförmige, etwa 2 cm lange Gehäuse mit sehr großer Endwindung und weiter Mündung kann die Bernsteinschnecke sich wegen ihrer Körpergröße nicht ganz zurückziehen.

1

2

3

1 Wander- oder **Dreiecksmuschel:** Häufig findet man diese mit Zickzackbändern und Streifen schön gezeichneten, bis 4 cm langen Muscheln zu Klumpen geballt, dicht neben- und sogar übereinander sitzend. Mit Byssusfäden sind sie so fest angeheftet, daß man sie nur mit Gewalt von der Unterlage abreißen kann. Noch vor Jahren waren sie in vielen Seen eine Plage; heute sind die Bestände, zumindest im süddeutschen Raum, merklich zurückgegangen. Die Muscheln können ihre Haftfäden von der Unterlage lösen und sich mit ihrem Fuß fortbewegen. Die Wandermuschel ist getrenntgeschlechtig; aus den Eiern entwickeln sich Schwimmlarven (Veligerlarven), die sich nach acht Tagen auf einem geeigneten Untergrund festsetzen und dann zur Muschel heranwachsen.

2 Flußperlmuschel: Die braunschwarzen, 12–15 cm langen, schweren, dickwandigen Schalen der Flußperlmuschel sind am Wirbel meist stark abgerieben, unter der dunklen Schalenhaut kommt dort die hellere Kalkschicht zum Vorschein. Die Muschel lebt in kalkarmem, sauberem Wasser, das auch im Sommer die Temperatur von 14 °C kaum überschreitet.

3 Die **Wasserspinne** lebt unter Wasser, wo sie ein Gespinst erzeugt und mit Luft füllt, um darin zu wohnen. Diese Spinne hat gerade ihre Wohnglocke verlassen und sich auf eine Beute gestürzt, die sie dann im Schutz der Glocke verzehrt. Deutlich erkennt man im Bild die am Haarpelz des Hinterleibs der Wasserspinne haftende Lufthülle, die für die Atmung benötigt wird.

4

5

6

4 Bachflohkrebse sind kleine, nur 15–20 mm lange, seitlich zusammengedrückte Krebstiere mit völlig rückgebildetem Rückenschild. Die Weibchen sind kleiner als die Männchen, im Bild ist das bei den kopulierenden Pärchen deutlich zu sehen. Den Bachflohkrebs trifft man in Fließgewässern oft in großen Mengen; in stark strömenden Bächen bleibt er kleiner als in langsam fließenden Gewässern, daher bildet er auch im Quellbereich stets kleinere Formen aus als im Unterlauf der Flüsse.

5 Teichmuschel: Ihre dünnschaligen, bis 20 cm langen Gehäuse findet man am Grund stehender und langsam fließender Gewässer. Mit dem beilförmigen Fuß (im Bild am Schalenvorderrand rechts unten) durchpflügen sie den Schlammgrund. Teichmuscheln sind für das biologische Gleichgewicht in unseren Seen und Flüssen von großer Bedeutung. Durch ihre Filtrierleistung regulieren sie den Planktongehalt und tragen zur Klärung des Wassers bei. Trübe Aquarien, in die man sie einsetzt, sind in kurzer Zeit wieder klar.

6 Das Vorkommen des **Flußkrebses** ist nicht an ein bestimmtes Gewässer gebunden; er muß nur ausreichend Unterschlupfmöglichkeiten finden wie überhängende Uferböschungen oder Steine; dort sitzt er tagsüber verborgen, und dort überwintert er auch, nachdem er sich die Höhlungen für diesen Zweck ausgebaut hat. Deutlich erkennt man in der Abbildung die Stielaugen und die kräftigen Scheren. Die Tiere werden bis 25 cm lang.

1

2

3

4

1 Das Bild zeigt die **Köcher** einer Köcherfliegenart aus der Familie der *Limnophiliden*. Diese braunen Röhren, nach denen die ganze Familie benannt ist, sind kunstvolle Gehäuse, die sich die im Wasser lebenden raupenförmigen Larven erbauen. Die Larven stecken bis zur Brust in diesen Wohnröhren und tragen sie wie Schneckenhäuser mit sich herum. Als Nahrung dient ihnen vorwiegend pflanzliche Kost.
2 Die erwachsenen **Köcherfliegen** werden oft mit Motten verwechselt, wenn sie abends in die erleuchteten Zimmer von Wohnungen fliegen, die nahe am Wasser liegen. Sie unterscheiden sich von den Schmetterlingen (deren Flügel meist Schuppen tragen) jedoch durch die dicht behaarten Flügel und die verkümmerten Mundwerkzeuge. Am kleinen Kopf sitzen körperlange Fühler, die in Ruhe nach vorn gestreckt werden. Die fertig entwickelten Insekten erscheinen zeitig im Frühjahr, legen ihre Eier ab, und damit ist ihr kurzes Leben auch schon zu Ende.
3 **Gelbrandkäfer:** Sein stromlinienförmiger, glatter Körper und die dicht mit Schwimmborsten besetzten Ruderbeine verraten den gewandten Schwimmer. Der Käfer kann 30–35 mm Länge erreichen. Deutlich erkennt man in der Abbildung die gelben Ränder, die dem Käfer den Namen verliehen haben.
4 Die düster gefärbten, 15–25 mm langen **Steinfliegen** gehören wie die Eintagsfliegen zu den urtümlichsten Fluginsekten; charakteristisch sind reichgeäderte Flügel und lange Schwanzanhänge.

5

6

7

5 Stechmücke: Dieses Weibchen hat ein üppiges Mahl hinter sich; sein Hinterleib ist mit Blut gefüllt, das zur Reifung der Eier benötigt wird. Gefährlich sind die Stechmücken aber nicht wegen der paar Tropfen Blut, die sie uns abzapfen, sondern weil sie Krankheiten übertragen können, in tropischen Ländern zum Beispiel Malaria und Gelbfieber. Der Stich unserer Gemeinen Stechmücke (Bild) ist harmlos, abgesehen von dem Juckreiz, den er hervorruft. Die Männchen saugen Nektar an Blüten.

6 Zuckmücke: Die Fühler der Männchen sind buschig gefiedert (Bild), die der Weibchen fadenförmig. Im Durchschnitt werden die Zuckmücken 1 cm lang. In Ruhestellung zucken viele Arten unaufhörlich mit den Vorderbeinen, was der ganzen Gruppe den Namen gegeben hat. Zuckmücken ähneln den Stechmücken, stechen aber nicht; ihre Mundwerkzeuge sind verkümmert, die erwachsenen Tiere leben nur noch für die Fortpflanzung, sie nehmen keine Nahrung zu sich und sterben nach der Begattung bzw. nach der Eiablage. Die Larven leben auf dem Boden von Gewässern.

7 Die **Eintagsfliege** ist keine Fliege, sondern gehört zu den primitivsten geflügelten Insekten, für die reichgeäderte Flügel und fadenförmige Schwanzanhänge kennzeichnend sind. Die Mundwerkzeuge sind verkümmert, sie werden ja auch während des sehr kurzen Lebens nicht benötigt. An warmen Abenden, bereits im April, bilden die Männchen dichte Schwärme und verweilen dabei meist über derselben Stelle.

1

2

3

1 Gebänderte Prachtlibelle: Bei den prächtig stahlblau gefärbten Tieren mit den blauen Flügelquerbinden handelt es sich um Männchen (Bild); die Weibchen sind smaragdgrün mit glasartig durchsichtigen Flügeln ohne Binde. In Ruhestellung klappen die Prachtlibellen ihre Flügel zusammen. Sie fliegen langsam und nicht gewandt, die Flügel schlagen nicht synchron.

2 Die **Vierflecklibelle,** auch *Wanderlibelle* genannt, tritt oft in Massen auf und wandert dann, infolge Überbevölkerung, in riesigen Schwärmen von mehreren tausend Tieren umher; dabei ziehen sie niedrig über dem Boden dahin. Der Vierfleck gehört zu den gedrungen gebauten Kurzlibellen. In Ruhestellung spreizt er seine Flügel vom Körper ab, wie im Bild deutlich zu sehen. Er ist ein gewandter Flieger, dessen Flügel gleichzeitig in gleicher Richtung (synchron) schlagen.

3 Zwei **Hufeisenazurjungfern** vereint zum Paarungsrad. Das azurblaue Männchen (oben) packt dabei mit den Hinterleibszangen das blaßgrüne Weibchen zwischen Vorder- und Mittelbrust. Die 20 Minuten dauernde Begattung wird im Sitzen vollzogen. Wie alle Libellen sind auch sie Jäger, die ihre Beute im Flug erhaschen und auch zerkleinern, wobei die verlängerte Unterlippe als Schüssel dient. Die weit auseinanderliegenden Augen gewährleisten ein ausgezeichnetes Sehvermögen.

4 Blaugrüne Mosaikjungfer: An dieser schlanken und doch kräftig gebauten Libelle fallen die großen, in allen Farben schillernden

4

5

6

7

8

Komplexaugen auf, die auf der Kopfoberseite zusammenstoßen. Die Tiere jagen auf Sicht und sind äußerst gewandte Flieger.

5 Wasserläufer: Diese Wanze lebt auf der Wasseroberfläche, auf der sie sich mit ihren langen, dünnen Beinen (Mittel- und Hinterbeine sind extrem lang) ruckartig bewegt. Das Oberflächenhäutchen des Wassers wird dabei mit den Beinspitzen etwas eingedellt, aber nicht durchstoßen.

6 Das Bild zeigt den **Rückenschwimmer** in typischer Schwimmstellung, den Rücken nach unten gewandt. Mit den Spitzen des mittleren Beinpaares und des Hinterleibs hängt er am Oberflächenhäutchen des Wassers und versorgt sich mit Atemluft. Die Hinterbeine sind als breit beborstete Ruderbeine ausgebildet.

7 Wasserskorpion: Die kräftigen Fangbeine werden wie die Scheren eines Skorpions vor dem Körper getragen, mit ihnen erfaßt die Wanze ihre Opfer. Ein weiteres charakteristisches Merkmal ist das lange Atemrohr am Hinterleibsende, das die Wanze in flachem Wasser wie einen Schnorchel benutzt (im Bild rechts unten zu sehen). Sitzt der Wasserskorpion am Grund tiefer Gewässer, so bewegt er sich ab und zu an die Oberfläche und streckt das Rohr zum Luftholen aus dem Wasser.

8 Stabwanze: Der Körper wie ein Strohhalm, die Beine lang und nadeldünn, lauert die Stabwanze, im Pflanzengewirr gut getarnt, auf Beute, die sie ähnlich wie der Wasserskorpion mit ihren Fangbeinen schlägt.

1

2

3

4

5

6

7

8

1 Sterlet: Heute findet man ihn wieder häufiger in der Donau und ihren Zuflüssen, aus denen er schon ganz verschwunden war. Er wird aus ungarischen Beständen erworben und ausgesetzt. Im Unterlauf der Donau erreicht er 80 cm Länge.
2 Welse sind typische Einzelgänger; tagsüber liegen sie auf dem weichen Grund tieferer Gewässer, nachts werden sie aktiv. Die plumpen Fische mit den kleinen Flossen sind unbeschuppt; der schleimige, walzenförmige Körper trägt einen breiten Kopf mit weitem Maul, das von sechs Barteln umgeben ist.
3 Der **Huchen** gehört zu den größten europäischen Fischarten. In Einzelfällen kann er bis 1,5 m lang werden und 50 kg wiegen; das Durchschnittsgewicht liegt jedoch bei etwa 5 kg.
4 Die **Bachforelle,** eine nicht wandernde Zwergform der Meerforelle, kommt in kühlen, sauerstoffreichen, rasch fließenden Gewässern in Höhen bis 2500 m vor.
5 Große Schwebrenke: Bei den Renken oder Felchen unterscheidet man je nach Lebensweise Boden- und Schwebrenken.
6 Der **Hecht** ist der bekannteste Raubfisch des Süßwassers. Seine Beute schnappt er in einem plötzlichen Vorstoß.
7 Zur Fortpflanzungszeit zieht der **Lachs** von seinen Standorten im Nordatlanik, in der Nord- und Ostsee flußaufwärts zu den Laichplätzen im Oberlauf der Flüsse.
8 Flußaal: Die geschlechtsreifen Weibchen erreichen eine Länge von 1,5 m, während die Männchen nur 0,5 m lang werden.

1

2

3

4

5

1 Brachsen: Die Jungfische tummeln sich in der Uferregion; mit zunehmendem Alter wandern sie ins tiefere Wasser ab und kommen nur nachts zur Nahrungssuche empor. Brachsen erreichen eine mittlere Länge von 30–50 cm.

2 Der **Karpfen** wird überall auf der Erde, wo es die klimatischen Bedingungen erlauben, in Teichen gezüchtet. Die Zuchtformen wachsen schnell und liefern viel Fleisch. Das Bild zeigt einen Aischgründer Spiegelkarpfen, der zu den verhältnismäßig hochrückigen Formen zählt und nur vereinzelte Schuppen trägt. Am Maul erkennt man die Barteln.

3 Der **Flußbarsch** kommt in den meisten fließenden und stehenden Gewässern Europas, Asiens und Nordamerikas vor. Selbst im Brackwasser ist er zu finden. Doch mooriges Wasser und zu flache Bäche meidet er, obwohl er keine großen Ansprüche an den Sauerstoffgehalt stellt. Im Krautwerk der Ufervegetation tarnen dunkle, senkrechte Streifen den Raubfisch.

4 Die **Schleie,** als Beifisch in Karpfenteichen gezüchtet, ist ein wohlschmeckender Speisefisch. Unverkennbar sind ihre kleinen, tief in die Haut eingebetteten Schuppen und die abgerundeten Flossen. Eine gelbrote Variante, die Goldschleie, wird gern als Zierfisch gehalten.

5, 6 Dreistachliger Stichling: Zur Fortpflanzungszeit schmückt sich das Männchen mit einem farbenprächtigen Hochzeitskleid: smaragdgrün der Rücken, leuchtendrot bis rubinrot Kehle und

6

7

8

Brust, silberblau glänzend die Iris des Auges, wie in Bild 5 zu sehen ist. Im Alltagsleben ist der zur Laichzeit herausgeputzte Freier ein unscheinbarer graubrauner Fisch mit drei beweglichen, aufrichtbaren Stacheln auf dem Rücken, so wie in Bild 6. Er wird nur 4–9 cm lang. In den kalten und gemäßigten Zonen Europas, Asiens und Nordamerikas verbreitet, findet man ihn sowohl in Küsten- wie auch in Binnengewässern. Die relativ kleinen Fische ernähren sich von Würmern, Insektenlarven und Kleinkrebsen, gehen aber auch an Fischlaich und Fischbrut. Nach dem Ende der Laichzeit leben sie oft in großen Schwärmen.

7 Die **Elritze,** ein kleiner, 7–14 cm langer, lebhafter Schwarmfisch, bewohnt klare, sauerstoffreiche Fließgewässer Europas und des nördlichen und mittleren Asien. Die Weibchen (im Bild oben) werden größer als die Männchen. Zur Laichzeit legt das Männchen ein prächtiges buntes Hochzeitskleid an.

8 Rotauge: Ein roter Augenring und rötliche Flossen kennzeichnen diesen bis 30 cm langen Weißfisch (wie man silbrig glänzende Karpfenfischarten nennt). Seine Färbung variiert mit dem Standort von Grau bis Blaugrün. Raubfischen wie Hecht und Zander dient er als Nahrung und fällt ihnen, da er in Schwärmen auftritt, leicht zum Opfer. Im Ostseegebiet findet man ihn auch im Brackwasser. Deutlich erkennt man im Bild die längs über die Körperseite verlaufende helle Linie, das Seitenlinienorgan, mit dessen Hilfe er Wasserbewegungen wahrnimmt.

(Erläuterungen S. 238)

1

2

3

1 Teichmolch: Das Bild zeigt ein Männchen in der Wassertracht (im Gegensatz zur Landtracht), das sich in Balzstimmung befindet, fast genau in natürlicher Größe. Der bläuliche Schimmer am Schwanz und der hohe flossenartige Saum, der bis zum Kopf reicht, sind typisch für die Männchen im Frühjahr. Wenn die Laichzeit vorüber ist, bilden sich diese Merkmale zurück, der Teichmolch erinnert dann eher an einen Salamander. Auch die fransenartigen Verbreiterungen an den Zehen der Hinterbeine verschwinden, wenn der Molch das Wasser verläßt, um an feuchten Stellen an Land nach seiner Nahrung zu suchen. Während die Molchlarven durch Kiemenbüschel atmen, müssen die erwachsenen Tiere zum Luftholen auftauchen.

2, 3 Gelbbauchunken: Im feuchten Schlamm einer Wagenspur sind diese kleinen Lurche, die schon mit Wasserlachen vorlieb nehmen, kaum zu erkennen. In Bild 3 liegen mindestens 16 Tiere beisammen. Wenn Gefahr droht, wirft sich die Gelbbauchunke auf den Rücken und zeigt ihre von einem bläulichschwarzen Muster überzogene gelbe Bauchseite (Bild 2), mit der sie Feinde vor ihrem Gift warnt. Man kann das Muster erkennen, wenn man eine Unke auf den Rücken dreht. Bei der Gelbbauchunke ist also die Oberseite tarnfarben, die Unterseite warnfarben. Im nördlichen und östlichen Mitteleuropa lebt die sehr ähnliche Rotbauchunke. Bei ihr ersetzt ein roter Farbton das Gelb als Warnfarbe. Die Gelbbauchunke findet sich mehr im Berg- und Hügelland.

4

5

6

7

4 Bei der **Erdkröte** läßt sich das Männchen vom viel größeren Weibchen oft gleich zum Laichgewässer hintragen. Es klammert sich so lange auf dessen Rücken fest, bis das Weibchen abgelaicht hat. Dadurch stellt das Männchen sicher, daß es nicht zu spät kommt, denn an den Laichplätzen der Erdkröte herrscht in der kurzen Zeit im Frühjahr oft großes Gedränge. Man hat schon Männchen entdeckt, die Stiefelspitzen oder den Kopf von Karpfen umklammerten, weil sie kein Weibchen finden konnten. Manchmal werden bei einem Überangebot von Männchen die Weibchen zu Tode gedrückt.
5 Den quakenden **Wasserfrosch** kennzeichnen paarige Schallblasen, die an den Mundwinkeln austreten und die Rufe verstärken. Neben der Erdkröte dürfte der Wasserfrosch noch der häufigste heimische Froschlurch sein, denn er kommt an fast allen stehenden Gewässern, künstlichen Kleingewässern, selbst an kleinen Gartenteichen, vor. An ausgedehnteren Gewässern wie vor allem Seen und Stauseen lebt der größere, dunklere Seefrosch, dessen lautes Quaken ein charakteristisches Keckern enthält.
6 Der **Laubfrosch** vermag seine Farbe recht genau dem Grünton der Unterlage anzupassen. Er ist der einzige bei uns vorkommende Baumfrosch. Deutlich sieht man die Haftscheiben.
7 **Geburtshelferkröte:** Das Männchen hat sich die Eischnüre um die Hinterbeine gewickelt. Damit vermindern sich die Verluste an Nachwuchs, die Gelege der Weibchen können kleiner bleiben.

1

2

3

1 Ringelnatter: Zwei gelbliche, halbmondförmige Flecke am hinteren Kopfbereich kennzeichnen die Ringelnatter, unsere häufigste Schlangenart. Man findet die ungiftige Schlange meist in der Nähe von Gewässern, wo sie ihrer Hauptbeute, den Fröschen, auflauert. Anders als bei den Ottern geht der Körper der Nattern langsam und ohne deutlichen Absatz in den dünn ausgezogenen Schwanz über. Die Ringelnatter vergräbt ihre Eier an sonnenbeschienenen, sandigen Uferstellen, wo sie von der Sonnenwärme ausgebrütet werden. Natürliche, unverbaute Ufer sind daher wichtig für ihre Erhaltung. Schon die jungen Ringelnattern gehen ins Wasser.

2, 3 Die **Europäische Sumpfschildkröte** und ihre nahe Verwandte, die Kaspische Wasserschildkröte, sind die einzigen europäischen Wasserschildkröten. Schwimmhäute zwischen den Zehen und eine abgeflachte, glatte Panzerform ermöglichen ein elegantes Schwimmen unter Wasser. Sie ist sehr wendig und kann mitunter sogar kleine Fische erbeuten. Doch Würmer und Schnecken sowie Larven großer Wasserinsekten stellen ihre Hauptbeute dar. Gerne kommt die Sumpfschildkröte zum Sonnen ans Ufer. Bei Gefahr huscht sie – überraschend schnell für eine Schildkröte – ins Wasser und versteckt sich im Bodenschlamm, wo sie auch überwintert. Die Sumpfschildkröte war nacheiszeitlich in Mitteleuropa weit verbreitet. Heute leben nur noch Restvorkommen, die wahrscheinlich auf Aussetzungen zurückgehen und sich nicht mehr fortpflanzen können.

4

5

6

7

8

4 Die **Rohrdommel** ist im Röhricht kaum zu erkennen, besonders nicht, wenn sie Pfahlstellung einnimmt. Dann wirken die Längsstreifen am Hals wie dürre Schilfhalme. Mit ihren langen Zehen ergreift sie die Halme und klettert geschickt in dem dichten Dschungel aus Schilf und Uferpflanzen umher. Voll aufgerichtet wird sie fast 1 m hoch. Sie kommt an den Seen und Sümpfen in Mitteleuropa nur noch sehr selten vor. Im Gegensatz zur Zwergdommel (Bild 8) überwintert sie bei uns.

5 Kormoran: Von den ausgebreiteten Schwingen läßt der gänsegroße Vogel das Wasser ablaufen, das während des Schwimmens und Tauchens ins Gefieder gekommen ist. Der Haken an der Schnabelspitze dient zum Festhalten der schlüpfrigen Beute.

6 Der kleine **Zwergtaucher** schwimmt wie ein Federbällchen. Plötzlich taucht er mit einem kleinen Hopser unter und sucht in den Wiesen von Unterwasserpflanzen nach Insektenlarven. Zur Brutzeit trägt er ein rotbraunes Kehlgefieder und einen deutlichen weißen Schnabelfleck. Im Winterkleid sind Hals und Brust hellgrau. Der Zwergtaucher im Bild sitzt auf seinem Nest, das wie ein Klumpen von Wasserpflanzen aussieht.

7 Die beiden **Haubentaucher** haben ihre auffallend gestreiften Jungen huckepack auf den Rücken genommen.

8 Die **Zwergdommel,** die etwas häufiger vorkommt als die Rohrdommel, wird nicht einmal halb so groß wie diese. Ihr genügen einzelne Rohrhalme im Röhricht zum Klettern.

1 

2 

3 

1 Graugans: Im Gegensatz zu den Enten, bei denen sich nur das Weibchen um den Nachwuchs kümmert, führen die Gänse ihre Jungen gemeinsam. Der Ganter beschützt sie und wehrt Eindringlinge ins Brutrevier heftig ab. Die Graugans ist die wilde Stammform unserer Hausgänse. Sie kommt in Mitteleuropa nur an wenigen Stellen wild vor, wird aber stellenweise wieder eingebürgert. Die Jungen ernähren sich selbst, wenn die Eltern sie an geeignete Weidegründe führen.

2 Kranich: Eine besondere Kostbarkeit der heimischen Vogelwelt ist der Kranich geworden, denn die Trockenlegung der Sümpfe und Moore führte beinahe zur Ausrottung dieses storchengroßen Vogels. Der rote Scheitelfleck ist auf dem Bild nicht sichtbar. Mit den langen Beinen und weit spannenden Zehen kann der Kranich in Sümpfen umherwaten und darin sogar nisten. Das Nest besteht aus einer mehr als metergroßen Plattform aus Wasserpflanzen. Meist enthält es zwei Eier.

3 Höckerschwan: Der kräftige schwarze Höcker auf dem roten Schnabel weist diesen landenden Schwan als Männchen aus. Er verteidigt ein großes Revier für seine Familie, aus dem er alle anderen Schwäne verjagt. Ein ausgewachsener zehnjähriger Höckerschwan gehört mit über 20 kg Gewicht zu den größten flugfähigen Vögeln. Die Weibchen werden nicht so schwer. Die Vögel halten in Dauerehe zusammen, auch wenn sie sich im Winter mit anderen Schwänen am Futterplatz treffen.

4

5

6

4 Zwei erwachsene **Graureiher** streiten sich um einen Futterplatz. Man erkennt sie am schwarzen Zügel, der sich vom Auge nach hinten zieht und in verlängerte Schmuckfedern ausläuft. Junge, noch nicht voll ausgewachsene Graureiher tragen eine dunkle Kopfkappe, und die Schmuckfedern fehlen. Der Graureiher ist eine unserer größten Vogelarten. Weil Fische auf seinem Speisezettel stehen, wird der schöne Vogel gebietsweise immer noch – zu Unrecht – verfolgt.
5 Der **Seidenreiher** ist erheblich kleiner als der Graureiher und nur halb so groß wie der äußerlich ähnliche Silberreiher. Die gelben Zehen und der schwarze Schnabel unterscheiden ihn auch ohne Größenvergleich vom Silberreiher. Im Brutkleid trägt er seidenzarte Schmuckfedern. Die nächstgelegenen Brutkolonien finden sich in Frankreich und in der Tschechoslowakei.
6 Den **Weißstorch** kann man wohl kaum mit einer anderen Vogelart verwechseln. Seine Bestände gehen in Mitteleuropa stark zurück, so daß von Jahr zu Jahr immer weniger Störche aus dem südafrikanischen Winterquartier zu den Brutplätzen auf Dachgiebeln, Scheunen und Schornsteinen zurückkommen. Um die Lebensgeschichte des Storches genauer zu erforschen, hat man viele Jungstörche beringt. Der linke Storch trägt über dem Gelenk am rechten Bein einen solchen Ring. Die Nummer darauf ist so groß geschrieben, daß man sie mit einem guten Fernglas ablesen kann, ohne den Storch fangen zu müssen.

1

2

3

4

5

6

1 Für die **Löffelente** ist der löffelartig verbreiterte, mit einem feinen Sieb aus Hornlamellen versehene Schnabel charakteristisch. Während der Brutzeit, vom Winter bis zum Frühsommer, besitzt der Erpel einen kastanienbraunen Bauch. Danach ähnelt er dem graubraun-tarnfarbenen Weibchen. Auch der grünschillernde Kopf wird im Ruhekleid vermausert.
2 Die **Krickente,** hier ein abfliegender Erpel, der das Brut- oder Prachtkleid trägt, wird nicht ganz halb so groß wie die häufigste und bekannteste heimische Entenart, die Stockente. In der Jägersprache wurde sie auch Halbente genannt. Die Männchen kennzeichnet unter anderem der gelbe, aus der Seitenansicht dreieckige Unterschwanz.
3 Die **Reiherente** ist eine typische Tauchente. Der Kopf der Erpel schillert im Prachtkleid bläulich. Außerdem haben sie am Hinterkopf einen langen Schopf und einen weißen Bauch.
4 Das Männchen der **Tafelente** erkennt man am kastanienbraunen Kopf und an dem bläulichen Feld auf dem Schnabel. Der Rükken ist graublau. Im Ruhekleid ähnelt es dem bräunlichen Weibchen, das sich nur schwer von dem dunkleren der Reiherente unterscheiden läßt, zumal es auch fast gleich groß ist.
5 Die **Schnatterente** besitzt kein eigentliches Prachtkleid. Männchen und Weibchen kennzeichnet der weiße Flügelspiegel.
6 Auch beim Weibchen (rechts) der **Spießente** fällt der spitze Schwanz auf, doch trägt es keine Schwanzspieße.

7

8

7 **Stockente:** Im Flachwasser sucht dieses Entenpaar nach Nahrung. Die Erpel behalten den gelblichen Farbton des Schnabels auch im Ruhekleid, das sehr stark dem Normalgefieder des Weibchens (links) ähnelt. Sehr alte Weibchen können hahnenfiedrig werden. Sie sehen dann wie die Erpel aus, mit Ausnahme nur der bräunlichen Schnabelfarbe. Auf Parkgewässern läßt sich diese merkwürdige Erscheinung gelegentlich beobachten, weil dort die Enten älter werden können als in freier Natur. Die Stockente ist schon frühzeitig auf die Gewässer der Städte eingewandert, wo sie sich füttern läßt und vielfältige Kreuzungen mit Hausenten ausbildet (die meisten Hausenten stammen nämlich von Stockenten ab). Am leuchtend blauen Flügelspiegel lassen sich die Weibchen von den ähnlich gefärbten anderen Entenarten unterscheiden. Die Männchen rufen laut »räbräbräb«.

8 Die **Schellente** kommt in größeren Scharen alljährlich als Wintergast auf die Seen und Stauseen des Alpenvorlands. Schon von weitem erkennt man die Erpel an ihrem leuchtendweißen Brust- und Bauchgefieder, das sich zum Teil auf den dunklen Rücken hochzieht und über den Flügeln ein feines Streifenmuster erzeugt. Der Kopf schillert grün. Zwischen Schnabel und Auge befindet sich ein runder weißer Fleck. Das kleinere Weibchen ist schlichter gefärbt, die Kopfform jedoch bleibt gleich. An ihr erkennt man diese Enten selbst dann, wenn sie tief im Wasser liegen. Schellenten tauchen gut und tief.

1

2

3

1 Dieser **Fischadler** landet auf seinem Horst, der sich auf dem knorrigen Seitenast einer alten Kiefer befindet. Die weiße Bauchseite leuchtet auf. Am Kopf erkennt man den dunklen Streifen, der sich vom Auge übers Ohr zieht. Die langen, spitzen Krallen haben sich zur Faust geschlossen. Erst unmittelbar bei der Landung werden sie sich öffnen. Der Fischadler hat eine Spannweite von gut 1,8 m. Er ernährt sich ausschließlich von Fischen, die er im Stoßflug aus dem Wasser greift. In der Bundesrepublik Deutschland wurde er als Brutvogel ausgerottet, hier gibt es gegenwärtig keine Brutpaare mehr. Doch vielleicht werden sich die Bestände in den angrenzenden Ländern allmählich ausbreiten, so daß der Fischadler auch in Deutschland wieder heimisch wird.

2 Dieser **Schwarzmilan** spreizt in der scharfen Wendung, die er gerade ausführt, seinen langen Schwanz so weit, daß die Gabelung, sein charakteristisches Merkmal im Flugbild, nicht mehr zu erkennen ist. Mit dem vorgestreckten Kopf wirkt er fast adlerartig. Doch der Schwarzmilan jagt lediglich Mäuse und Frösche. Größere Beute nimmt er nur in Form von Aas.

3 Die **Rohrweihe** gleitet auf der Suche nach Beute dicht über den Rohrwald. Es handelt sich um ein ausgefärbtes Weibchen, kenntlich am semmelgelben Kopf und an den hellen Schultern. Junge Rohrweihen sind dunkel- bis schokoladenbraun. Die kleineren Männchen wirken dagegen mit dem bläulichgrauen Band, das über ihre Flügel zieht, fast bunt.

4

5

6

7

4 Diese **Birkhähne** versammeln sich zur Schaubalz im Moor. Mit hochgestellten Schwanzfedern, schleifenden Schwingen und angeschwollenen »Rosen« über den Augen visieren sie sich gegenseitig an, springen in die Luft und geben gutturale Kullerlaute von sich. Die Hähne im Zentrum des Balzplatzes haben die besten Aussichten, von einer Henne erwählt zu werden. Nach der Begattung verlassen die Hennen den Balzplatz sogleich wieder und besorgen allein das ganze Brutgeschäft. Die Birkhahnbalz im Moor, eines der schönsten Naturschauspiele, gehört wegen der Zerstörung der Moore vielerorts leider der Vergangenheit an.

5 Die **Wasserralle** ist ein außerordentlich scheuer Bewohner von Sümpfen und Röhrichten. Die langen Zehen ermöglichen ihr das Laufen auf dem schlammigen Untergrund. Der schilfbraune Rükken tarnt sie, wenn sie sich zwischen den Halmen davonmacht. Sie erreicht nur gut Drosselgröße.

6 Das **Bläßhuhn,** eine überall verbreitete und häufige Ralle, die gut taucht, kommt auch in die Städte, wo es auf den Parkgewässern um Futter bettelt und sogar brütet.

7 **Teichhuhn:** Ein rotes Stirnschild und das Zucken mit dem Schwanz, wobei die weiße Unterseite sichtbar wird, kennzeichnen diese Ralle, eine kleinere Verwandte des Bläßhuhns, die vorwiegend an Tümpeln, Teichen und Bächen lebt. Die Jungen, die eine auffallend blaue und rote Kopfzeichnung tragen, bekommen anfangs von den Alten Futterbrocken in den Schnabel gestopft.

1

2

3

4

1 Die **Flußseeschwalbe** rüttelt mit weitgefächerten Flügeln, bevor sie aufs Wasser hinabstürzt, um ein Fischchen zu erbeuten. Der stark gespreizte Schwanz bremst den Vortrieb, so daß der Vogel in der Luft auf der Stelle »stehenbleiben« kann. Der rote Schnabel endet in einer schwarzen Spitze, wodurch sich die Flußseeschwalbe von der Küstenseeschwalbe unterscheidet.

2, 3 Lachmöwen sind die mit Abstand häufigsten Möwenvögel auf den Binnengewässern und kommen auch an den Küsten in großer Zahl vor. Im Winterkleid (Bild 2) fehlt ihnen die charakteristische schokoladenbraune Kopffärbung des Brutkleides (Bild 3). In dieser Maske tritt der weiße Augenring deutlich hervor. Schnabel und Beine der erwachsenen Lachmöwen sind dunkelrot; die Jungvögel besitzen bis zur Geschlechtsreife noch gelbliche Bein- und Schnabelfärbung. Im Flugbild fällt der weiße Flügelvorderrand auf.

4 Trauerseeschwalbe: Diese kleine, dunkle Seeschwalbe benötigt nährstoffreiche Gewässer mit ausgedehnten Röhrichten und Schwimmblattpflanzen, auf denen sie ihr kleines Nest anlegen kann. Festen Untergrund meidet sie. Im Brutkleid sind Kopf und Brust rauchgrau bis schwarz. Die Flügeloberseite ist etwas heller. Schon im Hochsommer verlieren sie diese Färbung – das hellere Winterkleid ersetzt dann das Brutkleid. Nur hinter dem Auge bleibt ein dunkler Fleck erhalten, der sich bis zum Nacken hinzieht. Ihr Hauptverbreitungsgebiet liegt im Nordosten, von dort kommen sie im Frühjahr und Spätsommer zu uns.

5

6

7

8

5 Wenn sich der **Flußregenpfeifer** auf der Kiesbank niederläßt und sich eng an den Boden drückt, ähnelt er so sehr einem Stein, daß selbst geübte Augen Mühe haben, ihn zu entdecken. Das schmale, geschlossene Brustband und die Kopfzeichnung zeigen, daß es sich auf dem Bild um einen Altvogel handelt. Bei den blasseren Jungvögeln ist das Brustband noch nicht geschlossen. Vom gelbbeinigen Sandregenpfeifer, der an der Küste und zu den Zugzeiten im Binnenland vorkommt, unterscheiden ihn die graubraunen bis schwärzlichen Beine.

6 Diese **Uferschnepfe** trägt das rostfarbene Gefieder des Brutkleides. Im Sommer verfärbt es sich zu einem einheitlichen Grau. Doch der lange, leicht aufgeworfene Schnabel und die schwarze Endbinde am weißen Schwanz bleiben stets charakteristische Merkmale. Uferschnepfen brüten in Feuchtwiesen an der Küste und im Binnenland, wo sie aber selten geworden sind.

7 **Großer Brachvogel:** Bogenförmig nach unten biegt sich der Schnabel des Großen Brachvogels, dessen Flötentriller im April über die Moore und Feuchtwiesen schallen. Die Kultivierung der Feuchtgebiete drängt jedoch auch diese stattliche Vogelart zurück, die zu den Schnepfenvögeln gehört.

8 Selten steht eine **Bekassine** so frei auf einer Wasserfläche. Meist hält sich diese scheue drosselgroße Schnepfe in dichter Deckung. Mit ihrem langen Schnabel, den sie an der Spitze öffnen kann, stochert sie im weichen Schlamm nach Nahrung.

1

2

3

4

1, 2 Eisvogel: Türkisblau und grün schillern Kopf und Rücken sowie die Oberseite seines Schwanzes. Die kastanienbraune Brust bildet einen auffallenden Kontrast dazu. Auf Bild 1 erkennt man die kleinen lackroten Beine, mit denen sich der Eisvogel seine bis über 1 m weit in die Uferwände hineinreichenden Brutröhren scharrt, doch hat die Verbauung der Bäche diese Plätze vielfach vernichtet. Er lebt von kleinen Fischen, die er im Stoßflug auf das Wasser erbeutet. Mit den kurzen, rundlichen Flügeln vermag er auf der Stelle zu rütteln, um dann senkrecht herunterzuschießen. Manchmal taucht er ganz unter. Anschließend schüttelt er sich auf dem Wasser nochmals kurz, bevor er fast unbenetzt wieder hochfliegt. Bild 2 zeigt einen Jungvogel.

3 **Uferschwalben** haben ihre Brutröhren in ein breites Sandband an einem Steilabbruch gegraben. Diese kleinen Schwalben erkennt man an ihrer sandbraunen Oberseite, dem hellen Bauch und dem schmalen, dunklen Kehlband. Zum Nisten sind sie auf Sandwände angewiesen, die genügend steil und fest sind, damit die Röhren nicht zusammenbrechen. Die Begradigung der Flüsse hat sie vieler Brutplätze beraubt. Heutzutage nisten sie oft in Sand- und Kiesgruben.

4 Das Männchen des **Blaukehlchens** trägt einen weißen Stern an der leuchtendblauen Kehle. Dem schlichteren Weibchen fehlen die prächtigen Farben und ihre kontrastreiche Verteilung. Blaukehlchen sind sehr selten geworden.

5

6

7

8

5 Feldschwirl: Nur durch Zufall oder nach langer, intensiver Suche wird man sein Nest entdecken können. Dieser kleine Verwandte der Rohrsänger kommt zwar weit verbreitet, doch nirgends häufig in Flußniederungen, ausgedehnten Feuchtwiesen und Auwäldern vor. Hier hört man im Mai seinen klirrenden Gesang, ein anhaltendes Schwirren. Die dunklen Flecken auf dem Rücken sind auf dem schilfbraunen Gefieder das einzige Merkmal, das ein wenig auffällt.

6 Der **Drosselrohrsänger** klettert an den Schilfhalmen empor, um von dort aus sein lautes »karre-karre-kiek-kiek« erschallen zu lassen, wobei der laute Gesang das Rauschen des Schilfwaldes übertönt. Dieser größte der heimischen Rohrsänger ist leider nur noch an ausgedehnteren Schilfbeständen zu finden, in denen er sein tiefes, napfförmiges Nest zwischen den Halmen aufhängt.

7 Die **Beutelmeise** gelangt durch die Röhre ins Innere ihres kunstvollen Nestes. Es wurde mit Samenhaaren von Weiden und Rohrkolben warm und weich ausgepolstert. Meist hängt es an der Spitze von Weiden- oder Pappelzweigen über dem Schilf oder Wasser und ist so für Nesträuber unerreichbar. Auch Regen und Stürmen hält es stand.

8 Das Männchen der **Rohrammer** trägt eine schwarze Kopfmaske, das Weibchen nur eine undeutliche Streifung, die an einen Haussperling erinnert. Wegen dieses Aussehens und ihrer Rufe wird die Rohrammer auch als *Rohrspatz* bezeichnet.

1

2

3

4

1 Meist zeigt die **Sumpfohreule** ihre Federohren, die erheblich kürzer sind als bei der ähnlichen Waldohreule, gar nicht. Nur in Erregung werden sie aufgerichtet. Die gelblichen Augen weisen darauf hin, daß die Sumpfohreule auch am Tage viel jagt. Sie ist nur noch sehr selten in ausgedehnten Mooren und in feuchten Wiesen an der Küste zu finden.
2 Die **Schermaus** besiedelt nicht nur Gärten, sondern in einer eigenen Varietät, die mancherorts als *Wasserratte* bezeichnet wird, die Ufer von Gewässern. Hier gräbt sie ausgedehnte Gänge in den Untergrund. Sie schwimmt gut.
3 Die **Wasserspitzmaus** ist dem Wasserleben noch besser angepaßt. Mit bis zu 9 cm Körperlänge ist sie die größte heimische Spitzmausart. Auf dem Bild kann man die Schwimmborsten an den Zehen erkennen. Auch der Schwanz trägt einen Borstensaum, der zum Steuern dient. Die Wasserspitzmaus taucht geschickt, sucht jedoch ebenfalls am Ufer nach Nahrung.
4 Der **Waschbär** gehört erst seit wenigen Jahrzehnten zur mitteleuropäischen Tierwelt. Dieser Kleinbär mit dem schwarzweiß geringelten Schwanz und der schwarzen Gesichtsmaske stammt aus Nordamerika. Er wurde als Pelztier in Farmen gehalten, ist von dort in die Freiheit entwichen und hat sich in Europa gut eingelebt. Wahrscheinlich wird er nicht wieder auszurotten sein. Die Schäden am Niederwild, die man ihm zur Last legt, halten zudem einer Überprüfung nicht stand. Er ist fast ausschließlich nachtaktiv.

1

2

3

4

1–4 Der **Biber** ist in Europa vor einem Jahrhundert weitgehend ausgerottet worden. Nur drei Restvorkommen, in Südnorwegen, an der mittleren Elbe und an der unteren Rhone, sind übriggeblieben. In den letzten beiden Jahrzehnten hat man versucht, diesen großen Nager wieder einzubürgern. Seine wichtigsten Merkmale sind der abgeplattete, von einer schuppenartigen Haut bedeckte Schwanz, die Kelle (Bild 2), die auch beim schwimmenden Jungbiber (Bild 3) zu erkennen ist, und der kräftige, rundliche Kopf, an dem die Ohren deutlich sichtbar sind. An den Zehen tragen die Biber, die sehr gut und ausdauernd tauchen, Schwimmhäute. Mit ihren kräftigen, außen rötlichen Nagezähnen schneiden sie im Herbst und Winter Bäume in charakteristischer Weise sanduhrförmig an (Bild 4), bis diese unter dem Eigengewicht umfallen. Wenn es keine unverholzten, grünen Wasser- und Uferpflanzen mehr gibt, bilden Weiden und Pappeln ihre Winternahrung. Dabei schälen die Biber die Rinde an den dünnen Zweigen ab und verzehren sie. Falls die Ufer zu flach sind, bauen sie am Fluß massive Burgen. Bild 1 zeigt eine Biberburg, die mit Weidenästen aufgeschichtet wurde. Bei Wintereinbruch werden die Burgen noch mit dicken Schlammschichten abgedichtet und frostsicher gemacht. Die Einfahrtröhren münden unter Wasser. Die Ausstiege findet man am Ufer als ausgetretene Rutschen. Hier markieren die Biber auch ihr Revier mit Drüsenabsonderungen. Starke Bibermännchen können über 30 kg schwer werden.

5

6

7

5 Die **Bisamratte** sieht wie eine Kleinausgabe des Bibers aus. Seit Biber in Mitteleuropa wieder eingebürgert wurden, kommt es immer zu Verwechslungen, obwohl die viel kleinere Bisamratte einen rundlichen, im Querschnitt hochovalen, ziemlich dünnen Schwanz besitzt. Auch fällt sie keine Bäume. Zu ihrer Ernährung ist sie auf weiches Pflanzenmaterial und auf Muscheln oder Wasserschnekken angewiesen. Sie stammt aus Nordamerika und hat sich im Laufe des 20. Jahrhunderts ausgebreitet, nachdem sie aus einem Schloßteich in Böhmen entwichen war.

6 Der **Iltis,** ein kleiner Marder, der bis 46 cm lang wird, kommt in vielen Lebensräumen, am häufigsten in der Nähe von Gewässern, vor. Hier sucht er nach Fröschen, Schlangen oder Kleinsäugern. Auch tote Fische verschmäht er nicht. Er schwimmt gut, doch nicht so wendig und ausdauernd wie ein Otter. Meist ist er nachts aktiv, am Tag dagegen kaum aufzuspüren. Die Gesichtszeichnung ist besonders kennzeichnend.

7 Der **Fischotter** ist in Europa hochgradig vom Aussterben bedroht. Jahrhundertelang stellte der Mensch diesem großen Wassermarder nach, bis die Bestände in den fünfziger Jahren zusammenbrachen. Heute leben nur noch wenige Otter an den Bächen und Flüssen in Mitteleuropa. Immer noch werden sie verfolgt, weil man ihnen Fische und Krebse nicht gönnt und weil man ihre Pelze sehr schätzte. Fischotter werden fast 90 cm lang. Ihr Schwanz verjüngt sich zur Spitze hin. Sie sind ausgezeichnete Schwimmer.

Die Feuchtgebiete
(Abbildungen S. 194–198)

Schwarzerle *(Alnus glutinosa):* Im Gegensatz zur Grauerle mit spitz auslaufenden Blättern trägt die Schwarzerle rundlich-eiförmige Blätter mit stumpfem Ende, die auch weniger fein gesägt sind. Von der Mittelader gehen jederseits meist nur 5 bis 8 Seitennerven ab. Knospen und kleine Triebe sind klebrig. Schwarzerlen finden sich an Ufern, Bächen und kleinen Flüssen, in feuchten Niederungen und Auwäldern. Dort, wo die Grauerlen bestandsbildend sind, treten sie weniger häufig auf. An Bächen und feuchten Hängen im Gebirge werden sie von den Grünerlen *(Alnus viridis)* ersetzt, die kleinere, stark gezähnte Blätter haben.

Grauerle *(Alnus incana):* Besonders in den Auen an Donau und Inn bilden die Grauerlen regelrechte Wälder. Diese liegen im Überschwemmungsbereich, in jener Zone, die regelmäßig Hochwasser – und damit frische Nährstoffe – erhält, aber nicht lange überflutet bleibt. Die Erlen benötigen einen gut durchlüfteten, lockeren, sandigen Boden, weil sie an ihren Wurzeln Knöllchen tragen, in denen Strahlenpilze leben, die in der Lage sind, Stickstoff aus der Luft zu binden und die Grauerle mit Stickstoffverbindungen zu versorgen. Das Holz gilt als wenig wertvoll. Meist wurde es nur als Brennholz benutzt.

Salweide *(Salix caprea):* Unter dem Namen Palmkätzchen ist diese in fast ganz Europa häufig vorkommende Weidenart bekannt. Meist wächst die Salweide als 3–10 m hoher Strauch am Ufer von Teichen und an Zäunen auf feuchtem Untergrund oder am Rande von Auwäldern. Die rundlichen Kätzchen verlieren schon im zeitigen Frühjahr die braune Knospenschuppe, die sie den Winter über einhüllt. Dann treten die silbrigweißen Haare hervor, die die Palmkätzchen in der Frühlingssonne weithin leuchten lassen; im März strecken sie sich und blühen auf. Bei den männlichen Pflanzen schieben sich gelbe Staubgefäße hervor und liefern den Bienen das erste wichtige Nahrungsangebot an Pollen.

Silberweide *(Salix alba):* Die dichte Behaarung der Blattunterseiten verleiht dieser Weide einen silbrigen Glanz, wenn der Wind die schmalen, lanzettförmigen Blätter dreht. Der bis 20 m hohe Baum wächst bevorzugt im Überschwemmungsbereich der Flüsse und bildet besonders auf Inseln von Stauseen oft große, geschlossene Bestände. Im April und Mai blühen die länglichen Kätzchen dieser Weide auf, und wenn sie fruchten, treiben die lang behaarten Samen wie Schneeflocken in Massen übers Wasser oder werden vom Wind weithin fortgetragen. Die Silberweiden zählen daher zu den Erstbesiedlern neu entstandener Sandbänke und Inseln. Sie vertragen lange Überschwemmungen.

Kanadapappel *(Kanadische Hybridpappel; Populus canadensis):* Viele Pappelarten lassen sich leicht miteinander kreuzen. Besonders geschätzt ist die Kanadapappel, die wegen ihrer Schnellwüchsigkeit vor allem während der sechziger Jahre in Flußniederungen zahlreich in Reinbeständen gepflanzt wurde und dort die ursprünglich heimischen Schwarzpappeln *(Populus nigra)* verdrängte. Letztere wachsen beträchtlich knorriger und auch langsamer als die schlanken Hybridpappeln. Die Blätter sind durch Korkrippen kantig und ähneln mit ihrer ei- bis rautenförmigen Gestalt denen der Schwarzpappeln. Da die verschiedenen Züchtungslinien unterschiedliche Blätter hervorbringen, läßt sich eine ganz typische Form nicht angeben.

Sumpfdotterblume *(Caltha palustris):* Mit ihren großen gelben Scheibenblüten und den glänzend dunkelgrünen, herz- bis nierenförmigen Blättern fällt die Sumpfdotterblume an Bächen und Teichufern besonders auf. Sie blüht von April bis Juni. Ihre oftmals halbkugelige Wuchsform führt dazu, daß die Blüten gleichsam dottergelbe Kappen über der Pflanze ausbilden, wodurch sich die Fernwirkung auf Bienen und andere Insekten verstärkt. Die Sumpfdotterblume kann bis 40 cm hoch werden. Bei der Reife platzen die 5 bis 8 Früchte zu einem sternförmigen Fruchtstand auf. Das Wasser verbreitet die Samen.

Wasserhahnenfuß *(Ranunculus aquatilis):* Fließende und stehende Gewässer mögen als Lebensraum eines Hahnenfußes vielleicht ungewöhnlich erscheinen, da sich die meisten Verwandten auf Wiesen und Fluren finden. Doch eine ganze Reihe von Arten hat sich dem Wasserleben angepaßt; zu den häufigsten zählt der Gewöhnliche Wasserhahnenfuß, der in flachen stehenden oder langsam fließenden Gewässern anzutreffen ist. Seine Blätter bilden zweierlei Formen aus: Unter Wasser sind sie fein zerteilt, auf der Wasseroberfläche schwimmend zeigen sie rundliche bis nierenförmige Gestalt, wie sie bei den Verwandten an Land vorkommt. Die weißen Blüten entfalten sich ab Juni über dem Wasserspiegel. Die Samen werden durch Strömung, Wellen, Wind und auch Wasservögel verbreitet.

Weiße Seerose *(Nymphaea alba):* Die großen Blüten der Weißen Seerose entfalten sich unmittelbar auf der Wasseroberfläche und ragen kaum darüber hinaus. Lange, kabelartig glatte Stiele führen von ihnen zu den kräftigen Wurzelstöcken am Seeboden. Die breitflächigen, glattrandigen Blätter tragen auf ihrer Oberseite eine Wachsschicht, die sie vor Benetzung schützt. So kann durch die ebenfalls auf der Oberseite liegenden Spaltöffnungen ein ungehinderter Luftaustausch vor sich gehen. Die Schwimmblätter entwickeln so viele Gase, daß aus abgeschnittenen Stengeln minutenlang ein kräftiger Luftstrom hervorquillt. Die Seerosen versorgen damit ihre Wurzelstöcke tief unten im Bodenschlamm mit Sauerstoff.

Wasserknöterich *(Polygonum amphibium):* Nicht nur im Wasser, sondern auch an Land kann der Wasserknöterich wachsen. Die Landform bildet kürzere, derbere Blätter aus als die Wasserform, deren Schwimmblätter auf kleinen Tümpeln oder am Rande größerer Teiche nicht selten regelrechte Teppiche erzeugen. Sie ähneln den Blättern des Schwimmenden Laichkrautes *(Potamogeton natans)*; wenn der Wasserknöterich aber blüht, verraten die rötlichen, zu Scheinähren vereinigten Blüten, die deutlich die Wasseroberfläche überragen, die Artzugehörigkeit. Die Wasserform kann zwar in 3 m Tiefe noch wurzeln, bevorzugt jedoch zumeist flacheres Wasser. Die Blütezeit erstreckt sich von Juni bis September.

Gelbe Teichrose *(Mummel; Nuphar luteum):* Die rundlich-ovalen Blätter der Gelben Teichrose können fast doppelt so groß wie die Schwimmblätter der Weißen Seerose werden. Sie sind noch derber und richten sich, wenn sie sehr dicht wachsen, an der Wasseroberfläche auf. Auch diese Blätter werden durch eine Wachsschicht an der Oberseite vor Benetzung geschützt. Die Blüten sind im Gegensatz zu denen der Seerose verhältnismäßig klein, und ihr Stiel ragt über die Wasseroberfläche empor. Sie haben nur 3–5 cm Durchmesser, die fünf Blütenblätter rollen sich halbkugelig nach oben. Teichrosen reichen mit ihren langen Trieben bis in Tiefen von über 3 m.

Kanadische Wasserpest *(Elodea canadensis):* Die heute fast überall in Mitteleuropa verbreitete Kanadische Wasserpest stammt aus Nordamerika. Seit 1840 wurde sie in Europa heimisch. Doch die mancherorts in großen Massen wuchernde Wasserpflanze kommt hier nur in weiblicher Form vor. Männliche Pflanzen fehlen. So kann sich die Wasserpest nicht durch Samen, sondern nur mittels abgebrochener Sproßteile (vegetativ) vermehren. Dennoch nahm sie große Bereiche der europäischen Gewässer im Laufe des 19. Jahrhunderts in Besitz, da sie aufgrund ihres hohen Nährstoffbedarfs von der Wasserverschmutzung profitierte. Dadurch wurde sie zum Problem für die Schiffahrt in Kanälen. Seit die Wasserqualität dort besser wird, sind ihre Bestände stark zurückgegangen.

Kleine Wasserlinse *(Entengrütze; Lemna minor):* Die Kleine Wasserlinse überzieht Dorfteiche und Tümpel mitunter so dicht, daß man unter dieser Decke kein Wasser mehr erkennen kann. Dabei besteht die einzelne Pflanze nur aus wenigen winzigen, miteinander verwachsenen Blättern und einem feinen Würzelchen, das nach unten frei ins Wasser hineinreicht. Die Blüten kann man nur mit der Lupe entdekken, so klein sind sie. Sie finden sich, wenn überhaupt – denn die Wasserlinsen vermehren sich meist vegetativ –, in einer Spalte am Blattrand. Um den einfachen Fruchtknoten stehen zwei Staubblätter.

Wasserschlauch *(Utricularia spec.):* An den fein zerteilten Blättern dieser fleischfressenden Pflanze befinden sich kleine Blasen. Betrachtet man diese unter dem Vergrößerungsglas, so fällt auf, daß sie seitlich zusammengedrückt und durch eine Klappe verschlossen sind, deren Rand außen Borsten trägt. Kommen Kleinkrebse wie Wasserflöhe, Hüpferlinge oder kleine Mückenlarven in die Nähe und berühren die Borsten, löst dies eine blitzschnelle Erweiterung der Fangblase aus. Die Klappe wird nach innen gedrückt und die Beute mit einem Wasserstrom eingesaugt. Die Borsten verhindern das Entkommen. Verdauungssäfte in der Blase zersetzen das Opfer und versorgen den Wasserschlauch mit Nährstoffen.

Rundblättriger Sonnentau *(Drosera rotundifolia):* Man findet ihn in Mooren und auf sauren Torfböden – also an Standorten, die sehr wenig Nährstoffe bieten. Stickstoffverbindungen verschafft sich diese Pflanze im wesentlichen mit Hilfe ihrer rundlichen Blätter, an deren klebrigen Drüsenhaaren kleine Insekten haften bleiben. Verdauungssäfte lösen aus ihnen jene Stoffe heraus, die der Sonnentau benötigt. Die beiden anderen bei uns heimischen Arten, der Langblättrige *(Drosera anglica)* und der Mittlere Sonnentau *(Drosera intermedia),* besitzen schmal-längliche bzw. mittellange Blätter, die über und über mit klebrigen Fanghaaren bedeckt sind. Auch sie kommen in nährstoffarmen Mooren vor.

Torfmoose *(Sphagnum spec.):* Die gewaltigen Torflager wurden von dieser besonderen Gruppe von Moosen aufgebaut, die entfernt an Fichtenkeimlinge erinnern und in dichten Polstern wachsen. Indem sie sich in ihren abgestorbenen unteren Teilen voll Wasser saugen, tragen sie ganz entscheidend zur Wasserspeicherung in den Mooren bei. Die lebenden Moosteile wachsen an der Oberfläche weiter und erhalten hier über Einwehungen von außen die Nährstoffe, die sie benötigen. Das Nährstoffreservoir im Boden darunter können sie nicht mehr anzapfen, weil sich dikke Schichten sauren Torfes dazwischen befinden. Die verschiedenen Arten sind sehr schwer zu unterscheiden.

Sumpfsegge *(Carex acutiformis):* Die in Gräben und auf Feuchtflächen verbreitete Sumpfsegge wird bis zu 1 m hoch. Aus der Vielzahl verschiedener Seggen, die man an ihren harten, dreikantigen Stengeln als Sauergräser von den sogenannten Süßgräsern unterscheiden kann, soll hier nur diese Art genannt werden. Sie blüht im Mai und Juni. Die männlichen Ährchen bilden die Spitze, darunter befinden sich die weiblichen. Die langen, schmalen Blätter sind graugrün und werden etwa 5 mm breit.

Froschlöffel *(Alisma plantago-aquatica):* Im Flachwasser von Teichen und Tümpeln, oft an verlandenden Baggerseen, aber auch am Ufer größerer Seen wächst der Froschlöffel, der allerdings in den letzten Jahrzehnten recht selten geworden ist. Er wird 20–90 cm hoch und trägt eiförmige, am Grund gerundete oder herzförmige Blätter, die manchmal an einen Löffel erinnern. Die Blüten erscheinen von Juni bis September und stehen in lockeren Quirlen, was dem Froschlöffel ein sperriges Aussehen verleiht. Die blaßrosa bis weißen Blütenblätter sind am Grund gelb gefärbt.

Ästiger Igelkolben *(Sparganium ramosum):* Zu den auffallendsten Uferpflanzen gehört der Ästige Igelkolben, so genannt wegen der mit vielen Stacheln besetzten, kugeligen Blütenstände – dem unverwechselbaren Kennzeichen dieser Pflanze, von der es in Mitteleuropa mehrere Formen und Arten gibt. Den Ästigen Igelkolben, die häufigste Art, findet man auf schlammigen Böden im lockeren Uferröhricht von stehenden und langsam fließenden Gewässern, vor allem an kleinen Wiesenbächen. Die Blätter noch nicht blühender Pflanzen erinnern zunächst an Schwertlilienblätter, sind aber schmaler. Im Juli entfalten sich die reich verzweigten, bis etwas über 0,5 m hohen Blütenstände.

Schilfrohr *(Phragmites communis):* Überall an Ufern und in Feuchtgebieten, vor allem an Seen und Teichen, wächst das Gewöhnliche Schilfrohr. Meist bildet es mehr oder weniger ausgedehnte Reinbestände, die je nach Untergrund und Nährstoffversorgung locker oder dicht, niedrig oder hoch wachsen können. Am höchsten wird das Schilf an mäßig nährstoffreichen, Wind und Wellen wenig ausgesetzten Ufern. Dort erreicht es über 4 m. Die unterirdischen Ausläufer können mehrere Meter lang werden. Die Halme sterben im Herbst nach dem Reifen der Rispe ab. Die unterirdischen Wurzelstöcke überdauern und schieben im nächsten Frühjahr sehr schnell die neuen Halme.

Wasserschwertlilie *(Gelbe Schwertlilie; Iris pseudacorus):* Die langen, schwertförmigen Blätter verraten schon das Aufwachsen einer Wasserschwertlilie, bevor sich Ende Mai die ersten großen, schwefelgelben Blüten aus den dicken, länglichen Knospen entfalten. Dann leuchten wochenlang die Blüten aus dem kräftigen Grün der inzwischen über 1 m hoch gewachsenen Blätter hervor. Meist stehen sie in dichten Horsten beisammen am Rande von Schilf, in der Uferzone von Seen oder an Wassergräben in Wiesentälern. In manchen Gebieten findet man dieses schöne Schwertliliengewächs noch häufig, doch mit der Trockenlegung von Feuchtgebieten und der Drainage von Mooren schwindet auch sein Lebensraum.

Breitblättriger Rohrkolben *(Typha latifolia):* An Ufern stehender Gewässer, deren Wasserspiegel etwas schwankt und im Herbst Schlickflächen freigibt, siedeln sich alsbald Rohrkolben an. Manche Flachseen und große Teiche sind fast vollständig von ihnen überwuchert. Die weiblichen Blüten der Kolben entwickeln statt Blütenblättern feine Haare. Der Wind verdriftet die winzigen Früchte, die an diesen Haaren wie an Seidenfallschirmen hängen, über die ganze Wasserfläche. Zusätzlich vermehren sich die Rohrkolben stark durch unterirdische Ausläufer. Die oberirdischen Sprosse sterben im Herbst ab, die unterirdischen Wurzelstöcke dagegen überdauern und bringen im nächsten Frühjahr die neue Generation hervor. Der Schmalblättrige Rohrkolben *(Typha angustifolia)* besitzt erheblich schmalere Blätter und Kolben und kommt z. B. am Neusiedler See vor.

Teichbinse *(Scirpus lacustris):* Drehrunde, mit lockerem Mark gefüllte Stengel, die bis über 2 m hoch aus dem Wasser aufragen können, kennzeichnen die früher für Flechtarbeiten *(Flechtbinse)* viel benutzte Teichbinse. Zur Blütezeit im Juni und Juli schiebt sich aus dem oberen Drittel eine bräunliche Rispe, die büschelartig gehäufte Ährchen enthält, an denen man die Teichbinsen schon auf einige Entfernung leicht von Schilf und Rohrkolben unterscheiden kann. Neben der Uferzone von Teichen, in die sie bis auf gut 1 m Wassertiefe vordringen kann, besiedelt die Teichbinse auch Gräben.

Süßwassermeduse *(Craspedacusta sowerbii):* In Süßwasserbecken, Teichen,

Aquarien, seltener auch in kleinen Seen ist sie häufig zu finden. Diese Quallen tragen am Schirmrand eine muskulöse Hautfalte, die beim Zusammenziehen den Schirm verengt und Wasser herauspreßt. Der dadurch entstehende Rückstoß treibt das Tier voran. Die Geschlechtsorgane liegen an den sog. Radiärkanälen, die vom lappigen Mundrohr, das von der Mitte des Schirmes nach unten ragt, zum Schirmrand ziehen. Zum Nahrungserwerb lassen sich die Quallen mit weit ausgebreiteten Fangarmen von der Wasseroberfläche sinken und fischen dabei den durchdrifteten Raum ab.

Süßwasserpolyp *(Hydra spec.)*: Gewöhnlich leben Hydren auf Pflanzen, Schnecken- und Muschelschalen, Gehäusen von Köcherfliegen und dergleichen dicht unterhalb des Wasserspiegels langsam fließender oder stehender Gewässer und fangen mit ihren langen Tentakeln Geschwebe. Zuweilen lösen sie sich von der Unterlage und kriechen kurze Strecken nach Art der Spannerraupen. Hydren sind nicht umzubringen. Im Laborversuch hat man eine Anzahl von Hydren zu Brei zerdrückt, aus dem sich nach einigen Tagen wieder ebenso viele Tiere bildeten, wie ursprünglich vorhanden waren.

Schlammröhrenwurm *(Tubifex tubifex)*: Jeder, der ein Aquarium besitzt, kennt die rötlichen, schlanken Würmer als leicht erhältliches Lebendfutter. In ihren Wohngewässern stecken diese Ringelwürmer mit dem Vorderende im Schlamm in ihren mit Schleim ausgekleideten Röhren. Das weit herausragende Hinterende vollführt schwingende Bewegungen und bringt dadurch ständig frisches Atemwasser an den Körper heran, dem der Sauerstoff durch den Enddarm entnommen wird. Der Tubifex bevorzugt stark verschmutzte, sauerstoffarme Gewässer und kann geradezu als Indikator für den Verschmutzungsgrad herangezogen werden. Er kann drei Wochen ganz ohne Sauerstoff auskommen.

Spitzschlammschnecke *(Lymnaea stagnalis)*: Man findet sie im Pflanzengewirr stehender Gewässer, wo sie sich von Algen, Wasserpflanzen, Schlick und auch von Aas ernährt. Als Lungenschnecke ohne Kiemen muß sie von Zeit zu Zeit auftauchen, um Luft zu holen. Sie hat verschiedene Standortformen ausgebildet: Tiere, die in der Brandungszone von Seen leben, verfügen über kürzere Gehäuse und eine breitere Fußsohle, wodurch die Haftfähigkeit vergrößert wird; im Gegensatz dazu besitzen Formen, die sich im ruhigen Wasser aufhalten, schmale Gehäuse. Bei schilfbewohnenden Tieren ist die Schale am Mündungsrand eingebuchtet, so daß das Schilfrohr mit der Fußsohle teilweise umgriffen werden kann.

Blutegel *(Hirudo medicinalis)*: In seinem Lebensraum – verlandende Seen, Teiche oder Flachmoore – ist der Blutegel selten geworden. Für medizinische Zwecke wird er heute durch den ungarischen Blutegel ersetzt, den man gelegentlich in Apotheken sehen kann. Der langgestreckte, etwas abgeflachte, in zahlreiche Abschnitte gegliederte Körper hat einen vorderen und einen hinteren Saugnapf. In der Mitte des vorderen Saugnapfes liegt die Mundöffnung mit den drei scharfen Kiefern. Beim Blutsaugen preßt der Blutegel seinen Mundsaugnapf fest an und schneidet mit den Kiefern wie mit einer Kreissäge eine Y-förmige Wunde, in die er blutgerinnungshemmenden Speichel abgibt. Der Egel nimmt 10–15 cm^3 Blut zu sich und löst sich dann von seinem Opfer; die Wunde aber blutet noch länger nach. Mit der aufgenommenen Blutmenge kann er 1½ Jahre auskommen.

Posthornschnecke *(Planorbarius corneus)*: Sie ist mit 3,5 cm Gehäusedurchmesser die größte heimische Tellerschnecke, besiedelt den Grund pflanzenreicher, ruhiger Gewässer und vermag selbst noch unter schlechtesten Bedingungen zu leben; kein Wasser kann so sauerstoffarm oder so stark verschlammt sein, daß es für sie nicht noch bewohnbar wäre, da sie als Lungenatmer ohnehin von Zeit zu Zeit auftauchen muß, um sich mit frischer Luft zu versorgen. Außerdem enthält ihr Blut Hämoglobin. So kann der Sauerstoff besser genutzt werden, und sie muß nicht allzuoft Luft holen. Nur stark fließende Gewässer meidet sie, da ihre schmale Fußsohle auf dem Gewässergrund nicht genug Haftung findet, um einer stärkeren Strömung standzuhalten.

Die **Gemeine Bernsteinschnecke** *(Succinea putris)* ist die häufigste Bernsteinschnecke Mitteleuropas und lebt an Seeufern, in feuchten Wiesen, Sümpfen und Auwäldern. Da sie sich nicht ganz in ihr Gehäuse zurückziehen kann, fällt sie leicht Fröschen, Ameisen und anderen Schnekken zum Opfer. Sie ist Zwischenwirt eines in Singvögeln parasitierenden Saugwurms; Entwicklungsstadien dieses Wurms dringen in die Schneckenfühler ein, die dadurch stark aufgetrieben werden und grün bis braun geringelt erscheinen. Durch zuckende Bewegungen, die der Parasit verursacht, werden Vögel aufmerksam; sie picken den vermeintlichen Wurm vom Kopf der Schnecke ab und infizieren sich dabei.

Wandermuschel *(Dreiecksmuschel; Dreissena polymorpha)*: Ursprünglich im Gebiet des Kaspischen und Schwarzen Meeres beheimatet, wurde sie in den letzten 40 bis 50 Jahren in fast alle Binnengewässer Mittel- und Osteuropas verschleppt und mancherorts zu einer schlimmen Plage. Bei Massenvermehrung setzen sich ihre Larven in Kanälen, Wasserrohren und an Filtern fest und verstopfen diese Leitungen, wenn sie heranwachsen. Millionenbeträge müssen dann für die Reinigung aufgewendet werden. Die Wandermuschel hat zwei Merkmale, die man sonst nur bei Meeresmuscheln findet und die ihre Verfrachtung über weite Strecken und daher die rasche Ausbreitung begünstigt haben: Sie besitzen freischwimmende Larven (Veligerlarven), und die fertigen Muscheln erzeugen Byssusfäden, mit denen sie sich an festen Gegenständen, beispielsweise an Schiffen, anheften können.

Die **Flußperlmuschel** *(Margaritifera margaritifera)* war früher in allen klaren und kalten Flüssen der Urgebirgs-, Sandstein- und Heidelandschaften häufig, doch ist sie heute durch die Verschmutzung und Begradigung der Fließgewässer stark zurückgegangen und nur noch im Fichtelgebirge, in einigen anderen Mittelgebirgsgegenden und in kleineren Vorkommen in der Lüneburger Heide anzutreffen. Auch ihre wirtschaftliche Bedeutung als Perlenlieferant hat sie infolge der Zucht von Seeperlmuscheln verloren, zumal man einem Tier nur etwa alle sechs Jahre eine Perle entnehmen kann und nur in jeder hundertsten Muschel eine Perle vorkommt. Diese Perlenfischerei war in Deutschland immer Staatsmonopol. In den noch bestehenden Populationen siedeln die Muscheln unter günstigen Lebensbedingungen sehr dicht; sie stecken mit dem Vorderende im Boden und richten die leicht geöffneten Schalenklappen ihres Hinterendes der Strömung entgegen, aus der sie Nahrung einstrudeln. Den Kalkbedarf für die Schalenbildung decken die Tiere in diesen kalkarmen Gewässern aus der Nahrung. Verständlicherweise geht also das Wachstum der dicken Schalen nur langsam vor sich; die Muscheln erreichen allerdings ein Alter von 60 bis 70 Jahren. Dieses hohe Alter erwies sich mit als ein Grund für das Aussterben der Muschel, denn viele Populationen sind überaltert und nicht mehr fortpflanzungsfähig.

Die **Wasserspinne** *(Argyroneta aquatica)* ist für das Leben unter Wasser vorzüglich ausgerüstet; ihr Hinterleib trägt einen dichten Haarpelz, der eine Lufthülle für die Atmung festhält, so daß die Spinne lange Zeit unter Wasser bleiben kann. Mindestens einmal am Tag taucht sie aber auf, um den Sauerstoff zu erneuern. Zwischen Wasserpflanzen legt sie eine Wohnglocke aus einem feinen, dichten Gespinst an, dann holt sie mehrmals von der Oberfläche Luft, die sie mit den Beinen in die Glokke streift, bis diese prall gefüllt ist. Die meiste Zeit verbringt die Wasserspinne in dieser Taucherglocke. Zur Jagd kommt sie hervor, ihre Beute verzehrt sie aber stets in der Glocke. Für die Eiablage baut das Weibchen eine besonders große Glocke, die in zwei Stockwerke unterteilt wird: In das obere legt es die Eier, im unteren sitzt es selbst und bewacht die Brut. Die geschlüpften Jungen bleiben in der Glocke, bis ihr Haarkleid entwickelt ist. Dann steigen sie, mit Luft aus der Mutterglocke versorgt, zur Oberfläche, um erstmals selbst Luft zu tanken.

Bachflohkrebs *(Rivulogammarus pulex):* Der Körperbau der Flohkrebse wurde beim Strandfloh näher beschrieben. Im Gegensatz zu diesem lebt der Bachflohkrebs im Süßwasser, am Boden von Fließgewässern. Er nimmt vorwiegend pflanzliche Nahrung zu sich, verschmäht aber auch tote Fische nicht; an einem solchen Kadaver kann man ihn manchmal scharenweise antreffen. Meist sitzt er verborgen unter Steinen und Holzstücken. Wird er gestört, so sucht er vorerst mit kräftigen Stößen schwimmend das Weite, um sich dann rasch in den Sand einzugraben.

Die **Teichmuschel** *(Anodonta cygnaea)* kommt nur in ruhigem Gewässer vor, wo sie beim Durchpflügen des schlammigen Untergrundes meterlange Spuren hinterläßt. Die dünnwandigen, bräunlichgrünen Schalen haben, je nach den örtlichen Gegebenheiten, verschiedene Standortformen ausgebildet, ihr Schloß (das die beiden Schalenhälften am Rücken verbindet) besitzt keine Zähne. Die Nahrung entnimmt die Muschel nicht der Strömung, die in ihrem Wohngewässer ohnehin gering ist, sondern sie wühlt durch rüttelnde Bewegungen den Untergrund auf und filtert die Kleinlebewesen aus dem Bodensatz. Teichmuscheln sind zum Bewegungssehen befähigt: Lichtsinneszellen am Mantelrand lassen sie jeden kleinen Schatten wahrnehmen, der über sie hinweggleitet. Auf diese Weise merkt die Muschel, wenn ein Feind sich nähert, und kann vorsorglich ihre Schalen schließen.

Der **Flußkrebs** *(Astacus astacus)* kommt in mitteleuropäischen Flüssen, Seen und Teichen vor, wo er sich tagsüber in Schlupfwinkeln versteckt und nachts auf Nahrungssuche geht. Muscheln, Schnecken und Würmer, aber auch Aas und Pflanzenteile stehen auf seiner Speisekarte. Auf seinen Schreitbeinen läuft er gewandt vor-, rück- und seitwärts, durch Einschlagen des Hinterleibs mit dem breiten Schwanzfächer vermag er rückwärts zu schwimmen. Der Krebs häutet sich im Laufe seines Lebens wiederholt, die Härtung des neuen Panzers dauert etwa acht Tage. Während dieser Zeit sind die weichhäutigen, als Butterkrebse bezeichneten Tiere ihren Feinden besonders ausgeliefert. Da der Flußkrebs hohe Ansprüche an die Wassergüte stellt, gehört er zu den Tierarten, die zum Aussterben verurteilt sind, nachdem Ende des 19. Jahrhunderts die Krebspest in Europa die Bestände bereits stark dezimiert hat.

Köcherfliege *(Potamophylax luctuosus):* Ihren Namen verdanken diese Insekten dem **Köcher**, einer Röhre, die sich die Larven bestimmter Gruppen zum Schutz des weichhäutigen Körpers bauen. Der Köcher wird aus Blättern, Nadeln und Zweigen zusammengefügt, in schnellfließendem Gewässer aus schwererem Material wie Steinchen, Sand und Muschelschalen, vermengt mit Speichel, der im Wasser erhärtet. Dieser Köcher dient auch als Puppenwiege; dazu wird er am Untergrund festgeklebt, und die Öffnungen werden verschlossen. Nach einiger Zeit verlassen die Puppen ihren Köcher, steigen als freie Puppen an die Oberfläche auf, gehen an Land und verwandeln sich dort zu fertigen Insekten. Es folgt ein kurzes Leben, während dieser Zeit legen die Weibchen ihre Eier, zu Paketen vereinigt, ins Wasser ab.

Gelbrandkäfer *(Dytiscus marginalis):* Kleine, stark verkrautete Weiher sind sein Aufenthaltsort und Jagdrevier. Er und seine Larven leben dort in der Ufervegetation als gierige Räuber, die allem nachstellen, was sie überwältigen können. Sogar Fische, größer als sie selbst, bleiben nicht verschont. Um zu atmen, muß der Käfer an die Wasseroberfläche aufsteigen, wo er den Hinterleib über den Wasserspiegel emporstreckt und die Flügeldecken etwas abspreizt, so daß Luft zwischen Flügeldecken und Hinterleib eintreten kann. Durch zwei Atemöffnungen am Hinterleib gelangt die Luft dann in das Tracheensystem. Mit Saugnäpfen an den Vorderbeinen halten die Männchen sich bei der Begattung am Halsschild der Weibchen fest. Die Eier werden mit einem Legestachel in Pflanzenteile abgelegt. Die frisch geschlüpften Larven steigen sofort zur Wasseroberfläche auf, um Luft zu holen; sie sind in diesem Stadium noch sehr weichhäutig und eine leichte Beute. Zur Verpuppung baut sich die Larve an Land aus Erdteilchen eine Puppenwiege, in der sich auch der Jungkäfer aufhält, bis er erhärtet und ausgefärbt ist.

Steinfliege *(Uferbold; Perla marginata):* An steinigen und sandigen Ufern stark strömender Flüsse und Bäche findet man in der Ufervegetation die schmalen, graubraunen Insekten. Sie fliegen nur ungern und suchen bei Störung zunächst laufend das Weite. Das Steinfliegenweibchen legt in seinem Wohnbereich die Eier im Flug ab, indem es die Hinterleibsspitzen mit den Eiballen ins Wasser stippt und die Eier fallen läßt. Die im Wasser lebenden Larven sind flügellos, ähneln aber sonst ihren Eltern. Sie bevorzugen klare Fließgewässer und entwickeln sich bereits bei niedrigen Temperaturen. Mit zunehmender Verschmutzung der Gewässer ist der Bestand der Tiere gefährdet.

Gemeine Stechmücke *(Culex pipiens):* Allein der hohe, singende Flugton der Mücke weckt alle mordlustigen Instinkte im Menschen. Hat sie sich erst einmal auf der Haut niedergelassen, so ist mit Hilfe von Sinneszellen rasch ein Blutgefäß lokalisiert, und schon sitzt der Stich. An warmen Sommerabenden tanzen die Männchen in großen Schwärmen. Fliegt ein Weibchen in einen Schwarm, so kommt es mit einem von ihnen zur Paarung. Die Eier werden auf die Wasseroberfläche, zu Flößen aneinandergeklebt, abgelegt. Als Brutstätten für die Larven genügen kleine Wasseransammlungen wie Regentonnen, Sickergruben und Zisternen, wo sie mit ihrem Atemrohr kopfunter an der Wasseroberfläche hängen und sich bei Beunruhigung in die Tiefe flüchten. Als Nahrung strudeln sie Algen und Geschwebe ein. Auch die Puppen hängen an der Wasseroberfläche.

Zuckmücken *(Chironomus spec.):* Man nennt sie auch *Schwarmmücken,* weil sie beim Hochzeitsflug tanzende Schwärme aus vielen Millionen Tieren bilden. Ihre Eier legen die Weibchen im Flug ins Wasser ab. Die Larven treten in Massen (3000 pro m^3) in den obersten Bodenschichten von Gewässern auf, leben von Algen sowie kleinen Pflanzenteilen und stellen an die Wassergüte keine besonderen Ansprüche. Den Sauerstoff nehmen sie über die ganze Körperoberfläche sowie durch schlauchartige Hinterleibsanhänge auf. Die Lebensweise der Zuckmückenlarven ist mannigfaltig. 75% des Tierbestandes in manchen unserer Gewässer bestehen aus Chironomidenlarven. Sie dienen vielen Fischarten als Futter und sind für die Existenz der Fischereiwirtschaft von größter Bedeutung. Auch Aquarianer schätzen sie als Fischfutter.

Eintagsfliege *(Ephemera vulgata):* Für den Menschen sind die Eintagsfliegen ein Sinnbild der Kurzlebigkeit, wenn sie sich an warmen Abenden, gerade aus der Puppe geschlüpft, zu ihrem auf und ab taumelnden Hochzeitsflug erheben. Die Männchen bilden dabei dichte Schwärme. Fliegt ein Weibchen in den Schwarm hinein, so stürzen sich die Männchen darauf; das schnellste klammert sich an das Weibchen und begattet es während des Niedersinkens. Darauf stirbt das Männchen, das Weibchen beginnt mit der Eiablage. Die Larven leben 1 bis 3 Jahre – also im Grunde gar nicht so kurze Zeit –, sie durchwühlen mit ihren zu Grabwerkzeugen umgestalteten Beinen den Schlamm und legen Wohnröhren an. Sie ernähren sich von Blattresten und Sinkstoffen. Die Eintagsfliegen sind eine sehr alte Tiergruppe und bereits aus den Sümpfen der Steinkohlezeit vor 300 Millionen Jahren bekannt.

Die **Gebänderte Prachtlibelle** *(Calopteryx splendens)* hält sich an besonnten Stellen im Schilfgürtel in der Nähe ihres Brutgewässers auf. Nach einem Flugspiel der Männchen kommt es zur Paarung und Begattung, die im Sitzen vollzogen wird. Das Weibchen legt die Eier mit Hilfe eines Legestachels in die Stengel von Wasserpflanzen ab. Die langbeinigen, trägen Larven kriechen im Pflanzengewirr umher und lauern auf kleines Getier; zweimal überwintern sie, bevor sie sich in Libellen verwandeln.

Die **Vierflecklibelle** *(Libellula quadrimaculata)* gehört zu den Kurzlibellen, nach der gedrungenen Körperform ihrer Larven so benannt. An sonnigen Tagen sieht man sie häufig über ruhigen Gewässern, bei schlechtem Wetter dagegen sucht sie Schutz zwischen den Pflanzen der Uferregion. Als Zwischenwirt eines Saugwurms kann sie für das Hausgeflügel gefährlich werden. Pickt ein Huhn eine solche Libelle auf, so infiziert es sich; es kommt zur Ablage von dünnschaligen »Windeiern« und auch zum Tod der befallenen Tiere.

Hufeisenazurjungfer *(Coenagrion puella)*: Die Schlankjungfern, zu denen diese Art gehört, besitzen einen langen, sehr schlanken Hinterleib. Sie leben an langsam fließenden oder stehenden Gewässern und entfernen sich nie weit von ihrem Revier. Zur Eiablage begleitet das Männchen sein Weibchen auf die Wasserpflanzenblätter, wo das Weibchen die Eier auf der Blattoberseite in konzentrischen, unvollständigen Kreisen ablegt. Die schlanken Larven überwintern im Schlamm und führen dort ein räuberisches Leben.

Blaugrüne Mosaikjungfer *(Aeschna cyanea)*: Diese Libellen sind Räuber und ausdauernde, gewandte Flieger; die Männchen können den ganzen Tag in der Luft bleiben, ohne auszuruhen. Beutefang und Paarung geschehen im Flug; nur die eigentliche Begattung findet in den Wipfeln von Bäumen statt. Ihre Eier legen die Weibchen in Pflanzen ab. Die im Wasser lebenden Larven haben keine Ähnlichkeit mit den Fluginsekten, besitzen jedoch schon riesige Komplexaugen und gehen wie die Elterntiere auf Raub, verlegen sich dabei aber mehr auf Lauer als auf Verfolgungsjagd. Das Leben der Larve dauert 1 bis 4 Jahre, das der ausgewachsenen Libelle nur mehrere Wochen. Der Umwandlung zum Vollinsekt geht eine Ruhezeit voraus.

Wasserläufer *(Gerris lacustris)*: Mit ihren überlangen, schlanken Beinen laufen sie behende in schnellen, ruckartigen Bewegungen über den Wasserspiegel, auf dem sie ihre Nahrung, tote Insekten und anderes Kleinzeug, finden. Vorder- und Hinterbeine dienen bei der Fortbewegung als Stütze, das mittlere Beinpaar arbeitet als Ruder. Unter Wasser begeben sich diese Wanzen nur gezwungenerweise; sie sind auch gar nicht darauf eingerichtet, die ganze Körperunterseite ist im Gegenteil dicht behaart, um Benetzung zu verhindern. Die kleineren Männchen lassen sich von den Weibchen gern auf dem Rücken umhertragen. Im Winter gehen die Tiere an Land und verkriechen sich zum Schutz gegen die Kälte unter Laub und Moos.

Rückenschwimmer *(Notonecta glauca)*: Ihre Tage verbringt diese in den oberen Wasserschichten lebende Wanze, wie schon der Name sagt, mit dem Rücken nach unten schwimmend. Entsprechend ist die Bauchseite dunkler, die Rückenseite heller gefärbt, um die Anpassung an die Umgebung zu gewährleisten. Mit dem Hinterleib nehmen die Tiere Atemluft auf. Diese strömt in zwei an der Körperunterseite verlaufende, aus Haaren gebildete Kanäle und von diesen in Lufträume an der Brust und unter den Flügeln. Die Wanzen leben von allerlei Wassertieren, die sie mit ihrem Stechrüssel anstechen und aussaugen. Ihre Eier legen die Weibchen mit einer kurzen Legeröhre in das Gewebe von Wasserpflanzen ab. Die Larven gleichen bereits weitgehend den Eltern und häuten sich mehrmals, bis sie erwachsen sind.

Wasserskorpion *(Nepa rubra)*: Diese Skorpionswanze ist ein schlechter Schwimmer, was sich schon an den Beinen erkennen läßt, die nur spärlich mit Schwimmborsten besetzt sind. Meist sitzt sie am Grund verkrauteter, schlammiger Gewässer, kriecht träge auf den Wasserpflanzen umher oder rudert kurze Strecken. Die Vorderbeine sind als kräftige Fangbeine ausgebildet, die wie die Scheren eines Skorpions vor dem Körper getragen werden. Mit diesen Fangbeinen schlagen die Tiere ihre Beute, führen sie an den Stechrüssel und saugen sie aus. Der Stich kann empfindlich schmerzen, wenn man einen Wasserskorpion ergreift.

Die **Stabwanze** *(Ranatra linearis)* gehört zur selben Familie wie der Wasserskorpion, obwohl sie auf den ersten Blick ganz anders aussieht; doch auch sie besitzt ein langes Atemrohr, und ihre Fangbeine arbeiten in der gleichen Weise. Wie beim Wasserskorpion legen die Weibchen ihre Eier in weiche Pflanzenteile. Die Eier tragen zwei (beim Wasserskorpion 6 bis 8) fadenförmige Atmungsanhänge, die ins freie Wasser oder an die Oberfläche ragen und der Sauerstoffzufuhr dienen. Nach fünf Häutungen werden die Larven zu Vollinsekten.

Sterlet *(Acipenser ruthenus)*: Diese kleine Art der Störe erkennt man leicht an der langen, nach oben gebogenen Schnauze, den kleinen Seitenschilden und den vier langen, gefransten Bartfäden. Der spindelförmige Körper mit der asymmetrischen Schwanzflosse und das unterständige Maul unterstreichen die Ähnlichkeit mit Haien. Auch fehlen die typischen Fischschuppen; die Haut ist nur mit fünf Längsreihen eckiger Knochenplatten besetzt: einer auf dem Rücken, je einer an den Seiten und zwei Reihen unten am Bauch. Die Tiere gleiten langsam über den Boden dahin und spüren dabei mit ihren Bartfäden Nahrung auf, vorwiegend Insektenlarven, die sie mit dem Maul einsaugen. Zum Laichen braucht der Sterlet sauberen Kiesgrund in der Strömung. Wie der Gemeine Stör ist er ein geschätzter Speisefisch, und seine Eier dienen als Kaviarersatz.

Wels *(Waller; Silurus glanis)*: Der Appetit dieses großen Fisches, der bei uns im Durchschnitt eine Länge von 1 m erreicht (seltene Riesenexemplare messen bis zu 3 m), ist ungeheuer. Er verschlingt alles, was er bewältigen kann; Wassergeflügel bis zu Entengröße wird von ihm in die Tiefe gezogen. So konnte es nicht ausbleiben, daß sich unheimliche Gerüchte um den Wels rankten und man ihm sogar das Verschwinden von Kindern zuschrieb. Zur Fortpflanzungszeit werden die Fische gesellig, das Männchen baut ein Nest aus Pflanzenteilen, in das oft mehrere Weibchen ablaichen. Das Gelege wird vom Männchen bewacht, das ständig frisches Wasser herbeifächelt, bis die kaulquappenähnlichen Jungen ausschwärmen.

Der **Huchen** *(Hucho hucho)* besiedelt das Flußsystem der Donau und lebt am Grund sauerstoffreicher, rasch fließender Flußabschnitte. Dort steht er an geschützten Stellen, die er gegen Eindringlinge, vor allem Artgenossen, verteidigt. Nur zum Laichen im Frühjahr unternimmt er kurze Wanderungen flußaufwärts in flachere Regionen der Nebenflüsse seines Wohngewässers. Dort legt das Weibchen an von der Strömung bespülten Schotterbänken seine Eier in Laichgruben ab. Der Huchen hat eine räuberische Lebensweise, erbeutet Fische, aber auch Wassergeflügel und sogar Ratten.

Bachforelle *(Salmo trutta fario)*: In ihren Wohngewässern steht sie meist versteckt zwischen Steinen und unter Überhängen der Uferböschung. Sie ernährt sich in ihrer Jugend von allerlei Kleintieren, über das Wasser fliegende Insekten werden dabei im Sprung erhascht; später stehen Fische an erster Stelle auf ihrer Speisekarte. Bachforellen laichen in den Wintermonaten. Ihre Laichgründe liegen meist oberhalb der Wohnplätze, so daß auch diese Fische eine kleine Wanderung unternehmen. Die Eier werden in Gruben abgelegt, welche die Fische zuvor mit ihren Schwanzflossen schlagen und nach der Besamung mit Kies bedecken. Danach ziehen die Elterntiere wieder zu ihren Stammplätzen zurück.

Die **Große Schwebrenke** *(Coregonus lavaretus wartmanni)* gehört zum Formenkreis der großen Schwebrenken, einer Verwandtschaftsgruppe, die in ihrem Erscheinungsbild und Vorkommen äußerst variabel ist. Die Form lebt in Schwärmen im freien Wasser, fern vom Ufer, und ernährt sich vorwiegend von Planktonorganismen. Zu Winterbeginn begeben sich die Fische zum Laichen in die obersten Wasserschichten. Männchen und Weibchen sind mit einem höckerigen Laichausschlag bedeckt. Nach einem längeren Liebesspiel laichen sie abends oder nachts über tiefem Wasser ab. Die Eier sinken zu Boden und entwickeln sich am Grund des Gewässers in 3 bis 4 Wochen zu Jungfischen. Renken sind sehr geschätzte Speisefische.

Hecht *(Esox lucius)*: Gewöhnlich wird die Länge der Weibchen mit 1,5 m, die der Männchen mit 1 m angegeben. Um solche stattlichen Maße zu erreichen, benötigt der Hecht eine Menge Nahrung. Der beutegierige Räuber legt sich zwischen Pflanzen und Steinen auf die Lauer. Ist ein Opfer nahe genug gekommen, so stößt er plötzlich vor und greift zu. Die dolchartigen Zähne lassen eine Beute, die sie einmal erfaßt haben, nicht mehr los, selbst wenn die Augen größer waren als das Maul und der Fisch an seinem Fang ersticken muß. Bevorzugt werden Fische gefressen; der sprichwörtlich gewordene »Hecht im Karpfenteich« wird deshalb dazu benutzt, unter den Nahrungskonkurrenten der Karpfen aufzuräumen. Die Hechte laichen im Frühjahr an sehr seichten Stellen, manchmal sogar auf überfluteten Wiesen. Oft sind bei einem Weibchen mehrere Männchen zu finden. Eier und Junglarven kleben an Pflanzenteilen fest. Nach einer Wachstumszeit von 10 bis 20 Tagen müssen die Larven an die Wasseroberfläche aufsteigen, um ihre Schwimmblase erstmals mit Luft zu füllen.

Lachs *(Salmo salar)*: Im Gegensatz zum Aal wandert der Lachs von seinen marinen Heimatgebieten zur Fortpflanzungszeit flußaufwärts zu den Laichplätzen. Auf dieser Wanderung werden die größten Hindernisse wie Stromschnellen und dergleichen in weiten Sprüngen überwunden. Im Laichgebiet angekommen, schlägt das Weibchen mit dem Schwanz eine Grube, in die es die Eier ablegt und gleich nach der Besamung durch das Männchen mit Kies bedeckt. Nach 70 bis 200 Tagen schlüpfen die Larven, versehen mit großen Dottersäkken, von deren Vorrat sie einige Zeit leben. Die Junglachse verbleiben bis zu fünf Jahre im Süßwasser, um dann ins Meer zurückzuziehen. 1 bis 4 Jahre leben sie dort als Raubfische und nehmen rasch an Größe und Gewicht zu; dann machen sie sich auf zu denselben Laichgründen, aus denen sie stammen. Nach dem Ablaichen sterben die meisten Lachse, nur wenigen gelingt die Rückkehr ins Meer, wo sie sich so weit erholen, daß sie eine zweite Laichwanderung unternehmen können. Aus dem rheinischen Flußsystem, in dem der Lachs früher nicht selten war, ist er infolge Verschmutzung fast verschwunden.

Flußaal *(Anguilla anguilla)*: Den größten Teil ihres bewegten Lebens verbringen diese Fische in Flüssen, Bächen und Seen Europas, Kleinasiens und Nordafrikas. Während dieser Zeit ernähren sie sich als sog. »Freß-« oder »Gelbaale« von Fischen, Krebsen, Würmern und dergleichen. Mit neun Jahren werden die Männchen, mit zwölf die Weibchen geschlechtsreif, wandeln sich zum schwarzrückigen, sonst silberfarbenen »Blauaal« und machen sich auf den weiten Weg flußabwärts ins Meer bis in die Sargassosee (im westlichen Atlantischen Ozean), wo sie in etwa 450 m Tiefe in einer warmen, besonders salzhaltigen Wasserschicht ablaichen. Während der über ein Jahr dauernden Wanderung nehmen die Tiere keine Nahrung mehr zu sich, nach dem Laichen sterben sie. Die aus den Eiern geschlüpften Larven beginnen den Rückweg ins Süßwasser; drei Jahre sind die durchsichtigen, flachen »Weidenblattlarven« unterwegs. Bevor sie in die Flüsse aufsteigen, wandeln sie sich in wurmförmige, aber noch durchsichtige Glasaale um. Als »Steigaale« dringen sie dann flußaufwärts, jedes Hindernis überwindend, bis in die kleinsten Flußläufe vor. Gleichzeitig beginnt die Bildung von Hautpigmenten und damit die Ausfärbung zum »Gelbaal«. Der Zyklus kann von neuem beginnen. Aale gelten als Delikatesse und werden deshalb auch als Glasaale oder zweijährige Gelbaale in Seen ausgesetzt.

Der **Brachsen** *(Abramis brama)* bevorzugt nährstoffreiche Seen und langsam fließende Flußabschnitte (Brachsenregion genannt), wo er auf Schlammgrund lebt. Nachts wird er aktiv und durchwühlt mit seiner rüsselartig vorstreckbaren Schnauze den Boden nach Freßbarem, vorwiegend Würmern und Mückenlarven. Zur Laichzeit bedeckt sich der Körper der Männchen mit einem starken Laichausschlag und ist dann ganz rauh. Die Laichplätze liegen im flachen, verkrauteten Uferbereich. Die Jungfische schwimmen zunächst in großen Schwärmen zusammen, werden aber mit zunehmendem Alter immer scheuer und schließlich zu Einzelgängern.

Karpfen *(Cyprinus carpio)*: Schon vor etwa zwei Millionen Jahren war der Karpfen, wie Fossilfunde zeigen, in weiten Teilen Europas verbreitet. Bereits die Römer und später im Mittelalter die Mönche züchteten diesen schmackhaften Speisefisch. Seine Wildform kommt bei uns heute kaum noch vor; die uns bekannten Karpfen sind meist eingesetzte Tiere. Sie leben in stehenden oder langsam fließenden warmen, verkrauteten Gewässern mit Schlammgrund und ernähren sich von kleinen, am Boden lebenden Tieren und Pflanzenteilen. Sie laichen bei einer Wassertemperatur von 18–20 °C, die Eier werden ratenweise in seichtem Wasser an Pflanzen abgelegt. Nach 3 bis 5 Tagen schlüpfen die Larven und steigen zur Oberfläche auf, um ihre Schwimmblase mit Luft zu füllen.

Flußbarsch *(Perca fluviatilis)*: Kennzeichnend, vor allem für ältere Tiere, ist der hohe Rückenansatz hinter dem Kopf; dieser variiert bei den verschiedenen Standortformen, die diese Art hervorbringt, je nachdem, ob die betreffende Form in der verkrauteten Zone oder in Seen in größeren Tiefen lebt. Seine Nahrung sucht sich der Fisch unter den kleinen Wassertieren; mit zunehmendem Alter bevorzugt er Fische. Zur Laichzeit setzt das Weibchen die Eier dicht gepackt in gallertartigen Bändern an Wasserpflanzen und Steinen ab; das Männchen besamt sie, doch dann kümmern sich die Eltern nicht mehr um die Brut; viele Eier gehen zugrunde. Die Larven leben von Plankton, die Jungfische schon bald von Raub; sie verschlingen alles, was sie einigermaßen bewältigen können.

Die **Schleie** (der *Schlei; Tinca tinca*) stellt geringe Ansprüche an ihren Lebensraum;

man findet sie zwar gelegentlich auch in der Forellenregion, aber bevorzugt an sauerstoffarmen, verschlammten Stellen in Teichen und Tümpeln, die für andere Fische unbewohnbar sind. Dort liegt sie tagsüber träge herum; nachts wird sie aktiv und durchwühlt den Boden nach Freßbarem. Im Frühsommer laichen die Fische zwischen Wasserpflanzen, an die sie ihre kleinen Eier kleben. Auch die Larven haben am Kopf ein Klebeorgan, mit dem sie sich an Pflanzen befestigen. Im Spätherbst wird die Nahrungsaufnahme eingestellt, die Schleie überwintert eingegraben im Schlamm.

Der **Dreistachlige Stichling** *(Gasterosteus aculeatus)* läßt sich leicht in Aquarien halten, daher kennt ihn fast jeder, und seine Biologie ist gut erforscht. Zur Laichzeit beginnt das Männchen, geschmückt mit einem farbenprächtigen Hochzeitskleid, am Boden ein kleines Nest zu bauen. In einem Zickzacktanz lockt es dann nacheinander mehrere Weibchen herbei, dirigiert sie ins Nest und ermuntert sie zur Eiablage. Nach jedem Ablaichen besamt das Männchen die neue Eiportion und bessert das vom Weibchen beschädigte Nest aus. Bis zu neun Weibchen können an einer Nestfüllung von etwa 100 Eiern beteiligt sein. Ist das Laichgeschäft beendet, vertreibt das Männchen die Weibchen, stellt sich vor den Nesteingang und fächelt den Eiern frisches, sauerstoffreiches Wasser zu. Die kleinen Stichlinge, die aus den Eiern schlüpfen, bleiben noch einige Tage unter der väterlichen Obhut und werden bei Ausreißversuchen ins Nest zurückbefördert. Mit der Zeit aber schwärmen sie endgültig aus oder werden vom Vater vertrieben, manchmal sogar gefressen.

Elritze *(Phoxinus phoxinus):* Dieser kleine Karpfenfisch ist fischereiwirtschaftlich ohne Bedeutung, doch wurden an ihm grundlegende wissenschaftliche Untersuchungen über das Schwarmverhalten, Hörvermögen und Farbensehen bei Fischen durchgeführt. Elritzen sind dafür besonders geeignet; sie lassen sich gut im Aquarium halten, sind lebhaft und gelehrig. Ihre Nahrung besteht aus Pflanzenteilen, kleinen Würmern und Insektenlarven. Die Weibchen laichen auf kiesigem Grund; die Brut wächst rasch ohne Brutpflege heran. Anglern dient die Elritze als Köderfisch.

Rotauge *(Plötze; Rutilus rutilus):* Bevorzugt findet man diesen Schwarmfisch in der dicht mit Wasserpflanzen bestandenen Uferregion unserer einheimischen Gewässer. Dort laicht er im Frühjahr. Die Jungen schlüpfen nach 4 bis 5 Tagen und kleben sich anfangs an Pflanzen fest; sie wachsen langsam und werden kaum über 20–30 cm lang. Wegen ihrer vielen Gräten sind Rotaugen als Speisefische wenig geschätzt.

Teichmolch *(Triturus vulgaris):* Im Flachland trifft man von allen Molcharten den Teichmolch am häufigsten an. Er wird gut 10 cm lang, und die Männchen bekommen zur Fortpflanzungszeit im Frühjahr einen auffallend hohen, gezackten Kamm, der sich ohne deutlichen Übergang auf dem Schwanz fortsetzt. Der größere Kammolch *(Triturus cristatus)* besitzt eine Einschnürung des Kamms an der Schwanzwurzel, und über den Schwanz zieht sich seitlich ein heller Streifen. Der Teichmolch trägt zudem am Körper zahlreiche runde Flecken. Er besiedelt Kleingewässer aller Art, verläßt sie jedoch nach der Fortpflanzungszeit und lebt am Land in feuchter Vegetation von Würmern und anderen Kleintieren.

Gelbbauchunke *(Bergunke; Bombina variegata):* Über die intensiv blauschwarz gefärbte Bauchseite zieht sich ein gelbes Muster. Der Kontrast tritt besonders scharf hervor, wenn diese kleine Unke sich bei drohender Gefahr auf den Rücken dreht. Damit warnt sie vor ihren Hautgiften und schreckt Feinde ab. Sie lebt in Kleinstgewässern, oft nur in wassergefüllten Wagenfahrspuren, im südlichen Mitteleuropa vorwiegend im Berg- und Hügelland. Die ihr sehr ähnliche, auf der Bauchseite jedoch rot gemusterte Rotbauch- oder Tieflandunke *(Bombina bombina)* lebt dagegen im Tiefland. Die Verbreitungsgebiete beider Arten berühren sich, überschneiden sich aber kaum. Beide Arten werden knapp 5 cm lang und lassen zur Fortpflanzungszeit glockenhelle »unk«-Rufe ertönen.

Erdkröte *(Bufo bufo):* Zu Tausenden werden Erdkröten alljährlich überfahren, wenn sie im Frühjahr zu ihren Laichplätzen wandern. Sie halten nämlich sehr starr an jenen Gewässern fest, in denen sie herangewachsen sind. Wird nun in der Nähe eine neue Straße gebaut, fallen die herankommenden Kröten auf dem Weg zu den Laichplätzen dem Verkehr zum Opfer. Man hat daher an besonders gefährlichen Stellen spezielle Krötentunnel errichtet. Die Fortpflanzungszeit der Erdkröte drängt sich im Frühjahr auf eine kurze Spanne von knapp zwei Wochen zusammen. In dieser Zeit sammeln sich die Kröten zum Ablaichen. Dann wandern sie wieder ab und verteilen sich über das Land. Im Sommer verlassen die kleinen Kröten den Teich. Trotz der hohen Verlustquoten zählen Erdkröten noch zu den häufigen Tierarten.

Wasserfrosch *(Rana esculenta):* Recht verwickelte Verhältnisse liegen bei unseren heimischen Grünfröschen vor. Ursprünglich waren es wohl zwei Arten, der große Seefrosch *(Rana ridibunda)* und der kleine Teichfrosch *(Rana lessonae),* die in Mitteleuropa aufeinandertrafen und sich kreuzten. Aus dieser Hybridisierung ging eine dritte Form hervor: unser Wasserfrosch. Er liegt hinsichtlich Körpergröße und Intensität der Grünfärbung etwa zwischen dem dunkleren See- und dem helleren Teichfrosch. Seinem lauten Quaken fehlt das helle Keckern des Seefrosches.

Laubfrosch *(Hyla arborea):* Als einziger Vertreter einer in den Tropen und Subtropen überall verbreiteten Froschfamilie kommt der Laubfrosch in Europa auch nördlich der Alpen vor. Es handelt sich bei ihm um einen typischen Baumfrosch, der mit saugnapfähnlich verbreiterten Finger- und Zehenspitzen geschickt im Blatt- und Astwerk von Büschen und Bäumen umhersteigt. Zur Fortpflanzung im Frühling sammeln sich die Männchen an einem Kleingewässer, wo sie einen Chor bilden, dessen außerordentlich laute Rufe über 1 km weit zu hören sind. Sie locken damit die Weibchen an. Zur Eiablage steigt das Paar ins Wasser. Die Laichballen sind nur gut walnußgroß. Im Hochsommer verlassen die etwa 1,5 cm langen Laubfröschchen das Wasser und begeben sich an Land zur Nahrungssuche. Für Alte und Junge bilden Insekten die Nahrung. Laubfrösche sind recht selten geworden.

Geburtshelferkröte *(Alytes obstetricans):* 4–5 cm lang wird diese unscheinbar blaugrau gefärbte, auf der Oberseite dunkel getupfte Kröte. Männchen tragen weiße, Weibchen ziegelrote Warzenreihen auf beiden Körperseiten. Die Männchen locken im Frühjahr die Weibchen mit glockenhellen Rufen *(Glockenfrosch)* an die Laichgewässer, meist aufgelassene, wasserführende Kiesgruben, Wassergräben oder Tümpel im Bereich der Mittelgebirge. Bei der Paarung umklammert das Männchen das Weibchen am Hals. Wenn die Eier in Schnüren ausgetreten sind, besamt sie das Männchen und wickelt sie sich um die Hinterbeine. Bis zum Schlüpfen der Kaulquappen trägt es die Eischnüre mit sich umher.

Ringelnatter *(Natrix natrix):* Unsere häufigste Schlangenart bewohnt bevorzugt die Uferzonen stehender oder langsam fließender Gewässer, an denen es reichlich Frösche gibt. Die Ringelnatter ist eine gute Schwimmerin und Taucherin. Wie alle Schlangen sonnt sie sich gern nach kühler Witterung und zieht sich bei großer Hitze in Verstecke zurück. Die Weibchen werden über 1,2 m lang. Die charakteristischen Halbmondflecke am Kopf sind bei ihnen heller als bei den erheblich kleineren Männchen, bei denen sie fast orangegelb ausfallen können. Die schlanke Körpergestalt weist sie als Natter aus.

Europäische Sumpfschildkröte *(Emys orbicularis)*: Wahrscheinlich wurde diese kleine, flinke Schildkröte im Mittelalter von Südeuropa her nach Deutschland gebracht, wo sie sich gebietsweise gut einbürgerte. Sie war als Fastenspeise geschätzt. Heute gibt es nur noch wenige Vorkommen, die alle hochgradig bedroht sind. Denn die Sumpfschildkröte benötigt zum Überleben nahrungsreiche warme Gewässer mit angrenzenden sandigen Ufern zur Eiablage. Sie fängt sogar kleine Fische, ernährt sich aber meistens von großen Wasserinsektenlarven, Würmern und Wasserschnecken. Die Schwimmhäute zwischen den Zehen und der flache Panzer ermöglichen ein wendiges Schwimmen.

Rohrdommel *(Botaurus stellaris)*: Die Rohrdommeln bilden eine abweichende Gruppe der Reiher. Sie haben sich dem Leben im Schilf in ganz besonderem Maße angepaßt, denn ihr Gefieder trägt die Farbe von dürrem Schilf. Dazu kommt eine eigenartige Stellung, die Pfahlstellung, die Rohrdommeln bei Gefahr einnehmen: Sie recken den Schnabel fast senkrecht nach oben, strecken sich und wirken so durch die Längsstreifung ihres Gefieders wie ein etwas dichteres Bündel Schilf. Selbst wenn man nur 2 m von einer sich in Pfahlstellung tarnenden Rohrdommel entfernt ist, wird man sie nicht entdecken. Die Männchen rufen zur Balzzeit im Frühjahr laut und dumpf »ü-prump«, was ihnen den Namen »Moorochse« eingetragen hat.

Kormoran *(Phalacrocorax carbo)*: An Binnengewässern und Küsten kommt der mit 90 cm Körperlänge recht stattliche Kormoran vor. Sein Flugbild, ein schwarzes Kreuz, ist unverkennbar. Zur Brutzeit tragen die erwachsenen Kormorane eine weiße Kehle und einen weißen Schenkelfleck. Bei Angehörigen der Festlandsrasse *(Phalacrocorax carbo sinensis)* wird zudem der Oberkopf bis zum Hals grauweiß aufgehellt. Die Jungvögel sind unscheinbar graubraun. Kormorane nisten meist auf Bäumen in Kolonien, in denen es sehr laut zugeht, wenn Junge in den Nestern sitzen. Sie ernähren sich von Fischen, zumeist von flachrückigen Arten aus der Karpfenfamilie. 20–25 cm lange Fische werden bevorzugt. Beim Tauchen drücken die Kormorane die Luft aus ihrem Gefieder und vermindern so den Auftrieb. Das Gefieder wird dadurch naß und muß nach dem Schwimmen oder Tauchen durch Ausbreiten der Schwingen wieder getrocknet werden.

Zwergtaucher *(Tachybaptus ruficollis)*: Dieser kleinste der heimischen Lappentaucher, seiner lappenartigen Schwimmhäute an den Zehen wegen so genannt, bevorzugt klare stehende oder langsam fließende Kleingewässer mit reichem Angebot an Wasserinsektenlarven. Im Sommer trägt der Zwergtaucher ein rotbraunes Kehlgefieder und einen auffallenden gelblichweißen Fleck im Schnabelwinkel. Im Winter wird das Gefieder grauer und die Kehle verwaschen weißlich. Stets aber bildet der gesträubte Federbereich am Körperende ein sicheres Erkennungszeichen.

Haubentaucher *(Podiceps cristatus)*: In der Uferzone größerer, fischreicher Binnengewässer erbaut der knapp entengroße Haubentaucher aus Wasserpflanzen sein Schwimmnest. Bevorzugt wählt er dazu lockere Schilfbestände aus. Wenn er das Gelege verläßt, bedeckt er die Eier, die sehr tief im feuchten Nest liegen, mit Wasserpflanzen. Dadurch nehmen sie bald einen schmutzig-bräunlichen Farbton an. Verursacht ein vorbeifahrendes Boot starke Wellenbewegung, kippen die Tauchernester, und die Eier gehen zugrunde. Haubentaucherbruten sind daher an unseren Seen sehr stark durch den Erholungsbetrieb gefährdet. Die Vögel ernähren sich von kleinen Fischen und großen Wasserinsekten. Ihr Gefieder bleibt wasserdicht.

Zwergdommel *(Ixobrychus minutus)*: Obwohl diese kleinste der heimischen Reiherarten wenig Scheu zeigt, gehört viel Glück dazu, sie zu Gesicht zu bekommen. Denn nur an wenigen Gewässern gibt es noch kleine Brutbestände. Die Zwergdommeln bewohnen dichte Schilfflächen am Ufer von Seen, Stauseen und größeren Teichen. Im Mai und Anfang Juni erklingen dort ihre dumpfen, entfernt an das Quaken eines Frosches erinnernden Rufe aus dem Schilfdschungel. Vielleicht entdeckt man die Zwergdommel, wenn sie mit charakteristisch »hängenden« Beinen ein Stück übers Röhricht fliegt, um gleich wieder darin zu verschwinden. Die gelblichweißen Schultern bilden bei den Männchen einen starken Kontrast zum schwarzen Rücken.

Graugans *(Anser anser)*: Von den europäischen Wildgänsen ist sie am größten. Man erkennt sie am hellsilbergrauen Gefieder und an den typisch gänseartigen Rufen, die genauso klingen wie die der Hausgans. Graugänse leben paarweise in langjähriger Dauerehe. Zum Brüten bevorzugen sie Sümpfe, feuchte Niederungen mit Röhrichten, in denen sie ihre Nester anlegen. Die Männchen, Ganter genannt, verteidigen ihre Familie sehr heftig gegen Eindringlinge und Feinde. Graugänse brüten in der norddeutschen Tiefebene, in den Teichgebieten im Süden der Tschechoslowakei und am Neusiedler See sowie in Feuchtgebieten Nord-, Ost- und Südosteuropas. Sie überwintern in größeren Scharen im Nordsee- und Mittelmeerraum.

Kranich *(Grus grus)*: Der über 1 m hohe Kranich, dessen Flügel weit über 2 m spannen, ist in Mitteleuropa als Brutvogel fast ausgestorben. Nur in wenigen, ganz abgelegenen und störungsarmen Waldmoorgebieten nisten auch heute noch einige Paare. Sie müssen bewacht werden, damit ihr Überleben gesichert ist. In Skandinavien dagegen lebt noch ein größerer Bestand, und von dort überqueren zu den Zugzeiten große Scharen auf ziemlich festen Routen Mitteleuropa. Sie fliegen an den Alpen vorbei, um ins afrikanische Winterquartier zu gelangen. Die Kranichzüge bilden meist eine klare Keilformation aus. Ihre klangvollen Flugrufe, die trompetenartig »kürr« klingen, hört man weit. Fortpflanzungsfähige Kraniche tragen einen roten Latz auf dem Scheitel.

Höckerschwan *(Cygnus olor)*: Seit Jahrhunderten werden Höckerschwäne zahm oder halbzahm auf Parkgewässern als Ziervögel gehalten. In den vergangenen Jahrzehnten breiteten sie sich außerdem auf den Gewässer der freien Landschaft aus und verwilderten, so daß man mittlerweile auf allen größeren Teichen, Seen, Stauseen und an nicht zu schnell fließenden Flüssen freilebende Höckerschwanbestände findet. Ein Teil läßt sich im Winter in den Städten noch füttern. Trotz des starken Bestandsanstiegs seit den fünfziger Jahren brauchen die Höckerschwäne keine Regulierung durch den Menschen. Nahrungsangebot, Verfügbarkeit von Brutrevieren und Winterkälte steuern die Bestandsentwicklung ähnlich wie bei den in Nordeuropa lebenden Wildschwänen.

Graureiher *(Ardea cinerea)*: Über 2 m weit spannen die Flügel des Graureihers, der zu den wenigen in Mitteleuropa noch regelmäßig vorkommenden Großvogelarten zählt. Er lauert am Ufer von Gewässern nach Beute; Fische von 10 bis gut 20 cm Länge machen etwa die Hälfte seiner Nahrung aus. Dazu erbeutet er gern große Wasserinsekten und Mäuse auf den Feldern. Erwachsene Graureiher tragen zwei verlängerte schwarze Schmuckfedern am Hinterkopf. Der Oberkopf und die Stirn sind weiß. Stehend erreicht der früher »Fischreiher« genannte Vogel etwa 1 m Höhe. Er nistet in Kolonien auf großen Bäumen, oft auf Fichten oder alten Eichen. Im Gegensatz zu den anderen, viel selteneren Reiherarten überwintert er auch in Mitteleuropa. Strenge Winter dezimieren seine Bestände allerdings stark.

Die Feuchtgebiete
(Abbildungen S. 219–222)

Seidenreiher *(Egretta garzetta):* Der kleine schneeweiße Seidenreiher kommt nur als seltener Gast nach Mitteleuropa. Seine Brutgebiete liegen auf dem Balkan, an der unteren Donau und im Mittelmeerraum. Von dort aus streifen fast alljährlich einzelne Seidenreiher nach Westen und Norden, wo sie mitunter wochenlang an Seen, Stauseen und größeren Teichen verweilen. Ihr Prachtkleid zeichnet sich durch ein seidiges Gefieder aus, das bei Schüttelbewegungen wie ein Schleier um den Körper fällt, und durch verlängerte Schmuckfedern am Hinterkopf. Die schwarzen Beine grenzen unvermittelt an die gelben Zehen. Mit dem schlanken, ziemlich langen Hals sieht der Seidenreiher wie eine verkleinerte Ausgabe des fast doppelt so großen Silberreihers *(Egretta alba)* aus.

Weißstorch *(Ciconia ciconia):* In vielen Gebieten recht selten geworden ist der Weißstorch – einst der charakteristische Vogel der von Wiesen umgebenen Dörfer! Die Umweltbedingungen haben sich für ihn im Verlauf der letzten Jahrzehnte laufend verschlechtert. Feuchte Wiesen mit zahlreichen Fröschen gibt es kaum mehr – sie wurden dräniert. Ein dichtes Netz von Strom- und Telefonleitungen, an dem die Störche sich verletzen, überzieht die Landschaft. Im afrikanischen Winterquartier bedrohen Insektizide in der Nahrung die Gesundheit der Störche, die sich dort besonders gern von Heuschrecken ernähren. So findet man sogar in einst storchenreichen Gegenden Schleswig-Holsteins oder Niedersachsens heute nur noch Restbestände, obwohl man sich sehr um die Erhaltung der Storchennester auf den Dächern bemüht, weil man diesen eindrucksvollen Großvogel nicht verlieren möchte.

Löffelente *(Anas clypeata):* Diese Entenart erkennt man am löffelartig verbreiterten Schnabel, an dessen Rändern sich feine Hornlamellen befinden, die wie ein Sieb wirken. Damit kann die Löffelente viel kleinere Nahrung aus dem Wasser herausseihen als die anderen Entenarten. Sie sucht besonders gern im Flachwasser danach. Im Prachtkleid tragen die Erpel grünschillerndes Kopfgefieder und die auffallenden kastanienbraunen Flanken. Fliegende Löffelenten erkennt man an den breiten hellblauen Schultern und an der unverwechselbaren Schnabelform. In Mitteleuropa sind diese Enten als Brutvögel selten und selbst zu den Zugzeiten nicht häufig.

Krickente *(Anas crecca):* Die kleinste mitteleuropäische Entenart trifft man an fast allen Gewässern an. Im Winter und Frühling verraten die Erpel mit ihren hellen »Krick-krick«-Rufen ihre Anwesenheit auf Kanälen, Parkteichen oder an Seeufern. Im Flugbild zeichnet sie ein schmaler grüner Spiegel, beim Schwimmen das gelbe »Heck« aus. Den schönen grünschillernden Streifen, der sich wie eine Brille von den Augen zum Hinterkopf erstreckt, erkennt man nur aus der Nähe oder im Fernglas. Sonst ist der Kopf braun. Krickenten brüten bei uns nur in geringer Zahl in Mooren, an Teichen und Stauseen, aber zu den Zugzeiten sind sie nach der Stockente die häufigsten der Gründelenten. An manchen Stauseen sammeln sie sich im Herbst zu Tausenden.

Reiherente *(Aythya fuligula):* Überall an Seen, Stauseen und langsam fließenden Flüssen, sogar auf Parkteichen inmitten von Städten finden wir die Reiherente. Sie wird nur gut halb so groß wie die Stockente, taucht aber vorzüglich und lange. Dabei sucht sie am Gewässergrund nach Nahrung, die hauptsächlich aus Würmern, Schnecken oder Kleinmuscheln, weniger oft aus Pflanzensamen besteht. Erst vor gut einem halben Jahrhundert wurde sie in Mitteleuropa heimisch. Die Anreicherung der Gewässer mit Nährstoffen bereitete ihr den Weg zur Ausbreitung von ihren ursprünglich im Norden und Osten gelegenen Brutgebieten. Heute ist sie nach der Stockente die häufigste Entenart. Die Erpel erkennt man leicht an ihrem schwarzweißen Prachtkleid. Im Ruhekleid ähneln sie den unscheinbar gefärbten Weibchen.

Tafelente *(Aythya ferina):* Wenn die Erpel das Prachtkleid tragen, und das ist vom Spätherbst bis zum Sommer der Fall, dann sind die Tafelenten am kastanienbraunen Kopf, der schwarzen Brust und dem grauen Rücken deutlich von den anderen Entenarten zu unterscheiden. Schwierig wird es aber bei den Weibchen und ebenso bei den Männchen, wenn sie das Ruhekleid angelegt haben. Nun ähneln sie den Reiherenten, mit denen sie sich oft, in Schwärmen locker gemischt, auf Seen, Stauseen und Teichen einfinden. Tafelenten gehören zu den Tauchenten; sie tauchen gut, aber nicht sehr tief. Ihre Nahrung besteht vorwiegend aus Kleintieren des Bodenschlamms und aus Pflanzensamen. Sie werden etwa 45 cm lang.

Schnatterente *(Anas strepera):* Der weiße Flügelspiegel ist das beste Kennzeichen der sonst wenig auffallenden Schnatterente. Sie bleibt mit gut 50 cm Körperlänge deutlich kleiner als die Stockente, mit der sie gewiß oft verwechselt wird. Im Gegensatz zu den meisten heimischen Entenarten bilden die Schnatterenten kein auffallendes Prachtkleid aus. Sie ernähren sich vorwiegend von Wasserpflanzen und versuchen mitunter, den Bläßhühnern diese wegzunehmen, wenn sie damit vom Gewässergrund auftauchen.

Spießente *(Anas acuta):* Diese in Mitteleuropa ziemlich seltene Entenart erkennt man an den langen, spießartig abstehenden Schwanzfedern, die jedoch nur im Prachtkleid der Männchen ausgebildet werden. Im Ruhekleid, das die Erpel vom Sommer bis zum Winter tragen, ähneln sie den Weibchen. Doch stets fallen Spießenten durch den langen, schlanken Hals auf. Sie können damit genauso weit ins Wasser hinabreichen wie die erheblich größeren und schwereren Stockenten. Spießenten brüten in Mitteleuropa nur an wenigen Stellen, einzig auf dem Durchzug in die Winterquartiere begegnet man ihnen etwas häufiger.

Stockente *(Anas platyrhynchos):* Unter den heimischen Entenarten gehört die Stockente nicht nur zu den häufigsten, sondern auch zu den anpassungsfähigsten. Sie nistet gut versteckt am Boden oder in Baumhöhlen, nimmt auch künstliche Nisthöhlen an und besiedelt nahezu jeden größeren Parkteich. Draußen, an den Gewässern der freien Landschaft, ist sie überall zu finden. Im Binnenland bildet sie an Seen und Stauseen im Herbst und Winter große Ansammlungen, die in die Tausende gehen können. Die Erpel tragen vom Spätherbst bis zum Frühsommer das Prachtkleid mit grünschillerndem Kopf, brauner Brust und grauem Rücken. Die Weibchen bleiben das ganze Jahr über schlicht gefärbt.

Schellente *(Bucephala clangula):* In Skandinavien und Nordrußland, an wenigen Stellen auch in Norddeutschland, brütet die gut 45 cm lange Schellente. Aber im Winter ist sie in ganz Mitteleuropa auf Seen und Stauseen zu Gast. Wenn sie fliegt, entsteht ein deutlich vernehmbares, klingelndes Fluggeräusch (Name!). Die Erpel tragen im Prachtkleid einen grünschillernden Kopf und vor dem Auge einen rundlichen weißen Fleck. Der Kopf der Weibchen ist braun. Bei beiden aber fällt die steile Stirn auf, die ihnen ein ganz typisches Kopfprofil verleiht. Ihre Nistplätze haben sie in Baumhöhlen. Die frisch geschlüpften Jungen müssen oft aus mehreren Metern Höhe herabspringen. Die Mutter führt sie dann zum Wasser.

Fischadler *(Pandion haliaetus):* Dieser große Greifvogel ist ein spezialisierter Fischfänger, der sich bei der Jagd nach Beute mit weit vorgestreckten Fängen so tief ins Wasser stürzt, daß er mitunter für Sekundenbruchteile ganz verschwindet. Mit schweren, rudernden Flügelschlägen hebt er sich mitsamt der Beute dann wieder an die Oberfläche empor. Zum Festhalten der schlüpfrigen Fische besitzt er nicht nur besonders stark gebogene Krallen, sondern zusätzlich hornige Papillen auf der Zehenunterseite, die einen sicheren Griff ermöglichen. Weißfische bis knapp 30 cm Länge stellen seine Hauptbeute dar. Der Fischadler ist weltweit verbreitet, in Mitteleuropa aber sehr selten geworden.

Schwarzmilan *(Milvus migrans):* Lange, gewinkelte Flügel und ein deutlich gegabelter Schwanz sowie die Flugweise unterscheiden den Schwarzmilan von dem der Größe nach ähnlichen Mäusebussard. Wie dieser ernährt er sich in der offenen Kulturlandschaft vorwiegend von Feldmäusen und anderen Kleinsäugern, geht aber noch lieber an Aas. Er versteht es auch, aus dem Wasser Fischkadaver herauszugreifen oder in blitzschnellem Sturzflug ein überfahrenes Tier von der Straße wegzuheben, ohne selbst dabei dem Verkehr zum Opfer zu fallen. Das Gefieder ist über den ganzen Körper einförmig braun bis dunkelbraun. Nur der Kopfbereich hellt bei älteren Schwarzmilanen auf. In Mitteleuropa liegen die Brutbestände niedrig. Die Winterquartiere befinden sich in Afrika.

Rohrweihe *(Circus aeruginosus):* Männchen und Weibchen unterscheiden sich bei diesem nur in größeren Feuchtgebieten verbreiteten Greifvogel sehr stark. Während das Männchen mit blaugrauen Partien auf den Flügeln und ebensolcher Schwanzfärbung, braunem Rücken, heller Brust und rötlichem Bauch geradezu bunt wirkt, ist das Weibchen überwiegend schokoladenbraun. Nur Stirn, Kehle und der Flügelrand zwischen Schultern und Körper sind semmelgelb. Rohrweihen jagen mit leicht V-förmig gehaltenen Flügeln aus niedrigem Gleitflug nach Kleinsäugern. Entdecken sie eine Maus, lassen sie sich mit vorgestreckten Fängen rasch fallen. Sie nisten in größeren Schilfbeständen in einem Bodenhorst. Seit der Vollschonung der Greifvögel hat ihr Bestand wieder leicht zugenommen.

Birkhuhn *(Tetrao tetrix):* Im zeitigen Frühjahr, oft schon, wenn noch Schnee im Moor liegt, versammeln sich die Birkhähne auf ihrem Turnierplatz und vollführen eine höchst eindrucksvolle Schaubalz. Die Hähne stehen mit gespreiztem Schwanzgefieder, das leierförmig auseinandergeht, und hängenden Schwingen einander gegenüber. Sie ducken sich und springen dann plötzlich in die Luft, wobei sie den Gegner zu treten versuchen. Die roten »Rosen« über den Augen leuchten, und aus den Kehlen kommt ein lautes Kullern. Am Rande des Balzplatzes warten die bräunlichen Birkhennen. Sie wählen den Hahn, mit dem sie sich paaren werden. Die Platzhähne im Zentrum haben die größten Chancen. Nach der Paarung ziehen sich die Hennen zurück, legen die Eier und kümmern sich allein um die Jungen, die schon bald bei Gefahr ein Stück weit wegfliegen können. Birkhühner sind sehr selten geworden. Man findet sie nur noch in der Krummholzzone im Gebirge und an wenigen Hochmooren im Alpenvorland sowie in den nordwestdeutschen Mooren. Sie weichen der Kulturlandschaft und vielleicht auch der Konkurrenz durch den Fasan.

Wasserralle *(Rallus aquaticus):* Sümpfe und Moore mit ausgedehnten Beständen von Seggen oder lockerem Schilf beherbergen die scheue Wasserralle. Im Frühjahr machen sich diese Vögel durch ihre an das Quieken eines Ferkels erinnernden Rufe bemerkbar. Mit viel Geduld gelingt es mitunter, sie in der Abend- oder Morgendämmerung bei der Nahrungssuche am Schilfsaum zu beobachten. Vorsichtig steigt die Wasserralle mit ihren langen Zehen durch den Sumpf und stochert mit dem spitzen Schnabel im Schlamm. Sie ernährt sich von Würmern und großen Insektenlarven, besonders aber von Fröschen, die sie mit einem Schlag auf den Kopf lähmt. Ihr Bestand hat stark abgenommen.

Bläßhuhn *(Bläßralle; Fulica atra):* Das allbekannte Bläßhuhn, unverwechselbar durch sein schieferschwarzes Gefieder und den leuchtendweißen Stirnschild, gehört weder zu den Hühnern noch zu den Enten, mit denen es sich auf den Stadtparkteichen um Futter streitet. Es gehört zu den Rallen, einer sonst recht scheuen, die Röhrichte bewohnenden Vogelfamilie. Im Gegensatz zu ihrer Verwandtschaft meidet die Bläßralle, wie sie richtiger genannt werden sollte, weder die Nähe des Menschen noch das offene Wasser. Auch läuft sie an Land nicht unbeholfen wie die meisten Enten, obwohl ihre langen Zehen lappenartige Verbreiterungen tragen, welche die Schwimmhäute ersetzen. Bläßhühner tauchen recht gut. Sie ernähren sich überwiegend von Wasser- und Uferpflanzen, stellenweise auch von Muscheln (Wandermuscheln) und Fischkadavern.

Teichhuhn *(Gallinula chloropus):* Auch das Teichhuhn ist kein Huhn, sondern eine Ralle. Es bewohnt kleinere Gewässer wie langsam fließende Bäche, Teiche und Tümpel, oft mit nur wenigen Quadratmetern Röhricht am Ufer. Geschickt weiß es sich in der Vegetation zu verdrücken, wenn Gefahr droht. Unablässig wippt der hochgestellte Schwanz und signalisiert mit seinem ausgeprägten Schwarzweißkontrast den nachfolgenden Jungen, wohin sich der Altvogel begibt. Teichhühner brüten mehrmals im Jahr. Bei der Aufzucht der Jungen einer zweiten oder dritten Brut helfen dann die Jungen der ersten mit.

Flußseeschwalbe *(Sterna hirundo):* Spitze Flügel, ein langer, tief gegabelter Schwanz, zur Brutzeit eine schwarze Kopfkappe und der im Flug oft ausgestoßene »kirrää«-Ruf kennzeichnen die im Binnenland selten gewordene Flußseeschwalbe so eindeutig, daß man sie eigentlich mit der sehr viel häufigeren Lachmöwe nicht verwechseln kann. Als Nistplatz sucht sie Schotterbänke von Flüssen, doch wo gibt es die noch? Die letzten Brutkolonien im Alpenvorland umfassen kaum mehr ein paar Dutzend Flußseeschwalben. Sie müssen überwacht werden, um Störungen fernzuhalten. An der Küste gibt es noch größere Bestände. Allerdings kann man dort die Flußseeschwalbe leicht mit der sehr ähnlichen Küstenseeschwalbe verwechseln. Beide Arten ernähren sich von kleinen Fischen, die im Stoßflug gefangen werden. Bei der Balz bringt das Männchen ein Fischchen mit und überreicht es dem Weibchen.

Lachmöwe *(Larus ridibundus):* Im Binnenland ist die Lachmöwe mit weitem Abstand die häufigste Möwenart. Aber auch an der Küste kommt sie fast überall vor. Ihr Gesamtbestand beläuft sich in Europa auf rund eine Million Brutpaare. Er hat in den vergangenen Jahrzehnten stark zugenommen, doch scheint in den letzten Jahren eine Stabilisierung oder sogar wieder ein Rückgang eingetreten zu sein. Einerseits entzieht die verbesserte Beseitigung von Müll und Abwässern der Lachmöwe, vor allem im Winter, eine bedeutende Nahrungsquelle, andererseits spielt die Winterfütterung in den Städten eine große Rolle für ihre Bestandsentwicklung. Lachmöwen erkennt man zur Brutzeit am schokoladenbraunen Kopf. Im Winterkleid ist der Kopf weiß. Jungvögel tragen eine schwarze Schwanzendbinde und ein verwaschenes Flügelband.

Trauerseeschwalbe *(Chlidonias niger):* Das rauchschwarze Gefieder zur Brutzeit hat dieser kleinen Seeschwalbenart den deutschen wie den wissenschaftlichen Namen eingetragen. In Mitteleuropa kommt sie als Brutvogel nur noch sehr selten vor. Sie besiedelt nahrungsreiche Teiche, Seen und Flußdeltas. Ihr Hauptverbreitungsgebiet liegt im Nordosten. Von hier kommt sie alljährlich auf dem Zug im Frühjahr und im Spätsommer nach Mitteleuropa. Bei der Nahrungssuche schaukelt sie dicht über der Wasseroberfläche und pickt, ohne ins Wasser einzutauchen, von der Oberfläche

Insekten auf. Sie wird deswegen der Gruppe der Sumpfseeschwalben zugerechnet, die nicht wie die anderen Seeschwalben stoßtauchen können. Trauerseeschwalben überwintern in Afrika.

Flußregenpfeifer *(Charadrius dubius):* Kiesbänke in den Flüssen bildeten ursprünglich den Lebensraum dieses mit 15 cm Körperlänge nicht einmal ganz lerchengroßen Zugvogels, der sich dieser Umwelt bestens angepaßt hat. Sein Gefieder sieht, von oben betrachtet, wie ein Kieselstein aus, wenn sich der Vogel an den Boden drückt. Er rennt geschickt wie eine Maus zwischen den Steinen umher, duckt sich bei Gefahr und scheint buchstäblich zwischen den Steinen zu verschwinden. Hier bebrütet er im Mai und Juni auch sein aus vier Eiern bestehendes Gelege. Schon die geschlüpften Jungen drücken sich bei Gefahr zwischen die Steine. Selbst mit größter Mühe findet man sie kaum jemals vollzählig, wenn sie auf den Warnruf des Altvogels hin auseinandergelaufen sind.

Uferschnepfe *(Limosa limosa):* In feuchten Wiesen an der Küste (Marschen) und in Flußniederungen oder Mooren im Binnenland nistet die etwa 40 cm lange Uferschnepfe. Sie fällt durch ihren besonders langen, etwas nach oben gebogenen Schnabel auf. Zur Brutzeit trägt sie ein rotbraunes Gefieder, das nach der Mauser von einem unauffälligeren grauen Winterkleid abgelöst wird, welches dem Jugendkleid ähnlich sieht. Doch stets bleibt die charakteristische Zeichnung von Flügel und Schwanz – ein breiter weißer, schwarz abgegrenzter Flügelstreif und eine breite schwarze Endbinde im weißen Schwanz – erhalten. Uferschnepfen stochern mit ihrem langen Schnabel im weichen Boden nach Würmern und anderen Kleintieren. Im Binnenland sind sie selten.

Großer Brachvogel *(Numenius arquata):* Der lange, bogenförmig nach unten gekrümmte, dünne Schnabel und die hohen Beine kennzeichnen den Großen Brachvogel, der in den Marschwiesen an der Küste und auf Feuchtwiesen im Binnenland brütet. Hier sind die Bestände durch Trockenlegung der Wiesen und Umwandlung zu Ackerland allerdings rückläufig. Der Brachvogel braucht den weichen, feuchten Boden für die Nahrungssuche mit Hilfe des dünnen Schnabels, dessen Länge gerade so beschaffen ist, daß der Vogel selbst dann noch die Übersicht behält, wenn er im Gras nach Würmern und Insekten stochert. Seine spitzen Flügel erlauben ihm nämlich zwar einen schnellen Flug, aber nur geringe Wendigkeit. Er muß also beim Nahen eines Feindes frühzeitig starten.

Bekassine *(Gallinago gallinago):* Himmelsziege nennt der Volksmund diese Schnepfe, weil die Männchen beim Balzflug ihre abstehenden äußeren Schwanzfedern so zum Vibrieren bringen, daß ein Ton entsteht, der an das Meckern einer Ziege erinnert. Bekassinen leben in Feuchtgebieten, vornehmlich in Mooren und nassen Wiesen. Durch die Trockenlegung solcher Lebensräume im Zuge der Intensivierung der Landwirtschaft haben sie so viel Lebensraum verloren, daß sie heute als Brutvögel recht selten geworden sind. Nur zu den Zugzeiten rasten in größerem Umfang Bekassinen aus Skandinavien und Nordosteuropa an den verschilften, weichgründigen Ufern der Stauseen, Seen und Teiche in Mitteleuropa, wo sie mit ihren langen Schnäbeln nach Würmern stochern.

Eisvogel *(Alcedo atthis):* Besonders dann, wenn es vom Wasser benetzt ist, schimmert das türkisfarbene Gefieder des gut 16 cm langen Eisvogels wie ein Edelstein. Ein scharfer Pfiff, und er flitzt wie ein grünlicher Blitz vorüber – so sieht man in der Regel den Eisvogel an seinen Wohngewässern: sauberen Bächen und Teichen, in denen es genügend kleine Fische gibt. Davon ernährt sich dieser einzige europäische Vertreter der in den Tropen und Subtropen weit verbreiteten Vogelfamilie. Früher verfolgte man ihn wegen seiner Jagdgewohnheiten, aber heute hat man erkannt, daß Eisvögel keinen wirklichen Schaden anrichten. Kalte Winter dezimieren ihre Bestände sehr stark, weil dann nicht mehr genügend offenes Wasser vorhanden ist, an dem die Eisvögel fischen können. Ihre Bruthöhlen graben sie in steile Uferwände, doch hat die Verbauung der Bäche diese Plätze vielfach vernichtet. Vogelschützer versuchen heute, neue Möglichkeiten durch die Anlage künstlicher Wände am Wasser zu schaffen.

Uferschwalbe *(Riparia riparia):* In steilen Lehm- und Lößwänden, mitunter auch in den schmalen Lehmbändern an Abbaukanten von Kiesgruben gräbt die Uferschwalbe ihre Röhren, an deren Ende sie ihre Brut aufzieht. Die kleine, auf der Oberseite bräunliche Schwalbe besitzt ein schmales, aber deutlich erkennbares Kehlband, wodurch sie sich von der im Gebirge an wenigen Stellen vorkommenden Felsenschwalbe unterscheidet. Die Brutröhren liegen oft dicht beieinander. Die Größe der Kolonie kann zwischen einigen Paaren und Hunderten, in Ausnahmefällen Tausenden schwanken, je nach Gunst der Wand, in der sie sich befindet.

Blaukehlchen *(Luscinia svecica):* Dieser kleine, etwa 15 cm lange, der Nachtigall verwandte Singvogel besitzt eine kornblumenblaue Kehle. Sie trägt bei den in Mitteleuropa brütenden Vögeln einen weißen Stern, während die nordischen, zu einem kleinen Teil auch die in den Hohen Tauern brütenden Blaukehlchen einen roten Stern besitzen. Die blaue Kehle wird von einem schwarz-weiß-rotbraunen Brustband eingerahmt. Doch nur die Männchen sind so schön gezeichnet. Bei den Weibchen bleibt die Kehle verwaschen weißlich und von ein paar blauen Federchen durchsetzt. Blaukehlchen leben an Flußufern und in lichten Auwäldern. Sie sind sehr selten geworden und bedroht.

Feldschwirl *(Locustella naevia):* Wenn im Mai oder Juni, in den Abendstunden, ein anhaltendes klingelndes Schwirren aus einem Busch im feuchten Wiesengrund oder am Rande einer Bachniederung ertönt, dann hat man wahrscheinlich einen singenden Feldschwirl vor sich. Viel Geduld wird es kosten, den Sänger selbst zu entdecken, so gut versteckt hält er sich. Bei der leisesten Störung zieht er sich in die Deckung zurück und läuft am Boden wie eine kleine Maus davon. Feldschwirle kommen in Mitteleuropa nirgends mehr wirklich häufig vor. Aber noch seltener sind ihre Verwandten, der Rohrschwirl (mit fast tonlos-trockenem, sehr anhaltendem Schwirren) und der Schlagschwirl (mit nähmaschinenartig wetzendem Gesang). Sie gehören zur Verwandtschaft der Rohrsänger.

Drosselrohrsänger *(Acrocephalus arundinaceus):* Das laute »karre-karre-kiek-kiek« des größten unserer heimischen Rohrsänger verrät im Mai und Juni seine Anwesenheit an den schilfumsäumten Ufern der Gewässer. Den Vogel selbst bekommt man schwerer zu Gesicht. Doch mit etwas Geduld wird man ihn entdecken, wenn er singend auf einem herausragenden Schilfhalm emporsteigt. Dabei sieht man, wie geschickt er mit seinen Füßen die Halme umklammert. Sein Nest hängt er zwischen mehreren Schilfhalmen auf. Der Napf ist so tief, daß die Eier bzw. die Jungen selbst dann nicht herausfallen, wenn sich die Halme bei Wind stark neigen. Drosselrohrsänger sind in den letzten Jahrzehnten immer seltener geworden. Sie brauchen ausgedehnte, ungestörte Schilfbestände.

Beutelmeise *(Remiz pendulinus):* Von allen europäischen Vogelarten baut die Beutelmeise – ein seltener Brutvogel der Flußauen und Seeufer – das kunstvollste Nest. Es besteht aus einer Faserschaukel, die ins Ende eines Zweigs, häufig über Schilf und Wasser herabhängend, eingeflochten wird. Ein feines Flechtwerk aus Fasern und Pflanzenwolle bildet die Wände des Beutels, der an einer Seite geschlossen und auf der gegenüberliegenden mit einer mehrere Zentimeter langen Röhre versehen wird. Innen besitzt der Nestbeutel eine sehr weiche, fast watteartige Auspolsterung, die aus den Samenhaaren von Weiden oder Pappeln besteht. Die Nester, Regen und Sturm standhaltend, werden nur einmal benutzt. Manchmal jedoch holen die Beutelmeisen Nistmaterial aus alten Nestern.

Rohrammer *(Emberiza schoeniclus):* Röhrichtbestände, Uferzonen von Gewässern und locker bewachsene, feuchte Wiesentäler sind der Lebensbereich der Rohrammer. Sie gleicht in der Körpergröße ziemlich genau der in den trockeneren, offenen Fluren vorkommenden Goldammer, von der sich die Männchen aber durch das Fehlen von Gelb und die von einem weißlichen Bartstreif unterbrochene schwarze Kopfmaske unterscheiden. Die Weibchen, denen diese markante Zeichnung fehlt, ähneln stärker den Goldammerweibchen, doch fällt an ihnen bei näherem Hinsehen ein schwarzer Bartstreif auf. Rohrammern rufen ganz charakteristisch gedehnt »zieeh« und turnen bei der Nahrungssuche geschickt an Schilfhalmen in dichten Röhrichtbeständen.

Sumpfohreule *(Asio flammeus):* Fast weltweit verbreitet, doch in Mitteleuropa recht selten ist diese Eule, die auch am Tage jagt. Sie bewohnt vorwiegend Sumpfwiesen und große Moore, wo sie in dem für Eulen typischen lautlosen Flug ihrer Hauptbeute, den Wühlmäusen, nachstellt. In Jahren mit hoher Wühlmausdichte bringt sie drei, fünf oder sechs Junge hoch und besiedelt dann in der Folgezeit wieder neue Gebiete. Geht der Wühlmausbestand zurück, wird auch die Sumpfohreule wegen schlechter Bruterfolge oder Ausfall ganzer Bruten wieder sehr selten. Von der ansonsten ähnlichen Waldohreule unterscheiden sie die kurzen Federohren, der dunkle Hals und die Lebensweise: Sie brütet am Boden und meidet den Wald.

Schermaus *(Arvicola terrestris):* Durch ihre Wühl- und Nagetätigkeit fällt die Schermaus insbesondere in Gärten oft unliebsam auf. Im Gegensatz zum Maulwurf verlaufen ihre Gänge aber stets nahe der Erdoberfläche, so daß sie gut sichtbar sind. Auch bleiben die ausgeworfenen Erdhaufen kleiner. Die Nahrung der Schermaus setzt sich aus Pflanzen aller Art, vor allem saftigen Wurzeln von Gemüsepflanzen, zusammen. Im Winter benagt sie auch die Rinde junger Triebe in Bodennähe. Sie wird bis zu 20 cm lang und fast 180 g schwer. An den Ufern von Gewässern lebende Schermäuse verhalten sich etwas anders als Garten- und Wiesenbewohner. Sie werden Wasserratten genannt; ihre Baue graben sie in Uferböschungen.

Wasserspitzmaus *(Neomys fodiens):* Borstensäume an den Hinterbeinen und entlang der Unterseite des Schwanzes verbessern bei dieser größten heimischen Spitzmaus die Schwimm- und Tauchleistungen. Die schwarze Oberseite grenzt scharf an die helle, meist weiße Unterseite. Die vorgezogene Schnauze wirkt kräftiger als bei den anderen Spitzmausarten; die Wasserspitzmaus kann damit sogar die Gehäuse von Wasserschnecken aufbeißen, um an den muskulösen Weichkörper zu gelangen. Larven von Köcherfliegen und andere Wasserinsekten stellen ihre Hauptbeute dar. Sie holt diese vom Gewässergrund herauf oder sammelt sie im Uferbereich. Bis zu 23 Minuten vermag sie unter Wasser zu bleiben und kann auch Frösche bewältigen.

Waschbär *(Procyon lotor):* An der schwarzen Gesichtsmaske und am schwarzweiß geringelten Schwanz ist dieser 4–9 kg schwere Kleinbär leicht zu erkennen. Doch zu Gesicht bekommt man ihn wegen seiner vorsichtigen, nächtlichen Lebensweise kaum. Waschbären wurden in Mitteleuropa seit etwa 1930 heimisch. Aus Farmen entwichene und absichtlich ausgesetzte Tiere begründeten in Hessen einen neuen Bestand, der sich trotz intensiver Bekämpfung rasch ausbreitete. Waschbären stammen aus Nordamerika. Ihr schädigender Einfluß auf das Niederwild wird, falls er überhaupt vorhanden ist, sicher gewaltig übertrieben. Die Tiere ernähren sich von Kleinsäugern, Fröschen, Früchten, Eicheln und Abfällen.

Biber *(Castor fiber):* Dieses größte heimische Nagetier übertrifft sogar ein Reh an Gewicht. Mit seinen äußerst starken Schneidezähnen nagt es dicke Bäume durch, deren Zweige als Baumaterial für Dämme und Burgen dienen. Gefällt werden meist ufernahe Weichhölzer, insbesondere Pappeln und Weiden, deren Rinde den Bibern besonders im Winter, wenn es keine weichen Wasser- und Uferpflanzen mehr gibt, als Nahrung dient. Die Rindennahrung verwertet der Biber mit Hilfe symbiontischer Mikroben in den sehr großen Blinddärmen. Die Bauten der Biber sind wegen ihrer fast technischen Präzision berühmt: Die Dämme können regelrechte Seen aufstauen. Damit regulieren die Biber den Wasserhaushalt ihrer Umwelt.

Bisamratte *(Ondatra zibethicus):* Im Jahre 1905 setzte Fürst Colloredo-Mansfeld Bisamratten, die er von einem Jagdausflug aus Kanada mitgebracht hatte, auf seinen Besitzungen in Böhmen aus. Die großen Nager vermehrten sich rasch, entkamen und verbreiteten sich in einem beispiellosen Tempo über weite Teile Europas, obwohl sie heftig bekämpft wurden. Die in der Sowjetunion und in Nordamerika als Pelztier geschätzte Bisamratte wurde als unerwünschter Fremdling, der Dämme und Deiche gefährdet, betrachtet und mit allen Mitteln verfolgt. Doch ihre Ausrottung gelang nicht – so gut hatten sich die Tiere in ihren neuen Lebensraum eingepaßt. Die bis knapp 2 kg schwere Bisamratte gehört zu den Wühlmäusen. Sie unterscheidet sich vom viel größeren Biber durch einen seitlich etwas abgeflachten, gerundeten Schwanz. An den Hinterfüßen trägt sie Schwimmhäute. Sie lebt in unterirdischen Bauen oder Burgen aus Wasserpflanzen. Harte Winter dezimieren die Bestände.

Iltis *(Putorius putorius):* Vornehmlich in der Nähe von Feuchtgebieten, aber auch im Umkreis menschlicher Siedlungen lebt der Iltis, der in den letzten Jahren vielerorts sehr selten geworden ist. Die Gründe des Rückganges sind nicht klar, doch spielt die Entwässerung von Feuchtgebieten offenbar eine wichtige Rolle, weil Iltisse sich gern von Fröschen ernähren. Sie nehmen aber auch alle anderen kleinen Tierarten, insbesondere wenn sie mausgroß sind. Ihre Vorliebe für Eier mußten viele Iltisse mit dem Leben bezahlen, weil ihnen deswegen Fallen gestellt wurden. Iltisse laufen merkwürdig »buckelig« und verfügen über recht wirkungsvolle Stinkdrüsen, die ihnen den Beinamen »Stinker« eingetragen haben. Die Männchen werden 31–46 cm lang und bis 1,5 kg schwer, die Weibchen sind dagegen nur halb so schwer. Das Fell ist kontrastreich gefärbt.

Fischotter *(Lutra lutra):* Von allen Mardern ist der Fischotter am besten dem Wasserleben angepaßt, wie sein Beiname »Wassermarder« schon besagt. Zwischen den Zehen spannen sich Schwimmhäute; das sehr feinwollige Fell ist wasserdicht, und der dicke, zum Ende hin spitz auslaufende Schwanz dient beim Schwimmen als Ruder. Otter ernähren sich von Fischen, Krebsen und am Wasser erreichbaren Vögeln. Sie galten lange Zeit als große Schädlinge für die Fischerei. Durch rücksichtslose Verfolgung, die gebietsweise bis in unsere Zeit anhält, wurden die Bestände so sehr dezimiert, daß der Fischotter in Europa vom Aussterben bedroht ist. Nur in Schleswig-Holstein, in Niedersachsen und im bayerisch-oberösterreichisch-böhmischen Grenzgebiet finden sich noch schwache Restbestände.

Vom Meer zum Strand

Grenzzone zweier Welten

Vom Meer, der Wiege des Lebens, nahmen die Organismen ihren Weg ans Land. Doch längst nicht allen Stämmen des Tierreiches gelang die große Umstellung. Manche blieben zurück oder konnten nur mit wenigen Vertretern das Land erobern. An den Küsten finden wir sie mitunter angespült – fremde Gestalten wie die Quallen, die auf dem Sand rasch zerfallen. Am Strand treffen sich die beiden großen Lebensbereiche Meer und Land. Die Küsten bieten die größte Vielfalt an Lebensbereichen mit ihren Sandstränden, Klippen, Schlickflächen und dem Watt.

Das Meer bedeckt 71% der Erdoberfläche und enthält 98,5% des freien sowie als Eis gebundenen Wassers. Die restlichen 1,5% verteilen sich auf Flüsse, Seen, Moore und Gletscher. Kein anderer Lebensraum kann daher an Ausmaß und Bedeutung mit dem Meer verglichen werden. Es ist die Wiege des Lebens. Aus dem Meer sind alle Organismen gekommen, die in grauer Vorzeit das Land eroberten. Es gibt an Land keine Pflanzen und Tiere, die nicht von Vorfahren aus dem Meer abstammen. Irgendwann im Laufe der Jahrmillionen gelang ihnen der Sprung an Land und die Eroberung neuer Lebensräume. Aber es gibt eine Reihe von Tierstämmen, die diesen Wechsel nicht bewältigt haben und in ihrer ursprünglichen Heimat verblieben sind. Längst nicht alle kennen wir aus dem täglichen Leben. Die meisten sind klein und unscheinbar geblieben. Wir Landbewohner nehmen ihre Existenz kaum zur Kenntnis.

Von den Meerestieren interessieren uns vornehmlich die Fische, Krebstiere, Tintenfische, Stachelhäuter, Schnecken, Muscheln und vielleicht noch die Quallen. All diese Tiergruppen, die Tintenfische ausgenommen, fanden irgendwie auch Zugang zu den Gewässern der Kontinente, zum Süßwasser. So können wir die zarte Süßwassermeduse – wenngleich sie recht selten ist – durchaus in mitteleuropäischen Baggerseen finden. Sie vermittelt nur einen schwachen Abglanz von der Formenvielfalt der Quallen, die das Meer beherbergt. Auch die Süßwasserkrebse mögen kaum erwähnenswert neben der Mannigfaltigkeit ihrer Verwandten im Meer erscheinen. Einzig die Fische haben es im Süßwasser auf einen vergleichbaren Artenreichtum gebracht. Ganz zu schweigen von den Schnecken und Muscheln: Zwar mögen Landschnecken einen recht bedeutenden Anteil am Artenspektrum kontinentaler Räume haben, doch was sind selbst die größten und schönsten von ihnen im Vergleich zu den Meeresschnecken? Diese wetteifern mit den Schmetterlingen an Farbenpracht und Formenvielfalt. Ihre Gehäuse sind angetan, ungezählte Konchyliensammler in aller Welt in Verzückung zu versetzen. Die tropischen Meere beherbergen die größte Pracht, während sich an den Gestaden der kalten Meeresgebiete die Schnecken und Muscheln weniger bunt und bizarr geben. Der Grund dafür ist im fehlenden Auslesedruck durch Krebstiere und Fische zu suchen; einfachere Formen überleben hier besser. Dennoch sind auch sie so hübsch, daß sie zum Sammeln verleiten, wenn sie von den Wellen am Strand angespült werden. Der Strandwanderer wird manches finden, was ihm mitnehmenswert erscheint. Er bewegt sich am Rande des größten Lebensraumes der Welt in jener Zone, in der sich vor Jahrmillionen der Übergang vom Wasser- zum Landleben vollzog. Er bewegt sich an der Grenzzone zweier Welten: der Welt des Meeres und der Welt des Landes.

Keine Grenze war für das Leben schwerer zu überwinden; kein Übergang war mit größeren Folgen verbunden als jener vom Wasser zum Land. Er zieht sich durch die Lebensgeschichte sämtlicher Organismen, die heute an Land leben, und reicht hinein bis in das Wirkgefüge der einzelnen Zelle. Im Meer stimmte ihr Zellsaft mit der Salzkonzentration des umgebenden Wassers überein. Die als Ionen gelösten Salze konnten frei ausgetauscht, inner- oder außerhalb der Zellwand gehalten werden, und waren bei Bedarf nahezu unbeschränkt verfügbar. Dadurch hatten Zellsaft und Umgebung stets den gleichen Druck. Solange keine Gasblasen in den Organismen eingeschlossen wurden, konnten diese im Meer frei auf- und absteigen. Das Wasser trug und stützte ihre Körper. Zu mehr als 90% bestanden sie ohnehin aus Wasser. Für Land- und Süßwasserorganismen liegen die Verhältnisse ganz anders. Sofern sie überhaupt im Wasser leben, unterliegen sie einem starken Konzentrationsgefälle zwischen Zellsaft und Umgebung. Das salzarme Süßwasser dringt nach den physikalischen Gesetzen der Osmose in den Körper ein, wenn dieser im Zellsaft eine höhere Salzkonzentration als die Umgebung aufweist. Die Zellen geraten dadurch unter Druck: Sie müssen das überschüssige Wasser ausscheiden. Die erste und wichtigste Aufgabe der Ausscheidungsorgane bestand daher in der Abgabe von überschüssigem Wasser.

Erst als die Zellen einen sicher funktionierenden Mechanismus zur Kontrolle des Wasserhaushalts und zum aktiven Transport von Ionen entwickelt hatten, konnten die Organismen in den Lebensbereich des Süßwassers vordringen und damit die Eroberung des Landes einleiten. Umgekehrt setzte dies all jenen Tierstämmen eine unüberwindliche Barriere, die diesen Mechanismus nicht entwickeln konnten. Sie mußten im Meer bleiben. Mit dem Wasser haushalten zu können ist und bleibt die Vorbedingung für das Leben an Land. Auch wir Menschen müssen uns dies immer wieder vergegenwärtigen, wenn wir mit den Vorräten an gutem, unverdorbenem Wasser allzu verschwenderisch umgehen.

Doch zurück zum Meer! Der hohe Gehalt an Salzen – im Durchschnitt liegt er bei 3,5% – bringt es mit sich, daß das Meerwasser schwere Körper noch besser trägt als das Süßwasser. Im Meer schwimmt sich's leichter und im Toten Meer, das einen Salzgehalt von etwa 25% aufweist, ganz besonders gut. Die Meerestiere können sich daher einen erheblich schwereren Körper leisten als die Tiere im Süßwasser oder gar an Land. Hier muß jeder Körper genügend Eigenstabilität entwickeln, um überhaupt seine Form bewahren zu können; im Wasser trägt diese sich selbst. Riesentiere wie der über 30 m lange Blauwal wären an Land Monster, die vom eigenen Gewicht sogleich erdrückt würden. Ein gestrandeter Wal beispielsweise stirbt ziemlich schnell – nicht etwa an Hunger oder Auskühlung, sondern weil sein schwerer Körper nicht mehr vom Wasser gestützt wird. Die enorme Masse erdrückt Herz und Kreislauf, quetscht die Lungen zusammen und verschließt die Kapillaren.

Neben dem Salzgehalt ist also die Dichte des Wassers für die Organismen besonders wichtig. Sie lassen sich entweder vom Wasser tragen oder – wenn sie festsitzend sind – durch das Wasser die Nährstoffe herantransportieren. Äußere Körperfestigkeit ist von viel geringerer Bedeutung; sie dient mehr der Verteidigung gegen Feinde. Da aktive Bewegung den schwebenden Körper in eine bestimmte Richtung treibt und durch Verdrängung von Wasser ein Vortrieb erzeugt wird, konnte sich aus dem Schweben im Wasser leicht das Schwimmen entwickeln.

Die Methoden, derer sich die Organismen bedienen, sind vielfältig. Die Fische treiben ihren Körper voran, indem sie die an beiden Seiten der Wirbelsäule gelegenen Muskeln zusammenziehen. Es entsteht daraus eine Schlängelbewegung, die wie eine Welle von vorn nach hinten über den Körper verläuft und ihn auf diese Weise vorantreibt. Tintenfische und Quallen stoßen durch plötzliche Kontraktionen Wasser aus ihrem Körper aus, wobei wie bei Raketen ein Vortrieb entsteht, eine Bewegungsweise, die auch manche Muscheln benutzen. Durch schnelles Schließen der Schalen pressen sie Wasser aus ihrem Körper und machen dadurch einen kleinen Sprung in die Gegenrichtung.

Bei Ebbe fallen im Wattenmeer große Sand- und Schlickflächen frei. Für den Besucher ist eine Wattwanderung dann ein spannendes Erlebnis. Doch die Eiderenten (vorne im Bild) oder die Seehunde brauchen ruhige, ungestörte Plätze zur Futtersuche und zum Rasten.

Die Art des Wasserwiderstandes bringt es mit sich, daß die Körper schneller Schwimmer im Tierreich ziemlich einheitlich die Torpedoform zeigen, ganz gleich, ob die betreffenden Arten näher miteinander verwandt sind oder nicht. Wale, Delphine und Robben entwickelten als Säugetiere gleichermaßen die Fischform, ebenso wie die aus der Vogelwelt stammenden Pinguine, die Fische selbst oder die Lanzettfischchen. Sie alle besitzen eine mehr oder minder elastische zentrale Achse: eine Wirbelsäule oder Vorstufen davon, die das seitliche Schlängeln, das Stammschlängeln, ermöglichen. Quallen und Tintenfische dagegen zeigen Glockenform mit einer Körperöffnung, aus der nach dem Rückstoßprinzip Wasser ausgepreßt werden kann. Das Wasser schreibt so die Formen vor, die Bestand haben können. Das Land läßt den einzelnen Tierformen erheblich mehr Gestaltungsspielraum, deshalb empfinden wir die Tierformen des Landes auch als vielfältiger.

Für die kleinen Organismen ist das Wasser zu »zäh«, um darin ausreichend aktiv schwimmen zu können; sie würden zuviel Energie aufwenden müssen. Da aber im Meer Wirbel und Strömungen ständig für Bewegung sorgen, können sich diese kleinen Organismen durch die Ausbildung von Schwebeeinrichtungen vor dem Absinken in die Tiefe schützen. Viele Kleintiere weisen solche Merkmale auf, zumeist lange Fortsätze an der Körperoberfläche oder eingelagerte Öltröpfchen.

Schweben und Schwimmen stellen die beiden Grundformen des Lebens im freien Wasser dar; als drittes kommt die festsitzende Lebensweise hinzu. Viele Meerestiere verzichten auf Eigenbeweglichkeit und setzen sich auf einer geeigneten Unterlage fest. Im Küstenbereich wird dies besonders deutlich. Da finden wir auf Treibholz Entenmuscheln, Schwämme oder Polypen. Betrachten wir die flacheren Zonen felsiger Küsten genauer, so werden wir in allen möglichen Ecken und Winkeln eine Vielzahl festsitzender Tiere entdecken. Diese Lebensart beschränkt sich keineswegs nur auf Pflanzen, von denen wir es nicht anders gewohnt sind. Korallentiere ähneln durch ihre Wuchsformen so sehr den Pflanzen, daß man sie ohne genauere Prüfung zunächst für solche halten würde. Diese Art der Lebensführung können sich Organismen nur dann leisten, wenn die Grundstoffe für ihre Ernährung von außen herangetragen werden. Das ist nicht nur an Land, sondern auch im Meer der Fall. Die Strömung bringt feinst verteilte Nährstoffe sowie den für die tierischen Organismen zur Atmung lebenswichtigen Sauerstoff von selbst heran. Nachzujagen hätte keinen Sinn. Es würde nur Energie kosten, die nichts einbringt.

So sind viele Tiere zur pflanzenähnlich festsitzenden Lebensweise übergegangen. Sie haben Fangarme oder Strudelorgane entwickelt, die Wasserströme zum Mund hin erzeugen und damit den Zustrom der fein verteilten Nährstoffe lenken. Die Art der Nahrungsversorgung ist es also, die diese äußerlichen Gemeinsamkeiten zwischen festsitzenden Tieren und Pflanzen verursacht. Die Zusammensetzung der Lebensgemeinschaften im Meer unterscheidet sich in dieser Hinsicht erheblich von der an Land. Wir werden das bei den einzelnen Typen von Lebensräumen noch näher berücksichtigen, denn das Meer läßt sich durchaus in eine Anzahl unterschiedlicher Lebensräume gliedern. Doch zurück zu den Lebensstrategien. Drei weitere sehr wichtige Formen wurden bisher noch nicht berücksichtigt: die am Meeresboden aktiv umherlaufenden Organismen, diejenigen, die sich eingraben, und die im Sediment lebenden. Sie bilden eine Vielzahl von Arten, von denen nur wenige erwähnt seien.

Die frei am Boden umherlaufenden Formen ähneln vielleicht am ehesten den Tieren an Land. Doch eine nähere Betrachtung fördert wichtige Unterschiede zutage. Nehmen wir einen Seestern als Beispiel. Jeder, der einmal etwas genauer einen Strand abgesucht hat, wird Seesterne gefunden haben oder auch die nahe verwandten Seeigel. Was ist das Besondere an diesen Tieren? Wenn wir versuchen, sie mit vom Land her bekannten Arten zu vergleichen, beginnt gleich die erste, die entscheidende Schwierigkeit. Wir können nur Ober- und Unterseite unterscheiden, aber kein Vorne und Hinten! Wo ist der Kopf? Man wird ihn vergeblich suchen. Die meisten Seesterne haben kein Vorderteil und damit auch nichts, was in irgendeiner Weise einem Kopf entsprechen würde. Die Arme – wenn wir einen fünfstrahligen Seestern gefunden haben, sind es fünf – weisen nach allen Seiten. Selbst wenn, wie bei den unregelmäßig gebauten Seesternen, ein Arm gewissermaßen zum Leitarm geworden ist, entsteht deswegen nichts Kopfähnliches! Diese Tiere weisen eine sogenannte Radiärsymmetrie auf; sie haben keine rechte und linke Seite wie die bilateral-symmetrischen Tiere. Das Leben im Meer ist aus kugeligen Gebilden hervorgegangen, wobei alle Richtungen im Raum gleichberechtigt waren. Bei den radiärsymmetrischen Tieren hat sich dies bis in verhältnismäßig hochentwickelte Stufen hinein erhalten. Ansonsten konnte diese Form des Wuchses nur bei festsitzenden Pflanzen überleben.

Die zweite große Gruppe bodenbewohnender Meerestiere bilden solche, die sich im Untergrund eingraben. Hierzu zählen insbesondere viele Muscheln und Meeresschnecken. Mit ihrem Schalenpanzer aus Kalk schützen sie den zarten Körper vor Verletzungen, wenn sie sich durch Sand, Schlamm oder selbst in Felsen graben. Es gibt Muscheln, die mit Hilfe chemischer Stoffe sogar Kalkfelsen anbohren und sich dorthinein zurückziehen. Das Graben und Bohren im Untergrund hat Vor- und Nachteile. Der Vorteil liegt in den Nährstoffen, die das Sediment enthält. Denn alle Nährstoffe, die aus dem Freiwasser zu Boden sinken, gelangen letzten Endes ins Sediment, und die Organismen können daraus noch vieles für ihre Ernährung entnehmen. Die Muscheln und Schnecken leben weitgehend von dieser Abfallverwertung (Fressen von Detritus) und stellen demzufolge oft den Hauptanteil der größeren Tiere im Sediment. Bei ihrer Nahrungssuche nehmen sie einfach das Sediment mitsamt dem Sand und Schlamm auf und schleusen es durch den Körper oder durch feine Filterorgane. Auf diese Weise trennen sie das Verwertbare vom Nichtverwertbaren, und wenn sie lange genug ungestört »arbeiten« können, verliert der Schlamm nach und nach all seinen organischen Gehalt.

Bei der dritten Gruppe handelt es sich um kleine und kleinste Tiere, für die Sandkörner die Ausmaße von Felsbrocken haben. Und zwischen ihnen, in den feinen Hohlräumen, leben sie. Dort finden sie ihre Nahrung und ihren Lebensraum, vergleichbar den Kleintieren, die sich an Land im Humus ansiedeln.

Wo aber bleiben die Pflanzen, die schließlich die Basis des Tierlebens sind? Keine Lebensgemeinschaft kann ohne ihre Produktion auf Dauer existieren. Entweder sie erfolgt direkt an Ort und Stelle, oder pflanzliche Produkte werden herantransportiert. Wie sehen in dieser Hinsicht die Verhältnisse im Meer aus? Nun, die Pflanzen sind da, auch wenn man nur wenig oder nichts von ihnen sieht, weil sie zumeist so klein sind, daß sie dem bloßen Auge verborgen bleiben. Die große Masse des pflanzlichen Lebens im Meer treibt als mikroskopisch kleine Algen in den durchlichteten oberen Schichten. Dort, wo sich die Algen häufen, bekommt das Wasser einen grünlichen Ton. Blau ist dagegen die »Wüstenfarbe« des Meeres. Sie signalisiert, daß das Wasser nur wenige Algen enthält und daher wenig Nährstoffe für die Tiere zur Verfügung stehen. Das gesamte Leben bleibt folglich in den »blauen Zonen« des Weltmeeres dünn gesät, während es sich in den grünen Zonen verdichtet. Nur im Bereich der Küsten können sich festgewachsene Pflanzen ausbilden und halten. Über flachen Sandböden gedeihen Wiesen von Seegras, und an den Klippen wachsen Braun- und Rotalgen.

Bei Strandwanderungen findet man vielfach zerbrechliche, dünne Blätter von

Strandhafer befestigt die Dünen auf der Nordseeinsel Juist und bremst so ihre Wanderung landeinwärts. Der Wind treibt den lockeren Sand vom Strand empor. So gibt das Meer in einem ständigen Kreislauf an manchen Stellen wieder zurück, was es anderswo nimmt.

Der feine Sand umfließt die härteren Gegenstände, wie die Schalen und Bruchstücke von Muscheln, und deckt sie im Lauf der Zeit zu.

Meersalat oder angeschwemmte Büschel von Tang. Diese Tange wachsen in besonders nährstoffreichen Meeresgebieten. Manche werden länger als die größten Bäume an Land. Aber stets fehlt ihnen das Stützsystem aus Holz, welches die landbewohnenden Bäume brauchen, um im Luftraum genügend Festigkeit zu gewinnen. Im Meer entfällt diese Notwendigkeit – die Pflanzen kommen ohne Stützen aus. Auch Leitungsbahnen benötigen die großen Tange nicht. Sie treiben in einer dünnen »Suppe« aus Nährstoffen. Über die gesamte Oberfläche können sie dem Wasser Salze entnehmen, die sie zum Wachstum benötigen. Die Zellschichten sind einfach aufgebaut, jeder Abschnitt gleicht dem anderen. Schwimmeinrichtungen wie blasig aufgetriebene Stellen, die den Tang an der stark durchlichteten Oberfläche halten, und Verzweigungen sind oft die einzigen äußerlich sichtbaren Spezialausbildungen. Die Grundstruktur der Pflanzen im Meer bleibt also vergleichsweise einfach. Die Lebensbedingungen, denen sie ausgesetzt sind, unterscheiden sich nach örtlicher Lage und nach dem Stand der Jahreszeiten sehr viel weniger als an Land. Es gibt kein Blätterabwerfen, ja nicht einmal die Ausbildung von Blättern. Wo die Pflanzen wurzelähnliche Bildungen entwickeln, stellen diese bloße Hafteinrichtungen dar. Der Nährstoffaufnahme und dem Transport von Wasser dienen diese Scheinwurzeln nicht. Solche Sonderausbildungen wurden erst für das Pflanzenleben an Land notwendig.

Im Meer lassen sich Nährstoffe nicht in nennenswertem Umfang speichern. Sie liegen zwar ständig bereit, aber ihre Mengen sind gering. Viele Algen bleiben allein deshalb so winzig, weil sie keine Substanzen anhäufen müssen, um ungünstige Phasen zu überdauern. Sobald die Algenzelle die arttypische Standardgröße erreicht hat, teilt sie sich, und zwei Individuen sind entstanden. Je kleiner die Zellen, desto größer wird im Verhältnis ihre Oberfläche und damit die Möglichkeit, Nährstoffe aus der Umgebung aufzunehmen. 1 l Meerwasser enthält 35 g an Salzen, darunter Spuren aller möglichen Mineralien und Elemente. Man kann sie mit raffinierter Analysentechnik zwar nachweisen, aber nicht einfach herausfiltern. Algen jedoch sind in der Lage, dem Meerwasser jene Stoffe zu entziehen, die sie brauchen. Aus diesem Grund enthalten sie oft größere Anreicherungen bestimmter Stoffe wie Jod oder Kalium als Landpflanzen. Aber selbst Gold, Platin und andere Edelmetalle gibt es im Meerwasser in ungeheuren Mengen. Alle Stoffe, die vom Land ausgewaschen werden, lagern sich auf dem Meeresboden ab oder treiben in den unvorstellbaren Wassermassen der Ozeane.

Was das Pflanzenwachstum angeht, so sind die Probleme von denen an Land grundlegend verschieden. Die Nährstoffe sind extrem dünn verteilt; Wasser gibt es im Überschuß; das Licht verschlechtert sich mit zunehmender Annäherung an die mineralstoffreichen Tiefen. Wie produktiv das Meer für Pflanzenwachstum sein könnte, zeigen jene vergleichsweise winzigen Zonen, in denen kaltes, an Nährstoffen reiches Auftriebswasser aus der Tiefe an die gut durchlichtete Oberfläche gelangt. Hier »ergrünt« das Meer; Fische und andere Meerestiere sind in reicher Zahl vorhanden. Noch besser mit Nährstoffen versorgt werden flache Flußmündungen, weil Nährstoffe aus dem gesamten Einzugsgebiet des Flusses herantransportiert und im Delta abgelagert werden. Im flachen Wasser dringt genügend Licht bis zu den nährstoffreichen Sedimenten vor – und reiches Wachstum ist die Folge. Flußdeltas zählen nicht nur zu den produktivsten Lebensräumen der Welt; sie waren es wahrscheinlich auch, über die Meerestiere einst ins Binnenland vorgedrungen sind, dem reichhaltigeren Nährstoffangebot entgegen. Denn alle Nährstoffe kommen letzten Endes vom Land. Wind und Wetter haben sie dort abgetragen und über die Flüsse oder mit Hilfe von Stürmen aufs Meer hinaus verfrachtet, wo ein Teil von ihnen in die Nährstoffkreisläufe eingeschleust wurde und der andere Teil ungenutzt zu Boden sank. Aber auch die im lebendigen Kreislauf umgesetzten Nährstoffe gelangen mit der Zeit zum Boden hinab. So entstanden aus abgestorbenen Kalkalgen mächtige Kalkablagerungen. Die Ablagerungen erreichten z. T. im Lauf der Erdgeschichte ein solches Gewicht, daß sie den dünnen Ozeanboden hinabdrückten, bis er eingeschmolzen wurde. Die Druckverschiebungen brachten die ohnehin nie ganz ruhende Erdkruste in Bewegung, aus Ablagerungströgen stiegen neue Kontinentalmassen empor, erreichten vielleicht die Oberfläche und bildeten neues Land. Auf diese Weise entstand wieder eine Stoffgrundlage – und der Kreislauf konnte erneut beginnen. Dies alles zeigt, welch große Einheit Meer und Land im Funktionsgefüge der Natur bilden. Kein Teil könnte ohne den anderen auf Dauer existieren. Das Land braucht das vom Meer verdunstende Wasser, das Meer die vom Land kommenden Nährstoffe.

So fügt sich beides zusammen zu einem globalen Wirkungsgefüge, welches das Leben bis heute, mehr als drei Milliarden Jahre lang seit seinem Beginn, erhalten hat. Es eroberte alle Bereiche der Erdoberfläche. Von den größten Tiefen der Meere bis hinauf zu den höchsten Gipfeln der Gebirge reicht die Spanne der Lebensräume.

Im großen Gesamtgefüge ist der Mensch unendlich klein! Führt man sich die Vorgänge in der Erdgeschichte, die Heraushebung und Abtragung ganzer Kontinente vor Augen, erscheinen die Eingriffe des Menschen bedeutungslos. Was seine heutigen Lebensbereiche jedoch angeht, da sieht es anders aus; von ihnen hängt schließlich seine Existenz ab – wenn auch nicht die Fortdauer der ganzen Natur! So darf das Meer nicht beliebig genutzt und verschmutzt werden, denn die einzelnen Teilbereiche brauchen zu lange, um alle Belastungen auszugleichen, die ihnen der Mensch zumutet. Um das zu verstehen, müssen wir die verschiedenen Lebensbereiche des Meeres gesondert betrachten.

Beginnen wir mit jenem Teil, der den größten Bereich ausmacht: mit der Hochsee. Sie läßt sich dadurch charakterisieren, daß ihr jegliche feste Struktur fehlt. Wasser gibt es – aus der Sicht der Organismen, die

Rippelmarken durchziehen das Watt bei ablaufendem Wasser in wellenförmigen Linien. Die Strömung formt und verändert sie.

Unermeßliche Scharen von Watvögeln durchstreifen zu den Zugzeiten im Frühjahr und Herbst das Wattenmeer. Bei Ebbe suchen sie auf dem frischen Schlick nach Nahrung, bei Flut weichen sie an die wenigen nicht überschwemmten Stellen an der Küste oder auf den Inseln zurück.

darin leben – nach allen Richtungen in unbegrenztem Ausmaß. Eine gewisse Schichtung entsteht durch Abnahme von Licht und Temperatur bei zunehmender Wassertiefe, durch Druckanstieg und durch feine Veränderungen in den Salzkonzentrationen. Strömungen und Wellen halten die Wassermassen in Bewegung und sorgen für Durchmischung. Man bezeichnet diesen Freiwasserraum als das Pelagial. In der wärmeren und durchlichteten Schicht an der Oberfläche findet die Produktion der mikroskopisch kleinen Algen und der treibenden Tange statt, von denen die Fische und Tintenfische, die Krebschen und das tierische Plankton leben – wobei die Kette der Nahrung natürlich von den Kleinen zu den Großen läuft. An der Basis stehen die winzigen Algen. Sie dienen den Kleintieren, dem Zooplankton, als Nahrung, von dem sich wiederum Krebschen und kleine Fische ernähren, die dann ihrerseits von größeren verzehrt werden. Die großen Haie, die Wale und die menschliche Fischerei stellen schließlich die Endglieder in der Nutzungskette dar. Die Hochsee versorgt sehr viele Organismen mit Nahrung, und ohne sie würde auch der menschlichen Ernährung ein wesentlicher Teil fehlen. Deshalb darf gerade die Hochsee nur sehr schonend befischt werden, um die Bestände langfristig produktiv zu halten.

Auch die nicht von Nahrungsketten erfaßten Pflanzen und Tiere sterben ab und sinken langsam in die Tiefe hinab. Dort beginnt mit abnehmender Lichtversorgung ein weiterer sehr ausgedehnter Lebensraum mit konstant niedriger Wassertemperatur von knapp 4 °C, der jedoch keine selbständige Funktionseinheit darstellt. Die Tiefenzone ist nämlich zwangsläufig von der durchlichteten Zone des Pelagials abhängig, weil in ihr, aufgrund der fehlenden Energie des Sonnenlichts, keine eigenständige Produktion stattfinden kann. Alle Tiere, die dort unten leben, von den Tiefseefischen bis zu den Seesternen und Muscheln am Boden, bleiben damit von der Oberfläche abhängig! Die großen Tiefen wirken daher im Vergleich zum Flachwasser tierleer.

Dagegen nimmt das Leben an Häufigkeit und Bestandsgröße zu, je mehr wir uns den Küsten nähern. Da, wo sich Wasser und Land treffen, entstehen die besten Voraussetzungen für die Entfaltung von Pflanzen und Tieren. Flachmeere wie die Nord- oder die Ostsee, die noch zum Kontinentalsokkel gehören, haben demzufolge für die Fischerei von jeher eine besondere Rolle gespielt. Die Küsten selbst bieten die größte Vielfalt an Lebensbedingungen: Hier finden sich breite, flach auslaufende Sandstrände oder felsige Klippen, Schlickflächen, die bei Ebbe nicht vom Wasser bedeckt sind, oder Riffe, an denen sich die Wucht der Wellen bricht. Die unterschiedlichsten Verhältnisse wechseln mitunter auf engstem Raum. Strömungen schaffen Priele im Watt, Wellenschlag unterhöhlt Felsen und nagt Höhlen aller Größenordnungen in den Stein. So entsteht eine den Verhältnissen speziell angepaßte Tier- und Pflanzengesellschaft. Vom Meer her sind es zwei Einwirkungen, die dem Strand sein besonderes Gepräge verleihen: Ebbe und Flut auf der einen und die vom Wind verursachte Wellenbewegung auf der anderen Seite. Ebbe und Flut wechseln in festem Rhythmus. Die Anziehungskraft des Mondes verursacht sie und beeinflußt ihre Stärke. Die Wellen bringt der Wind. Bei Sturm werden sie oft hoch aufs Land emporgepeitscht. An flachen Küsten heißt es dann »Land unter«. Auf den Halligen an der Nordseeküste baute man für diese Fälle besondere Schutzwälle um die Häuser oder legte diese auf einem Hügel an, damit sie der Flut besser trotzen. Dennoch kommt es immer wieder zu schweren Überschwemmungen, die Mensch und Vieh gefährden, weil der flache Verlauf der Küste es erlaubt, daß bei starken Stürmen große Wassermassen landwärts verschoben werden.

Die Geschichte der Menschen, die um die Deutsche Bucht leben, ist eine Geschichte des Kampfes mit dem Meer. Als nach der letzten Eiszeit der Nordseeraum eisfrei geworden war, stieg der Meeresspiegel nach und nach an (weltweit hatte er auf dem Höhepunkt der Eiszeit rund 100 m tiefer gelegen als heute). Die gesamte Nordsee wäre damals trocken gewesen, wenn der Eispanzer sie nicht zugedeckt hätte. Das Schmelzen des Eises brachte neue Wassermassen ins Meer, und der Spiegel begann unaufhörlich zu steigen. Stück für Stück eroberten die Fluten Teile des Landes zurück. Die alten Sagen berichten davon. Umgekehrt transportierten die Flüsse unablässig Material zur Küste und bauten ihre Deltaaufschüttungen immer weiter meerwärts aus. Manche Stadt, die im Mittelalter noch an der Küste lag, befindet sich jetzt ein gutes Stück landeinwärts. An den Deltamündungen der Donau, der Rhone oder des Ebro ist dies gut zu sehen. Im Vergleich zur Nordsee nagt das ruhige Mittelmeer weit weniger am Land und läßt eine großräumige Deltabildung zu. Die Stürme und Strömungen an der Nordsee oder an der Küste des Atlantiks verlagern die eingeschwemmten Sandbänke immer wieder, tragen sie ab und schichten sie um. Das Ringen zwischen Meer und Land nimmt dort dramatische Züge an.

Viele Küstenabschnitte lassen sich nur durch den Bau und die beständige Unterhaltung hoher Dämme erhalten. Diese Deiche bilden das Bollwerk, das der Mensch zum Schutz des Landes gegen das Meer errichtet hat. Gewaltige Bauwerke wurden in den letzten Jahrzehnten geschaffen. Neben den großen Staudämmen an den Flüssen stellen sie eine der größten Leistungen dar, die die Menschheit je vollbracht hat. Sie ändern nicht nur das Bild der Küstenlandschaft, sondern greifen auch umfassend in den Lebensraum der Küste ein. Sie trennen das Wattenmeer von den Marschen und somit das Salz vom Land. Hinter den Deichen nämlich verliert der Boden nach und nach das Salz des Meeres; er wird damit urbar und ändert seine Zusammensetzung. Neue Lebensräume entstehen, die heute so sehr zum Bild der Küstenlandschaft zählen, daß wir sie kaum wegdenken können: die weiten, von Entwässerungsgräben durchzogenen Wiesenflächen der Marsch. Auf ihnen weiden Schafe und Rinder, aber auch die Gänse aus der Tundra des Nordmeeres, wenn sie nach Süden ziehen. Auf ihnen brüten Vögel wie der Rotschenkel oder der Große Brachvogel.

Vor dem Deich, dort, wo das Watt beginnt, liegt ein ganz besonderer Lebensraum: die Salzwiesen. Ihre Tier- und Pflanzenwelt ist einmalig – und heute hochgradig gefährdet. Ursprünglich hatten sie weite Teile der Küstenlandschaft geprägt, bis die Eindeichungen sie auf schmale Säume und Restbestände zurückdrängten. Denn je geschlossener die Deichsysteme werden, um so kleiner wird dieser besondere Lebensraum. Davor liegt das Watt mit seinen wechselvollen Sanden und Stränden, mit Prielen im Schlick und Sandbänken vor der Küste; mit Inseln, auf denen außer wenigen Menschen und ihrem Vieh vor allem die Seevögel leben.

Riesig können die Kolonien der Brand- oder Küstenseeschwalben werden. Die größere Brandseeschwalbe wirkt mit ihrer gesträubten Federhaube auf dem Hinterkopf fast wie ein Bote von Wind und Sturm. Ihr langer, schlanker Schnabel trägt eine gelbe Spitze. Viel feiner, zierlicher an Gestalt ist die Küstenseeschwalbe. Nur Kenner vermögen sie von der ihr so ähnlichen, auch im Binnenland an einigen Stellen noch nistenden Flußseeschwalbe zu unterscheiden. Der lange rote Schnabel trägt keine schwarze Spitze, und die Schwanzspieße überragen deutlich die zusammengelegten Flügel. Wie die Brandseeschwalbe fischt die Küstenseeschwalbe aus dem Rüttelflug heraus. Blitzschnell stößt sie aufs Wasser herab, um einen Fisch zu erbeuten. Im Gegensatz zur Brandseeschwalbe meidet sie die Hochsee weitgehend und fischt meist nahe der Küste, so daß sich die beiden Arten kaum ins Gehege kommen, auch wenn sie in benachbarten Kolonien brüten: Sie kommen friedlich miteinander aus.

Noch viel kleiner ist die Zwergseeschwalbe, die sich nicht zu geschlossenen Kolonien zusammenfindet. Sie versucht in lockerer Brutgemeinschaft unentdeckt zu bleiben. Wie die Regenpfeifer drückt sie sich bei Gefahr an den Boden und fliegt erst in höchster Not auf. Sie ist so klein, daß ein Angriff auf Eindringlinge wohl wenig Aussicht auf Erfolg verspräche. Die größeren Seeschwalbenarten können sich besser verteidigen. Sie können es riskieren, in den großen Brutkolonien schon auf größere Entfernung gesehen zu werden. Denn sobald ein Feind naht, stürzen sie sich zu Hunderten auf ihn und hacken mit ihren spitzen Schnäbeln nach ihm. Manche Rohrweihe und mancher Fuchs wurden durch diese Gemeinschaftsabwehr in die Flucht geschlagen – ein nicht zu unterschätzender Vorteil des Koloniebrütens. Nur wenn der Schutz vor Feinden das Hauptmotiv darstellt, kann dieses Nisten auf engstem Raum von Wert sein. Andernfalls würden die Nachteile überwiegen! Dazu zählt beispielsweise auch die Schwierigkeit, die eigenen Jungen in der großen Masse gleichartiger Vögel wiederzufinden. Wir können uns kaum vorstellen, wie dies funktioniert. In einer großen Kolonie von Brandseeschwalben erscheint uns jeder Quadratmeter nahezu völlig gleich. Auf jedem sitzt eine brütende oder Junge betreuende Brandseeschwalbe. Ihr Partner fliegt aufs Meer hinaus, um dort Fische zu fangen. Nach einigen Stunden kehrt er zurück und landet genau an der richtigen Stelle in dieser Vogelgroßstadt! Er rüttelt kurz über dem Nistplatz und senkt sich dann herab. Die Nachbarn empfangen ihn mit erregten Rufen. Da sie ihn kennen, setzt es kaum Schnabelhiebe. Die würde es geben, wenn er an der falschen Stelle gelandet wäre!

Diese Orientierungsleistung stellt schon für sich etwas Besonderes dar. Noch problematischer wird die Situation aber, wenn die Jungen anfangen, das Nest zu verlassen. Jetzt sind sie aufs höchste gefährdet, falls die Kolonie durch irgendeine Störung durcheinandergebracht wird. Verlaufen sich die Jungen und finden nicht schnell genug zu ihrem Nest zurück, beginnt ein Spießrutenlaufen für sie, das oft genug mit dem Tod endet. Wohin sie sich auch wenden, überall empfangen sie Hiebe von spitzen Schnäbeln, bis ihre Köpfchen blutig sind. Bald irren sie ganz ermattet umher und warten zitternd auf den letzten Schlag. Jeder Besucher, der eine Brutkolonie von Seeschwalben und Möwen betritt, verursacht solches Verhalten der Jungen und Alten, das sich nicht ausschalten läßt, weil es angeboren ist.

Deswegen müssen die Kolonien in der kritischen Zeit unbedingt vor jeder Störung geschützt werden. Um den Ausbruch einer

Vom Reichtum flacher Meeresküsten lebten auch die Fischer zu Zeiten, als das Meer noch nicht so verschmutzt war. Heute müssen sie immer weiter hinausfahren, um lohnende Fänge zu machen. Die nicht für die Hochseefischerei ausgerüsteten Krabbenfischer bleiben im Watt.

todbringenden Panik zu vermeiden, dürfen viele Vogelschutzgebiete zur Brutzeit nicht betreten werden, es sei denn unter der Führung und Aufsicht eines Vogelwarts – eine Maßnahme, über die sich niemand hinwegsetzen sollte! Der Mensch wird von den brütenden Vögeln als Störenfried empfunden, weil er sie jahrtausendelang gefangen und ihre Gelege ausgebeutet hat. Die Umstellung auf ein weniger sensibles Verhalten wird noch viel Zeit und Geduld erfordern. Jeder sollte in den Brutgebieten der Seevögel dazu beitragen, daß es zu keinen Brutverlusten kommt. Mit einem Fernglas bewaffnet, wird man aus ausreichender Entfernung zur Kolonie, vielleicht auch von einem dafür eigens eingerichteten Beobachtungsplatz, das Brutgeschehen ohnehin viel besser beobachten können als aus der Nähe, weil die Vögel so ungestört sind. Man kann sehen, wie die kleinen Jungen aus dem schützenden Bauchgefieder hervorkommen und um Nahrung betteln. Die Seeschwalbe hat einen kleinen Fisch mitgebracht. Unruhig trippelt sie damit umher, wendet ihn im Schnabel, bis er in der richtigen Position liegt, und versucht ihn – in aller Regel mit dem Kopf voran – in den weit geöffneten Schlund des bettelnden Jungvogels gleiten zu lassen. Bei größeren Jungen verläuft die Prozedur schnell und schmerzlos, bei kleinen, eben erst geschlüpften erfordert sie viel Geduld und setzt die richtige Fischgröße voraus. Mitunter muß das Junge lange würgen, bis es den Happen ganz hinunterbringt. Ermattet sinkt es zurück und kuschelt sich ins Gefieder des hudernden Altvogels, bis sich der Hunger wieder regt.

Die Nahrung stammt zumeist aus den flachen Küstenzonen, wo sich die Kinderstube der Fische befindet. Viele Arten laichen hier. In ungeheuren Mengen ziehen die Schwärme der Jungfische durchs flache Wasser. Sie jagen nach den Kleinkrebschen oder anderem Kleingetier, das man mit bloßem Auge kaum entdeckt. Über den Sand- und Schlickbänken, in den Prielen und in Kolken, die die Strömung gedreht hat, halten sich die Jungfischschwärme besonders gern auf. Deshalb sind hier die Jagdgebiete der Seeschwalben. Oft entdeckt man sie schon von weitem, weil ganze Schwärme, ja Wolken von ihnen über dem Wasser rütteln. Immer wieder stoßen sie hinunter und befördern Jungfisch auf Jungfisch aus dem Wasser, wie sie es seit Jahrmillionen getan haben. Die Nachwuchsleistung der Fische hat sich auf diese Verluste durch die Seevögel eingestellt. Eine Gefahr der Überfischung besteht dabei nicht, denn lange bevor die Fischbestände dezimiert wären, würde es den Seeschwalben wie auch den Seehunden immer schwerer fallen, Beute zu machen. Sobald die Bestände dünner geworden sind, nimmt der Fangerfolg ab.

Möwen folgen gerne den Schiffen. Sie warten auf hochgewirbelte Kleintiere im Kielwasser oder auf Abfälle, die über Bord geworfen werden. Wenn Möwen in großen Scharen vorkommen, ist das ein sicherer Hinweis auf eine übermäßige Verschmutzung des Meerwassers.

Nur der Mensch kann große Netze einsetzen, die viel, viel mehr fangen, als er zur unmittelbaren Ernährung braucht, und auf diese Weise die Fischbestände sehr wohl überfischen, also sie so stark nutzen, daß ihr natürliches Nachwachsen den Verlust nicht mehr schnell genug ausgleicht. Bei den Seevögeln und Meeressäugetieren geht das nicht. Mit immer mehr Aufwand würden sie immer weniger fangen. Schnell setzt dies ihrer Fähigkeit, die eigenen Jungen zu versorgen, Grenzen. Der Nachwuchs geht zugrunde oder wird erst gar nicht produziert. So regelt das Beuteangebot die Bestände der Seevögel und Robben, nicht aber umgekehrt! Sie stellen vielmehr Anzeiger für gute Fischbestände und -gründe dar. Überall dort, wo Seevögel und Robben gut leben können, ist auch mit einer lohnenden, nachhaltig sicheren Fischerei zu rechnen. Sie zeigen an, daß nicht nur die Fische, sondern die ganze Lebensgemeinschaft in Ordnung ist. Das beginnt mit dem pflanzlichen und tierischen Plankton, mit den Kleintieren am Meeresboden und setzt sich über die Nahrungsketten fort. Das System funktioniert!

Ob es funktionsfähig bleibt, hängt nicht von den Seevögeln, sondern vom Menschen ab. Was dieser dem Meer, insbesondere den flachen, anfälligen Küstengewässern, heute jedoch zumutet, übersteigt alles bisher Dagewesene. Allein in die Nordsee werden alljährlich ungezählte Tonnen giftiger Stoffe abgelassen oder mit den Flüssen und Schiffen dorthin verfrachtet. So droht den Meeren nicht nur Überfischung, sondern auch noch Vergiftung! Das Maß des Ertragbaren ist weit überschritten, sagen die Fachleute. Die Fischer wissen es längst, denn immer weiter müssen sie fahren, um an gute Fischgründe zu gelangen. Der Rückgang der Seeschwalben und die Zunahme der Möwen haben es vor vielen Jahren bereits signalisiert. Die Qualität anzeigenden Spezialisten unter den Vögeln räumten das Feld und überließen es anderen, die dabei keine bestimmte Technik des Nahrungserwerbs zur Perfektion gebracht haben. Silber- und Heringsmöwe, Sturm- und Lachmöwe ernähren sich von allem, was sie bewältigen können. Ihr Nahrungsspektrum reicht von angespülten Kadavern am Strand bis zu den Müllkippen der Städte, die sie nach Freßbarem durchstöbern. Man hat sie mit den Ratten verglichen, weil sie auch aus den schäbigsten Abfällen des Menschen noch Verwertbares herausfinden. Ihre Bestandszunahme in den vergangenen Jahrzehnten zeigt, wie sehr das Meer verschmutzt ist und wie gewaltig die Mengen an organischem Abfall waren, die auf den Müllplätzen landeten.

Heute gehen dank verbesserter Abfallbeseitigungsmethoden die Möwenbestände gebietsweise deutlich zurück. Die Nahrungsbasis wird für sie schmäler. Noch aber haben sich die Kleinfischbestände nicht erholt. Viele Seeschwalbenkolonien kämpfen weiter ums Überleben, und auch die Lebensbedingungen des Seehunds im Watt sind schwer beeinträchtigt.

Es sind dies Anzeichen dafür, daß der Mensch das Ökosystem Meer weltweit zunehmend gefährdet. Die Aufnahmefähigkeit für Schadstoffe und die Selbstreinigungskraft des Meeres stoßen an ihre Grenzen. Es gehört daher zu den dringlichsten Aufgaben, diese letzte große Reserve der Menschheit unbedingt zu erhalten!

Meer und Küste

Ein Spaziergang am Strand steckt voller Überraschungen. Die Wellen spülen unablässig alles mögliche ans Ufer: Treibholz und Tange, Muscheln und Panzer von Krustentieren, Meeresschnecken und Fischknochen; eine bunte Fülle in stets wechselnder Zusammensetzung. Manche Gebilde, wie die zarten Körper der Quallen, zerfallen schnell. Andere, wie die Muschelschalen, sind ausdauernd. Nur zu oft bedecken aber nicht nur Vogelfedern, sondern ganze Vogelkadaver den Strand.

Tang
Blasentang
Knotentang
Kompaßqualle
Gemeiner Seestern
Ohrenqualle
Tang
Strandkrabbe
Ei des
Sternrochens
Schwimmkrabbe
Seenadel (ein Fisch)
Zwei Plattfische:
Scholle (oben),
Steinbutt (unten)
Garnele
Steinpicker

1

2

3

1 Die gelbroten Steinfrüchte des **Sanddorns** sitzen direkt an den Stengeln. Sie leuchten aus dem fahlen Graugrün der schmalen Blätter hervor. Zu spitzen Dornen umgewandelte Kurztriebe schützen sie vor allzu raschem Zugriff. Links oben im Bild ist ein solcher Dorn gut erkennbar. Die Steinfrüchte, die im Laufe des Herbstes reifen, sind reich an Vitaminen. Auf ihrer glänzenden Oberseite befinden sich locker verteilt schildförmige Haare, die sich leicht abstreifen lassen. Die Verbreitung der Samen erfolgt mit den Exkrementen verschiedener Vogelarten, die die Früchte verzehren. Im Vogeldarm werden die Samen nicht geschädigt.

2 Gemeiner Blasentang: Breite, flache Sprosse, die am Ende gabelig verzweigt sind, kennzeichnen diesen oft am Nordseestrand angespülten Tang. Einige Fingerbreit unterhalb der stumpfen, blattartigen Sproßenden finden sich Blasen, mit deren Hilfe sich dieser Tang an der Wasseroberfläche hält, wenn er von der Unterlage losgerissen wird. Die wurzelähnlichen Haftorgane des Tangs sind recht klein und haben kein großes Haltevermögen.

3 Der **Knotentang** besitzt zwar ebenfalls blasenartig aufgetriebene Sproßabschnitte, die der Schwimmfähigkeit dienen, doch sind sie – anders als beim Blasentang – nicht paarig angelegt und liegen auch nicht unterhalb der Spitze, sondern weiter unten an den Hauptachsen. Neben den Blasen kann man die feinen, gestielten Fruchtkörper erkennen. Sowohl der Gemeine Blasentang als auch der Knotentang gehören zu den Braunalgen.

4

5

6

4 Nicht blühende **Grasnelken** fallen auf den Strandwiesen kaum auf, weil ihre schmalen Blätter wie Grashalme aussehen. Trotzdem sind sie mit den Gräsern nicht verwandt, wie ihre Blüten zeigen. Diese wachsen, eingehüllt von grünlichen Deckblättern, in halbkugeligen Köpfchen auf langen, schlanken Stielen und erreichen eine Höhe von 20–30 cm. Interessanterweise kommen Grasnelken verwandter Arten auch im Binnenland auf Sandfluren, in einer Unterart sogar im Hochgebirge vor.
5 Das **Seegras** wirkt fast wie eine kräftige Grünalge, wenn es im Flachwasser hin und her bewegt wird. Es zählt nicht, wie der Name vermuten läßt, zu den Gräsern, sondern zu einer eigenen Pflanzenfamilie, deren Arten sich auf das Wachstum im Meerwasser an Flachküsten spezialisiert haben. Nur mit Mühe findet man an den schmalen Blättern die winzigen, von keiner Blütenhülle umgebenen Blüten. Die beste Zeit, sie zu suchen, ist der Frühsommer.
6 Blühende **Strandastern,** auch *Salzastern* genannt, überziehen die Strandwiesen im Hochsommer mit einem bläulichen Farbton. Die reich verzweigten Blütenstände wachsen über das Gras empor und locken Bienen und andere Insekten an. Im Binnenland findet man Strandastern an den Ufern salzhaltiger Gewässer. Stark salzhaltige Böden jedoch können sie nicht mehr besiedeln, weil ihnen besondere Mechanismen der Salzabscheidung, wie sie etwa der Queller besitzt, fehlen. Die Salzastern gehören daher zu den salztoleranten Arten, aber nicht zu den eigentlichen Salzpflanzen.

1

2

3

1 **Strandhafer:** Gewaltige Kosten zur Festigung der Dünen würden entstehen, wenn es dieses Gras nicht gäbe, das durch sein Wurzelwerk den wandernden Sand stabilisiert. Die langen, spitzigen, festen Blätter zeigen, wie hart die Lebensbedingungen an den Dünen sind. Der lockere Sand läßt das Regenwasser rasch durchsickern. Vom Meer her wird aber immer wieder Salz herangetragen, das die Wasseraufnahme erschwert. Der Strandhafer wächst daher unter Bedingungen, wie sie in den Wüsten herrschen, und hat sich diesen Lebensumständen angepaßt. Auf den Dünen ist das unverkennbare Gras oft die einzige Pflanzenart.

2 Der **Queller** ist eine echte Salzpflanze. Er dringt bis in die von Ebbe und Flut unmittelbar beeinflußte Zone auf Schlickstränden vor und überzieht oft weite Strecken an der Nord- und Ostsee. Die saftiggrünen Pflanzen verfärben sich im Laufe des Sommers zumeist rötlich. Die Blütezeit ist im Hoch- bis Spätsommer.

3 Die **Stranddistel** wächst ebenfalls unter wüstenhaften Bedingungen. Ihre harten, dornigen Blätter widerstehen der sengenden Sonne und der Wasserknappheit, die in den Dünen herrscht. Die bläuliche Bereifung wird von Wachs gebildet, das die Blattoberfläche überzieht und vor Austrocknung schützt. Die halbkugeligen Gebilde in der Mitte der Blätter sind Blütenköpfchen der zweijährigen Staude. Stranddisteln findet man besonders am Fuß von Dünen. Sie sind geschützt. Vorn im Bild erkennt man die rosafarbenen Blüten einer Strandwinde *(Convolvulus soldanella)*.

4

5

6

7

4, 6 Kompaßqualle: Bei der gestrandeten Qualle (Bild 4) fällt die rotbraune, strahlenförmige Zeichnung auf, die an die Einteilung einer Kompaßrose erinnert. Am schwimmenden Exemplar (Bild 6) sind die vom Schirmrand herabhängenden kräftigen Fangarme zu sehen und die vier langen, vielfach gekrausten Mundarme, die beim Schwimmen wie Fahnen im Wasser flottieren. Die Qualle bietet dann einen prächtigen Anblick und hat der ganzen Ordnung (zu der auch die Ohrenqualle zählt) den Namen »Fahnenquallen« eingetragen. Mit den Mundarmen erfaßt die Kompaßqualle ihre Nahrung und transportiert sie zum Magenraum. Im Spätsommer tritt sie (z.B. bei Helgoland) oft in riesigen Schwärmen auf; ihre Schirme können 30 cm Durchmesser erreichen.

5, 7 Brotkrumenschwamm: Die Abbildungen zeigen eine grüne (im Bild oben) und eine gelbe Variante dieses Schwamms (im Bild unten), der in dicken Krusten Felsen, Muschelschalen, Algen und Holzpfähle überzieht. Aus den deutlich sichtbaren kegelförmigen Erhebungen der Ausströmöffnungen wird das über winzige Poren eingestrudelte Wasser wieder ausgestoßen, nachdem das kleine Geschwebe (winzige organische Partikel, die im Wasser schweben, sowie mikroskopisch kleine Lebewesen), das dem Schwamm als Nahrung dient, ausfiltriert wurde. Der Brotkrumenschwamm gehört zu den Kieselschwämmen, deren Skelett aus Kieselnadeln dem weichen Körper Halt verleiht. In trockenem Zustand hat er brotkrumenähnliche Beschaffenheit.

1

2

3

4

1 Die **Pferdeaktinie** oder *Purpurrose* hat einen Durchmesser von etwa 7 cm. Sie kommt am häufigsten in der purpurroten Farbvariante vor, doch gibt es auch grüne Exemplare. Die etwas helleren, einziehbaren Tentakel säumen in sechs Kreisen die Mundscheibe. Tagsüber bleiben die Tiere meist zu kleinen, dunkelroten Knollen zusammengezogen und öffnen ihre Tentakeln erst nachts und bei Flut zum Nahrungsfang.

2 Seedahlie: Der stumpfzylindrische Körper sitzt mit breiter Fußsohle auf dem Untergrund. Die durchscheinenden, hellgrauen, weiß-rötlich gebänderten Tentakel sind in zwei alternierenden Kreisen angeordnet. Bei dem zusammengezogenen Tier (links) sieht man deutlich die kleinen, grauen Saugwarzen.

3 Seenelke: Die voll entfaltete Tentakelkrone mit den etwa 1000 feinen Fangarmen auf der stark gelappten, bis 20 cm breiten Mundscheibe sitzt auf einem verhältnismäßig hohen Körperstiel (30 cm). Seenelken lassen sich in Aquarien ausdauernd und sehr gut halten, sie treten in verschiedenen Farbvarianten auf.

4 Ohrenqualle: Die Abbildung zeigt einen Schwarm von Ohrenquallen, der von einer landwärts gerichteten Strömung in einem breiten Spülsaum am Ufer angetrieben wurde. Durch die blaßvioletten, durchsichtigen Gallertschirme sieht man die vier ohren- oder hufeisenförmigen Keimstöcke. Für den Menschen sind diese Quallen harmlos, da das Gift ihrer Nesselkapseln nicht besonders wirksam ist. Der Schirmdurchmesser beträgt bis 40 cm.

5

6

7

8

9

5 **Zypressenmoos:** Die filigranzarten Wedel dieser Polypenkolonie werden in getrocknetem, eingefärbten Zustand gern als dekorativer Wandschmuck verwendet. Man erntet sie von ausgedehnten untermeerischen »Wiesen«.

6 **Leuchtende Seefeder:** Am orangeroten schlanken Schaft sitzen auf blattförmigen Polypenträgern die weißen, durchscheinenden Polypen in Querreihen angeordnet. Tagsüber liegen die Seefedern unansehnlich zusammengesunken auf dem Boden, nachts jedoch entfalten sie sich zu voller Pracht.

7 Die **Tote Mannshand** im Bild hat ihren fingerförmigen, etwa 30 cm hohen Tierstock mit Wasser vollgepumpt; die darauf sitzenden Polypen sind entfaltet und zum Nahrungsfang bereit. Die Tierkolonien variieren sehr stark in der Farbe: Neben orangeroten gibt es weiße, gelbe und rosafarbene Exemplare.

8 Den **Köderwurm** bekommt man nur zu sehen, wenn man ihn aus seiner unterirdischen Röhre ausgräbt. Überall im Watt aber findet man die kleinen, spiralförmig gewundenen Kothäufchen, die dieser bis 35 cm lange Borstenwurm auf der Bodenoberfläche absetzt. Wie der Name sagt, dient er Anglern als Fischköder.

9 Der **Kalkröhrenwurm** ist aus seiner Röhre hervorgekommen und hat die rot-weiß geringelte Tentakelkrone entfaltet. Bei der geringsten Störung zieht er sich blitzschnell wieder in seine Kalkbehausung zurück und verschließt sie mit dem in einem runden Deckel endenden konischen Pfropfen, der vorn zu sehen ist.

(Erläuterungen S. 276)

1

2

3

4

1 Die **Sandgarnele** gleicht sich zur Tarnung so völlig dem Untergrund an, daß man ihre Umrisse erst nach einigem Suchen erkennt: die dichtstehenden Augen, den Schwanz und die langen Fühler; meist jedoch graben sich die Tiere ganz im Sand ein.
2 **Entenmuscheln** sind in Wirklichkeit auf bis über 30 cm langen Stielen festsitzende Krebse. Ihr Panzer ist zu einem »Gehäuse« aus mehreren Teilen umgebildet (weiß mit braunen Rändern), aus dem die Tiere ihre rankenartigen braunen Fangarme herausstrecken, um Nahrungspartikel aus dem Wasser zu fischen. Im Mittelalter glaubte man, daß aus Entenmuscheln Enten entstehen könnten, und erlaubte das Entenessen während der Fastenzeit, da man sie den Fischen gleichsetzte.
3 Der **Einsiedlerkrebs** muß zeitlebens ein leeres Schneckengehäuse mit sich herumschleppen, in dem er seinen weichen, verletzlichen Hinterleib birgt. Hier hat sich auf dem Gehäuse eine Schmarotzerrose *(Calliactis parasitica)* angesiedelt (rechts), die mit dem Krebs in Symbiose lebt.
4 **Seepocken** sitzen oft in großen Kolonien dicht gedrängt auf einer Unterlage fest, wie im Bild zu sehen; über 107 000 Stück pro Quadratmeter hat man schon von zwei Arten gezählt. Die Schalen bestehen aus mehreren Kalkplatten, deren Zahl und Form artspezifisch sind. Vom Wasser überspült, öffnen sie sich; reich beborstete Spaltbeine werden hervorgestreckt und filtern das Plankton aus der vorüberziehenden Strömung.

5

6

7

8

9

5 Der **Taschenkrebs** wird an der Atlantik- und Nordseeküste in großen Mengen gefangen und auf den Markt gebracht. Der hellbraune, leicht violett getönte Rückenschild ist am Vorderrand bogig gekerbt. Vorn in der Mitte erkennt man die Augen. Die Scheren sind außergewöhnlich kräftig, gut geeignet zum Knacken der harten Panzer von Beutetieren.

6 **Strandkrabbe:** In der Gezeitenzone der flachen Sandstrände wandert sie mit dem ab- und zufließenden Wasser, an Steilküsten jedoch bleibt sie bei Ebbe auf dem Trockenen, läuft umher oder verkriecht sich unter Steinen.

7 **Strandfloh:** Die Brustbeine dieses Flohkrebses sind als nach vorn gerichtete Greifbeine und nach hinten stehende Klammerbeine ausgebildet. Der Hinterleib trägt drei vordere beborstete Schwimmbeinpaare und drei Paar hintere Sprungbeinpaare. Das abgebildete Tier ist stark vergrößert.

8 **Meerassel:** Diese 12–40 mm langen Krebstiere mit dem abgeplatteten Körper kommen oft in großer Zahl vor, man findet sie im Seichtwasser auf Seegraswiesen und zwischen Algen. Da sie sich ihrer Umgebung farblich sehr gut anpassen können, fallen Meerasseln aber dem Menschen meist nicht auf.

9 **Hummer:** Unser begehrtester Speisekrebs wird in den Felsklippen vor Helgoland gefischt. Er ist dort bereits so selten geworden, daß Schutzbestimmungen erlassen werden mußten; trotzdem vermindern sich die Bestände laufend.

1

2

3

4

1 Der **Kleine Herzseeigel** liegt hier auf dem Rücken. Auf der Körperunterseite ist deutlich das Mundfeld mit den orangefarbenen Mundfüßchen zu erkennen. Die pelzartig dichten Stacheln sind nach hinten gerichtet.

2 Braune Seewalze: Der walzenförmige Körper erreicht eine Länge von 25 cm bei 5 cm Durchmesser. Die Körperoberfläche ist rauh und warzig. Da ein festes Skelett fehlt, ist die Haut dick und zähledrig, um den nötigen Schutz und Halt zu bieten. Die Braune Seewalze findet man bereits im Flachwasser, sie geht bis in Tiefen von 100 m und lebt auf Sandböden und Seegraswiesen.

3 Der **Eßbare Seeigel** führt diesen Namen, weil seine orangefarbenen oder gelben Eierstöcke bzw. Hoden als Delikatesse verzehrt werden. Bei dem abgebildeten Exemplar sind zwischen den weißen, kräftigen Stacheln die zarten, lang ausgestreckten Saugfüßchen zu sehen. Der Mund liegt auf der Unterseite des Tieres.

4 Federstern: Wie viele Haarsterne ist auch diese Art äußerst farbvariabel. Neben rosa- oder purpurroten, gelben und orangefarbenen Exemplaren kommen auch gefleckte und gebänderte Tiere vor. Mit weit ausgebreiteten Armen (Durchmesser etwa 20 cm) sitzen sie in der Strömung und fangen Geschwebe, das dann in Wimperfurchen zum Mund transportiert wird.

5 Die **Eßbare Herzmuschel** wird in großen Mengen gefischt und zum Verkauf angeboten; der jährliche Ertrag liegt bei etwa 20 000 Tonnen. Die Muscheln leben in großen Mengen in Sand

5

6

7

8

und Schlick eingegraben, dicht unter der Bodenoberfläche. Die Schalen ihres Gehäuses findet man oft am Strand.

6 **Austern** sind seit Menschengedenken ein beliebtes Nahrungsmittel. Natürliche Austernbänke kommen nur in sehr felsigem Gebiet vor, wo die Tiere dicht zusammengedrängt sitzen. Heute werden sie an Küstenstrichen, die vor Frost und Sturmfluten geschützt sind, in sog. Austernfarmen gezüchtet; dies sind Pfahlgestelle mit besonderen Vorrichtungen, die es den Austern ermöglichen, sich dort anzusiedeln. Sie sind im Alter von 3 bis 4 Jahren eßbar, können aber 20 Jahre alt werden. Ausgedehnte Zuchtgebiete liegen bei Arcachon (nahe Bordeaux). Die zwei Schalenklappen der Auster sind ungleichförmig ausgebildet und mit Lamellen besetzt.

7 **Gemeiner Seestern:** Die dicken Arme mit den kurzen, höckerigen Stacheln sitzen an einer kleinen Körperscheibe. Gewöhnlich ist er rot bis rotbraun gefärbt, variiert jedoch über Violett bis Hellgelb und Weißlichgrau. Wie der Eisseestern ist auch der Gemeine Seestern ein großer Muschelräuber; die jungen Tiere allerdings vertilgen vorwiegend Seepocken.

8 Ein **Eisseestern** beim Öffnen einer Kammuschel. Die weit ausgestreckten, dünnen Füßchen mit dem Saugnapf am etwas verdickten Ende haben sich an der Muschelschale festgesaugt und öffnen mit kraftvollem Zug die fest schließenden Schalenklappen einen Spalt weit, damit der Seestern seine Magenblasen hineinschieben und die Weichteile der Muschel verdauen kann.

(Erläuterungen S. 277/278)

1

2

3

4

1 Die **Rauhe Venusmuschel** gräbt sich hier gerade in den sandigen Untergrund ein, von dort streckt sie dann zwei lange Atemröhren an die Oberfläche empor: Durch das eine Rohr strömt frisches Wasser in die Muschel hinein, durch das andere verbrauchtes Wasser aus ihr heraus.

2 **Miesmuscheln:** Wie an Schnüren aufgereiht, heften sich diese Muscheln mit ihren Byssusfäden am Felsgrund fest; teilweise sitzen sie sogar übereinander. Der Byssus, ein aus einer Fußdrüse austretendes fädiges Sekret, erstarrt im Wasser langsam und wird dann äußerst zugfest. Man züchtet Miesmuscheln, die als Delikatesse geschätzt sind, auch in »Muschelgärten« an Holzpfählen, weshalb sie auch Pfahlmuscheln genannt werden; Hauptproduzenten sind Frankreich und die Niederlande. Die Meeresmuscheln ertragen auch ein zeitweises Trockenliegen ohne Schaden.

3 **Gemeine Napfschnecke:** Mit der breit und dicht dem Boden aufsitzenden ungewundenen Schale (Durchmesser etwa 5 cm), die während des Wachstums alle Bodenunebenheiten nachmodelliert, ist sie für die Brandungszone bestens ausgerüstet.

4 **Gemeine Strandschnecke:** An manchen Küstenstrichen sind die Felsen übersät mit den graugetönten, getürmten Gehäusen dieser Schnecke. Sie bewohnt die strandnahe Zone und lebt dort sowohl ober- als auch unterhalb der Wasserlinie, geht aber nie in die Tiefe. Ihre Nahrung bilden für gewöhnlich Algen, doch vertilgt sie auch Seepocken.

5

6

7

8

5 Die **Wellhornschnecke** ist hier ganz aus ihrem Haus hervorgekommen, der breite Fuß gleitet auf der Unterlage dahin, das Fühlerpaar und das lange Atemrohr sind vorgestreckt. Die Schnecke befindet sich auf Nahrungssuche; meist lebt sie von Aas, das sie mit ihrem ausgezeichneten Geruchssinn über weite Entfernungen aufspürt. Das Gehäuse wird etwa 10 cm groß. Wellige Querfalten, die von feinen Rillen durchschnitten werden, verleihen ihm eine netzartige, charakteristische Struktur.

6 Stumpfe Strandschnecke: Fast bei jeder kurzen Strandwanderung stößt man auf große Ansammlungen ihrer runden, nicht hochgetürmten Gehäuse, die gelb, orange oder weiß, manchmal auch bräunlich gefärbt und etwa 1,5 cm groß sind.

7 Der **Gemeine Krake** ist ein Tintenfisch mit acht langen Armen, die je eine Doppelreihe von Saugnäpfen tragen; er hat einen sackförmigen Körper. Aufmerksam beobachtet der Krake die Umgebung; seine Augen sind hochentwickelt, ähnlich wie Wirbeltieraugen gebaut und fähig, Formen und Farben zu sehen.

8 Sepia: Ein Pärchen des Gemeinen Tintenfisches, der Sepia, im Balzkleid. Zur Fortpflanzungszeit schwimmen die Tiere paarweise dicht beieinander, das Männchen immer etwas über dem Weibchen. Die Oberseite des Männchens (oben) nimmt eine schwarzweiße Zebrastreifung an, beim Weibchen sind die Farben verwaschener braun und schmutzigweiß, der Flossensaum leuchtet intensiv türkisfarben.

1

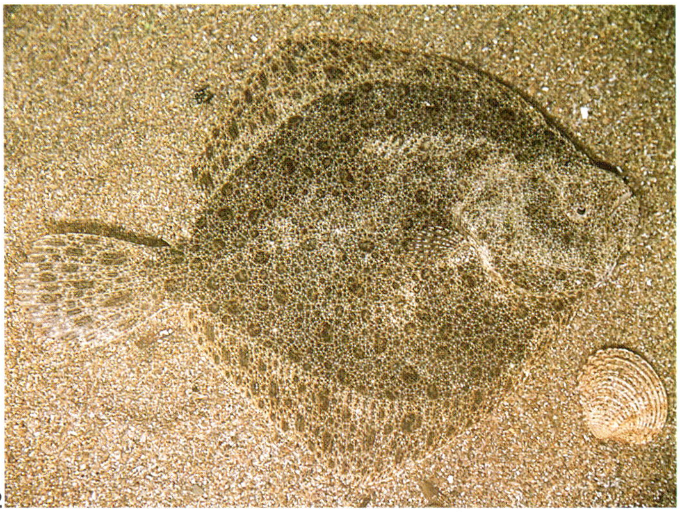

2

3

4

5

6

1 Den 90 cm langen **Sternrochen** trifft man überall im Nordatlantik und sogar in der westlichen Ostsee an, wo er sich in den küstennahen Gewässern in 30 bis 200 m Tiefe gut getarnt auf Sand- und Schlammböden aufhält.
2 Der **Steinbutt** hat die Fähigkeit, seine grau-grün-braun marmorierte Grundfärbung in hohem Maße dem Untergrund anzupassen und ist dann von seiner Umgebung nur schwer zu unterscheiden, obwohl ausgewachsene Fische eine Länge von 1 m erreichen können. Der Steinbutt gehört zu den Plattfischen.
3 Seeteufel: Die meiste Zeit liegt dieser Anglerfisch am Meeresgrund und ist so gut getarnt, daß man ihn kaum von seiner Umgebung unterscheiden kann. Der riesige Kopf mit dem breiten Maul macht etwa zwei Drittel der Länge aus, die bei großen Exemplaren 1,5 bis 2 m erreichen kann.
4 Wenn die **Grasnadel**, eine Art der Seenadeln, ruhig zwischen den schmalen Seegrasblättern steht, ist sie im Pflanzengewirr kaum auszumachen. Man muß schon sehr genau hinsehen, um das Auge und die langausgezogene Schnauze des Fisches (etwa in der Bildmitte) zu erkennen.
5 Roter Knurrhahn: Zwei Eigenschaften zeichnen diesen farbenprächtigen, bis etwa 65 cm langen Fisch aus: Er kann – wie sein Name sagt – Knurrtöne hervorbringen, und er vermag auf freistehenden Brustflossenstrahlen hoch aufgerichtet am Meeresgrund umherzulaufen, um Krebse und andere Weichtiere zu jagen.

7

8

6 Dorsch oder **Kabeljau:** Diese beiden Namen bezeichnen dieselbe Art: Dorsch heißt die Jugendform, Kabeljau der ausgewachsene geschlechtsreife Fisch.

7 Die Verbreitung des **Kleingefleckten Katzenhaies** reicht von der Nordsee bis zum Mittelmeer. Man findet ihn in flachen Küstengewässern. Die nachtaktiven Tiere, die tagsüber meist träge am Boden liegen, leben in sog. Schulen zusammen. Ihre Nahrung bilden kleinere Bodentiere, wie Würmer, Krebse, Weichtiere und kleine Fische. Zur Paarungszeit, gegen Ende des Sommers, wandern sie in tiefere Wasserschichten ab und kommen erst wieder zum Laichen in die flachen küstennahen Zonen zurück. Im Herbst sind sie regelmäßig bei Helgoland anzutreffen.

8 Atlantischer Hering: Die schlanken, silbrig glänzenden Schwarmfische bewohnen das offene Meer des gesamten nördlichen Atlantiks in etwa 200 m Tiefe, aus der sie nachts emporsteigen. Ihrem Nahrungserwerb (sie leben von Plankton) gehen sie bei Tage nach. Heringe laichen auch im Schwarm. Zwei Wochen nach der Eiablage schlüpfen die Larven und schwimmen zur Oberfläche. Mit 2 bis 3 Jahren wandern die Jungheringe von ihren küstennahen Kinderstuben ins freie Meer ab. Sie werden 20–30 cm lang und erreichen ein Alter von 25 Jahren. Der Hering ist unser wichtigster Speisefisch, 2–3 Millionen Tonnen jährlich werden von spezialisierten Fangflotten gefischt, doch die Erträge schwanken von Jahr zu Jahr, und die Überfischung bringt Probleme.

1

2

3

1 Zu Tausenden kommen die **Bläßgänse** zum Überwintern an die Küsten der südlichen Nordsee und ins Binnenland. Sie brüten hoch oben in der arktischen Tundra. Von den Saatgänsen, mit denen sie oft vergesellschaftet sind, unterscheiden sie sich durch die auffallende Blesse an der Stirn und die dunklen Querbänder am Bauch. Sie sind etwas kleiner als Hausgänse. Aus zoologischen Gärten entkommene verwilderte Bläßgänse trifft man mitunter auf stadtnahen Gewässern an.

2 Eiderente: Dieser Erpel präsentiert sich im vollen Prachtkleid. Das Auge liegt in der schwarzen Zone am Oberkopf verborgen, und im Ohrbereich hat sich der zarte grüne Anflug ausgebildet, der Farbe in das sonst nur aus dem Kontrast von Schwarz und Weiß bestehende Gefieder bringt. Vermausern die Eidererpel nach Beginn der Brutzeit ihr Prachtkleid wieder, so nimmt es sehr unterschiedliche Zwischenstufen zum kontrastarmen Ruhekleid an; Kopf und Rücken werden dunkel. Stets erkennt man die Eiderenten an ihrer flachen Stirn, in die sich der lang nach oben ausgezogene Schnabel ohne Knick fortsetzt. Dieses typische Kopfprofil weisen auch die Weibchen auf.

3 Die **Krähenscharbe** trägt die nach vorn gebogene Federtolle nur zur Brutzeit; während des übrigen Jahres fehlt sie, und die Unterscheidung vom Kormoran fällt viel schwerer. Das Gefieder der Krähenscharbe zeichnet sich, wie man auf dem Bild gut sieht, durch einen grünlichen Metallglanz aus.

4

5

6

4 Seeadler: Auf der Plattform seines mächtigen Horstes ist dieser Seeadler gelandet. Der völlig weiße Schwanz, der helle Kopf und der intensiv gelbe Schnabel weisen ihn als alten Adler aus, der sein erstes Jahrzehnt schon erreicht oder überschritten haben dürfte. Junge Seeadler sind ganz einfarbig dunkelbraun und werden erst mit fortschreitendem Alter immer heller. Auch der Schwanz ist ursprünglich dunkel. Er bekommt zunächst eine helle Basis, bevor die nachgeschobenen Federn ganz weiß werden und den Seeadler unverwechselbar machen. Nur noch wenige Paare brüten an küstennahen Seen von Schleswig-Holstein und rund 100 Paare in der DDR. Im Strandbereich jagt er vor allem nach kranken und verletzten Seevögeln.

5 Die **Weißwangengänse** legen eine Rast auf einem gefrorenen Acker ein. Wie die ähnlichen Ringelgänse brüten diese kleinen Gänse auf den Tundraflächen der Eismeerinseln. Nach Mitteleuropa kommen sie lediglich zum Überwintern, und ins Binnenland verfliegen sie sich nur selten. Ihr dichtes Daunengefieder schützt sie vor der Kälte. Ihr Ruf klingt »grägrägrä«.

6 Eine **Brandgans** mit wenige Tage alten Küken. Schon im Daunengefieder zeigen die Jungen das schwarzweiße Grundmuster der Erwachsenen. Nur Andeutungen der rostbraunen Partien, insbesondere des Brustbandes, fehlen noch. Brandgänse nisten gern in Kaninchenhöhlen in den Dünen. Ihre Jungen führen sie nach dem Schlüpfen an nahrungsreiche Stellen.

1

2

3

4

1 Heringsmöwe: Dieses Pärchen, voll ausgefiedert und erwachsen, beobachtet andere Möwen in der Nähe. Heringsmöwen tragen einen schiefergrauen »Mantel« über Flügeln und Rücken. Die größere, kräftigere Mantelmöwe besitzt einen schwarzen Mantel und fleischfarbene Beine sowie einen eckigeren Schnabel. Doch ohne Übung und direkten Größenvergleich fällt es oft schwer, die großen Möwen an der Küste richtig zu bestimmen.
2, 3 Die **Silbermöwe** ist die häufigste der größeren Möwen an der Küste. Ihr Rückengefieder und ihre Flügeloberseiten sind nur leicht blaugrau überhaucht, die Flügelspitzen schwarz. Weiße Punkte darin scheinen im Flugbild durch! Jungvögel durchlaufen alle Stufen der Aufhellung vom fast einfarbig braunen Jugend- bis zum weißen Erwachsenengefieder. Die in großen Scharen lebenden Silbermöwen im Nord- und Ostseebereich haben fleischfarbene Beine. Die nahe verwandten Mittelmeer-Silbermöwen (Weißkopfmöwen) besitzen dagegen gelbe Beine.
4 Die **Sturmmöwe** liegt in der Größe zwischen Silber- und Lachmöwe. In ihrer Färbung gleicht sie der größeren Silbermöwe, nur sind ihre Beine gelblichgrün. Der schlankere, fast gerade Schnabel besitzt keinen roten Fleck. Sie dringt zunehmend als Brutvogel ins Binnenland vor, doch die Hauptbestände, die Tausende von Brutpaaren umfassen können, nisten auf vorgelagerten Inseln im Küstenbereich. Im Flug wirkt die Silbermöwe nicht so steif wie die Großmöwen. Ihr Ruf ertönt hoch und silbermöwenähnlich »kjau«.

5

6

7

8

5, 6 Sanderling: Im Flugbild leuchten die weißen Flügelstreifen dieser Vögel ganz deutlich auf. Überhaupt sind sie insgesamt viel heller als die anderen in Schwärmen auftretenden Strandläufer. In ihrer Mitte fliegt ein Alpenstrandläufer (Bild 5). Man erkennt, daß sein Schnabel deutlich länger ist als beim Sanderling. Im Brutkleid wird dieser an der Oberseite und auf der Brust bräunlich. Einige der abgebildeten Vögel zeigen auf den Schwingen und am Rücken noch Reste des Brutkleides. Am Strand trippelt der Sanderling vor den ausrollenden Wellen her und sucht nach Kleintieren, die vom Wasser freigegeben werden. Einem sich nähernden Menschen weicht der Vogel lieber laufend als fliegend aus. Seine Stimme klingt kurz »kwit«. Der Brutplatz liegt in der Tundra.

7 Den brütenden **Seeregenpfeifer** sieht man nur dann so deutlich, wenn man sich auf den Boden legt und ihn aus sicherer Entfernung mit dem Fernglas beobachtet. Schon etwas schräg von oben gesehen verschwindet er, so gut deckt sich seine Oberseite mit dem Farbton des Strandes. Vom Nest aufgescheuchte Seeregenpfeifer oder solche, die Junge führen, versuchen Eindringlinge durch Verleiten wegzulocken. Sie lassen einen Flügel wie gebrochen hängen und benehmen sich auffällig.

8 Recht bunt wirkt der **Steinwälzer** im Brutkleid. Die schwarze Zeichnung an Kopf und Vorderbrust fließt zu einer Maske zusammen, von der im Winterkleid allerdings nur Reste übrigbleiben. Der leicht aufwärts gebogene Schnabel ist erkennbar.

1

2

3

4

5

1 Alpenstrandläufer: Schwarzer Bauchfleck und rostbraune Federsäume im Rücken- und Schultergefieder kennzeichnen das Brutkleid. Im Winterkleid wird der Bauch grauweiß, und auch der Rücken hellt stark auf. Doch im Flugbild bleibt die schmale weiße Flügelbinde erhalten. Der Alpenstrandläufer besitzt einen mittellangen, weniger stark gebogenen Schnabel als der im Winterkleid recht ähnliche Sichelstrandläufer. Zu den Zugzeiten kommt er auf dem Watt in großen Mengen vor.

2 Der **Rotschenkel** benötigt als Brutplatz kurzrasige, feuchte Wiesen. Im Küstenbereich kommt er noch ziemlich häufig vor, aber im Binnenland verschwindet er zusehends, weil die Feuchtwiesen trockengelegt werden. Man erkennt ihn an den zinnoberroten Beinen und an der rötlichen Basis des schlanken Schnabels, der kürzer und kräftiger als beim nahe verwandten Dunkelwasserläufer ist. Rotschenkel sind ruffreudig und lassen ihr klagendes »djüdü-dü« vor allem beim Abflug hören. Auch Störungen am Brutplatz lösen intensive Rufe aus.

3–5 Bei den drei Farbphasen des **Kampfläufers** handelt es sich um Männchen im Balzkleid mit auffallenden Halskrausen und Federschöpfen am Kopf, die von Vogel zu Vogel variieren. Auf festen Balzplätzen stellen sie ihr Prachtgefieder zur Schau, kämpfen mit den anderen Männchen und warten, bis die Weibchen ihre Wahl treffen. Schon im Sommer haben sie ihr Balzgefieder wieder vermausert und das schlichte Ruhekleid entwickelt. Dann ähneln sie

6

7

8

9

mit ihren roten Beinen den Rotschenkeln. Im Flugbild fehlt ihnen aber deren auffallend breiter weißer Flügelstreifen.

6, 7 Die **Austernfischer** bilden zu den Zugzeiten, besonders im Herbst, große Schwärme im Wattenmeer und an den Küstensäumen der Nordsee. Mit ihren kräftigen roten Schnäbeln schlagen sie Herzmuscheln auf und verzehren das Muschelfleisch. Zur Brutzeit halten sie sich paarweise auf den Inseln, Halligen und Kögen auf. Lautstark warnen sie Eindringlinge und versuchen Weidevieh vom Nest abzulenken. Im Winter bekommt die Kehle ein weißes Band.

8 **Seehunde:** Bei Ebbe ruhen sich die Seehunde gerne auf vorgelagerten Sandbänken aus. Sobald eine Gefahr droht, robben sie schnell zu den Prielen zurück. Der Tourismus und Badebetrieb in den Sommermonaten stört die Seehunde sehr stark, und manche Seehundmütter verlieren dabei ihre 1 bis 2 Jungen, die dann als sogenannte Heuler verirrt umhertreiben und laut jammernd nach ihren Müttern rufen. Sehr schwer gelingt es, und nur bei ausreichender Sachkenntnis, ein solches verlassenes Seehundbaby erfolgreich aufzuziehen. Seehunde brauchen Ruhezonen!

9 Die **Kegelrobbe,** eine Verwandte des Seehundes, die sich mehr an felsigen Küsten aufhält, erkennt man am kegelförmigen Kopf. Meist taucht sie gerade so auf, wie hier im Bild zu sehen. Neugierig betrachtet die Robbe ihre Umgebung und verschwindet bei Gefahr schnell wieder unter Wasser. Sie wirkt sehr dunkel, weil ihr Fell oberflächlich naß geworden ist.

Meer und Strand

(Abbildungen S. 254–256)

Sanddorn *(Hippophae rhamnoides)*: Der zu den Ölweidengewächsen gehörende zweihäusige Strauch besitzt zahlreiche mehrere Zentimeter lange, sehr spitze Dornen, deren Spitze leicht abbricht und in der Haut steckenbleibt. Beim Pflücken der Früchte muß man daher sehr vorsichtig vorgehen; man benutzt spezielle Kämme. Trotz ihres anfänglich herb-sauren Geschmacks sind sie eßbar und gesund und werden zur Herstellung von Vitaminsäften, Marmeladen und Gelees gesammelt. Sie enthalten sehr viel Vitamin C, zudem die Vitamine B, E, F und P sowie Fruchtsäuren, Mineral- und Farbstoffe. Manche Vögel schätzen die Sanddornbeeren als Winternahrung. Während der Mahlzeiten an den Sträuchern bleiben die Vögel zudem vor Feinden geschützt. Sind es an Küstendünen vorwiegend Drosseln, die die Früchte abernten, so versuchen sich im Binnenland auch Fasane daran. Der Sanddorn wird gleichfalls gern als Schutz für Niederwild gepflanzt. Im Alpenvorland kam er früher wild auf sandreichen Kiesbänken der Flüsse vor. In den letzten Jahrzehnten wurde er an Dämmen und Straßenböschungen gepflanzt. Die Blätter tragen an ihrer Unterseite einen feinen Belag aus sternförmigen Haaren, die sich ebenso auf den leuchtend gelbroten Beeren finden.

Gemeiner Blasentang *(Fucus vesiculosus)*: Zu den Braunalgen gehört der bis gut 1 m lang wachsende Gemeine Blasentang. Seine aufgetriebenen Blasen dienen der Schwimmfähigkeit und ermöglichen ein Treiben im Wasser. Er kommt im Nordseebereich nicht selten vor und wird von Wind und Wellen am Strand angetrieben. Bei Stürmen und entsprechenden Strömungen können die Tangmassen den Strand geradezu überschwemmen. In diesen Meeresalgen finden sich noch keine unterschiedlich ausgebildeten Zellgruppen (Gewebe), wie sie für die höheren Pflanzen typisch sind. Die Zellen entnehmen dem umgebenden Meerwasser die Nährstoffe. Sie besitzen einen hohen Jodgehalt und haben daher eine gewisse Bedeutung in der Heilkunde erlangt. Die Geschlechtsorgane sind in besonderen Bildungen, den Konzeptakeln, verborgen und in speziellen Abschnitten des Tangs, den fertilen Sprossen, vereinigt. Die Verzweigung erfolgt nur in einer Ebene. Wegen ihrer harten Beschaffenheit werden diese Tange auch als Ledertange bezeichnet. Nahe verwandte Arten kommen im Mittelmeer vor.

Knotentang *(Fucus nodosum)*: Dieser olivgrüne bis braune, 50–150 cm lange Tang gehört ebenfalls zu den Braunalgen. Man erkennt ihn an den knotenförmigen Blasen, die sich an den Achsen der Hauptzweige bilden. Diese Verdickungen, von denen er auch seinen Namen hat, verbessern das Schwimmvermögen. Sie besitzen eichel- bis eiförmiges Aussehen und entsprechen etwa der Größe von Eicheln. Die gabelig verzweigten Sprosse fassen sich ledrig an und sind recht zäh. Sie können ausnahmsweise bis 2 m lang werden, bleiben meist aber erheblich kürzer. Der Knotentang besiedelt in der Nordsee und an den Atlantikküsten Zonen mit felsigem Untergrund; die bevorzugte Wassertiefe liegt in der mittleren Gezeitenzone. Durch die Schwimmblasen hält sich der Knotentang lange und verdriftet mit den Strömungen oft an Strände, an denen er nicht heimisch ist. In der Nordsee kommt der ähnliche Skorpionstang *(Fucus scorpioides)* vor, dessen Sprosse rundlich und nicht abgeflacht wie beim Knotentang sind und auch keine Schwimmblasen besitzen. Außerdem gibt es in Nord- und Ostsee eine Anzahl weiterer Tange, deren Artzugehörigkeit nur mit Hilfe umfassenderer Bestimmungsbücher ermittelt werden kann.

Grasnelke *(Armeria maritima)*: Auf Salzwiesen und in Felsspalten an der Meeresküste wächst die zierliche Grasnelke. Sie gehört nicht zu den Nelkengewächsen, sondern zu einer eigenständigen Familie, den Grasnelkengewächsen. Die mehr oder weniger polsterbildende Pflanze wird, wenn sie aufgeblüht ist, etwa 20–30 cm, ausnahmsweise bis 50 cm hoch. Ihre rosa bis hellrot gefärbten Blüten sitzen in rundlichen Köpfchen. Jede Blüte ist von bleichen Hüllblättern umgeben. Erst zur Blütezeit, von April bis September, fällt die Grasnelke auf, denn ohne Blüten entdeckt man ihre grasartig dünnen Blätter unter den Salzwiesengräsern kaum. Sie sind einnervig. Im deutschen Küstengebiet tritt die Grasnelke selten bis vereinzelt auf.

Seegras *(Zostera marina)*: Die grasähnlichen, bis über 1 m langen Blätter des Seegrases sehen zunächst eher wie Algen aus. Doch bei genauer Untersuchung dieser oft in großen Unterwasserwiesen wachsenden Pflanzen stellt man fest, daß sie ohne Zweifel zu den Blütenpflanzen gehören. Die Blüten sind sehr klein und tragen keine Blütenhülle. Männliche und weibliche Blüten stehen zusammen in einer flachen, einseitigen Ähre, die bis zur Blütezeit von einer Blattscheide umhüllt ist. Als höhere Pflanze besitzt das Seegras echte Wurzeln, mit denen es sich im Sandboden verankert. Am besten entwickelt es sich im Flachwasser unmittelbar unter der Niedrigwasserlinie. Es gedeiht vorwiegend auf Sandböden, aber auch auf Felsuntergrund, wenn dieser genügend Schlamm in den Fugen zwischen den Steinen aufweist. Für zahlreiche Tierarten stellt es eine wichtige Nahrung dar. Früher hat man Seegras getrocknet, um es als Füllmaterial für Matratzen und Polster zu verwenden. Im Nordseebereich kommt eine zweite, mit knapp 40 cm Halmlänge deutlich kleinere Seegrasart, das Zwergseegras *(Zostera nana)*, vor. Die Blätter dieser Art werden nur etwa 1 mm breit.

Strandaster *(Salzaster; Aster tripolium)*: Sie verträgt einen hohen Salzgehalt im Boden. Von Juni bis Oktober blüht sie auf den Salzwiesen an der Küste sowie am Ufer salzhaltiger Binnengewässer, beispielsweise am Neusiedler See im österreichischen Burgenland und in der ungarischen Tiefebene. An manchen Stellen überziehen ihre lilafarbenen Blüten im Spätsommer fast geschlossen die Salzwiesen. Sie zeigen, daß die Salzaster zu den Korbblütlern zu rechnen ist. Das Blütenkörbchen enthält in der Mitte zahlreiche dichtgedrängte, kleine Röhrenblüten, die von den Strahlen der Zungenblüten umgeben sind. Sie stehen locker und meist nicht genau in einer Ebene. Salzastern wachsen 30–50 cm hoch. Ihre steil aufsteigenden Stengel verzweigen sich vielfach und sind leicht rötlich gefärbt. An ihnen entwickeln sich die Blütenkörbchen in lockeren, doldenartigen Trauben.

Strandhafer *(Ammophila arenaria)*: Dieses Süßgras des Küstenbereichs spielt für die Befestigung und Stabilisierung der Dünen eine besondere Rolle. Sein außerordentlich langes Wurzelwerk, das tief in die Dünen eindringt, hält den losen Sand und verleiht ihm eine gewisse Festigkeit. Weil dadurch das Wandern der Dünen gebremst oder verhindert wird, wurde der Strandhafer an vielen Stellen künstlich gepflanzt. Die graugrüne, 50–100 cm hohe Pflanze entwickelt eine dichte, walzenförmige Ährenrispe und blüht von Juni bis August. Ihre Blätter sind spitz, sehr steif, auf der Oberseite gerippt und häufig eingerollt. Dadurch wird der Wasserverlust vermindert, wenn die Dünenoberfläche bei starker Sonneneinstrahlung sehr hohe Temperaturen erreicht.

Queller *(Salicornia ssp.)*: Verschiedene Arten des Quellers kommen im Küstenbereich vor. Ihnen allen gemeinsam sind ein wäßrig aufgetriebener Wuchs, eine Rückbildung der Blätter und große Brüchigkeit. Die kleinen fleischigen, dem Stengel eng anliegenden Blätter sind zu sproßähnlichen, glasig wirkenden Formen, die gegenständig an den Sprossen stehen, umgestaltet. Im Sommer färben sie sich an den Spitzen rötlich bis fleischfarben oder gelblich. Mit Speicherung von Wasser zur Verringerung der Salzkonzentration in den Zellen reagiert der Queller auf den hohen Salzgehalt des Bodens. Er ist eine Pionierpflanze, die bis zum Meer vordringt und sogar leichte Überflutung durch das Tidenhochwasser erträgt. Der extreme Salzgehalt bewirkt die pralle Füllung der Zellen mit Saft. Der Queller gehört zu den Gänsefußgewächsen. Er blüht im Hoch- und Spätsommer. Die unscheinbaren grünlichen Blüten sitzen meist in Dreiergruppen am Stengel. Am stärksten fallen daran – wenn überhaupt – die gelben Staubbeutel auf. Die Bestäubung wird vom vorbeiströmenden Tidenwasser besorgt.

Stranddistel *(Eryngium maritimum):* Im Dünensand der Küsten Europas wächst die seltene, seit langem geschützte Stranddistel. Ihre harten, bläulich bereiften Blätter laufen in scharfe Stachelspitzen aus. Sie sind buchtig gezähnt und ledrig derb, was die Austrocknung bei starker Sonneneinstrahlung im extremen Lebensraum der Dünen vermindert. Die Stranddistel, die 20–60 cm hoch wird, gehört zu den Doldengewächsen. Die bläulichen Blüten stehen in 2–3 cm breiten Köpfchen beisammen. Eiförmige, fast dreilappige, sehr stachelige Hüllblätter umgeben sie und verstärken durch ihre bläuliche Bereifung den Farbkontrast. Die Hüllblätter ähneln den Laubblättern. Die Stranddistel wächst als zweijährige Staude. Mit ihr verwandt sind die ähnlich stacheligen, im Binnenland auf steppenähnlichem Trockenrasen vorkommenden Mannstreuarten, zum Beispiel der Feldmannstreu *(Eryngium campestre),* den man auch am Neusiedler See und in der ungarischen Pußta findet.

Kompaßqualle *(Chrysaora hysoscella):* Ihren flachen, etwa 30 cm großen, gelblichweißen Schirm zieren auf seiner Oberseite 16 gelbe bis rotbraune, V-förmige Streifen, die mit der Windrose eines Kompasses Ähnlichkeit haben. Der Schirmrand trägt kleine, bogige Randlappen und 24 lange, kräftige Tentakel. Das Mundrohr ist zu langen, vielfach gekräuselten Lappen ausgezogen. Mit diesen Mundlappen ergreifen die Tiere ihre Beute. Interessant ist bei dieser Qualle, daß die jungen Tiere zuerst männlich sind und nach einem zwittrigen Zwischenstadium weiblich werden. Die Eier entwickeln sich im Magenraum; erst die Larven werden ins freie Wasser entlassen. Die Kompaßqualle kommt vom Mittelmeer bis zur Nord- und Ostsee vor.

Brotkrumenschwamm *(Halichondria panicea):* Der Name des Schwamms bezieht sich auf die brotkrumenartige, bröckelige Beschaffenheit, die er in trockenem Zustand aufweist. Lebend bedeckt er als gelbbräunlicher oder grünlicher Überzug Steine, Muscheln, Pflanzenteile und Holz. Man findet ihn häufig im Gezeitenbereich von der Nordsee bis zum Mittelmeer, wo er oft die Felsen untermeerischer Höhlen überkrustet.

Die **Pferdeaktinie** *(Purpurrose; Actinia equina)* zählt zu den häufigsten Seerosen der europäischen Küsten. Ihre purpurroten Kelche mit den sechs Kreisen von Fangarmen findet man überall an den Felsen der Gezeitenzone. Während des Tages und bei Ebbe kontrahiert sie sich zu einem kugeligen Gebilde und kann so stundenlanges Trockenliegen, ja sogar Einfrieren überleben. Ihre Sohle preßt sie so fest an die Unterlage, daß man sie meist verletzt, wenn man versucht, sie loszureißen. Bei Flut entfalten die Tiere ihre Arme und fangen Krebse und Weichtiere aus dem Wasser. Purpurrosen lassen sich sehr gut in Aquarien halten und erreichten dort schon ein Alter von 66 Jahren.

Die **Seedahlie** *(Tealia felina),* eine ungemein farbvariable, an Nord- und Ostseeküste sehr häufige Seerose, wird ziemlich groß (bis 30 cm) und trägt 80 bis 160 dicke, fleischige Fangarme mit äußerst wirksamen Nesselbatterien, die auch den Menschen stark verätzen können. Manche Formen haben Saugwarzen an der Körperwand, mit denen sie Steinchen, Sandkörner und Schalenbruchstücke festhalten. Nachts entfaltet die Seedahlie ihre Tentakelkrone und erbeutet sogar größere Fische. Von der Unterlage, Steinen und Felsen, löst sie sich zuweilen los und läßt sich mit aufgeblähtem Körper in der Strömung treiben.

Die **Seenelke** *(Metridium senile)* hat die eleganteste Form unter den Seerosen. Auf dem 20–30 cm hohen schlanken Körper entfaltet sie eine Tentakelkrone mit bis zu 1000 Fangarmen. Die Tiere können in verschiedenen Farben auftreten und siedeln vom Küstenbereich bis in 100 m Tiefe auf Steinen, Schalen und Pflanzen; manchmal vereinigen sie sich zu Seenelkenwiesen. Ihre Nahrung besteht aus Kleinlebewesen, die beim Vorübertreiben an ihren Fangarmen hängenbleiben. Die Seenelken vermehren sich im Hochsommer und stoßen dabei Wolken von Geschlechtszellen aus.

Ohrenqualle *(Aurelia aurita):* Ihr farblosdurchsichtiger, flacher Schirm mit einem Durchmesser bis 40 cm besteht zu 98% aus Wasser, wie bei allen Quallen. Die annähernd ohrförmigen Keimstöcke schimmern gelblich oder violett hindurch. Den gelappten Schirmrand säumen viele kurze Randtentakel; die vier Mundfangarme sind gut ausgebildet. Ohrenquallen leben räuberisch von kleinen Fischen, Würmern und planktonischen Krebsen, die sie mit den Mundarmen einfangen. Zeitweise ernähren sie sich jedoch nur von Plankton, das sie durch die Wimpern der Körperunterseite einstrudeln. Die Ohrenquallen treten oft in riesigen Schwärmen auf, die viele Kilometer lang sein können; manchmal werden sie durch Meeresströmungen verfrachtet. Bei stürmischem Wetter sinken sie ab, und zuweilen gibt es auf dem Meeresboden so große Massenansammlungen, daß die Fischer in ihren Schleppnetzen nichts anderes als solche Tiere heraufbringen.

Zypressenmoos *(Sertularia cupressina):* Obwohl sie wie Pflanzenwedel aussehen, sind diese verzweigten, strauchförmigen Stöcke Polypenkolonien von Nesseltieren. Die Polypen scheiden eine Chitinsubstanz ab, die dem ganzen Tierstock Halt verleiht und auch die Polypenköpfchen mit einer kelchartigen Schutzhülle umgibt. Das Zypressenmoos kommt in bestimmten Gebieten der Nordsee in ausgedehnten, 70 cm hohen Wiesen auf Hartböden unterhalb der Gezeitenzone vor. Es wird in großen Mengen gefischt, eingefärbt, getrocknet und dann als Zimmerschmuck in den Handel gebracht.

Die **Leuchtende Seefeder** *(Pennatula phosphorea)* sieht mit ihren gefiederten Seitenzweigen tatsächlich einer Feder ähnlich. Es handelt sich bei ihr nicht um ein Einzeltier, sondern um eine Kolonie kleiner Korallentiere. Die Tierkolonie ist nicht auf der Unterlage festgewachsen, sondern mit dem dicken Ende des Schaftes im Sand- oder Schlammgrund verankert. Vom Schaft gehen zweiseitig-symmetrisch die Seitenzweige aus, auf denen die Polypen sitzen. Nachts pumpen sich die Tierstöcke durch Wasseraufnahme auf und können dabei bis auf das Dreifache ihrer ursprünglichen Größe anschwellen. In diesem Zustand sind die Polypen voll entfaltet und fangen ihre Nahrung aus dem über sie hinwegstreichenden Wasserstrom. Teile der Kolonie können einen lumineszierenden Schleim abscheiden, der im Wasser ein Leuchten hervorruft, das sich über den ganzen Stock ausbreitet.

Tote Mannshand *(Alcyonium digitatum):* Zu einer großen Klasse der Nesseltiere, den Korallentieren, gehört diese bekannteste Lederkoralle der nordeuropäischen Küsten. Sie bildet fingerförmig verzweigte, weißliche, gelbliche bis purpurfarbene Tierstöcke von lederartiger Beschaffenheit, deren Weichkörper durch eingelagerte Kalkstückchen gestützt wird. Der Tierstock ist übersät mit Einzelpolypen, deren Magenräume weit ins Innere der Kolonie ragen und untereinander in Verbindung stehen. Zweimal täglich wird Wasser in dieses Röhrensystem gepumpt, die Kolonie bläht sich auf, und die einzelnen Polypen entfalten ihre zarten, weißen Tentakelkronen. In dieser Phase fangen sie als Nahrung kleine im Wasser enthaltene Planktonorganismen. Nach einiger Zeit wird das Wasser wieder ausgestoßen, und der Tierstock sinkt in sich zusammen.

Köderwurm *(Pierwurm; Arenicola marina):* Der grünlichgelbe bis bräunliche Borstenwurm mit Stummelfüßen und rötlichen Kiemenbüscheln am mittleren Körperteil wird von Fischern gern als Angelköder ausgegraben. Normalerweise bekommt man das Tier nicht zu Gesicht, der Strandwanderer trifft aber allenthalben auf die spiralig gewundenen Kothäufchen, die der Wurm an einem Ende seiner Wohnröhre auftürmt. Die Würmer legen nämlich in schlammigen Sandböden U-förmige Röhren an, deren untersten Teil, den eigentlichen Wohnbereich, sie mit erhärtendem Schleim auskleiden. In einem Schenkel rieselt von der Oberfläche ständig Sand nach, so daß ein Einsturztrichter entsteht. Der anfallende Sand wird vom Wurm mit dem Rüssel aufgenommen und passiert dann den Darmtrakt, wobei die im Sand enthaltenen Kleinlebewesen verdaut werden. Während der täglich achtstündigen Freßperiode wird alle 40 Minuten das den Darm verlassende Bodenmaterial am Ende des anderen Schenkels als Kotstrang abgesetzt.

Kalkröhrenwurm *(Serpula vermicularis):* Überall im flachen Küstenbereich, auf Felsen, Steinen, Holzstücken, Muschelschalen oder Panzern lebender Krebse, sitzen die gewundenen, kalkigen Wohnröhren dieser Borstenwürmer. Mit ihrem langgestreckten, in zahlreiche Abschnitte gegliederten Körper in der Röhre verankert, streckt der Wurm eine rosa und weiß geringelte Tentakelkrone hervor, zieht sie aber bei Beunruhigung blitzschnell wieder ein und verschließt die Öffnung mit einem Tentakelstrahl, der zu einem konischen Pfropfen umgebildet ist.

Die **Sandgarnele** *(Nordseegarnele; Crangon crangon)* lebt auf Sandböden im Wattenmeer und ist in ihrer Färbung hervorragend dem Untergrund angepaßt. Tagsüber sitzt der fingerlange Zehnfußkrebs im Schlick eingegraben, nur die Augen und Fühler sehen heraus. Nachts kommt er aus seinem Versteck, nimmt eine dunklere Färbung an und streift über den Grund auf der Suche nach Würmern, kleinen Krebsen, Schnecken und Muscheln, von denen er sich ernährt. Bei Ebbe lassen sich die Tiere mit dem abfließenden Wasser ins Meer hinaustragen und kehren mit der Flut wieder zurück in die Priele. Hier fängt man sie in großen Mengen mit Reusen und verarbeitet sie zu Futtermitteln. Auch als Speisekrebse sind sie bekannt.

Entenmuschel *(Lepas anatifera):* Trotz ihres Namens und des muschelähnlichen Aussehens gehört die Entenmuschel zu einer Gruppe von Krebsen, die sich durch eine festsitzende Lebensweise auszeichnen. Sie sitzen auf einem langen Stiel und haben ledrig-derbe Schalenklappen entwickelt. Zwischen diesen Klappen werden rankenartige Fangarme hervorgestreckt. Beim Nahrungserwerb schlingen sich diese Fangarme um die Nahrungspartikel und führen sie zum Mund. Die Tiere sitzen auf Steinen und Meeresorganismen, mit besonderer Vorliebe aber heften sie sich an schwimmende Gegenstände wie Treibholz, Schiffsrümpfe und Tang; bis zu 450 Entenmuscheln können einen Quadratdezimeter bevölkern.

Der **Einsiedlerkrebs** *(Eupagurus bernhardus)* hat einen weichen, ungepanzerten Hinterleib, den er schützen muß. Zu diesem Zweck birgt er ihn in einem leeren Schneckenhaus und verankert ihn darin mit Greifhaken. Dem Schneckengehäuse entsprechend ist auch der Hinterleib des Krebses asymmetrisch ausgebildet; die Beine einer Seite sind zurückgebildet, die Scheren ebenfalls unterschiedlich entwikkelt; mit der größeren linken Schere kann er den Eingang des Wohngehäuses verschließen. Im Lauf des Wachstums muß der bis zu 35 mm lange Krebs sich mehrmals ein neues, größeres Schneckenhaus suchen. Während der kurzen Zeit des »Umzugs« ist er am verletzlichsten und seinen ärgsten Feinden, den Kraken, besonders ausgeliefert. Viele von Einsiedlerkrebsen bewohnte Schneckenschalen sind mit Seerosen besetzt; diese bieten dem Krebs mit ihren Nesselzellen Schutz vor möglichen Feinden und erhalten dafür Abfälle von der Krebsmahlzeit. Krebs und Seerose leben miteinander in Symbiose.

Die **Gemeine Seepocke** *(Balanus balanoides)* gehört, wie die Entenmuscheln, zu einer Unterklasse der Krebse, den Rankenfüßern *(Cirripedia)*, doch ist ihre Gestalt durch die festsitzende Lebensweise so stark abgewandelt, daß man in ihr kaum noch einen Krebs erkennt. Eine steinharte, verkalkte Schale (5–15 mm Durchmesser) umschließt den Körper und ist mit breiter Haftscheibe an Felsen in der Brandungszone, ebenso an Muschel- und Schneckenschalen, Krebspanzern, Schwämmen, Seeschildkröten oder Walen befestigt; an Schiffen und Hafenbauten verursacht sie erhebliche Schäden. Die Tiere sitzen oft sehr dicht gedrängt, Tausende pro Quadratmeter. Zum Nahrungserwerb strecken sie ihre zu rankenartigen Fangarmen umgewandelten Brustbeine aus der Schale und filtrieren mit dem Borstenbesatz dieser Fangarme Planktonorganismen aus dem Wasser. Seepocken ertragen extremes Trockenliegen; in der Spritzwasserzone begnügen sie sich mit ein paar Wassertropfen am Tag; während dieser Zeit vermögen sie den Sauerstoff aus der Luft aufzunehmen.

Der **Taschenkrebs** *(Cancer pagurus)*, eine bis 30 cm breite Krabbe, ist an den europäischen Küsten heimisch und wird dort von der Bevölkerung auch verzehrt. Mit ihren kräftigen Scheren kann sie mühelos fingerdicke Holzstücke durchtrennen und die harten Panzer und Schalen ihrer Beutetiere (Krebse, Muscheln und Stachelhäuter) knacken. Die Taschenkrebse besiedeln den steinigen Untergrund von Felsküsten. Interessant ist die Art ihrer Fortpflanzung: Nach der Begattung speichert das Weibchen den Samen in einer Tasche; die Eiablage erfolgt erst 12 bis 14 Monate später, der aufgenommene Samenvorrat reicht sogar noch für die Befruchtung der Eier im darauffolgenden Jahr.

Die **Strandkrabbe** *(Carcinus maenas)*, die häufigste Krabbe unserer Nordseeküsten, ist weltweit verbreitet. Sie lebt in der Gezeitenzone auf Sand- und Schlammboden, wandert mit der Ebbe seewärts und kehrt mit der Flut wieder zurück ins Watt oder gräbt sich bei Trockenfallen des Watts in den Sand bzw. verbirgt sich unter Steinen und Tang. Nachts verläßt sie das Wasser und streift, rasch seitwärts laufend, umher. Ihre Nahrung bilden Muscheln, Würmer, kleine Krabben und Fische. Bei Bedrohung hält sie, steil aufgerichtet, dem Angreifer ihre Scheren entgegen. An vielen Küsten wird die Strandkrabbe als Köder oder billiges Nahrungsmittel gefangen.

Der **Strandfloh** *(Talitrus saltator)* gehört zu den Flohkrebsen *(Amphipoda)*, einer Gruppe meist kleiner, seitlich zusammengedrückter Krebschen mit völlig rückgebildetem Rückenschild. Die Strandflöhe leben tagsüber eingegraben im Sand, bei Sonnenuntergang jedoch laufen sie scharenweise am Strand umher und suchen sich ihre Nahrung aus angeschwemmten Algen. Werden sie gestört, so machen sich diese nur 15 mm langen Tiere in weiten Sprüngen (bis 1 m) davon. Aus ihrem Lebensraum verschleppt, benutzen sie Sonne und Mond als Kompaß, um wieder an den Strand zurückzufinden.

Meerassel *(Idotea baltica):* Der bevorzugte Lebensraum dieses Krebstieres sind Tange und Seegraswiesen, von deren Blättern es sich ernährt. Die Farbstoffe der Nährpflanze werden im Körper gespeichert und verleihen dem Tier eine ausgezeichnete farbliche Anpassung an den Untergrund. Neben dieser pflanzlichen Nahrung nehmen manche Meerasseln auch tierischen Aufwuchs (kleine, festsitzende Tiere) und sogar Aas zu sich.

Hummer *(Homarus gammarus)*: Man findet diesen bis 50 cm langen Zehnfußkrebs im Mittelmeer, Atlantik und in der Nordsee, wo er nachts aus Spalten und Höhlen zum Beutefang hervorkommt. Seine Hauptnahrung, Muscheln und Krabben, zertrümmert er mit den kräftigen Scheren, dann reißt er die Weichteile heraus und führt sie zum Mund. Zur Überwinterung ziehen sich die Tiere in größere Meerestiefen zurück. Die Weibchen werden mit sechs Jahren geschlechtsreif; besonders große Weibchen können etwa 30 000 Eier hervorbringen. Während der Eiablage, von Juli bis September, herrscht für die Krebse Schonzeit.

Kleiner Herzseeigel *(Echinocardium cordatum)*: Im Gegensatz zu den landläufig als Seeigel bezeichneten Arten ist die Schale der Herzseeigel mehr oder weniger abgeflacht; durch eine rinnenförmige Vertiefung am Vorderende kommt die Herzform zustande. Der After wandert im Lauf der Entwicklung an den Körperrand, die Füßchen sind auf der Oberseite rosettenartig angeordnet. Die bis 6 cm langen Tiere leben im Boden eingegraben und bedürfen daher nicht des Schutzes einer dicken Schale; die Stacheln sind auch nicht kräftig und lang, sondern umhüllen die Schale wie ein dichter, borstiger Pelz. Sie werden zum Graben im Boden eingesetzt. Da der Kleine Herzseeigel sehr tief (20 cm) im Boden lebt, muß er sich einen Zugang zum benötigten Atemwasser freihalten; er legt daher Atemschornsteine an, durch die Wasser einströmt, und Abflußkanäle, die das verbrauchte Wasser ableiten. Der Wasserstrom wird durch einen starken Wimperapparat erzeugt. Herzseeigel ernähren sich von im Sand lebenden Mikroorganismen.

Braune Seewalze *(Holothuria forskali)*: Die dunkelbraune, dicke, weiche Haut dieses Stachelhäuters ist klebrig und enthält nur wenige, sehr kleine Skelettelemente. Auf der Oberseite verlaufen sieben Reihen von Papillen mit weißen Spitzen; die Füßchen der Unterseite stehen sehr dicht und nicht in Reihen geordnet. Die Tentakel, welche die Mundöffnung säumen, sind am Ende schildförmig verbreitert; damit schaufeln die Tiere Bodenmaterial in den Mund; die darin enthaltenen Kleinlebewesen werden verdaut. Die Seewalze lebt daher bevorzugt auf Sandböden und in Seegraswiesen. Bei Reizung stößt sie nicht nur lange, klebrige Schläuche aus, die den Angreifer sofort kampfunfähig machen, oft folgen sogar Wasserlungen und Darm nach.

Eßbarer Seeigel *(Echinus esculentus)*: Er ist mit bis zu 17 cm Schalendurchmesser der größte europäische Seeigel, annähernd kugelförmig und hat verhältnismäßig kurze Stacheln. Die Färbung ist außerordentlich variabel; neben roten und blaßvioletten Exemplaren kommen auch grünliche vor. Die Tiere leben auf Hartböden, von denen sie den Aufwuchs mit ihren kräftigen Zähnen abweiden. Meist findet man sie in Tiefen von 50 m, doch können sie im Atlantik bis zu 1200 m Tiefe vordringen.

Federstern *(Antedon bifida)*: Diese Haarsterne sitzen auf Fels- oder Sandböden mit ihren wurzelähnlichen Zirren festgekrallt und halten ihre langen, gefiederten Arme in die Strömung, um aus dem Plankton Nahrung zu fangen. Sie wechseln nur sehr ungern den Standort, bei Störungen lösen sie sich vom Untergrund und schwimmen mit anmutigen Bewegungen der Arme kurze Strecken, oder sie laufen mit abwärts gekrümmten Armen wie auf Stelzen. Auf stärkere Reize reagieren sie häufig mit dem Abstoßen von Armen oder Armteilen, die sich rasch regenerieren.

Eßbare Herzmuschel *(Cardium edule)*: Die 3–4 cm lange rundliche Muschel lebt in den Sandböden der Gezeitenzone der europäischen Küsten. Ihre kurzen Atemröhren ragen an die Bodenoberfläche und sorgen für den Zustrom von frischem Wasser, das Sauerstoff und Nahrungsteilchen in die Muschel trägt, und den Abfluß des verbrauchten Wassers. Mit ihrem langen fingerförmigen, geknickten Fuß kann sich die Muschel vom Untergrund abschnellen und beachtliche Sprünge vollführen.

Auster *(Ostrea edulis)*: Die zwei Schalenklappen dieser Muschel sind ungleich ausgebildet; die linke ist gewölbt und am Untergrund festgekittet, die rechte liegt ihr als flacher Deckel auf. Um sich zu befestigen, preßt die Jungauster, sobald sie sich niedergelassen hat, aus ihrem Fuß eine Kittsubstanz und läßt sich mit ihrer linken Schalenhälfte in diese Masse fallen. Die unansehnlichen 8–10 cm langen Schalen sind mit schuppigen Lamellen besetzt; die weichen, elastischen Ränder der Klappen können die Schale hermetisch verschließen, so daß auch Trockenliegen für eine gewisse Zeit überstanden wird. Die Tiere sind Zwitter, und zwar abwechselnd Weibchen oder Männchen. Die Eier werden im Muttertier befruchtet und die Larven ins Wasser entlassen.

Der **Gemeine Seestern** *(Asterias rubens)* ist mit einem Durchmesser bis etwa 50 cm einer der häufigsten Seesterne der europäischen Meere. An der Körperscheibe sitzen verhältnismäßig breite Arme mit höckerigen Stacheln. In seinem Lebensraum auf Sandböden zwischen Steinen und Algen macht er Jagd auf alle möglichen Schalentiere, bevorzugt aber Miesmuscheln, die er durch den kräftigen Zug seiner saugnapfbesetzten Füßchen öffnet, seine Magenblasen über die Weichteile stülpt und diese verdaut. Der Seestern besitzt eine ausgezeichnete Witterung und nimmt den Geruch von Nahrung noch auf größere Entfernung wahr. In Miesmuschelzuchten kann er Schaden anrichten.

Der **Eisseestern** *(Marthasterias glacialis)* ist ein großer Seestern mit bis zu 70 cm Spannweite. Seine dicken, wurstförmigen, sehr biegsamen Arme tragen auf der Oberseite kleine Polster, in deren Mitte je ein Stachel sitzt. Die Tiere leben in geringer Tiefe unter Steinen und in Spalten, in größerer Tiefe auf Sandböden. Sie ernähren sich überwiegend von Schnecken und Muscheln und sind daher in Miesmuschel- und Austernzuchten gefürchtete Räuber.

Rauhe Venusmuschel *(Venus verrucosus)*: Man findet sie vom Mittelmeer bis zur Nordsee häufig im Flachwasserbereich im Sandboden eingegraben, aus dem sie ihre langen Atemröhren hervorstreckt. Wie die Herzmuschel besitzt sie einen fingerförmig geknickten Fuß, mit dem sie kleine Sprünge machen kann. An den Mittelmeerküsten wird diese etwa 5 cm lange Muschel gern auf Fischmärkten angeboten.

Miesmuschel *(Mytilus edulis)*: Wohl jeder hat schon einmal in einem Restaurant die blauschwarzen Schalen dieser etwa 8 cm großen Meeresmuschel gesehen; 100 000 Tonnen werden jährlich in Europa als Delikatesse verzehrt, der größte Teil davon wird in sog. »Muschelgärten« auf Holzpfählen oder an Seilen gezüchtet. Miesmuscheln vermehren sich rapide; ein einziges Tier kann dreimal im Jahr 5–12 Millionen Eier hervorbringen, aus denen sich Larven entwickeln. Die freilebenden Miesmuscheln heften sich oft in großen Massen an Felsen im Küstenbereich oder an Hafenbauten mit ihren Byssusfäden fest. Sie werden dadurch aber nicht unbeweglich, sondern können mit ihrem Fuß diese Fäden zerreißen und sich wieder neu anheften. Auf diese Weise klettern sie beispielsweise an Pfählen hoch.

Die **Gemeine Napfschnecke** *(Patella vulgata)* zeigt nicht die typische gewundene Schneckengestalt, sondern ist napf- oder kegelförmig. Mit ihrem Schalenrand genau in den felsigen Untergrund eingepaßt und durch die Saugkraft ihres breiten Fußes angepreßt, sitzt sie in der Brandungszone der Atlantik- und Nordseeküsten. Derart hermetisch abgedichtet, kann sie sowohl dem Trockenliegen während der Ebbe als auch dem Ansturm der Brandung widerstehen. Nachts wandern die Tiere im Umkreis von etwa 1 m umher und weiden den Algenbewuchs ab, kehren aber stets an genau dieselbe Stelle zurück.

Die **Gemeine Strandschnecke** *(Littorina littorea)* lebt bevorzugt in den Spritzwassertümpeln der Gezeitenzone, verträgt längeres Trockenliegen, aber auch starke Aussüßung bzw. erhöhte Salzkonzentration, ist also hervorragend an diesen Lebensraum angepaßt. Strandschnecken sind lichtscheu, bei stärkerer Sonneneinstrahlung suchen sie schattige Stellen auf. Die massiven, etwa 3 cm hohen Gehäuse können mit einem Deckel so dicht verschlossen werden, daß von der Brandung an Land geworfene Schnecken dort sogar mehrere Jahre überleben. Die Eier werden, in eine gallertige Scheibe verpackt, einfach ins Wasser abgegeben.

Wellhornschnecke *(Buccinum undatum):* Von dieser häufig an unseren Küsten vorkommenden Schnecke sind auch die Eigelege gut bekannt. Man findet sie in großen Klumpen am Strand angespült, meist sind darin die Eikapseln mehrerer Tiere vereinigt. Wellhornschnecken nähren sich von anderen Tieren, vor allem aber von Aas, das sie mit ihrem guten Geruchssinn aufspüren; durch ein langes Atemrohr, das sie in die Strömung halten, wird der Riechbereich wesentlich erweitert. Fischer benutzen die Schnecke gern als Köder. Die leeren Eigelege wurden als sog. »Seeseife« zum Händereinigen verwendet.

Stumpfe Strandschnecke *(Littorina obtusata):* Ihre weißlichen, gelben, orangefarbenen oder braunen Gehäuse findet man oft in großer Zahl am Strand angespült. Die Schnecke lebt unterhalb der Gezeitenzone an Tangen, an denen sie auch ihre Eier ablegt. Sie kann große Schwankungen in der Salzkonzentration ihres Wohngewässers ertragen und sogar einige Zeit über Wasser existieren.

Gemeiner Krake *(Octopus vulgaris):* Tagsüber sitzt dieser Tintenfisch verborgen in Spalten und Höhlen, doch nachts kommt er hervor, stelzt auf seinen langen Armen über den Boden und tastet dabei den Untergrund nach Muscheln und Krebsen ab. Wird er fündig, ergreift er die Beute und knackt sie auf. Kraken schwimmen nur, wenn sie gestört werden; dann versuchen sie, durch Wasserausstoß aus dem Trichter rasch zu entkommen, indem sie rückwärts dahinschießen. Zur Paarungszeit tragen die Männchen erbitterte Kämpfe um das Weibchen aus. Die Weibchen treiben Brutpflege: Sie bewachen das Nest und fächeln den Eiern frisches Atemwasser zu. Es gibt riesige Kraken, deren Arme Spannweiten bis zu 3 m erreichen können.

Sepia *(Gemeiner Tintenfisch; Sepia officinalis):* Neben ihrer Verwendung als Nahrungsmittel ist die Sepia bekannt für die unter der Haut liegende flache, gekammerte Schale, den Schulp, der Stubenvögeln als Wetzstein für ihre Schnäbel und als Kalkfutter dient, sowie für die braune Tinte, die früher als Malerfarbe (Sepia) im Handel war. Der etwa 40 cm lange Körper dieser Tintenfische ist oval, abgeplattet und von einem breiten Flossensaum umgeben, durch dessen wellenförmige Bewegung das Tier im Wasser außergewöhnlich gut manövrieren kann. Am Kopf sitzen acht mit Saugnäpfen bewehrte, kurze Arme und, von ihnen verdeckt, zwei lange, am Ende keulenförmig verbreiterte Fangarme. Tagsüber liegen die Tiere eingegraben im Boden und lauern auf Beute; nähert sich ein Opfer, so gleitet die Sepia aus ihrem Versteck, schwimmt ihm nach und greift zu, indem sie die langen Fangarme plötzlich vorschnellt und um ihr Opfer schlingt.

Sternrochen *(Raja radiata):* Wie bei allen echten Rochen sitzen am stark abgeflachten Körper außergewöhnlich breite Brustflossen, die beim Schwimmen wie Flügel bewegt werden. Eigentlich sind die Tiere aber Bodenbewohner, die auf Sand- und Schlammgrund in 30–200 m Tiefe leben. Bei der Paarung klammert sich das Männchen mittels Dornen an den Brustflossen des Weibchens fest. Die Befruchtung der Eier findet im Muttertier statt; die Form der Eier ist artspezifisch. Beim Sternrochen sind sie seidig behaart und ohne Hörner. Über den weiteren Entwicklungsgang ist von dieser Art kaum etwas bekannt.

Steinbutt *(Psetta maxima):* In den ersten Tagen ihres Larvenlebens haben die Butte noch die ursprüngliche Fischgestalt, im Lauf der Entwicklung jedoch wird die linke Körperseite zur Ober- oder Augenseite. Auf diese Seite wandert das im Larvenzustand rechts sitzende Auge hinüber. Die Augenseite des ausgewachsenen Buttes ist dunkel gefärbt, die Blindseite weiß, der ziemlich dicke Körper fast kreisrund; auf der unbeschuppten Augenseite erheben sich Knochenhöcker. Die Tiere sind Einzelgänger, sie halten sich in etwa 70 m Tiefe auf Sand- und Steingrund auf und ernähren sich von kleinen Fischen und anderen Meerestieren. Zum Laichen, von April bis August, wandert der Steinbutt in küstennahe Gewässer. Große Weibchen bringen bis zu neun Millionen Eier hervor, die, mit einer Ölkugel versehen, im Plankton treiben. Die Jungfische gehen im Alter von 4 bis 6 Monaten zum Bodenleben über.

Seeteufel *(Angler; Lophius piscatorius):* Meist liegt der bizarr aussehende Fisch regungslos am Grund zwischen Algen und Steinen verborgen, nur sein Angelorgan, ein fransiger Hautlappen, der am beweglichen ersten Rückenflossenstrahl sitzt, schwingt langsam hin und her und lockt Beute an. Sind die neugierigen Opfer nahe genug herangekommen, schnappt sie der Seeteufel blitzschnell mit dem großen Maul; sogar tauchende Seevögel und kleine Haie verschlingt er. Zum Laichen suchen die Tiere tiefere Gewässer (bis 2000 m) auf. Die Eier werden in gallertigen Bändern abgelegt, die an die Oberfläche treiben und mit der Strömung verdriftet werden. Die Larven nehmen erst mit vier Monaten allmählich das Aussehen ihrer Eltern an und lassen sich dann zu Boden sinken. In der Medizin hat der Seeteufel Berühmtheit erlangt. Dem Engländer McLeod gelang es, aus der Bauchspeicheldrüse das Insulin zu gewinnen, wofür ihm 1923 der Nobelpreis verliehen wurde.

Grasnadel *(Syngnathus typhle):* Wie alle Seenadeln ist sie schmal, langgestreckt, schuppenlos und mit in Reihen angeordneten Knochenschilden gepanzert. Der Körper ist seitlich zusammengedrückt, die Schnauze nicht merklich vom Kopf abgesetzt, die Färbung der Umgebung angepaßt. Als Standfisch lebt die Grasnadel zwischen Seegras und auf Sandgrund. Die Nahrung wird eingesaugt. Bei den Seenadeln kümmern sich die Männchen um die Nachkommenschaft. Nach einem Paarungsspiel führt das Weibchen die Eier mittels einer Art Legeröhre in eine Bruttasche des Männchens ein; die Ränder der Tasche verkleben, sie öffnet sich erst wieder nach vier Wochen bei der »Geburt« der Jungen.

Roter Knurrhahn *(Trigla lucerna):* An dem konisch zulaufenden, beschuppten Körper sitzt ein großer, durch harte Hautknochen gepanzerter Kopf mit vorstehenden Augen. Die Brustflossen weisen eine Besonderheit auf: Der obere Teil ist fächerförmig, während die unteren drei Strahlen freistehen, fingerförmig nach unten gerichtet und beweglich sind. Mit ihnen läuft der Fisch auf dem Boden und tastet nach Freßbarem, bevorzugt nach Krebsen und Weichtieren. Durch kräftige Muskeln, die an der Schwimmblase ansetzen und diese in Schwingungen versetzen, können die Fische tatsächlich Knurrtöne erzeugen.

Der **Dorsch** bzw. **Kabeljau** *(Gadus morhua)* bewohnt kalt-gemäßigte Meeresgebiete mit hohem Salzgehalt. Dort lebt er in Bodennähe in Tiefen von 40–200 m, an den Kontinentalabhängen bis 600 m. Er ernährt sich von Krebsen, Weichtieren, Würmern und Fischen. Ein 20jähriger Kabeljau erreicht eine Länge von über 1 m und ein Gewicht von bis zu 50 kg. Der wirtschaftlich bedeutende Speisefisch wird mit Schlepp- und Stellnetzen, aber auch mit der Angel gefangen und kommt als Stock- oder Klippfisch, frisch oder eingefroren auf den Markt. Aus der Leber gewinnt man Lebertran. Der Kabeljau laicht meist im Frühjahr, ein großes Weibchen kann fünf Millionen Eier ausstoßen. Die Larven ernähren sich von Plankton, bis sie einige Zentimeter Länge erreicht haben, und gehen dann zum Bodenleben über.

Der **Kleingefleckte Katzenhai** *(Scyliorhinus canicula)* ist mit maximal 1 m Länge zwar einer der kleinsten Haie, jedoch besonders schön gemustert. Für den Menschen zeigt er kein Interesse und ist gänzlich ungefährlich. Während der Paarung schlingt das Männchen den Schwanz um seine Partnerin. Die Eier werden im Muttertier befruchtet. Zur Eiablage schwimmt das Weibchen zwischen Wasserpflanzen umher, an denen die hornigen, rechteckigen Eier mit langen Haftfäden hängenbleiben. Bis zum Schlüpfen der fertig entwickelten Junghaie vergehen 8 bis 9 Monate. Die Weibchen können ohne nochmalige Begattung im nächsten Jahr weitere Eier ablegen.

Der **Atlantische Hering** *(Clupea harengus)* schwimmt tagsüber in riesigen, mehrere Kilometer langen Schwärmen in tieferen Wasserschichten und steigt nachts, wenn sich die Schwärme auflösen, zur Oberfläche. Seine Nahrung besteht vorwiegend aus Plankton. Zum Laichen werden, ebenfalls im Schwarm, bestimmte Plätze aufgesucht, küstennahe Gebiete oder Bänke auf offener See, und Eier sowie Samenzellen ins Wasser abgegeben. Ein Weibchen legt bis 30 000 Eier, die zu Boden sinken und dort festkleben. Nach zwei Wochen schlüpfen die Larven und steigen zur Oberfläche. Im Alter von 2 bis 3 Jahren wandern die Jungheringe von den Küstenbereichen ins freie Wasser ab.

Bläßgans *(Anser albifrons):* Aus der hocharktischen Tundra Nordsibiriens stammt die Bläßgans, die regelmäßig als Wintergast in die küstennahen Niederungen im Nordseeraum, an den Niederrhein und nach Südosteuropa kommt. Dabei überfliegt sie weite Bereiche Mitteleuropas, wo sie sich gebietsweise in Scharen zum Rasten einfindet. Sie ist etwas kleiner als die Graugans und durch ein auffallendes weißes Stirnband am Schnabelansatz gekennzeichnet, das sich, anders als bei der sonst ähnlichen kleineren Zwerggans *(Anser erythropus)*, nicht bis über Augenhöhe hochzieht. Ausgefärbte Bläßgänse tragen auf dem Bauch dunkle Querbänder, die sie von den Jungen unterscheiden.

Eiderente *(Somateria mollissima):* Mit Federn aus dem Brustbereich polstern die Eiderenten ihre Nester aus. Diese ungemein warmen und weichen Daunen sammelte man früher zum Füllen von Betten. Auch die wohlschmeckenden Eier waren geschätzt, doch seit Jahrzehnten hat diese Form der Nutzung der Eiderenten durch den Menschen stetig abgenommen. Die großen, kräftigen Enten, zur Gruppe der Meeresenten gehörend, kommen nur selten ins mitteleuropäische Binnenland. Ihre Brutplätze liegen im Küstenbereich. Im flacheren Wasser tauchen die Eiderenten nach Nahrung, an der Muscheln einen hohen Anteil haben. Die Männchen (Erpel) bilden sehr unterschiedliche Kleider aus, wenn sie vom Ruhekleid zum Prachtkleid umfärben. Die Weibchen bleiben stets tarnfarben gebändert und dunkelbraun.

Krähenscharbe *(Phalacrocorax aristotelis):* Dem Kormoran recht ähnlich sieht die Krähenscharbe, die jedoch ausschließlich die Küstengewässer, vornehmlich an Felsküsten, besiedelt. Sie wird mit 76 cm knapp 15 cm weniger lang als der Kormoran. Das Gefieder schillert im Brutkleid intensiv metallischgrün, und den Oberkopf ziert eine kleine, nach vorn gebogene Federhaube. Die bräunlichen Jungvögel lassen sich nur an der Größe einigermaßen vom Kormoran unterscheiden. Krähenscharben nisten auf unzugänglichen Felsbändern an den Küsten von Norwegen, Großbritannien, Island und Irland, Frankreich, der Iberischen Halbinsel und Abschnitten von Mittelmeer und Schwarzem Meer. Sie tauchen sehr gut und tief nach Fischen von 10–20 cm Länge. Da ihr Gefieder naß wird, muß es anschließend bei gelüfteten Flügeln trocknen.

Seeadler *(Haliaetus albicilla):* Die Flügelspannweite dieses mächtigen Wappenvogels erreicht bei großen Weibchen mehr als 2,5 m. Die Männchen bleiben etwas kleiner. Altvögel zeichnen sich durch einen schneeweißen, keilförmigen Schwanz und einen stark aufgehellten Kopf aus. Schnabel und Beine sind gelb. Im Jugendkleid, das erst mit sechs oder sieben Jahren dem Alterskleid weicht, fehlt der weiße Schwanz, der sich aber durch Aufhellung der Schwanzwurzel bei fortschreitendem Alter andeutet. Seeadler besitzen im Vergleich zu anderen Adlern besonders hohe, kräftige Schnäbel. Dennoch ergreifen sie die Beute, die aus Fischen, Wassergeflügel und Kadavern besteht, stets mit den Fängen. Beim Fischen stoßen die Seeadler tief ins Wasser. Dabei kann es vorkommen, daß sie die Krallen in einen zu schweren Fisch schlagen, den sie nicht aus dem Wasser herausheben können. Dann ertrinken die Seeadler. Die wirkliche Gefahr droht ihnen, die am Ende einer langen Nahrungskette stehen, aber durch Umweltgifte und von Eierdieben und Aushorstungen. Die wenigen Seeadlerhorste, die in der Bundesrepublik Deutschland noch existieren, werden daher zur Brutzeit streng bewacht.

Weißwangengans *(Nonnengans; Branta leucopsis):* Die Weißwangengans brütet in der hocharktischen Tundra und kommt zum Überwintern an das holländische, deutsche und dänische Wattenmeer sowie nach Irland und Schottland. Von den ebenfalls aus den Gebieten jenseits des Polarkreises stammenden Ringelgänsen *(Branta bernicla)*, die im gleichen Gebiet überwintern, unterscheidet sie sich durch die breiten weißen Wangen und die weiße Stirn. Die Ringelgans besitzt am schwarzen Kopf nur ein schmales weißliches Kehlband. An der Küste treten die Weißwangengänse im Spätherbst und Winter zu Tausenden auf und ernähren sich von Gräsern im Bereich der Deiche. Mit nur gut 60 cm Länge sind sie viel kleiner als Graugänse oder die in Europa gebietsweise eingebürgerten Kanadagänse *(Branta canadensis)*.

Brandgans *(Brandente; Tadorna tadorna):* Zu den Halbgänsen rechnet man die auffällig bunte Brandgans. Diese Gruppe von Entenvögeln steht verwandtschaftlich zwischen den Gänsen und den eigentlichen Enten. Manches im Verhalten der Brandgans wirkt auch wie eine Mischung zwischen beiden: Die Geschlechter sind bis auf die Ausbildung des roten Höckers am Schnabel gleich gefärbt, und die Paare halten bei der Jungenführung zusammen. Brandgänse nisten wie manche Enten in Höhlen, vornehmlich in Kaninchen- und Fuchsbauen, die verlassen worden sind. Nach der Brutzeit sammeln sie sich in großen Scharen zum Gefiederwechsel, der Mauser. Mit 61 cm Körperlänge werden die Brandenten etwas länger als die Stockenten, deren ökologische »Planstelle« sie im Küstenbereich einnehmen.

Heringsmöwe *(Larus fuscus):* In der Körpergröße entspricht die durch einen schiefergrauen Rücken und eine ebensolche bis schwarze Flügeloberseite ausgezeichnete Heringsmöwe in etwa der Silbermöwe. Möwen mit dunklem Mantel, die deutlich größer sind, gehören der Art der Mantelmöwen *(Larus marinus)* an, die mit fast 80 cm Körperlänge die größten unter den im Bereich der Ostsee und der südlichen Nordsee regelmäßig vorkommenden Möwen sind. Zur Brutzeit sind die Beine der Heringsmöwe gelb. Am etwas schwächeren Schnabel trägt sie, wie die Silbermöwe, einen roten Fleck, den die Jungen anpikken, um Futter zu bekommen. Junge Heringsmöwen im ersten und zweiten Jahr lassen sich nur sehr schwer von jungen Silbermöwen unterscheiden.

Silbermöwe *(Larus argentatus):* Unter den Großmöwen der Küste erkennt man die Silbermöwe am hellgrauen »Mantel«, an den fleischfarbenen Beinen und den hell jauchzenden »kjau«-Rufen. Sie kommt an Sandstränden und Felsküsten, besonders aber im Bereich der Häfen vor, wo sich oft große Scharen einfinden, um den Fischkuttern zu folgen oder um die Müllplätze zu durchstöbern. Fischabfälle, Tierkadaver am Strand, organisches Treibgut und Muscheln bilden zusammen mit Pierwürmern und anderen Wirbellosen die Nahrung der Silbermöwen. Überhaupt besitzen diese großen, kräftigen Vögel einen sehr weiten Speisezettel und verwerten fast jede Form von organischer Nahrung. Silbermöwen brüten zu Hunderten oder Tausenden in Kolonien auf abgelegenen Inseln und Sandbänken. Sie fliegen und schwimmen gut, können aber nicht tauchen. Die Jugendkleider variieren sehr stark von dunklem Braun bis zum hellen Erwachsenengefieder. Am Mittelmeer lebt die nahe verwandte und sehr ähnliche Weißkopfmöwe *(Larus cachinnans)*.

Sturmmöwe *(Larus canus):* Deutlich größer als die Lachmöwe, aber erheblich kleiner als die Silbermöwe ist die Sturmmöwe, eine ebenfalls häufige Möwenart der Küste, die sich jedoch nach und nach auch im Binnenland angesiedelt hat. Der gelbliche, ziemlich schwache Schnabel besitzt keinen roten Fleck. Der graue Mantel der Oberseite läuft in eine schwarze Flügelspitze mit weißen Flecken aus, wodurch sie sich im Flugbild von der gleich großen Dreizehenmöwe unterscheidet. Die Sturmmöwe schmarotzt gern bei kleineren Möwen- und Seeschwalbenarten. Sie ist nicht so wendig wie die Lachmöwe und den großen Silber- und Heringsmöwen unterlegen. Dennoch setzt sie sich gegen ihre Konkurrenz durch und brütet gebietsweise in Kolonien, die auf der Küste vorgelagerten Inseln einige Tausende von Brutpaaren umfassen können.

Sanderling *(Calidris alba):* Der mit 20 cm Körperlänge in der Größe zwischen Alpenstrandläufer und Knutt *(Calidris canutus)* liegende Sanderling fällt am Strand durch sein lebhaftes Laufen vor den Wellen auf. Oft suchen die Sanderlinge genau an den ausrollenden Wellen nach Nahrung, trippeln vor diesen her und fliegen kurz auf, wenn die Welle zu rasch kommt. Im sehr hellen, fast weißen Winterkleid mit dem deutlich abstechenden schwarzen Flügelbug sind sie unverwechselbar unter den Strandläufern. Im Brutkleid ähneln sie einer verwaschen bräunlichen, kleineren Ausgabe des Knutts. Sie brüten in der hocharktischen Tundra.

Seeregenpfeifer *(Charadrius alexandrinus:)* Wie eine Maus huscht der kleine Seeregenpfeifer am Strand über den Sand. Mit seiner hellen Gefiederzeichnung verschwindet er sofort im Farbton des Untergrunds, wenn er plötzlich ruhig verharrt und sich niederläßt. Nach Art der Regenpfeifer ernährt er sich von verschiedenen Kleintieren am Strand, besonders von Fliegen, aber auch von angedrifteten Samen. Schnell duckt er sich und pickt nach der auserwählten Beute, um im nächsten Moment gleich ein paar Meter weiterzurennen. Sein Nest errichtet er als kleine, von ein paar Muschelschalen gesäumte Mulde, in die er sich beim Brüten tief hineindrückt. Die vier Eier des Geleges sehen wie Steinchen aus und sind sehr schwer zu finden, wenn der Altvogel sie zur Nahrungssuche vorübergehend verlassen hat.

Steinwälzer *(Arenaria interpres):* Besonders im Flug, aber auch bei der Nahrungssuche am Strand fällt der Steinwälzer mit seiner charakteristischen schwarzweißen Zeichnung auf. Von Wange, Auge und Schnabelwurzel zieht sich ein schwarzer Streifen zur Kehle, wo er sich latzförmig verbreitert, dann in scharfem Knick zum Flügelbug hochzieht und über den Rücken weiterläuft. Auf dem weißen, durch eine schwarze Endbinde begrenzten Schwanz läuft er keilförmig zusammen. Im Winterkleid verwischt sich die Zeichnung an der Brust. Bei der Nahrungssuche dreht der Steinwälzer mit dem etwas aufgeworfenen Schnabel Muscheln oder Steinchen um und sucht darunter nach Kleintieren, die seine Nahrung bilden. Er brütet an den Küsten Skandinaviens und überwintert am Strand von Nordsee, Atlantik und gebietsweise am Mittelmeer.

Alpenstrandläufer *(Calidris alpina):* In den Alpen kommt dieser Strandläufer nicht vor. Er brütet aber in der sogenannten alpinen Tundra im Norden von Skandinavien und der Sowjetunion. Zur Brutzeit trägt er einen kennzeichnenden schwarzen Bauchfleck, den er beim anschließenden Kleingefiederwechsel wieder verliert. Wenn die Alpenstrandläufer in riesigen Mengen an die Küsten der Nordsee kommen, haben sie diesen Fleck zumeist schon vermausert. Bei den Jungvögeln fehlt er ebenfalls. Der etwa starengroße Körper, der nasale Ruf, das weiße Band im Flügel und der gut kopflange, leicht gebogene Schnabel sind dann die deutlicheren Kennzeichen. Den weißen Bürzel durchläuft ein dicker schwärzlicher Streifen. Alpenstrandläufer kommen im Herbst, auf dem Durchzug in geschütztere Gebiete, regelmäßig auch an die Gewässer des Binnenlandes, wo sie an Schlick- und Schlammufern eifrig nach Nahrung suchen.

Rotschenkel *(Tringa totanus):* Das Hauptverbreitungsgebiet des Rotschenkels liegt zwar im Küstenbereich, doch finden sich auch im Binnenland auf feuchten Wiesen kleine Brutvorkommen. Allerdings sind diese hochgradig gefährdet, denn bei zu früher Mahd geht die Brut verloren, und überdies werden viele Feuchtwiesen trokkengelegt. Die lauten, melodischen Rufe (»tlü-üh« und ähnliche) verraten die Anwesenheit des Rotschenkels. Er besitzt – wie sein Name andeutet – rötliche Beine und einen relativ langen, dünnen Schnabel, mit dem er im feuchten Wiesengrund und im Schlick nach Nahrung sucht. Über den Flügel zieht sich eine breite weiße Binde, die seinem größeren Verwandten, dem ebenfalls rotbeinigen Dunklen Wasserläufer *(Tringa erythropus)*, fehlt. Auch der Dunkle Wasserläufer ist vorwiegend im Küstenbereich ansässig.

Kampfläufer *(Philomachus pugnax):* Wenn die Kampfläufer im Herbst von ihren Brutgebieten im Norden abziehen und nach Süden, bis nach Afrika, wandern, deutet noch nichts auf die Verwandlung hin, die sich bei den Männchen im April und Mai des nächsten Jahres vollziehen wird. Dann legen sie ein buntes Prachtkleid mit verlängerten Federn im Kopf- und Halsbereich an, das sie fast wie mittelalterliche Ritter erscheinen läßt. Wie bei Turnieren stehen sich die Hähne gegenüber und fechten mit den Schnäbeln auf festumrissenen Balzplätzen. Kein Hahn gleicht dem anderen. Die Weibchen sehen von außen den Duellen zu und wählen dann das ihnen genehme Männchen. Nach der Begattung ziehen sie sich zurück, legen ihre Eier, bebrüten sie und versorgen allein die Jungen. Mit seiner Turnierbalz ähnelt der Kampfläufer, ein Vertreter der Watvögel (Limikolen), dem nicht mit ihm verwandten Birkhuhn. Wie bei diesem sind die Weibchen unscheinbar (tarnend) gefärbt und kleiner als die Männchen.

Austernfischer *(Haematopus ostralegus):* Unverwechselbar in Gestalt und Aussehen, bevölkern die gut taubengroßen Austernfischer die Küsten an Nord- und Ostsee sowie andere Gestade Europas. Ihr grün-schwarzes Kopf-, Brust- und Rückengefieder bildet einen scharfen Kontrast zum weißen Bauch. Der lange, intensiv rot gefärbte Schnabel, die etwas helleren roten Beine und die roten Augen stellen weitere Kennzeichen dieser zu den Watvögeln gehörenden Art dar. Über die Flügel erstreckt sich ein breites weißes Band, während der weiße Schwanz von einer schwarzen Endbinde begrenzt wird. Mit dem langen, kräftigen Schnabel stochern die Austernfischer nicht nur im Schlick nach Pierwürmern, sondern sie schlagen damit auch recht geschickt Muscheln auf, um an das Fleisch zu gelangen.

Seehund *(Phoca vitulina):* Die bekannteste Robbenart unserer Küsten ist der Seehund, der 1,5–2 m lang und bis 100 kg schwer wird. Er lebt bevorzugt im Bereich sandiger Küsten, vor allem im Wattenmeer an der Nordsee, stellenweise auch in der Ostsee sowie an den Stränden Norwegens, Großbritanniens und Islands. Die Hinterbeine haben sich bei ihm bereits so weit nach hinten verlagert, daß sie beim Schwimmen und Tauchen wie eine Schwanzflosse wirken. Zur Fortbewegung an Land können sie nicht mehr benutzt werden. Seehunde »robben« daher auf dem Bauch zu den Sandbänken hinauf, auf denen sie lagern. Sie schwimmen und tauchen ganz ausgezeichnet. Die silbergrauen Jungen werden nicht selten durch Störungen von ihren Müttern getrennt. Laut rufend liegen sie im Watt oder werden als sogenannte Heuler irgendwo angeschwemmt. Der Seehund ist im Nordseeraum leider bedroht!

Kegelrobbe *(Halichoerus grypus):* Am langen, beim Auftauchen kegelförmig und nicht wie beim Seehund rundlich wirkenden Kopf erkennt man die Kegelrobbe. Sie wird bis etwas über 3 m lang. Die Weibchen erreichen ein Gewicht von 200–250 kg, die Männchen von knapp 300 kg. In der Fellfärbung unterscheiden sich vor allem die Jungtiere deutlich vom Seehund, denn die kleinen Kegelrobben sind weiß, während die Seehundheuler ein silbergraues Fell tragen. Als Lebensraum bevorzugen Kegelrobben felsige Küsten mit tieferem Wasser. Hier jagen sie nach Fischen und Krebstieren. Sie schwimmen und tauchen sehr gut. Bei der Nahrungssuche können sie bis in eine Tiefe von 150 m vordringen und über eine Viertelstunde unter Wasser bleiben.

Vogelzug am Wattenmeer

Jedem Beobachter, der ein Auge für die Natur hat, fällt es gleich auf: An den Nordseestränden gibt es viel mehr Vögel als am Mittelmeer. An den malerischen Küsten der Adria oder der Côte d'Azur streifen nur wenige Möwen umher. Zwar tummeln sich Scharen davon in den Häfen, aber doch weniger häufig und in kleineren Gruppen als an der Nordsee.

Dieser Unterschied wird um so deutlicher sichtbar, je mehr sich der Sommer neigt und der Herbst herannaht. Dann wimmelt es zwischen Sylt und Hamburg nur so von Vögeln. In Schwärmen so groß, daß der unkundige Binnenländer sie für Stare halten möchte, verdunkeln sie an manchen Tagen den Himmel. Limikolen sind es; die »Grenzbewohner« von Wasser und Land – so ungefähr würde ihr Name übersetzt lauten. Besonders zur Zeit des Herbstzuges finden sie sich in dieser Grenzzone ein, in der sich der Wechsel der Gezeiten vollzieht. Bei Ebbe verteilen sie sich über die frei werdenden Schlickflächen. Immer weiter folgen sie dem zurückweichenden Wasser, bis man sie vom Deich her aus den Augen verliert. Ihre Mengen scheinen sich geradezu in den Weiten des Wattenmeeres zu verlieren. Doch die auflaufende Flut drängt sie wieder landwärts. Nun verdichten sich die Schwärme: Immer enger müssen sie zusammenrücken auf den wenigen Flächen, die von der Flut nicht überspült werden. Jetzt erst zeigt sich, um welche gewaltigen Mengen es sich handelt.

Millionen dieser Vögel besuchen alljährlich das Wattenmeer. Die meisten von ihnen stammen aus der Tundra, wo sie gebrütet und ihre Jungen großgezogen haben. In den weiten, menschenleeren Gebieten der Tundra stellen ihnen nur wenige Feinde nach. Zudem bietet der kurze Polarsommer ein reiches Angebot an Nahrung, sehr lange Tage, die viel Zeit für die Nahrungssuche lassen, und ziemlich stabile Witterungsbedingungen. Die Limikolen, die dort brüten, laufen nicht Gefahr, daß zu große Hitze die sich entwickelnden Jungvögel in den Eiern absterben läßt, wenn die Gelege einige Zeit unbedeckt bleiben müssen. Der Zug in den hohen Norden lohnt sich also für diese Vögel, weil die Tundra sich besser für die Aufzucht der Jungen eignet als die nahrungsarmen, sonnigen Strände am Mittelmeer oder an den tropischen Ozeanen, an denen die Limikolen den Winter verbringen.

Allerdings ist der Zug in diese entlegenen Regionen sehr aufwendig. Die kleinen Vögel, von denen die meisten nur Staren- bis Taubengröße erreichen, brauchen ansehnliche Fettreserven, um die Zugstrecken von mehreren tausend Kilometern, die oft weit übers Meer führen, zurücklegen zu können. Viele von ihnen suchen daher Gebiete auf, in denen sie gewissermaßen schnell wieder Energie »nachtanken« können. Das wichtigste dieser Rast- und Nahrungsgebiete zwischen Tundra und Tropen liegt im Nordseeraum, und zwar speziell im Wattenmeer.

Dieses ist neben den Alpen die einzige vom Menschen kaum veränderte Landschaft und besitzt einen sehr hohen Wert für die Zugvögel. Ohne das Wattenmeer und seine Nahrungsreserven würde es den Limikolen ohne Zweifel erheblich schlechter gehen. Denn nur dort finden sie auf verhältnismäßig großer Fläche ein außerordentlich gutes Nahrungsangebot. In stetem Rhythmus von Ebbe und Flut wird es für die Vögel des Watts freigegeben und wieder überspült. Das Watt ist so nahrungsreich, daß die Stunden der Ebbe genügen, um Hunderttausende von Vögeln reichlich zu versorgen. Während der Flut ziehen sie sich auf die Rastplätze zurück. Hier ordnen und putzen sie ihr Gefieder und ruhen aus, bis das zurückweichende Wasser die ersten Nahrungsgründe wieder freigibt und die Futtersuche erneut beginnt.

Heute greifen jedoch vom Menschen verursachte Veränderungen immer stärker in dieses Zuggeschehen ein. Störungen, die von Besuchern verursacht werden, lösen unnötige Flugmanöver aus und kosten die Limikolen wertvolle Energie. Schwerer wiegt noch die Bejagung, insbesondere dann, wenn sie an den Ruheplätzen durchgeführt wird. Die Vögel können natürlich nicht unterscheiden, welchen Arten die Bejagung gilt.

Die größte Gefahr droht den Vögeln aber von den neuen Deichprojekten, die sie der sicheren Rast- und der ergiebigen Nahrungsplätze berauben. Weil das Wattenmeer einen in seiner Art einmaligen Lebensraum auf unserer Erde darstellt und von allen mitteleuropäischen Landschaften am wenigsten ersetzbar ist, fordert der Naturschutz seit Jahren einen Nationalpark »Wattenmeer« – eine Aufgabe, zu der wir wegen der internationalen Bedeutung dieses Knotenpunktes im Vogelzuggeschehen sicher auch verpflichtet sind. Doch die Widerstände waren bislang leider so groß, daß sich dieser Plan noch nicht verwirklichen ließ.

Dennoch sollte weiterhin alles unternommen und darangesetzt werden, daß das Wattenmeer auf Dauer erhalten bleibt – sowohl für die erholungsuchenden Menschen als auch für die Vögel.

Städte und Dörfer
Neue Lebensräume, neue Chancen

Straßen und Mauern, Häuser und Brücken, Leitungen und Masten anstelle von Bäumen – bleibt da noch Platz für ein paar Tiere und Pflanzen im Wohnbereich des Menschen? Nirgends ist die Natur stärker umgestaltet, ja naturferner geworden. Und doch umgibt uns eine Fülle von Leben, eine Vielzahl von Tieren und Pflanzen, die mit den gebotenen, neuen Lebensbedingungen gut zurechtkommen, ja sich direkt auf sie spezialisiert haben. Schon kleine Gärten, brüchige Mauern oder versteckte Winkel können voller Überraschungen stecken. Entdecken wir sie!

Siedlungsgebiete des Menschen nehmen heute in ihrer Ausdehnung in Mitteleuropa den dritten Rang nach der landwirtschaftlich genutzten Flur und den Wirtschaftsforsten ein. Ihr Flächenanteil liegt höher als jener von naturnahen Wäldern, Heideflächen oder sogenanntem Ödland, das in Wirklichkeit keineswegs öde, sondern voller Leben ist. Gebietsweise übertrifft die bebaute Fläche sogar den Waldanteil. Hunderte von Quadratkilometern überzieht Stadt an Stadt die Landschaft an Rhein und Ruhr. In manchen Regionen der Welt haben sich die Städte zu lebensfeindlichen Betonwüsten entwickelt. Zwischen den Wolkenkratzern nehmen sich die Menschen wie Ameisen aus. Die Abgase der Autos stauen sich in den Straßenschluchten. Ein Schmetterling, der darin auftaucht, oder ein Vogel, der von einem der Hochhäuser sein Lied zwitschert, erscheinen wie verirrte Gäste aus einer anderen Welt.

Können wir von einer solchen Umwelt überhaupt noch als Lebensraum sprechen? Stellt die vom Menschen total gestaltete Welt der Städte und Siedlungen nicht bloß eine Verschleißzone für andere Lebewesen dar, denen diese Umwelt noch unwirtlicher entgegentritt als dem Menschen selbst? Millionen von Großstadtbewohnern versuchen ihrer technisierten Umwelt alljährlich während der Ferien in die Natur zu entfliehen. Abermillionen strömen an den Wochenenden aus den Städten heraus und kehren nur höchst widerwillig zurück. Was sollte Tiere in die Städte ziehen, sie zu dauerhaftem Verweilen darin oder sogar zur Ansiedlung veranlassen? Abfälle für Ratten und Schaben, wird mancher denken, oder Fütterung durch den Menschen. Aber dann würde es außer ein paar Stockenten am Stadtteich und verwilderten Haustauben auf den freien Plätzen wohl kaum anderes Tierleben geben! Nein, der Siedlungsbereich des Menschen schafft eigene Lebensbedingungen, die sehr wohl seine Einstufung als bedeutenden Lebensraum rechtfertigen. Er stellt etwas Neues, vorher nie Dagewesenes dar. Und er ist keineswegs lebensfeindlich.

Als nach dem Kriege in Finnland neue Siedlungen in den Wald hineingebaut wurden, stieg die Zahl der dort lebenden Vogelarten um mehr als das Eineinhalbfache an! Die Häuser mit den sie umgebenden Gärten hatten neue Strukturen in den vorher geschlossenen Nadelwald gebracht. Ähnliches vollzog sich schon vor Jahrhunderten, als die mitteleuropäischen Laubwälder teilweise gerodet wurden und an ihrer Stelle Kulturland entstand. Die Almen im Hochgebirge mit ihrer Bewirtschaftung zogen ebenso eine Erhöhung des Artenreichtums nach sich wie die Dorfgärten oder die Parkanlagen in den Städten. Die in Jahrhunderten gewachsenen Städte und Dörfer beherbergten eine beachtliche Vielfalt an Tieren. »Kulturfolger« wurden sie genannt, aber »Siedlungsfolger« wäre der treffendere Ausdruck dafür. Sie folgten nämlich nicht dem Menschen und seiner Kultur, sondern eroberten sich den neuen Lebensraum, der mit dem Bau von Dörfern und Städten allenthalben entstanden war. Nur wenige Arten förderte der Mensch direkt; die meisten kamen einfach von selbst. Obwohl der Besiedlungsprozeß schon seit Jahrhunderten andauert, ist er noch keineswegs abgeschlossen!

Manche Arten kamen schon früh in die städtische Umwelt. Hausmäuse und Ratten gehörten sicher zu den ersten – und zu den am wenigsten erwünschten – Siedlungsfolgern. Hausmäuse stammen aus dem Orient und breiteten sich mit dem Menschen aus. Schon in den Städten des Altertums wimmelte es von ihnen. Im Mittelalter fanden sie in den fest umfriedeten europäischen Städten beste Lebensbedingungen. Dann verteilte der Mensch sie ungewollt fast über die ganze Welt, als das Zeitalter der Entdeckungsreisen und der Kolonialisierung angebrochen war. Mit den Schiffen kamen die Hausmäuse nicht nur nach Amerika, sondern bis auf die entlegensten Inseln in den Ozeanen.

Ganz ähnlich verlief die Ausbreitung der Hausratte. Auch sie kam ursprünglich nicht in Europa vor, doch boten ihr die reichgefüllten Getreidespeicher so günstige Umweltbedingungen, daß sie auch außerhalb der tropisch-subtropischen Gebiete Fuß fassen konnte. Den Winter übersteht sie nur, wenn Gebäude ihr ausreichende Wärme spenden. Aber schon in Südeuropa gibt es freilebende Hausratten! Heute steht dieses vielbekämpfte Nagetier in Mitteleuropa vor dem Aussterben. Die verbesserte Hygiene und die rattensichere Lagerung der Getreidevorräte entzogen ihr die Ernährungsgrundlage. Außerdem mag hinzugekommen sein, daß sie seit dem ausgehenden Mittelalter einen ernsthaften Konkurrenten in der größeren, stärkeren Wanderratte erhalten hat. Diese Ratte schien die Hausratte zu verdrängen, wo immer sie auftauchte. Doch ganz genau kennt man die Zusammenhänge im Konkurrenzkampf zwischen Haus- und Wanderratte nicht.

Jedenfalls handelt es sich in aller Regel um eine Wanderratte, wenn wir hierzulande eine Ratte sehen. Man macht sich kaum eine Vorstellung davon, wie verbreitet diese Tiere auch heute noch sind. Als Faustregel kann gelten, daß die Zahl der Ratten zumindest der Zahl der Einwohner einer Stadt entspricht. Daß man trotzdem wenig von ihnen zu sehen bekommt, liegt an ihrer versteckten, scheuen Lebensweise. Die Wanderratten verstehen es ausgezeichnet, sich der Beobachtung durch den Menschen zu entziehen. Und bisher haben sie alle Ausrottungsversuche überstanden. Zwar gibt es eine Reihe hochwirksamer Rattengiftpräparate, doch keinem war bisher ein vollständiger Erfolg beschieden. Instinktiv merken die Ratten rechtzeitig, daß sie von diesem oder jenem Stoff, in dem das Gift verpackt ist, bedroht werden. Dann meiden sie die Köder. Studiert man sie vorurteilsfrei, so kommt man nicht umhin, den Ratten eine hohe Anpassungsfähigkeit, ja Intelligenz zu bescheinigen. Starke Verluste gleichen sie äußerst rasch durch ihr hohes Vermehrungsvermögen aus. Ein kompliziertes Sozialgefüge sorgt dafür, daß die Familienverbände beisammenbleiben, voneinander profitieren und alle Chancen, die sich bieten, auch nutzen können.

Für den Menschen früherer Jahrhunderte bedeuteten die Ratten größte Gefahr – nicht weil sie als bissig angesehen wurden, sondern vor allem, weil sie die Hauptüberträger der Pest, des Schwarzen Todes, waren. Heutzutage sorgt, zumindest in den Industrieländern, das hygienische Niveau dafür, daß Ratten als Krankheitsüberträger keine nennenswerte Rolle mehr spielen. Um so wichtiger sind sie in der Medizin für die Bekämpfung von Krankheiten geworden. Die Zuchtstämme der Ratten in den Laboratorien der pharmazeutischen und medizinischen Forschung werden vielfach als Versuchstiere für die Prüfung der Wirksamkeit von Medikamenten verwendet. So verdanken wir den Ratten wiederum ein gut Teil unseres Wohlergehens.

Vielleicht zeigt dieses Beispiel in besonderem Maße, wie falsch es wäre, eine Tierart einfach auszurotten, weil sie momentan unerwünscht oder gar schädlich erscheint. Im Siedlungsbereich des Menschen entsteht dieser Konflikt immer wieder. Mancher freut sich über die Tiere, die in die Städte gekommen sind, andere ärgern sich darüber und möchten sie wieder vertreiben. Eine neutrale, möglichst vorurteilsfreie Sicht fällt schwerer, als man denkt. Schnell, allzu schnell entsteht ein Vorurteil. Wir sollten uns aber bemühen, zunächst zu erkennen, warum eine bestimmte Art den menschlichen Siedlungsraum aufgesucht hat, was sie darin so besonderes findet und weshalb sie sich so gut vermehren kann. In den meisten Fällen werden wir feststellen müssen, daß wir selbst die Verursacher sind. Ratten und Mäuse hätten keine Chancen, wenn wir unsere Vorräte sicher genug aufbewahrten. Die Entwicklung der modernen Vorratstechnik macht dies deutlich.

Aber auch andere Arten wären viel seltener, wenn sie durch den Menschen nicht direkt oder indirekt gefördert würden – so zum Beispiel die verwilderten Haustauben. Die Stadt bietet ihnen mit ihren nischenreichen Gebäuden besten Unterschlupf vor den Unbilden der Witterung, sichere Plätze zum Nisten und zudem höhere Temperaturen als an den Naturfelsen, die ursprünglich ihren Lebensraum darstellten. Felsentaube lautet daher ihr richtiger Name. Aber dort findet man sie in Europa nur noch an wenigen, ganz entlegenen Stellen. Das reichhaltigere Nahrungsangebot stellt eben die Stadtbevölkerung zur Verfügung! Nur aufgrund der zahlreichen Abfälle und natürlich vor allem durch die direkte Fütterung können Unmengen von Stadttauben herrenlos in unseren Städten existieren. Alle Versuche, ihre Bestände zu vermindern, weil sie riesige Mengen von Schmutz produzieren, Lebensmitteltransporte damit gefährden und durch ihre Exkremente die Fassaden schädigen, scheitern an dieser menschlichen Zufütterung. Denn selbst wenn es gelingt, den Bestand auf die Hälfte oder noch weniger zu vermindern, das Nahrungsangebot aber unverändert hoch bleibt, vermehren sich die überlebenden Tauben so schnell, daß schon nach einem Jahr der Bestand erneut wieder die alte Höhe erreicht hat.

Das Bekämpfen der Tauben bietet nur dann Aussicht auf Erfolg, wenn das Ausmaß der Fütterung zurückgeht. Dann wird sich der Bestand auf dem geringeren Niveau ganz von selbst einpendeln. Dazu bedarf es weder der Taubenpille noch der Massenvernichtungen. Die Natur regelt wie überall die Bestände vornehmlich über die verfügbare Nahrung. Auch nach Einstellung oder nachhaltiger Einschränkung der direkten Fütterung würden die Stadttauben sicher nicht ganz verschwinden. Genug Sämereien fallen im Jahreslauf an, um ihnen ein Auskommen zu sichern. Sonst hätte sich eine andere Taubenart in den letzten Jahrzehnten gewiß nicht so stürmisch ausbreiten können: die Türkentaube.

Diese erheblich kleinere Verwandte der Felsentauben stammt aus dem Orient. In mehreren Wellen breitete sie sich nach Westen und Norden aus und erreichte in den vierziger Jahren – vom Balkan kommend – den Osten Österreichs. Damals war die Entdeckung der ersten Türkentauben geradezu eine Sensation in Kreisen der Vogelkundler. Recht genau verfolgten sie den Weg dieser Taube. Unaufhaltsam drang sie weiter vor. Bald war die Bundes-

In der intensiv landwirtschaftlich genutzten Landschaft werden die Dörfer in zunehmendem Maße zu Oasen für die freilebende Tierwelt. Im Laufe der Zeit zu einer harmonischen Gemeinschaft gewachsen, bieten sie für Mensch und Tier gleichermaßen Wohnwert und Lebensqualität.

republik erreicht, dann Frankreich, Belgien, die Niederlande und Großbritannien. Eine Ausbreitungswelle ohne Beispiel lief in unseren Tagen bei einer Tierart ab, die man auf den ersten Blick vermutlich eher unter die empfindlichen Vogelarten eingereiht hätte. Niemand konnte ahnen, welche Dynamik in dieser Taube schlummerte. Sie drang in alle Städte ein, besetzte in Scharen die Futterplätze, brütete mitunter viermal im Jahr und zog mit so viel Erfolg ihre meist zwei Jungen groß, daß Flug um Flug auswandern mußte – hinein in noch nicht von ihr besiedelte Lebensräume. Selbst die Stadttauben schienen keine ernsthafte Konkurrenz für sie darzustellen, denn die Türkentauben vermehrten sich, ob es nun Stadttauben gab oder nicht. Die mittleren Städte sowie die Randzonen der Großstädte wurden als erstes besiedelt; dann folgten die Dörfer. Schließlich tauchten die Türkentauben auch bei Einzelgehöften und gar in kleinen Waldstücken auf. Mittlerweile ist nahezu ganz Europa von dieser kleinen Taubenart besiedelt.

Die ihr verwandtschaftlich nahestehende Turteltaube dagegen befindet sich eher auf dem Rückzug. Scheu und zurückgezogen fristet sie ihr Dasein in den klimatisch begünstigten Gebieten. Sie flieht die Städte und intensiver genutzte Regionen. Wie unterschiedlich die Reaktionen sind! Solche Entwicklungen kann niemand voraussagen. Was ging in der Türkentaube vor, als sie sich anschickte, von der asiatischen Heimat aus Europa zu erobern? Wir wissen es nicht. Aber den Weg zu verfolgen, war spannend genug. So vollziehen sich vor unserer Tür tiefgreifende Wandlungen in der Tier- und Pflanzenwelt. Wir brauchen nur die Augen zu öffnen und aufmerksam zu beobachten, dann werden wir Vorgänge entdecken, die nicht minder spannend sind als die draußen in den Wäldern oder in fernen Schutzgebieten. Nicht alles ist natürlich, so augenfällig wie die Einwanderung der Türkentaube. Denn ihren anhaltenden Ruf, ein dumpfes »ghu-ghu-gugh«, kennt wohl jeder. Wenn viele Tauber gleichzeitig balzen, kann das durchaus zu unangenehmer Lautstärke anschwellen. Auch am frühen Morgen wird er nicht jedermann erfreuen. Dennoch möchten wir die hübsche kleine Taube eigentlich nicht mehr missen. Sie richtet keinen Schaden an und hat die Vogelwelt unserer Städte und Dörfer bereichert.

In ähnlicher Weise wanderte eine unserer bekanntesten und häufigsten Vogelarten, die Amsel, in den menschlichen Siedlungsbereich ein. Um die Jahrhundertwende gehörte es noch zu den Ausnahmen, eine Amsel in der Stadt zu sehen. Und heute! Aus dem einst scheuen Waldvogel ist ein regelrechter Stadtvogel geworden. Schon im Februar beginnen die Männchen mit ihrem Reviergesang. Von den Fernsehantennen herab flöten sie noch vor Sonnenaufgang in genau der gleichen Weise, wie sie früher von den Wipfeln der Bäume im Wald gesungen haben. In den Hecken, in Fensternischen und Dachwinkeln, ja an allen möglichen Stellen bauen sie ihre Nester. Drei- oder viermal im Jahr brüten sie. Kaum eine Brut kommt durch. Die Nester oder die Jungen fallen oft Katzen zum Opfer. Unzählige Amseln sterben alljährlich durch Autos.

Die Großstadt gegen den Wald – ein schlechter Tausch für die Amsel? Offenbar nicht. Hier läßt sich's leben, wenn man anpassungsfähig ist.

Untersucht man den Bruterfolg eines städtischen Amselbestandes, so gelangt man leicht zu der Meinung, die Verluste wären so groß, daß sich der Bestand selbst gar nicht halten könne und er auf Zustrom von außen angewiesen sei. Sicher kann das gebietsweise der Fall sein, aber in aller Regel nur kurzfristig und örtlich begrenzt. Insgesamt produziert der Bestand so viel Nachwuchs, daß all die Verluste ausgeglichen werden. Ob die Katzen Nester ausnehmen und Jungamseln fangen, nimmt keinen Einfluß auf das Überleben des Bestandes. Brütet ein Paar dreimal im Jahr und bringt dabei insgesamt 15 Junge zum Ausfliegen – was durchaus möglich ist! –, so dürfen davon 13 zugrunde gehen und das Elternpaar dazu. Dennoch bleiben zwei Amseln im nächsten Frühjahr übrig, um den Bestand zu erhalten. Überlebt nur ein einziges Junges mehr, als für die Bestandserhaltung notwendig wäre, wächst der Bestand unweigerlich so lange an, bis die Sterberate die Nachwuchsrate wieder ausgleicht. Verfügt eine Art über eine hohe Fortpflanzungsrate, so können wir sicher sein, daß sie auch große Verluste ohne Bedrohung des Bestandes erträgt.

Warum sind die Amseln aber überhaupt in die Städte eingewandert? Was macht die Stadt für einen solchen Vogel so attraktiv, daß er seinen angestammten Lebensraum, den Wald, verläßt und einen neuen wählt, der mit dem bisherigen wenig gemeinsam hat? Sicher waren und sind es verschiedene Umstände, welche die Städte für Amseln attraktiver machen. Am wichtigsten dürfte wiederum das Nahrungsangebot sein. Amseln ernähren sich als Weichfresser unter den Vögeln von Würmern, Schnecken, Larven und anderem Kleingetier, das sie aus dem Laub scharren oder an der Bodenoberfläche finden. Auch Beeren spielen zeitweise für die Ernährung eine Rolle. Im dichten Gezweig turnen sie dagegen ungern, und dort Nahrung zu suchen, fällt ihnen schwer, weil ihre Füße zum Herumturnen ungeeignet sind. Auf dem Boden können sie hüpfen und mit ihrem einfach gebauten Schnabel herumstochern. Im Wald aber bietet die Bodenoberfläche nicht viel Nahrung. Die Waldamseln fliegen daher gerne auf die angrenzenden Wiesen und Felder, um dort nach Nahrung zu suchen. Überhaupt stellt eigentlich mehr der Waldrand den Lebensraum der Amseln dar als der Wald selbst.

Die Umweltansprüche der Amsel werden von den Gärten und Parks offenbar besser erfüllt als von naturnahen Wäldern. Es gibt viele Freiflächen, die durch Bewirtschaftungsmaßnahmen in einem Zustand gehalten werden, der den Amseln erlaubt, schnell und sicher die Regenwürmer zu packen, wenn sich diese aus ihren Röhren hervorwagen. Hier gibt es auch Laub in Hülle und Fülle – und Beerensträucher dazu! Die Gärten und Parks der Städte stellen für die Amsel fast endlose Reihen und Netzwerke von Waldrändern dar. Hier finden sie all ihre wesentlichen Ansprüche an den Lebensraum verwirklicht. Und zudem fehlt es an natürlichen Feinden, vor denen sich die Amseln dauernd in acht nehmen müßten. Die Katzen sind vergleichsweise harmlos, weil sie gesunde, ausgewachsene Amseln nicht erwischen können. Der Sperber, ein viel gefährlicherer Feind, jagt in den Städten äußerst selten, und wenn, gibt es überall reichlich Deckung. Ein weiterer Vorteil ist, daß in der Stadt der Boden länger schneefrei bleibt als im Wald. Viele Stadtamseln können es sich leisten, als »Standvögel« an Ort und Stelle zu bleiben und die Gebiete, die zur Fortpflanzung besonders gut geeignet sind, so in Besitz zu halten. Das Stadtleben bietet den Amseln also durchaus viele Vorteile, aber es bedurfte erst ihrer Entdeckung, bevor die Amseln mit der Besiedlung begannen. Anfangs muß der Überlebensvorteil außerordentlich hoch gewesen sein; erst mit zunehmender Dichte der Bestände wurde er geringer und scheint sich heute, bei sehr dichter Amselbesiedelung, nicht mehr wesentlich von den Überlebenschancen der Waldamseln zu unterscheiden.

Gebietsweise sind auch den Amseln nahe verwandte Drosseln wie die etwas größere Misteldrossel oder die kleinere Singdrossel in die Stadtparks eingedrungen. Sie schicken sich an, eine ähnliche Verstädterung durchzumachen. Vor allem das hohe Angebot an Regenwürmern, das in den gemähten Rasenflächen der städtischen Anlagen leicht zugänglich ist, scheint als Anreiz zu wirken.

Dieser Verlockung erliegen auch die Igel, die auf den Rasenflächen in feuchten Nächten reiche Beute machen können. Die Gärten bieten zudem Unterschlupf in Laubhaufen, Kompost oder in Schuppen. Die Igel bauen sich dort ihre Nester für die Tagesruhe und für den Winterschlaf. In keinem anderen Lebensraum trifft man sie so häufig an wie gerade in den Gärten und den Randzonen der Dörfer und Städte. Das wird vielen von ihnen zum Verhängnis, denn asphaltierte Straßen durchziehen diesen für den Igel neuen Lebensraum. Seine seit Jahrmillionen benutzte Strategie, einem Feind zu entgehen, indem er sich zur Stachelkugel zusammenrollt, versagt vor den Rädern eines herannahenden Autos. Er wird erfaßt, zerquetscht oder tödlich verletzt zur Seite geschleudert. Gegen das Fahrzeug hat der Igel keine Chance.

Selbst die gelegentlich beobachtete Umstellung des Verhaltens, nämlich davonzulaufen anstatt sich zur Kugel zusammenzurollen, bringt nur einen geringen Erfolg, weil die Autos viel zu schnell sind. Damit erleidet der Igel gerade in diesem vom Menschen gemachten, für ihn so günstigen Lebensraum die größten Verluste durch den Straßenverkehr. Bei einer mehrjährigen Untersuchung in Südostbayern auf einer 150 km langen Strecke zeigte sich, daß 86% aller überfahren aufgefundenen Igel auf weniger als 10% der Straßentrasse verunglückten. Es handelte sich genau um die Randbereiche der Siedlungen und um kleine Dörfer. Die Anrainer stark befahrener Straßen sollten daher besonders darauf achten, daß die Gartenzäune igelsicher gemacht werden. Ein kleiner Schutzzaun an den Ortsein- und -ausfahrten vermindert die Straßenverluste bei den Igeln besonders stark und nachhaltig. Igelschutz sollte sich also nicht allein darin erschöpfen, daß man kleine und schwache Igel zum Überwintern in seine Obhut nimmt, man sollte auch darauf bedacht sein, die Hauptursache für die Verluste im Straßenverkehr zu mindern. Denn die Straßen ziehen die Igel magisch an! Nach kräftigen Sommerregen kriechen die Regenwürmer in Massen auf die Asphaltdecke hinaus – für die Igel ein im fast wörtlichen Sinne gedeckter Tisch, an dem sie sich ohne Mühe bedienen könnten, wenn die Autos nicht wären. Abhilfe kann nur geschaffen werden, indem man die Igel durch kleine Zäune von den gefährlichen Stellen fernhält.

Übrigens, nicht nur der Igel ist nachtaktiv: Eine ganze Anzahl weiterer Säugetierarten bekommt man im Bereich der Städte und Dörfer kaum jemals am Tage zu Gesicht. Das gilt in besonderem Maße für die heute so gefährdeten Fledermäuse, die gewissermaßen abends und nachts die Rolle der tagsüber jagenden Mauersegler und Schwalben einnehmen. Sie stellen den Fluginsekten im Luftraum um die Siedlungen oder über den Wäldern und Fluren nach. Dabei bedienen sie sich einer raffinierten Technik: sie stoßen in schneller Folge sehr kurze, für das menschliche Ohr unhörbare Schreie aus und fangen mit ihrem hochempfindlichen Gehör das Echo wieder auf. Ähnlich wie das Tageslicht bei der Jagd nach Insekten die optische Orientierung ermöglicht, verhilft das Echo zu einer akustischen. Anders ausgedrückt: Die Schwalben und Segler können die Fluginsekten fangen, weil sie diese sehen. Die Fledermäuse aber können sie fangen, weil sie das Echo der Insekten hören.

Diese Echolot-Orientierung arbeitet so präzise, daß man annehmen kann, die Fledermäuse erhalten ein ähnlich scharfes »Hörbild« wie die Vögel ein visuelles. Mühelos finden sie sich zwischen feinsten im Raum ausgespannten Drähten zurecht, finden Spalten und Ritzen zum Einschlüpfen unter die Dächer, wo sie den Tag verbringen. Bei vielen Fledermausarten sammeln sich die Weibchen in einer gemeinsamen Wochenstube, um dort ihre Jungen zur Welt zu bringen und sie zu säugen. Mit Vorliebe wählen sie dafür ruhige, ungenutzte Dachböden. Die Erhaltung dieser für die Fortpflanzung der Fledermäuse unentbehrlichen sicheren Quartiere stellt für den Fledermausschutz ein zentrales Anliegen dar. Jeder, der in seinem Haus eine Fledermauskolonie beherbergt, sollte sich um ihr Weiterbestehen bemühen und sich nicht an kleinen Unannehmlichkeiten stören, die mit der Ansammlung größerer Mengen dieser Tiere verbunden sind. Keinesfalls rührt jedoch lautes Gepolter in den Dachstühlen von Fledermäusen her, selbst wenn sie dort wohnen sollten. Meist sind es Siebenschläfer, die sich einquartiert haben und mitunter richtigen Radau veranstalten, oder aber Steinmarder, die den Lärm verursachen.

Der Steinmarder wird oft auch als Hausmarder bezeichnet, weil er in Dörfern und Städten viel häufiger zu finden ist, als in der freien Landschaft. Er versteht es meisterhaft, Einschlupflöcher in den Dächern oder in Schuppen ausfindig zu machen. Mitunter muß er einen weiten Sprung vom nächsten Baum wagen, um an das Dach heranzukommen. Lange Zeit bemerkt man wenig oder nichts von seiner Anwesenheit.

Im Zentrum der Großstädte erreicht die Naturferne menschlicher Siedlungen ihren Höhepunkt. Nur noch wenige Tierarten, wie Haussperlinge und Mauersegler, können diesen Lebensraum der »Kunstfelsen« bewohnen, hier ihre Nester bauen und die Jungen aufziehen.

Wenn allerdings die Paarungszeit herankommt, nimmt das Gepolter fast die ganze Nacht über kein Ende. Auch spielende Jungmarder können sich durch den Lärm, den sie verursachen, recht unbeliebt machen. Überzeugte Naturfreunde, ja selbst Tierliebhaber müssen sich da zusammenreißen, um nicht die Geduld zu verlieren.

Doch all dies ist vergleichsweise harmlos. Eine andere Eigenheit der Steinmarder hat sie in den letzten Jahren in Verruf gebracht: das Zerbeißen von Gummi- und Plastikmaterial an Autos. In einzelnen Fällen können dadurch nicht nur an den Fahrzeugen Schäden entstehen, sondern auch die Fahrer gefährdet werden, etwa wenn Bremsschläuche durchgebissen worden sind oder die Kühlerflüssigkeit ausgelaufen ist, weil der Schlauch angenagt wurde. Das Treiben dieser »Automarder« erregte besonders in München, aber auch in anderen Städten Aufsehen. Man weiß bis heute nicht, was die Marder veranlaßt, die Schläuche zu zerbeißen. Ansonsten verhalten sie sich in der Regel scheu und zurückgezogen. Kaum jemand bemerkt etwas von ihrer nächtlichen Jagd nach Ratten und Mäusen.

Nicht nur Steinmarder durchstreifen nachts als Kleinraubtiere die Städte. Auch Füchse leben in den Randzonen – und das gar nicht so selten. In Wien sollen besonders viele Dachse im Stadtgebiet wohnen. Dieser große Vetter der Marder bevorzugt die städtischen Siedlungsgebiete aus zwei Gründen. Einmal findet er dort reichlich Regenwürmer, die einen sehr großen Teil seiner Ernährung ausmachen, und zum anderen gibt es insbesondere im Spätsommer und Herbst Beeren und Früchte in großer Menge. Fallobst schätzt er sehr – ein wichtiger Grund, den Weg in die Stadtgärten zu nehmen. Außerdem sind die Füchse und Dachse in den Städten weniger gefährdet als ihre Artgenossen in den Wäldern, wo sie nicht nur starker Bejagung ausgesetzt sind, sondern wo auch ihre Baue begast werden. Diese Form der Tollwutbekämpfung hat sich vor allem für den Dachs ganz verheerend ausgewirkt; gebietsweise sind seine Bestände dadurch völlig ausgerottet worden. Erst langsam scheinen sie sich wieder zu erholen. Vielleicht kam dabei den Städten und Siedlungen die Bedeutung von Rückzugsgebieten, von Rettungsinseln, zu.

Am augenfälligsten äußert sich die Bedeutung, die menschliche Siedlungsbereiche für unsere Wildtiere erlangt haben, bei Neuschnee. Aus allen Richtungen führen dann die Spuren von Rehen, Hasen, Kaninchen, Füchsen, Mardern, Hermelinen und anderen Tieren aus der verschneiten Flur zu den Dörfern und Siedlungen hin. Wir können daraus nur erahnen, welch reichhaltiges Tierleben sich nachts im Randbereich der Siedlungen entfaltet. Und doch ist es im Grunde der gleiche Vorgang, den uns tagsüber die Vogelwelt vor Augen führt. Die Futterhäuschen quellen, wenn sie gut mit Futter bestückt sind, nur so von Kleinvögeln über. Draußen in Wald und Flur dagegen sind diese nahezu vollständig verschwunden. Oft muß man stundenlang suchen, um einen Meisenschwarm zu entdecken. Wer sich die Mühe oder den Spaß macht, im Winter in verschiedenen Lebensräumen die Vogelarten und ihre Häufigkeit festzustellen, wird überrascht bemerken, daß die Stadt dabei sehr gut abschneidet. Man findet dort im Verlauf von einer halben Stunde in aller Regel mehr Vogelarten als in der freien Flur oder in Wäldern zu beobachten sind.

Auch im Sommer, wenn die menschliche Fütterung der Vögel keine Rolle mehr spielt, zeigen sich die Gärten und Stadtparks durchaus nicht verarmt an Vögeln. Neben den fast allgegenwärtigen Amseln tummelt sich dort eine Vielzahl anderer Arten. Es lohnt sich, auf sie zu achten. Da singt der Girlitz sein perlendes Liedchen von einer Stromleitung herunter, ein Hausrotschwanz preßt seine Strophe hervor; in der Hecke schluchzt bei Einbruch der Abenddämmerung eine Nachtigall, Grasmücken hüpfen umher, Spechte trommeln an den Bäumen, Kleiber und Baumläufer huschen um die Stämme – schnell sind 30 oder 40 Vogelarten zusammengekommen, wenn man im Mai den Stadtpark durchstreift, einen Friedhof einmal aus dem Blickwinkel der Vogelwelt betrachtet oder am Flußufer spazierengeht. Die Städte können sehr reich an interessanten Tieren sein, doch fallen sie im Lärm und Dunst weniger auf als draußen im Wald.

Noch überraschendere Ergebnisse liefern Untersuchungen an den Schmetterlingen, die man noch inmitten der Städte finden kann. Von den tagfliegenden Arten vermögen dort allerdings nur wenige zu leben. Das Tagpfauenauge und der Kleine Fuchs sind die häufigsten. Ihre Raupen leben an Brennesseln, die fast überall wachsen, wo der Boden nicht vollständig von Beton und Teer bedeckt ist. Andere Tagfalter kann man über den Wiesen von Gartenanlagen und Parks entdecken. Der Großteil der Schmetterlinge fliegt jedoch nachts. Mit Lebendfang-Lichtfallen ließen sich in einem nur wenige Dutzend Meter umfassenden Innenhof von Schloß Nymphenburg in München innerhalb eines Zeitraumes von zwei Jahren über 250 verschiedene Schmetterlingsarten feststellen.

Schrebergärten inmitten von Großstädten dienen als Ausgleichs- und Erholungsräume für die eingeengt wohnenden Menschen.

Wer hätte gedacht, hier, mitten in einem großstädtischen Siedlungsgebiet, eine solche Fülle von Schmetterlingsarten zu finden! Und zeigt nicht gerade dieses Beispiel, wie sehr jeder einzelne von uns zur Erhaltung der Vielfalt der Natur beitragen kann?! Ein kleiner Hausgarten genügt schon, um der bunten Falterwelt eine Überlebenschance zu bieten. Ein kleiner Park oder ein größerer Garten stellt bereits ein echtes Inselrefugium dar, vorausgesetzt die Natur darf sich darin einigermaßen frei entfalten. Wer seinen Garten frei von Giften hält, wird bald entdecken, wie rasch auch Tierarten oder Pflanzen zurückkehren, die gar nicht das Ziel der Bekämpfung gewesen waren, aber durch den Gifteinsatz vernichtet oder vertrieben worden sind. Ein paar Nistkästen für Meisen aufzuhängen und im Winter ein Futterhaus für Kleinvögel zu versorgen, das reicht allerdings nicht aus, um die Vielfalt des Tierlebens in der Stadt zu erhalten. Man darf auch nicht nur exotische Bäume und Sträucher pflanzen, wenn man heimische Schmetterlinge anlocken will. Die Stadtparks sollten und könnten ebenfalls Refugien für die selten gewordenen heimischen Pflanzen sein, die in den Intensivkulturen in Forst und Flur keinen Platz mehr finden. Salweide und Hasel, Ulme und Feldahorn bieten für eine Vielzahl von Arten ungleich mehr Lebensmöglichkeiten als serbische Blaufichten oder Thujen.

Das Leben weiß sich zu behaupten, wenn wir nur die Bedingungen dafür einigermaßen günstig erhalten oder da und dort wieder verbessern, wo die Steinwüsten der Gebäude nur durch vollsynthetisch wirkende Rasenflächen unterbrochen werden! Die Stadt muß keine bloße Ansammlung von Stahl und Beton, von Gebäuden, Straßen und Autos sein. Sie kann auch Lebensqualität besitzen.

Leben in der Nähe des Menschen

Zahlreiche Tiere und Pflanzen teilen mit uns den Lebensraum als willkommene oder ungebetene Gäste. Die meisten sind harmlos und sollten nicht gefährdet oder vernichtet werden. Andere, wie etwa den Holzwurm, kann man natürlich nicht im Gebälk dulden. So wird das Holz mit Gift imprägniert – darunter leiden aber die Fledermäuse, wenn sie in solchen Dächern hausen.

Schwalbennester fallen herunter, wenn der Lehm nicht gut klebt. Mit einem Brettchen kann man sie stützen

Von der Larve des Käfers Anobium punctatum (»Holzwurm«) zerstörtes Holz

Mumifizierter Mauersegler, der in einer Dachspalte steckenblieb

Außerordentlich weich ausgebildete Fahnen an den Federn ermöglichen den Eulen lautlosen Flug bei Nacht. Hier die Mauserfedern einer Schleiereule, die im Dachgebälk alter Häuser lebt

Spinnen sind eifrige Insektenjäger im Haus

Steinkriecher (Lithobius) kommen mitunter in Häuser

Der Efeu kann an seinen Haftwurzeln an Gebäudewänden hochklettern; normalerweise überwuchert er feuchte Felswände und Baumstämme

In feuchten, dunklen Räumen lebt die Kellerassel

Kleine Farne, wie die Mauerraute, siedeln sich in Mauer- und Steinritzen an

Dieser Zilpzalp brach sich beim Anprall an ein spiegelndes Fenster das Genick

Aus fein zerkautem Holz und Speichel fertigen die Wespen ein Papier. Dünnere Schichten umkleiden die Waben für die Brut. Im Herbst sterben die Wespen; nur die jungen Königinnen überwintern in Schlupfwinkeln und gründen im Frühjahr ein neues Nest

Im Herbst geschlüpfte Tagpfauenaugen überwintern gern in Gebäuden
Stark geschrumpft ist der Körper dieser Langohrfledermaus, die den ersten Winter nicht überlebte
Moose und Flechten wachsen an Ziegeln besonders auf der Schattenseite der Dächer
Kothäufchen der Braunen Langohrfledermaus
Im Fledermauskot sind (im Gegensatz zum Mäusekot) meist Chitinteile von Insekten gut erkennbar
Unbeholfen zu Fuß, geraten die Fledermäuse in Gebäuden oft in Gefahr (Großes Mausohr)
Tote Wespen und Florfliegen
Hinter Fenstern findet man besonders im Frühjahr oft massenhaft Fliegen: Opfer parasitischer Pilze!
Die zierlichen Waben der Feldwespen findet man in Gebäudenischen. Diese kleinen Wespen stechen kaum und sollten ungestört bleiben
Haussperlinge bauen ihre liederlichen, aber gut gegen Kälte isolierten Nester gern unter Dachrinnen oder in enge Nischen unter den Dächern. Freistehende Nester gibt es in Mitteleuropa selten, in Südosteuropa sind sie die Regel

1

2

3

4

5

6

1 Winterlinden können zu stattlichen Bäumen heranwachsen und an günstigen Stellen mehr als 1000 Jahre alt werden, wobei sie einen Umfang von mehr als 15 m erreichen. Die Kirchenlinde bei Holzhausen in Oberbayern zählt zu diesen uralten Winterlinden, die trotz aller Belastungen von Lebenskraft strotzen.

2 Spitzwegerich: Diese äußerst widerstandsfähige Pflanze hat sich im menschlichen Siedlungsbereich immer wieder behaupten können. Deutlich erkennt man die spitzen Blätter und auf hohem Schaft die rundlichen Blütenähren.

3 Giersch oder **Geißfuß:** Ihn betrachten die meisten Gartenbesitzer als Unkraut, weil ihm nur schwer beizukommen ist. Er wächst und blüht an schattigen Stellen im Garten.

4, 5 Schwarzer Holunder: Die Beeren, die sich aus den Holunderblüten entwickeln, sind wohlschmeckend, und ihr Saft enthält wertvolle Vitamine und Mineralstoffe. In voller Blüte steht der Holunderbusch in Bild 5. Wenn sich die Blüten ganz geöffnet haben, entströmt ihnen ein starker Duft, den man bei günstigem Wind weithin wahrnehmen kann. In Fett gebacken gelten Holunderblüten mancherorts als Delikatesse.

6 Huflattich blüht schon sehr früh im Jahr. Oft schieben sich die Blüten bereits Ende Februar durchs dürre Gras des Vorjahres. Bei Sonne öffnen sie sich und locken die ersten Bienen an. Die blütentragenden Stengel haben nur Schuppenblätter. Viel später kommen die großen Blätter hervor.

1

2

3

4

1 Flechten: In furchigen, rundlichen Schildern wächst diese Flechte auf Kalksteinen oder Beton. Oft findet man sie an Zaunsäulen und Böschungen. Ihr Wachstum vollzieht sich sehr langsam, und es dauert viele Jahre, bis nennenswerte Flächen überzogen sind. Dafür halten sie sowohl Trockenheit und sommerliche Hitze als auch Frost ohne Schädigung aus.

2 Misteln: In so großer Zahl wie abgebildet sieht man sie selten auf einem Baum. Meist befinden sich nur wenige dieser kugelig wachsenden Halbschmarotzer im Geäst. Erst wenn das Laub gefallen ist, bemerkt man ihr Vorhandensein. Pappeln werden häufig von Misteln befallen, und mitunter kommen sie sogar auf Obstbäumen vor. Die Samen werden von Vögeln verbreitet.

3 Große Brennessel: Diese bei Gärtnern unbeliebte Pflanze ist für die Raupen mancher unserer Tagfalter eine unentbehrliche Nahrungsgrundlage. Sie wuchert überall dort, wo der Boden reich an Stickstoff ist, den sie für ihr schnelles Wachstum braucht. Da sie ein ausgedehntes unterirdisches Wurzelsystem besitzt, behindert Abmähen oder oberflächliches Ausstechen ihre Entwicklung kaum. Die Brennhaare, die überall an Blättern und Stengeln stehen, schützen sie weitgehend vor Tierfraß.

4 Efeu: Diese Kletterpflanze kann im Lauf von Jahrhunderten einen baumförmigen Stamm bilden. Die Blätter sind in den ersten Jahren fünflappig (links unten), später, an blütentragenden Sprossen als Altersform, von mehr eiförmiger Gestalt.

5

6

7

8

9

5 Kellerasseln: In dunklen, feuchten Kellern und Winkeln, wo sie sich tagsüber versteckt halten, trifft man häufig auf diese kleinen (bis etwa 16 mm langen), stark gepanzerten Asseln. Nachts gehen sie auf Nahrungssuche und benagen im Keller gelagertes Obst, Kartoffeln, Gemüse oder auch Blumenzwiebeln, doch bleiben die Schäden durch die Asseln geringfügig.

6 Der **Bücherskorpion** wird nur 3 mm groß, sieht aber mit seinen ausladenden, weit gespreizten Scheren sehr angriffslustig aus. Man findet die nützlichen Tierchen gelegentlich zwischen Buchseiten oder in Herbarien, wo sie allerlei Ungeziefer wie Staubläuse, Milben oder sogar Bettwanzen vertilgen. Der abgebildete Bücherskorpion ist stark vergrößert.

7 Hainschnirkelschnecke: Ihre schönen, sehr variabel gebänderten Gehäuse, deren Farbskala von Weißlich über Hellgelb bis Rötlichgelb, mit 1 bis 5 schwarzen oder braunen Bändern, reicht, findet man überall im Kulturgelände.

8 Wandkanker: Viele Menschen fürchten sich vor diesen harmlosen Spinnen, wenn sie auf ihren fadendünnen langen Beinen an Hauswänden umherstelzen. Die Beine brechen bei der geringsten Berührung an einer vorgebildeten Stelle ab.

9 Hauswinkelspinne: Mit 14 mm Länge gehört sie schon zu den etwas größeren Spinnen, die in unseren Wohnungen ihre Netze spannen. 5 bis 7 Jahre alt können die Hausspinnen werden, wenn sie nicht vorher der Hausfrau zum Opfer fallen.

1

2

3

4

5

1 Silberfischchen: Diese silbrig beschuppten Insekten trifft man allenthalben an feuchten Stellen in unseren Wohnungen, unter Blumentöpfen, in Badezimmern, wo sie behende umherlaufen und bei Störung rasch in Ritzen und Spalten verschwinden. Wie das Bild deutlich zeigt, fehlen dem Silberfischchen, wie allen Urinsekten, die Flügel.
2 Eine **Stubenfliege** beim Auflecken eines Honigtropfens. In der Abbildung ist der weit vorgestreckte Rüssel mit dem breiten Saugpolster gut zu erkennen.
3 Die abgebildete **Küchenschabe** trägt eine große Eikapsel am Hinterleib mit sich herum. An einer beliebigen Stelle läßt sie diese fallen, und nach 2 bis 3 Monaten schlüpfen die Larven, die dann in sehr unterschiedlichen Zeiträumen, zwischen vier Monaten und vier Jahren, zu Vollinsekten heranwachsen. Aus hygienischen Gründen ist die Küchenschabe heute in vielen Gebieten stark zurückgedrängt.
4 Gemeiner Ohrwurm mit Eiern, die am Ende der selbst gegrabenen Wohnröhre aufgehäuft werden. Das Weibchen sitzt über dem Gelege und hält es ständig sauber. 2 bis 8 Wochen lang, bis zum Schlüpfen der Larven, verharrt es in dieser Stellung; auch die Larven werden noch geschützt.
5 Die rotäugige, 4 mm große **Taufliege** wird durch den Geruch von faulenden Früchten und gärenden Flüssigkeiten angelockt, in die sie ihre Eier ablegt. Die Fliegen sind sehr fortpflanzungsfreudig:

(Erläuterungen S. 313)

6

7

8

9

Ein einziges Weibchen könnte mit Kindeskindern nach einem Monat 16 Millionen Nachkommen besitzen.

6 **Schwarze Bohnenlaus:** Das Bild zeigt eine Kolonie der Schädlinge, wie sie jedem Gartenfreund unliebsam bekannt ist. Manche Pflanzenteile sind ganz überzogen mit den nur 2 mm großen schwarzen Blattläusen. Durch ihre Saugtätigkeit verkümmern und verkrüppeln die Blätter, auch werden Pflanzenkrankheiten übertragen. Oft ist der Massenvermehrung der Bohnenlaus nur mit chemischen Mitteln beizukommen.

7 **Gemeine Florfliege:** Trotz ihres Namens ist sie keine Fliege, sondern gehört zu den Netzflüglern, die sich durch vier große, reich und netzartig geäderte Flügel – ein Merkmal primitiver Fluginsekten – auszeichnen. Hier macht sie sich gerade an ihre Nahrungstiere, die Blattläuse, heran.

8 **Heimchen:** Ein junges, noch ungeflügeltes Exemplar. Die Jungtiere schlüpfen nach 14 Tagen aus den abgelegten Eiern und sind bis auf die unentwickelten Flügel und die geringe Größe den Eltern schon sehr ähnlich. Im Laufe mehrerer Häutungen wachsen sie zu Vollinsekten heran und werden 16–20 mm lang.

9 Die **Maulwurfsgrille** beginnt mit ihren breiten Schaufelbeinen ihr dicht unter der Oberfläche liegendes Gangsystem in den Boden zu wühlen. Dort stellt sie dann Bodentieren nach, verschmäht aber auch Pflanzenteile nicht. Spitzmaus, Igel, Maulwurf und einige Vögel zählen zu ihren Feinden.

(Erläuterungen S. 314)

1

2

3

4

5

1 Totenuhr: Die Weibchen dieses Käfers legen ihre Eier in Risse von totem, verarbeitetem Holz oder in alte Fraßgänge ab. Nach 14 Tagen schlüpfen die Larven, die sog. *Holzwürmer*, und fressen lange, verzweigte Gangsysteme im Holz nahe der Oberfläche, wodurch sie an Möbeln und Kunstgegenständen beträchtlichen Schaden verursachen können.

2 Larve und Vollinsekt des **Mehlkäfers** leben in Getreidevorräten und Mahlprodukten. Die etwa 25 mm lange Larve ist unter dem Namen *Mehlwurm* bekannt. Bei schwachem Befall kann man die Mehlvorräte durch mehrmaliges Sieben reinigen.

3 Brotkäfer: Durch den Handel wurde er über die ganze Welt verbreitet. Er sucht sich seine Nahrung in gelagerten Vorräten von Mehlprodukten, Hülsenfrüchten und Trockenobst, geht aber auch an scharfe Gewürze, und selbst giftige Drogen können ihn nicht von seiner unermüdlichen Freßlust abhalten.

4 Als Nahrung dienen dem **Speckkäfer** vor allem getrocknete tierische Stoffe. Er ist daher ein gefürchteter Schädling in zoologischen Sammlungen von Insekten und Tierbälgen, welche die Speckkäferlarve von innen her ausfrißt. Ihr Kot, ein feines braunes Pulver, das aus dem befallenen Objekt rieselt, verrät den Käfer.

5 Auch der **Kornkäfer** ist ein Vorratsschädling, wie alle hier genannten Käfer; er befällt gelagertes Getreide.

6 Eine **Gemeine Wespe** sitzt vor dem Schlupfloch ihres kugelförmigen, an einem Stielchen hängenden Nestes. Dieses wird aus pa-

6

7

8

9

pierdünnen Lamellen, von denen mehrere schalenartig übereinander liegen, gefertigt. Als Baustoff dient fein zerkautes, altes Holz, das mit klebrigem Speichel vermengt wird und so eine papierartige Beschaffenheit erhält. Innerhalb dieser Lamellen befinden sich wabenförmige Zellen, in denen die Larven festgekittet sind. An der Unterseite des Nestes ist das Flugloch zu sehen, an dessen Ausgang die Wespe sich gerade zu schaffen macht.

7 **Honigbiene:** Dieses Bild zeigt das Leben in einem Stock der Honigbiene mit dem Gewimmel von Arbeiterinnen, die sich auf den Waben tummeln, Honig und Pollen einbringen und die Brut versorgen; jeder Arbeiterin ist ein ganz bestimmter Arbeitsbereich innerhalb des Bienenstockes zugeteilt.

8 Die **Glänzendschwarze Holzameise** transportiert eine Larve. Die Ameisen befördern ihre Brut zum Sonnen an günstige Stellen oder tragen sie von einem Platz zum anderen, um sie vor dem Zugriff eines Feindes zu sichern. Ihre Nester legen sie in trockenem Holz an. Einige Arten dieser Gattung können in Wohnungen eindringen und dort zu einer Plage werden; man kann sie nur bekämpfen, wenn man die Eingänge zu ihren Nestern findet. Diese verschließt man abends, wenn sich die Tiere in ihr Nest zurückgezogen haben, mit Lehm oder Kitt.

9 Der **Bienenwolf,** einer der prächtigsten heimischen Käfer, ist ein gefürchteter Feind der Honigbiene, da seine Larven Bienen und Brut in verwahrlosten Stöcken dezimieren. Er wird 10–16 mm lang.

1

2

3

4

1 Der **Kleine Fuchs** braucht nicht nur nektarreiche Blüten im Garten, sondern auch Brennesseln für die Eiablage: Sie sind Futterpflanzen seiner Raupen. Er überwintert als Schmetterling in Dachböden oder Schuppen und erwacht in den ersten warmen Vorfrühlingstagen. Das Farbmuster lenkt wahrscheinlich Vögel ab, die ihm nachstellen.

2 Aurorafalter: An den orangefarbenen Flügelspitzen erkennt man, daß es sich um ein Männchen handelt. Dem Weibchen fehlt diese Färbung; die Unterseite des Hinterflügels jedoch, den das Bild zeigt, mit den goldglänzenden Schuppen ist bei beiden gleich gezeichnet. Aurorafalter fliegen im Frühling in Gärten, in denen Wiesenschaumkraut wächst.

3 Das **Taubenschwänzchen** steht wie ein Kolibri vor der Blüte in der Luft. Es hat seinen langen, dünnen Rüssel ausgerollt und zum Saugen des Nektars in den Blütenkelch gesenkt. Das Bild stellt dies fast in Originalgröße dar. Nördlich der Alpen ist dieser Schwärmer nicht bodenständig, sondern fliegt alljährlich von Süden her ein. Seine Raupen leben an Labkraut.

4 Tagpfauenauge: Bei geschlossenen Flügeln würde man nicht ahnen, welche Pracht auf der Oberseite zu finden ist. Gleich vier Augenflecke, die durch langsame Flügelbewegungen immer wieder präsentiert werden, zieren die Flügel. Damit schreckt der Falter, der im übrigen häufig ist, sicher manchen Vogel ab, doch absoluten Schutz gewährt ihm das nicht.

5

6

7

8

5, 6 Der **Ligusterschwärmer** gehört zu den noch ziemlich häufigen Schwärmerarten. Seine Raupen fressen – meist einzeln – an Ligusterblättern. Bei Berührung oder leichter Erschütterung richten sie sich S-förmig auf, ziehen den Kopf zurück und verharren so. Das für viele Schwärmerraupen typische Horn am Körperende ist beim Ligusterschwärmer besonders kräftig. Die Raupen brauchen ungefähr vier Wochen für ihre Entwicklung. Wachsen sie unter Kurztagsbedingungen mit nur zwölf Stunden Tageslicht oder weniger, dann überwintern sie. Bei sommerlicher Langtagentwicklung schlüpfen die Puppen noch im selben Jahr, und die Falter überwintern. Die weiblichen Falter übertreffen die Männchen an Größe; sie gehören zu den größten Schwärmern.

7 Totenkopfschwärmer: Die Totenkopfzeichnung auf dem Rükken (im Bild rechts) hebt sich deutlich ab; sonst ist der hier in Originalgröße abgebildete Totenkopfschwärmer auf seiner Rindenunterlage kaum zu erkennen.

8 Erschreckt präsentiert das **Abendpfauenauge** seine Hinterflügel mit der Augenzeichnung. In Ruhestellung verdecken sie die Vorderflügel, die zusammengelegt wie dürre Blätter wirken. Der dunkle, samtartige Bereich auf der Brust verstärkt den Eindruck eines Gesichtes an den geöffneten Flügeln. Das Abendpfauenauge gehört zu den häufigsten Schwärmern. Seine Raupen leben an niedrigen Pflanzen in Dorfgärten, an Hecken und in Auwäldern. Die Falter fliegen erst bei Einbruch der Dunkelheit.

1

2

3

4

1 Gammaeule: Deutlich hebt sich das gelblichweiß glänzende Zeichen auf den Vorderflügeln, dem dieser Eulenfalter seinen Namen verdankt, vor dem dunklen Untergrund ab. Die aufragenden Borstenbüschel auf dem Rücken zeigen, daß er frisch geschlüpft ist, denn nach einigen Tagen stoßen sie sich ab. Die Gammaeule zieht alljährlich über die Alpen nach Norden, um sich hier fortzupflanzen. Im Sommer und Herbst kehren die Nachkommen wieder in den Mittelmeerraum zurück.

2, 3 Brauner Bär: Die langen, dichten und meist giftigen Haare der Raupen gaben den Bärenspinnern den Namen. Beim Braunen Bär, dem häufigsten unter den großen Arten in Mitteleuropa, sind sie besonders lang. Die kürzeren an den Seiten sind rotbraun. Weiße Punkte leuchten aus der Behaarung hervor. Da die Raupen bei der Futteraufnahme nicht wählerisch sind, können sie auch in Dörfern und am Stadtrand leben. Die Falter signalisieren durch gelbrote Hinterflügel mit blauen Ringflecken, daß sie für Singvögel ungenießbar sind. Das Linienmuster der Vorderflügel deckt die warnfarbenen Hinterflügel im Ruhezustand zu. Der Falter in Bild 3 zeigt Vorder- und Hinterflügel.

4 Hausmutter heißt dieser mit fast 3 cm Vorderflügellänge recht große und häufige Eulenfalter. Er kommt in verschiedenen Farbphasen vor, doch die Hinterflügel sind stets gelb mit schwarzem Band. Die Vorderflügel können rotbraun, braun, ocker bis sandfarben oder fast schwarz sein.

5

6

7

8

5 Zitronenfalter: So intensiv zitronengelb, wie hier zu sehen, sind nur die Männchen; die Weibchen bleiben viel blasser, und man kann sie, wenn sie im Hochsommer umherfliegen und Blüten besuchen, sogar mit Kohlweißlingen verwechseln. Wird es zu heiß, beginnen die Zitronenfalter einen Sommerschlaf, und wenn der Herbst kommt, suchen sie nach einem geeigneten Unterschlupf im dürren Laub, wo sie größter Kälte trotzend fast ungeschützt überwintern. Im zeitigen Frühjahr fliegen sie dann wieder, und nicht selten ist der Zitronenfalter der erste Tagfalter im Jahr, den man draußen zu Gesicht bekommt.

6 Weiße Tigermotte: Ein gelb-schwarzes Muster an den Körperseiten warnt Singvögel vor ihrer Giftigkeit. Dieser frisch geschlüpfte Falter hält die Flügel noch nicht in der typischen dachförmigen Stellung über dem Körper. Ihre Oberseite trägt zahlreiche schwarze Punkte, die unregelmäßig verteilt sind. Die Falter verhalten sich recht träge und flugunlustig.

7 Grünes Blatt ist ein recht treffender Name für diesen Spanner, den man überall in Gärten und Wiesen findet. Wegen der grünen Färbung und der blattartig ausgebreiteten Flügel, über die feine weiße Wellenlinien laufen, ist er schwer zu entdecken. Mitunter fliegt er abends ans Licht.

8 Hornissenschwärmer: Dieser Schmetterling gleicht einer Wespe und schreckt dadurch Feinde ab. Seine glasartigen, durchsichtigen Flügel tragen nur am Rand Schuppen.

1

2

3

1 Der kleine **Steinkauz** benutzt gerne Ruinen und alte Gemäuer als Unterschlupf oder Brutplatz. Die gelben Augen verraten, daß er auch am Tage aktiv sein kann. Eulen mit roten oder orangefarbenen Augen sind meist ausschließlich Nachttiere. Die ähnlich wie beim Menschen gerade nach vorn gerichteten Augen ermöglichen eine hohe Tiefenschärfe des Sehens. Der Steinkauz vermag Entfernungen abzuschätzen, indem er den Kopf hin und her bewegt und »Knickse« macht. So stellt er fest, ob es sich lohnt, auf eine Heuschrecke oder ein anderes Großinsekt Jagd zu machen, das gerade an seinem Rastplatz vorbeifliegt.

2 Die **Schleiereule** ist ein reiner Nachtjäger. Kaum jemand bemerkt ihre Anwesenheit in großen Scheunen und auf Kirchtürmen, weil sie nur in der Dunkelheit ausfliegt und lautlos jagt. Unter anderem erbeutet sie Haus-, Wald- und Rötelmäuse, wobei der herzförmige Gesichtsschleier offenbar ihr Hörvermögen, das die feinen Piepstöne aufnimmt, verbessert.

3 Die **Türkentaube** ist heutzutage aus den Dörfern und Kleinstädten sowie den Randgebieten der großen Städte Mitteleuropas nicht mehr wegzudenken, aber vor einem halben Jahrhundert fehlte diese schmucke kleine Taube mit den roten Augen und dem halbmondförmigen Halsring dort noch. Sie wanderte, vom Balkan her kommend, mit großer Geschwindigkeit ein. Gerne brütet sie in Gärten, unter Hausdächern und auf Simsen. In den Städten hat man sie sogar schon im Winter brütend angetroffen.

4

5

6

7

4 Grünspecht: In elegantem Bogenflug schießt das Weibchen aus der Bruthöhle heraus. Beim Männchen trägt der schwarze Bartstreif noch eine rote Einlage, und das Grün des Gefieders wirkt etwas kräftiger. Grünspechte besiedeln gerne alte Obstgärten, vor allem dann, wenn sie in Stämme, an denen Äste abgeschnitten wurden, ihre Bruthöhlen schlagen können. Mehr als andere Spechte suchen sie ihre Nahrung am Boden.

5 Bei den Füßen der **Kleiber** richten sich zwei Zehen nach hinten und zwei nach vorne, wie das Bild zeigt. Diese anatomische Konstellation ermöglicht ihnen einen sehr festen, sicheren Griff, so daß sie an den Stämmen gleichermaßen auf- und abwärts laufen können. Männchen und Weibchen sind gleich gefärbt. Sie bleiben das ganze Jahr über in ihrem Revier. Kleiber sind Singvögel, die sich auf eine spechtähnliche Lebensweise spezialisiert haben. Mit den Meisen sind sie nicht unmittelbar verwandt, auch wenn sie manchmal *Spechtmeisen* genannt werden.

6, 7 Wiedehopf: Die Stellung der Haube verrät Aufmerksamkeit und Erregung, denn sie kann flach zusammengelegt oder fächerförmig aufgerichtet werden, wobei die schwarzweißen Spitzen der Haubenfedern erst aufgerichtet voll zur Wirkung kommen (Bild 6). Mit dem langen, leicht gebogenen Schnabel stochert dieser Exote unter den heimischen Vögeln nach seiner Insektennahrung im Boden. Die Verwandten des Wiedehopfs leben alle in den Tropen und Subtropen der Alten Welt.

1

2

3

4

1 Der **Mauersegler** hat so kurze, schwache Beine, daß er sich kaum aufzurichten vermag; seine sichelförmigen Krallen eignen sich viel besser zum Festklammern an Wänden. Er ruht daher entweder so, wie auf dem Bild zu erkennen, oder aber halb hineingeschoben in Spalten und Nischen an Türmen und hohen Gebäuden. Mitunter schläft er auch mit ausgebreiteten Schwingen in der Luft. Mit den Schwalben ist er nicht verwandt; er gehört nicht einmal zu den Singvögeln, sondern zu einer den Kolibris nahestehenden Vogelordnung.

2, 4 Mehlschwalben suchen an einer austrocknenden Pfütze (Bild 2) nach feuchtem Lehm, den sie zum Bau ihrer halbkugeligen Nester (Bild 4) brauchen, die sich stets außen an den Hauswänden, meist unter dem Dach, befinden und am ovalen bis rundlichen Einflugloch erkennbar sind. Zur Fütterung können immer nur ein oder zwei Junge den Kopf durch die Öffnung stecken.

3 Die **Rauchschwalben** bauen Napfnester mit breit ausgezogener Öffnung, die allen Jungen gleichzeitig das Sperren der Schnäbel ermöglichen. Ihre Nester befestigen sie an Innenwänden von Ställen oder Hausfluren. Im Flugbild erkennt man die Rauchschwalben am tief gegabelten, in zwei seitliche Spieße auslaufenden Schwanz und am dunklen Bauch, der bei den Mehlschwalben weiß ist. Hierauf spielen die deutschen Namen dieser beiden häufigen Schwalbenarten an. In den letzten Jahrzehnten nahmen ihre Bestände mangels geeigneter Nistplätze stark ab.

5

6

7

8

5 Haubenlerche: Die besonders bei Erregung aufgerichtete, deutlich sichtbare Haube ist das beste Unterscheidungsmerkmal gegenüber der sonst recht ähnlichen Feldlerche. Doch anders als diese kommt die Haubenlerche inmitten von Siedlungen vor. Sie bewohnt scheinbar unwirtliches Industrie- und Bahnhofsgelände und wurde sogar auf größeren Flachdächern beobachtet, die mit Kies belegt waren. Früher war sie, als es im Bereich der Städte und Dörfer noch Ödland gab, viel häufiger. Die moderne Stadt mit ihren gepflegten Grünanlagen ist ihr zu aufgeräumt!

6 Der **Grauschnäpper** trägt zwar ein ähnlich graues Gefieder wie die Haubenlerche, gehört aber zu einer ganz anderen Singvogelgruppe, nämlich zu den Fliegenschnäppern, und ist ein reiner Insektenfresser. Er nistet gerne in der Nähe von Gebäuden oder in Obstgärten in Nischen und Halbhöhlen. Sein unscheinbares Gefieder dient ihm dabei als Schutz. Mancher »Spatz«, der im Blumenkasten brütete, war gewiß ein Grauschnäpper.

7 Die **Heckenbraunelle** kommt weit verbreitet und häufig in der Kulturlandschaft vor. Besonders in Norddeutschland bewohnt sie Gärten und Siedlungen. Hier schlüpft sie scheu und vorsichtig durchs Gebüsch und singt ihr einfaches Lied. Der feine Schnabel weist sie als Insektenfresser aus.

8 Klangvolle Strophen singt die **Gartengrasmücke** im Mai und Juni in lichten Wäldern, verwilderten Gärten und Parkanlagen. Ihr Nest legt sie meist im dichten Gestrüpp über dem Boden an.

1

2

3

4

1 Der **Nachtigall** fehlen, ähnlich wie der Gartengrasmücke, besondere oder auffallende Gefiedermerkmale, und es ist nicht leicht, sie zu beobachten, doch ihr Lied kann man nicht überhören. Besonders in der Abenddämmerung und bis tief in die Nacht hinein läßt sie aus dem Buschwerk von Gärten, an Flußufern und aus lichten Wäldern, im Süden auch aus dem kargen Buschwerk an Berghängen ihre schluchzenden Strophen ertönen.
2 **Gartenrotschwanz:** Das Bild zeigt ein Männchen. Das Weibchen ist viel blasser gefärbt, ohne die schwarze Gesichtsmaske und die weiße Stirn, besitzt aber auch die rotbraunen Schwanzfedern, mit denen diese Vögel unablässig zittern. Der Gartenrotschwanz überwintert in Afrika südlich der Sahara. Er kommt etwa zwei Wochen später zurück als der Hausrotschwanz. In den letzten Jahren hat er stark abgenommen.
3 Invasionsartig besucht der **Seidenschwanz** die Gärten in Mitteleuropa. Er bewohnt die Wälder des Nordens und zieht nur ausnahmsweise, dann aber gleich in großer Zahl, bis nach Mittel- und Westeuropa zum Überwintern. Seine Federhaube sträubt sich bei Erregung. Das Gefieder wirkt seidenartig. Am auffälligsten jedoch sind die kleinen lackroten Plättchen an den Spitzen der Flügeldeckfedern. Seidenschwänze ernähren sich im Winter von Beeren und kommen deshalb gerne in die Gärten, wo sie auch noch am Baum hängende oder herabgefallene Äpfel auspicken. Mit Winterende ziehen sie wieder zurück in den Norden.

5

6

7

4 Der **Hausrotschwanz** kommt früher vom Winterquartier zurück als der Gartenrotschwanz, von dem er sich leicht durch seine rotbraune Brust unterscheidet. Er jagt Insekten vom Ansitz.
5 Auch überwinternde **Amseln** suchen Äpfel wie zum Beispiel die Seidenschwänze. Meist sind es die Männchen, kenntlich an ihrem einheitlich schwarzen Gefieder und am gelben Schnabel, die den Winter über ausharren. Zeitig im Frühjahr erklingen dann ihre Flötenstrophen. Die Weibchen und die Jungvögel sind braun gefärbt.
6, 7 Das Herbstkleid des **Stars** zeichnet sich, wie Bild 6 deutlich zeigt, durch weiße Spitzen und helle Säume an den Federn aus, die sich im Laufe des Winters abstoßen. Übrig bleibt das metallisch-grün schillernde Frühlingskleid, in dem sich die Stare präsentieren, wenn sie von der Überwinterung zurückkehren. Zu den Zugzeiten, im Frühjahr, Frühsommer und Herbst, sammeln sie sich in großen Scharen, die Millionen Vögel umfassen können. Trotz dieser Massierung wahren sie einen Mindestabstand. Das zeigt sich besonders deutlich, wenn sie sich, wie in Bild 7, auf Leitungsdrähten niederlassen. Die Distanz zwischen den einzelnen Vögeln entspricht genau der Reichweite ihrer Schnäbel und wird daher Hackdistanz genannt. Am Schlafplatz lärmen die Stare sehr laut. Ihr Gezwitscher übertönt mitunter sogar den Straßenlärm, wenn sie einen Sammelplatz mitten in der Stadt gewählt haben. Die Jungstare der ersten Brut machen einen Zwischenzug. Daher sieht man auch im Frühsommer mitunter ziemlich große Starenschwärme.

1

2

3

4

1 Kernbeißer: Kein heimischer Finkenvogel besitzt einen so großen und kräftigen Kegelschnabel wie dieser. Doch die Töne, die er daraus hervorbringt, sind so schwach und leise, daß sie vielfach überhört werden. Mit dem Schnabel verschaffen sich die Kernbeißer am winterlichen Futterhaus Respekt gegenüber Grünlingen oder Spatzen. Normalerweise benutzen sie ihn aber nicht zum Beißen, sondern zum Knacken von Kernen und hartschaligen Samen oder zum Abzwicken von Knospen.

2 Bergfinken kommen im Winter an die Futterhäuschen. Sie fallen durch ihre weißen Bürzel auf, wenn der Kleinvogelschwarm abfliegt. Der abgebildete Bergfink ist ein Männchen im Winterkleid. Zur Brutzeit würde es eine schwarze Kopfkappe tragen, die sich bis auf den Vorderrücken fortsetzt. Beim Weibchen ist die Brust weniger intensiv braun, der Kopf grau.

3 Buchfink: Im Gegensatz zum Bergfinken, der in Mitteleuropa nicht brütet, kommt der Buchfink fast überall als häufiger Brutvogel vor. Ein Männchen, kenntlich an der blaugrauen Kopfkappe, am blaugrauen Schnabel und an den braunen Körperpartien, besucht gerade das kunstvoll aus Moos und kleinen Wurzeln gebaute Nest, das innen mit Federn ausgelegt ist.

4 Der **Grünling** beherrscht vielerorts im Winter die Futterhäuschen, aber sobald das Frühjahr kommt, lösen sich die winterlichen Schwärme auf, und die Grünfinken leben heimlich. Die Männchen (Bild) sind intensiver gefärbt als die Weibchen.

5

6

7

8

5 Dohlen nisten viel häufiger an Türmen und in Ruinen als in Baumhöhlen im Wald. Von allen Rabenvögeln haben sie sich dem Menschen am stärksten angeschlossen. Sie sind sehr sozial und gelehrig. Alte Dohlen erkennt man am grauen Kopf, der sich deutlich von der dunklen Augen- und Schnabelpartie abhebt. Unter den Scharen, die im Herbst aus dem Osten kommen und in Mitteleuropa auf den freien Fluren überwintern, befinden sich mitunter auch Halsbanddohlen, was zeigt, daß es sich bei diesen Schwärmen nicht um einheimische, sondern um vorübergehend zugewanderte Dohlen handelt.

6 Der **Haussperling** wird die am Stacheldraht hängengebliebene Schafwolle zum Auspolstern seines Nestes unter dem Dach benutzen. An der grauen Stirn erkennt man, daß es ein Männchen ist. Das Fehlen des Ohrflecks unterscheidet es vom Feldsperling. Eine kräftige weiße Binde zieht über den Flügel. Doch vom ebenfalls charakteristischen schwarzen Kehlfleck, den das unscheinbar gefärbte Weibchen nicht besitzt, ist im Bild nicht viel zu sehen. Haussperlinge leben in lockeren Kolonien zusammen.

7 Kohlmeise: An der Breite des schwarzen Streifens, der sich von der Kehle über die Brust zieht und den gelben Bauch teilt, erkennt man, ob es sich um ein Männchen (breiterer Streifen) oder ein Weibchen handelt. Diese größte heimische Meise ist häufig.

8 Die gerade halb so große **Blaumeise** ist viel seltener als die Kohlmeise. Möglicherweise ist Bruthöhlenmangel ein Grund dafür.

1

2

3

1 Die **Hausspitzmaus** gehört, obwohl sie nur ungefähr 10 g schwer wird, dennoch zu den größeren Arten unter den Spitzmäusen. Sie lebt überall in Gärten und lichten Wäldern, wo sie Insekten, Würmern und anderen kleinen Tieren nachstellt; die Beute findet sie vornehmlich mit Hilfe der langen Tasthaare. Zwischen der dunkleren Ober- und der helleren Unterseite besteht keine deutliche Grenze. Ihre Zahnspitzen sind weiß.

2 Der **Abendsegler** ist eine unserer größten Fledermausarten und zudem noch ziemlich häufig. Seine Flugrufe kann man bei einigermaßen gutem Hörvermögen gerade noch wahrnehmen. Er jagt in der Dämmerung, mitunter aber auch am Tage, im freien Luftraum nach kleinen Insekten.

3 **Igel:** Obwohl überall verbreitet und häufig im Bereich von menschlichen Siedlungen, gehört doch viel Glück dazu, eine Igelfamilie so schön beobachten zu können. Das Weibchen führt die Jungen. Das Männchen dagegen kümmert sich nicht darum, sondern geht seine eigenen Wege, die den kleinen Kerl pro Nacht über 1 km weit führen können. Junge Igel werden mit noch weichen Stacheln geboren, die in den ersten Lebenswochen erhärten. Wenn die Jungigel zu spät im Jahr geboren werden, überstehen sie den Winter nicht, weil ihr Körper nicht genügend Fett für den Winterschlaf speichern konnte. Doch solche Verluste macht die nächste Fortpflanzungsperiode wieder wett. Bevorzugte Nahrung der Igel sind Regenwürmer und Schnecken.

4

5

6

7

4 Wanderratte: Es fällt schwer, für Ratten Sympathie zu erwecken. Besonders die in den Kanalisationssystemen und Mülldeponien lebenden Wanderratten werden von den meisten Menschen als abscheulich empfunden. Dabei zeigen uns diese anpassungsfähigen Tiere, daß sie selbst mit widrigsten Umständen fertig werden können. Fast jede Art von Abfallstoffen, die Nahrung enthält, wird von ihnen verwertet. Durch ihr bräunliches bis braunschwarzes Fell unterscheidet sich die Wanderratte von der selten gewordenen meist schwärzlichen Hausratte.

5 Die **Hausmaus** setzt alle Sinne ein, um ihre Umgebung zu erkunden: Die schwarzen Knopfaugen sind weit geöffnet, die zarten Ohrmuscheln aufgerichtet und die Schnurrhaare gefächert; auch die Nase schnuppert. Der lange Schwanz weist sie als Angehörige der Langschwanzmäuse oder Echten Mäuse aus.

6 Beim **Steinmarder** reicht der weiße Brustfleck bis zu den Vorderbeinen hinab. Dadurch unterscheidet er sich vom sonst außerordentlich ähnlichen, fast gleich großen Baum- oder Edelmarder, der eine gelbe Kehle besitzt. Steinmarder nisten sich nicht selten in ruhig gelegenen Dachböden und Speichern ein. Sie jagen hauptsächlich in der Nacht nach Mäusen und Ratten.

7 Siebenschläfer: Akrobatisch wie ein Eichhörnchen turnt er nachts in den Obstbäumen und nascht von Früchten. Auch Insekten und Nüsse stehen auf seinem Speisezettel; er braucht sie, um genügend Speck für den Winterschlaf anzulegen.

Winterlinde *(Tilia cordata):* Die schiefherzförmigen, am Rande gesägten Blätter, die bei älteren Bäumen eine dichte, leicht gelbgrüne Krone bilden, kennzeichnen die häufig auch als Alleebaum angepflanzte Winterlinde. Sie blüht im Juni und Juli. Die hellgelben Blüten sind fünfzählig und stehen in Fünfer- bis Elfergruppen beisammen. Der Baum erreicht eine Höhe bis zu 30 m. Getrocknete Lindenblüten werden als Tee verwendet und wirken besonders bei Erkältungen schweißtreibend.

Spitzwegerich *(Plantago lanceolata):* Als grundständige Rosette ordnen sich die schmalen, lineal-lanzettförmigen Blätter des Spitzwegerichs. Die parallel verlaufenden Leitbündel (Adern oder Nerven) sind gut im Blatt zu erkennen. Die walzen- bis eiförmige Blütenähre ragt über die Blattspitzen empor. Blühenden Spitzwegerich findet man von Mai bis September auf Trockenrasen, Ruderalflächen und Wiesen. Aus seinen Blättern wird ein schleimlösender Absud gewonnen.

Giersch *(Geißfuß; Aegopodium podagraria):* Der bis 1 m hoch wachsende Giersch gehört zur Familie der Doldenblütler und steht von Mai bis September in Blüte. Nährstoffreiche Mauerränder in leicht schattiger Lage, Auwälder, Wegränder und Parks bilden seinen hauptsächlichen Lebensraum. Im Volksmund wird die Pflanze wegen ihres Geruches *Wilder Holunder* genannt. Sie gilt als schwer zu bekämpfendes Unkraut im Garten unter Hecken.

Schwarzer Holunder *(Sambucus nigra):* Der zu den Geißblattgewächsen gehörende Schwarze Holunder findet vielseitige Verwendung. Die reifen Früchte werden für die Herstellung von Saft, Kompott und Marmelade benutzt; aus den Blüten, die reich sind an ätherischen Ölen – daher ihr starker Duft –, gewinnt man Tee, oder man bäckt »Hollerküchel« daraus. Holunder gedeiht an Hauswänden, Gartenzäunen und in lichten Wäldern, besonders in Auen, wobei er meist als Strauch, seltener als Baum vorkommt.

Huflattich *(Tussilago farfara):* Mitunter schon Ende Februar, gleich nach dem Abtauen des Schnees, schiebt der Huflattich seine goldgelben Blüten hervor. Sie kommen lange vor den großen, auf der Unterseite graufilzigen Blättern aus dem Boden und gehören zu den ersten Frühlingsboten. Den Huflattich, der zur Familie der Korbblütler gehört, trifft man auf Rohböden, steinigen Flächen und an Böschungen an. Seine Blätter und Blütenstände werden gegen Husten und Heiserkeit verwendet.

Flechten: Es gibt eine große Anzahl verschiedener Arten von Flechten, die schwer zu bestimmen sind. Ein Teil wächst auf der Rinde von Bäumen oder auf Holzbrettern, andere leben auf mineralischer Unterlage (Steinflechten). Flechten stellen stets eine Symbiose von Pilzen und Algen dar, wachsen sehr langsam, und manche Arten reagieren sehr empfindlich auf Luftverschmutzung. Daher werden sie als Bioindikatoren angesehen.

Mistel *(Viscum album):* Wenn im Winter die Bäume kahl sind, entdeckt man nicht selten grüne kugelige Büschel in ihren Kronen. Dies sind Misteln, Halbschmarotzer, die zwar immergrüne Blätter ausbilden, aber die Wirtspflanze anzapfen und deren Wasser-Nährsalz-Strom nutzen. Die klebrigen Beeren werden von Vögeln, vor allem von Drosseln, verzehrt und die Samen durch das Putzen des Schnabels an Ästen dabei auf andere Bäume übertragen.

Große Brennessel *(Urtica dioica):* Dieses allgemein bekannte Nesselgewächs signalisiert, wo sie wächst, stickstoffreichen Boden: Sie gedeiht überall dort besonders gut, wo (zu) stark gedüngt wird oder wo Rohboden an die Oberfläche kommt, beispielsweise auf Viehweiden mit starker Düngung durch Jauche oder auf feuchtem Schutt. Brennesseln überdauern den Winter mit Hilfe von Rhizomen, d. h. unterirdischen wurzelähnlichen Sprossen.

Efeu *(Hedera helix):* Mit Hilfe besonderer Haftwurzeln vermag der immergrüne Efeu auch an senkrechten Wänden hochzuklettern. Ganze Hausfassaden oder Kirchen kann er überwuchern. Dieser »lebende Schutz« wird heute wieder mehr gepflegt, vermindert er doch die Wärmeverluste im Winter und schafft durch die Wasserverdunstung der Blätter im Sommer Kühlung. Vögel schlafen gerne im Schutze des Efeus oder bauen ihre Nester darin.

Die **Kellerassel** *(Porcellio scaber)* gehört zu den landbewohnenden Vertretern der Asseln, einer Ordnung der Krebse, und hat dementsprechende Umgestaltungen erfahren. So sind die Kiemen zu sog. Tracheenlungen abgewandelt, um Sauerstoff aus der Luft aufnehmen zu können. Sie befinden sich an den Außenästen der Hinterleibsbeine als ein System verzweigter Luftröhren. Die feuchtigkeitsliebenden Tiere trifft man meist in Kellern und Gewächshäusern, auf Schutthalden, unter Baumrinde und Falllaub. Ihre Nahrung bildet verrottendes Laub. Scheucht man sie aus ihren Schlupfwinkeln auf, laufen sie eilig weg und verkriechen sich gleich wieder. Die Weibchen treiben Brutpflege, sie tragen ihre Eier und Jungen in Brutbeuteln, die von Fortsätzen der Brustbeinhüften gebildet werden, eine Zeit lang mit sich herum.

Der **Bücherskorpion** *(Chelifer cancroides)* gehört zu den Afterskorpionen, einer mit den Spinnen nahe verwandten Ordnung. Das erste Beinpaar besitzt mächtige, weit spreizbare Scheren mit Giftdrüsen. An der Spitze der Kiefer münden Spinndrüsen. Der breite, deutlich gegliederte Hinterleib ist abgerundet und läuft nicht in einen schmalen Schwanz aus wie bei den echten Skorpionen. Beim Paarungsspiel berühren sich die Partner nur kurz an den Scheren, das Weibchen bleibt dann stehen, während das Männchen einen Werbetanz aufführt, in dessen Verlauf es ein gestieltes Samenpaket absetzt. Dann weicht es etwas zurück, das Weibchen folgt ihm und streift dabei über das Samenpaket. Einige Wochen später werden die Eier in einen mit Nährflüssigkeit prall gefüllten Brutbeutel abgelegt. Während der Entwicklung der Eier sitzt das Weibchen in einem selbstgefertigten, mit Gespinst ausgekleideten Nest. Aber nicht nur die Aufzucht der Jungen findet in solchen Nestern statt, die Tiere ziehen sich auch zur Häutung und Überwinterung dorthin zurück.

Die **Hainschnirkelschnecke** *(Cepaea nemoralis)* ist leicht mit der Gartenschnirkelschnecke *(Cepaea hortensis)* zu verwechseln, von der sie sich nur durch einen dunklen Mündungssaum (Rand an der Schalenöffnung) unterscheidet. Irreführend sind die Namen, denn die Gartenschnirkelschnecke kommt im freien Gelände in lichten Laubwäldern vor, während die Hainschnirkelschnecke auf Hecken und Gebüschen in Gärten und Kulturlandschaften lebt. In Gartenkulturen kann sie durch Blattfraß schaden.

Wandkanker *(Opilio parietinus):* Vorwiegend an Hauswänden und in Wohnungen lebt dieser Weberknecht. Seinen kleinen Körper balanciert er auf überlangen Beinen. Die Endabschnitte dieser Beine sind in zahlreiche kurze Glieder (an die 50) unterteilt. Die Tiere können damit zum Beispiel Grashalme fest umschlingen und sich auf diese Weise sehr gewandt auf Gräsern und Kräutern fortbewegen. Ergreift man einen Wandkanker, so bleibt meist nur ein zuckendes Bein in der Hand zurück – eine Schutzreaktion, die den Angreifer ablenken soll, bis der Belästigte entkommen ist. Verlorene Beine werden nicht wieder ersetzt, aber selbst mit nur einem Bein auf jeder Seite können die Tiere noch erstaunlich schnell laufen.

Hauswinkelspinne *(Tegenaria domestica):* Sie ist es, die in Zimmerecken und hinter Möbeln ihre von der Hausfrau gar nicht geschätzten dreieckigen, engmaschigen, horizontalen Netze errichtet, welche im

Mauerwinkel in eine kurze Wohnröhre auslaufen. Weil sich das feine Maschenwerk leicht durch Staub verstopft, legt die Spinne ein Stück darüber ein neues Netz an. Im Wohngespinst sitzend lauert sie auf Beute. Kleinen Tieren, die auf die Netzdekke fallen, wird die Flucht sehr erschwert, weil sie ständig in die Maschenlöcher einbrechen und kaum vorwärtskommen, während die Spinne, deren Fußsohlen durch Haarborsten verbreitert sind, sich behende auf diesem Gitter fortbewegt und die Beute leicht überwältigen kann. Nach einem Biß mit ihren giftbewehrten Kiefern zieht sich die Spinne wieder zurück und wartet auf den Tod des Opfers, das sie erst dann in die Röhre schleppt und verspeist.

Silberfischchen *(Lepisma saccharina):* An feuchten, dunklen Stellen in Wohnungen und Lagerräumen leben diese scheuen, 7–10 mm langen Urinsekten. Ihr schmaler Körper ist mit silbrigglänzenden Schuppen bedeckt. Ihren wissenschaftlichen Namen, zu deutsch »Zuckergast«, tragen sie mit Recht, denn sie naschen gern an Zucker. Im allgemeinen aber sind sie nicht wählerisch und ernähren sich von allen möglichen pflanzlichen und tierischen Abfällen. Die Weibchen legen ihre Eier lose in Ritzen und Spalten und kümmern sich nicht weiter darum. Die Silberfischchen sind völlig harmlose Hausgenossen und müssen nur bekämpft werden, wenn sie in Massen auftreten.

Die **Stubenfliege** *(Musca domestica)* wird meist als lästiger Störenfried empfunden, ob sie uns nun die wohlverdiente Ruhepause vergällt oder mit Hartnäckigkeit versucht, an den Mahlzeiten teilzunehmen. Eine wenig appetitliche Sache, denn vielleicht hat sie wenige Minuten vorher ihr Saugpolster auf einen Kothaufen gepreßt! So von einer Nahrungsquelle zur anderen eilend, bleibt es natürlich nicht aus, daß sie auch zur Überträgerin von Krankheitserregern wird, und in der Tat ist sie für die Verbreitung mancher Seuchen (z.B. Typhus) mitverantwortlich. Auf glatten Flächen wie Glas kann die Stubenfliege mit Hilfe von Haftlappen an den Fußspitzen mühelos laufen. Die Weibchen legen ihre 600 bis 3000 Eier in Häufchen von 120 bis 150 Stück an frischen Mist oder faulende Stoffe ab; die madenartigen Larven ernähren sich von diesen Substanzen. Die Entwicklung einer Generation dauert 2 bis 3 Wochen, im Jahr können bis zu acht Generationen aufeinanderfolgen.

Küchenschabe *(Blatta orientalis):* Ihr behagt es besonders in feuchtwarmen Räumen wie Küchen, Bäckereien, Treibhäusern, Brauereien, wo sie sich tagsüber in dunklen Ritzen und Spalten, hinter Möbeln und Heizungsrohren versteckt. Nachts geht sie auf Nahrungssuche und macht sich so ungefähr über alle Vorräte her, die sie finden kann; sogar beim Fressen von Papier und Schuhwichse hat man sie schon beobachtet. Für seine Eier produziert das Weibchen eine Kapsel, in der jedes Ei (insgesamt 16 Stück) in einem eigenen Fach liegt. Diese Kapsel trägt es einige Tage mit sich herum, läßt sie dann fallen und kümmert sich nicht weiter um die Nachkommenschaft. Etwa 25 solcher Eikapseln erzeugt das Weibchen in einem halben Jahr. Nach 2 bis 3 Monaten schlüpfen die Larven aus; im ganzen dauert ihre Entwicklung 3 bis 4 Jahre. Die Insekten werden 19–25 mm lang.

Gemeiner Ohrwurm *(Forficula auricularia):* An den dunkelbraunen Insekten mit dem rostroten Kopf fallen besonders die gewaltigen Hinterleibszangen auf, gekrümmt beim Männchen, beim Weibchen gerade. Bei Dunkelheit kommen sie aus ihren Schlupfwinkeln und gehen auf Nahrungssuche. Dabei vertilgen sie hauptsächlich Pflanzen, aber auch kleine Insekten und Spinnen. Am Tag sieht man sie nur, wenn sie aufgescheucht werden. Die Weibchen treiben Brutpflege; sie bewachen, belecken und putzen ihr Gelege und sorgen auch noch für die Larven, indem sie diese zurücktragen, wenn sie sich zu weit vom Nest entfernen. Sie überwintern mit ihrer Brut, sterben meist im Frühjahr in der Bruthöhle und werden dann von den Larven gefressen.

Taufliege *(Fruchtfliege; Drosophila melanogaster):* An überreifen Früchten, Fruchtsaft, Essig, Wein, Bier und dergleichen finden sich die kleinen rotäugigen Fliegen ein und legen ihre Eier in faulende und gärende Substanzen. Die madenartigen Larven tragen am Hinterleib Atemanhänge, die sie zum Luftholen hervorstrekken, falls sie sich in einer gärenden Flüssigkeit entwickeln. Die Taufliege ist das klassische Forschungsobjekt in der Vererbungslehre. An den Riesenchromosomen ihrer Speicheldrüsen wurden Sitz und Wirkungsweise der Erbanlagen erkannt und in vielfältigen Versuchen bewiesen.

Die **Schwarze Bohnenlaus** *(Aphis fabae)* ist ein weltweit verbreiteter Schädling an Kulturpflanzen. Interessant ist die Art der Fortpflanzung: Im Herbst legen die Weibchen ihre Eier an Pfaffenhütchen, Schneeball und anderen Sträuchern (Winterwirte) ab. Aus diesen Eiern schlüpfen im Frühjahr ungeflügelte Weibchen, die Stammütter mehrerer sich parthenogenetisch (ohne Befruchtung) fortpflanzender Generationen werden. Sie bringen Larven hervor, die sowohl zu ungeflügelten als auch geflügelten Weibchen heranwachsen. Die geflügelten, als »Wanderer« bezeichneten Formen gehen auf krautige Kulturpflanzen, zum Beispiel Pferdebohnen (Sommerwirte) über, die ungeflügelten bleiben auf ihren Wirtssträuchern und bringen weiterhin geflügelte und flügellose Nachkommen hervor. Zu Anfang des Herbstes gebären die auf den Sommerwirten lebenden Blattläuse eine geflügelte Generation, die auf die Winterwirte zurückwandert und dort sehr kleine flügellose Weibchen erzeugt. Diese werden von inzwischen auf den Sommerwirten herangewachsenen Männchen begattet, legen dann ihre Eier ab, und der Zyklus beginnt von neuem.

Gemeine Florfliege *(Goldauge; Chrysopa vulgaris):* Sie fliegt abends gern ans Licht und wird von beleuchteten Schaufenstern oft in Scharen angelockt. Zur Überwinterung ziehen sich die Tiere in dunkle Winkel, bevorzugt Speicher menschlicher Behausungen, zurück. Die Weibchen setzen bis zu 400 gestielte Eier ab, aus denen Larven schlüpfen, die sich wie die Eltern räuberisch, vorwiegend von Blattläusen, ernähren und dadurch wesentlich zur Regelung des Bestandes dieser Schädlinge beitragen. 10 bis 24 Tage dauert diese Freßperiode, dann verpuppen sich die Larven, und wiederum nach 10 bis 21 Tagen schlüpft das Vollinsekt.

Heimchen *(Gryllus domesticus):* Die Hausgrille lebt meist in Gesellschaft von Küchenschaben, sie bevorzugt dieselben Plätze und sieht ihnen mit ihrem dicken Kopf und den langen Fühlern sogar in gewisser Weise ähnlich. Das Zirpen, das in lauen Sommernächten in südlichen Ländern so romantisch klingt, kann bei uns nachts, wenn die Tiere auf der Suche nach Nahrung schnell und behende herumstreifen, äußerst lästig werden. Da ihre Aufenthaltsorte, Wohnungen und Vorratsräume, ziemlich gleichmäßige Bedingungen bieten, pflanzt sie sich fast das ganze Jahr über fort. Erwachsene Tiere überwintern nicht, sie sterben im Herbst.

Maulwurfsgrille *(Werre; Gryllotalpa gryllotalpa):* Diese bis 5 cm lange Grille hat ihren Namen von den zu mächtigen Grabschaufeln umgestalteten Vorderbeinen, mit denen sie lange Gänge in den Boden wühlt. Alles Genießbare, was ihr dabei in den Weg kommt, Pflanzenwurzeln, vor allem aber Bodentiere, dient als Nahrung. Zur Paarungszeit kommen die Tiere an die Oberfläche; man hört dann den tiefen, zirpenden Lockruf der Männchen. Für die Fortpflanzung errichtet das Weibchen eine

Erdhöhle, deren Wände mit dem Halsschild festgepreßt werden. Dort legt es 200 bis 300 Eier in Schüben ab, so daß man Eier und Jungtiere verschiedenen Alters beisammen findet. Die Maulwurfsgrille treibt Brutpflege ähnlich den Ohrwürmern.

Die **Totenuhr** *(Anobium punctatum)* ist ein 3–4 mm langer Klopfkäfer, dessen Larve, der *Holzwurm,* unregelmäßige Gänge im Holz frißt und sich die darin enthaltene Zellulose mit Hilfe bestimmter Verdauungssäfte als Nahrung erschließt. Die Entwicklung der Larve dauert mehrere Monate; man kann sich vorstellen, wieviel Schaden sie in dieser langen Zeit anrichtet. Der geschlüpfte Käfer arbeitet sich aus den Gängen durch ein rundes Loch ins Freie und hinterläßt dabei als deutliche Spuren seiner verborgenen Tätigkeit die »Wurmstiche«. Zur Paarungszeit erzeugen die Käfer in den Fraßgängen ein pochendes Geräusch, das in der Stille der Nacht auf ängstliche Menschen unheimlich wirkt.

Mehlkäfer *(Tenebrio molitor):* Ebenso bekannt wie der dunkelbraune, glänzende Käfer sind seine Larven, die *Mehlwürmer.* Sie sind ein begehrtes Futter für Käfigvögel sowie Aquarien- und Terrarientiere, vor allem weil man sie leicht züchten kann. Käfer und Larven ernähren sich von Mehl, Haferflocken und anderen Mehlprodukten, auch von trockenem Brot. Sie können die nötige Flüssigkeitszufuhr aus dem wenigen Wasser bestreiten, das ihre Nahrung in gebundener Form enthält.

Brotkäfer *(Stegobium paniceum):* In Lebensmittellagern an Brot und Dauergebäck, Teigwaren und anderen Mehlprodukten, aber auch in Insektensammlungen und Herbarien richtet dieser 2–3 mm lange Käfer großen Schaden an. Stanniol und sogar Blei kann er durchbohren. Daß er trotz seiner einseitig aus Zellulose bestehenden Nahrung nicht an Eiweiß- und Vitaminmangel zugrunde geht, verdankt er Hefezellen, die symbiontisch in Ausstülpungen seines Mitteldarms vorkommen und ihn mit diesen Stoffen versorgen. Seine Larve braucht ein dreiviertel Jahr zu ihrer Entwicklung; auch sie beherbergt Hefezellen in ihrem Mitteldarm. Bei Massenauftreten des Schädlings hilft nur Durchgasen.

Gemeiner Speckkäfer *(Dermestes lardarius):* In freier Natur ernährt sich dieser 7–9 mm lange Käfer von Tierleichen, die er sozusagen mit Haut und Haar verspeist. Da er diese Nahrung – Haare, Horn, Leder, getrocknetes Fleisch und dergleichen – in der menschlichen Vorratshaltung in reichem Maße findet, entwickelte er sich zu einem Kulturfolger und gefürchteten Schädling. Mit Schiffsladungen wurde er weltweit verschleppt. Der Befall muß mit Giftgas bekämpft werden. Die Larve wird etwa 15 mm lang; sie trägt ein dichtes, langes Haarkleid und zwei kurze Dornen am spitz zulaufenden Hinterleibsende.

Der **Kornkäfer** *(Calandra granaria)* lebt in Vorratskammern in gelagertem Getreide und durchläuft dort seine ganze Entwicklung. Das Weibchen bohrt einzelne Getreidekörner an und legt ein Ei hinein. Die geschlüpfte Larve *(Schwarzer Kornwurm)* nährt sich von dem Inhalt des Kornes und verpuppt sich schließlich in der leeren Hülle. Der Jungkäfer nagt sich ein Ausschlupfloch und beginnt sofort mit dem Fraß an den Körnern. Zugluft und Beunruhigung mag er nicht, gute Durchlüftung der Kornspeicher und häufiges Umschaufeln des Getreides sind vorbeugende Maßnahmen gegen einen Massenbefall. Für gewöhnlich treten zwei, in gleichmäßig warmen Lagerräumen aber auch drei bis vier Generationen des Käfers pro Jahr auf. Wenn die Temperatur unter 5 °C sinkt, verkriechen sich die 2,3–5 mm langen Käfer in Ritzen und verfallen in Kältestarre.

Gemeine Wespe *(Paravespula vulgaris):* Sie legt ihre Nester meist unterirdisch, selten freihängend an. Ein Weibchen, das überwintert hat, gründet jedes Frühjahr den neuen Staat. Im Frühling und Sommer leben die Wespen räuberisch von anderen Insekten; wenn der Herbst näherrückt, entdecken sie jedoch ihre Vorliebe für Süßigkeiten. Nun gehen sie an reifes Obst und sind auch sofort zur Stelle, wenn man sich im Freien zu Kaffee und Kuchen niederläßt. Es gibt Leute, die dann wild um sich schlagen und dadurch riskieren, schmerzhaft gestochen zu werden. Verwandte Arten, besonders unter den Langkopfwespen *(Dolichovespula),* errichten ihre Nester vorwiegend an Zweigen, Balken, unter Dachsparren und an ähnlichen Orten. Zu den häufigsten heimischen Wespen zählt die Deutsche Wespe *(Paravespula germanica).* Oft bewohnen diese Wespen jahrelang dasselbe Nest und vergrößern es ständig. Im Verlauf eines Sommers kann so ein Staat auf 3000 bis 5000 Einzeltiere anwachsen, die allerdings in jedem Herbst bis auf die Königin sterben.

Honigbiene *(Apis mellifera):* Bereits die alten Ägypter haben Bienenzucht betrieben; heute ist die Honigbiene als Nutztier des Menschen über die ganze Erde verbreitet. Sie ist ein staatenbildendes Insekt; ein einzelnes Volk besteht gewöhnlich aus 40 000 bis 70 000 Tieren: aus nur einem fortpflanzungsfähigen Weibchen, der Königin, und dem großen Heer der Arbeiterinnen. Im Frühjahr und Frühsommer findet man auch Männchen, die Drohnen. Die Aufgabe der Königin erschöpft sich in der Ablage von Eiern, bis zu 2000 Stück pro Tag. Vielfältig ist der Aufgabenbereich der Arbeiterinnen. Als frisch geschlüpfte Jungbienen reinigen sie die Brutzellen, dann steigen sie zu Brutpflegerinnen auf, nachdem sich im Kopf Futterdrüsen gebildet haben, deren Saft sie nun an Larven verfüttern. Nach einiger Zeit werden die Futterdrüsen rückgebildet, es entwickeln sich Wachsdrüsen; damit avanciert die Biene zur Bauarbeiterin und beschäftigt sich mit dem Errichten und Ausbessern der Waben, auch mit dem Einfüllen von Honig in die Waben und dem Säubern des Stocks von Abfällen und Bienenleichen. Gegen Ende dieser Periode übernehmen die Arbeiterinnen Wachdienst am Flugloch, empfangen die einfliegenden Bienen und wehren Eindringlinge mit ihrem Giftstachel ab. Den Rest ihres kurzen Lebens sind sie dann als Sammlerinnen unterwegs. – Hat eine Biene eine ergiebige Trachtquelle gefunden, gibt sie diese Entdeckung den anderen Sammlerinnen durch einen Tanz auf den Waben bekannt. Dabei läuft sie im Halbkreis abwechselnd nach links und nach rechts herum und schwänzelt im Mittellauf mit dem Hinterleib. Auf diese Weise teilt sie Richtung und Entfernung der Trachtquelle mit und durch den Duft in ihrem Haarkleid die Art der nektarspendenden Blüten. – Bienenvölker vermehren sich durch Schwärmen: Kurz bevor die jungen Königinnen schlüpfen, verläßt die alte Königin mit der Hälfte des Volkes den Stock. Bald sammeln sich die Bienen an einem Ast oder Pfahl und umgeben als dichte Schwarmtraube die Königin. So warten sie, bis die Spurbienen einen neuen Wohnplatz gefunden haben und den Schwarm dorthin leiten. In freier Natur kann dies ein hohler Baum sein. Für gewöhnlich wird die Schwarmtraube aber vom Imker eingefangen und in einen dafür bereitgestellten Bienenkasten einquartiert. Im Stock schlüpfen die jungen Königinnen; eine von ihnen steigt mit den Drohnen zum Hochzeitsflug auf und wird dabei von einer oder mehreren Drohnen begattet. Den Samenvorrat, der für das ganze Leben reichen muß, speichert sie in einer Samentasche. Nach ihrer Rückkehr räumt sie erst einmal rigoros mit den Nebenbuhlerinnen auf; sie sticht alle neuschlüpfenden Königinnen tot. Die Drohnen dürfen sich noch kurze Zeit ihres Daseins erfreuen, bevor sie im Hochsommer von den Arbeiterinnen aus dem Stock verjagt werden und verhungern müssen. – Ihrer Feinde erwehrt sich die Biene durch den Stich, sie rammt dabei einen Giftstachel in den Gegner. Bei anderen Insekten bleibt diese Abwehr für die Biene ohne Folgen, der Stachel läßt sich aus dem harten Chitin wieder herausziehen. Trifft er aber auf die weiche Haut eines Säugetiers, so bleiben seine Widerhaken stecken, und der ganze Stechapparat wird aus dem Hinterleib herausgerissen. Der Stich einer Biene ist für den Menschen zwar schmerzhaft, für die Biene aber tödlich.

Glänzendschwarze Holzameise *(Lasius fuliginosus):* Diese Ameise errichtet ihre Nester bevorzugt in Weiden- und Pappelstämmen, wo sie im trockenen Holz nach Art der Wespen Holzmehl und Fasern zu Kartonnestern verkittet. Das Nest reicht meist zwischen den Wurzeln weit in die Erde und bietet dort den Tieren ein warmes Winterquartier. Für ihre Ernährung halten sich die Ameisen Blattlauskolonien; über Straßen, die sie mit Duft markieren, finden sie immer wieder zu den Kolonien, um die Blattläuse zu melken: Durch Betrillern mit den Fühlern veranlassen sie nämlich ihre Nahrungslieferanten, Honigtau aus dem Hinterleib austreten zu lassen. Dieser Honigtau ist nichts anderes als das zuckerhaltige, flüssige Exkrement der Blattläuse. Als Gegenleistung hegen und schützen sie die Blattläuse und tragen so zu deren Massenauftreten bei. Zerdrückt man eine Holzameise, so riecht sie stark nach Holzessig.

Bienenwolf *(Trichodes apiarius):* Der prächtig rot- und blauschwarzgefärbte Käfer sitzt in der Nähe menschlicher Behausungen auf Blüten, wo er kleine Insekten jagt. Seine Larven jedoch haben sich auf Bienen spezialisiert: Meist leben sie von der Brut wilder Bienen, dringen aber auch in verwahrloste Stöcke bei Imkern ein und machen sich dort nicht nur über die kranken und toten Bienen her, sondern fressen auch die in den Waben sitzenden Larven und Puppen.

Kleiner Fuchs *(Aglais urticae):* Gut 5 cm Spannweite erreicht dieser Schmetterling, den jeder in Gärten, Parks oder auf Wiesen von März bis September beobachten kann. Denn er zählt zu den häufigsten heimischen Tagfaltern und zudem zu jenen, die besonders oft in der Nähe menschlicher Siedlungen zu finden sind. Das liegt daran, daß Brennesseln das Futter der Raupen darstellen. Diese sind dunkel und tragen einen doppelten gelben Seitenstreifen. Außerdem sind sie übersät mit stark verzweigten Stacheln, die Freßfeinde abhalten sollen. Der Kleine Fuchs überwintert als Falter und zählt daher zu den ersten Schmetterlingen, die im Frühjahr fliegen. Zur Überwinterung sucht er mitunter Dachböden oder Schuppen auf. Je nach Witterungsverlauf kann er pro Sommer zwei bis drei Generationen hervorbringen.

Aurorafalter *(Anthocharis cardamines):* Wenn die Männchen dieses zu den Weißlingen gehörenden Tagfalters im Frühling über feuchten Wiesen, in Bachtälern und an Aurändern fliegen, fallen sie mit ihren orangeroten Flügelspitzen schnell auf. Die Weibchen dagegen sind viel schwieriger zu entdecken. Sie fliegen nicht so viel umher und wirken zunächst wie unscheinbare Kohlweißlinge. Erst aus nächster Nähe erkennt man die goldgrüne Zeichnung auf der Unterseite der Hinterflügel, die beide Geschlechter tragen. Die Raupen leben bevorzugt am Wiesenschaumkraut.

Taubenschwänzchen *(Macroglossum stellatarum):* Wenn dieser kleine Schwärmer vor einer Blüte im Schwirrflug in der Luft steht, könnte man fast glauben, einen Kolibri vor sich zu haben. Die verängerten schwarz-weißen Schuppen am Rande des Hinterleibes verstärken diesen Eindruck. Der Name Tauben»schwänzchen« rührt daher! Dieser tagfliegende Schwärmer stammt aus dem Mittelmeerraum und fliegt alljährlich in wechselnden Mengen über die Alpen nach Mitteleuropa, wo sich in günstigen Jahren zwei Generationen entwickeln können. Wahrscheinlich kehren die Falter der zweiten Generation wieder in den Süden zurück.

Tagpfauenauge *(Inachis io):* Da die Raupen des mit keinem anderen Schmetterling zu verwechselnden Tagpfauenauges von Brennesseln leben, finden wir ihn überall recht häufig, denn an Futterpflanzen mangelt es nicht. Gewöhnlich entwickeln sich zwei Generationen im Jahr. Die erste stammt von Faltern, die irgendwo in Rindenspalten oder in Dächern und Gebäuden überwintert haben, zeitig im Frühling fliegen und Eier an die gerade heranwachsenden Brennesseln legen. Ende Juni bis Mitte Juli schlüpfen die Falter und bringen erneut eine Generation hervor, die sich bis zum August oder September entwickelt und dann überwintert.

Ligusterschwärmer *(Sphinx ligustri):* Die in der Grundfarbe braunen Vorderflügel, der dunkelabgesetzte Rücken und die rotschwarze Ringelung des Hinterleibs kennzeichnen den Ligusterschwärmer, der zu den größten heimischen Schwärmern gehört. Seine Hinterflügel tragen zwischen den schwarzen Querbändern einen rötlichen Grundton, was ihn vom ähnlichen Windenschwärmer *(Herse convolvuli),* der eine blaugraue Grundtönung der Hinterflügel und eine insgesamt graue Flügelfarbe aufweist, unterscheidet. Die Raupen leben an Liguster. Sie sind grün, besitzen schräge Längsstreifen an den Körperseiten und ein auffallendes, gekrümmtes Horn am Hinterende, das spitz ausläuft. Sie werden etwa 10 cm lang.

Totenkopfschwärmer *(Acherontia atropos):* Nur in günstigen Jahren fliegt dieser große Schwärmer aus Nordafrika und dem Mittelmeerraum über die Alpen nach Mitteleuropa, wo er dann seine Eier an Kartoffelkraut ablegt. Die auffallend gelben, mit seitlichen Längsstreifen versehenen Raupen werden ausgewachsen über 10 cm lang. Sie verpuppen sich in einer Erdhöhle – im Herbst kann man sie bei der Kartoffelernte finden. Zumeist schlüpfen sie nicht mehr rechtzeitig, um den Rückflug antreten oder überstehen zu können. Der Falter trägt eine totenkopfähnliche Zeichnung auf dem dickpelzigen Rücken; er ist bekannt wegen seiner Vorliebe für Honig. Vermutlich braucht er diesen, um die Langstreckenflüge machen zu können, die der Leistung nach durchaus dem Zug von Kleinvögeln entsprechen. Die gelb-schwarze Ringelung des Hinterleibs und der hohe Zirpton, den der Totenkopfschwärmer erzeugen kann, dienen vielleicht dazu, den Bienen und Wespen eine Art »Super-Biene« vorzutäuschen, wenn er in ihre Stöcke eindringt, um Honig zu saugen.

Abendpfauenauge *(Smerinthus ocellata):* Zu den Schwärmern gehört auch das Abendpfauenauge, das man am Tage nur höchst selten zu Gesicht bekommt. Denn meist hält es sich gut im Buschwerk versteckt, bis am Abend, bei Einbruch der Dunkelheit, seine Flugzeit beginnt. In Ruhestellung decken die Vorderflügel die Augenzeichnung der Hinterflügel zu. Erspäht ein Vogel aber den ruhenden Falter, dann dreht dieser blitzschnell den Kopf nach unten, zieht die Vorderflügel nach vorne und präsentiert mit leicht wippendem Hinterleib die Augen der Hinterflügel. Das schreckt den Feind zumeist recht wirkungsvoll ab. Die Schrecksekunde nutzend, verschwindet das Abendpfauenauge. Es fliegt von Mai bis August in einer, mitunter auch in zwei Generationen.

Gammaeule *(Autographa gamma):* Ein gelblich-weißes Y (ähnlich einem griechischen Gamma) in dunkler Umrahmung und auffällige zackige Schöpfe auf dem Rücken kennzeichnen diesen Eulenfalter, der in manchen Jahren massenhaft auftritt, aber nicht bodenständig ist. Denn er fliegt als ausgesprochener Wanderfalter alljährlich in wechselnden Mengen aus dem Mittelmeerraum über die Alpen nach Norden. Hier legen die Weibchen ihre Eier ab. Die Raupen fressen an Klee, Brennesseln und anderen Pflanzen. Bei günstiger Witterung schlüpfen viele Falter erfolgreich aus und wandern dann im Spätsommer und Herbst zurück. Bei dieser Gelegenheit kann man sie auch am Tage beobachten, wenn sie an Blüten schwirrend den Nektar saugen.

Brauner Bär (*(Arctia caja)*: Ein unregelmäßiges weißes Linienmuster löst die Körperform dieses kräftigen, zu den Bärenspinnern gehörenden Schmetterlings völlig auf, wenn die in der Grundfarbe braunen Flügel dachförmig über dem Körper geschlossen sind. Entdeckt aber ein Vogel den Braunen Bären, dann öffnet er die Vorderflügel und präsentiert die intensiv karminroten Hinterflügel mit den tiefblauen Ringflecken. Dieses Warnsignal wird verstanden, der giftige Falter bleibt unbehelligt. Seine Raupen fressen an verschiedenen krautigen Pflanzen. Sie tragen einen dichten Pelz langer Haare, die auf der Haut ein Brennen verursachen können.

Hausmutter *(Noctua pronuba)*: Von der Vielzahl der nächtlich fliegenden Eulenfalter fällt die Hausmutter nicht selten dadurch auf, daß sie in erleuchtete Zimmer eindringt und dort in wirren Kreisen um die Lampe schwirrt. Die großen, kräftigen Schmetterlinge sind gute Flieger, die sich bei Gefahr rasch in Sicherheit zu bringen verstehen. Sie variieren in der Färbung der Vorderflügel ganz erheblich von dunklem Rotbraun über ein zeichnungsreiches Mittelbraun bis hin zu Grau und hellem Okkergelb. Die Hinterflügel sind dagegen stets einheitlich gelb mit schmaler schwarzbrauner Binde im Randbereich. Die Raupen dieses noch sehr häufigen Eulenfalters leben an verschiedenen krautigen Pflanzen.

Zitronenfalter *(Gonepteryx rhamni)*: Wenn im Februar oder März an warmen Tagen die ersten Zitronenfalter fliegen, dann sind das die gleichen Falter, die schon im letzten Hochsommer die Blüten besucht haben. Denn bei diesem Schmetterling überwintern die Falter, so daß ihre Lebensspanne fast genau ein Jahr umfaßt. Zur Überwinterung brauchen sie nicht einmal eine besonders geschützte Stelle, denn sie vertragen Schnee und Frost. Die Zitronenfalter hängen sich einfach irgendwo unter einem Gebüsch ins Geäst oder ins Laub. Auch im Hochsommer, wenn es ihnen zu heiß wird, ziehen sie sich zur Ruhe zurück. Ihre Raupen finden sich am Faulbaum *(Rhamnus frangula)*. Die Gelbfärbung bei den Weibchen ist erheblich blasser als bei den Männchen.

Weiße Tigermotte *(Spilosoma menthastri)*: Hochwirksame Giftstoffe sammelt dieser Schmetterling während des Raupenstadiums in seinem Körper an. Die auffällige weiße Färbung mit den auf den Flügeln verteilten schwarzen Punkten deutet dies an. Aber augenfällig führt die Weiße Tigermotte ihre Ungenießbarkeit erst vor, wenn sie angefaßt wird. Sie dreht sich zur Seite und krümmt den Hinterleib. Dabei treten auf weißem Grund die gelb-schwarzen Flekken an der Seite deutlich hervor. So bleibt sie lange liegen. In aller Regel wird dieser zu den Bärenspinnern gehörende Falter dann von Singvögeln verschmäht. Eine verwandte Art, die Gelbe Tigermotte, die selbst erheblich weniger giftig ist, ahmt sie täuschend ähnlich nach.

Grünes Blatt *(Grüner Blattspanner; Geometra papilionaria)*: Sicher ist das Grüne Blatt eine der auffallendsten und schönsten Spannerarten. Wenn er aber im Pflanzengewirr sitzt, wird man es kaum entdecken, so treffend ahmen die zusammengelegten Flügel Blätter nach. Der Falter fliegt von Anfang Juni bis Mitte August in Birkenmooren, auf Heiden und in der Parklandschaft. Die wichtigsten Futterpflanzen für seine Raupen bilden die Blätter von Birken, Erlen, Haselnußsträuchern und Weiden. Die Raupen fressen im August, überwintern und verpuppen sich im Frühsommer. Getötete Falter verlieren nach und nach den Grünton und verblassen.

Hornissenschwärmer *(Aegeria apiformis)*: Eine wehrhafte Hornisse ahmt dieser harmlose Schmetterling aus der Familie der Glasflügler nach. Weil die Beschuppung der Flügel auf den Rand beschränkt ist, sonst aber weitgehend fehlt, verstärkt sich der Eindruck der gelb-schwarzen Warnzeichnung auf dem Hinterleib. Weil er so selten vorkommt, entgeht er dank dieser Signale gewiß manchem Feind, denn die Vögel haben nicht gelernt, ihn von einer großen Wespe oder Hornisse zu unterscheiden. Seine Raupen leben unterirdisch in Wurzeln. Der Falter fliegt von Ende Mai bis Ende Juli in wärmeren Gebieten, meist in Parkanlagen und an Bachläufen.

Steinkauz *(Athene noctua)*: Recht selten geworden ist der nur gut 20 cm große koboldartige Steinkauz. Früher war er fast überall auf dem Land in großen Obstgärten und an Feldscheunen zu finden. Von dort aus startete er gegen Abend seine Jagdflüge nach Mäusen und großen Insekten. Heuschrecken erbeutet er besonders gern. Das Gefieder ist über und über von Tropfenflecken bedeckt, die Brust kräftig gestreift, und die gelben Augen umgibt ein herzförmiger Gesichtsschleier. Der Flug verläuft wellenförmig, meist dicht über dem Boden. In Süd- und Südosteuropa ist der Steinkauz noch häufig anzutreffen.

Schleiereule *(Tyto alba)*: Früher gab es Schleiereulen in fast jedem Dorf, wo sie besonders gern in Kirchtürmen nisteten. Doch in den letzten Jahrzehnten sind ihre Bestände so stark rückläufig geworden, daß von den Vogelschutzverbänden besondere Maßnahmen zum Schutz der Schleiereule eingeleitet wurden. Daran kann sich jeder beteiligen: An Dachgiebeln, in Scheunen oder in dunklen Nischen in Türmen werden Brutkästen angebracht, die etwa 50 cm lang, 30 cm tief und 40 cm hoch sind. Ein ungestörter Nistplatz ist für diese Eulenart besonders wichtig, die nachts in der Feldflur, auf den Höfen und sogar in Scheunen nach Mäusen jagt.

Türkentaube *(Streptopelia decaocto)*: Erst seit gut drei Jahrzehnten ist die Türkentaube in Mitteleuropa heimisch. In einer beispiellosen Ausbreitung eroberte sie im Verlauf dieses Jahrhunderts fast ganz Europa. Sie stammt aus dem Vorderen Orient. Bis heute weiß man nicht, was diese Taube veranlaßte, plötzlich ihr asiatisches Wohngebiet nach Westen und Norden auszudehnen. Jedenfalls geschah dies ohne direktes Zutun des Menschen. Türkentauben nisten fast ausschließlich im Bereich menschlicher Siedlungen. Wälder meiden sie weitgehend. Sie brüten mehrmals im Jahr. Im Herbst schließen sie sich zu Schwärmen zusammen, die einige hundert Tauben umfassen können, und suchen an den Stadt- und Dorfrändern nach Nahrung. Sie kommen auch an Futterhäuschen.

Grünspecht *(Picus viridis)*: Grün- und Grauspecht gehören innerhalb der Spechtfamilie zur Gruppe der Erdspechte, weil sie ihre Nahrung überwiegend am Boden suchen. Sie schlagen mit ihren kräftigen Schnäbeln Ameisenhaufen auf und holen mit ihrer langen Zunge Ameisen und Ameisenpuppen heraus. Auch von Ameisen befallene Baumstümpfe bearbeiten sie auf diese Weise. Der Grünspecht lebt mehr in Obstgärten und Parkanlagen als der ähnliche, am Kopf graugefärbte Grauspecht *(Picus canus)*. Von diesem unterscheidet er sich auch durch die rote Kopfkappe, die beim Grauspechtmännchen auf einen Stirnlatz begrenzt ist und dem Weibchen ganz fehlt. Ihre Gewohnheit, in selbstgezimmerten Baumhöhlen zu nisten, teilen sie dagegen mit anderen Spechten.

Kleiber *(Sitta europaea)*: Sogar mit dem Kopf nach unten kann der Kleiber an Baumstämmen umherlaufen. Fast möchte man meinen, für ihn gelten die Gesetze der Schwerkraft nicht, so mühelos dreht er sich an den senkrechten Stämmen hin und her und läuft auf und ab. Diese einzigartige Fortbewegung ermöglichen ihm seine kräftigen Zehen, die sich festzuklammern vermögen. Kleiber brüten in Höhlen, deren

Einschlupfloch sie genau auf ihre Körpergröße passend zukleistern. Sie rufen häufig und ziemlich laut »tuiht«. Man findet sie in Wäldern aller Art, am häufigsten aber in solchen, deren Baumstämme eine rauhe, rissige Borke tragen. Denn dort sucht der Kleiber die Nahrung.

Wiedehopf *(Upupa epops):* Die aufrichtbare Federhaube macht den Wiedehopf unverkennbar. Er vertritt bei uns eine sonst in den Tropen weitverbreitete Vogelgruppe: die Hopfe. Mit seinem Äußeren scheint der Wiedehopf auch gar nicht so recht zu unseren heimischen Vogelarten zu passen. Bei der Nahrungssuche trippelt er auf seinen kurzen Beinen am Boden umher und stochert mit dem langen Schnabel nach Käfern und anderen Insekten. Dabei untersucht er gern Kuhfladen. In klimatisch günstigen Gebieten kommt er daher vorwiegend in der Nähe von Viehweiden vor. Sind diese von Kopfweiden umgeben, so wird sich das Nest wahrscheinlich dort in einer Höhlung finden. Es riecht wegen eines abgesonderten Sekrets sehr unangenehm.

Mauersegler *(Apus apus):* Noch viel schnittiger als die Flügel der Schwalben sind die der Mauersegler, die nicht zu den Singvögeln gehören wie die Schwalben, sondern zu einer in den Tropen weit verbreiteten und artenreichen Familie, den Seglern. Die Ähnlichkeiten beruhen auf Anpassungen an die Flugjagd nach Insekten. Dabei erreichen die Mauersegler Geschwindigkeiten von über 100 km/h. Bei günstigen Aufwinden können sie sogar hoch in der Luft eine Zeitlang schlafen. An den kurzen Beinen tragen sie kräftige, sichelförmige Krallen, mit denen sie sich an Wänden festklammern. Sie brüten in Spalten unter Dächern. In den ersten Maitagen kehren sie aus dem afrikanischen Winterquartier zurück, ziehen rasch eine Brut groß und verlassen uns Anfang August schon wieder. Im Flug geben sie scharfe, gepreßte Triller von sich.

Mehlschwalbe *(Delichon urbica):* Weißer Bauch und Bürzel, die beide im Flugbild sehr auffallend sind, kennzeichnen die Mehlschwalbe. Mit gut 12 cm Körperlänge erreicht sie die Größe einer Rauchschwalbe nur etwa zu zwei Drittel, wirkt aber wegen ihres kurzen, wenig gegabelten Schwanzes nicht so zierlich. Ihr Nest errichtet sie stets an der Außenseite von Gebäuden. Es trägt eine rundliche Einflugöffnung und besteht aus mit Speichel zusammengeklebtem Lehm. An dieser Bauweise des Nestes unterscheidet sich die Mehlschwalbe ebenfalls deutlich von der Rauchschwalbe. Sie nistet gerne in kleinen Kolonien. Ursprünglich suchte sie zu diesem Zweck Felswände auf, doch mit dem Bau von Häusern und Siedlungen schloß sie sich dem Menschen an.

Rauchschwalbe *(Hirundo rustica):* Die langen, dünnen Schwanzspieße sind kennzeichnend für unsere häufigste Schwalbe und verstärken den schnittigen Eindruck des Flugbildes. In der Tat ist die Rauchschwalbe ein wahrer Flugkünstler. Sie vermag sehr schnell und zugleich außerordentlich wendig zu fliegen und übertrifft in dieser Hinsicht die kleinere Mehlschwalbe ganz eindeutig. Aus dem Winterquartier kehrt sie erst dann zurück, wenn Insekten, die ihre Nahrung darstellen, in ausreichendem Maße fliegen. Das ist gewöhnlich Anfang bis Mitte April der Fall, während die Mehlschwalbe etwa 14 Tage später kommt. Ihre Nester baut sie gerne in Ställen und in Hausfluren so an die Decke, daß der Lehmnapf noch ein wenig Stütze durch die Rückwand erhält. Die Nester bleiben halbmondförmig offen, was den 4 bis 6 Jungen erlaubt, nebeneinander mit weit aufgerissenen Schnäbeln die unermüdlich fütternden Altvögel zu erwarten.

Haubenlerche *(Galerida cristata):* Der melodische Pfiff der Haubenlerche, die aus den östlichen Steppengebieten stammt, gehört in vielen Gegenden Mitteleuropas bereits der Vergangenheit an. Nur an wenigen Stellen leben noch kleine Bestände auf Ruderalflächen, ja sogar auf großen, mit Kies ausgelegten Flachdächern der Industriegebiete am Stadtrand. Dort sieht man sie dann mit aufgerichteter Haube, die sie deutlich von der sonst sehr ähnlichen Feldlerche unterscheidet, umhertrippeln. Haubenlerchen verfügen über ein so präzises Gespür für Melodien, daß sie nicht nur in der Lage sind, eine vorgepfiffene Tonfolge zu lernen und nachzuahmen, sondern sogar einen darin enthaltenen falschen Ton durch den richtigen zu ersetzen.

Grauschnäpper *(Muscicapa striata):* In Blumentöpfen vor dem Fenster, in Winkeln unter dem Dach oder an Schuppen, manchmal auch in einer Nische an einem alten Baumstamm nistet der unscheinbar gefärbte Grauschnäpper, eine Art aus der Gruppe der Fliegenschnäpper. Seine Nahrung besteht aus Insekten, die er im Flug von einer Warte aus erbeutet. Er ist Zugvogel: Ende August zieht er nach Afrika; Ende April oder Anfang Mai kehrt er zurück.

Heckenbraunelle *(Prunella modularis):* Die unscheinbare, ein wenig an Weibchen von Haussperlingen erinnernde Heckenbraunelle gehört zu den häufigsten Vögeln in den Gärten der Dörfer und Stadtrandzonen. Sie versteht es recht geschickt, sich in Deckung zu halten, so daß man viel häufiger den einfachen Gesang der Männchen zu hören, als die Vögel selbst zu sehen bekommt. Altvögel erkennt man am bläulichgrauen Ton des Kehl-, Hals- und Brustgefieders. Junge Heckenbraunellen sind bräunlich mit dunkler Längsstreifung, aber am feinen, spitzen Schnabel vom Haussperlingsweibchen zu unterscheiden. Heckenbraunellen kommen auch in gebüschreichen Wäldern und Hecken vor.

Gartengrasmücke *(Sylvia borin):* Ein besonderes Kennzeichen im Gefieder fehlt der mit 14 cm Körperlänge der Mönchsgrasmücke gleichkommenden Gartengrasmücke. Ihr Gefieder ist unscheinbar graubraun. Weder ein Bartstreif noch eine Kopfplatte sind erkennbar. Doch zu Gesicht bekommt man die zwar häufige, aber recht versteckt lebende Gartengrasmücke ohnehin kaum. Umso mehr fällt ihr lauter wohlklingender Gesang auf. Er setzt nach höchstens einem kurzen Vorgezwitscher sogleich mit voller Stärke ein, ohne sich weiter zu steigern. Das unterscheidet ihn vom Gesang der Mönchsgrasmücke. Gartengrasmücken nisten gerne in Buschwerk und Niederwäldern sowie in Parks.

Nachtigall *(Luscinia megarhynchos):* Als bester Sänger unter den heimischen Vogelarten gilt die Nachtigall. Ihre schluchzenden Strophen und klangvollen Flötentriller bilden einen so unverwechselbaren Gesang, daß ihn wohl niemand vergißt, der ihn einmal in voller Stärke vernehmen konnte. Ihr Gefieder dagegen ist unscheinbar. Wenn sie nach Art einer kleinen Drossel am Boden im Gebüsch nach Nahrung sucht, wird man sie kaum entdecken, so gut tarnt sie ihr Federkleid. Ende April oder Anfang Mai kommt sie aus dem afrikanischen Winterquartier zurück. In Mitteleuropa lebt sie nur in den klimatisch günstigeren Gebieten von weniger als 350 m Meereshöhe. Sie singt auch am Tag.

Gartenrotschwanz *(Phoenicurus phoenicurus):* Rostrote Brust, schwarze Kehle, weiße Stirn und schiefergrauer Rücken kennzeichnen das Männchen des Gartenrotschwanzes, dessen Gesang die gepreßten Elemente fehlen, die der oft ganz in Menschennähe singende Hausrotschwanz bringt. Die beiden Arten, deren Weibchen – wie auch die flüggen Jungvögel – einander stark ähneln, gehen sich in der Wahl ihrer Reviere ziemlich aus dem Wege. Beim Gartenrotschwanz befinden sie sich in Obstgärten, größeren Parkanlagen und aufgelockerten Laub- und Laubmischwäldern, während der Hausrotschwanz die unmittelbare Umgebung von Gebäuden und felsige Berghänge bewohnt.

Städte und Dörfer
(Abbildungen S. 306–309)

Seidenschwanz *(Bombycilla garrulus):* Dieser starengroße Vogel mit dem seidenzarten Gefieder lebt in den lichten Birkenwäldern im Nordosten von Europa und im Norden Sibiriens. In unregelmäßiger Folge vermehren sich dort die Seidenschwänze so stark, daß die Nahrung schon im Spätherbst knapp wird. Dann wandern sie in mehr oder minder großen Mengen nach Süden und Westen. Die Vögel kommen in die Gärten und verzehren bevorzugt rote Beeren. Da sie aus nur sehr gering bevölkerten Gebieten stammen, zeigen sie wenig Scheu. Bei Erregung richten sie ihre Federhaube auf. Ins Auge fallen auch die lackartigen roten Plättchen an den Federspitzen auf dem Flügel und die gelbe Schwanzendbinde.

Hausrotschwanz *(Phoenicurus ochruros):* Ausgefärbte Männchen des Hausrotschwanzes sind wegen ihres rauchschwarzen Gefieders und des in der Mitte etwas dunkleren rostroten Schwanzes mit keinem anderen Vogel beim Haus und im Garten zu verwechseln. Im Flügel tragen sie außerdem einen insbesonders beim Abfliegen von einer Sitzwarte auffälligen weißen Spiegel. Sie singen von Anfang April bis in den Frühsommer ihren gepreßten Zwitschergesang oft schon beim ersten Tagesschimmer – früher als andere Vogelarten – und benutzen gerne Giebel oder Fernsehantennen als Singwarten. Die bräunlichen Weibchen sind eine Nuance dunkler als die des Gartenrotschwanzes. Die Hausrotschwänze nisten in Winkeln unter dem Dach oder in dunklen Nischen.

Amsel *(Turdus merula):* Vor 100 Jahren war die Amsel noch ein scheuer Waldvogel. Heute ist sie aus unseren Städten und Dörfern nicht mehr wegzudenken, so sehr hat sie sich dem Menschen angeschlossen. Der neue Lebensraum bietet mehr Nahrung und mehr Sicherheit vor Feinden, dafür aber bringt er höhere Nestverluste mit sich. Das gleichen die Amseln mit mehreren Bruten im Jahr wieder aus. Die Siedlungsdichte, also die Anzahl der Brutpaare pro Hektar, liegt in der Stadt höher als im Wald. Fast auf jeder Fernsehantenne kann man im Frühjahr die Amselmännchen beobachten, wie sie ihr kleines Reich mit einem herrlich flötenden Gesang kennzeichnen. Der Männchenüberschuß führt oft zu heftigen Kämpfen an den Reviergrenzen, besonders zu Beginn der Reviergründungen. Im Winter vertragen sich die Amseln und gehen gern an Futterstellen.

Star *(Sturnus vulgaris):* Zu Schwärmen von Millionen schließen sich im Herbst die Stare zusammen, wenn sie aus ihren nördlichen, östlichen und zentraleuropäischen Brutgebieten abziehen. Doch ihre Wanderung führt nicht weit. Viele überwintern schon in Südwestdeutschland und Frankreich, die meisten im Mittelmeerraum. In Weingegenden sieht man die Starenschwärme mindestens ebenso ungern wie in Kirschanbaugebieten. Die Verluste, die große Starenansammlungen verursachen können, sind in der Tat beträchtlich. Daran denken die wenigsten, wenn sie sich am virtuosen Lied des Stars im Frühling erfreuen, der den Nistkasten im Garten bezogen hat. Denn die Menge der Stare hängt stark vom Angebot an Höhlen ab!

Kernbeißer *(Coccothraustes coccothraustes):* Mit seinem mächtigen Schnabel kann der Kernbeißer mühelos die harten Kerne von Kirschen und sogar von Pflaumen knacken. Am Fruchtfleisch ist er erstaunlicherweise nicht interessiert. Die nährstoffreichen Samen in den Kernen bilden seine Vorzugsnahrung. Sie wird ergänzt durch Knospen und Samen verschiedener Pflanzen. Die Farbe des Schnabels wechselt. Im Winter spielt sie, wie auch bei den Jungvögeln ins Gelbliche; im Frühling wird sie metallisch blaugrau. Der 18 cm große Kernbeißer kommt zwar fast überall in Mitteleuropa in Laubwäldern, Gärten, Parks und Obstwiesen vor, doch nirgends in großer Zahl. Am ehesten verrät er sich durch einen scharfen »zick«-Ruf.

Bergfink *(Fringilla montifringilla):* Nicht in den Bergen, sondern in den Wäldern des Nordens lebt der Bergfink. Nach Mitteleuropa kommt er als Wintergast in jährlich wechselnden Mengen. Gern suchen die Bergfinken auch Futterhäuschen auf, bleiben jedoch, ähnlich wie die etwa gleich großen Buchfinken, vorsichtiger als die Grünlinge. In manchen Jahren vermehren sie sich so stark, daß sie in riesigen Schwärmen, die in die Millionen gehen können, herbeiziehen. Wenn sie im Winter auf schneefreien Autobahnen niedergehen, bringen sie mitunter sogar den Verkehr zum Erliegen. Im Winter 1982/83 machte eine Bergfinkeninvasion in Südwestdeutschland Schlagzeilen. Die Vögel suchen bei uns bevorzugt nach Bucheckern, die sie mit ihrem spitzen Schnabel öffnen und auspicken.

Buchfink *(Fringilla coelebs):* Die vielleicht häufigste Vogelart in Deutschland dürfte der Buchfink sein. Er bewohnt mit Ausnahme der ganz offenen, baumlosen Landschaft nahezu jeden Lebensraum von der Küste bis zu den Alpen. Ein paar Bäume im Obstgarten oder am Haus genügen schon, um ein Buchfinkenmännchen dazu zu veranlassen, im Frühjahr ein Revier zu gründen und dies mit lautstarkem Gesang, dem »Finkenschlag«, kundzutun. Meist findet sich dann bald ein Weibchen ein. In einem kunstvoll mit Moos und kleinen Wurzeln durchflochtenen Nest werden die Jungen großgezogen, wobei zwei Bruten pro Jahr die Regel sind. Die blaß graubraunen Weibchen, kenntlich an den beiden kräftigen Flügelbinden, ziehen im Winter fort. Meist bleiben nur die Männchen bei uns. Daher kommt ihr wissenschaftlicher Name (*coelebs* – unverheiratet). Sie wagen sich kaum an die von anderen Vögeln besetzten Futterhäuschen, sondern suchen lieber am Boden nach herabgefallenen Sonnenblumenkernen oder anderen Futterresten.

Grünling *(Carduelis chloris):* Den Grünling kennt jeder von den Futterhäuschen im Winter. Dort finden sich, wenn das Futter Körner enthält, mit Sicherheit Trupps von Grünlingen ein und halten die Futterstellen besetzt. Die etwas größeren Männchen zeichnen sich durch eine intensiv gelbgrüne Färbung aus. Die Weibchen wirken blasser. Der kräftige Kegelschnabel hat genau die richtige Größe, um mühelos die Sonnenblumenkerne aufzuknacken. Anders als im Winter hält der Grünling sich zur Brutzeit weitgehend verborgen. Es ist nicht leicht, sein Nest zu finden, das meist gut versteckt in Nadelbäumen liegt.

Dohle *(Corvus monedula):* Mehr als alle anderen Krähenvögel hat sich die Dohle dem Menschen angeschlossen. Sie nistet bevorzugt in Kirchtürmen oder anderen hohen Gebäuden mit freiem Dachgestühl. Ursprünglich war sie ein Höhlenbrüter und bezog in lichten Wäldern von Schwarzspechten aufgegebene Höhlen. Nur an Felsklippen oder Steilwänden mit lockerem Schotter gab es auch Dohlenkolonien, deren Nahrungsraum die Felder bildeten. Insekten und Körner nimmt die Dohle gleichermaßen, nur zum Füttern der Jungen braucht sie ausschließlich Insekten. Junge Dohlen werden sehr zahm, wenn sie in Pflege genommen wurden, bevor die Federn aus den Blutkielen hervortreten.

Haussperling *(Spatz; Passer domesticus):* Die enge Bindung an den Menschen ermöglichte dem Haussperling eine fast weltweite Verbreitung. Sie geht gebietsweise so weit, daß die Sperlinge dort wieder verschwinden, wo Siedlungen vom Menschen verlassen werden. Haussperlinge fand man sogar in tiefen Bergwerksschächten, wo sie sich viele Monate lang von den Brotkrümeln der Grubenarbeiter ernährten und selbst unter Tage brüteten. Sie legen ihre Nester bevorzugt in Hohlräumen wie etwa unter Dachziegeln oder in überdachten Mauerspalten an. Es gibt aber auch

Freinester, die in ihrem unordentlichen Äußeren an hängengebliebene Strohballen erinnern. Diese kommen im Süden und Südosten Europas häufiger vor.

Kohlmeise *(Parus major):* Mit 14 cm Körperlänge ist die Kohlmeise die größte heimische Meisenart. Sie kommt in nahezu allen Lebensräumen, sofern diese Baumbestände aufweisen, recht häufig vor. Als Höhlenbrüter bezieht sie aufgelassene Spechthöhlen oder ausgefaulte Astlöcher, die sie mitunter vergrößert. Gern nimmt sie Nistkästen an, wobei sie die Konkurrenz der kleineren Meisenarten vertreibt, sofern die Einschlupflöcher für sie groß genug sind. Bei der Nahrungssuche ist sie im Winter dagegen den kleineren Arten unterlegen, weil sie nicht weit genug in die nahrungsreicheren Zonen der Zweigspitzen hinauskommen kann, da diese ihr Gewicht nicht tragen würden. Sie sucht daher mehr am Boden und an den Stämmen nach Nahrung. Am Futterhaus dagegen ist sie eindeutig überlegen.

Blaumeise *(Parus caeruleus):* Obwohl deutlich kleiner und schwächer als die Kohlmeise, weiß sich die Blaumeise ganz gut gegen die Konkurrenz der größeren Art zu behaupten. Sie nutzt im Wald mehr die dünneren Äste und Zweige, als die in Stammnähe und an den dickeren Ästen nach Nahrung suchende Kohlmeise, turnt mehr und gelangt durch ihr geringeres Gewicht auch noch an Stellen, die die Kohlmeise nicht mehr erreichen kann. Ihr »munteres Wesen« drückt den hohen Nahrungsbedarf aus, den ihr kleiner Körper insbesondere im Winter hat. Sie muß dann fast den ganzen Tag nach Nahrung suchen, um die lange Winternacht zu überleben. Von der Winterfütterung profitiert sie daher ganz besonders.

Hausspitzmaus *(Crocidura russula):* Zur Gruppe der Weißzahn- oder Wimperspitzmäuse gehört diese nur 7–9 cm lange Spitzmaus, weil sie weiße Zahnspitzen hat (im Gegensatz zu den rotzähnigen Wald- oder Zwergspitzmäusen) und am Schwanz einzelne deutlich abstehende Wimperhaare trägt. Sie lebt bevorzugt in der Nähe von oder direkt in menschlichen Siedlungen. Allerlei Kleintiere wie Regenwürmer und Insektenlarven bilden ihre Nahrung, von der sie, weil sie so klein ist, pro Tag eine Menge aufnehmen muß, die fast ihrem eigenen Körpergewicht entspricht. Denn die Hausspitzmaus gehört wie alle Spitzmäuse zu den kleinen Säugetieren mit sehr hoher Stoffwechselrate und daher hohem Nahrungsbedarf.

Abendsegler *(Nyctalus noctula):* Besonders im Herbst sieht man diese verhältnismäßig große Fledermaus schon am Tage nach Insekten jagend umherfliegen. Trifft man auf ein Quartier von Abendseglern, so fallen das rötlichbraune Fell und die kurzen Ohren auf. Als Sommer- und Winterquartiere werden zumeist Baumhöhlen ausgewählt. Daher sammeln sich Abendsegler meist nicht in größeren Massen, sind aber über ganz Europa mit Ausnahme des hohen Nordens verbreitet und nicht selten. Die vielen verstreuten Quartiere machen sie weniger anfällig gegen Störungen. Abendsegler wandern bis über 1000 km weit, insbesondere im Herbst. Ihre Warn- und Flugrufe sind gut hörbar.

Igel *(Erinaceus europaeus):* Über die Lebensweise dieses doch so bekannten Tieres weiß man erstaunlich wenig. Seit Jahrmillionen gibt es diese, abgesehen vom Stachelkleid recht urtümlich gebliebenen Säugetiere. Die Fähigkeit, sich bei Gefahr zur Stachelkugel einrollen zu können, genügte für ihr erfolgreiches Überleben bis in unsere Zeit. Nun dezimiert aber der Straßenverkehr die Igelbestände, weil gegen das heranrollende Auto die Stachelkugel nichts mehr nützt. Hunderttausende von Igeln werden alljährlich allein in der Bundesrepublik Deutschland überfahren. Man befürchtet daher, daß die Bestände örtlich zusammenbrechen könnten, und versucht, Jungigel, die nicht schwer genug geworden sind, den Winter über in menschliche Obhut zu nehmen, um ihre Überlebenschancen zu verbessern. Ob dies wirklich zutrifft, ist fraglich. Jedenfalls kam es bislang zu keiner großräumigen Bestandsabnahme. Igel leben bevorzugt in der Nachbarschaft des Menschen in Gärten, an Dorfrändern und Hecken. Sie halten einen echten Winterschlaf bei herabgesetzter Körpertemperatur. Die Jungen, die im Hochsommer mit anfänglich weichen Stacheln zur Welt kommen, piepsen anfangs wie Singvögel, sie werden fürsorglich von der Mutter betreut.

Wanderratte *(Rattus norvegicus):* Die große, kräftige, meist schwarzbraune bis braune Wanderratte stellt heute vielerorts die einzige Rattenart dar. Noch im späten Mittelalter war sie gegenüber der kleineren schwarzen Hausratte *(Rattus rattus)* in der Minderheit oder noch gar nicht vorhanden. Denn die Wanderratte breitete sich erst im 18. Jahrhundert großflächig über Mitteleuropa aus, während die Hausratte immer seltener wurde und heute weitgehend verschwunden ist. Ob sie von der Wanderratte verdrängt wurde, ist ungewiß; denn diese besiedelt hauptsächlich Keller, Kanalisationssysteme und Gewässerufer, während die Hausratte trockenere Lebensräume in Dächern und Speichern bevorzugt.

Hausmaus *(Mus musculus):* Bereits in vorgeschichtlicher Zeit wanderte die Hausmaus in Europa ein und wurde zu einem ausgeprägten Kulturfolger. Meist sieht man in ihr einen unerwünschten Eindringling und Schädling. Doch Hausmäuse da auszurotten, wo sie sich einmal fest eingenistet haben, fällt gar nicht so leicht, denn sie gehen weit weniger leicht in eine Falle als die im Herbst von draußen zuwandernden Gelbhalsmäuse. Oft hält man diese dann für Hausmäuse! Doch letztere sind grau, deutlich kleiner, graziler und oft nur halb so schwer. Die Rückenfärbung geht ohne scharfe Abgrenzung in die etwas hellere Bauchfärbung über. Der Schwanz ist etwa körperlang und die Ohren bleiben kleiner als bei Waldmäusen oder Gelbhalsmäusen.

Steinmarder *(Hausmarder; Martes foina):* Im Bereich menschlicher Siedlungen findet man den Hausmarder viel häufiger als in Wäldern oder in der offenen Flur. Die Wälder hält der mit 38–58 cm Körperlänge fast genau gleich große Baummarder besetzt. Von diesem gelbkehligen Verwandten unterscheidet sich der Steinmarder durch den weißen, an den Rändern unregelmäßigen und bis zum Ansatz der Vorderbeine reichenden Kehlfleck. Das Fell des Steinmarders ist weniger dicht und deshalb als Pelz nicht so geschätzt wie das des Baummarders. Wenn Dachböden als Wohnplatz erkoren werden, machen die Marder oft erheblichen Krach. Unangenehm aufgefallen ist er gebietsweise auch durch das Anbeißen von Gummiteilen an geparkten Autos.

Siebenschläfer *(Glis glis):* Wenn der Abend kommt, werden die Siebenschläfer munter. Daher sieht man sie viel seltener als die tagaktiven Eichhörnchen, denen sie mit ihrem langen, buschigen Schwanz ähneln. Aber die mausgrauen bis graubraunen Siebenschläfer zählen nicht zur Verwandtschaft der Hörnchen, sondern bilden eine eigene Gruppe innerhalb der Ordnung der Nagetiere. Sie verbringen den Winter in einem besonderen Schlafzustand, bei dem die Körpertemperatur stark gesenkt wird: Sie liegt dann nur noch einige Grad über Null. Mehr als ein halbes Jahr können die Siebenschläfer in diesem Schlafzustand, den Schwanz über den Kopf geschlagen und zur Kugel zusammengerollt, in einem einigermaßen frostfreien Versteck zubringen, bis die ansteigenden Temperaturen sie im April wieder hervorlocken. Während des Winters zehren sie dann von ihrem Körperfett. Ihr Gewicht schwankt deshalb sehr stark, je nach Menge des vorhandenen Fettvorrats zwischen 70 bis über 200 Gramm.

Die Natur erhalten
Eine Herausforderung unserer Zeit

Die Natur ist unsere Lebensgrundlage. Sie zu pflegen und zu schützen bedeutet daher mehr als ein schwärmerisches »Zurück zur Natur«. Absterbende Wälder, belastetes Trinkwasser und Gifte selbst in der Muttermilch: So ist die Gegenwart! Und die Zukunft? Sie liegt mehr denn je in der Hand des einzelnen. Jeder kann seinen Beitrag zur Erhaltung und Gesundung der Natur leisten! Die besten Gesetze und Verordnungen nützen nichts, wenn sie nicht in die Tat umgesetzt werden. Es hängt von uns ab, ob unsere Enkel noch die ganze Vielfalt der Natur bewundern können.

Naturschutzgebiete

Etwa 1500 Naturschutzgebiete gibt es in der Bundesrepublik Deutschland. Am 1. Januar 1982 waren genau 1472 Flächen als Naturschutzgebiete ausgewiesen, also in die strengste Kategorie erhoben, die dem staatlichen Naturschutz in der Bundesrepublik zur Verfügung steht. Eine stolze Bilanz für ein so dicht besiedeltes Land, das sich zudem rühmt, rund ein Drittel seines Territoriums unter Landschaftsschutz gestellt zu haben. Müßte es da nicht bestens um unsere Natur bestellt sein?

Im Jahr 1960 war noch nicht einmal die Hälfte der Gebiete geschützt. Im Verlauf von 20 Jahren ist es also dem Naturschutz gelungen, die Zahl zu verdoppeln – eine gewiß beachtenswerte Leistung angesichts der vielen und massiven Widerstände, die sich gegen die Ausweisung von Naturschutzgebieten erheben. Wie sehr solche Zahlen und Bilanzen aber täuschen können, zeigt ein etwas kritischerer Blick: Zwar gab es eine Verdopplung der Zahl nach, aber nur einen Anstieg von kaum 30% hinsichtlich der Fläche! Die Gesamtfläche der Naturschutzgebiete auf dem Festland der Bundesrepublik beläuft sich nämlich noch nicht einmal auf 1%. Nur wenn die großflächigen Schutzgebiete im Wattenmeer (zusammen knapp 220000 ha) mit eingerechnet werden, steigt der Anteil der Naturschutzgebietsflächen auf etwa 1,7% des Areals der Bundesrepublik. So gesehen nehmen sich die etwa 1500 Schutzgebiete der strengsten Kategorie schon weniger stolz, ja recht dürftig aus.

Unter den Bundesländern liegt der Flächenanteil der Schutzgebiete verglichen mit der Landesfläche nur in Bayern deutlich über 1%, gefolgt von Niedersachsen. Nordrhein-Westfalen und Hessen erreichen kaum 0,5%. Ein Drittel aller Naturschutzgebiete der Bundesrepublik hat weniger als 10 ha, in nur 17% der Gebiete übersteigt die Fläche 1 km^2. Ein Blick auf die Karte der Naturschutzgebiete der Bundesrepublik Deutschland verrät, daß es ausgedehnte Landstriche gibt, in denen kein einziges Naturschutzgebiet vorhanden ist. Die wenigen Areale, die sich bei diesem Maßstab als Flächen und nicht bloß als Punkte darstellen lassen, liegen im Wattenmeer und im Hochgebirge – beides unbewohnte Gebiete, die sich verhältnismäßig leicht als Schutzgebiete ausweisen ließen. Würde man sie wegnehmen, bliebe an geschützter Fläche in der Bundesrepublik fast nichts mehr übrig (und Bayern verlöre seine führende Position hinsichtlich des Anteils der Naturschutzgebiete an der Landesfläche).

Sollen in diesem lockeren Netz kleiner und kleinster Naturreste wirklich die heimischen Tier- und Pflanzenarten überleben können? Dieses Überleben zu sichern wäre doch der Hauptzweck von Naturschutzgebieten! Gewiß sollen auch in ihrer Eigenart einmalige Landschaften bewahrt bleiben, doch diese Aufgabe allein können die Landschaftsschutzgebiete bewältigen. Die Bezeichnung »Landschaftsschutzgebiet« besagt dies. Nutzungen herkömmlicher Art, soweit sie die Eigenart des Landschaftsbildes nicht beeinträchtigen und damit dem Schutzzweck nicht entgegenstehen, bleiben erlaubt. Da für die Bewohner die Einschränkungen meist gar nicht ins Gewicht fallen, gibt es umfangreiche Landschaftsschutzgebiete, die zum Teil durch besonders geförderte Erholungseinrichtungen zu sogenannten Naturparks ausgebaut wurden.

Für den Naturschutz bringt dies nicht viel, denn alle Einflüsse, die sich nachteilig auf die seltenen und bedrohten Arten auswirken, werden durch Landschaftsschutz oder den Naturparkstatus nicht gemindert. Allerdings gelten auch die Naturschutzgebiete selbst mehr auf dem Papier als in der Wirklichkeit. Richtige Reservate, in denen die Natur vor den menschlichen Nutzungsansprüchen den Vorrang hat, gibt es in der Bundesrepublik – von einigen Schutzgebieten privater Naturschutzverbände abgesehen – leider nicht. In den meisten Naturschutzverordnungen wird zwar eine große Zahl von Tätigkeiten aufgeführt, die verboten sind, aber im Rahmen der Ausnahmeerlaubnis wird all das weiter gestattet (zumeist sogar uneingeschränkt!), was in aller Regel die meisten Probleme für den Naturschutz aufwirft, nämlich land- und forstwirtschaftliche Bodennutzung, Wasserbau, Jagd und Fischerei.

Mancher Naturfreund fragt sich nun zu Recht, warum er etwa ein geschütztes Gewässer nicht mit seinem Schlauchboot befahren darf und es ihm verboten ist, zur Brutzeit der Wasservögel die Inseln zu betreten, während der Angler, weil er im Besitz einer gültigen Angelkarte für dieses

Gewässer ist, dies darf. Hier kommt es ebenso zum Konflikt mit dem Naturschutz wie bei der Jagd, wenn in der Verordnung zu lesen ist, daß freilebenden Tieren nicht nachgestellt werden darf, daß sie nicht beunruhigt und gestört werden dürfen.

Stellen etwa Jäger im Naturschutzgebiet keinen freilebenden Tieren nach, und beunruhigen ihre Schüsse die Wildtiere nicht? Spaziergänger dürfen im Naturschutzgebiet keine Pflanzen pflücken oder Teile davon entnehmen, und wenn sie einen Maikäfer finden, dürfen sie diesen selbstverständlich nicht mitnehmen. Der Landwirt aber pflügt die Wiese um. Er macht aus dem Lebensraum für bunte Falter und Käfer eine eintönige Ackerfläche, die er mehrmals im Jahr spritzt und dabei eine Vielzahl von Organismen tötet, keineswegs nur solche, die wirklich Schäden verursachen. Oder die Maikäfer verschwinden aus Naturschutzgebieten, weil der Forstmann darin andere Baumarten pflanzt, obwohl es eigentlich verboten ist, fremde Tiere und Pflanzen einzubringen. Doch Land- und Forstwirtschaft sind ja von solchen Verordnungen ausgenommen; ebenso die Fischerei, die eine ganze Anzahl gebietsfremder Fischarten in die Gewässer einführt, ganz gleich, ob es sich um geschützte oder um nicht geschützte handelt.

Das knappe Prozent Naturschutzgebiete verdient also mehr den Zusatz »sogenannte«, denn die annähernd 1500 ausgewiesenen Flächen sind eigentlich keine Reservate. Sie unterliegen praktisch ausnahmslos den verschiedensten Einwirkungen und Eingriffen, so daß sich naturnahe oder natürliche Verhältnisse nicht einspielen können. Häufig verursachen diese Eingriffe erst weitere Probleme, die dann als Berechtigung oder Rechtfertigung angesehen werden, Naturschutzgebiete nicht sich selbst zu überlassen. Das müßte nicht so sein! Es gibt genügend Beispiele dafür, daß man Naturschutzgebiete durchaus auch in dichtbesiedelten Regionen von jeglicher Nutzung freihalten und für die an der Natur interessierte Öffentlichkeit zugänglich machen kann, ohne die Natur zu stören.

Beste Beispiele kommen aus Großbritannien und den Niederlanden sowie aus den Schutzgebieten privater Organisationen, wie dem Verein Jordsand mit den von ihm betreuten Seevogelinseln an der Nordseeküste. Durch fachkundige Führungen wird der Besucher mit den Notwendigkeiten und Problemen des Schutzes vertraut gemacht. Er bleibt an feste Routen gebunden, so daß seine Anwesenheit für die empfindlichen Tierarten kalkulierbar wird. Dadurch vermindern sie schnell ihre Scheu und lassen sich auch ohne Hilfsmittel wie starke Fernrohre gut beobachten und fotografieren. Was die Führung in einem solchen Schutzgebiet vermittelt, sollte jeder Naturfreund beherzigen, wenn er sich in freier Natur aufhält.

»Es gibt keine Maikäfer mehr«, wird heute geklagt. Noch vor einem Vierteljahrhundert war der Maikäfer überall in Deutschland sehr häufig.

Nicht nur im Naturschutzgebiet, sondern auch andernorts, wo es empfindliche Tierarten gibt, sollte er die Wege nicht verlassen und Störungen, so gut es geht, vermeiden. Besonderer Rücksicht bedarf es zur Brutzeit der Vögel und zur Setzzeit des Wildes; die Folgen könnten sonst verheerend sein. In einer Reihe von Naturschutzgebieten gibt es mittlerweile ein Wegegebot, das heißt, die markierten Wege und Pfade dürfen nicht verlassen werden. Solche Bestimmungen müssen beachtet werden, damit die kleinen, in ihrer Wirkung ohnehin recht bescheidenen Naturschutzgebiete nicht weiter geschwächt werden und ihre Aufgaben überhaupt noch erfüllen können. Ansonsten würde es vielleicht einen Großteil der in diesem Buch gezeigten Arten von Tieren und Pflanzen bald nicht mehr geben – Arten, die schön, interessant und für den Naturhaushalt außerordentlich wichtig sind!

Zu Besuch im Naturschutzgebiet: Nationalpark Everglades in Florida

Völlig bewegungslos steht ein großer schneeweißer Reiher am Ufer. Nur ein paar Meter trennen ihn vom Steg, auf dem die Besucher vorbeigehen. Manche übersehen ihn, andere bleiben staunend stehen. Das schneeweiße Gefieder, der feine, lange Hals und der mächtige Schnabel mit der dolchförmigen Spitze faszinieren sie so sehr, daß sie die sachte Bewegung kaum bemerken, mit der sich der Silberreiher vorwärts schiebt. Fast könnte man meinen, er wäre nur eine gut präparierte Attrappe, die gleich am Eingang zu den Sümpfen den Besuchern die Illusion einer Wasserwildnis vorspielen soll. Doch da schnellt der Hals vor – so blitzartig, daß man ihm nicht zu folgen vermag. Ein kleiner Fisch zappelt einen Augenblick lang an der Schnabelspitze; gleich darauf verschwindet er. Nur an einer kleinen Ausbuchtung des Halses läßt sich sein Weg zum Körper hinab verfolgen. Der Silberreiher schüttelt sich. Wie ein zarter Schleier fallen die Schmuckfedern auseinander und sinken langsam zurück. Die Spannung des Lauerns hat sich gelöst. Der Vogel, man merkt es richtig, befreit sich mit diesem Schütteln davon. Mit ein paar staksigen Schritten wechselt er zu einer anderen Fangstelle. Dort begibt er sich erneut in die Lauerposition. Diesmal geht es schneller. Eine kurze Halsbewegung, ein Verharren, und wieder schlägt der Schnabel zu.

Ein großer, schwarzglänzender Vogel taucht vor ihm auf. Wie das Periskop eines Unterseebootes hebt sich sein Kopf mit einem ähnlich spitzen Schnabel aus dem Wasser empor. Ein Fisch steckt daran, durchbohrt wie von einer Lanze. Mit einer eleganten Kopfbewegung schleudert der Vogel den Fisch hoch und fängt ihn so wieder auf, daß er wie von selbst mit dem Kopf voran in den Schlund hinabrutscht. Jetzt hebt sich der Körper weiter aus dem Wasser heraus. Unglaublich, dieser lange, dünne Hals, der fast unmerklich in den Schnabel übergeht. Trefflich charakterisiert der deutsche Name Schlangenhalsvogel diesen Verwandten der Kormorane. Mit einem kleinen Sprung schnellt er nun aus dem Wasser heraus und setzt sich auf einen Ast am Ufer. Dort breitet er die vor Nässe triefenden Schwingen aus. Der Sonne entgegengerichtet, verharrt er nun eine ganze Weile, bis sie trocken sind.

Unter ihm treibt langsam ein Alligator vorüber. Er dürfte zwei Meter lang sein. Sein Schwanz sinkt immer wieder etwas unter Wasser, aber die auf erhöhten Stegen sitzenden Augen bleiben über der Oberfläche. Einige Schildkröten stürzen hastig ins Wasser. Erst jetzt bemerkt man sie; bisher hatten sie wie glatt polierte Steine am Ufer gelegen. Ein Waschbär raschelt im Ufergestrüpp . . .

Szenen einer Viertelstunde im weltberühmten Reservat der Everglades, einem riesigen Sumpfgebiet im Süden von Florida. Szenen, die sich – vom Alligator abgesehen – auch in Mitteleuropa abspielen könnten. Silberreiher gibt es hier ebenfalls. Sie kommen schon am Neusiedler See vor den Toren von Wien als Brutvögel vor. Doch dort bleiben sie scheu, viel scheuer als in den Everglades, wo sie sich um die vielen Menschen, die an ihnen vorbeiwandern, überhaupt nicht kümmern. Die Erfahrung lehrte sie, daß sie von den Besuchern weder Störungen noch Nachstellungen zu fürchten haben. Schöne Holzstege mit Plattformen zum ruhigen Beobachten, zum Genießen der Natur rings umher führen hinein in die Sumpf- und Wasserwildnis der Everglades. Die Menschen kommen und gehen auf festen Routen. Ihr Verhalten ist für die Tiere kalkulierbar. Kein Schuß zerreißt die Stille, niemand stört die Brutstätten. Sogar die Panzerechsen haben sehr schnell gelernt, daß die Zeit der Nachstellungen vorbei ist. Der Mensch hat als Besucher im Schutzgebiet nicht mehr Bedeutung als der Silberreiher am Ufer. Also lassen die Echsen sich unter den Stegen hindurchtreiben, so daß man jede Einzelheit auf ihren Panzern erkennen kann. »Stumpfsinnige Urtiere«, wird mancher Zeitgenosse denken, der diese riesigen Reptilien dort sieht, oder sich, wie sie da träge an den Ufern liegen, an den heimischen Zoo erinnert fühlen. Doch diejenigen, die Alligatoren oder ihre südamerikanischen Vettern, die Kaimane, außerhalb von Schutzgebieten erlebt haben, wissen, wie scheu und vorsichtig die Panzerechsen zu sein pflegen, wenn sie die Erfahrung gemacht haben, daß ihnen nachgestellt wird.

Unterdessen jagt ein kleiner Blaureiher auf einem von Wasserpflanzen zugewachsenen Teich in nächster Nähe recht erfolgreich nach Krabben. Ein größeres Exemplar zappelt in seinem Schnabel. Auf dem weichen, absinkenden Boden kommt der Reiher damit nicht zurecht. Also schwingt er sich mit ein paar Flügelschlägen auf den Steg. Direkt vor den Leuten zerteilt und verschlingt er nun die Beute. Nur ein Rest der Scheren bleibt zurück. Die Besucher können es kaum fassen: Ein völlig frei lebender, zart kobaltblau schimmernder Reiher verzehrt vor ihren Füßen seine Beute, gerade so, als ob es die natürlichste Sache der Welt wäre. Eigentlich ist es das auch! Weshalb sollte der Reiher scheu sein? Niemand stellt ihm nach, keiner neidet ihm seinen Fang, und jeder, der ihn sieht, begeistert sich an diesem lebendigen Stück Natur.

Alle Besucher sind davon überzeugt, daß es sich lohnt, solche Schutzgebiete für die Zukunft zu erhalten. Millionen von Menschen sind es, die alljährlich kommen und hier Erholung suchen. Überall stoßen sie auf pulsierendes Leben, das sich vor ihnen nicht zurückzieht. Sind die Tiere in Amerika, Afrika oder Asien anders als die europäischen Arten? Gewöhnen sich die Exoten schneller an den Menschen als unsere Vögel oder Wildtiere? Solche Fragen drängen sich unwillkürlich auf, wenn man sich vergegenwärtigt, was man hierzulande in den Naturschutzgebieten zu sehen bekommt. Gewiß, manche bieten eine Vielzahl von Arten wie die Wasservogelreservate im Voralpengebiet oder an der Küste. Kundige Beobachter, insbesondere die Ornithologen, melden oft ganz unglaubliche Zahlen: Millionen von Strand- und Watvögeln an der Küste im Wattenmeer, Tausende von Enten auf Seen und Stauseen im Binnenland, Hunderte von Reihern und Löfflern am Neusiedler See und Wolken von Wildgänsen am Niederrhein. Bis über 50 000 Schwimmvögel gleichzeitig können zu den Zugzeiten den Bodensee als Rastgebiet und Nahrungsquelle aufsuchen.

Doch was bekommt der Besucher der nicht mit einem Fernrohr unterwegs ist, mit dessen leistungsstarker Optik man ebensogut die Krater auf der Mondoberfläche zählen könnte, davon zu Gesicht? Kaum genug, um die Arten mit einem normalen Fernglas auseinanderhalten zu können. Diese Tiere sind alle viel zu scheu und vorsichtig; Fluchtdistanzen von 300 oder 400 m oder mehr sind keine Seltenheit. Doch die von verwilderten Parkschwänen abstammenden Höckerschwäne tolerieren die Annäherung des Menschen. Weil sie seit Jahrhunderten nicht gejagt wurden, konnte das Feindbild Mensch (noch) nicht entstehen. Bald aber wird es vielleicht bei ihnen ebenfalls so weit sein, wenn die Auswirkungen der Jagdzeit, die über sie seit einigen Jahren in der Bundesrepublik verhängt worden ist, zum Tragen kommen. Dann wird auch der einzige vertraute Großvogel Mitteleuropas zum richtigen Wildvogel geworden sein – meinen manche! »Wild« wurden die Tiere aber nur deswegen, weil der Mensch ihnen nachstellte. Die echten Schutzgebiete lehren uns dies. Hier zeigt sich die Natur, wie sie ist – und nicht als das, was der Mensch aus ihr gemacht hat! Hier kann man zusehen, was die Tiere tun, wenn sie sich ungestört fühlen. Hier kann man fotografieren, wie sie sich verhalten, wenn sie nicht ständig auf der Hut vor Menschen »sichern« müssen.

Ein Fischadler in den Everglades führte dies auf eindrucksvolle Weise vor. Er hatte draußen vor den Mangroveinseln einen Fisch erbeutet. Damit strebte er zum Land zurück. Den Pfosten einer alten Mole fand er gerade passend, um die Beute darauf zu zerteilen und häppchenweise zu verspeisen. Der Anblick konnte einem wirklich das Herz höher schlagen lassen. Mit erregt gesträubten Federn am Hinterkopf stand der Adler, die Schwingen leicht abgespreizt, über der Beute und fing an, sie zu zerlegen. Einige Besucher, »bewaffnet« mit großen Teleobjektiven, entdeckten ihn. Jede Deckung ausnutzend, schoben sie sich mit äußerster Vorsicht ans Ufer vor. Wo in Mitteleuropa – von dort waren sie gekommen – würde ihnen das Glück noch einmal so

Lange, gut geführte Stege erschließen dem Besucher die faszinierende Sumpf- und Wasserwildnis der Everglades in Florida, USA. Die dort heimischen Silberreiher sind mit dem Anblick des Menschen so vertraut, daß sie sich aus kurzer Entfernung beobachten lassen.

hold sein, daß sie einen Fischadler mit seiner Beute auf weniger als 100 Schritte beobachten und vielleicht sogar fotografieren könnten? In der Bundesrepublik, in Österreich, in der Schweiz und in den Niederlanden ist dieser große Greifvogel seit Jahrzehnten als Brutvogel ausgerottet. Nur auf dem Durchzug kommen Fischadler dort vorbei und machen nur selten längere Zeit an einem Gewässer Rast. Doch hier war es anders. Der Adler benahm sich so vertraut, daß es kaum zu glauben war. Er schien sich nur für seine Beute und vielleicht noch für Konkurrenten aus der Luft, die sie ihm streitig machen könnten, zu interessieren. Die Menschen am Ufer beachtete er nicht. Foto um Foto wurde »geschossen«; jetzt saßen sie schon unmittelbar am Ufer. Doch der Adler nahm von ihnen keine Notiz, selbst dann nicht, als sie ganz offen fotografierten. Die 20 oder 30 m Distanz zu den Menschen reichten ihm. Er hatte keine Furcht vor ihnen! Die Erfahrung hatte ihn gelehrt, daß er sicher war.

Warum kann das nicht in Europa so sein? Gewiß, die Reservate in Amerika sind weitläufig und bieten viel mehr Raum als die winzigen Restflächen Natur, die man in letzter Minute in Mitteleuropa unter Schutz stellte. Daß Gebiete wie die Everglades für einige Fischadlerpaare Raum zum Brüten bieten, reicht jedoch nicht aus, das Verhalten eines ganzen Bestandes dahingehend zu verändern, daß er zwar nicht zahm, aber doch vertraut wird. Denn dieser Fischadler war genausowenig zahm wie die Silberreiher oder Schlangenhalsvögel. Er war vertraut! Er tolerierte die Annäherung des Menschen bis zu seiner natürlichen Fluchtdistanz. Dieses Verhalten zurückzugewinnen zählt zu den wichtigsten Aufgaben des Naturschutzes. Die Reservate dienen diesem Ziel. Sie könnten auch in Europa so gestaltet werden, daß sich die freilebenden Säugetiere und Vögel wieder an den Menschen gewöhnen, aber frei bleiben. Dazu müssen die Schutzzonen nicht nur vergrößert, sondern in erster Linie betreut werden. Nur wenn der Strom der Besucher gelenkt wird und die Reservate unter Kontrolle stehen, wird dies gelingen. Und die seltenen Arten müssen auch außerhalb der Reservate vor Nachstellungen verschont werden. Wie kritisch die Situation ist, zeigt die Notwendigkeit der Horstbewachung bei seltenen Greifvogel- und Eulenarten.

Steinbrüche hält man oft für »Wunden in der Landschaft«. Viele von ihnen sollten gewiß nach dem Abbau gestaltet werden, aber solche, die von der Natur selbst zurückerobert werden, bieten den heute seltenen Arten wie Uhu und Wanderfalke einen störungsfreien Brutplatz.

Greifvögel – aktiver Schutz durch Horstbewachung

Es stand schlimm um die Greifvögel in den sechziger Jahren. Fast alle Arten wiesen rückläufige Bestände auf. Mit einer Reihe von ihnen ging es rapide bergab. Schon seit dem letzten Jahrhundert nahm die Zahl der Adler und Falken, Habichte und Weihen beständig ab. Als erster der einst regelmäßigen Brutvögel starb in der ersten Hälfte des 20. Jahrhunderts der Fischadler bei uns aus. Der Steinadler wurde nahezu ausgerottet. Der Niedergang des Wanderfalken schien nicht mehr aufhaltbar zu sein. Der Seeadler verlor seinen letzten Brutplatz in Österreich. In der Bundesrepublik überlebte nicht einmal mehr ein halbes Dutzend dieses Wappenvogels. Sein Abbild auf den Münzen der Bundesrepublik wurde immer stilisierter und entfernte sich zusehends vom natürlichen Vorbild.

Bei den wenigen Seeadlern, die zum Überwintern an die Flüsse, Seen und Stauseen des Alpenvorlandes kamen, überwogen die Altvögel. Herrlich ausgefärbte waren darunter, deren Kopfgefieder im Laufe vieler Jahre fast weiß geworden war. So schön sie auch aussehen mochten – ihr Aussehen war ein Zeichen für Vergreisung, für eine Überalterung des Bestandes. Braune Jungadler gab es kaum mehr. Die Nahrung enthielt zuviel Gift. Der Seeadler drohte auszusterben. Beim Gefiederwechsel abgeworfene Federn enthielten ein Vielfaches an Quecksilber und viel zu hohe Mengen an Rückständen des Wunderinsektizids mit dem vornehm abgekürzten Namen DDT, das bei uns inzwischen seit einigen Jahren verboten ist.

Diese Gifte hatten sich mit der Zeit in den Körpern der Seeadler angereichert. Sie stammten aus ihrer Nahrung, aus den Fischen der skandinavischen Seen und der europäischen Flüsse. Von Giften geschädigte Fische treiben an der Wasseroberfläche. Noch nicht ganz tot, signalisieren sie durch ihre matten Bewegungen dem Seeadler leichte Beute. Und er nimmt sie, weil er nicht wissen kann, daß sie für ihn höchst gefährlich ist. Mit auf natürliche Weise erkrankten Fischen kommt seine Verdauung zurecht; die Krankheitserreger werden abgetötet ähnlich wie beim Geier, der sich selbst an übel stinkendem Aas nicht infiziert. Gegen das heimtückische Quecksilber und die Chemieprodukte jedoch nützt das Abwehrsystem des Adlers nichts. Hilflos nimmt er die Stoffe auf und vergiftet sich selbst damit. Die gefährlichsten Substanzen lösen sich am besten im Körperfett und gelangen so in die Depots, die das Weibchen braucht, um den Eiern Nährstoffe in ausreichender Menge mitgeben zu können. Selbst noch nicht geschädigt, zumindest nicht erkennbar, reicht das Adlerweibchen seine Giftbelastung somit an die Nachkommen weiter. Doch diese kommen nicht mehr durch; ihre kleinen, sich gerade erst entwickelnden Körper vertragen nur einen Bruchteil dessen, was der erwachsene Adler aushält. Oft schon während der Embryonalentwicklung sterben die Jungen ab. Oder die Eier zerbrechen, weil die Abbauprodukte des DDT den Kalkstoffwechsel durcheinandergebracht haben, die Schale zu dünn und folglich der Belastung nicht gewachsen ist, die beim Bebrüten entsteht. Die harten Fänge der Adler zerdrücken sie beim Wenden der Eier.

Seeadler haben keine natürlichen Feinde. Hinsichtlich ihrer Fortpflanzungsleistung waren daher keine zusätzlichen Verluste einzukalkulieren oder auszugleichen. Nur die Vögel, die an altersbedingter Schwäche oder bei Unfällen ums Leben kommen, müssen ersetzt werden. Oft liegt daher nur ein Ei im Horst, und die Seeadler brüten nicht jedes Jahr. Unter normalen Umständen würde dies ausreichen, um den Bestand zu erhalten und auf die natürliche Kapazität der Umwelt einzustellen – eine Kapazität, die in vielen Quadratkilometern Landschaft gerade so viel Nahrung als Überschuß bereithält, daß ein Adlerpaar überleben und erfolgreich ein Junges großziehen kann. In günstigen Jahren mögen es auch einmal zwei Junge sein, die durchkommen.

Aber das wäre nicht notwendig, es stellt vielmehr eine natürliche Sicherung gegen unerwartete Ausfälle, nicht aber gegen viele Abschüsse dar. Noch vor einem Jahrhundert gehörten Seeadlerabschüsse zur Brutzeit geradezu zum »guten Ton«. Erzherzog Rudolf von Österreich beschreibt in seinem Jagdtagebuch, wie er an der Donau nahe der Draumündung Seeadler, Schwarzstörche, Uhus und große Falken hemmungslos aus den Horsten schoß. Im Gebirge wurden in Jägerkreisen wie in der Bevölkerung die »Adlerkönige« um so mehr gefeiert und geschätzt, je mehr Steinadler sie erlegt hatten. In der ersten Hälfte des 20. Jahrhunderts waren daraufhin die Bestände praktisch zusammengebrochen. Viel zu spät setzten die Schutzbestimmungen ein, denn die geringe Vermehrungsrate dieser großen Vögel konnte erst in Jahrzehnten diese katastrophalen Ausfälle wieder ausgleichen. Seit die Steinadler geschützt sind, nahmen die Abschüsse zwar ab, haben aber bis in die jüngste Zeit nicht vollständig aufgehört. Immer wieder kommen »Fehlabschüsse« vor, die – auch wenn es nur wenige sind – die weitere Ausbreitung des Restbestandes hemmen und zurückwerfen.

Besonderheiten der Natur wie schöne Wasserfälle wurden schon früh unter Naturschutz gestellt. Doch die vielen Besucher verursachen Störungen. Für empfindliche Tierarten reichen solche Schutzgebiete nicht aus, sie benötigen Räume, in denen sie absolute Ruhe genießen können.

So kam der Fischadler bisher nicht über die Grenzen der Ostblockstaaten nach Westen. Nur in Schottland glückte die Wiederansiedelung – dank umfangreichster Überwachungs- und Sicherungsmaßnahmen, aber auch dank eines ungleich größeren Interesses an der Vogelwelt, als sie in Mittel- oder gar in Südeuropa besteht. In Großbritannien ist Prinz Philip der Schirmherr der mächtigen Vogelschutzorganisation, die sich als »Königliche Gesellschaft« bezeichnen darf. Und bei uns? Welcher Spitzenpolitiker erklärt sich wohl einmal bereit, Schirmherr oder Ehrenvorsitzender des Deutschen Bundes für Vogelschutz zu werden? Als Hinweis auf die schleichende Umweltvergiftung waren die Greifvögel indes recht dienlich. Rechtzeitig, bevor es vielleicht auch für den Menschen fatal geworden wäre, signalisierten sie die drohende Katastrophe. Daß sie beinahe ausgestorben sind, war eine Warnung für uns. Doch erst Anfang der siebziger Jahre wurden sie unter Schutz gestellt – allerdings nur mit ganzjähriger Schonzeit! Jagdbar blieben sie, und die Erteilung von Ausnahmegenehmigungen ließen nicht allzulange auf sich warten.

Gewiß hatten sich einige am schwersten von den Umweltgiften betroffenen Arten gebietsweise etwas erholt. Der Habicht nahm an Zahl wieder zu und fing an, verlorenes Gelände von neuem zu besiedeln. Die Schonung nützte auch bei anderen selten bis sehr selten gewordenen Arten wie den Korn- oder Wiesenweihen. Die Rohrweihe tauchte wieder an Gewässern auf, an denen sie seit Jahrzehnten nicht mehr gebrütet hatte. Der Anteil der jungen, noch nicht voll ausgefärbten Seeadler stieg nachweisbar, auch wenn die Gesamtzahl der Überwinterer nur unwesentlich zunahm. Das zeigte zumindest, daß die katastrophale Überalterung der Brutbestände in Skandinavien überwunden war. Für eine Ausbreitung nach Westen und neue Ansiedlungen in der Bundesrepublik, etwa im seenreichen Alpenvorland, reichte die Bestandszunahme allerdings noch nicht. Zu viele Seen sind auch in der DDR und in Polen noch nicht wiederbesiedelt. Und nach wie vor müssen die wenigen Horste in Schleswig-Holstein rund um die Uhr bewacht werden, damit die Brut nicht gestört wird, damit Eier oder Junge nicht geraubt werden! Ein unglaublicher Zustand in einem Rechtsstaat: Freiwillige Helfer des Vogelschutzes kontrollieren Tag für Tag und Nacht für Nacht über Monate hinweg den Brutplatz der letzten Seeadler. Nur so können diese überleben und immer wieder einzelne Jungadler aufziehen und zum Ausfliegen bringen.

In noch größerem Stil mußte eine solche Bewachung für die Wanderfalken organisiert werden. Obwohl deren Niedergang nicht mehr aufhaltbar schien, wollten einige engagierte Naturschützer nichts unversucht lassen. Sie waren überzeugt, daß die letzten Brutpaare auf der Schwäbischen Alb nicht allein unter den Umweltgiften zu leiden hatten, wie man vielleicht annehmen konnte, weil der Wanderfalke weltweit rückläufige Bestände zeigte. Sie wußten vielmehr, daß die Jungfalken auch immer wieder illegal ausgehorstet wurden, um in Vorder- oder Hinterhöfen angebunden als Statussymbol eines Zerrbildes von edler Falknerei ihr Dasein zu fristen oder für teures Geld an orientalische Scheichs verkauft zu werden.

Die echten Falkner distanzierten sich von solch verbrecherischem Verhalten an einer hochgradig bedrohten Vogelart und versuchten auf ihre Weise einen Beitrag zur Arterhaltung zu leisten: durch Züchtung in Gefangenschaft. Vielleicht könnten nachgezüchtete Wanderfalken später einmal die geschrumpften Bestände auffüllen? Die Wanderfalkenschützer aber wollten sofort handeln, um das Überleben dieser Vogelart zu sichern. Sie schlossen sich zusammen und organisierten eines der vorbildlichsten Überwachungssysteme: Vom zeitigen Frühjahr bis zum Ausfliegen der Jungfalken im Sommer kontrollierten sie die letzten Horste. Während der gefährlichen Zeit – wenn Eier oder Jungfalken im Horst sind – wechselten sich die Bewacher so lückenlos ab, daß der Brutplatz Tag und Nacht gesichert blieb. Der Erfolg ließ auf sich warten. Zu sehr war der Bestand dezimiert. Zudem sind die Jungfalken einer Reihe anderer Gefahren ausgesetzt. Ihre Flüge dehnen sich über weite Teile Europas aus. Einmal flügge, bleiben sie auf sich selbst angewiesen. Die Bewachung kann ihnen nur so lange Schutz bieten, wie sie im Horst sind. Doch eines wurde bald klar: Die Bewachung konnte den weiteren Bestandsverfall aufhalten. Einige Jahre verstrichen. Tausende von Bewachungsstunden waren aufgebracht worden. Niemand erhielt einen Lohn für die aufgewendeten Mühen. Die einzige Belohnung sollte im Überleben des Wanderfalken bestehen.

Kann man sich vorstellen, daß rechtschaffene Bürger bei Nacht und Nebel in die Horstwände steigen, um die jungen Falken zu rauben? Was die Bewacher mitunter erlebten, übersteigt die Vorstellungskraft.

Die Müllhalden unserer Überflußgesellschaft könnten ganze Täler füllen. Viel zu achtlos wird mit dem Abfall verfahren. Er enthält wertvolle Stoffe, die wieder genutzt werden sollten. Auf solchen Mülldeponien belastet er aber die Umwelt durch die austretenden Schadstoffe.

Die Räuber waren besser organisiert, als man angenommen hatte. Jetzt führen sie ihre Raubzüge in der Türkei, auf Sardinien oder in abgelegenen Gegenden im Mittelmeerraum durch! Kommt dadurch die ganze Falknerei, die edle Kunst, mit den Vögeln zu jagen, in Mißkredit? Verständlich, daß manche Naturschützer ein Verbot der Falknerei fordern, denn die in der Natur noch vorhandenen Bestände großer Falken, insbesondere der Wanderfalken, vertragen keine Entnahme von Nachwuchs. Diese aber war alles andere als gering! So mußte das Landesamt für Umweltschutz in Baden-Württemberg bei Erhebungen zum Bestand an Greifvögeln, die in Gefangenschaft gehalten werden, feststellen, daß sich dort mehr Exemplare befinden, als in freier Wildbahn noch leben. Nur Bussarde, Turmfalken und Habichte sind in diesem Bundesland freilebend in der Überzahl. Durch Markierung der in Gefangenschaft gehaltenen Vögel versucht man, Kontrolle darüber zu bekommen, wie viele alljährlich neu der Natur entnommen werden.

Mittlerweile sind die seriösen Falkner nicht untätig gewesen. Sie wollten beweisen, daß ihnen der Schutz des Wanderfalken und anderer Greifvögel genauso am Herzen liegt wie den Vogelschützern. Sie lehnten sich an ein großes Vorbild aus den Vereinigten Staaten an: die Cornell-Universität und ihr ornithologisches Laboratorium. Dort werden seit einer Reihe von Jahren insbesondere Wanderfalken nachgezüchtet, um sie in schlimm dezimierte Bestände wieder ausbürgern zu können. Die Erfahrungen, die dieses Forschungsinstitut machte, lehrten den Weg zum Erfolg.

Die Wanderfalken mußten dazu gebracht werden, daß die Weibchen mehr Eier legten, als für ein Normalgelege reichen würde. In der Regel beginnt nach drei bis vier Eiern das Brüten. Die Technik der Haltung erlaubte es, einem in bester Kondition befindlichen Weibchen die Eier immer wieder wegzunehmen, bis es zehn Stück oder mehr gelegt hatte. Dann erst durfte es ein Vollgelege bebrüten. Die übrigen Eier wurden in Brutöfen zum Schlüpfen gebracht. So erzielte ein Weibchen bis über zehn Junge pro Jahr! In der Praxis funktioniert das schwerer, als man denkt. Die Weibchen verweigern oft die Paarung, oder die Begattungsversuche klappen nicht, und viele Eier bleiben unbefruchtet. Moderne tierärztliche Technik überwand jedoch auch diese Klippe: Die Falken wurden künstlich besamt.

Nun steht in der Tat der Nachzucht von Wanderfalken in Gefangenschaft nichts mehr im Wege. Die vorhandenen Falken reichen leicht aus, um den Bedarf bei Falknern zu decken. Der Überschuß kann in die Auswilderung kommen. Solche Versuche wurden bereits am Kölner Dom und an einem Gebäude der Universität Göttingen unternommen. Ob sie nachhaltigen Erfolg haben werden, bleibt noch abzuwarten. Jedenfalls ist es nicht länger notwendig, Jungfalken für die Haltung in Gefangenschaft der Natur zu entnehmen. Der Einsatz beider Gruppen hat sich also gelohnt!

Die bei den Seeadlern und den Wanderfalken inzwischen gesammelten Erfahrungen bilden eine wertvolle Grundlage für die mögliche Bestandsvermehrung weiterer bedrohter Tierarten.

Bejagung – moderne Gesichtspunkte

Seit Urzeiten jagt der Mensch. Er mußte jagen, um zu überleben. Er mußte sich gegen Feinde zur Wehr setzen, um den Anforderungen des Lebens in der Wildnis standzuhalten. Jagd bedeutete auch das Vermindern von Konkurrenten um die Beute. Denn obwohl Adler, Luchse oder Schakale den Menschen selbst nie angriffen, ihm nicht unmittelbar gefährlich werden konnten, so machten sie ihm doch seine Beute und damit seine Nahrung streitig. Das Töten von Tieren erfüllte daher in der äonenlangen Phase des Jäger- und Sammlerstadiums zwei Zwecke: Nahrung zu beschaffen und Feinde oder Konkurrenten auszuschalten. Gebietsweise unterschiedlich schnell lösten die Ackerbau- und Viehzuchtkulturen das primitive Jäger- und Sammlerstadium ab. Doch auch jetzt blieb die Notwendigkeit bestehen, Feinde und Konkurrenten abzuwehren.

Erst in jüngster Zeit fiel dieser Sinn der Jagd weitgehend, in vielen Gebieten der Welt sogar ganz weg, oder er hat an Bedeutung verloren. Die gefährlichen Großtiere sind ausgerottet oder auf kontrollierte Reservate beschränkt. Für die Ernährung der Menschen spielt die Jagd keine nennenswerte Rolle mehr, auch wenn das Jagdwesen insgesamt einen volkswirtschaftlichen Umsatzposten darstellt. Nicht nur hierzulande, sondern auch anderswo (die Länder der Dritten Welt eingeschlossen) tragen die Jagderfolge nicht mehr zum Überleben der Bevölkerung bei. Nur noch ein verschwindend geringer Anteil von Naturvölkern ist auf sie angewiesen.

Die heutige Form der Jagd hat sich aus dieser Jahrtausende währenden Nutzung freilebender Tiere zur menschlichen Ernährung entwickelt. Heute hat sie ihre ursprüngliche Bedeutung verloren. Andere Zielsetzungen sind in den Vordergrund gerückt, aber die emotionale Basis findet sich nach wie vor im archaischen Drang zum Beutemachen. Daraus erklärt sich auch, mit welcher Beständigkeit und Beharrlichkeit jagdliche Traditionen haften bleiben und wie schwer es ist, dort zu Änderungen zu gelangen, wo sie tatsächlich notwendig geworden sind. Die letzten Auerochsen, Wandertauben oder Stellerschen Seekühe hätten nicht ausgerottet werden müssen. Auch für Bär und Luchs wäre in Mitteleuropa gewiß noch Lebensraum genug. Der Biber wurde im Laufe des letzten Jahrhunderts durch rücksichtslose Dezimierung der Bestände nahezu ausgerottet. Heute bemüht man sich mit großem finanziellen und ideellen Aufwand um seine Wiedereinbürgerung. See- und Fischadler, Fischotter, ja, sogar so vergleichsweise harmlose Tiere wie den kleinen Nerz hat man aus Mitteleuropa fast vollständig vertrieben.

Eine Vielzahl von Tierarten kämpft ums Überleben. Alle diese Fehler gehen auf eine Einstellung zur Jagd zurück, die heute gewiß nicht mehr von den Jägern geteilt wird. Aber was nützen alle Beteuerungen, daß diese Zeiten vorbei sind? Arten, die bereits ausgestorben sind, können in der freien Natur nicht wieder entstehen. Tatsache ist, daß die heutige Jagd in überwiegendem Maße primär an eine Handvoll Tierarten denkt, die sie gezielt hegt und nutzt: an Hirsch und Reh, an Hase, Fasan und Rebhuhn. Ein paar weitere Arten kommen noch hinzu, doch sie erfahren nur regional eine mehr oder weniger bedeutsame Hege. Ein beachtlicher Teil der jagdbaren Arten wird dagegen bekämpft, weil sie als Feinde des Niederwildes gelten. Dazu gehören neben Fuchs, Waschbär und einigen anderen Kleinraubtieren die Krähen, Elstern und der Eichelhäher. So scheidet die Jagd wie zu alten Zeiten die freilebenden Wildtiere in gute und schlechte Arten – trotz aller gegenteiligen Beteuerungen.

Die Hege des Wildbestandes sollte aber alle Arten, die dem Jagdrecht unterstellt sind, umfassen und nicht nur einige wenige, die dem Jäger interessant erscheinen. So entsteht aus dem Selbstverständnis der Jagd und den Anforderungen des Naturschutzes, insbesondere des Artenschutzes, ein permanenter Konflikt. Ihn zugunsten der freilebenden, in ihrer Weiterexistenz bedrohten Tierarten zu lösen muß das gemeinsame Ziel sein, wenn die Jagd ihre Berechtigung aufrechterhalten will. Daß sie dazu in der Lage ist, daran besteht kein Zweifel. Es gibt einige Tierarten, die mit den Lebensbedingungen der modernen Kulturlandschaft so gut zurecht kommen, daß ihre Bestände durchaus jagdliche Nutzung vertragen und gebiets- und zeitweise eine gewisse Kontrolle benötigen. Darin

Watzmann-Ostwand am Königssee: Unberührte Natur wirkt grandios und erhaben. Doch allzu schnell wird sie für den Massentourismus vermarktet. Daran ändern auch Begriffe wie Nationalpark nichts, wenn der menschliche Einfluß nicht in Bahnen gelenkt wird.

liegt die besondere Aufgabe der Jagd. Ein Abschöpfen von Überschußproduktion darf aber nicht dazu führen, daß diese Überproduktion künstlich herbeigeführt wird – durch Ausschaltung natürlicher Verlustursachen – und dann wiederum bejagt werden muß. Schlimmer ist noch, daß zur Aufrechterhaltung der Überproduktion andere Arten bekämpft und in ihren Beständen drastisch eingeschränkt werden. Die freilebenden Tiere stellen ein Gemeingut aller dar. Wenn ein geringer Teil der Bevölkerung das Privileg besitzt, sie zu nutzen, müssen die Nutznießer dies auch honorieren und ihrem gesetzlichen Auftrag nachkommen, einen wirklich artenreichen Wildbestand zu erhalten.

Tatsächlich unterliegt die Jagd in unserem Jahrhundert einem tiefgreifenden Wandlungsprozeß. Längst sind andere Zielsetzungen als das Kurzhalten von Raubwild und Raubzeug in den Vordergrund der Bemühungen gerückt. In einer Reihe von Staaten arbeiten Biologen und Jagdverbände eng zusammen. Die Wildbestände werden vor Beginn der Jagdzeit von unabhängigen Wildbiologen untersucht, die daraufhin die Höhe der zulässigen Abschußquoten ermitteln, um die Bestände nicht zu gefährden und produktiv zu halten. War die Fortpflanzungsperiode schlecht, so gibt es wenig oder gar nichts zu schießen; war sie gut, fallen die Quoten entsprechend besser aus. Auf diese Weise bleiben die Bestände in ihrem Kapital unangetastet. Nur die »Zinsen« werden gewissermaßen alljährlich genutzt. Auch in Mitteleuropa bemühen sich die modern geführten Jagdverbände nicht nur um die Erhaltung und Förderung der wenigen Nutzwildarten, sondern versuchen zugleich, die Hegeverpflichtung auf den Lebensraum auszudehnen. So profitieren zahlreiche weitere Arten davon. Diese Umstellung braucht Zeit und erfordert Einsicht in die Zusammenhänge innerhalb der Natur. Von einem gut geführten Jagdrevier geht in der Regel keine Bedrohung seltener Arten aus. Als vordringlichste Aufgabe wird dort vielmehr angesehen, die Hege besonders den seltenen Arten angedeihen zu lassen.

Diese Hege bedarf nicht des Gewehrs. Sicher wird es nur in extremen Ausnahmefällen nötig sein, andere Arten zugunsten einer bedrohten abzuschießen. Die weitaus bessere Methode liegt in der gezielten Förderung der Lebensbedingungen der bedrohten Art unter gleichzeitiger Verminderung äußerer Störungen. Die Möglichkeiten, mit dem Gewehr Tierbestände in unserer Landschaft zu regulieren, werden meistens ziemlich falsch eingeschätzt. Häufige Arten wie etwa das Reh oder die Ringeltaube vertragen sehr hohe Nutzungsquoten. Die Hälfte des Bestandes könnte in manchen Jahren geschossen werden, ohne daß er danach abnehmen würde. Denn die Vermehrung funktioniert bei diesen Arten so gut, daß die Ausfälle schon in der nächsten Fortpflanzungsperiode wieder ausgeglichen werden. Reh und Ringeltaube oder auch die Lachmöwe haben ihren Lebensraum bis an die Grenzen der Aufnahmefähigkeit beansprucht.

Beim Reh wurde diese Grenze zeitweise sogar überschritten. Das konnte geschehen, weil die intensive Winterfütterung die natürliche Auslese, die früher die Bestandsgröße in Grenzen gehalten hatte, ausschaltete. So wuchsen die Rehbestände über die natürliche Umweltkapazität hinaus so lange weiter an, bis neue Grenzen die Entwicklung bremsten. Wir wissen heute, daß diese Grenzen in der Qualität der Nahrung im Spätsommer liegen – und manche Vorschläge, in dieser Zeit mit Kraftfutter nachzuhelfen, wollen auch diesen zweiten Engpaß überwinden! Die Folge wären noch größere Schäden für die Naturverjüngung der Bäume, noch höhere Kosten für Zäunung und beim Wildschadensausgleich. Doch gerade dieses Beispiel zeigt, daß sich den menschlichen Umweltbedingungen angepaßte Arten zwar stark manipulieren, aber nur schwer kontrollieren lassen. Denn sogar die doch recht großen, auffallenden Rehe machen Schwierigkeiten, wenn man sie zählen will. Sie entziehen sich so geschickt der Beobachtung, daß die Bestandszahl in einem bestimmten Gebiet zumeist ganz erheblich unterschätzt wird. Die Abschußplanung geht damit von nicht zutreffenden Zahlen aus. Einzig die Feldrehe, also jene Rehe, die sich im Winterhalbjahr (und zum Teil auch im Sommer) dauernd auf der freien Feldflur aufhalten, können genauer erfaßt werden. Allerdings stehen sie mitunter im Austausch mit Waldrehen. Die Bestandserfassung des Wildes gestaltet sich daher für den Jäger alles andere als einfach. Er muß ein Gespür dafür bekommen, ob sein Wildbestand in Zu- oder in Abnahme begriffen ist, um die richtigen Maßnahmen zu wählen. Die Regulierung des Bestandes verläuft daher erheblich weniger gut, als man annehmen möchte. Oft nimmt die Bejagung bei den häufigen Arten nur einen Teil der ohnehin anfallenden Sterblichkeitsrate vorweg: sie kompensiert! In die Bestandsentwicklung greift sie somit nicht unmittelbar ein, höchstens in die Feinzusammensetzung des Bestandes. Denn die abgeschossenen Tiere werden natürlich nicht immer die alten, kranken und schwachen sein. Das Jagdziel richtet sich nach anderen Gesichtspunkten; bei der Trophäenjagd etwa nach Stärke oder Gewicht. Im übrigen steigen mit der Herausnahme kräftiger Tiere die Überlebenschancen der schwächeren an, und so kommt es zum Bestandsausgleich.

Anders wird es, wenn der Bestand nicht produktiv an der oberen Grenze des Fassungsvermögens der Umwelt liegt. Wenn er abnimmt, verursacht die Bejagung unter Umständen eine Beschleunigung des Zusammenbruchs, weil sie eben auch die besonders überlebenstüchtigen Individuen trifft. Und je seltener eine Art wird, um so

»Eisberge« aus Schaum von Waschmittelrückständen gehören glücklicherweise auf den meisten Flüssen der Vergangenheit an. Doch immer noch gelangen zu viele ungereinigte Abwässer in die Fließgewässer und schädigen das natürliche Gleichgewicht zwischen Tier und Pflanzen

schwieriger wird es für den Jäger abzuschätzen, ob das geschossene Tier noch vor der nächsten Fortpflanzungsperiode der natürlichen Auslese anheimgefallen wäre oder nicht. Der Naturschutz fordert daher immer wieder, daß stark rückläufige, seltene und in ihrem Bestand bedrohte Tierarten von der Bejagung gänzlich zu verschonen sind. Nur so kann sichergestellt werden, daß unser Land keine weiteren Tierarten durch direkte Nachstellungen verliert, wie dies noch bis in die erste Hälfte unseres Jahrhunderts geschah.

Nun steigen aber nicht selten Trophäenwert und Jagdfieber mit zunehmender Seltenheit einer Art an. Lachmöwen im Binnenland, Silbermöwen an der Küste oder Bläßhühner auf unseren Seen und Teichen sind, von einigen Sonderfällen der Bejagung abgesehen, als Jagdbeute uninteressant. Sie sind zu häufig, zu »gemein« im Sinne von allgemein verfügbar. Die Waldschnepfe dagegen oder gar Birk- und Auerhahn besitzen einen sehr hohen Trophäenwert, weil sie so selten geworden sind. Auer- und Birkhühner drohen aus weiten Teilen jener Gebiete, wo sie ursprünglich vorkamen, ganz zu verschwinden. Sind aber wirklich allein die Störungen durch Erholungsuchende, durch Wanderer, Beeren- und Pilzsammler oder Skifahrer schuld an ihrem Rückgang? Gebietsweise trifft es wohl zu, daß solche Störungen entscheidend zum Bestandsverfall geführt haben. Aber warum sind diese großen Hühnervögel so störanfällig? Doch in erster Linie deswegen, weil sie während der Balz, also in ihrer Fortpflanzungszeit, bejagt worden sind. Mehrere Ursachen wirken in den allermeisten Fällen, in denen Bestände abnehmen, zusammen.

Oft dürfte die besondere Störanfälligkeit erst eine Folge der menschlichen Nachstellungen sein. Sie bewirkten, daß scheue, empfindliche Individuen öfter überlebten und damit ihr Erbgut häufiger weitergaben. Als die Bestände noch nicht so sehr geschrumpft waren und die Störungen hauptsächlich von der Bejagung ausgingen, war dieses Verhalten von Vorteil. Jetzt kehrt es sich für die Art in einen schwerwiegenden Nachteil um, weil zu viele Bruten den Störungen zum Opfer fallen, was nicht geschehen würde, wenn die Tiere nicht so empfindlich geworden wären. Übrigens jagten Indios und südostasiatische Naturvölker in den tropischen Urwäldern mit Pfeil und Bogen oder mit dem Blasrohr. Diese lautlose Jagd vermittelte den betroffenen Tieren keine Information über die Gefahr – ein Grund, warum sie nicht die große Scheu mit den enormen Fluchtdistanzen entwickelten, die unsere Tiere kennzeichnet. Bei der geringen Bestandsdichte der meisten jagdlich interessanten Arten im tropischen Regenwald war dies eine gute Strategie jagdlicher Nutzung zum eigenen Überleben, die nach heutigen Begriffen über sehr lange Zeiträume reibungslos funktionierte.

Üppiges Wachstum von Wasserpflanzen (auch von Seerosen) deutet darauf hin, daß dieser Weiher reich an pflanzlichen Nährstoffen ist.

Der Knall des Schusses, besonders bei Treibjagden, signalisiert dagegen auch den nicht ge- und betroffenen Tieren die Gefahr. Sie schrecken auf und fliehen. Aus diesem Verhalten heraus entsteht ein weiteres Problem, das insbesondere in Naturschutzgebieten oftmals einen erheblichen Konflikt mit dem Schutzziel heraufbeschwört: die Beschränkung oder Einstellung der Jagd, weil sie auch bei den nicht betroffenen Arten schwere Störungen bewirkt.

Dazu ein Beispiel: Jährlich sammeln sich auf südbayerischen und oberösterreichischen Gewässern Zehntausende von Wasservögeln auf ihrem Zug nach Süden. Einige Stauseen wurden zu Vogelschutzgebieten erklärt, weil sie einen hohen Anteil der Wasservögel aufnehmen und deshalb von internationaler Bedeutung für die Erhaltung der europäischen Entenbestände und anderer Schwimmvögel geworden sind. Im österreichischen Naturschutzgebiet am unteren Inn war anfangs die Bejagung völlig eingestellt, mit Ausweitung des Schutzgebietes auf einen größeren Abschnitt der Stauseenkette aber, zeitlich gestaffelt, wieder erlaubt worden. Im bayerischen Schutzgebietsteil blieb die Jagd erlaubt. Einschränkungen waren zunächst nicht vorgesehen, kamen aber in Absprache mit den Jägern zustande.

Die Wasservogelbestände bauten sich im Lauf von Spätsommer und Herbst auf und erreichten die Höchstwerte im November. Zehntausende von Enten konnte man dann auf den Stauseen zählen. Die Wasservögel ernähren sich von Kleinlebewesen und Pflanzen des Flachwassers und bauen daraus ihre Fettreserven auf, die sie für den Zug in die Winterquartiere oder für das Überdauern von Frostperioden, die ihnen den Zugang zu den Nahrungsquellen verschließen, benötigen. Die Stauseen stellen daher, wenn man einen bildhaften Vergleich wählt, Tankstellen zur Deckung des Energiebedarfs der Wasservögel dar. Diese Energie ist in den Schlammröhrenwürmern, Mückenlarven und Kleinkrebsen des Bodenschlamms sowie in den Wasserpflanzen enthalten. Können die Enten ungestört nach dieser Nahrung suchen, so entnehmen sie dem Gewässer eine erstaunliche Menge organischer Stoffe. Diese würden im Laufe des Winters verfaulen, wenn die Eisdecke die flachen Buchten von der Sauerstoffzufuhr abschneidet. Besonders die Wasserpflanzen würden dann in Massen Faulschlamm bilden, weil sie viel dichter aufgewachsen sind, als sie von der natürlichen Zersetzung abgebaut werden könnten. Denn die Gewässer bekommen zu viele Nährstoffe zugeführt, die das Pflanzenwachstum begünstigen und das Wasser belasten. Aber auch die zahllosen Kleintiere in den obersten Schlammschichten würden während der Vereisung weitgehend absterben und zugrunde gehen. Aus ihren zerfallenden Körpern bilden Bakterien, die ohne Sauerstoff auskommen, giftigen Schwefelwasserstoff, der sich mit Eisen zu Schwefeleisen verbindet. Der Schlamm beginnt zu stinken und wird schwärzlich. Je geringer die Abbauleistung unter Einsatz von Sauerstoff, desto stärker wird Faulschlamm gebildet. So kommt Jahr für Jahr eine neue Faulschlammschicht dazu, bis das Gewässer keine festgewurzelten Wasserpflanzen mehr hervorbringt, sondern nur noch Massenentwicklung kleiner Algen im Freiwasser möglich ist.

Solche Prozesse schädigen die Gewässer in starkem Maße. Wasservögel können dies verhindern! Wenn sie nämlich während des Herbstes einen Großteil des fäulnisfähigen organischen Materials – also die Wasserpflanzen, Schlammröhrenwürmer und sonstigen Kleintiere – verzehrt haben, kann es zu solchen Fäulnisvorgängen gar nicht mehr kommen. Die Vögel verbrauchen einen guten Teil der aufgenommenen Nahrung durch Veratmung. Sie bauen die organischen Stoffe in ihrem Körper zu Kohlendioxid (Kohlensäure) und Wasser ab. Die Stoffe, die diese Endprodukte liefern, werden gleichsam verbrannt, um damit den Vogelkörper zu heizen, dessen Temperatur ja beständig bei knapp 40 °C gehalten werden muß. Das bedeutet einen enormen Bedarf an »Heizmaterial«. Zu diesen und anderen Betriebsstoffen kommen die notwendigen Baustoffe für den Aufbau von Zellen, Geweben, Organen sowie die Vorratsstoffe für die Überwinterung. Einen bedeutenden Teil der aufgenommenen organischen Stoffe lagert der Vogel daher in seinem Körper ab. Nur ein Drittel etwa wird als Exkrement wieder abgegeben. Doch die in den Exkrementen enthaltenen Restsubstanzen befinden sich schon in einem weitgehend aufgearbeiteten Zustand und können im Wasser schneller abgebaut werden als nicht verdaute Stoffe. Auf diese Weise schalten sich die Wasservögel sehr wirkungsvoll in den Stoffkreislauf solcher Gewässer ein. Bleiben sie bei der Nahrungsaufnahme ungestört, so erreichen sie eine Nutzung bis zu 90% der verfügbaren Biomasse, also der im Laufe des Sommers produzierten Menge grüner Pflanzen und Kleintiere im Wasser. Die restlichen 10% und die Exkremente der Vögel bauen die Bakterien ohne Schwierigkeiten ab. Das Wasser bleibt klar, und es kommt nicht zur Bildung von Faulschlamm.

Anders sieht das Verhältnis aus, wenn die Wasservögel während dieser Zeit bejagt werden. Dann sinkt der Grad der Ausnutzung von 90% rasch ab und bleibt bei 10–15% stecken, weil die Wasservögel auf die Bejagung mit Flucht reagieren. Ein immer geringerer Teil kehrt zurück. Anstelle von 10 000 Enten verbleiben vielleicht noch gut 1000, die natürlich auch nur ein Zehntel der Abbauleistung bewältigen! So kommt es zur Bildung von Faulschlamm. Die Bejagung greift in diesen Fällen also tief in die Vorgänge des Naturhaushalts ein. Ohne sie käme das System mit der Belastung durch übermäßige Nährstoffzufuhr zurecht. Genaue Untersuchungen haben ergeben, daß bei einem 10 km^2 großen Gewässer schon die Bejagung der halben Fläche einen Bestandsrückgang der Wasservögel während des Herbstzuges um rund die Hälfte nach sich zieht (die seltenen Arten sind davon sogar noch mehr betroffen). Nur ein geringer Anteil von 2–5% der vertriebenen Schwimmvögel wird tatsächlich erlegt, also jagdlich genutzt, während die Vertreibungsquote ungleich größer ist und daher für den Vogelschutz ein sehr ernstes Problem darstellt, noch dazu wenn sich die Bejagung im Vogelschutzgebiet abspielt.

Mit dem beispielhaften Jagdverzicht auf dem Wasser haben die bayerischen Jäger am unteren Inn diesem Umstand Rechnung getragen. Doch wird die volle Wirksamkeit erst dann erzielt sein, wenn auch die österreichischen Jäger mitmachen und in diesem international bedeutsamen Wasservogelschutzgebiet kein Schuß mehr fällt. Das Beispiel sollte auch in den anderen Gebieten der Bundesrepublik Deutschland, Österreichs und der Schweiz, wo vielfach in den Wasservogelreservaten gejagt wird, Schule machen.

Stausee am unteren Inn – ein Beispiel für die gelungene Regeneration eines großen Flusses, wie das vielfältige Tier- und Pflanzenleben zeigt.

Erholungsuchende und die Folgen

Sich erholen zu können gehört zu den Notwendigkeiten des Lebens in unserer hochtechnisierten Welt. Daran besteht kein Zweifel! Doch daß auch die Natur Erholungsgebiete braucht, in der sich die Pflanzen und Tiere regenerieren können, wird allzuoft übersehen, geflissentlich übersehen stets dann, wenn man sich selbst deswegen einschränken sollte. Mag sich die Natur doch anderweitig regenerieren! Hier, wo ich jetzt bin, erträgt sie noch ein bißchen mehr Belastung. Das Ergebnis solch egoistischer Einstellungen zeigt sich insbesondere nach Wochenenden mit schönem Wetter während der Monate Mai und Juni, wenn draußen in Wald und Flur, vor allem aber am Wasser die Kinderstuben der Tiere gefüllt sein sollten. Jetzt, während der Brut- und Aufzuchtzeit der Jungen, können die Enten und Hühner, die Hasen und Rehe, überhaupt die meisten der größeren Tiere die Störungen des Menschen am wenigsten vertragen. Die übrige Zeit des Jahres versuchen sie, sich ihm rechtzeitig zu entziehen. Sie verstecken sich im Dickicht, fliehen aufs Wasser hinaus oder drehen einige Runden, bis wieder Ruhe eingekehrt ist.

Jetzt aber sind sie an Gelege oder Jungen gebunden. Verlassen sie diese, geht der Nachwuchs zugrunde. Nicht selten genügt schon eine kurze Abwesenheit vom Gelege, um den Verlust herbeizuführen. Zahlreiche Feinde lauern auf den Moment, in dem der brütende Vogel seine Eier verläßt. Dann werden sie schnell eine leichte und verlockende Beute. Selbst wenn dies nicht geschieht, sind die Gelege in Gefahr. Wenn sie der Sonne ausgesetzt sind, steigt die Temperatur schnell auf eine kritische Höhe an: Der sich entwickelnde Keim gerät unter Hitzestreß. Einige Grad über der Normaltemperatur genügen bereits, um tödlich zu wirken. Aber auch Unterkühlung bedeutet Gefahr. Bleiben Eier zu lange unbebrütet, wenn sie sich schon mitten in der Entwicklung befinden, dann können Störungen eintreten oder die Embryonen absterben. Der schwierigste Teil der Eientwicklung beginnt mit dem Schlüpfen des Jungvogels, der anfangs noch naß und sehr schwach ist. Wird er in dieser lebensentscheidenden Zeit allein gelassen, endet der Schlüpfvorgang oft fatal. Das Junge bleibt stecken, verklebt mit der Schale, oder es geht an Erschöpfung ein. Zahllose Gelege vernichten die Erholungsuchenden alljährlich, ohne daß sie dessen gewahr werden.

Besonders schlimme Auswirkungen hat der Angelsport in Schutzgebieten von Wasservögeln. Denn im Gegensatz zu einem Spaziergänger bleibt der Angler in der Regel längere Zeit an einem Platz, der sich nur zu oft genau an jenen Stellen befindet, die von den Wasservögeln als Brutstätten gewählt worden sind. Der Angler kommt, setzt sich auf einen Steg am Rand des Schilfes, oder er fährt mit seinem Boot in eine stille Bucht. Nun wird die Angel ausgeworfen; der Schwimmer pendelt noch ein wenig, bis er sich beruhigt, und der Angler genießt die entspannende Ruhe in vollen Zügen. Er ist ein Naturfreund, das weiß er genau. Er schätzt die Stille, die Einsamkeit. Er erholt sich dabei wahrscheinlich besser als der Kollege, der es vorzog, einen Film anzusehen oder das Schwimmbad aufzusuchen.

Neben ihm, getarnt im Schilf, verlöscht mittlerweile das eben erst aufgekeimte Leben junger Enten. Die Mutter verließ das Nest, als der Angler nahte. Sie wäre wiedergekommen, wenn er nicht so lange geblieben wäre. So zieht sie von Zeit zu Zeit einen Kreis, wagt sich jedoch nicht heran. Die Jungen müssen zugrunde gehen. Vielleicht gelingt ihr ein Nachgelege, wenn verregnete Wochenenden kommen, die nicht zu langem Verweilen von Anglern an den Ufern einladen. Vielleicht versucht sie es auch an einem weniger geeigneten Platz, an dem dann später die Ernährung der Jungen problematisch wird. Vielleicht hatte sie aber mit diesem Gelege ihre Reserven be-

Wehre und Stauanlagen unterbrechen den Lauf der Fließgewässer. Ob sie zu einer verödenden Todeszone für Fische werden, liegt nicht allein an der Technik, sondern auch an der Abwasserbelastung, die ein Fluß aus den an ihm gelegenen Siedlungen aufzunehmen hat.

reits aufgebraucht und muß nun ein Jahr warten, bis sie wieder Nachwuchs hervorbringen kann – falls sie den Winter mit seiner strengen Auslese überlebt!

Tausende und Abertausende Wasservogelnester fallen auf diese Weise Jahr für Jahr dem Erholungsbetrieb zum Opfer. In einem oberösterreichischen Vogelschutzgebiet, einem der besten Mitteleuropas, wurde dies gründlich untersucht. Die Zone, in der regelmäßig zwischen zwei und zehn Angler während der Brutzeit anwesend waren, enthielt kaum 10% der Nesterzahl, die eine gleich große, aber nur selten gestörte Zone aufwies. Am weitaus besten schnitt eine nicht beangelte Uferstrecke ab, die trotz ihrer einfachen Uferstruktur etwa 30 Wasservogelnester pro Kilometer besaß. Nimmt man diesen Wert als normale Nestdichte, so konnten die Wasservögel – in diesem Schutzgebiet wohlgemerkt – höchstens 20% der tatsächlich vorhandenen Brutmöglichkeiten nutzen. Die Wertigkeit dieses Brutgebietes wurde daher durch die Angler um rund 80% herabgedrückt: eine katastrophale Bilanz!

Natürlich konnten sich die seltenen, anfälligen Arten am wenigsten halten. Nur den Bläßhühnern und Höckerschwänen scheinen die Störungen durch die Angler wenig auszumachen. Sie ziehen ihre Bruten auch bei langandauernder Anwesenheit der Angler groß. Liegt da nicht der Schluß nahe, diesen Vögeln die Vertreibung der seltenen Arten anzulasten? Die Bläßhühner und Schwäne vermehren sich viel zu stark und verdrängen die anderen, meinen nicht wenige. Auch Vogelschützer sind darunter, die in diesen beiden Wasservogelarten Feinde der anderen sehen.

Bei genauer Nachprüfung stellen sich diese Vorwürfe als unberechtigte Vorurteile heraus. Schwäne und Bläßhühner verhalten sich störungstolerant und sind daher nur scheinbar übermächtige Konkurrenten der übrigen Wasservogelarten. Wo diese nicht gestört werden, kommen sie mit den Schwänen und Bläßhühnern sehr wohl zurecht, weil sie ganz andere ökologische Nischen nutzen. Dagegen konkurrieren Schwäne und Bläßhühner untereinander – nicht um die Brutplätze, sondern um die Wasserpflanzennahrung im Herbst und Winter. Dabei ergibt sich die erstaunliche Tatsache, daß die viel kleineren Bläßhühner den großen Schwänen keineswegs das Feld räumen müssen. Ganz im Gegenteil: Die flinken, wendigen und zum Tauchen befähigten Bläßhühner nutzen die Wasserpflanzen so schnell, daß die Nahrung für die Schwäne bald knapp wird. Für viele bleibt dann nur der Ausweg an jene Plätze, wo sie sich von tierliebenden Menschen durch den Winter füttern lassen. Die Bläßhühner dagegen, die mitunter auch solche Futterstellen in Scharen aufsuchen, ziehen in ihre Winterquartiere weiter. So täuscht der Augenschein! Dem großen Schwan hätte man zwingend die Überlegenheit zugesprochen, und es schien nur logisch, daß er auf die Bestandsentwicklung der kleineren Arten Einfluß nehmen könnte. Dennoch trifft dies nicht zu. Genausowenig stimmt es, daß Bläßhühner die Enten vertreiben.

Eine ziemlich schwache Entenart, die Schnatterente, bringt es sogar fertig, den Bläßhühnern regelmäßig Nahrung wegzunehmen! Dieser Nahrungsparasitismus funktioniert folgendermaßen: Ein Bläßhuhn taucht, um aus der Tiefe Wasserpflanzen hochzuholen. Eine Schnatterente beobachtet dies und wartet, bis das Bläßhuhn auftaucht. In diesem Moment schnappt sie sich einen Teil der mitgebrachten Wasserpflanzen. Für das Bläßhuhn würde es sich nicht lohnen, der Schnatterente die Beute wieder abzujagen. Denn dazu müßte es auch die anderen Wasserpflanzen loslassen. Das wäre zu riskant. So duldet es den Nahrungsparasiten, obwohl es erheblich kräftiger als die Schnatterente ist.

Zurück zum Anglerproblem. Es wird um so kritischer, je kleiner das Gewässer ist. Bei Wasserflächen von 1 ha oder weniger nützt auch die Ausweisung von Ruhezonen nichts mehr, wenn sie regelmäßig beangelt werden. Bei größeren Gewässern bringt dagegen die Beschränkung auf bestimmte Uferzonen bereits wesentliche Verbesserungen. Die meisten Wasservogelarten sind jedoch so scheu, daß sie das Nahen eines Bootes schon auf Entfernungen von 200 m und mehr mit Flucht beantworten. Sitzen sie auf Gelegen, so bedarf es immer noch eines Sicherheitsabstandes von gut 50 m, um nicht zu stören. Segelboote und Surfer wirken auf größere Entfernungen als Ruder- oder Paddelboote.

Vögel sind ausgeprägte Augentiere; sie reagieren auf Lärm weit weniger empfindlich als auf das, was sie zu sehen bekommen. Die Wasservogelbrutgebiete brauchen daher ausreichend große Sicherheitszonen, die in der Hauptbrutzeit, also zwischen Mitte April und Mitte Juli, nicht gestört werden dürfen. Nur mit solchen strikten Maßnahmen wird es uns gelingen, neben halbwilden und verstädterten Stockenten, Bläßhühnern, Höckerschwänen und Lachmöwen noch die Vielfalt der übrigen Wasservogelarten zu erhalten. Wenn ihnen nicht mehr so viel wie heute nachgestellt wird, wenn die meisten von ihnen völligen Schutz genießen, dann werden sie gewiß auch bald vertrauter werden und dem interessierten Beobachter faszinierende Einblicke in ihr Familienleben ermöglichen. Wie hübsch ist es, einem Haubentaucher zuzusehen, dessen eben geschlüpfte Junge ihm auf den Rücken krabbeln. Dort kuscheln sie sich ins daunenweiche, wasserdichte Gefieder. Nur die Köpfchen sehen heraus. Währenddessen hat der Partner vom Gewässerboden eine große Eintagsfliegenlarve hervorgeholt. Wie ein U-Boot taucht er auf und bietet die Beute den Jungen an. Sie tragen dunkle Streifen am Hals. Erst viel später, wenn sie erwachsen sind, werden sie die typische rostbraune Haube der Altvögel bekommen, die bei der Balz eine wichtige Rolle spielt.

Bis in die sechziger Jahre wurde der schmucke Haubentaucher noch ziemlich intensiv als Fischräuber verfolgt, gefangen, geschossen, oder es wurden ihm die Nester zerschlagen. Dabei gibt es nicht den geringsten Anhaltspunkt dafür, daß Haubentaucher die Fischbestände jemals geschädigt hätten. Die Fische, die sie verzehren, gehören nicht zu den Speisefischen. Jeder halbwegs natürliche Fischbestand bringt so viel Nachwuchs hervor, daß er die Verluste, die Haubentaucher oder andere fischfressende Vogelarten verursachen, erträgt. Diese Verluste sind gleichsam von Natur aus in die Fortpflanzungsleistung der Arten einkalkuliert!

Ähnlich wie bei der Bejagung selten gewordener Arten gibt es ein großes Konfliktfeld zwischen Artenschutz und Fischerei. Zu den – aus der Sicht der Fischerei – »schädlichen« Arten zählen in Mitteleuropa noch der Graureiher und der Kormoran. Letzterer ist so selten, daß er an den meisten Gewässern bloß vereinzelt zu den Zugzeiten auftaucht. Nur an wenigen Stellen überwintern Kormorane im nördlichen Alpenvorland. Brutkolonien gibt es in der Bundesrepublik derzeit zwei, die zusammengenommen nur einen winzigen Bruchteil des Bestandes ausmachen, den beispielsweise Holland oder die DDR besitzen. Auch in Dänemark gibt es größere Brutkolonien. In Österreich wurde die letzte erst vor gut einem Jahrzehnt vernichtet. Dank intensiven Schutzes in allen mittel- und nordeuropäischen Ländern gelingt es dem Kormoran allmählich wieder, seinen Bestand anzuheben und sich auszubreiten. Ein Brutplatz bei München stellt die erste Brutansiedlung dieses Jahrhunderts in Bayern dar! Aber immer noch gibt es mehr brütende Kormorane in zoologischen Gärten als in freier Wildbahn in diesem gewässerreichen Bundesland.

Weit stärker als der Kormoran befindet sich der andere Großvogel, der sich noch in der modernen Kulturlandschaft halten konnte, im Kreuzfeuer: der Graureiher. In weiten Gebieten Mitteleuropas ist der Graureiher als Brutvogel längst verschwunden. Seine Bestände waren so stark dezimiert worden, daß im Zusammenwirken mit kalten Wintern ein Aussterben zu befürchten war. Verheerend hatten sich die Verfolgungen in den Brutkolonien ausgewirkt, die weithin sichtbar und meist leicht aufzufinden sind, weil An- und Abflüge dieser großen Vögel mit ihren mehr als 2 m spannenden Flügeln doch recht auffällig sind. Anfang der siebziger Jahre wurde der Graureiher dann fast überall in Mitteleuropa unter ganzjährigen Schutz gestellt. Nach Rückschlägen durch Kältewinter begann sich der Bestand schließlich wieder zu erholen. Diese Entwicklung hat gezeigt, daß es in der Tat Fang und Abschuß gewesen waren, die den Graureiherbestand so gefährlich vermindert hatten. Dennoch bemühen sich aber Fischereikreise wieder ganz intensiv um die Aufhebung der Schonzeit. In Bayern wurden Anfang der achtziger Jahre die Graureiher an geschlossenen Gewässern zwischen 15. August und 15. Oktober zum Abschuß freigegeben. Da in dieser Zeit hauptsächlich Reiher aus den nordöstlichen Brutgebieten anwesend sind, trifft diese Regelung in erster Linie den Nachwuchs aus dem Baltikum und weniger die einheimischen Brutvögel.

Ob sich wirklich durch Abschuß Schäden verringern lassen, erscheint nach wie vor sehr fraglich. Gerade die Teichgebiete locken mit ihrem Überangebot an leicht erreichbarer Nahrung die Graureiher wie magisch an. Jeder abgeschossene Reiher wird bald vom nächsten ersetzt. Dadurch entstehen gefährliche Todesfallen. Es wird vielleicht nur wenige Jahre dauern, wenn es bei solchen Regelungen bleibt, bis der Graureiherbestand erneut unter die kritische Dichte absinkt, die akute Gefahr des Erlöschens bedeuten. Sollten sich die Länder Mitteleuropas wirklich den einzigen Großvogel, den sie noch einigermaßen flächendeckend besitzen, wirtschaftlich nicht mehr leisten können?

Während der Angelsport nur eine Seite des Erholungsbetriebes darstellt, bildet die Fischerei einen der Landwirtschaft vergleichbaren Erwerbszweig. Ihre wirtschaftlichen Argumente klingen daher noch eher verständlich als jene der Sportangler, die für Hunderttausende von Mark alljährlich Fischbesatz in die Gewässer einbringen, der weder den standörtlichen Kapazitätsverhältnissen noch dem ortstypischen Artenspektrum entspricht. So gab es ursprünglich im Stromsystem der Donau keine Aale, weil diese bei ihren Laichwanderungen in die amerikanische Sargassosee die Barriere des Schwarzen Meeres mit seinem hohen Gehalt an Schwefelwasserstoff nicht überwinden können. Heute leben überall Aale in der Donau und ihren Zuflüssen. Um die Laichwanderung kümmert man sich nicht. Sie wird künstlich simuliert. Die Jungaale werden einfach ausgesetzt. Regenbogenforellen aus Nordamerika, Graskarpfen aus Ostasien und andere gebietsfremde Fischarten stellen eine andauernde Verfälschung der heimischen Fischwelt dar. Niemand kümmert sich darum; das Aussetzen großer Mengen gezüchteter Jungfische wird heute geradezu als natürlich und notwendig erachtet. Ähnliches macht die Jagd mit der Aussetzung und künstlichen Ansiedlung von Fasanen, Damwild oder anderen jagdlich interessanten Tierarten.

Der Naturschutz dagegen müht sich puritanisch um unverfälschte, natürliche Verhältnisse. Das Aussetzen gebietsfremder Tier- und Pflanzenarten wird als Faunen- und Florenfälschung deklariert. In Naturschutzgebieten ist schon das Aussetzen und Einbringen von standortfremden – sonst aber einheimischen – Arten verboten. Eine groteske Situation: Fische aus Amerika, Fasane aus Ostasien und Wildäsungspflanzen von sonstwoher befinden sich im Naturschutzgebiet, werden ganz offiziell geduldet und bedürfen keiner Ausnahmegenehmigung. Aber um die ausgerotteten Biber wieder anzusiedeln, ja sogar um ein paar Lurchen, die irgendwo ihr Wohngewässer verloren haben, eine neue Lebensstätte zu bieten, sind Genehmigungen erforderlich! Faunenfälschung wird landauf landab in großem Stil betrieben, und jeder Gartenbesitzer ist mit größter Wahrscheinlichkeit ein Florenfälscher, weil er Pflanzenarten hält, die dem Standort ursprünglich nicht entsprachen. Der Naturschutz hat hier wohl einiges nachzuholen an Einsicht in die Realität. Man kann in unserer so gründlich umgestalteten Landschaft keine museumsgleichen Oasen der Urnatur konservieren. Doch der Schutz bestimmter selten gewordener Arten und Lebensräume geht alle an. Da dürfen sich weder die Jagd noch die Fischerei, noch die Land- und Forstwirtschaft ausschließen. Besonders für die zahlenmäßig in der Bevölkerung so stark vertretenen Angler gilt der Aufruf, sich für den Schutz aller Arten am Wasser einzusetzen. Wir brauchen dringend auch Schutzgebiete für vom Aussterben bedrohte Fischarten. Unsere Flüsse sind im vergangenen Jahrzehnt merklich sauberer geworden. Die Bemühungen um die Reinhaltung der Gewässer beginnen Früchte zu tragen. Sollten nicht in absehbarer Zukunft auch jene früher so charakteristischen Fischarten wieder erscheinen können, die heute zu den Raritäten zählen oder im Verschwinden begriffen sind? Die Fischerei ist zum Artenschutz genauso verpflichtet wie die Jagd oder die Land- und Forstwirtschaft!

Mit wachsender Zahl der Erholungsuchenden steigt während des Sommers auch die Gefahr für die Wasservögel an. Nach Abschluß der Brutzeit – die Männchen, die sich nicht an der Jungenaufzucht beteiligen, bereits etwas früher – beginnen die Enten und Rallen ihre Mauserquartiere

Hunderte von Fischsterben ereignen sich Jahr für Jahr an unseren Bächen und Flüssen durch die Einleitung von umweltschädlichen Abwässern.

aufzusuchen, in denen sie das Großgefieder wechseln. Die Enten werden dabei für einige Zeit flugunfähig, weil die Hand- und Armschwingen ein bis zwei Wochen brauchen, um wieder so weit herangewachsen zu sein, daß sie zum Fliegen taugen. Mehrere Wochen sollten die Enten daher ungestört bleiben, denn durch zu frühes Fliegen werden die Blutkiele der heranwachsenden Federn geknickt, und die spätere Flugtüchtigkeit wird beeinträchtigt. Enten, die auf rasche Flucht vor Feinden eingerichtet sind, reagieren auf Störungen während der Mauser besonders empfindlich. Deshalb suchen sie nach Möglichkeit Gebiete zur Mauser auf, die wirklich frei von Störungen sind. In diesen Gebieten muß aber genügend Nahrung da sein, denn die Entwicklung der Federn kostet Kraft und Vorräte.

Solche Gebiete gibt es in Mitteleuropa praktisch nicht mehr. Nur zwei erfüllen einigermaßen die Bedingungen: ein Teil des Ijsselmeeres in Holland und das Ismaninger Teichgebiet bei München. Letzteres besteht aus einem Stausee und einer Kette von großen Fischteichen, die mit Münchner Abwässern, vermischt mit Wasser der Isar, gespeist werden. Dieses nährstoffhaltige Wasser ermöglicht die Entwicklung reichen Kleintierlebens. Nicht nur die Fische wachsen gut, sondern auch die verschiedenen Würmer und Larven im Bodenschlamm, die für die Wasservögel die Hauptnahrung darstellen. Im Hochsommer sammeln sie sich nun in diesem Gebiet aus ganz Mitteleuropa an. Die früh brütenden Stockenten kommen als erste – die Erpel verlassen schon im Mai die Brutgebiete –, Schnatter-, Tafel- und Kolbenenten folgen. Die Reiherenten sind die letzten; sie brüten von allen am spätesten im Jahr. Im Juli und August ist der Speichersee dann voll mit Enten. Über 50000 gleichzeitig können das Gebiet als Mauserplatz nutzen.

Streicht ein Fischadler vorüber, ducken sie sich und tauchen weg. Störungen haben sie kaum zu befürchten. Das Gebiet ist als einziges im Alpenvorland das ganze Jahr über für die Öffentlichkeit gesperrt. Es gibt dort kein Paddeln und Surfen, kein Rudern und Segeln. Die Lust am Baden wird durch die Abwässer gedämpft. So bleibt der Speichersee für die Wasservögel eine Oase der Ruhe gerade in jener Zeit des Jahres, in der sonst überall die Gewässer vom Erholungsbetrieb überrollt werden. Die Enten haben dies schnell herausbekommen und eine Mausertradition entwickelt. Aus weiten Gebieten Mittel- und Osteuropas strömen sie an den Speichersee, um dort ihr Gefieder zu wechseln.

Sie ahnen nicht, welche Gefahr ihnen droht. Im nährstoffreichen, nicht genügend abgebauten Schlamm haben sich tödliche Bakterien angereichert. Irgendwann wurden sie eingeschleppt. Wenn sie sich vermehren, produzieren sie eines der stärksten Gifte, das die Natur kennt. Es handelt sich um Bakterien, die den Erregern der Wurstvergiftung beim Menschen nahe verwandt sind: um *Clostridium botulinum,* Typ C. Die Krankheit, die sie verursachen, wird Botulismus genannt. Bei hohen Sommertemperaturen können sich die Bakterien im sauerstofffreien Schlamm des Bodens vermehren und das Gift absondern. Die Enten und anderen Wasservögel, die es bei der Nahrungssuche aufnehmen und daran verenden, bilden nun ihrerseits eine neue Keimzelle für die Vermehrung und Ausweitung des Botulismus. In manchen Jahren entstehen auf diese Weise regelrechte Epidemien. Im Spätsommer 1973 gingen am Ismaninger Speichersee über 20000 Enten zugrunde. In den heißen Sommern 1982 und 1983 flackerte der Botulismus an verschiedenen Stellen Mitteleuropas auf. Zahlreiche Lebensräume der Wasservögel sind davon inzwischen infiziert. Manche Schutzbemühung wird dadurch zunichte gemacht. Die Vögel sterben in Massen. Sie können der Gefahr nicht entgehen, weil ihnen ja nur die wenigen Reservate zur Verfügung stehen. Alle anderen geeigneten Gewässer hält der Mensch mit seinen Erholungsansprüchen besetzt. Die Schutzgebiete, die als Ausweichzonen dienen, haben sich als Gettos erwiesen, in denen die Seuche droht, wenn der Sommer warm wird. Ein fataler Teufelskreis ist in Gang gekommen!

Läßt er sich unterbrechen? Die Lösung kann nur darin bestehen, daß mehr Wasservogelschutzgebiete auch während des Hochsommers vor den Erholungsuchenden geschützt werden. Eine Handvoll solcher Reservate, über Mitteleuropa verteilt, würde genügen. Doch solange wir die Wasservögel auf jene wenigen Gewässer mit der schlechtesten Wasserqualität abdrängen, werden sie in höchstem Maße gefährdet sein. Freilich merkt der Urlauber am Chiemsee oder Bodensee nicht, daß er und die vielen anderen, die mit ihm gekommen sind, das Sterben von Tausenden von Vögeln an anderen Stellen verursachen. Jeder einzelne kann seinen Teil beitragen, indem er sich an die Bestimmungen hält, die für die Naturschutzgebiete erlassen sind; indem er sie nicht beeinträchtigt und dafür sorgt, daß der Naturschutz gegen die starken Interessenverbände und im Dienst der freilebenden Tier- und Pflanzenwelt den nötigen Rückhalt in der Bevölkerung bekommt. Dann bestehen durchaus Chancen, solche Teufelskreise zu durchbrechen.

Daß viel am Verhalten des einzelnen liegt, erkannte man schon um die Jahrhundertwende. Damals fing der Artenschutz an. Die seltenen Bergblumen wie das Edelweiß oder die Enziane, Alpenrosen und Silberdisteln wurden unter Schutz gestellt, wobei man zwei Kategorien entwickelte, die bis in die jüngste Zeit beibehalten worden sind: die vollständig und die teilweise geschützten Pflanzen. Erstere durfte man überhaupt nicht pflücken, die teilweise geschützten dagegen in kleinen »Handsträußen«. Ausgraben oder sonst schwerwiegend beschädigen durfte man keine Pflanze. Das scheint eine ganz vernünftige Lösung zu sein, erhält sie doch einerseits die Pflanze und trägt andererseits der Freude an einem schönen Blumenstrauß Rechnung. Alpenverein und Bergwacht waren die ersten, die sich dieser Art des Pflanzenschutzes annahmen. Sie bildeten Naturschutzwächter aus, die darauf aufpaßten, daß die Bergwanderer nicht in Versuchung kamen, die geschützten Edelweiß und Enziane doch zu pflücken.

Allmählich festigte sich die Erfahrung, daß diese Pflanzen geschützt sind und daß man sich ihrer annehmen muß. Doch gilt dies auch für die nur teilweise geschützten Arten? Macht das Pflücken von »Handsträußen« nichts aus? Bleiben die Bestände trotzdem erhalten? Das ist gar nicht so leicht festzustellen. Denn nur selten lassen sich die Pflanzenbestände über Jahre hinweg zählen. Viele Pflanzen leben überhaupt nur ein Jahr, und es bedarf der Entwicklung ihrer Samen, damit sie von Jahr zu Jahr hervorkommen. Ob nun Veränderungen an günstigen oder ungünstigen Wachstumsbedingungen für die Samen oder am Pflücken liegen, stellt für die Naturschützer ein schwieriges Problem dar. Die Natur selbst verhält sich nicht statisch, sondern vollzieht über die Jahre dynamische Veränderungen. Man nennt sie Sukzessionen, wenn sie in einer bestimmten Richtung ablaufen, oder Fluktuationen, wenn dies nicht der Fall ist.

Nachahmenswertes Beispiel: Schneeglöckchenschutz

Das Schneeglöckchen und die Frühlingsknotenblume zählten bis zum Inkrafttreten der Bundesartenschutzverordnung zu den teilweise geschützten Arten. Das Abpflükken von »Handsträußchen« war also erlaubt. Beide Arten kommen nur noch sporadisch an wenigen Stellen in größeren Mengen vor. Weil sie zu den ersten Blüten im Vorfrühling gehören und in Blumenvasen verhältnismäßig lange frisch bleiben, wurden sie zum beliebten Pflückobjekt. Zu manchen der Schneeglöckchenauen im Voralpengebiet kamen die Besucher von weit her, um sich an der Pracht der weißen Blütenteppiche zu erfreuen und um ein Sträußchen davon mitzunehmen. Ein paar Dutzend Schneeglöckchen für jeden, das sollte doch genügen? Kaum jemand, der sie pflückte, dachte darüber nach, ob dies dem Bestand Schaden zufügte. Außerdem konnte schließlich jeder sehen, daß alljährlich Ende Februar bis Mitte März die Millionen Blüten aufs neue hervorkamen.

Das Schneeglöckchen hat eine unterirdische Zwiebel. In ihr speichert die Pflanze aus dem frühsommerlichen Wachstum die Reservestoffe für die so ungewöhnlich frühe Blüte zu Ausgang des Winters. Manchmal schieben sich die ersten Blüten schon durch den Schnee hervor. Die Zwiebeln sitzen tief genug in der lockeren Auwalderde, daß sie der Frost nicht erreicht. Die ersten wärmenden Vorfrühlingstage reichen aus, um das Wachstum anzuregen, und die Reserven genügen, um die Blüte zu entwikkeln, bevor es richtig Frühling geworden ist. Ein paar Sonnentage mehr braucht die etwas größere Frühlingsknotenblume. Ihre Hauptblüte beginnt gewöhnlich erst, wenn die Schneeglöckchen schon den Höhepunkt überschritten haben. An den Wochenenden, aber auch während der Woche, strömen dann bei schönem Wetter die Besucher in die Auen. Tausende und Abertausende von Sträußchen werden gepflückt – eine Menge, die auf natürliche Weise für die Pflanzen nie verlorengehen würde. Sind sie in der Lage, diesen Verlust auszugleichen? Kommen sie mit diesem »Pflückdruck« zurecht?

Diese Fragen lassen sich nur dann beantworten, wenn man die Bestandsentwicklung hinreichend genau unter Kontrolle hält. Denn es zählen weniger die gepflückten Mengen als vielmehr ihr Einfluß auf die weitere Entwicklung. Ist keine Beeinträchtigung gegeben, so braucht sich der Artenschutz auch kein Kopfzerbrechen darüber zu machen, und das System mit den »teilweise geschützten Arten« würde ausreichen. Also zählte man die Schneeglöckchen. Mit 5 m langen Schnüren wurden Streifen im Bereich der Schneeglöckchenvorkommen gebildet. Alle blühenden Pflanzen in 20 cm Abstand von der Schnur wurden gezählt. Jede Erfassung erfolgte an mindestens zehn solcher Teststrecken. Daraus ließ sich die mittlere Bestandsdichte pro Quadratmeter berechnen. Nun wurden die Zählungen auf fünf verschiedene Bereiche im Gesamtvorkommen der Schneeglöckchen und Frühlingsknotenblumen verteilt. Die erste Zone umfaßte den Wegrandbereich bis zu 2 m tief in den Auwald hinein; die nächste den Abschnitt von 2–20 m. Es folgten 20–50 und 50–100 m. Als letzte Zone wurde schließlich der Bereich mit mehr als 100 m Abstand vom Fußweg in den Auwald bearbeitet. Wegen der zunehmenden Entfernung kamen immer weniger Besucher in die Schneeglöckchenvorkommen, und die ganz entfernte Zone wurde kaum noch aufgesucht. Die meisten pflückten im wegnahen Bereich. Das Ergebnis fiel entsprechend aus: Im wegnahen Bereich blühten nur 1,8 bis 25,9 Schneeglöckchen pro Quadratmeter, wobei die höhere Zahl den Bereich von etwa 20 m Entfernung betrifft. Doch stieg die Bestandsdichte mit zunehmender Entfernung vom Weg an und erreichte in mehr als 100 m Entfernung fast 100 Schneeglöckchen pro Quadratmeter. Bei den Frühlingsknotenblumen war das Ergebnis ganz ähnlich. Im wegfernen Bereich blühten knapp 100 pro Quadratmeter, während am Wegrand und seiner direkten Umgebung nur 3,9 bis 17,8 Blüten zu zählen waren.

Dies war der Ausgangszustand Anfang der siebziger Jahre. In der Folge nahmen sich Naturschutzgruppen und das zuständige Landratsamt verstärkt der Schneeglöckchen an. Sie organisierten eine regelmäßige Überwachung während der Hauptblütezeit und versuchten die Besucher zu bewegen, keine Blüten mehr zu pflücken. Die meisten hatten Verständnis. Die Freude an dieser herrlichen Blumenaue war ihnen wichtiger als der kurze Genuß eines Frühlingssträußchens. Mit viel Einsatz und Mühe engagierten sich die Naturschützer. Mit Erfolg! Die Bestandsaufnahmen in den Jahren 1980 und 1981 zeigten, daß es sich gelohnt hat. Die Schneeglöckchen und die Frühlingsknotenblumen hatten insbesondere im straßennahen Bereich wieder stark zugenommen. Die Schneeglöckchen verzeichneten ein Plus von 34%, und die Frühlingsknotenblumen brachten es sogar auf eine Verdopplung des Bestandes. Über 100 000 Schneeglöckchen waren zuvor pro Jahr entnommen worden – erheblich zu viele, wie die Bestandsentwicklung zeigte. Als dieser Pflückdruck beendet war, konnte sich der Bestand – gerade noch rechtzeitig – erholen. Nicht massive administrative Maßnahmen hatten dies bewirkt, sondern die Einsicht der Besucher. Ihre große Zahl

Torfstich im Handbetrieb, wie er jahrhundertelang geübt wurde, gefährdet im Gegensatz zum maschinellen Abbau (Bild rechts) den Bestand der Moore nicht. Sie gehören durch die ständig fortschreitende Trockenlegung zu den besonders gefährdeten Lebensräumen.

Wird die Kulturlandschaft der letzten Feldraine und -hecken beraubt, wie das bei Flurbereinigungen leider oft geschah, verliert sie das erhaltende Netzwerk, von dem Hasen und Rebhühner, Feldblumen, Schmetterlinge und unzählig andere Tiere gelebt haben.

war es, die den Rückgang verursacht hatte. Der einzelne trug mit seinem Handstrauß wenig dazu bei. Aber Handsträußchen tausendfach, bei jedem Besucher eines oder gar zwei, das war für den Bestand untragbar! Die Einschränkung war daher zwingend notwendig, wenn der Bestand erhalten bleiben sollte. Gerade dieses Beispiel zeigt, wie sehr jeder von uns die Verantwortung für die Natur trägt. Die besten Gesetze und Verordnungen nützen nichts, wenn sie von den Mitbürgern nicht beachtet werden. Die Natur hat keinen Anwalt, außer uns Menschen. Wir müssen selbst dafür sorgen, daß sie uns in ihrer Vielfalt erhalten bleibt.

Naturschutz im großen und kleinen

Wenn früher die Naturforscher in alle Welt zogen, um für die Museen Belegstücke seltener Tiere und Pflanzen aufzuspüren, so richtete dies an der Natur keinen Schaden an. Man konnte noch bis ins 18. oder 19. Jahrhundert aus dem vollen schöpfen. Ob selten oder häufig, das spielte so lange keine Rolle, als die Lebensräume nicht gefährdet waren. Zwischenzeitlich hat sich das gründlich gewandelt. Viele Millionen Menschen reisen heutzutage alljährlich bis in die entlegensten Winkel der Welt. Sie kaufen Souvenirs, Andenken an ihre Reise. Schöne Muscheln sind dabei genauso beliebt wie Produkte aus den Häuten von Krododilen und Schlangen; Elfenbein steht ganz oben! In den Tropen gibt es gefleckte Katzen, aus deren Fell sich herrliche Mäntel machen lassen; und nicht zu vergessen die Panzer von Schildkröten! Unter dem Einfluß dieses Massentourismus haben die Bestände vieler Tier- und Pflanzenarten – auch seltene Orchideen oder Kakteen werden auf regelrechten Sammelreisen zu Tausenden geholt! – weltweit in bedrohlichem Maße abgenommen. Der legale und insbesondere der illegale Handel mit lebenden Tieren war erschreckend angestiegen.

So kamen die meisten Staaten der Welt 1976 überein, diesem Treiben einen Riegel vorzuschieben und die betroffenen Arten vor der Vernichtung zu bewahren. Sie schlossen einen internationalen Vertrag, das Washingtoner Artenschutzübereinkommen, das auch die Bundesrepublik Deutschland unterzeichnet hat. Es enthält eine von Zeit zu Zeit überarbeitete Liste von Arten, die ohne besondere Genehmigungen sowohl des Ausfuhrstaates als auch des Einfuhrlandes nicht mehr gehandelt oder für den persönlichen Bedarf mitgebracht werden dürfen. Es sind dies die »Anhang I – Arten«. Nur wer vom Herkunftsland eine entsprechende Bescheinigung über die rechtmäßige Ausfuhr und unabhängig davon vom Heimatstaat eine besondere Einfuhrgenehmigung besitzt, darf solche Tiere bzw. Teile und Produkte davon mitbringen. Besitzt er diese Dokumente nicht, wird der Zollbeamte die unrechtmäßige Einfuhr verhindern. Große Mengen an Pelzen, Elfenbeinarbeiten und anderen dem Washingtoner Artenschutzübereinkommen unterliegenden Sachen oder an Tieren wurden seit dem Inkrafttreten in der Bundesrepublik bereits beschlagnahmt. Das kann auch in jenen Fällen passieren, in denen das Objekt dem »Anhang II« zuzuordnen ist. Die darin aufgelisteten Tiere und Pflanzen dürfen nur dann eingeführt oder mitgebracht werden, wenn eine ordnungsgemäße Ausfuhrgenehmigung von der im Herkunftsland zuständigen Behörde vorliegt. Ohne diese Genehmigung muß der Zoll die mitgebrachten Sachen oder Tiere ebenfalls beschlagnahmen, auch wenn keine besondere Einfuhrgenehmigung notwendig ist. Nach Anlaufschwierigkeiten beginnt dieses Abkommen nun weltweit zu wirken.

Es ist zu hoffen, daß mit dem Rückgang der Nachfrage seitens der Urlauber und der Abnehmer in den Industrienationen das Ausmaß des illegalen Fanges in den Ländern der Dritten Welt stark zurückgeht. Die Tiere hätten dann die Chance, sich wieder zu erholen, und die Pflanzenbestände würden nicht mehr geplündert. In Afrika hat offenbar der Bestand an Leoparden bereits so kräftig zugenommen, daß die Gefahr einer unmittelbaren Ausrottung für die nächste Zeit gebannt zu sein scheint. Das Verhalten der Verbraucher, also jedes einzelnen von uns, entscheidet daher über die Wirksamkeit einer solch weltweiten Naturschutzanstrengung. Gleiches gilt für den Naturhaushalt bei uns.

Die stärksten Schäden entstehen durch die Summierung vieler kleiner Einzeleingriffe und Belastungen. Als in den fünfziger und sechziger Jahren die Flurbereinigung mit der starken Zersplitterung der Feldflur aufzuräumen begann, war dies gewiß nicht bloß für die Maschinenfabriken ein Segen. Die Landwirte hatten und haben große Vorteile dadurch, wenn ihre Felder zu größeren, maschinengerechten Einheiten zusammengeschlossen sind. Solche Fluren lassen sich intensiver nutzen. Sie produzieren mehr Nahrung pro Hektar als die vielen kleinen Streifen – es sei denn, diese würden in sehr aufwendiger Handarbeit bestellt. Die Flurbereinigung, davon waren und sind die Beteiligten überzeugt, hat die Landeskultur vorangetrieben. Wen kümmerten schon die paar Hecken und die schmalen Raine, die dabei auf der Strecke blieben? Nahmen sie früher doch nur Land weg! Schlehen oder Disteln gibt es nach wie vor genügend. Sie werden deswegen nicht aussterben. Und zum Schutz gegen den Wind konnte man ja neue Hecken pflanzen – genau gegen die Hauptwindrichtung gestellt, damit sie auch ihre Funktion optimal erfüllten. Schön geometrisch wurden die Wege gezogen, oft genug auch noch asphaltiert und mit einer pflegeleichten Böschung versehen, damit sich kein Unkraut daran entwickelt.

Rebhühner waren die ersten, die aus solchen flurbereinigten Landschaften verschwanden. Ihr Rückgang beschäftigt schon seit zwei Jahrzehnten die Jagd und beunruhigt den Naturschutz. Gelten sie doch als Indikatoren für eine intakte Umwelt. Sollten die Spritzmittel daran schuld sein? Gewiß tragen auch sie ihren Teil zum Rückgang der Rebhühner und anderer Tierarten der freien Feldflur bei. Doch sie tun dies in mehr indirekter Weise. Sie merzen alles Unkraut aus, das als Konkurrent der Nutzpflanzen betrachtet wird. Doch damit verschwinden ebenfalls die vielen harmlosen Kleininsekten, von denen sich die jungen Rebhühner in den ersten Wochen ihres Lebens zu 90% ernähren. Erst wenn sie herangewachsen sind, stellen sie sich auf Körner und zarte Pflanzensprosse um. Die alten Rebhühner können also durchaus überleben, aber die Jungen geraten in Schwierigkeiten. Woher sollen sie die Kleininsekten nehmen, wenn deren Futterpflanzen wie Kamille oder Kornblume, Frauenspiegel oder Kornrade fehlen?

Die Gefährdung beginnt schon früher. Zu Ende des Winters lösen sich die Rebhuhnvölker auf, und die Hähne sondern sich voneinander ab. Mit lauten Rufen verkünden sie, welches Revier sie besetzt halten. Gesellt sich ein Weibchen zum Hahn, beginnt die eigentliche Balz. Nach einigen Wochen ständigen Umhersuchens wählt die Henne schließlich den Standort für das Nest – früher häufig einen Rain zwischen zwei Feldern. Da dieser als Grenzmarkierung beim Pflügen verschont bleiben mußte, hob er sich allmählich bis zu 20 cm über die angrenzenden Feldflächen hinaus. Dicht mit Gräsern und Kräutern bewachsen, bot er besonders guten Schutz. Denn die brütende Henne saß nicht nur in der Deckung der alten Gräser, sondern die Erhöhung des Nestes verhinderte zugleich, daß ein plötzlicher Regenguß das Gelege überschwemmte und die Eier abkühlte. Die schlüpfenden Küken fanden nicht nur unter der Henne, sondern auch im trockenen Rain guten Schutz. Das ist besonders wichtig, wenn die Henne vor einem Feind flüchten muß und diesen abzulenken versucht.

Als mit der Flurbereinigung die Raine verschwanden, mangelte es an Nist- und Brutplätzen. Tiefere Furchen anstatt des kleinen Walles markieren jetzt die Feldgrenzen; deutlichere Grenzziehungen sind unnötig, weil der angrenzende Schlag demselben Besitzer gehört. So bleiben den Rebhühnern nur noch die Wegränder, die offene Feldfläche oder – wenn überhaupt vorhanden – die Reste der Hecken für die Anlage der Nester. Durch diese Einengung ihres Lebensraumes mußten die Bestände zwangsläufig abnehmen, bis sie sich auf einem erheblich niedrigeren Niveau wieder einpendelten. Eine Bejagung verträgt dieser Bestand vielfach überhaupt nicht mehr. Da nützt alle Greifvogel- und Fuchsbekämpfung nichts, wenn die Fluren zu sehr ausgeräumt worden sind.

Ähnliche Entwicklungen kamen mit einem Jahrzehnt Verzögerung beim Feldhasen, der heute schon zu den gebietsweise gefährdeten Arten zählt. Noch seltener sind die Schmetterlinge geworden. Längst fehlt das bunte Heer der Tagfalter über den Fluren. Nur die Kohlweißlinge sind übriggeblieben, weil sie vom Landwirt in Form von Raps und anderen Kreuzblütlern immer wieder ein überreiches Nahrungsangebot erhalten.

All das müßte nicht sein. Die modernen Flurbereinigungsverfahren versuchen, solche Auswirkungen zu verhindern. Vieles ist besser geworden! Doch es liegt nicht am Flurbereinigungsverfahren allein. Die Landwirte selbst müssen mitmachen. Sie müssen sich ihrer Verantwortung für eine artenreiche Flur bewußt werden. Ein paar Quadratmeter nicht genutzte Flächen dürfen nicht als Brachland bezeichnet werden. Sie haben ihren Sinn, ihre wichtige Bedeutung im Naturhaushalt als Reservoire der Arten, als Vorratskammern für Lebewesen, mit denen der Mensch seit Jahrtausenden lebt. Wir können nicht auf Schmetterlinge verzichten, und mögen sie dem rein wirtschaftlich Denkenden noch so unnütz erscheinen!

Leben besteht auch aus Naturgenuß; ja, man braucht diese Natur in um so stärkerem Maße, je naturferner die Lebensbedingungen der Menschen in den Großstädten und Ballungsräumen der Industrie geworden sind. Ein paar Hecken in der Landschaft, Raine mit Kornblumen und Mohn erfreuen viele Menschen, von deren Tätigkeit die Landwirte wiederum teilweise profitieren. Keiner steht für sich allein. Jeder ist eingebettet in eine Umwelt von Mitmenschen, für die vielleicht ein Vogellied am Morgen einen wichtigen Bestandteil ihres Erlebens ausmacht. Der Verzicht auf einige Promille Nutzfläche, auf die Entfernung letzter Hecken und Feldgehölze würde den einzelnen gewiß nicht empfindlich schädigen. Aber für die Allgemeinheit entstünden aus der Vielzahl solch kleiner Refugien große Wirkungen. Jeder, der auch nur ein paar Quadratmeter Land besitzt, kann und sollte sich daran beteiligen. Ob dies ein Garten ist, in dem man eine Ecke der Natur beläßt, oder eine Wiese, die man nicht düngt und eine Saison nicht mäht; jede kleinste ökologische Zelle zählt für die bedrohte Tier- und Pflanzenwelt.

Anlage eines Kleingewässers

Besonders prekär wurde in den letzten beiden Jahrzehnten die Lage für die Kleingewässer. Sie waren oftmals aus Kiesgruben entstanden, man hielt sie für unnütz und beachtete sie nicht. Ganz von selbst stellte sich eine vielfältige Lebensgemeinschaft ein. Libellen schwirrten um die Ufer und legten ihre Eier an den Wasserpflanzen ab; Frösche quakten, und Molche krochen umher. Kleine Paradiese wuchsen allerorten auf diese Weise. Sie bildeten laufend Ersatz für die auf natürliche Weise verlandenden Teiche und Tümpel.

Dann wurde der Kiesabbau auf große Gruben konzentriert. Baggerseen entstanden, wurden gestaltet und als Bade- und Erholungsgewässer genutzt. Für die Frösche und Molche, für Libellen und Wasserkäfer blieb darin nichts übrig. Ein dichter Fischbesatz rottete sie aus. Die Struktur der Ufer taugte auch nicht für Flachwasser und Verlandungszonen. Mittlerweile wurden die kleinen Kiesgruben mit Müll und Bauschutt aufgefüllt. Die Wunden in der Landschaft, für die sie gehalten wurden, sollten geheilt werden!

Mit diesem Ablauf wurden die Frösche und Molche, die Eidechsen, die an den sandigen Ufern lebten, und die Uferschwalben, die ihre Brutröhren in die Steilwände gebaut hatten, immer seltener. Der Chor der Laubfrösche verstummte. Kröten fanden keine Laichgewässer mehr. Alle heimischen Lurche waren auf einmal hochgradig bedroht. Wer sollte, wer konnte helfen? Neue Tümpel mußten gebaut werden, und zwar möglichst rasch, bevor das große Sterben unter den Kleingewässertieren zur Katastrophe wurde. Die Naturschutzverbände schlugen Alarm. Krötentümpel wurden gebaut. Tunnel mit besonderen Zäunen geleiteten die zum Laichen anrückenden Erdkröten und Molche unter den für sie so gefährlichen Straßen hindurch an die geretteten alten oder an die neu errichteten Kleingewässer.

Viel Geld kosteten diese Taten – und sie müssen immer noch fortgeführt werden, weil zu viele Kleingewässer verlorengegangen sind. Die Intensivierung der Teichwirtschaft hat ihren Teil dazu beigetragen. Hohe Fischbestände gefährden die Amphibien. Nur bei einigermaßen natürlichen Bestandsdichten können beide, Fische wie Frösche, nebeneinander auskommen. Wo intensive Fischzucht betrieben wird, überleben die Amphibien nicht. Die kleinen Teiche, die für Frösche und Kröten als Laichgewässer angelegt wurden, mußten daher frei von Fischen bleiben; nur so klappte es mit der Förderung der Lurche. Hunderte von Tümpeln legten die Naturschützer in den letzten Jahren neu an. Aber noch viel mehr werden benötigt, um das Netz von Kleingewässern dicht genug zu halten.

Hier liegt eine Aufgabe und Chance für Naturfreunde. Wer die Möglichkeit hat, im eigenen Garten einen Teich anzulegen, der nicht bloß ein paar Seerosen als Zierde enthält, sollte dies nutzen. Es gibt starke

Plastikplanen, mit denen sich der Untergrund auch auf wasserdurchlässigem Gelände abdichten läßt. Ein bis zwei Meter Durchmesser und eine eissichere Tiefe von gut einem halben Meter oder etwas mehr reichen für einen schönen Gartenteich aus, der rasch eine Fülle interessanter Arten beherbergen wird. Der Teich läßt sich durchaus auch so gestalten, daß man ihn als schön empfindet. Es gibt zahlreiche Wasserpflanzen, die sehr hübsch blühen und die leicht anzusiedeln sind: goldgelbe Wasserschwertlilien etwa oder die zartrosa Schwanenblume. Der Wasserhahnenfuß wird im Frühsommer einen Teppich aus weißen Blütensternen darüberziehen, und die Rohrkolben schieben dekorative schwarzbraune Keulen. Vögel können den Teich als Tränke benutzen, wenn an heißen Sommertagen das Wasser knapp geworden ist. Es wird immer etwas los sein an so einem Teich.

Auch billigere Möglichkeiten, den Artenreichtum zu erhalten, stecken in unseren Gärten. Dort wachsen natürlicherweise Brennesseln oder kleine Sträucher auf. An den Nesseln leben die Raupen besonders hübscher Schmetterlinge, wie jene des Tagpfauenauges, des Admirals oder des Kleinen Fuchses. Auch Landkärtchenfalter nutzen in parkartigen Kleingärten die Brennnesseln als Futterpflanzen für ihre Raupen. Man sollte daher nicht alle Nesseln entfernen, sondern zumindest erst überprüfen, ob nicht schon Schmetterlingsraupen daran zu finden sind. An Salweiden, die im Frühjahr den Bienen als Weide dienen, leben die Raupen des wunderschönen und so selten gewordenen Trauermantels. Dichteres Weidengebüsch an feuchten Stellen, besonders wenn ein Teich oder ein Bach in der Nähe ist, wird von den Schillerfaltern bevorzugt. Nektarreiche Blüten wie Phlox oder besonders die Buddleja versorgen später im Jahr die Falter mit Nahrung. Jeder Garten läßt sich mit etwas Mühe in ein kleines Naturparadies verwandeln.

Winterfütterung

Der Winter bedeutet für alle Vögel, die nicht in klimatisch günstigere Gebiete abwandern, eine besonders schwierige Zeit. Kleinvögel verfügen über wenig Reserven und sind daher im Winter auf ausreichende Nahrung angewiesen. Von früh bis spät suchen sie danach – oder kommen an die Futterhäuschen. Vielen Vögeln erleichtert die Fütterung durch den Menschen das Überwinden des Engpasses Winter. Doch haben sie dies nötig? Gewiß nicht immer und überall! Sie würden auch ohne menschliche Hilfe durchkommen.

Die Fütterung hat Vor- und Nachteile. Die Vorteile liegen auf der Hand: besseres Überleben der Vögel und Freude am Beobachten bei den Menschen, die daraus vielfach einen wichtigen Kontakt zur Natur schöpfen. Fast jeder Vogelfreund und spätere Ornithologe, auch der Verfasser dieser Zeilen, hat einmal damit angefangen, die Vögel am Futterhaus zu beobachten. Wie interessant ist doch ihr Verhalten, was für feine Unterschiede gibt es zwischen den einzelnen Individuen. Man lernt sie fast persönlich kennen, wenn sie regelmäßig kommen. Doch darin liegt auch eine Gefahr verborgen: Mit den Exkrementen lassen sie Krankheitserreger zurück, an denen sich andere Vögel wieder infizieren. Trotz guter Fütterung gehen sie dann zugrunde. Die Fütterung verpflichtet daher auch zur Sauberhaltung aller Futterstellen!

Manche Vogelkundler meinen, daß die heutige Form der Winterfütterung für die Vögel eher schädlich als nützlich sei. Denn sie fördere einseitig bestimmte ohnehin häufige Arten, während die empfindlichen und seltenen dadurch noch mehr benachteiligt würden. Gewiß hat dies manches für sich. Massenfütterungen von Grünlingen sind unnötig; Kohl- und Blaumeisen verdrängen vielleicht nach dem Winter die empfindlicheren Weiden- oder Tannenmeisen aus ihren Bruthöhlen. Wie immer in solchen Fällen lassen sich Vor- und Nachteile nicht eindeutig voneinander trennen. Jeder Eingriff in den Naturhaushalt zeitigt Nachwirkungen. Nicht alle werden positiv zu bewerten sein.

Die Winterfütterung bringt aber gerade den Menschen in der Stadt so viele und so wichtige Möglichkeiten, freilebende Vögel aus nächster Nähe zu sehen, daß sie – vernünftig betrieben – sicher von Vorteil ist. Nur zum Alibi für schwerwiegende Störungen in der Natur darf sie nicht werden!

Sehr plötzlich, oft in einer ganz bestimmten Nacht, beginnt die Wanderung der Erdkröten zu ihren Laichgewässern, wobei oft lange Wegstrecken zu bewältigen sind. Viele werden auf den Straßen überfahren. Bitte beachten Sie solche Verkehrsschilder, und fahren Sie vorsichtig.

Nützliches für den Amateur

Die verschiedensten Hilfsmittel erleichtern das Beobachten und Studieren von Tieren und Pflanzen in der freien Natur. Ein Fernglas sollte dabei ebensowenig fehlen wie Bestimmungsbücher. Doch Behutsamkeit ist oberstes Gebot!

Die Natur beobachten
Anleitungen für jedermann

Faszinierende Bilder aus unserer Natur enthält dieses Buch. Sie sind das Ergebnis ungezählter Stunden geduldigen Wartens, gründlicher Beschäftigung mit der Natur und feinsinniger Beobachtung. Wer darüber nicht verfügt, wird vielleicht einmal zufällig ein gelungenes Bild machen. In genau die gleiche Situation versetzt sieht sich der Naturbeobachter. Nicht viel wird er bei einem oberflächlichen Blick auf eine Pflanze oder ein Tier erfahren. Die Natur verschließt sich nicht, aber viele ihrer Geheimnisse wird man ihr nur mit Geduld und Muße entlocken können.

Die Natur beobachten

Richtig beobachten – das geht so leicht, aber es fällt vielen so schwer! Man kann es lernen, man muß es üben, und man wird es bald so beherrschen, daß die Naturbeobachtung Freude, Entspannung und Erholung vermittelt. Millionen Menschen haben diese Erfahrung gemacht. Sie ziehen aus der Betonwüste der Städte hinaus in die Berge, ans Meer oder an die Seen, hinaus aufs Land, hinaus in die Natur. Wie sehr wir diese Natur zur reinen Erholung nötig haben, davon legen die endlosen Autoschlangen ein beredtes Zeugnis ab, die sich am Wochenende aus den Städten hinaus und wieder zurück ergießen; davon lebt ein ganzer Erwerbszweig, der die Bahnen des Tourismus im Nahbereich wie auch in die fernsten Winkel der Welt lenkt.

Doch es muß keine unberührte Wildnis sein, um Natur erleben zu können. Sie beginnt vor der Haustür; sie umgibt unsere Siedlungen, und sie begegnet uns auf Schritt und Tritt. Wir müssen nur den richtigen Blick für die Natur haben.

Hierzu soll das Buch ein paar Ratschläge geben. Um gleich einen wichtigen Punkt vorwegzunehmen: Beobachten kostet praktisch nichts. Es ist Naturgenuß zum Nulltarif. Natürlich gilt dies nur, wenn uns die Natur auch erhalten bleibt. Der Naturschutz bemüht sich nach Kräften gegen die übermächtigen »Naturnutzer« oder »Naturverbraucher«, die letzten Reste von Natur in unserem intensiv genutzten Mitteleuropa zu erhalten. Ob dies gelingen wird, das hängt von uns allen ab. Die Natur kennenzulernen ist erste Voraussetzung für ihren Schutz. Denn nur was man kennengelernt hat, wird man bereitwillig erhalten wollen. Das Kennen ist oft wichtiger als die besten Argumente. Fortschrittlicher Naturschutz vermittelt daher den Besuchern von Schutzgebieten die notwendigen Kenntnisse von den Tieren und Pflanzen, die darin leben und um deren Erhaltung es geht.

Aber die Natur ist größer als die winzigen Fleckchen, die als Naturschutzgebiete bezeichnet werden. Wir sollten daher mit unseren Beobachtungen nicht gleich beim empfindlichsten Lebensraum beginnen. Der Garten, die Wiese, der Stadtpark und der nahe Wald bieten genügend Möglichkeiten, sich in die Schönheiten der Natur zu vertiefen.

Was benötigen wir als Ausrüstung? Notwendig ist auf jeden Fall ein Notizbuch. Hier lassen sich Details eintragen oder Skizzen anfertigen, die zu Hause ausgewertet werden können. Denn auch mit zwei oder drei guten Bestimmungsbüchern in der Hand werden wir nicht auf Anhieb alles bestimmen oder deuten können, was wir draußen finden. Außerdem soll ja sowenig wie möglich aus der Natur mitgenommen werden. Es macht viel mehr Spaß, Blüten mit einem guten Bestimmungsbuch zu erkennen und den Namen der Pflanze zu erfahren, als sie zu pflücken und daheim zu zerlegen. Der natürliche Standort, an dem die Blume wächst und gedeiht, sagt schon viel über ihre Lebensansprüche aus. Und die Blüte wird, wenn wir eine Weile geduldig beobachten, vielleicht von einem Insekt besucht werden, das sie bestäubt. Oder wir finden eine Raupe, die daran frißt, eine Zikade, die daran saugt, und den Falter, der von ihrem Nektar trinkt. An einer einzigen blühenden Pflanze begegnet uns sehr rasch eine Fülle von Tieren, die mit ihr in Beziehung stehen: ein Mikrokosmos. Eine Lupe verrät uns Einzelheiten über den Blütenbau. Mit ihr entdecken wir auch die kleine Krabbenspinne, die sich inmitten der Blüte so geschickt tarnt, daß sie von anfliegenden Insekten übersehen wird, die die Spinne erbeutet. Besuchen wir die Blüte am Abend, so hat sie sich vielleicht schon geschlossen. Sie hält so den Tau der Nacht vom feinen goldgelben Blütenstaub fern. Unter ihr hängt ein Schmetterling. Die zusammengefalteten Flügel und die starre Haltung verraten, daß auch er sich in die Schlafstellung begeben hat. An den Blättern tiefer im Gras schlagen sich schon die ersten Tautropfen nieder.

Viele Feinheiten der Blüten und Insekten, vor allem ihre erstaunlichen Anpassungen im Körperbau, haben Naturbeobachter entdeckt. Heute ist daraus eine ganze Wissenschaft, die Blütenbiologie, geworden. Ähnlich stark profitierten andere Zweige der Biologie von der Arbeit der Naturfreunde.

Besondere Beliebtheit genießen die »schönen« Tiere: die Schmetterlinge und die Vögel. Sie fanden ähnlich begeisterte Beobachter wie die blühenden Pflanzen. Aus Tausenden von Vogelbeobachtern, die einfach Spaß an diesem Hobby hatten, wurden richtige Ornithologen; Vogelkundler also, die auch für die Wissenschaft wichtige Beiträge leisten. Die Flinte vergangener Jahrzehnte ist längst dem Fernglas gewichen. Nicht nur für Vogelfreunde, sondern für die meisten Naturbeobachter stellt es ein unentbehrliches Requisit dar. Für besonders scheue Vögel und Säugetiere braucht man sogar ein leistungsstarkes Fernrohr, wenn man ihr ungestörtes Verhalten kennenlernen möchte. Vergrößerungen von 25–40fach werden heute meist angeboten. Beim Fernglas genügen schwächere Vergrößerungen: 8 × 40 oder 10 × 40. Für schwierige Lichtverhältnisse benötigt man ein lichtstarkes Fernglas (7 × 50 oder 9 × 63). Mit diesem läßt sich insbesondere in der Dämmerung noch ganz gut beobachten.

Bei der Distanz, die wir mit dem Fernglas gewinnen, werden sich die Tiere natürlicher verhalten, als wenn wir zu nahe an sie herankommen. So würde kaum ein Vogel sein Nest aufsuchen, um die Jungen zu füttern, wenn wir unmittelbar davor stünden. Ähnlich vorsichtig verhalten sich die meisten Arten bei der Nahrungssuche. Denn hierbei könnten sie von Feinden überrascht werden. Das merkt man gleich, wenn man den Vögeln zusieht, die an ein Futterhaus kommen. Zuerst beobachten sie die Umgebung, ob sie es wagen können, aus der Deckung herauszufliegen. Dann starten sie schnell, fassen den Sonnenblumenkern und fliegen wieder zurück ins Gebüsch. Erst wenn eine Gruppe versammelt ist, trauen sie sich mehr zu. Das liegt am »Gruppeneffekt«. Denn beim Angriff eines Feindes stieben die Vögel in alle Richtungen auseinander. Das erschwert dem Feind die zielgerichtete Orientierung ganz erheblich. Er weiß nicht mehr, welchem Vogel er folgen soll – und verliert so die Beute. Krähen und Möwen, die im Schwarm nach Nahrung suchen, greifen mitunter den Feind auch an. Stare »wickeln« ihn in der Luft geradezu in ihre dichten Schwärme ein. Dabei kann ein Greifvogel durchaus in Not kommen, wenn Tausende von Staren auf engstem Raum um ihn herumschwirren.

An Gewässern balzen im Winter und Frühling die Enten. Mit dem Fernglas verfolgen wir, wie die Männchen in Gruppen zusammen ihre Schaubalz durchführen. »Gesellschaftsspiel« haben es die Verhaltensforscher genannt. Aus den balzenden Erpeln wählen dann die Weibchen ihre Partner.

Schwieriger ist es, Säugetiere zu studieren. Die meisten richten sich nach Gerüchen und sind vorwiegend oder ganz zur Nachtzeit aktiv. Uns Menschen fehlt ein entsprechend empfindliches Geruchsvermögen. So haben wir viel größere Schwierigkeiten, dem Leben der Säugetiere nachzuspüren als den Vögeln, die »Augentiere« sind. Ihr Verhalten verstehen wir viel leichter, denn Farben und Stellungen des Gefieders spielen bei ihnen die wichtigste Rolle. Auch ihre Stimmen, für unser Ohr gut hörbar, werden wir schnell kennenlernen.

Tiere hinterlassen auch vielfältige Spuren. Mit Übung lassen sie sich ähnlich wie Fotos deuten, auch wenn das betreffende Tier gar nicht mehr anwesend ist. Fährten im Schnee verraten den Weg von Hasen, Rehen, Füchsen und anderen Wildtieren im Winter. Spuren von Schnäbeln oder Zähnen in der Nahrung kennzeichnen die Art, die den Zapfen oder die Nuß verspeiste. Speiballen von Eulen und Greifvögeln, die »Gewölle«, enthalten Reste ihrer Beutetiere. Sie zeigen, wovon sich der Waldkauz oder der Mäusebussard ernähren.

Als Erkennungszeichen dienen auch die Winterknospen der Bäume oder ihre Rinde. Ob Federn oder Nester, Scharr- oder Wühlstellen: Die Natur ist voll von Spuren, die die Tiere hinterlassen haben. Wer an ihnen nicht achtlos vorübergeht, wird bald eine Fülle von Wissen über die ihn umgebende Natur vermittelt bekommen.

Wie fotografiert man Tiere und Pflanzen?

Botanisiertrommel und Schmetterlingsnetz – längst gibt es elegantere und umweltfreundlichere »Jagd«methoden!

Was braucht man? Eine Spiegelreflexkamera für Kleinbild mit Blendenwerten von etwa 1,7 bis 32, gekoppelt mit Verschlußzeiten von etwa 2 Sekunden bis 1/500 oder 1/1000 s. Blenden- und Zeitautomatik, oder wenigstens Zeitautomatik, sind Voraussetzung für ein »rasches Zugreifen«; dabei sollte Blende bzw. Verschlußzeit wählbar sein, ohne daß man die Kamera vom Auge nehmen muß. Ein heller, etwas vergrößernder Sucher erleichtert die Bildkomposition! Mit dieser Ausrüstung können Gegenstände von 80 cm Entfernung bis zum Horizont gestochen scharf abgebildet werden. Für die Großaufnahme einer Blüte oder eines fernen Reiherhorstes allerdings bedarf es zusätzlicher Objektive, die man leicht und schnell wechseln kann. Vorerst genügen zwei Wechselobjektive: ein Normalobjektiv (50 mm Brennweite) und ein Objektiv für die Ferne (etwa 200–300 mm). Mit der Zeit wird man sich vielleicht weitere Wechselobjektive anschaffen: Teleobjektive, Makroobjektive, Zoom, Weitwinkel und für die Nähe Zwischenringe oder ein Balgengerät.

Da hat man nun seine leichte, wasserdichte Umhängetasche gepackt und auch Drahtauslöser, Notizblock, Pinsel und Leinentuch zum Reinigen der Objektive und Skylightfilter sowie einen normalempfindlichen (18–21 DIN) und einen hochempfindlichen Farbfilm (31 DIN) nicht vergessen und ist am frühen Morgen aufgebrochen. Einmal, weil sich um diese Zeit in der Natur besonders viel tut, und dann, weil Bilder im Morgenlicht wie auch am Spätnachmittag schöner werden als im steilen, grellen Licht der Mittagszeit.

Man tritt an den Rand einer Waldlichtung und bleibt staunend stehen. Vor dunklem Hintergrund spannt sich ein Spinnennetz mit leuchtenden Fäden. Wird der Film aber die Fäden wiedergeben? Wenn man lange genug belichtet – ja! Aber dann verwackelt das Bild. Solche Situationen ergeben sich jeden Tag. Deshalb kauft man sich noch ein solides Stativ mit Schwenk- und Neigekopf und verstellbarer Mittelsäule. Es gehört zur Grundausrüstung.

So, nun kann die Kamera beliebig lange in jeder Stellung erschütterungsfrei ausharren, dirigiert nur durch einen Drahtauslöser. Aber liegen nicht einige wichtige Einzelheiten zu sehr im Dunkeln? Und man erkennt, daß es ohne zusätzlichen Blitz oft nicht geht. Damit kann man die Fäden des Spinnennetzes gleißen und den Hintergrund nachtschwarz erscheinen lassen. Man kann mit einem in eine bestimmte Richtung gelenkten Blitz auch die Szene nach Wunsch ausleuchten, Glanzlichter aufsetzen, Sonne trotz grauer Wolken auf Blüten zaubern. In anderen Fällen genügt ein Handspiegel, mit dem man mildes Licht auf ein Detail wirft.

Dank Stativ und Drahtauslöser kann man all diese Handgriffe ohne Hilfe, allein, ausführen.

Im Zweifelsfall macht man mehrere Bilder mit verschiedener Belichtung, mit und ohne Blitz.

Wonach soll man sich richten bei der Wahl der Blende bzw. der Verschlußzeit? Eine kleine Blende hat die Eigenschaft, einen größeren Tiefenbereich scharf abzubilden. Bei Blende 32 erhält man an einem hellen Sommertag mit einem Film von 21 DIN von 2 m bis in die weiteste Ferne (unendlich) alle Gegenstände scharf, bei Blende 1,7 dagegen nur einen schmalen Bereich.

Eine Blüte vor einem Gewirr von Gräsern ergibt bei kleiner Blende daher ein gestochen scharfes Durcheinander. Wählt man dagegen eine große Blende, so verschwimmt der wirre Hintergrund zu einer Mischfarbe, vor der sich die Blüte klar abhebt. Das gleiche gilt z.B. für Nahaufnahmen von Libellen mit ihren von zartem Geäder gezeichneten Flügeln.

Umgekehrt ist es, wenn man Bewegungen festhalten will. Dann muß man die Verschlußzeit wählen und die daraus resultierende Blende in Kauf nehmen. Mit 1/500 s kann man den langsamen Flügelschlag eines Adlers sichtbar machen. Nur die Handschwingen zeigen eine dynamische Unschärfe, ähnlich wie sie auch mit dem Auge wahrgenommen wird. Zieht man die Kamera in Flugrichtung mit, wird der Vogel schärfer, der Hintergrund dagegen verwischt, was den Eindruck der Bewegung betont. Bei 1/1000 s kann man den Flügelschlag des Adlers sogar »einfrieren«, was weniger natürlich wirkt, den Flugablauf aber deutlicher macht.

Sehr wichtig ist die Verschlußzeit bei fließendem und spritzendem Wasser. Die geheimnisvollen Schleier eines Wasserfalles kommen bei etwa 1/100 s oder darunter sehr gut zur Geltung. Die sprühende Wasserfontäne dagegen, die ein landender Schwan auf dem Seespiegel erzeugt, gleicht bei 1/1000 s Verschlußzeit einem Feuerwerk. Am besten, man macht Versuchsreihen vom selben Objekt mit verschiedenen Blenden bzw. Verschlußzeiten, mit und ohne Blitz, zu verschiedenen Tagesstunden, im Gegen-, Auf- und Seitenlicht. Und natürlich sollte bei dieser wissenschaftlichen Methode der Notizblock nicht fehlen: Was wurde wo und wie aufgenommen?

Leider macht die gute Technik allein noch kein gutes Bild. Darum nachfolgend noch ein paar einfache Regeln für Bildaufbau und Komposition!

Zuerst muß man sich klar darüber sein, was die Hauptsache des Bildes ist. Sie muß zwar nicht in der Bildmitte liegen, aber klar und deutlich hervorgehoben sein. Eine große Blüte, die Hauptsache, etwas exzentrisch plaziert, und dazu eine oder mehrere kleinere Blüten am Bildrand, das kann Spannung erzeugen. Wenn es gelingt, sollte man eine Diagonale durch das Bild legen, z.B. mittels eines schräg verlaufenden Zweiges oder eines Weges, der unmerklich in das Bild hineinführt. Künstlerisch wirkt der »Torbogenblick«, etwa durch zueinander geneigte Baumäste oder Felsgruppen. Langweilig sind dagegen ein durch die Bildmitte laufender Horizont und überhaupt zuviel Symmetrie. Bei Bildern mit Fernblick gehören die warmen Töne (Rot, Gelb) in den Vordergrund, die kalten (Blau) in den Hintergrund. Oft belebt ein kleiner Gag, z.B. ein Marienkäferchen auf einem grünen Blatt, das ganze Bild.

Mit diesem Rüstzeug wollen wir es versuchen! Tier- oder Pflanzenfoto? Warum nicht beides?

Wer Freude am künstlerischen Gestalten hat, der hat auch Freude an der Blumenfotografie. Hier kann er in aller Ruhe den schönsten Bildausschnitt wählen: Die Pflanzen laufen ihm nicht davon. Allenfalls muß er lange, schwankende Stengel unsichtbar festbinden. Natürlich ist es ratsam, zuerst einmal vor der Kamera Ordnung zu machen, denn trockene Grashalme und dürre Äste können im fertigen Bild stören. Den Biotop sollte man dabei aber nicht verändern oder verfälschen, denn er verleiht dem Bild einen besonderen Wert.

Will man an einer Pflanze Details genau zeigen, dann stört die Umgebung. Man hält den Hintergrund durch eine große Blende möglichst verschwommen oder verwandelt ihn durch einen Blitz in Nacht. Dazu muß die Pflanze isoliert stehen; 1–2 m Abstand von anderen Pflanzen genügen oft schon. Besonders reizvoll zu fotografieren sind Schmetterlinge auf Blüten, z.B. auf den violetten Blüten mancher Disteln. Mit Teleobjektiv und Stativ kann man in etwa 2 m Entfernung warten, bis sich einer der umherflatternden Falter niedergelassen hat.

Tierbilder erfordern oft viel Geduld! Ein hartes Stück Arbeit bedeutet es schon, bis man sich einem scheuen Tier auf Teleobjektivdistanz genähert hat. Profis tragen Fotogepäck, das fast der Schwerstbepackung eines Scherpas im Himalaja gleichkommt, um die halbe Welt. Sie bauen mit viel Zeit- und Geldaufwand sorgfältig getarnte Verstecke und warten dort stunden- oder tagelang, womöglich in gebückter Haltung, bald frierend, bald schwitzend, von Stechmücken geplagt, auf ihr Tier.

Zum Glück gibt es attraktive Möglichkeiten auch für den Amateur zu Hause. Da bieten sich zuerst einmal die Tiere an, die an die Nähe des Menschen gewöhnt sind, Hund und Katze zu Hause, seltene und gefährliche Tiere im Zoo, Eichhörnchen und Taube im Stadtpark, der Schwan auf dem Nest am anderen Ufer der kleinen Bucht! Bei ihnen allen spielt nicht nur das Aussehen, sondern auch das Verhalten eine Rolle. So kann man dasselbe Tier viele Male immer neu darstellen – wenn es gelingt!

Will man Aufnahmen in freier Wildbahn machen, muß man zuerst die Gewohnheiten der Tiere beobachten, damit man weiß, wo und wie und wann man sie trifft. Man nähert sich dann leise, mit ruhigen Bewegungen, und nutzt natürliche Deckungen aus. Viele Tiere mögen klickende Geräusche (z.B. Kameraauslöser, Metallteile auf Metallstativ) nicht, also Vorsicht! Reflektierende Gegenstände (z.B. Objektive, Stativ) vermeidet oder tarnt man. Die Kamera hält man schußbereit, von 2 m bis Unendlich scharf eingestellt, so daß man sofort zugreifen kann. Vielleicht beobachtet man aus einem Versteck, mehrere Meter von der Kamera entfernt, und betätigt diese mittels eines Fernauslösers (pneumatisch oder elektrisch oder per Funk). Da das Teleobjektiv und die Entfernung ein bis zwei Blendenwerte schlucken und man oft auch schnelle Bewegungen festhalten will, wählt man für Tierbilder empfindliche bis hochempfindliche Filme.

Zum Schluß noch ein paar Anregungen! Interessant, besonders für Diavorführungen, sind Bildserien, die ein bestimmtes Thema behandeln. Lohnend sind die Stadien einer keimenden Pflanze oder einer sich öffnenden Blüte. Man läßt das Stativ mit Fotoapparat, auf das gewünschte Objekt eingestellt, an derselben Stelle stehen und macht in bestimmten Zeitabständen (mit Drahtauslöser) ein Bild, bis man eine Art Zeitrafferserie hat. Man kann auch den Gang durch die Jahreszeiten in einer Serie wiedergeben: den Waldboden im Frühjahr, Sommer, Herbst und Winter oder den Blick nach oben in das Blätterdach. Verblüffend ist das Versteckspiel von Mimikriformen: der grüne Frosch im Gras oder der Nachtfalter, der auf einem Baumstamm sitzend der Rindenunterlage so sehr gleicht, daß er fast verschwindet. Einen Kontrast zu solchen Aufnahmen erreicht man durch Bilder von Tieren in Warntracht, z.B. von einer Wespe, die mit ihrer auffälligen schwarzgelben Querstreifung jeden vor Berührung warnt. Lustig ist das Rätselraten bei Tierspuren im Schnee. Natürlich hat der Fotograf beobachtet, welcher Vogel seine Schwingen bei der Landung im Schnee abgedrückt und seine Hüpfspuren hinterlassen hat. Ob aber auch seine Zuschauer alle Spuren erkennen werden?

Bezieht man Kinder in die Naturfotografie mit ein, erhält man Porträts, die weit über durchschnittlichen Familienfotos stehen können.

Sehr vielgestaltig sind also die Möglichkeiten auch für den Amateur. Vielleicht wird er eines Tages zum Profi, der eine fliegende Fledermaus bei Nacht, das Paarungsrad der Libelle, sich betrillernde Ameisen in Großaufnahme zustande bringt. Dieses Buch bemüht sich, mit solchen Spitzenaufnahmen und vielen anderen schönen Motiven allen Naturfreunden Freude zu bereiten und zugleich Anregungen zu geben.

Von Tieren hinterlassene Spuren

Ein Häuflein locker verklebter oder einzeln liegender Federn, eine seitlich aufgepickte Hagebutte, Gangsysteme unter der Rinde, die wie Schriftzeichen anmuten: Welches Tier war hier am Werk? Fichtenzapfen, Haselnüsse und andere Früchte werden unterschiedlich bearbeitet, je nachdem, ob von einem Eichhörnchen, einer Maus, einem Vogel. Am Gewölle unterm Baum erkennt man, welcher Vogel hier ruhte, an der Losung, welches Tier durchzog. Gleich einem Detektiv sieht der aufmerksame Beobachter alle diese Spuren in der Natur.

Vom Grünling aufgepickte Hagebutte

Bei der Häutung abgestreiftes Natternhemd einer Äskulapnatter

Von Waldmäusen benagte Rehgeweihstangen

(a)

(b)

In Eichengalläpfeln (a) und Ananasgallen (b) entwickeln sich die Larven von Eichengallwespen und Fichtengalläusen

Winterdeckel vom Gehäuse einer Weinbergschnecke

Habichtsrupfung eines Kuckuckweibchens: die Federn liegen einzeln, unbeschädigt

Raubtierrupfung eines Fasanenhahnes: die Federn sind beschädigt und mit Speichel verklebt, Hautfetzen hängen daran

(a)
(b)
Kiefernzapfen,
bearbeitet von
Buntspecht
(a)
(b)
(c)
Haselnüsse,
geöffnet von
Eichhörnchen (a),
Siebenschläfer (b),
Waldmaus (c),
Buntspecht (d)
Fichtenzapfen, bearbeitet von
Eichhörnchen (a), und von Buntspecht (b)
(d)
(a)
(b)
(c)
Beutelmeisen-
nest, noch nicht
ganz fertig
(a)
vom Regen
ausgelaugt und
frisch
Losungen von
Kaninchen (a),
Reh (b), Schneehuhn (c)
(c)
Gewölle von Saatkrähe (a), Waldkauz (b), Uhu (c),
Mäusebussard (d), Turmfalke (e), Lachmöve (f),
Silbermöve (g)
(b)
(d)
(e)
(f)
(g)
Bei Ernährung
von einer
Mülldeponie
Bei natürlicher
Ernährung, Fuß
eines Kleinvogels
unverdaut sichtbar
Fraßgänge des Buch-
druckers, eines Käfers,
unter Fichtenrinde
Schmetterlingskokon unter
Kiefernrinde (geöffnet)
Aus Lehm geformte Einzel-
nester der Lehmwespe
Von Roßameisen ausge-
höhltes Stammholz

1

2

3

4

1 Das **Bläßhuhn** verließ das Wasser, um am Rand eines verschneiten Ufers ein paar Grashalme als Winterfutter abzurupfen. Durch die dünne Harschdecke sanken die Füße ein. Aus der Nähe betrachtet würde man vielleicht die Abdrücke der Lappen an den Zehen erkennen, die dem Bläßhuhn als Ersatz für die nicht vorhandenen Schwimmhäute dienen. Dadurch unterscheidet sich seine Spur von der der Enten, die Abdrücke von Schwimmhäuten zeigen.

2 Von allen Seiten treffen sich die Spuren der **Schneehühner** an der Stelle, an der sie den Schnee ein wenig wegscharren konnten, um an den Boden zu gelangen. Die leichten Vögel sinken mit ihren dicht befiederten Beinen und Zehen nicht sehr tief im lockeren Schnee ein. Links im Bild kann man bei genauem Hinsehen ein zurückgebliebenes Schneehuhn entdecken. Auch die Spuren anderer Hühnervögel führen im Schnee zu den Rast- und Futterplätzen, die die Tiere im Winter aufsuchen.

3, 4 Die Spuren von **Fasanen** findet man bei Neuschnee fast überall. Ungestört reichen den Vögeln ein bis zwei Stunden Nahrungsaufnahme am Tag während des Winters, um ihren Energiebedarf zu decken. Den Rest der Zeit verbringen sie ruhend in Deckung. Die schweren und etwas schwerfälligen Hühnervögel brauchen Anlauf, um vom Boden abzuheben, denn ihre Flügel sind verhältnismäßig kurz und rund. Sie behindern die Vögel daher beim Laufen im Dickicht nicht, schränken aber ihre Beweglichkeit und Schnelligkeit beim Auffliegen ein. Die lange Landespur (Bild 4)

5

6

7

8

zeigt, wie schwer dies einem Fasan fällt. Die Trittsiegel im Schnee erkennt man an den klar abgesetzten Zehen und an ihrer Größe.

5 Hier haben die Füße von **Krähen** ein wirres Muster in den Neuschnee gezeichnet. Nicht immer wird es leichtfallen, zu entziffern, welche Informationen solche Spuren enthalten. Schritte wechseln mit kleinen Sprüngen ab. Wahrscheinlich stocherten die Krähen nach Futter unter dem Schnee. An einigen Stellen haben die Flügel kurze Wischer hinterlassen.

6 Die Hüpfspur eines **Vogels** kreuzt die einer **Maus,** an der man den feinen Abdruck erkennt, den der Schwanz hinterlassen hat. Es muß sich also um eine Langschwanzmaus, etwa eine Wald- oder Gelbhalsmaus, gehandelt haben und nicht um eine Feldmaus.

7 Hier erkennt man in der Bildmitte die Hüpfspur der **Maus** deutlicher. Der Schwanz hat zwischen den Abdrücken der Vorder- und Hinterbeine eine scharfe, wie ein Schnitt wirkende Spur hinterlassen. Solche Fährten zeigen sich besonders deutlich, wenn auf einer verharschten Decke 1–2 cm nicht zu feiner Neuschnee liegt; dann prägen sich auch Feinheiten der Beine oder Sohlen ab.

8 Nahezu immer hinterläßt der **Feldhase** eine eindeutig erkennbare Fährte im Schnee. Die beiden Hinterläufe greifen über die hintereinanderliegenden Abdrücke der kürzeren Vorderläufe hinweg und setzen etwas schräg seitlich verschoben ihre Abdrücke davor. Aus der Sprungweite ergibt sich die Fluchtgeschwindigkeit. Meterweite Sprünge können durchaus vorkommen.

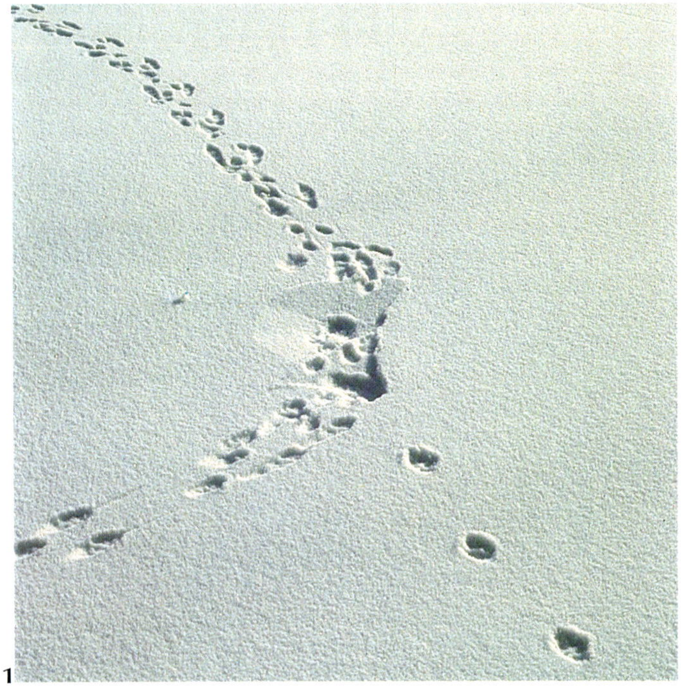
1

2

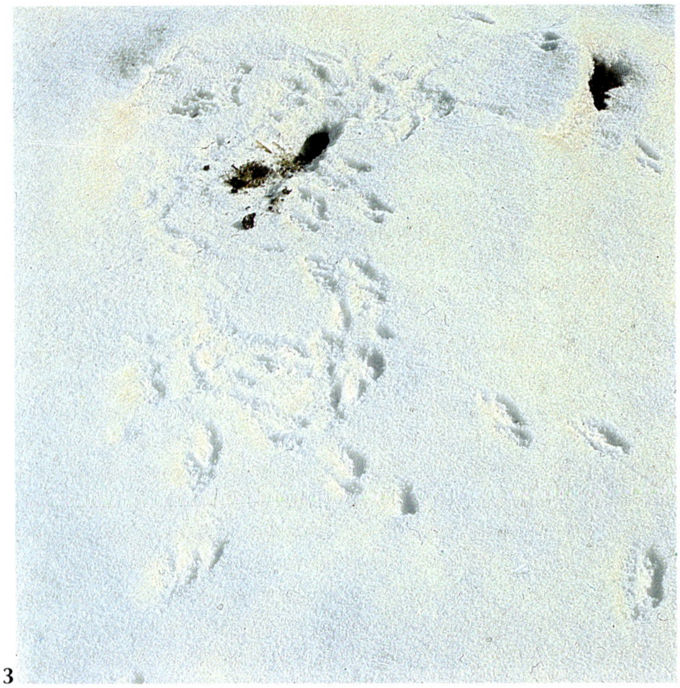
3

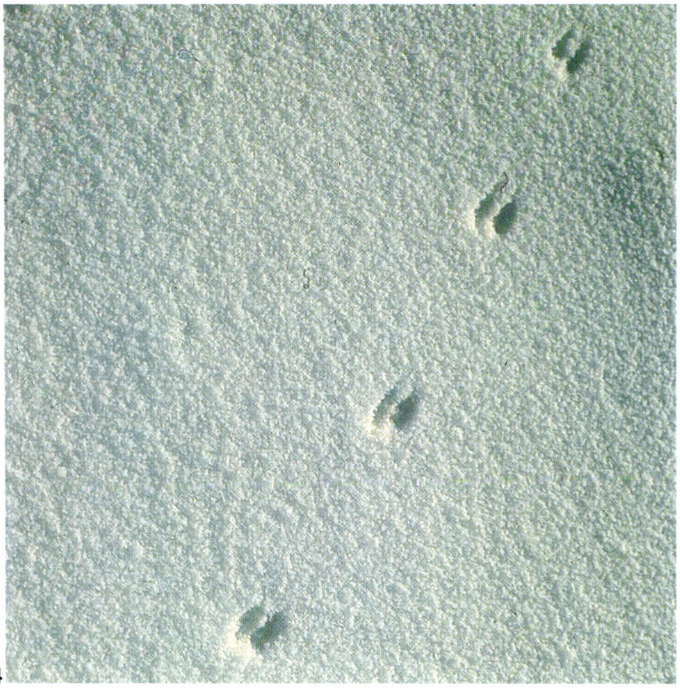
4

1 Von rechts nähert sich die schnürende Spur eines **Fuchses,** in der die Trittsiegel wie auf einer Perlschnur folgen. Als er auf die Hasenspur stieß, veranlaßte ihn der Geruch wohl zu einem Ruck; die Schneedecke ist an dieser Stelle etwas eingebrochen. Dann verfolgte er die Hasenspur.

2 An einem Graben entlang führt diese Fährte. Hier hatte es der **Fuchs** nicht eilig. Die einzelnen Pfotenabdrücke sitzen nicht genau in einer Linie. Etwas weiter hinten schnürt er schon wieder regelmäßiger. Vielleicht wird die Spur auch zeigen, daß der Fuchs da und dort anhielt, um seine spitze Schnauze in ein Mauseloch zu stecken. Der ausströmende Geruch verrät ihm, ob sich das Warten auf eine mögliche Beute lohnen wird.

3 An einem Mauseloch hat sich ein **Hermelin** zu schaffen gemacht. Offenbar hatte es eine Maus darin gewittert, denn es untersuchte gründlich die Möglichkeit, in das Loch einzudringen, was ihm aber bei seiner Größe nicht gelingen konnte. Hermeline hinterlassen im Schnee Hüpfspuren, die mitunter schwer von Mauswieselfährten zu unterscheiden sind.

4 Die weit auseinanderliegenden Fußabdrücke dieses **Hermelins** verraten, daß es mit ziemlicher Geschwindigkeit über den Schnee flitzte. Die schwarze Schwanzspitze ragt beim Lauf in der Regel hoch in die Luft und hinterläßt keinen Abdruck.

5 Die langen, kräftigen Zehen des **Graureihers** haben sich im weichen Schlamm am Ufer abgedrückt. Hier wartet er oft stunden-

5

6

7

8

lang fast regungslos, bis Beute in Reichweite des Schnabels kommt. Die langen Zehen verteilen sein Gewicht auf eine große Fläche, so daß er weniger tief einsinkt. Oft findet man neben den Spuren auch die Exkremente der Reiher.

6 Deutlich lassen die Abdrücke erkennen, daß es sich hier um einen Paarhufer handelt, und zwar um die länglich-gerundeten, schlanken Schalen eines laufenden **Rehs,** denn die Ränder der Hufe liegen auseinander. Bei langsamem Schritt würden sie sich berühren. Auch der Abdruck der Afterklauen bedeutet Flucht.

7 Das **Rotwild** hinterläßt viel derbere, größere Abdrücke als das Reh. Die sich überlappenden Tritte zeigen, daß der Hirsch ruhig dahinzog und nicht flüchtig war. Noch ausgeprägter als beim Reh entsteht dadurch ein Doppelabdruck. Seine Größe und Stärke lassen auf Alter und Stärke des Hirsches schließen. Geht das Rotwild in die Flucht über, weichen die Hufabdrücke auseinander und setzen sich in regelmäßigem Abstand voneinander ab.

8 Die Trittsiegel des **Wildschweins** zeigen eine charakteristische Gestalt, die hier leider nicht in allen Feinheiten zu erkennen ist. Vor allem fehlen die nahezu immer abgedrückten Afterklauen, aber die Form der Schalen ist kennzeichnend genug. Nicht selten findet man bei den Fährten auch Wühlstellen, die die Anwesenheit der Tiere auch dann verraten, wenn die Trittsiegel nicht eindeutig identifizierbar sind. Im Trab liegen die Fußabdrücke gegeneinander versetzt in einer Doppelreihe.

Zweige und Knospen im Winter

Deutlich erkennt man an den kahlen Zweigen Knospen und Wuchsform. Grüne Rinde mit kantigen Korkenleisten kennzeichnet das Pfaffenhütchen; dicke, tiefschwarze, gegenständige Knospen die Esche. Die gestielten Blütenknospen von Zaubernuß und Kornelkirsche sind schon zum Aufblühen bereit. Meist werden Knospen durch Knospenschuppen geschützt, doch beim Schneeball erkennt man oben die zukünftige Blütendolde und unten am Zweig die Blätter.

Pfaffen-
hütchen
Birke
Berberitze
Dornen
seitlich
(Blattdornen)
Fruchtstand
Kätzchen mit
männlichen Blüten
Birkenrinde
mit Flechten
Blütenknospen
Esche
Eschenrinde
Kirsche
Blüten-
knospen
Blätter
gegenständig
Blütenknos-
pen dicht
am Zweig
Stacheln
Dornen am
Zweigende
(Sproßdornen)
Stechpalme
Schneeball
Schlehe
Himbeere
Brombeere

Ordnung der Vielfalt
Das System der Pflanzen und Tiere

Von jeher war der Mensch auf Pflanzen und Tiere angewiesen; er sammelte Kräuter, Früchte und Wurzeln, jagte Wild und Vögel, später züchtete er Kulturpflanzen und Haustiere. Er gab ihnen Namen und suchte sich mit ihren Lebensgewohnheiten vertraut zu machen. So wurde im Laufe der Zeit Wissenswertes und Interessantes über die belebte Natur zusammengetragen. Aber erst der schwedische Gelehrte Carl von Linné (1707–1778) hat in seinem epochemachenden Werk »Systema naturae« (1758) alle ihm bekannten Tier- und Pflanzenarten beschrieben und einheitlich benannt.

Jede Art erhielt zwei lateinische Namen, als ersten den Gattungsnamen und als zweiten den Artnamen (z. B. *Apis mellifera:* Honigbiene, oder *Primula farinosa:* Mehlprimel). Unter ihrer lateinischen Bezeichnung ist jede Art genau beschrieben und weltweit bekannt, gleichzeitig wird ihr dadurch ein bestimmter Platz im System zugeteilt: Die Arten werden nämlich zu Gattungen, diese zu Familien, diese ihrerseits zu Ordnungen, Klassen und schließlich Stämmen zusammengefaßt. So entsteht ein hierarchisches Gefüge, das die verwandtschaftlichen Beziehungen widerspiegelt: das System der Pflanzen und das System der Tiere. Die Honigbiene wird beispielsweise zur Gattung *Apis,* diese zur Familie *Apidae* innerhalb der Ordnung der *Hymenoptera* (Hautflügler) gezählt; neben anderen Ordnungen gehören diese zur Klasse *Insecta* (Insekten) und diese wiederum zum Stamm *Arthropoda* (Gliederfüßer). Je höher eine Gruppe im System steht, umso weniger sind sich die Systematiker manchmal über ihren wirklichen Rang einig. Aus diesem Grund wird in diesem Buch meist nur von Gruppen gesprochen. Für die Einordnung der Tiere und Pflanzen sind nicht nur die äußere Erscheinung, sondern auch der anatomische Bau und entwicklungsgeschichtlich bedingte Merkmale maßgebend. Ein bestimmtes Aussehen und grundlegende Gemeinsamkeiten des Bauplanes sind kennzeichnend für eine systematische Gruppe. So besitzen alle Insekten einen in Kopf, Brust und Hinterleib gegliederten Körper und drei Beinpaare; allen Vögeln sind Federn, ein Bein- und ein Flügelpaar eigen; alle Säugetiere haben Milchdrüsen, um ihre Jungen zu säugen.

Viele äußere Körperformen haben sich so bewährt, daß man ihnen in verschiedenen Gruppen immer wieder begegnet, so der Schlangenform, die man schon bei Bakterien und auch bei Würmern und Fischen antrifft. Kugelform findet man bei Kakteen und Wolfsmilchgewächsen, die in Trockengebieten wachsen. In diesen Fällen sagt die Gestalt nichts über die Verwandtschaft aus, sondern ist vielmehr Ausdruck der Anpassung an eine bestimmte Lebensweise.

Wodurch unterscheiden sich Tiere und Pflanzen? Im allgemeinen sieht man es einem Lebewesen auf den ersten Blick an, ob es Tier oder Pflanze ist. Doch gibt es Arten, bei denen sich dies nicht ohne weiteres erkennen läßt, z. B. bei den am Meeresboden festgewachsenen Seerosen, die in Wirklichkeit Tiere sind, oder bei aktiv im Wasser umherschwimmenden einzelligen Algen, die Pflanzen sind.

Ein grundlegendes Einteilungsprinzip gibt die Ernährungsweise der Lebewesen: Pflanzen ernähren sich von anorganischen Salzen, die sie der Erde oder dem Wasser entziehen, von Wasser und dem Kohlendioxid (CO_2) der Luft; daraus bauen sie lebende Substanz auf. Die Energie zu diesem Aufbau – Assimilation oder Photosynthese genannt – gewinnen sie aus dem Sonnenlicht. Zahlreiche Blattgrünkörner in den Zellen der Blätter ermöglichen seine Verwertung. In ihnen läuft die Photosynthese ab, wobei Sauerstoff von den Pflanzen als Abfallprodukt an die Atmosphäre abgegeben wird.

Auf der Photosynthese der Pflanzen basiert das Leben der Tiere und Menschen. Sie ernähren sich direkt oder indirekt von Pflanzen und atmen den von ihnen freigesetzten Sauerstoff: Die Pflanzen sind die Produzenten, die Tiere und Menschen die Konsumenten. Doch werden das ausgeatmete CO_2, das Wasser und schließlich auch die Nährsalze in einem Kreislauf der Stoffe schließlich wieder den Pflanzen zugeführt.

Das von den Pflanzen benötigte Kohlendioxidgas ist in Luft nur zu 0,03% enthalten. Um bei dieser geringen Konzentration z. B. das ganze Holz eines Waldes zu erzeugen, ist eine große Blattfläche nötig, die gleichzeitig auch genügend Sonnenlicht auffängt. Höhere Pflanzen haben eine große äußere Oberfläche. Stamm bzw. Stengel heben die Blätter in den Luftraum und der Sonne entgegen, Wurzeln verankern sie im Boden und schaffen Wasser mit den gelösten Nährsalzen heran.

Tiere dagegen besitzen zur Aufnahme der von ihnen benötigten Stoffe größere innere Oberflächen, z. B. das Verdauungssystem und die Lungen. Ihre Nahrung erwerben sie aktiv. Die primitiven Formen fließen auf sie zu oder strudeln sie herbei. Schwämme z. B. strudeln organische Nahrungsteilchen durch den Schlag von Wimpern in ihren Magenraum. Festsitzende Tiere erfassen ihre Beute vielfach mit Fangarmen. Die weiterentwickelten Tiere bewegen sich zur Nahrung hin.

Ohne Nervensystem und Sinnesorgane könnten die Tiere (abgesehen von sehr einfachen Formen) weder ihre Nahrung finden noch im Lebenskampf bestehen. Auch darin unterscheiden sie sich augenfällig von Pflanzen, wennschon auch diese verschiedene Reize wie Licht und Schwerkraft wahrnehmen können.

Nachfolgend soll ein stark vereinfachter und gekürzter Überblick über das Reich der Pflanzen und Tiere gegeben werden. Die Lebewelt im Wassertropfen, die man ohne Mikroskop nicht kennenlernen kann, wurde hier nicht berücksichtigt.

Das Reich der Pflanzen

Auf der Erde sind etwa 370 000 Pflanzenarten bekannt, vermutlich gibt es aber mehr als eine halbe Million. Niemand kennt sie alle, doch hilft ein Überblick über die Gruppen im System der Pflanzen, um zahlreiche Formen einordnen zu können.

Auf jedem Spaziergang trifft man Vertreter einiger Gruppen. Durch Betrachtung der ganzen Pflanze, z.B. einer Schlüsselblume, mit Blüten, Stengel und Blättern prägt man sich den Gruppentypus ein und wird dann in vielen Fällen eine verwandte Art trotz anderer Blattform, Blütenfarbe und Größe als Schlüsselblume oder Primel erkennen; oder man entdeckt die Ähnlichkeit der Blütenstände von Gänseblümchen und Sonnenblume und damit den Typus der Korbblütler.

Eine Grobeinteilung des Pflanzenreiches in drei große Organisationsstufen sei der Führung durch die einzelnen Gruppen vorangestellt:

Zur ersten Stufe zählen die Einzeller unter den Pflanzen, die *Protophyten.*

Zur zweiten Stufe gehören die Lagerpflanzen oder *Thallophyten,* die mehrzellig sind und beträchtliche Größen erreichen können, aber weder Wurzeln noch Leitungsgefäße und Blüten besitzen; Algen (soweit nicht einzellig), Pilze und Flechten sind Lagerpflanzen.

Die dritte Stufe umfaßt die Sproßpflanzen, die *Kormophyten.* Ihnen gelang vor 350–400 Millionen Jahren der Übergang vom Wasser- zum Landleben. Dazu mußte vor allem ein Weg zur Wasserversorgung der in die Luft ragenden Pflanzenteile gefunden werden. Als Zwischenlösung wurden zuerst feuchte Biotope besiedelt. Im weiteren Verlauf entwickelten die Sproßpflanzen Wurzelsystem, Sproßachse und Blätter, die durch besondere Stütz- und Festigungsgewebe einen Halt erfuhren, durch Leitungsgefäße mit Wasser und Nährsalzen versorgt und durch Schutzgewebe vor schädlichen Außeneinwirkungen bewahrt wurden. Zu den Sproßpflanzen gehören die Farn- und Samenpflanzen. Die Moose nehmen eine Übergangsstellung zwischen Lager- und Sproßpflanzen ein, da sie keine Wurzeln und nur einfache Blätter und Leitgewebe besitzen.

ALGEN *(Phycophyta)*

Algen sind weltweit im Salz- und Süßwasser verbreitet. Zum Erstaunen auch der Fachleute fand man einige Arten in vulkanischen Wässern von 80 °C. Im Süßwasser leben einzellige Algen, die grüne, braune, manchmal auch rötliche Verfärbungen des Wassers hervorrufen. Andere überziehen Steine und Holz mit einem grünen oder braunen, oft schleimigen Belag. Fadenförmige unverzweigte und verzweigte Algen in Tümpeln und langsam fließenden Gewässern muten oft wie grüne, im Wasser flutende Watte an. Als Tange bezeichnet man größere Meeresalgen, von denen manche bis 50 m Länge erreichen. Einige verankern sich mit wurzelähnlichen Haftorganen am Boden und besitzen blattähnliche Verbreiterungen, um das Licht besser ausnutzen zu können. Braunalgen und Rotalgen sind nach ihrer Färbung benannt. Blüten und Blattadern mit ihren Leitungsbahnen sucht man auch bei mehrzelligen Algen vergebens.

PILZE *(Mycophyta)*

In ihrer Ernährung sind Pilze auf vorgefertigte Nahrung wie faulende Stoffe angewiesen (Saprophyten), oder sie schmarotzen auf und in Organismen (Parasiten). Mit über 50 000 Arten bilden sie die artenreichste Gruppe der Lagerpflanzen. Man darf dabei aber nicht nur an die Speise- und Giftpilze denken, die im Sommer und Herbst die Wälder schmücken. Weit größer ist die Zahl der kleinen, für den Laien oft gar nicht als Pilze erkennbaren Arten. Wir ärgern uns über die grünen, grauen oder weißen Schimmelrasen, die von mikroskopisch kleinen Pilzen gebildet werden. Von 460 bekannten Krankheiten der Waldbäume sind 440 durch Pilze verursacht (Mykosen genannt). Andererseits wollen wir nicht auf ein Glas Wein oder Bier, Hefegebäck, Käse oder aber Penicillin verzichten; dies alles könnte ohne Kleinpilze nicht hergestellt werden. Auch beim Abbau organischen Abfalls zu Humus helfen Pilze mit.

Die eigentliche Pilzpflanze ist ein feines, spinnwebartiges Fadengeflecht (Myzel), das den Boden oder ein anderes Nährsubstrat durchzieht. Jeder Pilzfaden besteht aus einer Kette zylindrischer Zellen. Bei bestimmtem Entwicklungsstand und günstigen Außenbedingungen (Wärme, Feuchtigkeit) verfilzen die Pilzfäden in großer Zahl zu einer kompakten Masse, dem bekannten »Pilz« oder »Schwamm«. Dieser über den Boden ragende Teil des Pilzes stellt nur den Fruchtkörper des weit im Boden verzweigten Organismus dar, also den Entstehungsort der staubfeinen Sporen, die wie die Samen der höheren Pflanzen der Vermehrung dienen, jedoch nur aus einer Zelle bestehen und durch Zellteilung ohne unmittelbar vorangehende Befruchtung entstanden sind. Sie können vom Wind verweht oder z.B. über den Darm von Schnecken verbreitet werden und keimen dann unter geeigneten Bedingungen zu neuen Myzelien aus.

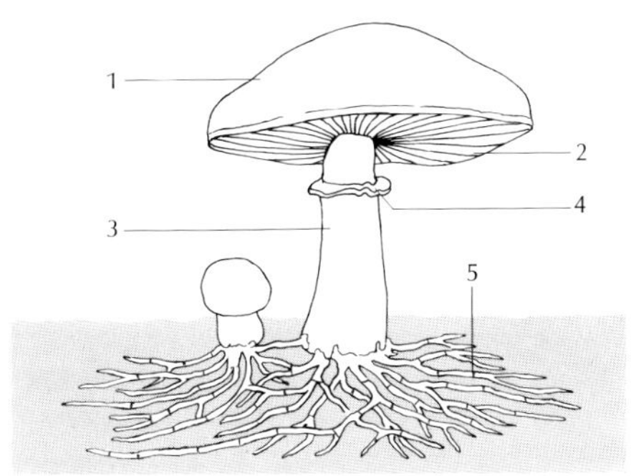

Pilze *(Schema eines Hutpilzes):* **1** über dem Boden der Fruchtkörper mit Hut, **2** Lamellen, **3** Stiel, **4** Manschette; **5** das Pilzfadengeflecht (Myzel) im Boden zur Versorgung

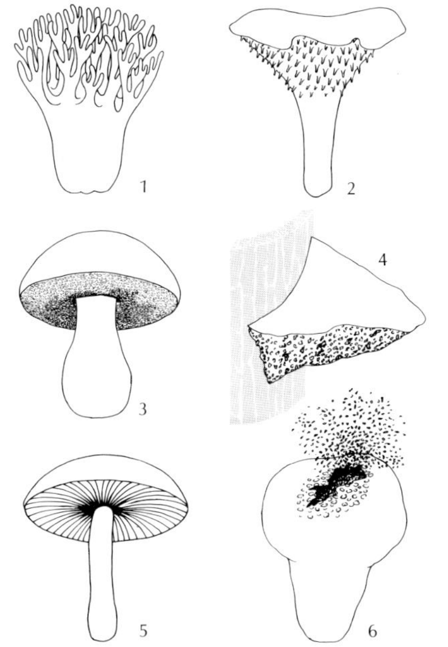

Pilze *(Fruchtkörper verschiedener Gruppen):* **1** Korallen- oder Strauchpilze, **2** Stachelpilze, **3** Röhrenpilze, **4** Porenpilze, **5** Blätterpilze, **6** Bauchpilze

Je nach Anordnung der sporenbildenden Schicht unterscheidet man:

Keulen- und **Korallen-** oder **Strauchpilze:** Die Sporen entstehen an der Oberfläche des Fruchtkörpers.

Stachelpilze: Die Sporen entstehen auf Stacheln an der Unterseite des hutförmigen Fruchtkörpers (z.B. Habichtspilz).

Poren- und **Röhrenpilze:** Die Sporen entstehen an der inneren Oberfläche von Röhren, die an der Unterseite von konsolen- oder hutförmigen Fruchtkörpern wachsen (z.B. Steinpilz).

Blätterpilze: Die Sporen entstehen an Blättern (Lamellen), die an der Hutunterseite radial vom Stiel zum Hutrand verlaufen (z.B. Champignon, Knollenblätterpilz).

Bauchpilze: Die Sporen entstehen im Inneren des meist kugeligen Fruchtkörpers; er reißt oben auf, die Sporen gelangen ins Freie (z.B. Bovist).

Manchmal ist der junge Pilz in der Erde von einer Hülle umgeben, die beim Wachstum aufreißt, z.B. bei der Gattung *Amanita,* zu der der sehr giftige Knollenblätterpilz und der giftige Fliegenpilz gehören. Dabei bleiben um den meist knollig verdickten Stiel ein Teil der Hülle zurück und auf dem Hut Hautfetzen: die bekannten weißen Punkte auf dem Fliegenpilz. Eine zweite Hülle verbindet den Hutrand mit dem Stiel. Auch sie reißt beim Wachstum und bleibt als Manschette am Stiel sichtbar. Diese Kennzeichen können auch fehlen, wenn z.B. beim Pflücken die Hülle im Boden bleibt oder der Ring abgefallen oder von Schnecken gefressen ist.

Es gibt kein einziges allgemeingültiges Merkmal, an dem man die Giftigkeit eines Pilzes erkennen kann! Nur solche Arten, die man ganz sicher kennt, darf man als Speisepilze nach Hause tragen!

Manche Pilze stehen nur unter bestimmten Bäumen und haben davon ihren Namen, z.B. der Birkenpilz. Alle unsere Waldbäume und Orchideen und viele andere Pflanzen leben mit ihren Wurzeln in symbiontischer Einheit mit einem Pilzgeflecht. Die Pilzfäden verbessern durch ihre große Oberfläche die Wasser- und Nährsalzaufnahme und beschleunigen sie zusätzlich durch verstärkten Humusaufschluß. Dafür bekommt der Pilz von »seinem« Baum Kohlenhydrate als Nahrung. Künstlich pilzfrei aufgezogene Pflanzen kümmern dahin.

FLECHTEN *(Lichenes)*

Flechten sind vielleicht die sonderbarste Gruppe des Pflanzenreiches. Pilz und Alge bilden in engem symbiontischen Zusammenleben einen Doppelorganismus mit eigener Gestalt, eigener Stoffwechselleistung und eigenen Umweltansprüchen. Die jeweils beteiligten Pilze und Algen können auch getrennt voneinander gezüchtet werden; besonders die Pilze gedeihen dann aber schlecht.

Der Wuchsform nach unterscheidet man:

Krustenflechten, die die Unterlage, oft Steine, überziehen;

Laubflechten, die aus blattartigen Lappen bestehen;

Strauchflechten, die wie kleine Bäumchen oder Sträucher aussehen; zu ihnen gehören die Rentierflechte, lebenswichtig

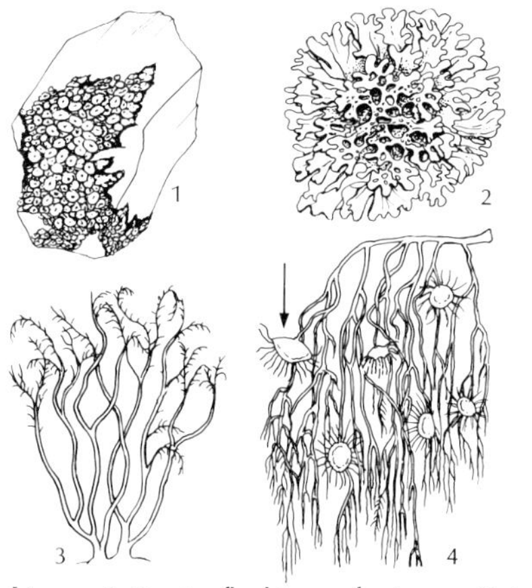

Flechten: 1 Krustenflechte auf einem Stein, **2** Laubflechte, **3** Strauchflechte, **4** Bartflechte, die an ihren Ausläufern strahlige Fruchtkörper mit Sporenschläuchen trägt *(Pfeil)*

als Äsung für Rentiere, und die Bartflechten, die als lange, bartähnliche Gebilde in nebelreichen Bergwäldern von den Bäumen hängen.

Flechten sind gegen Luftverunreinigungen recht empfindlich. Ihr Vorkommen in Städten ist ein gutes Zeichen.

MOOSE *(Bryophyta)*

Moose nehmen, wie schon gesagt, eine Übergangsstellung zwischen den Lagerpflanzen ohne und den Sproßpflanzen mit Leitungsgefäßen ein. Viele Moosarten lösen das Problem der Wasserleitung recht einfach. Sie sind so klein, daß sie Wasser an langgestreckten Zellen kapillar (wie bei Filterpapier) hochsaugen können. Das Wasser wird durch Wurzelfäden aufgenommen, die Abschnitten eines Pilzmyzels ähneln.

Lebermoose *(Hepaticae)* besitzen oft einen dem Boden anliegenden, lappig verzweigten Körper. Er ist mit einem Durchlüftungssystem ausgestattet, das die Aufnahme von Kohlendioxid und die Abgabe von Sauerstoff erleichtert. Andere Lebermoose tragen an einem verzweigten Stengel zweizeilig angeordnete Blättchen.

Moose: *links* Lebermoos mit vielen Brutbechern, die Ableger hervorbringen (*Pfeil*); *rechts* Laubmoos; **1** geschlossene, **2** offene Sporenkapsel

Die **Laubmoose** *(Musci)* tragen auf einem kleinen Stengel spiralig oder zweizeilig gestellte Blättchen. An der Spitze findet sich oft auf einem braunen Stiel eine je nach Art verschieden geformte Kapsel, die Sporen enthält. Sporen sind, wie schon bei den Pilzen erwähnt, staubfeine, ungeschlechtlich entstandene Zellen. An geeigneten Stellen keimen sie und werden letztlich zu neuen Moospflanzen.

FARNPFLANZEN *(Pteridophyta)*

Sie sind deutlich in Wurzel, Sproß und Blätter gegliedert. Zu ihnen zählen die Farne, Schachtelhalm- und Bärlappgewächse.

Die Farnpflanzen hatten vor 280–350 Millionen Jahren die Zeit ihrer höchsten Entfaltung. Viele Arten sind am Ende der Karbonzeit ausgestorben; aus dem Holz

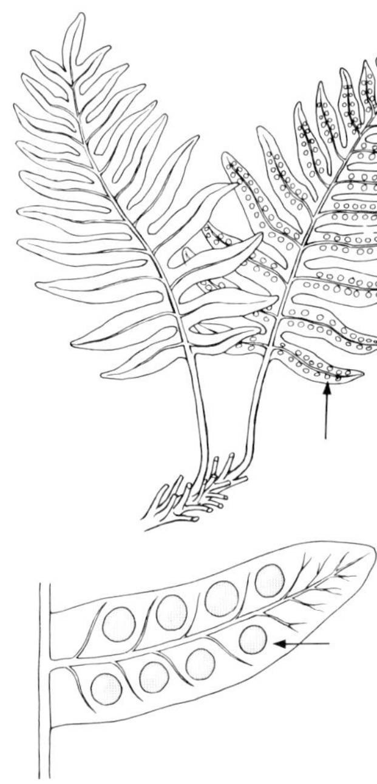

Farne: *oben* ganze Pflanze mit Wurzelstock und zwei Blättern, rechtes Farnblatt von der Unterseite mit Reihen von Sporenkapselhäufchen *(Pfeil)*; *unten* stärker vergrößerte einzelne Blattfieder mit den Sporenkapselhäufchen

der damaligen Wälder ist unsere Steinkohle entstanden. Von kohligen Resten und Abdrücken in Stein wissen wir über Aussehen und anatomischen Bau der damaligen Farnpflanzen so gut Bescheid, daß Bilder gezeichnet werden konnten, die dem einstigen Aussehen des Waldes sehr nahe kommen dürften.

Farne *(Filicatae):* Der Sproß wächst bei den einheimischen Farnen als Wurzelstock horizontal im Boden. Die Blätter sind oft mehrfach gefiedert; beim Adlerfarn können sie 2 m lang werden.

Farne zeigen deutlich den allen Farngewächsen eigenen Fortpflanzungszyklus, der sehr umständlich erscheint: Eine keimende Spore wächst zu einem grünen, knapp 1 cm großen, oft herzförmigen Vorkeim (Prothallium) heran, der einem Lebermoos ähnelt und mit Wurzelhaaren am Boden befestigt ist. Auf der Unterseite entstehen an der Herzspitze kuppelförmige Vorsprünge, in denen mehrfach begeißelte Samenzellen (Spermien) heranwachsen. Am Herzeinschnitt, ebenfalls an der Unterseite, kann man unter dem Mikroskop in flaschenförmigen Hüllen je eine Eizelle erkennen. Wenn Wasser vorhanden ist (Tau, Regen), schwimmen die Spermienzellen, von Lockstoffen angezogen, durch den Flaschenhals zur Eizelle und befruchten sie. Erst aus diesem Verschmelzungsprodukt wächst die eigentliche Farnpflanze, die sich nun durch Sporen vermehrt. Diese entstehen häufig an der Unterseite der Farnblätter in Sporenkapseln, die in Häufchen zusammenstehen und von einem Häutchen bedeckt sein können. Der Straußfarn bildet jedoch zwei Arten von Blättern, große grüne für die Photosynthese und kleinere braune, an denen die Sporen für die Fortpflanzung entstehen.

So wechselt die geschlechtliche Generation (der Gametophyt), die sich mittels Samen- und Eizellen, und die ungeschlechtliche Generation (Sporophyt), die sich mittels Sporen fortpflanzt, in einem sog. Generationswechsel miteinander ab.

Generationswechsel ist im Pflanzenreich (und auch im Tierreich) häufig. Man kennt ihn von vielen Algen, Pilzen und von allen Moosen. Sogar bei den hochentwickelten Samenpflanzen ist im Fortpflanzungszyklus der Generationswechsel noch erkennbar und weist auf ihre Abstammung von den Farnpflanzen hin.

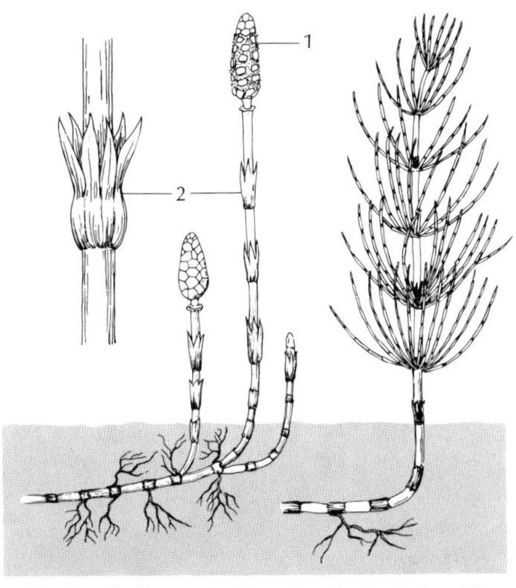

Schachtelhalme *(Ackerschachtelhalm): Mitte* sporentragender, fertiler Trieb, **1** Sporenähre, **2** Knoten mit Schuppenblättchen; *links* Knoten vergrößert; *rechts* steriler Trieb (Sommertrieb) mit Quirlen von Seitenästen

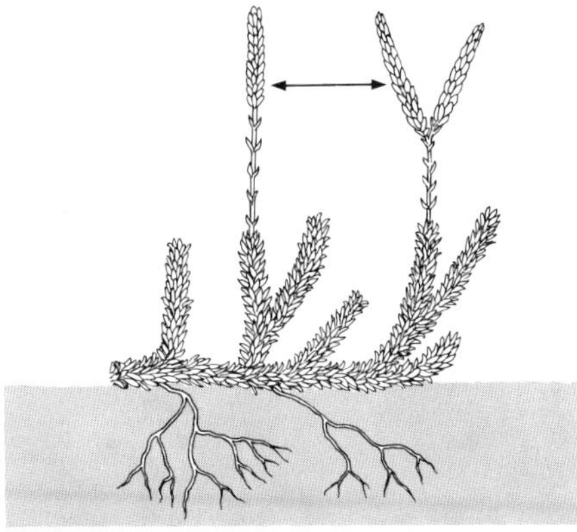
Bärlappe: Pflanze mit Sporenähren *(Pfeile)*

Schachtelhalmgewächse *(Lycopodiatae):* Die 10–50 cm hohen, meist an feuchten Stellen wachsenden Pflanzen besitzen einen längsgerippten, hohlen Stengel, der in Knoten und Zwischenstücke gegliedert ist. An den Knoten können symmetrisch abstehende Seitenäste von gleichem Bau entspringen. Zieht man an einem Zwischenstück, so löst es sich aus dem darunterliegenden Knoten, die Halmabschnitte sind ineinandergeschachtelt. Da die Blätter zu Schuppen an den Knoten verkümmert sind, liegt das Blattgrün in der Rinde, so daß die ganzen Pflanzen grün erscheinen. Am Ende der Haupttriebe oder an besonderen Stengeln sitzen Sporenähren. Bekannte Vertreter dieser Gruppe sind Wald- und Ackerschachtelhalm.

Bärlappgewächse *(Equisetatae):* Sie sind bei uns nur mit neun Arten vertreten. Die Sprosse liegen dem Boden an, sind gabelig verzweigt und tragen steife oder schuppenartige, schraubig gestellte Blätter. Triebenden mit Sporenähren stehen bis 30 cm senkrecht in die Höhe.

SAMEN- ODER BLÜTENPFLANZEN *(Spermatophyta)*

Etwa zwei Drittel aller Pflanzenarten gehören zu dieser am höchsten entwickelten Gruppe, die auch als höhere Pflanzen bezeichnet werden. Als Fortpflanzungsorgane haben sie Blüten entwickelt. Fruchtblätter in den Blüten tragen Samenanlagen, welche Eizellen umschließen; Staubblätter erzeugen Pollenkörner zur Befruchtung der Eizellen, aus denen sich dann Samen bilden. Dies sind von einer Schale umschlossene, mit Nährgewebe versehene Keimlinge, die der Verbreitung der Pflanzenart dienen.

Nacktsamige Pflanzen *(Gymnospermae)*

Bei den Nacktsamern liegen die Samenanlagen frei auf dem schuppenförmigen Fruchtblatt. Am bekanntesten ist die Gruppe der Nadelbäume *(Coniferae),* zu denen Fichte, Weißtanne, Kiefern und Wacholder zählen. In ihren kätzchenförmigen männlichen Blüten hängen an dicht schraubig gestellten Schuppen je zwei Pollensäcke, in denen die männlichen Keimzellen entstehen. Ein Pollenkorn muß, vom Wind angeweht, zur Samenanlage gelangen. Aus dem Pollenkorn wächst ein feiner Schlauch zur Samenanlage. In ihm gleitet ein männlicher Zellkern zum Eizellenkern und verschmilzt mit ihm. Die Nacktsamigen Pflanzen sind echte Landpflanzen, die auch in ihrer Fortpflanzung vom Wasser unabhängig geworden sind.

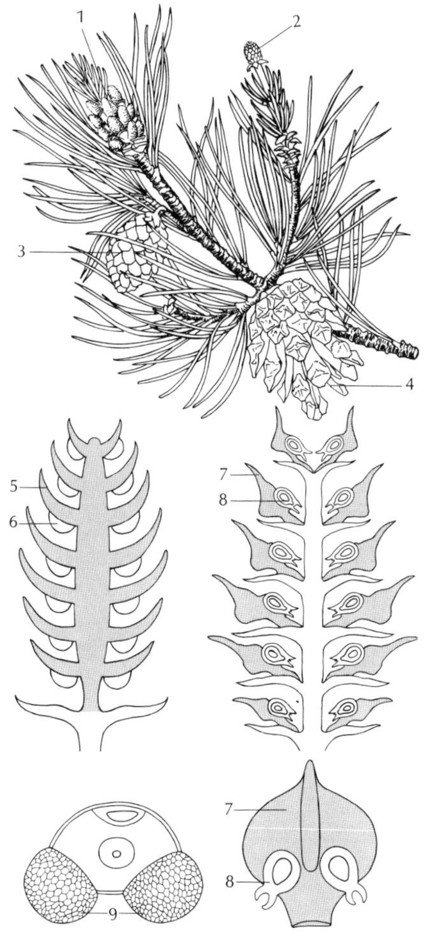

Nacktsamer *(Kiefer): oben* blühender Zweig, **1** männlicher, **2** weiblicher Blütenstand, **3** junger, durch Harz verschlossener, **4** reifer, offener Zapfen; *Mitte links* männliche Blüte mit zahlreichen Staubblättern, bestehend aus **5** Schuppe und **6** Pollensack; *Mitte rechts* weiblicher Blütenstand, jede Fruchtschuppe (**7**) entspricht einer weiblichen Blüte; *unten rechts* Fruchtschuppe (**7**) mit Samenanlage (**8**); *unten links* Pollenkorn mit Luftsäcken (**9**)

Blattformen, Blattstellungen

Blätter mit ihren verschiedenen Grünschattierungen geben unserer Landschaft die Sommerfärbung und die warmen gelb-rot-braunen Tönungen des Herbstes. Vielerlei Formen (1–10 einfach, 11–15 zusammengesetzt), Randkerbung (17–21), Aderung (3–6, 9) und Stellung an der Pflanze (22-29), verschieden kombiniert, verleihen jeder Art ihr typisches Blattmuster.

12 gefiedert (Eberesche)

10 fiederspaltig (Löwenzahn)

11 gefingert (Anemone)

1 spießförmig (Aronstab)

2 linealisch (Schneeglöckchen)

3 lanzettlich und paralleladrig (Wegerich)

4 elliptisch und fiederadrig (Hainbuche)

5 gelappt und fingeradrig (Jungfernrebe)

6 rund und fingeradrig (Geranie)

7 verkehrt eiförmig (Große Fetthenne)

8 eiförmig (Flieder)

9 herzförmig und netzadrig (Veilchen)

13 gefiedert mit Ranken (Platterbse)

14 (Vogelwicke)

15 Fiederblättchen nochmals gefiedert (Straußfarn)

16 gefiedert, am Stiel unten Nebenblätter (Rose)
22 Blatt stengelumfassend (Gemswurz)
23 Blätter stengellos (Glockenblume)
24 Blattscheide umgibt Stengel (Strandgerste)
17 Blattrand gesägt (Linde)
18 gekerbt (Buntnessel)
19 gebuchtet (Eiche)
20 doppelt gesägt (Haselnuß)
21 gezähnt (Stechpalme)
25 Blätter grundständig (Gänseblümchen)
26 gegenständig (Falscher Jasmin)
27 wechselständig (Vergißmeinnicht)
28 quirlständig (Waldmeister)
29 gekreuzt gegenständig (Taubnessel)
Kennzeichen des Bergahorn-Blattes: gestielt, handförmig gelappt, fingeradrig, ungleich gesägter Rand, glatte Oberfläche

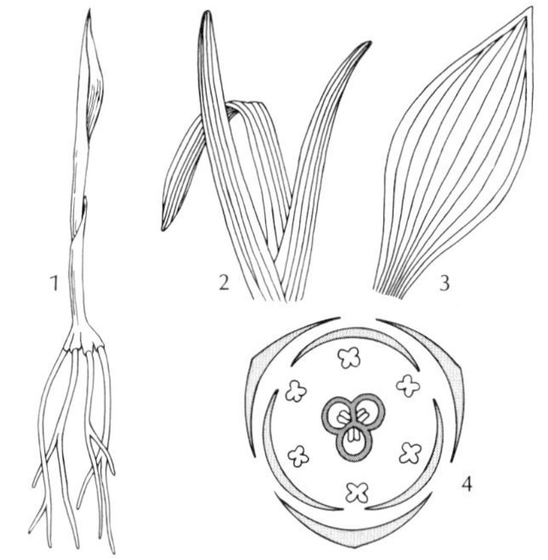

Einkeimblättrige Pflanzen: 1 Keimpflanze mit mehreren gleich starken Wurzeln; **2** linealische, **3** elliptische Laubblätter, beide paralleladrig; **4** Grundriß einer dreizähligen Blüte: zweimal drei Blütenhüllblätter *(grau)*, sechs Staubblätter *(weiß)*, dreifächriger Fruchtknoten *(schwarz)* mit je zwei Samenanlagen (weiß)

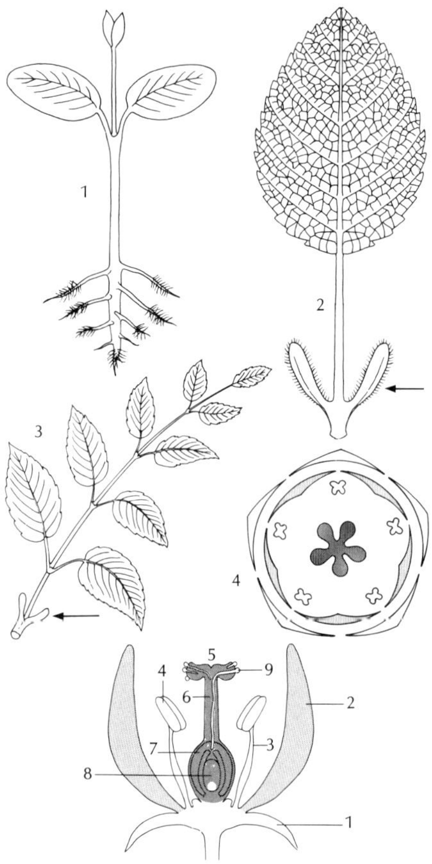

Zweikeimblättrige Pflanzen: 1 Keimpflanze mit einer Hauptwurzel mit Seitenwurzeln; **2** netzadriges Blatt mit gesägtem Rand, **3** geteiltes, fiederadriges Blatt, *Pfeile:* Nebenblätter; **4** Grundriß einer fünfzähligen Blüte, von außen nach innen: fünf Kelchblätter *(weiß)*, fünf Blütenblätter *(grau)*, fünf Staubblätter *(weiß)*, Stempel bzw. Fruchtknoten *(schwarz)*; *unten* Blüte *(Längsschnitt)*: **1** Kelchblätter, **2** Blütenblätter, **3** Staubblätter mit **4** Staubbeuteln, **5–7** Stempel mit 5 Narbe, 6 Griffel, 7 Fruchtknoten, **8** Samenanlage, **9** Pollenkörner, die zur Samenanlage wachsen

Bedecktsamige Pflanzen *(Angiospermae)*

Im Gegensatz zu den Nacktsamern, bei denen die Samenanlagen auf den Fruchtblättern liegen, sind bei den Blüten der Bedecktsamer die Fruchtblätter zu Fruchtknoten geschlossen; diese schützen die Samenanlagen und reifen zu Früchten mit Samen heran. Die Frucht- und Samenbildung erfolgt, wie bei den Nacktsamern, nach Bestäubung der Blüten (Übertragung des Blütenstaubs oder Pollens) und Befruchtung der Eizellen. Die Pollenkörner entstehen bei zwittrigen Blüten in Staubblättern, die um den Fruchtknoten angeordnet sind; eingeschlechtige Blüten besitzen entweder nur Staubblätter oder nur Fruchtknoten.

Pollenkörner sind nicht selbstbeweglich wie z.B. die schwimmenden Spermienzellen der Farngewächse. Sie werden durch Wind und Insekten, in wärmeren Ländern auch durch Kolibris, Fledermäuse, kleine Beuteltiere (Australien, benachbarte Inseln) an den Eingang zum Fruchtknoten, die Narbe, gebracht. Zwischen Narbe und Fruchtknoten kann der Griffel eingefügt sein. Narbe, Griffel und Fruchtknoten zusammen werden als Stempel bezeichnet. Windblütler haben unauffällige Blütenblätter; Narben und Staubblätter stehen frei, die Pollenkörner sind sehr zahlreich, da nur wenige zufällig auf die Narbe einer Blüte der gleichen Art gelangen. Insektenblütler haben meist farbige Blütenblätter, oft mit Saftmalen versehen: Mustern, die den Insekten den Weg zu Nektar und Narbe weisen.

Kleine Blüten sind häufig zu Blütenständen vereinigt und so besser zu sehen. Duftende Blüten locken sogar nachts Insekten an, z.B. das Geißblatt langrüßlige Nachtfalter, die beim Nektarsaugen in der tiefen Blütenröhre Pollen absetzen und neuen mitnehmen. Nur blütenstete Insekten, die nacheinander Blüten derselben Art besuchen, sind gute Bestäuber, besonders die Bienen. Die Anpassung der Pflanzen an ihre Bestäuber hat zur Vielfalt der uns in Wiese, Wald und Moor, von der Wüstensteppe bis zum Hochgebirge erfreuenden Blütenpracht beigetragen.

Botaniker unterteilen die bedecktsamigen Pflanzen in die Einkeimblättrigen und die Zweikeimblättrigen. Der Name bezieht sich auf die Zahl der Keimblätter, die der Keimling im Samen trägt. Bereits bei der Keimung kann man danach die Klassenzugehörigkeit erkennen. Oft sind diese ersten Blätter anders geformt als die späteren Laubblätter, so bei Rotbuche und Ahorn, deren Keimlinge in Scharen im Frühjahr unter diesen Bäumen wachsen. Auch an Merkmalen der sommerlichen Pflanze erkennt man die Zugehörigkeit zu einer der beiden Gruppen. Die Laubblätter der Einkeimblättrigen sind meist ungestielt, linealisch oder elliptisch geformt, ungeteilt, ganzrandig, paralleladrig; bei Zweikeimblättrigen kommen vielerlei Formen vor: gespaltene oder in Einzelblättchen zerteilte Blätter, fieder-, finger- oder netzadrig, gestielt; oft stehen Nebenblätter am Grund des Blattstiels. Die Blüten der Einkeimblättrigen sind fast immer dreizählig, die Blütenteile sind in Dreizahl oder einem Mehrfachen davon vorhanden; so haben Tulpen, Krokus und Schneeglöckchen sechs Blütenhüllblätter, sechs Staubblätter und drei zum Fruchtknoten verwachsene Fruchtblätter. Zweikeimblättrige besitzen oft eine doppelte Blütenhülle aus grünen Kelch- und farbigen Blüten- oder Kronblättern und sind vier- oder fünfzählig. Größe und Wuchsform sind innerhalb einer Familie oft recht unterschiedlich.

Nachfolgend sollen einige typische Familien der zweikeimblättrigen und der einkeimblättrigen Pflanzen beschrieben werden, deren Vertreter leicht erkennbar sind.

Zweikeimblättrige *(Dicotyledoneae)*

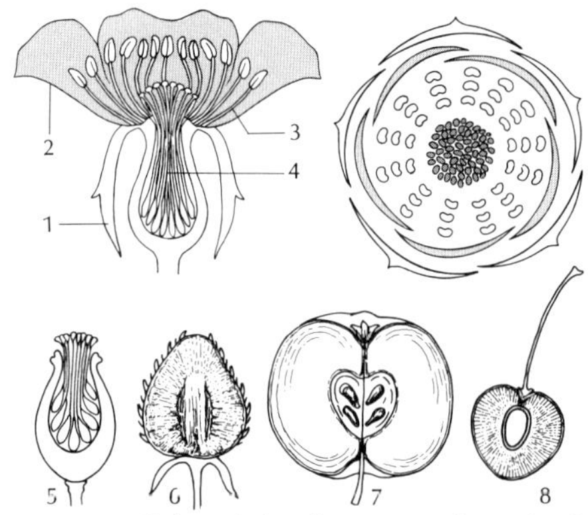

Rosengewächse: *links oben* Längsschnitt durch die Blüte einer Heckenrose, **1** Kelchblätter, **2** Blütenblätter, **3** Staubblätter, **4** Stempel; *rechts oben* Blütengrundriß; *unten* Längsschnitte durch **5** Hagebutte (Heckenrose), **6** Erdbeere, **7** Apfel, **8** Kirsche

Rosengewächse: Vielseitig ist diese Familie, zu ihr gehören Bäume, Sträucher und Kräuter mit einfachen oder zusammengesetzten Blättern, fünfzähligen Blüten mit vielen Staubblättern und einem bis vielen Fruchtblättern. Bei gefüllten Formen haben sich Staubblätter in Blütenblätter umgewandelt. Sehr verschiedenartig sind die Früchte: frei auf dem gewölbten Blütenboden sitzend bei Himbeere und Brombeere; in den krugförmigen Blütenboden eingesenkt und mit ihm eine Scheinfrucht bildend bei den Rosen (Hagebutten); aus fleischigen Fruchtblättern, die den in eine »steinharte« Hülle eingeschlossenen Samen umgeben, bestehen die Steinfrüchte Kirsche, Pfirsich; winzige, trockene Früchtchen sitzen auf einem fleischigen roten Blütenboden bei den Erdbeeren; beim Kernobst (Apfel, Birne) ist die pergamentartige Frucht (Kernhaus) vom fleischigen Blütenboden umschlossen.

Kreuzblütler: Wie mit dem Zirkel entworfen sind die radiären, vierzähligen Blüten der Kreuzblütler: Die vier Kelchblätter bilden in der Aufsicht ein Kreuz, die vier Blütenblätter und die vier langstieligen Staubblätter stehen ebenfalls in Kreuzform, dazu kommen noch zwei kürzere Staubblätter, einander gegenüberstehend, und zwei Fruchtblätter; sie reifen zu einer zweifächrigen Schote, an deren Mittelwand die Samen sitzen. Vertreter der artenreichen Familie sind Raps und Wiesenschaumkraut.

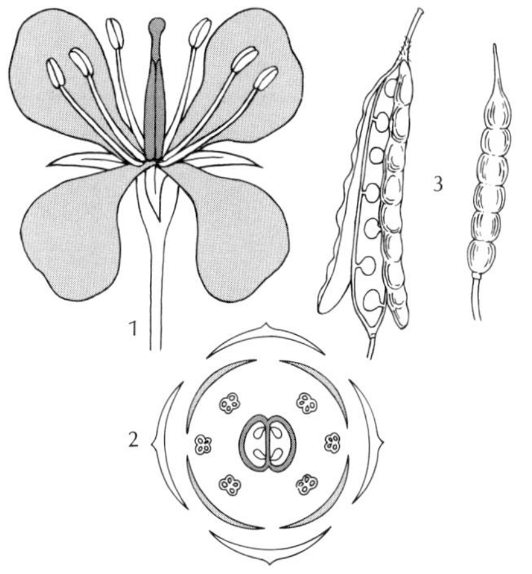

Kreuzblütler: 1 Blüte in Seitenansicht, **2** Blütengrundriß, **3** aufgesprungene und geschlossene Schotenfrucht mit Samen

Die **Schmetterlingsblütler** oder Hülsenfrüchtler deuten mit ihrem Namen die wichtigsten Kennzeichen dieser artenreichen, Bäume, Sträucher und Kräuter umfassenden Familie an. Die Schmetterlingsblüte, an einen Falter erinnernd, ist zweiseitig-symmetrisch, nur in einer Richtung kann sie in zwei spiegelbildlich gleiche Hälften zerlegt werden. Aus dem fünfzipfligen Kelchbecher biegt sich ein größeres Blütenblatt hoch, die Fahne; sie wird seitlich von zwei Blütenblättern flankiert, den Flügeln; die beiden untersten Blütenblätter sind mehr oder minder verwachsen zum Schiffchen, das zehn Staubblätter und einen Stempel birgt. Nektarsuchende Insekten landen auf dem einladenden Schiffchen; dieses wird durch das Gewicht des Insekts hinuntergedrückt; die an einem langen Griffel sitzende Narbe streift den Körper und kann so von anderen Blüten mitgebrachten Pollen

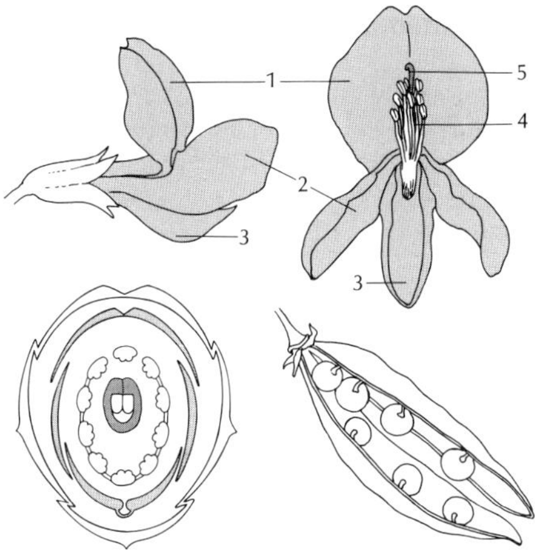

Schmetterlingsblütler: *links oben* Seitenansicht der Blüte, **1** Fahne, **2** Flügel, **3** Schiffchen; *rechts oben* Blüte von vorn, Schiffchen heruntergeklappt, **4** Staubblätter und **5** Narbe; *links unten* Blütengrundriß; *rechts unten* Hülsenfrucht

erhalten; die Staubblätter bepudern das Insekt mit Blütenstaub, den es zur nächsten Blüte mitnimmt. Der Fruchtknoten reift zur Hülsenfrucht, die im Gegensatz zur Schote der Kreuzblütler keine Mittelwand hat. Viele Schmetterlingsblütler tragen kleine Blüten, die zu Dolden (z.B. Hornklee), Köpfchen (Wiesenklee), hängenden (Goldregen) oder stehenden Trauben (Lupine) zusammengefaßt sind. Mit Hilfe von Bakterien in ihren Wurzelknöllchen *(Knöllchenbakterien)* binden die Schmetterlingsblütler den elementaren Luftstickstoff, tragen zur Stickstoffdüngung bei und werden auch deshalb angepflanzt (Lupinen im Wald).

Doldengewächse: Diese krautigen, vielfach würzig riechenden Pflanzen fallen auf durch ihre vielen kleinen, meist weißen oder gelben Einzelblüten, die zu einfachen oder zusammengesetzten Dolden vereint sind. Die Einzelblüten bestehen aus fünf kleinen Kelchblättern, fünf getrennten Kronblättern und fünf Staubgefäßen, die um ein rundliches Polster stehen, das die beiden Griffel trägt; der Fruchtknoten ist unterständig. Die Blätter sind in der Regel stark zerteilt mit scheidigen Blattstielen. Zu Doldengewächsen zählen Giersch, Wilde Möhre, Bärenklau, Petersilie und Sellerie.

Die **Rauhblattgewächse,** wie das Lungenkraut und der Natternkopf, besitzen behaarte, rauhe Blätter. Die Blüte ist oft radiär- oder strahlig-symmetrisch: Sie läßt sich durch verschiedene Schnitte in spiegelbildlich gleiche Hälften zerlegen. Sie weist fünf Staubblätter und fünf miteinander verwachsene Blütenblätter auf; wie bei den Lippenblütlern bildet der vierteilige Fruchtknoten bei der Reife vier im Quadrat angeordnete Nüßchen.

Bei den **Rachenblütlern** sind die Blütenblätter zu einer mehr oder minder zweiseitig-symmetrischen Blüte verwachsen, die an eine Lippenblüte erinnern kann. Der Fruchtknoten ist aber nicht vierteilig. Zu ihnen zählen Fingerhut und Augentrost.

Lippenblütler erkennt man leicht an ihren Blüten und auch am Bau der grünen Pflanzenteile. Meist sind es Kräuter mit vierkantigem Stengel und kreuzweise gegenständigen Blättern mit gezähntem Rand. Die Blüten stehen in Scheinquirlen in den Blattachseln. Die Blüte ist zweiseitig-symmetrisch; bei fast allen Arten bilden die Blütenblätter eine deutliche Ober- und Unterlippe, die am Grund zu einer Röhre verwachsen sind. In diesen weit geöffneten Mund passen Bienen und Hummeln gut hinein. Wenn sie zum Nektar in der Blütenröhre vordringen, berühren sie mit dem Rücken die unter der Oberlippe liegenden Staubgefäße und die Narbe. Weit verbreitet sind Taubnessel, Günsel, Salbei; viele Lippenblütler duften aromatisch, z.B. Thymian, Minze, Lavendel, Rosmarin, Majoran.

Doldengewächse: 1 einfache Dolde, **2** zusammengesetzte Dolde, **3** Einzelblüte in Aufsicht, **4** Blütengrundriß

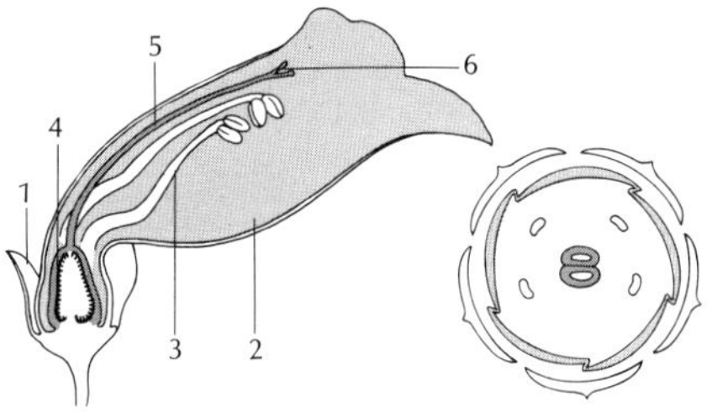

Rachenblütler *(Fingerhut): links* Längsschnitt durch die Blüte, **1** Kelchblätter, **2** verwachsene Blütenblätter, **3** Staubblätter, **4** Fruchtknoten, **5** Griffel, **6** Narbe; *rechts* Blütengrundriß

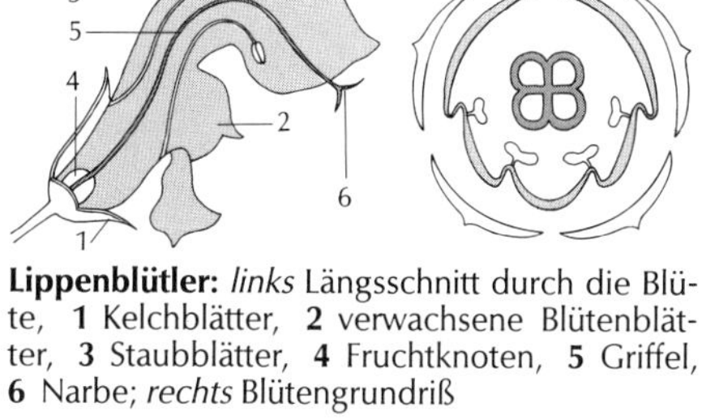

Lippenblütler: *links* Längsschnitt durch die Blüte, **1** Kelchblätter, **2** verwachsene Blütenblätter, **3** Staubblätter, **4** Fruchtknoten, **5** Griffel, **6** Narbe; *rechts* Blütengrundriß

Blütenformen und Blütenstände

Farbe, Form (linke Seite), Größe, die Art ihrer Anordnung am Stengel (rechte Seite) und Duft, all diese Merkmale tragen zur Vielfalt der Blüten bei. Die Tafel vermag nur einen ganz schmalen Ausschnitt davon zu zeigen. – Wer Blüten genauer betrachtet, ihre Kelch- und Blütenblätter, Staubgefäße und Stempel, wird die charakteristische Ausgestaltung der Blüten jeder Art bemerken und erkennen, daß sie manche Merkmale mit verwandten Arten gemeinsam haben, so die Lippenblüte, die Schmetterlingsblüte, das Körbchen, die für alle Kreuzblütler typische Kreuzform.

Junkerlilien: dreizählig (in der oberen Blüte ist ein Blatt verdeckt)

Orchideen: wie viele Einkeimblättrige dreizählig in zwei Hüllblattkreisen, die Lippe ist das sechste Blatt

Blütenteile der Heckenrose: Stempel (innen), viele Staubgefäße, fünf Blütenblätter und fünf Kelchblätter (außen)

Primeln: zur Röhre verwachsene Kelch- und Blütenblätter

Tollkirsche: Blüten von der Seite und in Aufsicht (darunter)

Beinwell: Einzelblüte und Blütenstand mit Knospen (rechts)

Einige Nelkengewächse: links ungefüllte, Mitte gefüllte, rechts tiefgespaltene Blüte

Kreuzblütler: Blütenblätter in Kreuzform

Glockenblume: fünf zur Glocke verwachsene Blütenblätter

Lippenblütler: die Oberlippe schützt Stempel und Staubblätter

Orientalischer Mohn: die Blätter der soeben geöffneten Blüte sind noch zerknittert

Oben Kreuzblume, unten Schmetterlingsblütler (Hornklee): Blüten zweiseitig-symmetrisch

Fingerhut: leicht unregelmäßige Blüten

Stiefmütterchen: ungleich geformte Blütenblätter, Blüten zweiseitig-symmetrisch

Hahnenfuß: Blütenblätter nicht verwachsen, gleichartig geformt, Blüte strahlig-symmetrisch

Rispe eines Steinbrechs: Blüten an verzweigten Nebenachsen
Ähre des Breitwegerichs: ungestielte Blüten an Hauptachse
Alpenflockenblume: Körbchen enthalten nur Röhrenblüten, am Rand vergrößert
Kätzchen einer Zwergweide: unscheinbare männliche Blüten in einerTraube, die später abfällt
Kennzeichen der meisten Doldengewächse sind zusammengesetzte Dolden
Blütenstand der Taubnessel: ein Scheinquirl
Traube des Salomonsiegels
Doldenrispe des Baldrians: eine Kombination aus Dolde und Rispe
Die Körbchen der Korbblütler umfassen viele kleine Einzelblüten; Margerite: innen Röhren-, außen weiße Zungenblüten; Löwenzahn: nur Zungenblüten
Traube des Tränenden Herzens: gestielte Blüten sitzen an einer Achse
Ackersenf: Doldentraube
Klee: viele Einzelblütchen bilden ein Köpfchen
Schirmförmige Dolden von zwei Laucharten
Traube des Goldregens (Schmetterlingsblütler)

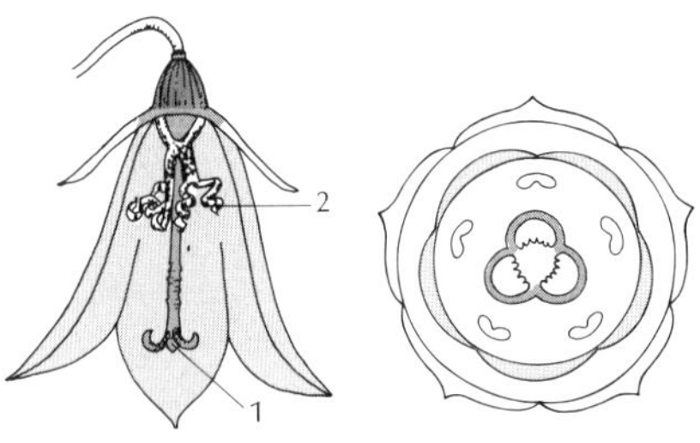

Glockenblumengewächse: *links* Längsschnitt durch die Blüte: wenn die Narbe (**1**) sich ausbreitet und bestäubt werden kann, welken die Staubblätter (**2**) bereits, so daß Selbstbestäubung verhindert wird; *rechts* Blütengrundriß

Glockenblumengewächse umfassen einjährige Kräuter und mehrjährige Stauden, deren oberirdische Teile im Herbst absterben. Die Blätter sind meist ungeteilt, wechselständig, die Blüten fast immer strahlig-(radiär-)symmetrisch: Die fünf Kelchblätter, die fünf Blütenblätter und die fünf Staubblätter sind jeweils miteinander verwachsen; die Narbe des Stempels ist in drei Äste gespalten, zwei bis zehn Fruchtblätter bilden den unter den übrigen Blütenteilen stehenden (unterständigen) Fruchtknoten; er reift zur Kapselfrucht, die durch Poren oder Klappen die reifen Samen freigibt. Bevorzugte Blütenfarbe ist blau. Die vielen Glockenblumen in Wiese, Wald und Gebirge gehören zu dieser Familie, aber auch die Teufelskrallen (*Phyteuma*). Jede ihrer Krallen stellt eine Blüte dar, deren schmale Blütenblätter anfangs auch an den Spitzen zusammenhängen.

Korbblütler sind weltweit verbreitet und bilden die umfangreichste Familie der Blütenpflanzen; meist handelt es sich um krautige Pflanzen, manchmal von beträchtlicher Höhe (Sonnenblume). Die Blüten sind sehr klein und stehen zu vielen dicht beisammen; sie bilden einen von Hüllblättern umgebenen Blütenstand, das Körbchen. So besteht die Margeriten»blüte« in Wirklichkeit aus einer Vielzahl von einzelnen Blütchen. Die Kelchblätter einer Blüte sind oft zu Schuppen oder Haaren (Pappus) umgeformt, die fünf Kronblätter zu Röhren verwachsen (Röhrenblüten), oder einige Kronzipfel sind zu einem langen Blatt ausgezogen (Zungenblüten); die fünf Staubblätter bilden oft ebenfalls eine Röhre; der unterständige Fruchtknoten trägt zwei Narben. Nur aus Zungenblüten besteht z.B. das Körbchen von Löwenzahn und Habichtskraut, nur aus Röhrenblüten das von Bergflockenblume und Edelweiß (bei welchem außerdem mehrere sehr kleine Körbchen von weißfilzigen Hochblättern umgeben sind); innen Röhren- und außen Zungenblüten tragen die Körbchen von Gänseblümchen, Margerite und Arnika.

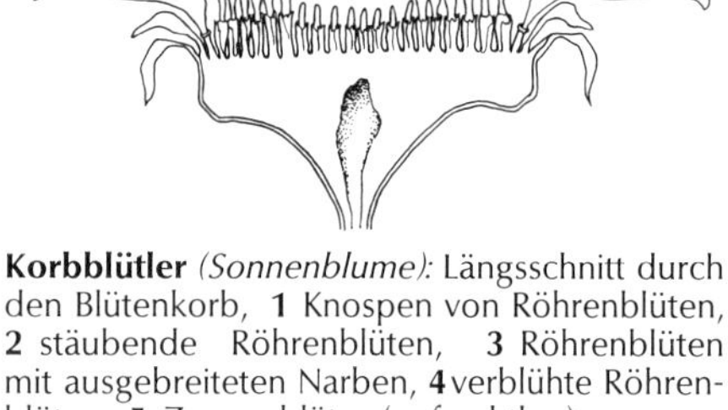

Korbblütler *(Sonnenblume)*: Längsschnitt durch den Blütenkorb, **1** Knospen von Röhrenblüten, **2** stäubende Röhrenblüten, **3** Röhrenblüten mit ausgebreiteten Narben, **4** verblühte Röhrenblüten, **5** Zungenblüten (unfruchtbar)

Einkeimblättrige *(Monocotyledoneae)*
Alle Zwiebelgewächse und viele mit Knollen oder Wurzelstöcken ausgestattete Arten gehören zu dieser Gruppe. Sie lassen sich an den ungeteilten, paralleladrigen Blättern mit glattem Rand und den dreizähligen Blüten erkennen.

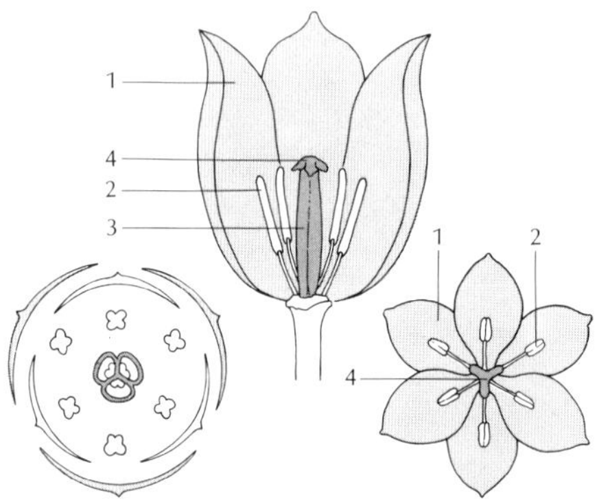

Liliengewächse *(Tulpe)*: *Mitte* Längsschnitt durch Blüte, **1** Blütenhüllblätter, **2** Staubblätter, Stempel aus **3** Fruchtknoten und **4** Narbe; *links* Blütengrundriß, *rechts* Blüte in Aufsicht

Liliengewächse besitzen sechs Blütenhüllblätter, sechs Staubblätter und einen oberständigen, meist dreifächrigen Fruchtknoten. Fast alle sind Kräuter, die im Frühjahr aus ihren unterirdischen Speicherorganen wieder austreiben. Zahlreiche Gartenpflanzen, aber auch viele bei uns wildwachsende Arten gehören zu dieser Familie, z.B. Tulpen, Lilien, Maiglöckchen.

Die **Narzissen-** oder **Amaryllisgewächse** sind ähnlich, doch ist bei ihnen der Fruchtknoten unterständig, wie bei Narzisse und Schneeglöckchen zu sehen ist.

Orchideen: An tropische Urwälder denkt man beim Anblick der prächtigen Orchideen in Gewächshäusern. Die Blüten der heimischen Knabenkraut- oder Orchideengewächse sind zwar meist kleiner, doch nicht minder schön. Von den sechs Blütenblättern ist das unterste zu einer oft dreilappigen Lippe vergrößert und läuft nach hinten in einen Nektar erzeugenden Sporn aus. Die Blüten sind zweiseitig-symmetrisch. Manchmal gleicht die Lippe einem sitzenden Insekt, so bei Fliegen-, Bienen- und Hummelragwurz; bei der Fratzenorchis wirkt sie wie ein hängendes Männlein. Die Ähnlichkeit mit Insekten erstreckt sich sogar auf den Duft. Insektenmännchen werden angelockt, bringen Blütenstaub und nehmen solchen mit zur nächsten Blüte. Eine der bekanntesten heimischen Orchideen ist der Frauenschuh. Alle unsere Orchideen sind geschützt!

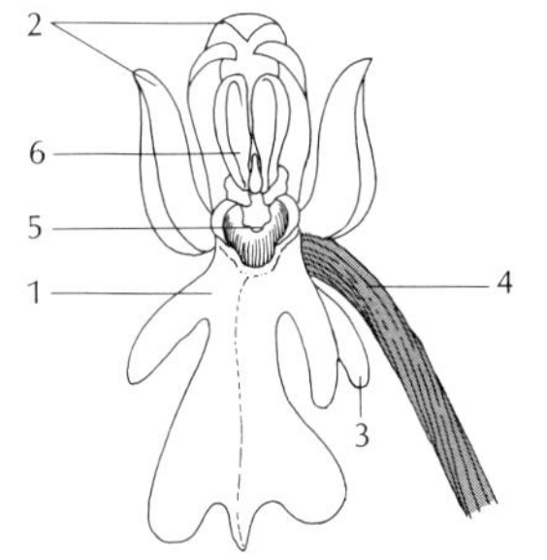

Orchideen: **1** Lippe (unterstes Blütenblatt), **2** die übrigen fünf Blütenblätter, **3** Sporn, **4** gedrehter Fruchtknoten, der Blüte und Sproß verbindet, **5** Narbe, **6** Staubblatt

Die **Gräser** bilden eine große Gruppe der einkeimblättrigen Pflanzen. Sie sind windblütig; ihre Blütenhülle ist unscheinbar, bei Süßgräsern oft in Form von trockenen Spelzen mit Grannen ausgebildet. Die Staubbeutel der drei Staubblätter pendeln an langen Stielen schon im leisesten Windhauch. Der Fruchtknoten enthält nur eine Samenanlage, mit welcher er beim Reifen zur Grasfrucht verwächst; die brüchige Ährenachse zerfällt, die Früchte bleiben von Spelzen eingehüllt und haften leicht im Fell vorbeistreichender Tiere. Vom Menschen wurden in Jahrtausenden Formen mit stabiler Achse und leicht ablösbaren Spelzen ausgelesen. Aus ihnen gingen die heutigen Getreidearten hervor, deren Früchte der Mensch ernten und durch Dreschen von den Spelzen befreien kann.

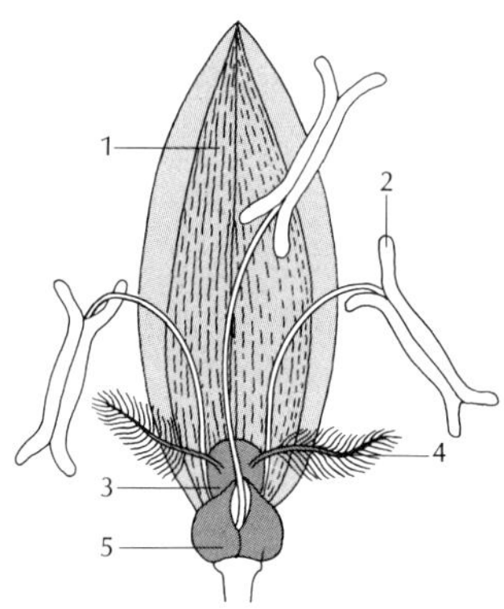

Gräser *(Süßgräser)*: Ansicht der Einzelblüte nach Entfernung der Vorspelze, **1** Deckspelze, **2** Staubblatt mit Pollen, **3** Fruchtknoten, **4** Narbe, **5** Schwellkörper, die die Spelzen zum Öffnen der Blüte auseinanderdrücken

Das Reich der Tiere

SCHWÄMME *(Porifera)*

Weitaus am einfachsten sind die Schwämme gebaut. Ihr Körper besteht nur aus einem Zellschlauch, der einen zentralen Hohlraum umschließt. Dieser Schlauch ist an einem Ende am Untergrund festgewachsen und ragt mit dem anderen Ende mit einer sog. Ausstromöffnung ins freie Wasser. Die Schlauchwand besteht aus zwei Zellschichten und ist von zahlreichen verschließbaren Poren (Einstromöffnungen) durchsetzt. Durch diese Poren strömt Wasser mit den darin schwebenden Nahrungsteilchen in den Hohlraum ein. Die innere Wandung ist mit sog. Kragengeißelzellen ausgekleidet, an deren klebrigen Plasmakrägen die Nahrung haften bleibt und direkt von den Zellen aufgenommen wird. Durch den Schlag der Geißeln wird das verbrauchte Wasser zur Ausstromöffnung hinausgetrieben und neues Wasser durch die Poren angesaugt. Schwämme sind weit verbreitet, man findet sie in allen Meeren, sie erreichen bis 2 m Größe.

Man unterscheidet drei Schwammtypen: Der primitivste stellt nur einen einfachen Schlauch dar; beim zweiten ist durch tiefe radiale Ausbuchtungen die nahrungerwerbende Oberfläche stark vergrößert; beim dritten Typ schließlich wird durch weitere Verzweigungen dieser Ausbuchtungen eine Vielzahl von Kammern mit unzähligen Einstromöffnungen geschaffen und die Filtrierleistung dadurch außerordentlich gesteigert.

Schwämme pflanzen sich sowohl geschlechtlich durch Ei- und Samenzellen als auch ungeschlechtlich durch Brutknospen fort. Lösen sich die Brutknospen nicht vom Muttertier, so entstehen auf diese Weise Schwammkolonien.

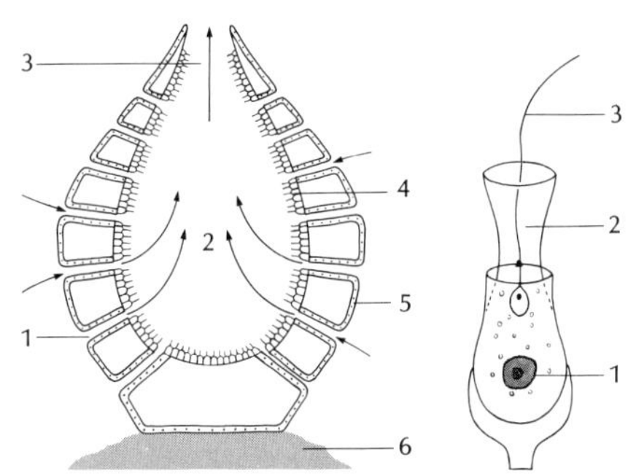

Schwämme, *links Bauplan:* **1** Einstromöffnungen, **2** zentraler Hohlraum, **3** Ausstromöffnung, **4** Innenwand mit Kragengeißelzellen, **5** Außenwand, **6** Untergrund, auf dem der Schwamm festsitzt (die Pfeile deuten die Fließrichtung des Wassers an); *rechts* Kragengeißelzelle: **1** Zellkern, **2** Kragen, **3** Geißel

NESSELTIERE *(Cnidaria)*

Der Körper der Nesseltiere besteht, wie der der Schwämme, aus nur zwei Zellschichten: einer Außenhaut (Ektoderm) und einer Innenhaut (Entoderm), die einen Hohlraum umschließen. Dieser als Magenraum bezeichnete Hohlraum besitzt nur eine Öffnung – Mund und zugleich After – und dient in erster Linie der Verdauung. Zwischen den beiden Zellschichten liegt ein mehr oder weniger massiges Bindegewebe als Stützsubstanz.

Ein Teil der Zellen bildet Muskelfasern, die der Bewegung dienen; andere sind zu Nervenzellen umgewandelt, die über die ganze Körperoberfläche zu einem Nervennetz verknüpft sind; ein Teil der Innenhautzellen dient der Nahrungsaufnahme. Aus undifferenzierten Zellen, die bereitliegen, um verbrauchte Zellen zu ersetzen, gehen auch die Geschlechtszellen für die Fortpflanzung hervor.

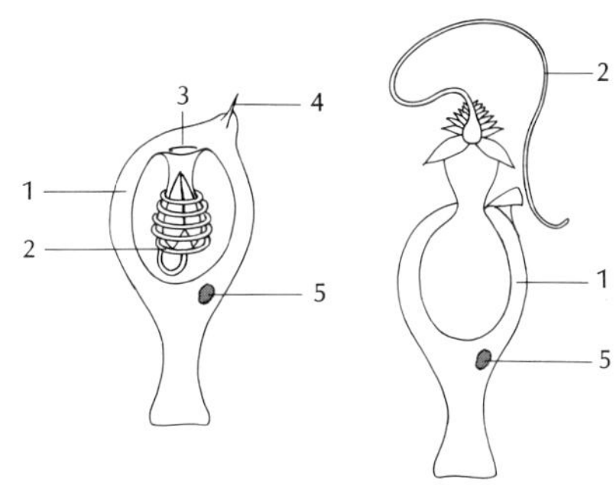

Nesselkapsel, *links* verschlossen, *rechts* nach der »Explosion«: **1** Kapselwand, **2** Schlauch, **3** Deckel, **4** stachelförmiger Fortsatz, **5** Zellkern

Ihren Namen haben die Nesseltiere von den Nesselkapseln, die allein diesen Tierstamm auszeichnen. Diese Fang- und Abwehrorgane, höchst komplizierte, empfindliche Gebilde, werden in der Außenhaut der Nesseltiere erzeugt und liegen dort eingebettet.

Wer einmal Bekanntschaft mit einer Qualle im Meer gemacht hat, weiß, wie schmerzhaft das nesselnde Gift auf der Haut brennen kann. Die ovalen, doppelwandigen Kapseln enthalten eine klebrige, giftige Flüssigkeit und einen nach innen eingestülpten, fadendünnen aufgerollten Schlauch. Die Öffnung der Einstülpung ist mit einem Deckel verschlossen. Von der Nesselkapselzelle ragt ein stachelförmiger Fortsatz ins Wasser, der bei Berührung die »Explosion« der Kapsel auslöst. In Bruchteilen von Sekunden wird der aufgewickelte Schlauch umgestülpt, dabei entrollt und dem Beutetier oder Störenfried entgegengeschleudert. Je nach Art der Kapsel wer-

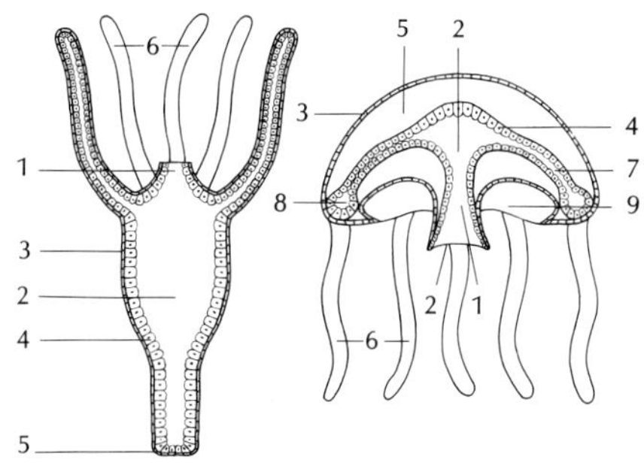

Nesseltiere *(Bauplan): links* Polyp, *rechts* Meduse: **1** Mundöffnung, **2** Magenraum, **3** Ektoderm, **4** Entoderm, **5** beim Polypen die Fußscheibe, bei der Meduse die Stützgallerte der Schwimmglocke, **6** Fangarme, **7** Radialkanäle, die vom Magenraum aus sternförmig zum Schirmrand ziehen, **8** Ringkanal am Schirmrand, der die Radialkanäle verbindet, **9** ein den Schirmrand umfassender Saum (Velum), der sich rhythmisch zusammenzieht; dabei wird jedesmal die Schirmglocke verengt, Wasser aus ihr ausgestoßen und die Meduse durch den Rückstoß vorangetrieben

den dem Opfer dabei mit stilettartigen Gebilden tiefe Wunden geschlagen, und es wird durch das eindringende Gift gelähmt oder aber durch einen klebrigen Schlauchinhalt festgehalten. Andere Kapseltypen enthalten einen langen Faden, der sich blitzschnell wie ein Lasso um das Opfer wickelt. Einmal entladen, wird die Kapsel abgestoßen und durch eine neu heranwachsende ersetzt.

Die Eier gelangen durch Platzen der Bildungszellen ins Wasser, entwickeln sich zu Schwimmlarven, die sich nach einiger Zeit festsetzen und zu Polypen oder Polypenkolonien auswachsen. Die Polypen bringen dann durch Teilung oder Knospung anders gebaute Nesseltiere, nämlich Medusen, hervor, diese wieder Polypen. Polyp und Meduse (Qualle) sind die beiden Erscheinungsformen der Nesseltiere.

Meist sitzt der schlauchförmige Polyp mit einer flachen Fußscheibe am Untergrund fest und streckt die am anderen Ende liegende Mundöffnung mit den sie umgebenden Fangarmen (Tentakel) ins Wasser. Die freischwimmende Meduse ist eigentlich ein in der Längsachse gestauchter Polyp, dessen schirmartig verbreiterter Körper eine Schwimmglocke bildet, aus deren Mitte das Mundrohr ragt und von deren Rand die Fangarme abgehen. Die Form der Meduse ist von den Quallen her bekannt, die des Polypen von den Seerosen oder Korallen. Nesseltiere kommen überwiegend im Meer vor, wenige Arten auch im Süßwasser. Sie pflanzen sich in einem Generationswechsel fort: In den aufeinanderfolgenden Generationen treten sie abwechselnd als Polyp und als Meduse in Erscheinung.

PLATTWÜRMER *(Plathelminthes)*

Zu ihnen gehören die Strudelwürmer (Planarien), die Saugwürmer und die Bandwürmer. Ihrer unterschiedlichen Lebensweise entsprechend gibt es bei den Plattwürmern recht unterschiedliche Gestalten. Ihr Körper ist in der Regel abgeplattet, doch kommen auch drehrunde Formen vor. Oft läßt sich eine Gliederung in einen kleinen Kopfteil und daran anschließende Körperabschnitte erkennen, wie z.B. bei den Bandwürmern. Die Plattwürmer haben keine Leibeshöhle, der Raum zwischen Körperwand und Organen ist von Bindegewebe ausgefüllt. Darin eingebettet liegen Muskelzellen, Nervenstränge, Ausscheidungs- und Fortpflanzungsorgane; Atmungsorgane und ein Blutgefäßsystem fehlen noch auf dieser Stufe der Evolution. Unter der Haut verlaufen Ring-, Längs- und Quermuskeln; sie bilden gemeinsam den Hautmuskelschlauch, der die Beweglichkeit der Würmer und das Vermögen, sich enorm zu verkürzen oder zu verlängern, bedingt.

Plattwürmer sind meist Zwitter. Die Befruchtung findet im Körper des Elterntieres statt; der sich entwickelnde Embryo ernährt sich von den umgebenden Dotterzellen.

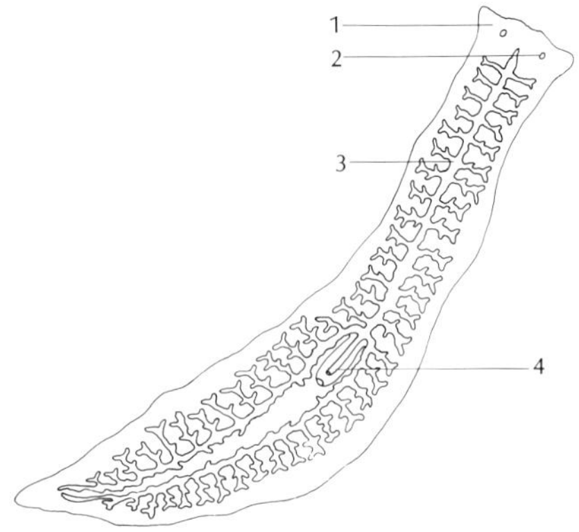

Strudelwürmer *(Bauplan)*: **1** Kopf, **2** Augen, **3** Darm, **4** Schlund mit Mundöffnung (dient zugleich auch als After)

Die Strudelwürmer kommen im Meer, im Brack- und Süßwasser vor, wo sie eine räuberische Lebensweise führen. Saugwürmer leben als Außenparasiten (z.B. an Fischen) oder Innenparasiten (Leberegel), während sich die Bandwürmer ausschließlich als Parasiten im Darm ihrer Wirte einnisten.

WEICHTIERE *(Mollusca)*

Die Mollusken bilden nach den Gliederfüßern den artenreichsten Tierstamm; sie haben sich das Meer, das Süßwasser und das Land als Lebensräume erobert. Ihre wichtigsten Gruppen, die Schnecken, Muscheln und Tintenfische, wirken völlig unterschiedlich in ihrem Erscheinungsbild. Gemeinsam sind den Weichtieren aber eine starre Kalkschale, die lange über den Tod der Tiere hinaus erhalten bleibt, und eine Raspelzunge (Radula), ein reibeisenartiges Gebilde im Vorderdarm. Sie fehlt nur den Muscheln, die ausschließlich Filtrierer sind.

Die drei Hauptgruppen lassen sich leicht unterscheiden: Schnecken tragen in der Regel eine einfache, spiralig gewundene Schale; die Muschelschalen sind im Gegensatz zum Schneckengehäuse immer zweiklappig (es wird häufig der Fehler gemacht, im Meer lebende Schnecken als Muscheln zu bezeichnen); die Tintenfische schließlich erkennt man an ihren saugnapfbesetzten Fangarmen, mit wenigen Ausnahmen besitzen sie keine äußerlich sofort sichtbare harte Schale.

Das auffälligste Merkmal der Weichtiere, die Schale, dient als Schutz und Stütze für den weichen, durch kein inneres Gerüst gefestigten Körper. Sie ist Bestandteil, nicht nur Wohngehäuse des Tieres; es kann sich zeitlebens nicht von seiner Schale trennen, sondern bloß Teile des Körpers (Kopf und Fuß) herausstrecken. Vor allem bei marinen Formen ist sie oft so prächtig und manchmal so bizarr gestaltet, daß sie ein begehrtes Sammelobjekt darstellt. Da von vielen Arten bis heute nur die Schale bekannt ist, wurde sie auch zum Hauptträger der Unterscheidungsmerkmale für die Weichtiersystematik. Die Schale wird von einer Hautfalte, dem Mantel, abgeschieden und besteht überwiegend aus kohlensaurem Kalk wechselnder Struktur und Schichtung, der mit der Nahrung aufgenommen oder dem umgebenden Medium (Wasser) entnommen wird. Die Schalen sind von unterschiedlicher Dicke; die größten und schwersten Schalen kommen bei den Meeresmollusken vor, nur die Auftriebskraft des Wassers erlaubt es den Tieren noch, ihre schweren Gehäuse von der Stelle zu bewegen.

Der Körper der Weichtiere gliedert sich in Kopf, Fuß, Eingeweidesack und Mantel. Der Kopf – er fehlt den Muscheln – ist Träger der Sinnesorgane (Augen und Fühler), in ihm liegt auch das Zentralnervensystem. Der muskulöse Fuß kann als flache Kriechsohle (Schnecken) oder, wie bei den Muscheln, keilförmig ausgebildet sein. Die Rückenseite des Körpers ist bei den Schnecken und Tintenfischen zu einem Eingeweidesack vorgewölbt, in dem die meisten Organe liegen: Magen, Darm, Nieren, Herz und die Geschlechtsdrüsen. Der Eingeweidesack ist vom Fußteil durch eine manschettenartig vorragende Hautfalte, den Mantel, abgegrenzt; er überdacht eine Rinne, die Mantelrinne, in die After, Nieren- und Geschlechtsausführgänge münden und in der die Kiemen liegen.

Alle wasserbewohnenden Weichtiere haben als Atemorgane Kiemen entwickelt, nur die Landschnecken atmen durch Lungen. Erstmals im Tierreich ist bei den Weichtieren ein richtiges Herz ausgebildet, ein geschlossener Blutkreislauf fehlt aber noch. Das frische, mit Sauerstoff angereicherte Blut wird vom Herzen in Hohlräume zwischen den Organen gepumpt, das verbrauchte Blut strömt zu den Kiemen, wird dort wieder mit Sauerstoff angereichert und zum Herzen zurückgeführt.

Das Nervensystem besteht aus Nervenknoten (Ganglien), die im Kopf, Fuß und Eingeweidesack liegen und bei den Tintenfischen zu einem Gehirn konzentriert sind. Von diesen Ganglien aus durchziehen Nervenstränge den Körper.

Schnecken *(Gastropoda)*

Die artenreichste Gruppe der Weichtiere, die Schnecken, zeigt äußerst vielgestaltige Schalenformen: ungewunden und napfförmig, hochgetürmt bzw. flach gewunden, um nur einige Beispiele zu nennen. In der Kalkschicht der Schale abgelagerte Farbstoffe bedingen die farbenprächtigen Zeichnungen vieler Schneckengehäuse. In diese Schale kann sich die Schnecke zum Schutz vor Feinden oder gegen Austrocknung ganz oder zumindest teilweise zurückziehen. Daneben gibt es Schneckenarten (die Nacktschnecken), die keine oder nur eine rückgebildete Schale besitzen; sie verteidigen sich durch einen abstoßenden Schleim.

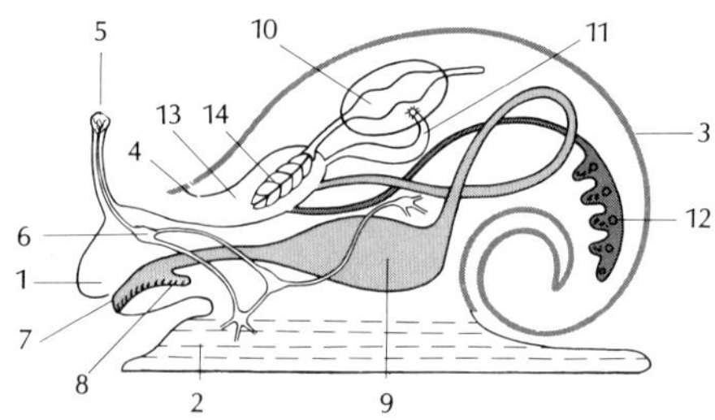

Schnecken *(Bauplan)*: **1** Kopf, **2** Fuß mit Kriechsohle, **3** Schale **4** Mantelrand, **5** Augen (am Fühlerende), **6** Gehirnganglion, **7** Mundöffnung, **8** Raspelzunge (Radula), **9** Magen, **10** Herz im Herzbeutel, **11** Niere, **12** Geschlechtsorgane, **13** Mantelhöhle, **14** Kiemen

Die Schnecken bewegen sich in der Regel kriechend fort. Um auch auf einer rauhen Unterlage reibungslos voranzukommen, besitzen sie in ihrem Fuß eine große Drüse, von der Schleim abgesondert wird. Auf diesem Schleimteppich gleitet das Tier scheinbar mühelos dahin. Es bewegt sich durch wellenförmige Kontraktionsbewegungen der Längs- und Quermuskeln der Fußsohle fort. Viele marine Arten vermögen mittels seitlicher Fußlappen, die sie wie Flügel auf und ab bewegen, zu schwimmen, andere können sich durch Zusammenziehen und Strecken der Fußmuskulatur vom Boden abschnellen und oft beachtliche Sprünge vollführen.

Kennzeichnend für den Schneckenkörper ist seine Asymmetrie. Sie entsteht während der Entwicklung: Dadurch, daß sich der Eingeweidesack um 180° dreht, werden die Organe der Mantelhöhle und auch die Kiemen, die ursprünglich hinten lagen, nach vorne gerückt (Vorderkiemer). Bei den Hinterkiemern ist diese Drehung (Torsion) nachträglich wieder aufgehoben. Als Folge der Drehung kommt es bei vielen Schnecken zum Verlust eines Teils der paarigen Organe des Eingeweidesacks: Es existieren nur noch eine Herzvorkammer, eine Niere, eine Kieme und eine Mitteldarmdrüse.

Alle meeresbewohnenden Schnecken atmen durch Kiemen. Bei den landlebenden Arten und einem Teil der Süßwasserschnecken ist die Decke der Mantelhöhle mit einem Geflecht von Blutgefäßen überzogen und fungiert als Lunge. Man nennt diese Schneckengruppe daher Lungenschnecken.

Am Vorderende des Schneckenkörpers sitzt der Kopf mit Augen und zwei Fühlerpaaren. Die Augen befinden sich entweder an der Basis oder der Spitze eines Fühlerpaares; sie sind meist einfach gebaut, manchmal höher differenziert und dann zum Formensehen befähigt. Bei vielen Vorderkiemern ist der Kopf in einen vorstülpbaren Rüssel ausgezogen. Die Mundöffnung führt in einen Schlund, in dem die Raspelzunge, auf einem Polster hin- und hergleitend, ihre Arbeit leistet, indem sie den als Nahrung dienenden Aufwuchs, z.B. Pflanzenteile, abraspelt und zerkleinert.

Schnecken vermehren sich durch Eier; wasserbewohnende Arten legen die Eier in gallertigen Eipaketen oder Schnüren ab, die Landlungenschnecken versenken ihre Eier – die oft von einer derben, kalkigen Schale umhüllt sind – in Erdlöcher.

Die Vorderkiemer sind in der Regel getrenntgeschlechtig, die Hinterkiemer und die Lungenschnecken Zwitter. Die Entwicklung der marinen Arten verläuft über ein Larvenstadium, die Veligerlarve, die der Land- und Süßwasserschnecken mit wenigen Ausnahmen direkt (ohne Larvenstadium). Die Vorderkiemer leben im Meer und vereinzelt im Süßwasser; als ausschließliche Meeresbewohner erweisen sich die Hinterkiemer; die Lungenschnecken sind, von einigen im Süßwasser lebenden Arten abgesehen, zum Landleben übergegangen.

Muscheln *(Bivalvia)*
Die zweite Gruppe der Weichtiere, die Muscheln, hat immer eine zweiklappige Schale. Die beiden Schalenklappen sind auf dem Rücken durch eine einfache oder gezähnte Leiste, das Schloß, gelenkig verbunden; ein unverkalktes Schloßband bewirkt durch seinen elastischen Zug das Spreizen der Schalenklappen. Die Schale umschließt den ganzen Körper und wird zusammengehalten durch zwei Schließmuskeln, einen vorderen und einen hinteren, die dem Schloßband entgegenwirken. Bei den Süßwassermuscheln und einigen Meeresmuscheln besteht die Schale aus drei Schichten: einer äußeren, hornartigen, einer kalkigen Zwischenschicht und einer inneren, ebenfalls aus Kalk bestehenden, irisierenden Perlmutterschicht, die bei den meisten Meeresmuscheln fehlt.

Der Muschelkörper ist im Gegensatz zum Schneckenkörper symmetrisch gebaut, die meisten Organe sind paarig angelegt. Die Schale wird von einer darunterliegenden Hautfalte, dem Mantel, abgeschieden. Ein Kopf fehlt. Der Eingeweidesack setzt sich in einen beil- oder fingerförmigen, in den Mantelraum vorragenden Fuß fort. Dieser kann durch Einpressen von Blut stark anschwellen, tritt dann aus der Schale hervor und wird zur Fortbewegung und zum Graben im Boden eingesetzt.

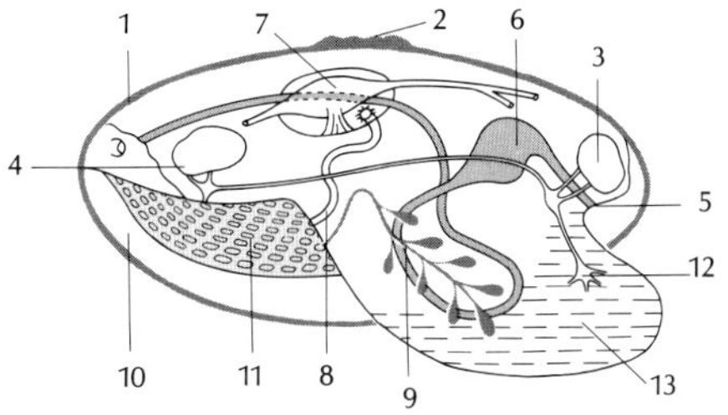

Muscheln *(Bauplan):* **1** Muschelschale, **2** Schloß, **3, 4** vorderer und hinterer Schließmuskel, **5** Mundöffnung, **6** Magen, **7** Herz im Herzbeutel, **8** Niere, **9** Geschlechtsorgane, **10** Mantelhöhle, **11** Kiemen, **12** Fußganglion, **13** Fuß

Bei vielen marinen Arten scheiden Fußdrüsen ein Sekret ab, das im Wasser fädig erhärtet (Byssus) und mit dem sich die Tiere am Untergrund befestigen. Aus dieser Byssusseide wurden, besonders im Mittelalter, Gewänder, Strümpfe, Handschuhe und Beutel gefertigt, man trug solche Kleidungsstücke gegen rheumatische Beschwerden.

Zwischen Mantel und Fuß erstreckt sich die Mantelhöhle, in die als Atmungsorgane paarige Kiemen ragen. Diese sind bei vielen Arten zu großen, flächigen Gebilden entwickelt, die gleichzeitig eine hochwirksame Filteranlage zum Erwerb der Nahrung darstellen. Mit dem vorbeistreichenden Atemwasserstrom werden nämlich auch feine Nahrungsteilchen an die Kiemen herangetragen, bleiben an ihnen hängen, werden eingeschleimt, über eine Flimmerrinne zum Mund gestrudelt und über einen kurzen Schlund unzerkleinert dem Magen einverleibt, da eine Radula fehlt. Gleichzeitig wird der im Wasserstrom gelöste Sauerstoff von den gut durchbluteten Kiemen aufgenommen und dann dem Herzen zugeleitet. Ein- und Ausstromöffnung für das Atemwasser befinden sich an der Hinterseite; beide Öffnungen sind bei einer Anzahl von Arten zu langen, beweglichen Röhren (Siphonen) ausgezogen, die bei den im Boden eingegraben lebenden Tieren an die Oberfläche ins freie Wasser vorgestreckt werden.

Da kein Kopf vorhanden ist, hat der Mantelrand dessen Funktion übernommen; er ist mit Tast- und Lichtsinnesorganen ausgestattet, die oft zu hochentwickelten Augen zusammengesetzt sein können, wie sie beispielsweise bei den Kammmuscheln auffallend und prachtvoll zu sehen sind.

Die meisten Muscheln sind getrenntgeschlechtig, nur wenige Arten Zwitter. Sie stoßen ihre Eier und Samenzellen ins freie Wasser ab. Aus den Eiern entstehen, wie bei den marinen Schnecken, Veligerlarven. Eine andere Entwicklung nehmen die Eier der Süßwassermuscheln; sie werden meist im Körper zwischen den Kiemenblättern zu fertigen Jungtieren und erst mit einer bestimmten Größe ins freie Wasser entlassen.

Zahlreiche Muscheln werden wirtschaftlich genutzt: Austern, Mies- und Herzmuscheln dienen als Nahrung; aus dem Perlmutt anderer Arten werden Knöpfe und Schmuckgegenstände hergestellt, und nicht zuletzt sind Perlenfischerei und Perlenzucht in vielen Küstenländern ein bedeutender Erwerbszweig.

Muscheln können beachtliche Ausmaße erreichen; die größte, die im Meer lebende Riesenmuschel beispielsweise, wird bis 140 cm lang und kann dann mehr als 200 kg wiegen. Dem großen Heer der Meeresmuscheln stehen nur verhältnismäßig wenige Süßwasserarten gegenüber, die heute teilweise schon unter Schutz gestellt werden müssen (wie beispielsweise die Flußperlmuschel), um vor dem Aussterben bewahrt zu bleiben.

Tintenfische oder **Kopffüßer**
(Cephalopoda)

Die dritte Gruppe, die Tintenfische, hat die höchstentwickelten Vertreter der Weichtiere hervorgebracht. Eine äußere Schale ist nur noch beim Nautilus, einer sehr altertümlichen Gattung, sichtbar; bei den übrigen heute lebenden Tintenfischen liegt sie als Rückenschale unter der Haut verborgen und ist zu einem kalkigen Schulp oder hornigen Stab reduziert. Zum Schutz des ungepanzerten Körpers haben die Tintenfische eine wirksame Einrichtung entwickelt, den Tintensack. Er scheidet eine dunkelbraune Flüssigkeit ab, die bei Gefahr ausgestoßen wird und im Wasser eine dunkle Wolke bildet, welche den Feind ablenkt, während der Tintenfisch selbst entkommt.

Das auffallendste Merkmal der Tintenfische ist der Kopffuß. Kopf und Fuß sind zu einer Einheit verschmolzen; der Fuß ist dabei in saugnapfbesetzte Arme aufgespalten, zehn bei den Sepien, acht bei den Kraken. Am Kopfteil sitzen die großen, hochentwickelten Augen, die denen der Wirbeltiere ähnlich sind und bereits ein Farben- und Bildsehen erlauben. Der anschließende Eingeweidesack enthält die schon bei den Weichtieren genannten Organe, ebenso die auf der Körperunterseite liegende Mantelhöhle. Neu hinzu kommt der sog. Trichter, ein Rohr, durch welches das in der Mantelhöhle befindliche Atemwasser ausgestoßen wird. Dieses Ausstoßen kann mit solcher Gewalt geschehen, daß das Tier infolge des Rückstoßes wie ein Pfeil durch das Wasser schießt. Unterschiedliche Stellungen des Trichters gestatten ein Richtungsschwimmen.

Tintenfische sind äußerst bewegliche Tiere; sie leben räuberisch von Fischen, Schnecken und Krebsen. Mit ihren Fangarmen ergreifen sie die Beute und führen sie zum Mund. Dieser ist mit kräftigen Kiefern ausgestattet, mit welchen die Tintenfische Muschel- und Krebsschalen knacken und dem Opfer tiefe Wunden reißen können, in die sie lähmenden Speichel spucken;

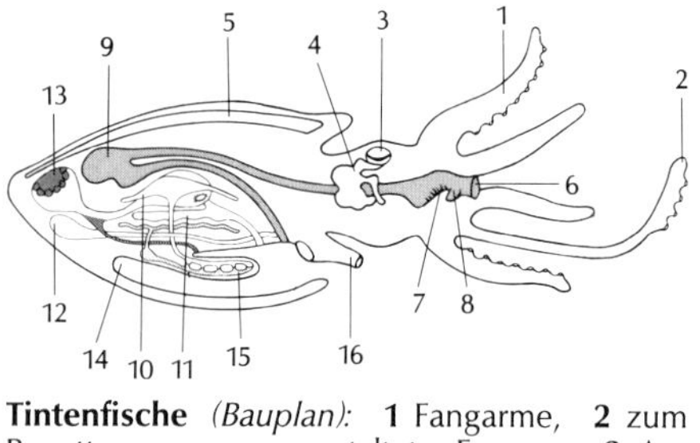

Tintenfische *(Bauplan):* **1** Fangarme, **2** zum Begattungsorgan umgestalteter Fangarm, **3** Augen, **4** Gehirn, **5** Schulp, **6** Mundöffnung, **7** Raspelzunge, **8** Kiefer, **9** Magen, **10** Herz, **11** Niere, **12** Tintensack, **13** Geschlechtsorgane, **14** Mantelhöhle, **15** Kieme, **16** Trichter

eine im Schlund befindliche Radula übernimmt die weitere Zerkleinerung.

Viele Tintenfische können fast sekundenschnell die Farbe wechseln; ärgert man eine eben noch helle Sepia, dann läuft sie, wie ein zorniger Mensch, sofort dunkel an. Dieser Farbwechsel wird von unter der Haut liegenden Pigmentzellen verursacht: Ziehen sich diese zusammen, wird das Tier hell, dehnen sie sich aus, wird es dunkel. Die Pigmente sind schwarz, gelb oder orange, sie können auffallende Muster hervorbringen, aber auch eine völlige Anpassung an den Untergrund schaffen. Viele Tintenfische, vor allem die in der Tiefsee lebenden Arten, besitzen Leuchtorgane.

Tintenfische sind getrenntgeschlechtig. Begattungsorgan ist ein umgestalteter Fangarm, mit dem die zu Samenpaketen (Spermatophoren) vereinigten männlichen Samenzellen in die Mantelhöhle der Weibchen gebracht werden. Die Eiablage erfolgt in derbwandigen Kokons, die an Steinen oder Pflanzen angeklebt werden, oder in Form von gallertigen Laichschnüren, die im Wasser flottieren. Die Entwicklung verläuft ohne echte Larvenstadien; die fast fertig entwickelten Embryonen schweben nach ihrem Schlüpfen im Plankton und gehen erst nach einiger Zeit zum aktiven Schwimmen über.

Tintenfische leben ausschließlich im Meer, sie meiden sogar das Brackwasser. Es gibt unter ihnen Zwerge von nur 3 cm Länge und wahre Riesen, die einschließlich der Fangarme eine Länge von 20 m erreichen können.

RINGELWÜRMER *(Annelida)*

Die Ringelwürmer werden mit den Gliederfüßern (Krebsen, Insekten) zur großen Gruppe der Gliedertiere zusammengefaßt. Ihr gemeinsames Merkmal ist die Gliederung des Körpers in einzelne Abschnitte. Danach ist beispielsweise ein Regenwurm mit einem Käfer näher verwandt als etwa mit einem Strudel- oder Bandwurm!

Der runde oder abgeflachte Körperschlauch der Ringelwürmer ist durch Scheidewände in weitgehend gleichartige, schon durch eine äußere Ringelung sichtbare Segmente aufgeteilt. Dieser Hautmuskelschlauch besteht aus einer äußeren Ring- und einer darunterliegenden inneren Längsmuskelschicht. Das Vorderende ist durch einen mehr oder weniger abgesetzten Kopf mit Mund, Augen, Gehirn und fühlerartigen Tastorganen gekennzeichnet; das Endsegment trägt die Afteröffnung.

In den dazwischenliegenden, manchmal einigen hundert Abschnitten befinden sich jeweils eine Garnitur paariger Nervenknoten, Ausscheidungsorgane, Leibeshöhlenkammern, außerdem in bestimmten Segmenten Geschlechtsdrüsen. Die Nervenknoten sind durch Längs- und Querstränge miteinander verbunden; man hat dafür die Bezeichnung Strickleiternervensystem geprägt. Auch die Insekten haben ein solches Nervensystem. Der Darmkanal durchzieht als gerades, ungegliedertes Rohr den ganzen Körper. Zum erstenmal tritt ein geschlossenes Blutgefäßsystem auf. Es besteht aus zwei Gefäßsträngen: dem Rükkengefäß, das über dem Darm, und dem Bauchgefäß, das unter dem Darm verläuft. Beide Stränge sind in jedem Segment durch ein Ringgefäß verbunden.

Ein weiteres charakteristisches Merkmal der meisten Ringelwürmer sind die Borsten: Man unterscheidet *Vielborster,* hier-

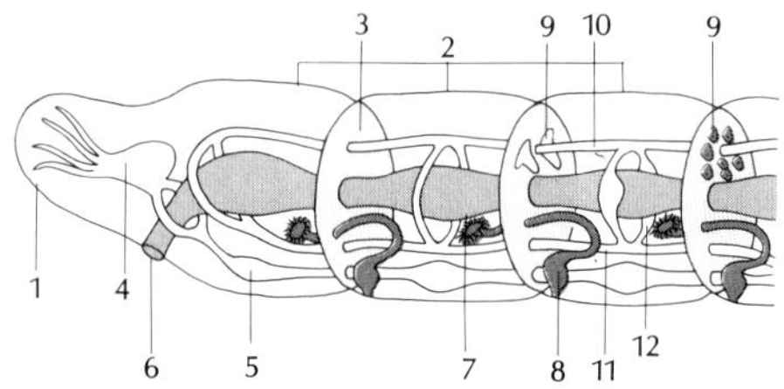

Ringelwürmer *(Bauplan):* **1** Kopfende, **2** Segmente, **3** Trennwände zwischen den Segmenten, **4** Gehirn, **5** Nervenknoten (Ganglien), **6** Mundöffnung, **7** Darmkanal, **8** Ausscheidungsorgane, **9** Geschlechtsdrüsen (nicht in allen Segmenten), **10, 11, 12** Blutgefäße: 10 Rückengefäß und 11 Bauchgefäß, die durch Ringgefäße (12) verbunden sind

her gehören die im Meer lebenden Borstenwürmer; weiterhin *Wenigborster* (z. B. Regenwurm) und schließlich die in der Regel borstenlosen *Egel* (z. B. Blutegel). Die Borsten entspringen segmental (in jedem Körperabschnitt) bauch- und rückenseits aus in der Haut liegenden Borstentaschen und werden von Muskeln bewegt; sie dienen je nach Gestaltung zum Einstemmen bei der Fortbewegung, zum Graben, als Ruderborsten oder auch zur Verteidigung.

Die Wenigborster besitzen je Segment vier Paar kurze, sehr kräftige, nach hinten gerichtete Borsten; man fühlt sie deutlich, wenn man über einen Regenwurm bauchseits von hinten nach vorne streicht. Ansonsten zeigen die Wenigborster ein ziemlich einheitliches Erscheinungsbild. Auffallend ist bei ihnen das Clitellum, eine gürtelförmige Hautverdickung, die bei der Fortpflanzung eine Rolle spielt.

Formenreicher sind die Vielborster. Bei diesen Borstenwürmern sitzen ganze Borstenbüschel auf stummelartigen seitlichen Rumpffortsätzen (Parapodien) der Segmente. Weitere Anhänge dieser Fortsätze sind zu Kiemen umgestaltet und dienen der Atmung. Neben freilebenden Borstenwürmern gibt es auch seßhafte Vertreter dieser Gruppe; man bezeichnet sie als Röhrenwürmer. Sie leben in selbstgefertigten Röhren aus Kalk und Sekret, in denen sie sich mit kleinen Borstenbüscheln verankern. Ihr Körper hat die gleichmäßige Ringelung verloren, er gliedert sich in zwei bis drei unterschiedliche Abschnitte. Der Kopfbereich ist zu einem wirksamen Filterapparat umgestaltet, einer Krone aus gefiederten Fangarmen (Tentakel), welche die Nahrung herbeistrudeln und zum Mund führen. Die gut durchbluteten Tentakel arbeiten gleichzeitig als Kiemen.

Die Mundregion der blutsaugenden Egel ist mit Kiefern und Saugnäpfen bewehrt. Die Egel unterscheiden sich von den anderen Ringelwürmern auch durch die konstante Zahl ihrer Segmente; es sind immer 33, davon sind die letzten 7 zu einer großen Haftscheibe verschmolzen.

Die Ringelwürmer sind getrenntgeschlechtig (Vielborster) oder auch zwittrig (Wenigborster und Egel). Neben geschlechtlicher Fortpflanzung kommt gelegentlich ungeschlechtliche vor. Die marinen Borstenwürmer entwickeln sich über ein freischwimmendes Larvenstadium, die übrigen Ringelwürmer haben eine direkte Entwicklung (ohne Larvenstadium). Nur die Borstenwürmer leben ausschließlich im Meer, die beiden anderen Gruppen sind Land- und Süßwasserbewohner.

GLIEDERFÜSSER *(Arthropoda)*

In dieser großen Gruppe sind etwa drei Viertel aller bekannten Tierarten vereinigt. Zu ihr gehören so unterschiedliche Vertreter wie Spinnentiere, Krebstiere, Tausendfüßer und Insekten. Von den Ringelwürmern unterscheiden sie sich dadurch, daß der Körper die innere Segmentierung, die trennenden Querwände, verloren hat und eine durchgehende Leibeshöhle ausgebildet ist. Weitere Unterscheidungsmerkmale sind die langen, gegliederten Beine und der mehr oder weniger harte Panzer aus Chitin. Dieser Panzer bildet ein Außenskelett, das dem Tier seine Form gibt. An den Innenwänden des Panzers setzen die Muskeln an. Diese feste, nicht dehnbare äußere Hülle erschwert das Wachstum der Gliederfüßer. Um wachsen zu können, müssen sie sich häuten: Sie werfen den Panzer ab, wachsen während einer kurzen Zeit und bilden dann einen neuen Panzer.

Das Vorderende wird von der Kopfkapsel beherrscht, die aus mehreren miteinander verschmolzenen Körperringen (Segmenten) besteht. Die am Kopf ansetzenden Gliedmaßen sind zu Mundwerkzeugen umgestaltet. An den Kopf schließt sich ein Brustabschnitt an, der ganz im Dienst der Fortbewegung steht, die Beine und die zumeist ausgebildeten Flügel trägt. Der Hinterleib schließlich enthält das Herz, die Verdauungs- und Fortpflanzungsorgane und trägt bei einigen Gruppen der Gliederfüßer ebenfalls Extremitäten. Das Nervensystem ist ein typisches Strickleiternervensystem (wie bereits von den Ringelwürmern bekannt).

Spinnentiere *(Arachnida)*

Zu ihnen gehören u. a. die Spinnen, Skorpione und Milben. Im Unterschied zu den Insekten, Krebsen und Tausendfüßern besitzen sie keine Fühler; Kopf und Brust verschmelzen zu einer Einheit, an der die Gliedmaßen sitzen. Der Hinterleib kann ungegliedert (Spinnen) oder gegliedert (Skorpione) sein.

Bei den **Spinnen** *(Araneae)* denkt man vor allem an langbeinige, behaarte, Abscheu einflößende Tiere und an ihre feinen, kunstvoll gefertigten Netze. Die Angst vor diesen Hausgenossen ist jedoch völlig unbegründet; nur ganz wenige Arten können durch ihren Biß einem Menschen gefährlich werden.

Vorder- und Hinterkörper der Spinnen sind durch eine starke Einschnürung, das Stielchen, voneinander abgesetzt. Den Vorderkörper überdacht eine einheitliche Rückenplatte, an deren Vorderrand, in Gruppen geordnet, meist acht Augen sitzen. Als erstes Mundgliedmaßenpaar sind auf der Unterseite des Vorderrandes, mit einer Giftdrüse verbunden, dolchartige Kiefer ausgebildet, die den für die Beute tödlichen Biß verursachen. Das zweite Mundgliedmaßenpaar ist zu sog. Tasterbeinen (Pedipalpen) umgewandelt, die bei der Begattung den Männchen zur Übertragung des Samens dienen. Außerdem sitzen am Vorderkörper vier Beinpaare. Der sackförmige, weichhäutige Hinterleib birgt das langgestreckte Herz, die Verdauungs-, Atmungs- und Geschlechtsorgane und vor allem die Spinndrüsen. Sie münden auf den Spinnwarzen, die als rückgebildete Gliedmaßen zu verstehen sind. Durch die Arbeit der Spinnwarzen werden die charakteristischen Gespinste geschaffen. Denn das hervorstechende Merkmal der Spinnen ist ihre Fähigkeit, aus diesen Spinndrüsen ein fädiges Sekret austreten zu lassen, das an der Luft erhärtet und einen langen Faden bildet. Diesen Faden ziehen die Spinnen beim Umherlaufen hinter sich her, sie können sich an ihm abseilen oder, daran hängend, vom Wind davontragen lassen; zwischendurch spulen sie ihn auch wieder auf.

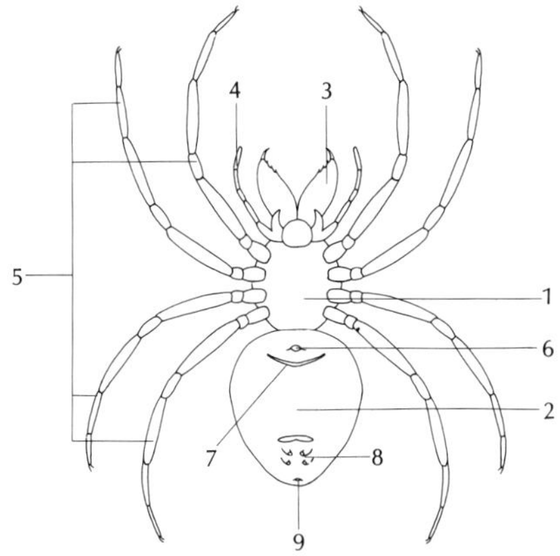

Spinnen *(von unten)*: **1** Vorderleib, **2** Hinterleib, **3,4** Kiefer und Tasterbeine am Kopf, **5** die vier Beinpaare, **6** Geschlechtsöffnung, **7** Öffnung der Fächerlungen **8** Spinnwarzen **9** After

Sie benutzen diese Fäden zum Nahrungserwerb. Primitive Arten fesseln ihr Opfer, indem sie es einspinnen; andere legen einfache Stolperfäden um ihre Wohnröhren. Am vollkommensten aber sind die kunstvoll gebauten Netze aus mit Sekret überzogenen Fäden, in deren Mitte oder an deren Rand die Spinne lauert, bis ein Zittern des Netzes signalisiert, daß sich ein Opfer in der tückischen Falle gefangen hat.

Die Spinnen sind getrenntgeschlechtig. Der Begattung zwischen dem großen Weibchen und dem oft viel kleineren Männchen geht ein Vorspiel voraus. Bei den tagaktiven Spinnen, die auf Sicht jagen und daher ausgezeichnete Augen besitzen, macht das Männchen durch visuelle Signale, beispielsweise durch Winken mit den Pedipalpen, auf sich aufmerksam. Netzbauende Spinnen sind sensibel für Vibrationen ihrer Seidenfäden, begattungsbereite Männchen setzen diese Fäden in bedeutungsvoller Weise in Schwingungen. Wieder andere Arten unternehmen regelrechte Bestechungsversuche: Das Männchen fängt ein Insekt, verpackt es in eine Seidenhülle und nähert sich, dieses Geschenk vor sich hertragend, dem Weibchen. Alle diese Techniken sollen das Weibchen gewogen machen. Zur Begattung bringt das Männchen seine Pedipalpe mit dem Samen in die Geschlechtsöffnung des Weibchens, preßt den Samen heraus und zieht sich eilends zurück. Geht dieser Rückzug nicht schnell genug, so muß das Männchen mit dem Leben bezahlen; es hat seinen Zweck erfüllt und wird vom Weibchen verspeist.

Bei der Eiablage erzeugt das Weibchen ein Gespinstpaket, in das es die Eier verpackt und an einem Faden aufhängt oder mit sich herumträgt. Die geschlüpften Jungtiere sind oft schon selbständig, bei manchen Arten werden sie noch einige Zeit auf dem Rücken der Mutter umhergetragen.

Spinnen sind Landtiere, nur wenige Arten leben im Wasser.

Krebstiere *(Crustacea)*

Diese Gliederfüßer bilden eine der vielgestaltigsten Tiergruppen und unterscheiden sich von den anderen Gliederfüßern durch den Besitz eines zweiten Fühlerpaares sowie die Ausbildung von sog. Spaltfüßen, die in einen Innen- und einen Außenast gegabelt sind.

Bei der Grundform (hier wird vor allem auf die Zehnfußkrebse Bezug genommen, weil zu ihnen die große Menge aller landläufig als »Krebse« bekannten Krustentiere wie Garnelen, Hummer, Languste, Flußkrebs zählt) sind die einzelnen Körpersegmente zu drei schon äußerlich sichtbaren Funktionseinheiten zusammengefaßt: Kopf, Brust und Hinterleib. Oft sind nur Kopf und Brust mit Gliedmaßen ausgestattet, doch können an jedem Körperring Anhänge ausgebildet sein, die auf verschiedene Verrichtungen spezialisiert sind.

Am Kopf sitzen die Augen, die beiden Fühlerpaare und die Mundwerkzeuge. Diese bestehen aus einem Paar Ober- und zwei Paar Unterkiefern. Von den am Bruststück sitzenden Beinen sind die vorderen, mundnahen zu sog. Kieferfüßen umgestaltet, die ebenfalls der Nahrungsaufnahme dienen. Auf die Kieferfüße folgen die Schreitbeine, bei denen der Außenast rückgebildet ist. Oft bilden die beiden Endglieder des ersten Schreitbeinpaares eine gewaltige Schere, wie jeder sie von Hummern und Krabben kennt. Manchmal sind die Schreitbeine zu reich beborsteten Ruderbeinen umgeformt, oder sie tragen an ihren Enden kleine Zangen (z.B. bei den Langusten). Die fast ausschließlich im Wasser lebenden Krebse atmen, im Gegensatz zu den anderen Gliederfüßern, durch Kiemen; diese sind als zarte Anhänge der Brustbeine entwickelt. Einzelne Beinpaare weisen besondere Vorrichtungen auf, um die Eier tragen zu können. Die Hinterleibsbeine, welche nur die höheren Krebse besitzen, sind zum Schwimmen befähigende Spaltbeine; eines der vordersten Paare ist beim Männchen zu einem Organ für die Samenübertragung umgestaltet. Das letzte Hinterleibsbeinpaar ist häufig blattförmig abgeflacht und bildet einen Schwanzfächer. Alle diese Gliedmaßen sind röhrenförmig und werden durch Muskelstränge bewegt, die in ihrem Inneren verlaufen.

Mit dem Kopf sind meist noch ein oder mehrere Brustsegmente verschmolzen; es entsteht auf diese Weise das sog. Kopfbruststück, eine festgefügte, nicht gegeneinander bewegliche Einheit von Kopf und Brust. Vom Hinterrand des Kopfes wächst eine Hautfalte nach hinten und überdeckt mehrere Brustsegmente. Dieses Dach liegt meist lose am Rücken auf und reicht seitlich weit herab: ein wirksamer Schutz für die zarten Kiemenanhänge!

Die inneren Organe befinden sich größtenteils im Brustraum. Der Darm, der den ganzen Körper durchzieht, erweitert sich in diesem Bereich zu einem Kaumagen mit der ihm anhängenden Verdauungsdrüse. Neben dem Darm liegen die Geschlechtsorgane, über ihm verläuft das schlauchförmige Herz. Die Ausscheidungsorgane sitzen am Grund des zweiten Fühlerpaares. Von einem im Kopf befindlichen Gehirn ausgehend, zieht das Nervensystem als Bauchmark (d.h. auf der Bauchseite unter dem Darm verlaufend) durch den Körper.

Die Krebse sind in der Regel getrenntgeschlechtig. Während der Paarung werden die Weibchen von den Männchen festgehalten, die Samenübertragung geschieht durch einen Penis oder mittels dafür umgestalteter Beine. Die Weibchen treiben oft Brutpflege, sie tragen ihre Eier bis zum Schlüpfen der Larven an entsprechenden Beinpaaren mit sich herum. Es gibt aber auch primitive Arten, die ihre Eier einfach ins Wasser ablegen und sich nicht mehr um sie kümmern.

Die meisten Krebse leben im Meer, einige im Süßwasser, und nur wenige (Asseln) sind zum Landleben übergegangen. Sie durchstreifen Felsen und Riffe, lassen sich im Plankton treiben, oft in ausgedehnten Schwärmen, die u.a. den riesigen Walen als Nahrung dienen. Sie bevölkern die Lücken in Sandböden, und einige sitzen sogar zeitlebens fest. Die Anpassung an die vielfältigsten Lebensräume und Lebensweisen hat bei den Krebsen ein breites Spektrum verschiedenartigster Formen hervorgebracht, das vom winzigen Wasserfloh bis zu den großen Hummern und Krabben reicht. Doch soll von den zahlreichen Gruppen und Untergruppen hier nur noch auf die Zehnfußkrebse eingegangen werden.

Die **Zehnfußkrebse** *(Decapoda)* treten in zwei typischen Erscheinungsformen auf: als langschwänzige Krebse mit einem kräftigen Hinterleib, der in einem Schwanzfächer endet, und als kurzschwänzige Krabben mit dünnem Hinterleib, der meist auf die Bauchseite eingeschlagen getragen wird und keinen Schwanzfächer hat. Der Brustabschnitt der Krabben ist massig und breit. Alle Zehnfußkrebse haben einen gut ausgebildeten Rückenschild und acht Paar Beine; die drei vorderen sind Kieferfüße, die fünf hinteren kräftige Schreitbeine ($2 \times 5 = 10$, daher der Name). Das erste Schreitbeinpaar bildet die mächtigen Krebsscheren, die dem Beutefang und der Verteidigung dienen. Die Hinterleibsbeine sind nur bei den Garnelen zu kräftigen Ruderbeinen entwickelt, sonst sind sie einfache Spaltbeine. Zehnfußkrebse leben überwiegend im Meer, einige im Süßwasser wie der als Delikatesse geschätzte Flußkrebs.

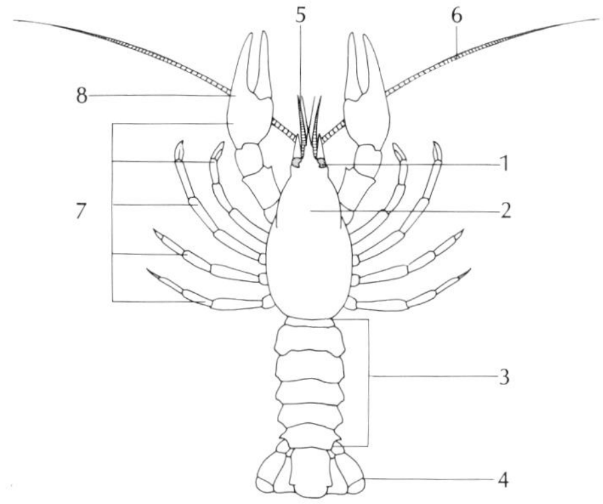

Zehnfußkrebse *(Aufsicht):* **1** Augen, **2** Kopf-Brust-Stück, **3** mehrfach segmentierter Hinterleib, **4** Schwanzfächer, **5** erstes (in zwei Äste gespaltenes) Fühlerpaar, **6** zweites Fühlerpaar, **7** die fünf Schreitbeinpaare, **8** Scheren

Tausendfüßer *(Myriapoda)*

Die Tausendfüßer werden zwei Untergruppen zugeteilt: den *Hundertfüßern (Chilopoda) und den Doppelfüßern (Diplopoda),* die sich von den anderen Gliederfüßern dadurch unterscheiden, daß ihr Körper in viele gleichartige Segmente gegliedert ist. Diese Segmente tragen gut ausgebildete Beinpaare, und zwar bei den Hundertfüßern ein, bei den Doppelfüßern zwei Paar pro Segment. Es gibt Arten, die über 170 Segmente und bis zu 340 Beinpaare besitzen. Bei den Hundertfüßern ist das erste Laufbeinpaar zu Giftzangen (Kieferfüße),

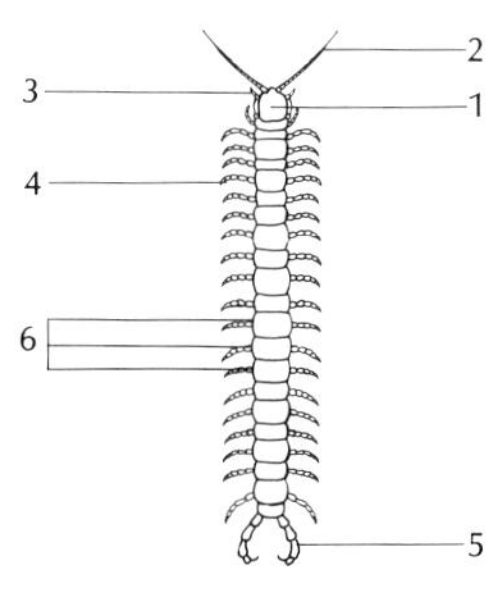

Tausendfüßer *(Bauplan):* **1** Kopf, **2** Fühler, **3** Kieferfüße, **4** Laufbeine, **5** letztes Beinpaar (Tast- oder Greifbeine), **6** Segmente

das letzte zu langen Tast- oder Greifbeinen umgebildet, die als Waffe dienen.

Die feste Kopfkapsel trägt ein Paar gegliederte Fühler; seitlich am Kopf sitzen Einzelaugen, bei manchen Arten auch schon einfache Komplexaugen. Als Mundgliedmaßen sind ein Paar kräftige Oberkiefer und zwei Paar Unterkiefer ausgebildet, den Doppelfüßern fehlt das zweite Paar.

Der Körper kann drehrund oder bandartig flach sein. Bei den Doppelfüßern sind je zwei Segmente zu einem verschmolzen und dementsprechend alle segmental angelegten Organe doppelt vorhanden, also zwei Paar Atemöffnungen und zwei Paar Nervenknoten. Das Herz, ein reich entwickeltes Arteriensystem, und der Darm durchziehen den ganzen Körper; zwei lange, schlauchförmige Ausscheidungsorgane münden in den Enddarm. Einen großen Teil des Körpers nehmen die Geschlechtsorgane ein; die Geschlechtsöffnung liegt bei den Hundertfüßern vor dem After, bei den Doppelfüßern dagegen vorn am zweiten Beinpaar.

Man mag sich fragen, weshalb beim Laufen die unzähligen Beinchen nicht heillos durcheinandergeraten. Die gut koordinierte Bewegung ist nur möglich, indem ein ganz bestimmter Rhythmus eingehalten wird, der nacheinander wellenförmig über den ganzen Körper läuft.

Zur Fortpflanzung setzen die Männchen der Hundertfüßer ein Samenpaket ab, das von den Weibchen in die Geschlechtsöffnung aufgenommen wird. Bei den Doppelfüßern erfolgt die Samenübertragung auf direktem Weg; Männchen und Weibchen liegen bei der Kopula Bauch an Bauch, und das Männchen führt mit Hilfe eines umgewandelten Beinpaares des siebten oder achten Körperringes den Samen in die Geschlechtsöffnung des Weibchens. Die Weibchen legen ihre Eier frei oder in aus Gespinsten errichteten Eikammern ins Erdreich ab. Bestimmte Hundertfüßer fügen die Eier zu einem Gelege zusammen und schützen es mit ihrem eingerollten Körper.

Insekten *(Insecta)*
Diese Gliederfüßer stellen mit über einer Million Arten bei weitem die artenreichste Gruppe des ganzen Tierreichs dar. Sie bewohnen vor allem das Land, einige Arten das Süß- und Brackwasser und einige wenige sogar das Meer. Unter ihnen findet man ausdauernde Flieger, schnelle Läufer, gewandte Schwimmer; sie graben im Erdreich und unter Laub, minieren in Blättern, unter Rinde und im Holz, andere parasitieren an und in Pflanzen und Tieren, und es ist wohl einleuchtend, daß eine solche Vielfalt an Lebensweisen auch einen außergewöhnlichen Formenreichtum mit sich bringt. Es gibt Winzlinge von kaum 0,5 mm Größe und Exemplare von beachtlichen Maßen (etwa Stabheuschrecken von über 30 cm Länge und Schmetterlinge der gleichen Spannweite). Die Insekten besitzen das für alle Gliederfüßer typische chitinige Außenskelett. Bei ihnen ist die Dreigliederung des Körpers in Kopf, Brust und Hinterleib am auffallendsten ausgeprägt.

Der stets deutlich abgesetzte Kopf trägt ein Paar Fühler, die Mundwerkzeuge und die Augen. Die Mundwerkzeuge bestehen aus Ober- und Unterkiefer sowie Ober- und Unterlippe (die aber nicht den Kiefern der Wirbeltiere entsprechen). Den unterschiedlichen Ernährungsweisen entsprechend sind diese Mundwerkzeuge sehr verschiedenartig gestaltet und abgewandelt. Man unterscheidet vier Typen: Der einfachste ist der beißend-kauende, wie er bei Heuschrecken, Libellen, Schaben und den Käfern vorliegt. Von diesem Grundtyp leiten sich die anderen, spezialisierten Mundwerkzeuge ab, z.B. die saugenden der Schmetterlinge, die leckend-saugenden der Bienen und Fliegen, die stechend-saugenden der Wanzen und Mücken.

Die Fühler dienen den Insekten zur Wahrnehmung von Tast-, Geruchs- und Geschmacksreizen. Sie sind in den einzelnen Gruppen unterschiedlich gestaltet. So gibt es einfache Glieder- oder Fadenfühler, keulig oder fächerförmig verbreiterte, gekämmte und gefiederte Fühler, bei denen die reizaufnehmende Oberfläche stark vergrößert ist. Beherrschend am Insektenkopf sind die Augen. Man nennt sie Komplex- oder Facettenaugen; sie bestehen aus einigen bis vielen Tausenden von mehr oder weniger großen Einzelaugen, von denen jedes sein eigenes Linsensystem hat. Neben diesen Komplexaugen finden sich noch punktförmige Scheitel- und Stirnaugen.

An den Kopf schließt sich die Brust. Sie besteht aus drei Segmenten, von denen jedes ein mehrgliedriges Beinpaar trägt. Im Innern der Brust ist eine kräftige Muskulatur ausgebildet. Die Beine haben ihrer jeweiligen Funktion entsprechende Abwandlungen erfahren; so sind Schreitbeine zu Greif-, Ruder-, Grab-, Fang- oder Klammerbeinen umgestaltet. An den Beinspitzen sitzen häufig Haftorgane, mit denen sich die Tiere auf senkrechten glatten Flächen sicher bewegen können.

Die Flügel sind häutige Gebilde, netzartig von Adern durchzogen, in denen Tracheen und Nerven verlaufen. Die Vorderflügel können zu harten Flügeldecken umgestaltet sein. Die Atmungsorgane der Insekten, die Tracheen, bestehen aus einem System von Luftröhren, das den ganzen Körper bis zu den einzelnen Organen durchzieht und in die Spitzen der Flügel und Beine reicht. Der Luftaustausch findet über Atemöffnungen statt; durch Strecken bzw. Verkürzen des Hinterleibs können die Tracheen mit Luft gefüllt und wieder entleert werden; man kennt diese typischen Pumpbewegungen vom Maikäfer.

Der Hinterleib trägt keine Gliedmaßen; er wird vom Verdauungstrakt, dem Blutgefäßsystem und den Geschlechtsorganen ausgefüllt. Der dreigeteilte Darm erweitert sich im vorderen, noch im Brustraum liegenden Teil zu einem Kaumagen; an der Grenze zwischen Mittel- und Enddarm münden die Ausscheidungsorgane, die Malpighischen Gefäße. Das Nervensystem ist als Strickleiternervensystem ausgebildet, wie schon bei den Ringelwürmern beschrieben.

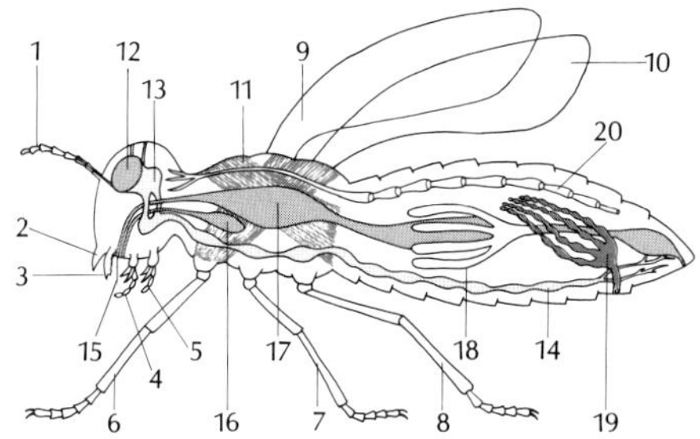

Insekten *(Bauplan):* **1** Fühler, **2** Oberlippe, **3** Oberkiefer, **4** Unterkiefer, **5** Unterlippe, **6,7,8** die drei Beinpaare, **9,10** Vorder- und Hinterflügel, **11** Flugmuskulatur in der Brust, **12** Komplexaugen, **13** Gehirn, **14** Strickleiternervensystem, **15** Mundöffnung, **16** Speicheldrüse, **17** Kaumagen, **18** Malpighische Gefäße, **19** Eierstock, **20** Herz

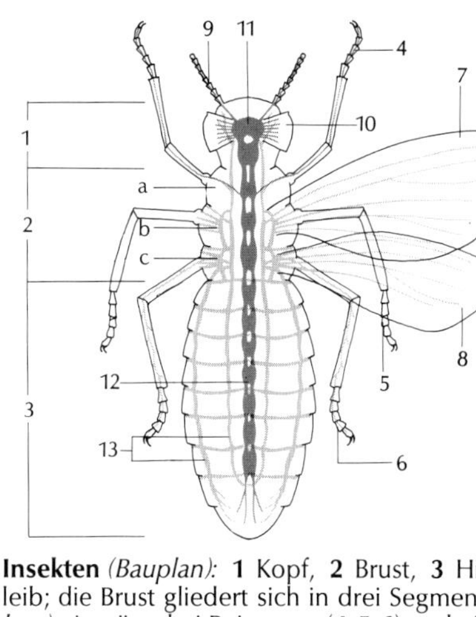

Insekten *(Bauplan):* **1** Kopf, **2** Brust, **3** Hinterleib; die Brust gliedert sich in drei Segmente *(a, b, c)*; sie trägt drei Beinpaare (**4,5,6**) und ein bis zwei Flügelpaare (**7,8**); **9** Fühler, **10** Komplexaugen, **11** Gehirn, **12** Strickleiternervensystem, **13** Tracheen zur Atmung

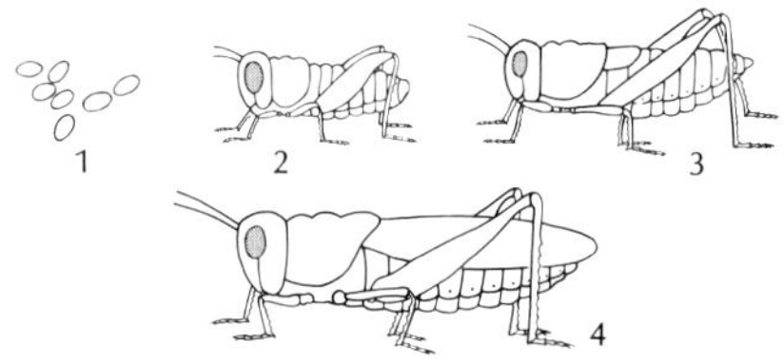

Unvollkommene Verwandlung *(Heuschrecken):* Die Larven gleichen von Anfang an den erwachsenen Tieren und werden ihnen bei jeder Häutung ähnlicher, die Flügelausbildung schreitet dabei laufend fort: **1** Eier, **2, 3** Larvenformen, **4** erwachsenes Tier

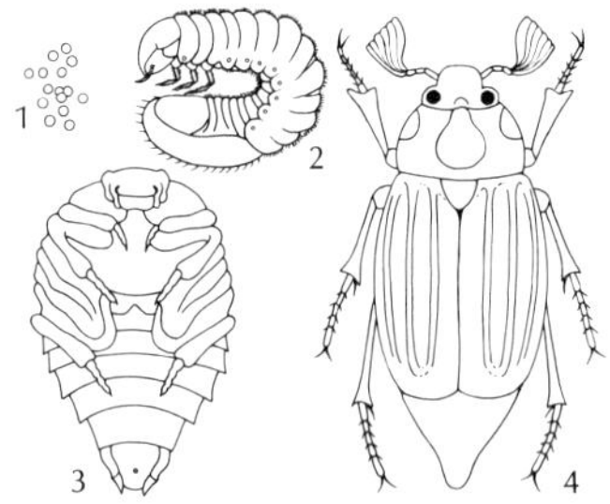

Vollkommene Verwandlung *(Käfer):* **1** Eier, **2** die Larven gleichen den erwachsenen Käfern nicht; sie haben Kopf, Kiefer, Brustsegmente und drei gegliederte Beinpaare; **3** nach mehreren Häutungen folgt das Puppenstadium, an dem bereits die Gliederung des fertigen Käfers erkennbar ist; **4** fertiger Käfer

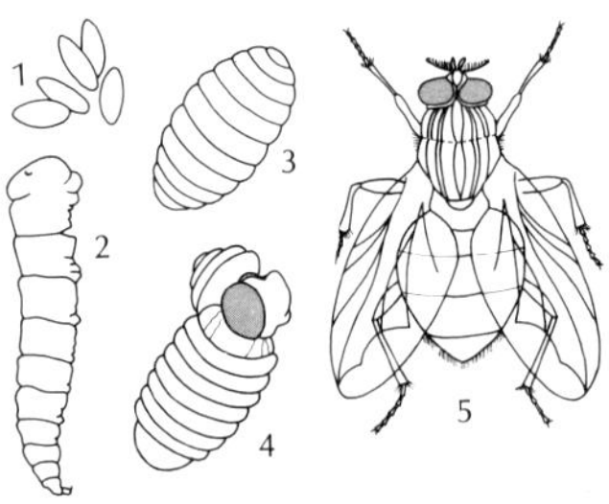

Vollkommene Verwandlung *(Fliegen):* **1** Eier, **2** beinlose Maden, **3** Tönnchenpuppe, in der die Entwicklung zum fertigen Insekt erfolgt; die Ringelung läßt die Segmentgrenzen erkennen; **4** das schlüpfende Insekt sprengt den Deckel ab; **5** fertig entwickelte Fliege

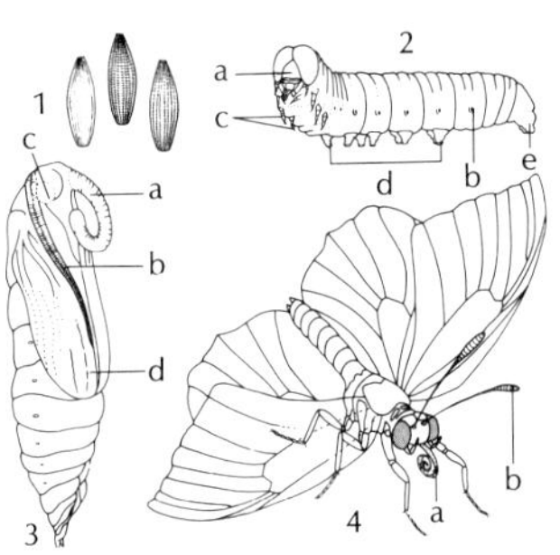

Vollkommene Verwandlung *(Schmetterlinge):* **1** Eier, **2** Raupen haben am Kopf *(a)* Punktaugen und Kiefer, drei Paar gegliederte Brustbeine *(c)*, vier Paar stummelförmige Bauchfüße *(d)* und am Körperende ein Paar Nachschieber *(e)*, Atemöffnungen *(b)*; **3** nach mehreren Häutungen folgt das Puppenstadium, an dem bereits Rüssel *(a)*, Fühler *(b)*, Augen *(c)*, Flügel *(d)* erkennbar sind; **4** fertiger Falter, *(a)* Rüssel, *(b)* Fühler

Insekten sind fast immer getrenntgeschlechtig; bei vielen sehen die Männchen anders aus als die Weibchen, die oft größer, unscheinbarer gefärbt und manchmal ungeflügelt sind. Die Insekten haben eine Vielzahl an Fortpflanzungsmethoden hervorgebracht, von denen einige bei den einzelnen Arten erwähnt werden. Hier sei nur noch etwas zur Entwicklung gesagt. Die Weibchen legen Eier, aus denen kleine Jugendstadien, die Larven, schlüpfen. Bei einigen Insekten, wie z.B. den Heuschrekken oder Schaben und Wanzen, ähneln die Larven von Häutung zu Häutung mehr den erwachsenen Tieren, ein Entwicklungsgang, den man als »unvollkommene Verwandlung« bezeichnet. Bei anderen Insektengruppen hingegen gleichen die Larven ihren Elterntieren überhaupt nicht. Als reine Freß- und Wachstumsstadien machen sie während dieser Periode zwar mehrere Häutungen durch, werden den Eltern aber dadurch nicht ähnlicher. Es gibt große Unterschiede im Aussehen der Larven. Viele besitzen einen großen Kopf mit kräftigen Kiefern, drei Brustsegmente mit drei kurzen, gegliederten Beinpaaren und einen beinlosen, langgestreckten, dehnbaren Hinterleib. Manchen Larven, z.B. bei den Bienen und Fliegen, fehlen die Beine ganz; sie werden als Maden bezeichnet. Die Raupen der Schmetterlinge und die mancher Blattwespen tragen am Hinterleib zusätzlich Beinstummel. Allen Larven fehlen noch die Facettenaugen, sie besitzen nur seitliche Einzelaugen. Da sich Larve und Vollinsekt in diesen Fällen gewaltig unterscheiden, ist eine allmähliche Umwandlung nicht möglich. Der tiefgreifende Umbau erfolgt in einem besonderen, dazwischengeschalteten Entwicklungsstadium, dem der Puppe. In ihr vollzieht sich die endgültige Ausbildung aller dem Vollinsekt eigenen Merkmale und Organe, während sie äußerlich in einem Ruhestadium verharrt; sie wandert nicht umher und nimmt keine Nahrung mehr auf. Ist die Umwandlung im Puppeninnern abgeschlossen, dann wird die Puppenhülle gesprengt, und das fertige Insekt schlüpft aus. Eine derartige Entwicklung nennt man »vollkommene Verwandlung«.

Im folgenden werden die wichtigsten Insektengruppen mit ihren charakteristischen Merkmalen vorgestellt. Man unterscheidet flügellose Urinsekten, die dem großen Heer der Fluginsekten mit vielen Untergruppen wie Libellen, Heuschrecken, Gleichflüglern, Wanzen, Käfern, Hautflüglern (z. B. Bienen), Zweiflüglern (Mücken und Fliegen) und Schmetterlingen gegenübergestellt werden.

Die **Urinsekten** *(Apterygota)*, zu denen u.a. die Springschwänze und die Borstenschwänze (Silberfischchen) gehören, sind stets ungeflügelt. Sie besitzen an bestimmten Hinterleibssegmenten paarige Anhänge, die entweder klein und stummelartig bleiben oder den auffallenden Sprungapparat der Springschwänze bilden; die Borstenschwänze tragen lange, borstenförmige Fortsätze am Hinterende. Die Mundwerkzeuge sind in der Regel kauend, Komplexaugen sind vorhanden; manche

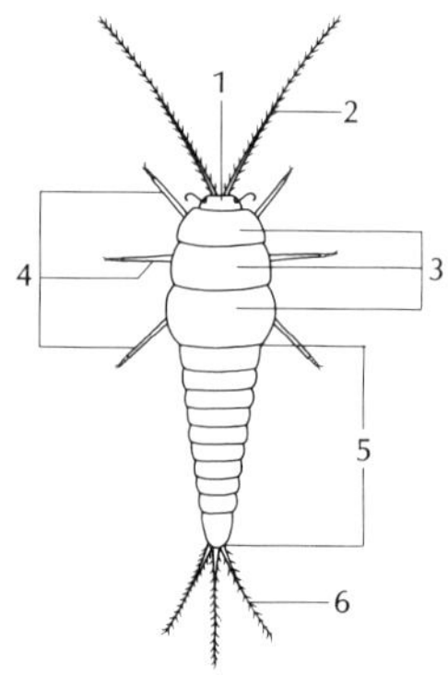

Urinsekten: 1 Kopf, **2** Fühler, **3** die drei Brustsegmente (sie tragen keine Flügel), **4** die drei Beinpaare, **5** Hinterleib, **6** Schwanzborsten

Springschwänze sind allerdings blind. Die Lebensweise der Urinsekten ist mannigfaltig.

Libellen *(Odonata)*, schlanke, schön gefärbte, äußerst wendige Fluginsekten, besitzen einen großen, nach allen Richtungen beweglichen Kopf mit riesigen Komplexaugen und kauenden Mundwerkzeugen, einen kräftigen Brustabschnitt und einen langen, meist stabförmigen Hinterleib. Durch den Schlag ihrer glasklaren, reich geäderten und daher gut ausgesteiften Flügel können sie blitzschnell dahinschießen; 30 km/h erreichen sie ohne weiteres. Die reich beborsteten Beine sind nicht zum Laufen geeignet, sie dienen als Klammerorgane bei der Begattung oder als Fangapparat; dazu werden sie während des Fluges zu einer Art Korb gekrümmt, in dem kleine Insekten hängenbleiben. Während die Libellen bevorzugt in feuchten Gebieten und in Ufernähe fliegen, leben ihre Larven ausschließlich im Wasser; der Hinterkörper endet in blattförmigen Ruderplättchen. Ihre Beute schlagen die Larven mit einer sog. Fangmaske, die in Ruhestellung auf der Kopfunterseite zusammengeklappt ist; zum Fang wird sie vorgeschnellt, und dolchartige Klauen bohren sich in das Opfer.

Heuschrecken *(Saltatoria)* verdanken ihr gewaltiges Sprungvermögen ihren kräftig ausgebildeten Hinterbeinen mit entsprechend verdickten Schenkeln. Die Beine dienen aber, z.B. bei den Feldheuschrekken, nicht nur zum Springen; mit ihrer Hilfe werden auch die Töne für die sommerlichen Zirpkonzerte hervorgebracht, indem die Tiere eine Schrilleiste an der Innenseite der Hinterbeine gegen eine verstärkte Deckflügelader reiben. Grillen und Laubheuschrecken dagegen erzeugen ihre Zirplaute durch Aneinanderreiben der Vorderflügel. Mit Hilfe dieser Laute finden die Geschlechter zueinander. Die großen, zarthäutigen, oft leuchtend bunten Hinterflügel liegen in Ruhestellung gefaltet unter den derben Deckflügeln verborgen. Heuschrecken leben räuberisch oder als Pflanzenfresser und können dann als Schädlinge zu einer schlimmen Plage werden, was allerdings bei uns kaum vorkommt.

Zu den **Gleichflüglern** *(Pflanzensauger; Homoptera)* zählen die Zikaden, Blatt- und Schildläuse. Sie besitzen stechend-saugende Mundwerkzeuge und ziemlich gleichartige Flügel, von denen die Vorderflügel etwas größer, aber nie, wie bei den Wanzen, als derbere Deckflügel ausgebildet sind. In Ruhe werden sie dachartig über dem Hinterleib zusammengelegt, im Flug durch Häkchen zu einer einzigen Schlagfläche verbunden. Die Hinterbeine sind vielfach als Sprungbeine ausgebildet. Eine Reihe von Arten besitzt Wachsdrüsen am Hinterleib, die Tiere sind dann meist ganz von diesen Wachsausscheidungen bedeckt. Viele pflanzensaugende Arten sind Schädlinge.

Wanzen *(Heteroptera)* verfügen wie die Gleichflügler über stechend-saugende Mundwerkzeuge; sie unterscheiden sich von ihnen jedoch durch die verfestigten Deckflügel, die allerdings nur in ihrem vorderen Teil dick und derb gebaut sind, hinten aber zarthäutig bleiben. Mit dem großen Halsschild und dem breit ansitzenden Hinterleib ähneln sie sehr den Käfern. Die in dieser Gruppe üblichen Schreitbeine sind bei den Wasserwanzen zu Ruderbeinen umgeformt. Manche Wanzen besitzen zur Verteidigung Stinkdrüsen am hinteren Brustteil. Unter den Wanzen gibt es ebenfalls eine Reihe von Pflanzenschädlingen.

Käfer *(Coleoptera)* zeigen als Hauptmerkmale beißend-kauende Mundwerkzeuge, einen verbreiterten Rückenteil der Vorderbrust, den sog. Halsschild, und feste, stark chitinisierte Deckflügel. Die Kiefer können an der Spitze des rüsselartig verlängerten Kopfes sitzen (Rüsselkäfer) oder bei den männlichen Tieren mancher Arten beträchtlich vergrößert sein (z.B. beim Hirschkäfer). Die Deckflügel liegen in der Ruhe schützend über den gefalteten Hinterflügeln; bei den Kurzflüglern und einigen Ölkäfern sind sie abgestutzt und bedecken nur einen Teil der Hinterflügel. Die Weibchen einiger Leuchtkäfer besitzen nur mehr Flügeldeckenstummel. Bei manchen Gruppen verwachsen die Flügeldekken, was zur völligen Flugunfähigkeit führt. Die Beine sind als Lauf-, Sprung-, Grab- oder Schwimmbeine ausgebildet. Die Käfer legen weichhäutige Eier; ihre Entwicklung verläuft über ein Larven- und Puppenstadium (»vollkommene Verwandlung«). Die Puppe läßt, bereits äußerlich sichtbar, in ihrer Gliederung alle Merkmale des Käfers deutlich erkennen. Käfer zeigen eine sehr mannigfaltige Lebensweise: Sie sind Räuber, Pflanzen- und Aasfresser, besiedeln das Land, das Süßwasser und sogar das Meer; sie leben im Boden eingegraben oder auf Kräutern und Bäumen; zahlreiche Arten sind Pflanzenschädlinge und einige Tierparasiten.

Hautflügler *(Hymenoptera)* zeichnen sich durch zwei Paar häutige, durchsichtige Flügel aus. Die Flügeläderung ist sehr gering und bildet nie ein Netzwerk. Beide Flügelpaare werden wie bei den Gleichflüglern im Flug verbunden. Die Mundwerkzeuge sind entweder beißend-kauend (Pflanzenwespen) oder leckend-saugend (Schlupf- und Stechwespen). Die »Wespentaille«, eine Einschnürung zwischen Brust und Hinterleib, ist für Schlupf- und Stechwespen typisch, wogegen bei den Pflanzenwespen der Hinterleib in voller Breite an der Brust ansitzt. Beim Weibchen befindet sich am Hinterende der Legeapparat; er ist bei den Pflanzen- und Schlupfwespen als Legebohrer entwickelt. Mit ihm stechen die Pflanzenwespen ihre Eier tief in Pflanzenteile ein, die Schlupfwespen in die Larven anderer Insekten. Bei den Stechwespen ist dieser Apparat zu einem mit einer Giftdrüse versehenen Wehrstachel umfunktioniert, der den schmerzhaften Stich der Bienen und Wespen verursacht. Hautflügler durchlaufen eine »vollkommene Verwandlung«. Bei einigen Gruppen tragen die Larven an den Hinterleibssegmenten stummelartige Afterfußpaare. Die Verpuppung erfolgt gegen Ende der Larvenzeit in einem mit Hilfe von Spinndrüsen gefertigten Kokon. Zu den Hautflüglern zählen staatenbildende Insekten, über deren interessante Lebensweise bei diesen Arten (Bienen, Hummeln, Wespen, Hornissen, Ameisen) berichtet wird.

Zweiflügler *(Diptera)* werden in zwei Untergruppen gegliedert: die kleineren, zierlichen Mücken mit langen Fühlern und die gedrungenen Fliegen mit kurzen Fühlern. Alle besitzen nur zwei häutige Flügel (also nur ein Flügelpaar). Das hintere Paar ist nämlich zu kurzen, trommelschlegelförmigen Schwingkölbchen umgeformt, die zur Stabilisierung beim Flug dienen. Die Mundwerkzeuge sind entweder stechend-saugend (z.B. bei den Stechmücken) oder leckend-saugend mit einem stempelförmigen Saugpolster (z.B. Stubenfliege). Aus den Eiern schlüpfen Larven oder aber fußlose Maden mit rückgebildeter Kopfkapsel. Die weitere Entwicklung führt bei den Mücken und niederen Fliegen über sog. Mumienpuppen, an denen alle Körperanhänge deutlich sichtbar sind. Alle übrigen Fliegen jedoch haben Tönnchenpuppen, länglich-ovale Gebilde mit absprengbarem Deckel, bei denen nur durch eine Ringelung die Segmentgrenzen angedeutet sind. Fliegen und Mücken saugen Pflanzensäfte, Blut und andere Nährstoffe, die sie vorher mit ihrem Speichel verflüssigen. Man trifft sie in allen Lebensräumen; bis in die Polargebiete und tropischen Wälder dringen sie vor, leben in Höhlen und Tierbauten, in menschlichen Behausungen und als Außenparasiten an Pflanzen und Tieren. Viele sind gefährliche Pflanzenschädlinge und Krankheitsüberträger.

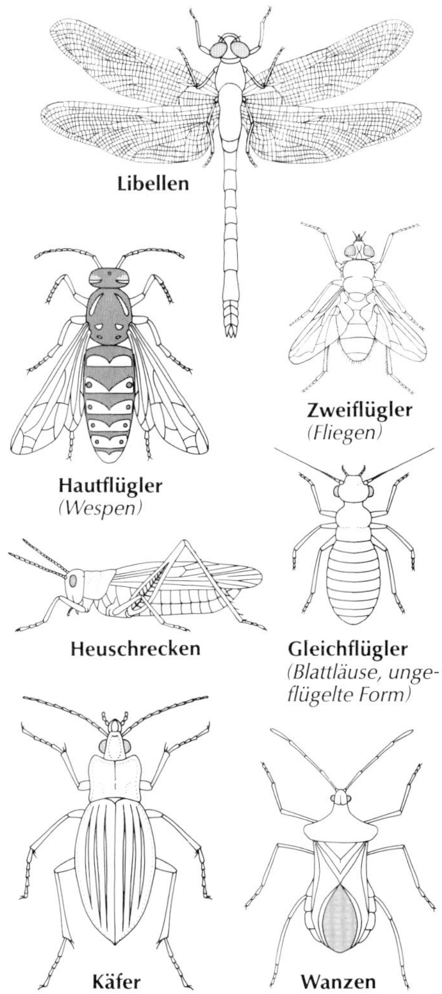

Schmetterlinge *(Lepidoptera)* sind durch die bunten, schillernden Farben ihrer großen Flügel die auffallendsten unter allen Insekten und daher auch die begehrtesten Sammelobjekte. Die vier häutigen Flügel sind in der Regel mit winzigen Schuppen bedeckt, deren eingelagerte Farbstoffe und besondere Mikrostrukturen die verschiedenen prächtigen Farbeffekte und Muster hervorbringen. Nur in seltenen Fällen sind die Flügel unbeschuppt und glasklar. Bei den Männchen mancher Arten haben sich Duftschuppen zum Anlocken der Weibchen ausgebildet. Ein weiteres wesentliches Merkmal der Schmetterlinge ist der lange, einrollbare Saugrüssel. Bei Faltern, die an Blüten saugen, kann man beobachten, wie sie diesen Saugrüssel ausrollen und tief in das Innere des Kelches sinken.

Außerdem fallen am Kopf, vor allem bei Nachtfaltern, besonders große Komplexaugen auf sowie sehr unterschiedlich geformte, bei manchen Arten breit gefiederte und ausladende Fühler, die ihnen ein besonders gutes Tast- und Riechvermögen verleihen. Mit Hilfe dieser Organe finden die Tiere die richtige Futterpflanze für ihre Raupen, Nachtfaltermännchen ihre »duftende« Partnerin.

Die befruchteten Weibchen legen Eier ab; die Eizahl schwankt zwischen 40 und 300. Aus den Eiern schlüpfen die Larven, Raupen genannt. Nicht nur die ausgewachsenen Falter, sondern auch die Raupen zeigen vielfach bunte und auffällige Farben; häufig bedecken Warzen, Papillen, Dornen oder ganze Büschel von Haaren ihre Haut. Am Kopf sitzen Punktaugen. Die Raupen haben kauende Mundwerkzeuge. Viele können nur auf bestimmten Futterpflanzen leben, andere fressen an tierischen Textilien, z.B. die Raupen der Motten. Außer drei Paar echten gegliederten Beinen sind vier Paar stummelförmige Bauchfüße entwickelt sowie die sog. Nachschieber, ein am Körperende sitzendes Bauchfußpaar. Bei manchen Familien ist die Zahl der Bauchfüße reduziert. Viele Raupen leben gesellig und können dann in einem Gebiet ihre Futterpflanzen unter Umständen völlig kahlfressen.

Die Raupen der Nachtfalter suchen zur Verpuppung verborgene Orte auf, z.B. Erdhöhlen, und spinnen einen Kokon aus Seide. Die Puppen der Tagfalter sitzen entweder als Gürtelpuppen mit einem Seidenfaden um die Mitte und mit Borsten und Haken ihres Hinterendes an Zweigen befestigt, oder sie hängen kopfunter als sog. Stürzpuppen von Blättern und Ästen. Gegen Ende der Puppenruhe sprengt der Falter die zunehmend dünner gewordene Puppenhülle und schlüpft heraus. Man unterscheidet Tag- und Nachtfalter und die Kleinschmetterlinge. Sie sind weltweit verbreitet und ihre Lebensgewohnheiten mannigfaltig. Die Raupen des Seidenspinners werden zur Seidengewinnung gezüchtet.

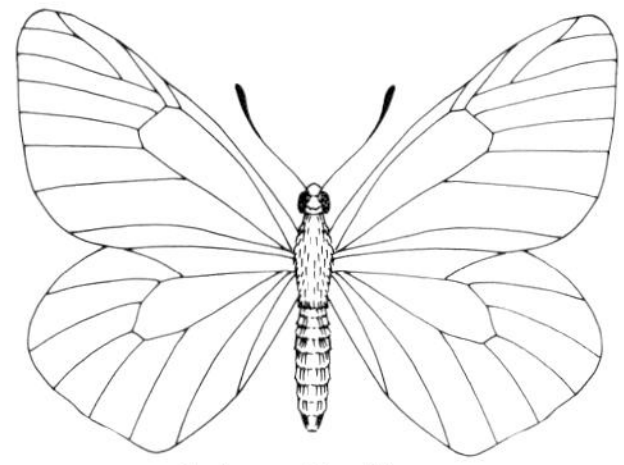

Schmetterlinge

STACHELHÄUTER *(Echinodermata)*

Wer je beim Baden im Meer auf einen Seeigel getreten ist, dem wurde schmerzhaft bewußt, warum der Stamm den Namen »Stachelhäuter« trägt. Zu ihm gehören außer den Seeigeln noch vier weitere Gruppen: die Seesterne, Schlangensterne, Haarsterne und Seewalzen. Die namengebenden Stacheln treten jedoch nur bei den Seeigeln in größerer Länge und Stärke auf, bei den See- und Schlangensternen sind sie wesentlich kleiner; den Seewalzen und Haarsternen fehlen sie ganz.

Ein gemeinsames Merkmal, das die Stachelhäuter von allen anderen Tierstämmen unterscheidet, ist der fünfstrahlige Körperbau, der sich nicht nur auf die äußere Form erstreckt: Auch alle inneren Organe sind in Fünfergruppen vorhanden. Die Fünfstrahligkeit ist bei den fünfarmigen See- und Schlangensternen auf den ersten Blick zu erkennen. Bei den Seeigeln muß man sich vorstellen, daß die fünf Arme miteinander verbunden und zu einer Kugelform hochgezogen werden. Die Seewalzen schließlich kann man als in die Länge gezogene und um 90° zur Seite geneigte Seeigel auffassen.

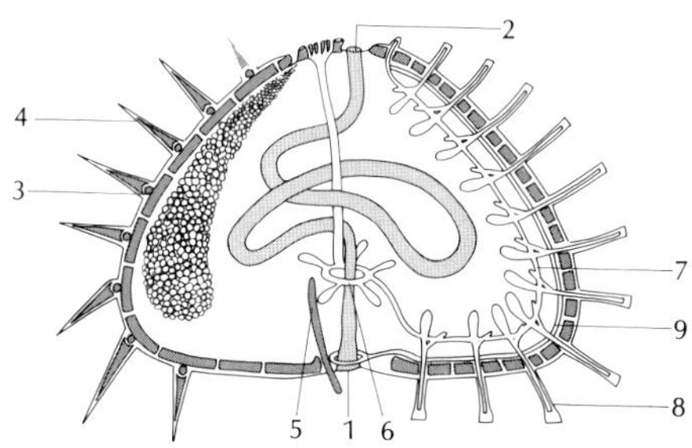

Stachelhäuter *(Seeigel)*: **1** Mundöffnung, **2** After, **3** Skelettplatte, **4** Stacheln, **5** Kiefer, **6** Ringkanal, **7** Radialkanal des Wassergefäßsystems, **8** Füßchen, **9** Nervensystem

Bei den Stachelhäutern läßt sich kein Vorne und Hinten unterscheiden, sie können sich mit jeder Körperseite vorwärtsbewegen. Ihre Körperachse steht senkrecht zum Untergrund, der Mund liegt in der Mitte der Unterseite, der After oben. Nur bei den Seewalzen verläuft die Längsachse parallel zum Untergrund, und ein Tentakelkranz um die Mundöffnung markiert das Vorderende. Haarsterne richten ihre Mundseite dem freien Wasser zu.

Mit Ausnahme der Seewalzen besitzen die Stachelhäuter ein mehr oder weniger festes Skelett. Es liegt unter der Haut und ist bei den Seeigeln zu einem starren Panzer aus enggefügten Platten gestaltet. Bei See- und Schlangensternen und den Armgliedern der Haarsterne sind diese Platten gegeneinander beweglich geblieben. Die Seewalzen schließlich weisen nur noch mikroskopisch kleine Skelettstückchen in der Körperwand auf.

Im sog. Wassergefäßsystem, einer Besonderheit der Stachelhäuter, wird die Fünfstrahligkeit besonders deutlich. Von einem im Mundbereich verlaufenden Ringkanal gehen fünf Radialkanäle ab, die bis in die Armspitzen der See-, Schlangen- und Haarsterne bzw. bis zur Aftergegend der Seeigel und Seewalzen ziehen. Diese Radialkanäle verzweigen sich seitlich und enden in zahlreichen häutigen, schlauchartigen Aussackungen, die in Doppelreihen auf die Körperoberfläche austreten. Da diese bei einigen Gruppen der Stachelhäuter auch der Fortbewegung dienen, werden diese Aussackungen auch als Füßchen bezeichnet. Ihre Bewegung erfolgt mit Hilfe eines ausgeklügelten hydraulischen Systems, das auf einem komplizierten Wechselspiel zwischen der Fußmuskulatur und dem in den Füßchen herrschenden Wasserdruck beruht. Die Füßchen sitzen bei den sternförmigen Stachelhäutern auf der Unterseite der Arme; bei Seeigeln und Seewalzen verlaufen sie in fünf Reihen in gleichen Abständen voneinander vom Mund zum After. Über die Füßchen und das Wassergefäßsystem erfolgen auch die Atmung und teilweise die Ausscheidung, auch spielen sie beim Nahrungsfang und -transport zum Mund eine wesentliche Rolle.

Der übrige Körperbau ist eher als primitiv zu bezeichnen. Die Tiere haben weder einen Kopf noch ein Gehirn. Nervensystem und Sinnesorgane sind sehr einfach, die Sinneszellen verteilen sich über die ganze Körperoberfläche. Es fehlen spezielle Exkretions- und Atemorgane; Eier und Samen werden direkt ins Wasser abgegeben. Im Körperinnern befindet sich eine mit Flüssigkeit gefüllte Leibeshöhle; in ihr verläuft der Darm und liegen die Geschlechtsorgane. Das Blut strömt in Blutbahnen (Lakunen); es sind keine echten Blutgefäße ausgebildet, und es fehlt in der Regel auch ein Herz. Die Mundöffnung umschließt bei den Seeigeln, See- und Schlangensternen einen Kieferapparat.

Stachelhäuter sind meist getrenntgeschlechtig, einige Seewalzen und Schlangensterne sind Zwitter. Die Entwicklung verläuft über ein Larvenstadium. Manche Arten treiben Brutpflege: In eigens dafür ausgebildeten Brutkammern betreuen sie ihre Nachkommen, bis sie zu Jungtieren herangewachsen sind. Das große Regenerationsvermögen der Stachelhäuter kann gelegentlich zu ungeschlechtlicher Vermehrung durch Zerteilung des Körpers und anschließende Ergänzung der fehlenden Stücke führen.

Stachelhäuter leben nur im Meer, einige Arten in Tiefen bis 10 000 m.

Seeigel *(Echinoidea)*
Sie sind die stacheligsten Gesellen dieses Tierstammes. Es gibt Arten, deren Stacheln über 20 cm lang und nadelspitz sind, andere wiederum haben griffel- oder keulenförmige Stacheln ausgebildet. Neben den Stacheln sitzen auf der Körperoberfläche noch zangenartige Gebilde, die Klapp-, Beiß-, Putz- oder Giftzangen, die dem Nahrungserwerb, der Säuberung des Körpers und der Abwehr von Feinden dienen. Das Gift mancher Arten kann bei Menschen Lähmungserscheinungen und Atemnot hervorrufen. Die Fortbewegung erfolgt mit Füßchen und Stacheln. Seeigel nehmen sowohl pflanzliche als auch tierische Nahrung zu sich und machen sich sogar an Aas.

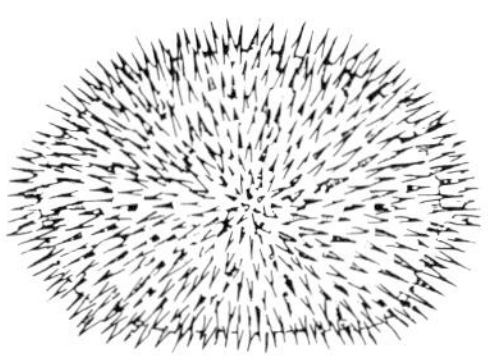
Seeigel

Seesterne

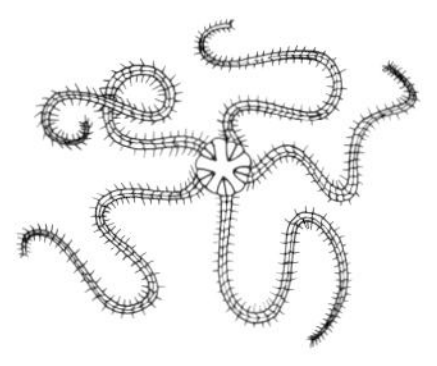
Schlangensterne

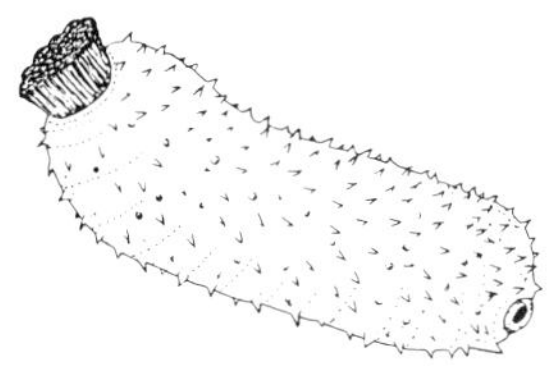
Seewalzen

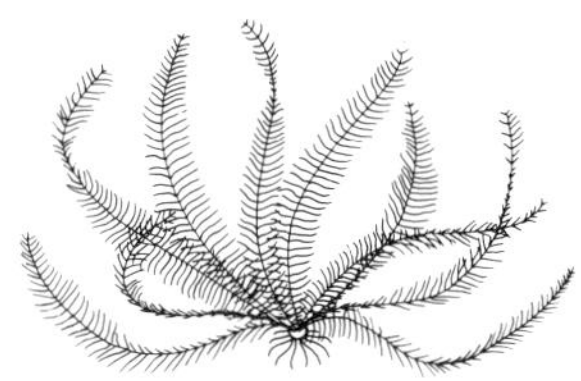
Haarsterne

Seesterne *(Asteroidea)*
Diese Stachelhäuter haben eine kleine, fünfeckige Körperscheibe, von der sehr breite, flache, spitz zulaufende oder aber schlanke, rundliche Arme ausgehen. Die nur locker miteinander verbundenen Skelettplatten erlauben eine gute Beweglichkeit der Arme. Die Fortbewegung erfolgt ausschließlich mit den Füßchen, die auf der Unterseite der Arme in tiefen Furchen liegen und in prall gefülltem Zustand wie Stelzen gebraucht werden. Die Tiere ernähren sich räuberisch von Muscheln, Schnecken und Krebsen; sie können durch den kräftigen Zug ihrer saugnapfbewehrten Füßchen fest schließende Muschelschalen öffnen, spucken dann Verdauungssaft über die Weichteile und nehmen darauf die so, außerhalb des eigenen Körpers, vorverdaute Nahrung zu sich. Manche Seesterne können, wenn sie an einem Arm ergriffen werden, an einer dort vorgebildeten Stelle abbrechen und dadurch einem Feind entkommen. Man findet deshalb oft Seesterne mit einem oder mehreren viel kleineren Armen. Unter den Seesternen gibt es farbenprächtige Formen, besonders bei den tropischen Arten.

Schlangensterne *(Ophiuroidea)*
Diese Stachelhäuter zeichnen sich durch besonders lange, ungemein bewegliche, kreisrunde Arme aus, die scharf von der kleinen, runden Körperscheibe abgesetzt sind. Sie bestehen aus kurzen, gelenkig aneinandergereihten Skelettstücken, sind mit schuppenartigen Platten bedeckt und können kurze Stacheln tragen. Schlangensterne bewegen sich allein mit den Armen fort. Die Füßchen nehmen nicht daran teil und besitzen daher auch keine Saugnäpfe; sie dienen nur dem Nahrungserwerb. Die Schlangensterne ernähren sich von Kleinstlebewesen, die sie mit den Füßchen vom Boden auftupfen; manche halten auch ihre Arme ins Wasser und fangen Plankton aus der Strömung. In ihrer Färbung sind die Schlangensterne äußerst variabel.

Haarsterne *(Crinoidea)*
Sie unterscheiden sich von den anderen Stachelhäutern dadurch, daß sie zeitlebens (wie die Seelilien) oder wenigstens vorübergehend auf einem Stielchen am Untergrund festsitzen, die Mundseite nach oben gekehrt, und ihre zu Fangarmen (Tentakel) umgewandelten Füßchen in die Strömung halten. Die meisten Haarsterne lösen sich nach einem festsitzenden Jugendstadium ab und können dann umherschwimmen, indem sie mit den langen Armen auf und ab schlagen. Der Rumpf ist kelchförmig; er trägt auf der dem Mund abgewandten Seite kurze, krallenartige Fortsätze, die zum Festhalten dienen und auf denen das Tier laufen kann. Haarsterne sind Planktonfresser, die das Geschwebe mit ihren gefiederten Armen aus dem Wasserstrom fangen. Infolge ihres großen Regenerationsvermögens können sie verlorengegangene Arme ohne weiteres ersetzen.

Seewalzen *(Holothuroidea)*
Diese Stachelhäuter entbehren ganz der Stacheln, dafür ist die Körperwand zu einem kräftigen, muskulösen Schlauch von ledrig-zäher Beschaffenheit verdickt, in dessen oberster Schicht kleine Skelettstückchen eingebettet liegen. Auf der häufig flachen Körperunterseite verlaufen drei Füßchenreihen, auf der gewölbten Oberseite zwei. Die Füßchen der Oberseite sind zu Papillen und Warzen umgestaltet und taugen nicht mehr zur Fortbewegung. Bei manchen Seewalzen sind die Füßchen vollständig reduziert, nur in der Umgebung des Mundes zu verzweigten Fangarmen ausgebildet, die der Nahrungsaufnahme dienen. Einige Seewalzen haben eine außergewöhnliche Einrichtung zur Verteidigung entwickelt: Bei Gefahr stoßen sie aus dem After weißliche, zähklebrige Schläuche aus, in die sich der Angreifer verwickelt. Die Seewalzen dringen bis in sehr große Meerestiefen vor.

WIRBELTIERE *(Vertebrata)*

Die am höchsten entwickelten Organismen gehören ohne Zweifel zu den Wirbeltieren. Diese Feststellung gilt sicherlich nicht bloß deswegen, weil auch wir Menschen diesem Stamm angehören. Vielmehr haben die Wirbeltiere zahlreiche Eigenschaften und Anpassungen entwickelt, die es ihnen ermöglichten, den Zwängen der Umweltbedingungen in zunehmendem Maße zu entgehen. Die Erfolgsstrategie hierzu lieferten die Entwicklung eines festen Innenskeletts und die Konzentration des Nervensystems in einem hochdifferenzierten Gehirn.

Die Entwicklung der Wirbeltiere begann im Meer. Unscheinbare fischchenähnliche Wesen im Sand flacher Meeresküsten – die etwa fingerlangen, weidenblattförmigen Lanzettfischchen – zeugen noch heute von diesem Jahrmillionen zurückliegenden Anfang. Viele Eigenschaften der erdgeschichtlich später aufgetretenen Fische fehlen ihnen; sie bilden gewissermaßen eine recht unvollständige »Erstausgabe« der Wirbeltiere. Ihr wichtigstes Merkmal ist die Chorda oder Rückensaite, ein dünner Stab aus elastischem, knorpelähnlichem Material, der sich der Länge nach durch die Rückenpartie ihres Körpers zieht und einer Vorstufe des Innenskeletts der Wirbeltiere entspricht. Ein Wirbeltier ist das Lanzettfischchen deshalb noch nicht, weil ihm Wirbel und Knochen völlig fehlen. Aber es zeigt den Weg, den die Entwicklung genommen hat, denn an dieser Rückensaite konnten die gegliederten Muskelpakete ansetzen und eine Schlängelbewegung bewirken.

Fische *(Pisces)*

Die äußerst formenreiche Gruppe der Fische hat wesentliche Entwicklungsschritte durchgemacht, und viele Merkmale der höheren Wirbeltiere findet man bereits bei ihnen angelegt. Der Körper der meisten Fische ist von Schuppen bedeckt, die ihm Schutz verleihen, ohne die Beweglichkeit zu beeinträchtigen. Die Art der Schuppenausbildung ist für die verschiedenen Fischgruppen typisch. Manchmal wird sie sogar als Merkmal für schwer bestimmbare Arten herangezogen.

Die Gruppe gliedert sich in zwei große Untergruppen: die Knorpel- und die Knochenfische.

Knorpelfische *(Chondrichthyes)*: Das Innenskelett dieser Fische, deren bekannteste Vertreter Haie und Rochen sind, besteht noch zum größten Teil aus Knorpelmasse, die nicht die Festigkeit von richtigen Knochen erreicht, was bei diesen fast ausnahmslos im Meer lebenden Fischen allerdings auch nicht notwendig ist. Vielmehr kommt es hier auf Elastizität und Beweglichkeit der inneren Stützen an. Im Gegensatz zu den Lanzettfischchen können Knorpelfische mit ihrem stützenden Skelett auch sehr groß werden: Die größten Haie erreichen eine Länge von mehr als 15 m. Bei solchen Größen bedarf es eines wirkungsvollen Austauschsystems für die Atemgase Sauerstoff und Kohlendioxid. Dieses besteht in reich durchbluteten Ausstülpungen des vordersten Darmabschnitts, den Kiemen, an deren großen Oberflächen sich der Austausch vollzieht. Das Atemwasser wird durch den Mund bzw. das Spritzloch aufgenommen, strömt durch die Kiemen und gelangt wieder nach außen.

Die wesentlichste Entwicklung hat aber der Kopf erfahren. Knorpelfische verfügen bereits über leistungsfähige Linsenaugen und ein ziemlich großes Gehirn. Die Tätigkeit der im Körper weitverteilten, stark entwickelten Nerven wird von ihm koordiniert. Dadurch werden die Sinnesleistungen besser verwertet. In der großen Mundspalte befinden sich zahlreiche, bei den Haien messerscharfe Zähne. Brechen sie beim Zubeißen aus, so treten alsbald weitere an ihre Stelle. Der ursprünglich hochkant stehende, seitlich abgeplattete Flossensaum ist in Rücken-, Schwanz- und Afterflosse gegliedert und ermöglicht zusammen mit den Brust- und Bauchflossen eine sehr wirkungsvolle Steuerung beim Schwimmen. Brust- und Bauchflossen sind die ersten Vorläufer der Gliedmaßen, die später bei den höheren Wirbeltieren für sehr vielfältige Arten der Fortbewegung und Betätigung weiterentwickelt wurden. Die Schwanzflosse steht senkrecht! Dieses allen Fischen gemeinsame Merkmal unterscheidet sie von den fischähnlichen Meeressäugern, den Walen und Delphinen.

Knochenfische *(Osteichthyes)*: Das Innenskelett dieser zweiten großen Untergruppe der Fische zeigt weitere beträchtliche Fortschritte. Durch die Verknöcherung, also die Härtung der inneren Stützsubstanzen, erhielt der Körper ein höheres Maß an Festigkeit. An den einzelnen Knochen konnten nun auch Muskeln voneinander getrennt ansetzen; dies erleichtert eine feinere Abstimmung ihrer Arbeit. Ein wichtiger Schritt war zudem die Entwicklung eines gelenkigen Unterkiefers aus mehreren Knochen.

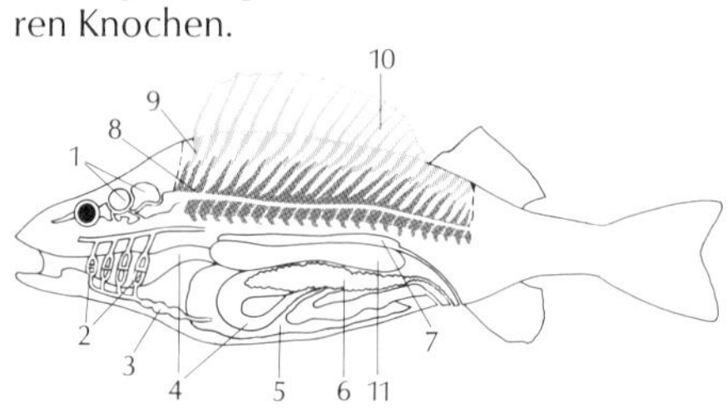

Knochenfische *(Bauplan)*: **1** Gehirn, **2** Kiemen, **3** Herz, **4** Darmsystem, **5** Leber, **6** Eierstock, **7** Niere, **8** Dornfortsätze der Rückenwirbel, **9** Flossenstrahlenträger, **10** Flossenstrahlen zur Stützung der Flossen, **11** Schwimmblase

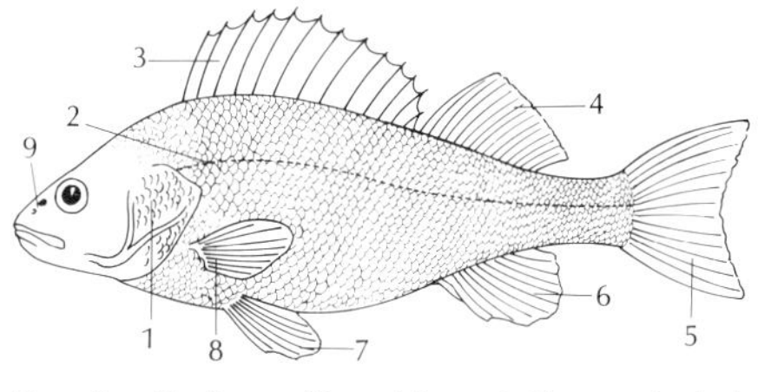

Knochenfische *(Barsch)*: **1** Kiemendeckel, **2** Seitenlinie, **3,4** Rückenflosse, bei vielen Fischen in eine vordere und hintere Rückenflosse geteilt, **5** Schwanzflosse, **6** Afterflosse, **7, 8** Bauch- und Brustflossen auf jeder Körperseite, die den Gliedmaßen der landbewohnenden Wirbeltiere entsprechen, **9** Nasengrube

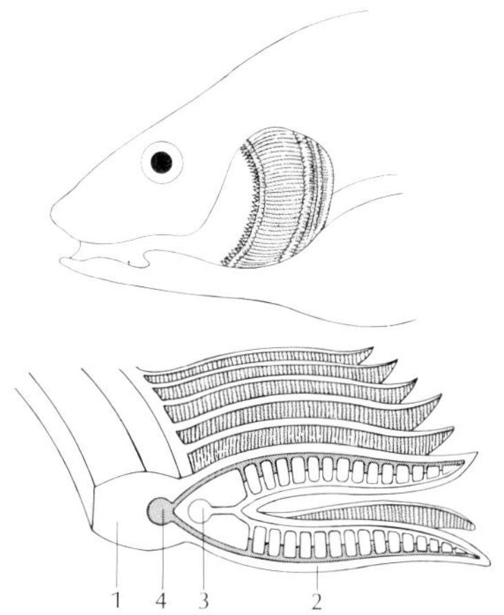

Kiemen: Fischkopf, an dem der Kiemendeckel entfernt wurde, um die Kiemen sichtbar zu machen; *darunter* Kiemenausschnitt: **1** Kiemenbogen, der die Kiemenblättchen trägt, **2** Kiemenblättchen mit Blutgefäßen, **3** Gefäße mit sauerstoffarmem, **4** mit sauerstoffreichem Blut

Zu den Neuerrungenschaften der Knochenfische zählt auch die Schwimmblase, die es ermöglicht, den Fischkörper in der Schwebe zu halten oder schnell in verschiedene Tiefen zu bringen: Absinken und Aufsteigen kann durch kleineres bzw. größeres Gasvolumen gesteuert werden. Ein empfindliches Sinnessystem zur Wahrnehmung von Wasserbewegungen, das sog. Seitenlinienorgan, verläuft vom Kopf nach hinten über die Körperoberfläche. Bei den meisten Fischen ist es als feine helle Punktreihe (die Seitenlinie) mit bloßem Auge erkennbar. Bei den Knochenfischen ist die Kiemenatmung erheblich verbessert worden. Die feinen, stark durchbluteten Kiemen werden durch einen Deckel (hinter dem Kopf sichtbar) vor Verletzung und Verschmutzung geschützt. Der rote Blutfarbstoff Hämoglobin sorgt, wie beim Menschen, bei den Fischen für eine wirkungsvolle Übertragung des Sauerstoffs auf die inneren Organe und die Muskeln, deren Leistungsfähigkeit so sehr gesteigert wurde, daß manche der großen, ununterbrochen aktiv schwimmenden Hochseearten gleichsam warmblütig geworden sind. Dazu zählen die Thunfische, deren Muskeln bei ihrer Tätigkeit so viel Wärme erzeugen, daß diese nicht schnell genug nach außen abgegeben werden kann und die Innentemperatur des Körpers über die des umgebenden Wassers steigt.

Im Gegensatz zu den Knorpelfischen haben es die Knochenfische im Süßwasser zu großem Formenreichtum gebracht. Von knapp fingerlangen Stichlingen oder Elritzen bis zu 1,5–2 m langen Welsen, Hechten oder noch größeren Stören, den ursprünglichsten der Knochenfische, reicht das Spektrum. Bekannte Gruppen der Knochenfische sind die Barschartigen, Karpfenfische und Forellenverwandten (Lachse). Der Flußaal kann sogar zeitweise das Wasser verlassen und über feuchtem Grund Land überqueren. Dies deutet den nächsten Entwicklungsschritt der Wirbeltiere an, die Eroberung des Landes.

Lurche *(Amphibia)*
Von den an Land lebenden Wirbeltieren stehen die Lurche oder Amphibien den Fischen am nächsten. Das zeigt am deutlichsten ihr Entwicklungsweg vom Ei zum geschlechtsreifen Tier. Von wenigen Ausnahmen abgesehen, bei denen die Jungen bereits in den Eiern im Körper des Muttertieres heranreifen (beispielsweise beim Alpensalamander), legen die Amphibien – ebenso wie auch die Fische (wiederum von wenigen Ausnahmen wie bei manchen Haien abgesehen) – ihre Eier ins Wasser, wo sie sich entwickeln und als Larven (Kaulquappen) ausschlüpfen. Wie die Fische tragen diese zunächst Kiemen, die als feine Büschel frei nach außen ragen, und einen langen Schwanz mit Flossensaum, mit dessen Hilfe sie im Wasser fischähnlich umherschwimmen. Nach einiger Zeit brechen am Hinterkörper die rasch wachsenden Hinterbeine durch und hinter dem Kopf die Vorderbeine. Nun werden die Kiemen zurückgebildet, und der Schwanz schrumpft. Die Kaulquappe wandelt sich zum kleinen Lurch um: zum Schwanzlurch, wenn der Schwanz erhalten bleibt, und zum Froschlurch, wenn er verlorengeht. Im ausgewachsenen Stadium haben wir schließlich ein regelrechtes Landtier vor uns, das zwar an ziemlich feuchte Umweltbedingungen gebunden bleibt, weil die dünne Haut noch über keinen wirkungsvollen Verdunstungsschutz verfügt. Aber vier wohlausgebildete, durch Gelenke gegliederte Beine sowie innere Lungen ermöglichen das Leben an Land. Der einfache Bau der Lungen macht es notwendig, daß zusätzlich die ganze Hautoberfläche zum Gasaustausch beiträgt – ein Grund, warum die Lurche noch nicht auf die feuchte dünne Haut zugunsten eines besseren Körperschutzes verzichten können. Das wird erst im nächsten Entwicklungsschritt, bei den Kriechtieren, ermöglicht.

Die heimischen Amphibien lassen sich, wie schon angedeutet, in zwei Untergruppen untergliedern: Zu den in vieler Hinsicht ursprünglicher gebliebenen *Schwanzlurchen (Urodela)* gehören die Molche und die Salamander, die auf einfachen, ziemlich weit seitlich ansetzenden Beinen kriechen, so daß der Bauch den Boden berührt. Die

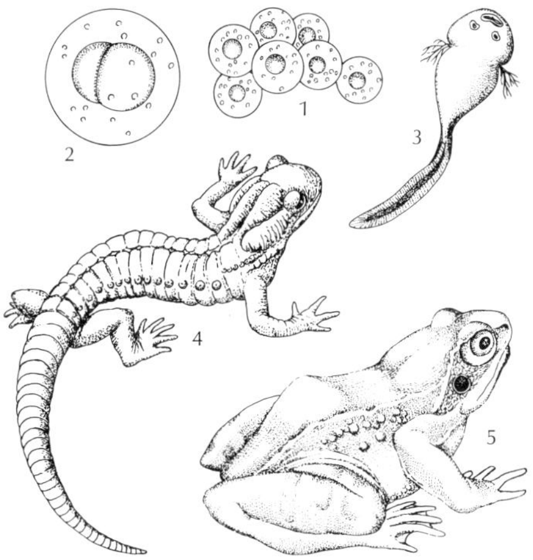

Lurche: 1 Laich, **2** ein einzelnes Ei nach der ersten Zellteilung, **3** Kaulquappe mit frei ins Wasser stehenden Kiemenbüscheln am Kopf, **4** Schwanzlurch, **5** Froschlurch

Froschlurche (Anura) – die Echten Frösche, die Kröten und die Unken – heben mit ihren kräftigen Beinen den Körper schon recht gut vom Boden ab, wodurch sie sich schneller fortbewegen können. Bei den Echten Fröschen wurde das vierfüßige Laufen sogar weitgehend zugunsten des Springens aufgegeben.

Kriechtiere *(Reptilia)*
Eine Mittel- und zugleich auch Schlüsselstellung für die Entwicklung der höheren Gruppierungen der Wirbeltiere kommt den Kriechtieren, den Reptilien, zu, deren Vertreter ganz unterschiedliche Richtungen der Anpassung an das trockene Land eingeschlagen haben. Vom Wasser sind sie, zumindest im Hinblick auf ihre Fortpflanzung und Jugendentwicklung, unabhängig geworden. Da ihre Eier in eine Schale eingebettet liegen wie in einem Miniaturaquarium, das die nötige Flüssigkeit enthält, können sie unbeschadet am Festland abgelegt werden. Der Körper der Kriechtiere wird durch weitgehend wasserundurchlässige Hautbildungen abgeschirmt, deren Ausgangsmaterial Hornschuppen bilden. Die Vergrößerung der inneren Oberfläche der Lungen, die Verbesserung des Blutkreislaufs und der feste Abschluß des Körpers nach außen kennzeichnen den Entwicklungszustand, den die Reptilien erreicht haben. Ihre Körpertemperatur hängt jedoch noch ganz von der Außentemperatur ab, so daß sie sich häufig sonnen. Diese Gruppe gliedert sich in mehrere große Untergruppen, von denen einige – beispielsweise die riesenhaften Saurier – im Laufe der Erdgeschichte ausgestorben sind. Die Hauptuntergruppen, die auch in Mitteleuropa vertreten sind, stellen die Echsen, Schlangen und Schildkröten mit ihren Arten dar.

Die **Echsen** *(Lacertilia)* ähneln den Salamandern, besitzen aber im Gegensatz zu diesen eine völlig von Hornschuppen bedeckte, trockene Haut sowie ein vielzähniges Gebiß und können auf ihren vier Beinen recht schnell laufen. Sie tragen einen langen Schwanz und an den Zehen Krallen aus Horn. Bei wenigen Arten schlüpfen die Jungen bereits beim Austritt aus der Geburtsöffnung aus den Eiern. Diese Echsen bezeichnet man als ovo-vivipar (ovipar heißt eierlegend, vivipar lebendgebärend).

Bei den **Schlangen** *(Serpentes)* sind die Beine zurückgebildet (wie teilweise bereits auch bei der Echsengruppe der Schleichen, zu denen die heimische Blindschleiche zählt). Schlangen bewegen sich daher schlängelnd und unter Einsatz gekielter Schuppen am Bauch fort. Im übrigen liegt das Kleid ihrer Hornschuppen sehr glatt am Körper an. Einige Gruppen besitzen Giftzähne (z.B. Vipern und Giftnattern). Der Entwicklungsgrad der Schlangenzähne – wie jener der Echsenzähne – reicht noch nicht zum Kauen von Nahrung aus, so daß die Beute im ganzen verschlungen wird. Bei den Echsen besteht diese vor allem aus Insekten, bei den Schlangen aus kleinen Wirbeltieren.

Die **Schildkröten** *(Testudines)* tragen einen charakteristischen Panzer aus Knochenplatten, der mit Hornschilden überzogen ist. Bei den Weichschildkröten haben sich die Knochenplatten nachträglich vermindert. Die Kiefer der Schildkröten sind von scharfen Hornscheiden bedeckt. Der Schwanz bleibt ziemlich kurz. Schlangen und Schildkröten stellen hochspezialisierte Entwicklungslinien der Reptilien dar, die keine weiteren Möglichkeiten mehr bieten.

Kriechtiere *(von oben nach unten):* Echse, Schlange, Schildkröte

Vögel *(Aves)*
Sicher waren es einfacher gebaute Reptilien, die zu den fernen Ahnen der Vögel und der Säugetiere gehören. Eine gewisse Vorstellung von solchen Übergängen vermittelt der Urvogel *Archaeopteryx lithographica,* von dem Skelette mit Federabdrükken im Solnhofer Schiefer gefunden worden sind. Dieser Urvogel besitzt neben Reptilienmerkmalen wie bezahnten Kiefern und Krallen an den Flügeln bereits das charakteristische Merkmal aller Vögel, die Federn. Diese sind aus den Schuppen der Reptilien hervorgegangen, bestehen aus Horn, das sich während der Federbildung fein aufteilt und in Schaft und Federfahne mit Ästen und Fiederchen gliedert. Neben ihrer Bedeutung für das Fliegen bringt die Feder zwei Vorteile für den Vogel: Sie schützt ihn vor äußeren Einflüssen, und sie hält durch das im Federkleid eingeschlossene Luftpolster die bei der Muskeltätigkeit freiwerdende Wärme im Körper. Dadurch gelingt es selbst solchen Vogelzwergen wie Zaunkönig und Goldhähnchen, ihre Körpertemperatur von annähernd 40 °C auch bei Außentemperaturen erheblich unter 0 °C aufrechtzuerhalten. Eine hohe und zudem konstante Innentemperatur ermöglicht den Vögeln Muskel- und Sinnesleistungen, wie sie die wechselwarmen Reptilien nicht zustande bringen können, es sei denn kurzzeitig im tropischen Klima. Das sauerstoffreiche Blut, das aus der Lunge kommt und in den Körper fließt, ist im Kreislaufsystem vollständig vom sauerstoffarmen, zur Lunge zurückkehrenden Blut getrennt. Dadurch werden die Energieverluste stark verringert, und die Flugmuskulatur erhält eine besonders wirksame Sauerstoff- und Nährstoffversorgung, die Höchstleistungen erlaubt. Auch die Lunge, deren Leistungsfähigkeit beim Gasaustausch die der Säuger noch übertrifft, trägt dazu bei.

Die Flügel der Vögel sind aus den Vordergliedmaßen hervorgegangen, die Beine als solche erhalten geblieben und vielfach noch mit den für Reptilien kennzeichnenden Schuppen bedeckt. Der ganze Körper in allen seinen Teilen wurde nach den Prinzipien der Leichtbauweise auf das Fliegen hin umgestaltet: hohle Knochen, Hornschnäbel anstelle von schweren Zähnen, Luftsäcke, die überall in den Körper hineinreichen, sowie eine Konzentration der schweren inneren Organe im Bereich des Körperschwerpunktes. Leicht und kompakt, so zeigen sich die Vögel, wenn auch einige Arten ein Körpergewicht von 20 kg, kurzfristig sogar darüber, in die Luft heben können (z.B. Adler, Trappen, Geier). Die

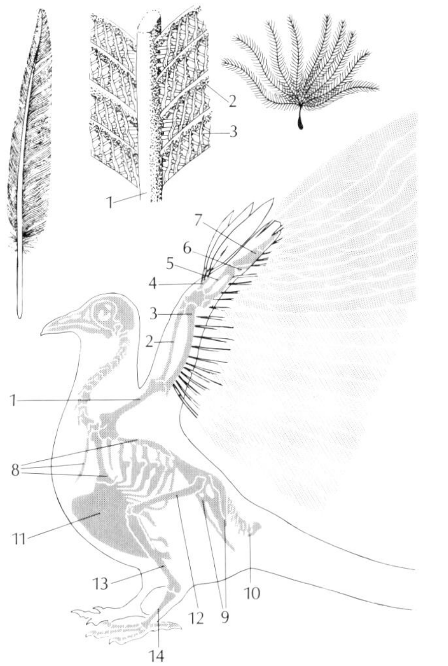

Vögel: *obere Reihe links* Konturfeder, die dem Körper seine äußere Form gibt, z.B. in den Flügeln; *Mitte* Ausschnitt aus einer Konturfeder: **1** Kiel, **2** Seitenäste, **3** Federstrahlen, die sich durch Häkchen gegenseitig befestigen; *rechts* Daune, die für Wärmeschutz sorgt; *unten* Skelett: **1** Oberarmknochen, **2** Speiche, **3** Elle, an der die zwölf Federn der Armschwingen ansetzen, **4** Daumen mit drei Federn, **5** Mittelhandknochen, **6,7** zweiter und dritter Finger mit zehn Federn (Handschwingen), **8,9** Schulter- und Beckengürtel, **10** die miteinander verwachsenen Schwanzwirbel, an denen die Schwanzfedern befestigt sind, **11** Brustbein mit breitem Kamm, an dem die Flugmuskeln ansetzen, **12** Ober-, **13** Unterschenkel, **14** Lauf

wenigen noch schwereren Arten sind flugunfähig geworden.

Die Jungen der Vögel entwickeln sich, ähnlich wie die der Reptilien, in Eiern. Diese sind jedoch nicht allein von einer pergamentartigen Hülle, sondern auch von einer Kalkschale umgeben, durch die der werdende Vogel geringfügig atmen kann. Zudem enthält es den gesamten, sehr umfangreichen Dottervorrat für die Entwicklung. Bei einem Teil der Vögel entwickeln sich die Jungen im Ei so weit, daß sie gleich nach dem Schlüpfen weitgehend selbständig sind – es sind dies die Nestflüchter. Frisch geschlüpfte Birk- oder Auerhuhnküken können schon nach wenigen Tagen bei Gefahr meterweit davonfliegen; Haushuhnküken picken, gleich nachdem sie trocken geworden sind, ohne Hilfe die dargebotene Nahrung auf. Anders die Nesthocker: Bei ihnen schlüpfen die Jungen noch reichlich unentwickelt. Diese Vögelchen müssen von den Eltern direkt mit Nahrung versorgt werden und verbringen mehr oder minder lange Zeit im Nest. Anfangs können sie nicht einmal ihre Körpertemperatur aufrechterhalten. Ein Altvogel muß sie hudern, d.h. unter sein wärmendes Gefieder nehmen. Je unselbständiger die schlüpfenden Jungen sind, um so sorgfältiger müssen sie betreut werden und um so besser muß auch ihr Nest angelegt sein. So bauen vor allem Singvögel oft recht kunstvolle Nester. Bei Schwanz- und Beutelmeisen, zwei auch in Mitteleuropa heimischen Arten, hält das Nest eine Innentemperatur, die deutlich über den Außenbedingungen liegt, so gut ist es durch Federn oder Pflanzenwolle isoliert. Die zarten Jungen benötigen diesen Wärmeschutz, während die Eltern Nahrung herbeischaffen. Die Versorgung der ausgeschlüpften Jungen ist bei den Vögeln also sehr weit gediehen, und in dieser Hinsicht werden sie kaum von den Säugetieren übertroffen. Aber die Eientwicklung erfolgt noch außerhalb des mütterlichen Körpers. Darin liegt der wesentliche Nachteil der Vögel gegenüber den Säugetieren.

Verwandtschaftlich gliedern sich die Vögel in zwei große Untergruppen: in die stammesgeschichtlich älteren *Nichtsingvögel* und in die jüngeren *Singvögel.* Letztere brachten es zu hohem Artenreichtum, aber nur zu verhältnismäßig geringer Körpergröße. Die kleinen Meisen, Finken, Schwalben, Lerchen, Stare zählen dazu, und auch der Kolkrabe, eine der größten Singvogelarten, bleibt, verglichen mit Adlern, Reihern, Störchen oder großen Hühnervögeln, ziemlich bescheiden. Der wichtigste Unterschied zwischen den Singvögeln und den Nichtsingvögeln liegt in der Ausbildung des Stimmapparates im Kehlkopf, der Syrinx. Sie ermöglicht den Singvögeln die vielgestaltigen Laute und Gesänge. Nichtsingvögel bringen selten klangreine Töne hervor. Meist beschränkt sich ihr Stimminventar auf mehr oder weniger charakteristische Geräusche. Die Nichtsingvögel zeigen eine unterschiedlich zusammengesetzte Gruppierung. Am ursprünglichsten sind die Kuckucke, die Racken, Tauben und die Hühnervögel; weitere große Gruppen bilden die Entenvögel, die Schreitvögel, zu denen die Störche und Reiher gehören, die Greifvögel, Eulen und Watvögel. Im Küstenbereich und auf der Hochsee kommen die Röhrennasen hinzu.

Ein Blick auf das Artenspektrum zeigt, wie vielfältig vor allem die Schnäbel der Vögel ausgebildet sind. Da gibt es feine Pinzettenschnäbel, Meißel, Löffel, Spieße, Zangen und andere, den Besonderheiten der Nahrung angepaßte Formen. Ähnlich vielgestaltig sind auch die Beine mit ihren Zehen und Krallen. Die Lebensweise prägt das Bild der Vögel.

Säugetiere *(Mammalia)*

In vieler Hinsicht stellen die Säugetiere eine Parallelentwicklung zu den Vögeln dar. Wie diese besitzen sie eine konstant hohe Körpertemperatur sowie einen in sauerstoffreiches und sauerstoffarmes Blut getrennten Kreislauf. Doch anstelle des Federkleides tragen sie gleichermaßen schützende und isolierende Haare. Wie die Vögel als »Federtiere«, so könnte man sie als »Haartiere« bezeichnen. Doch treffender ist in der Tat der Ausdruck Säugetiere, denn daß sie ihre Jungen säugen, das charakterisiert diese Tiergruppe in besonders hohem Maß.

Die Entwicklung der Jungen findet weitgehend (Beuteltiere) oder ganz im Mutterleib statt. (Nur ganz primitive Gruppen, das Australische Schnabeltier und die ebenfalls in dieser Region vorkommenden Schnabeligel, legen noch Eier.) Diese Verlagerung der Embryonalentwicklung ins Innere des Mutterleibes bedeutet einen tiefgreifenden Fortschritt. Dort ist das heranwachsende Jungtier – eingehüllt in die Fruchthäute, von einem speziellen Nährorgan, der Plazenta, versorgt und an den mütterlichen Blutkreislauf angeschlossen – von den Unbilden und Wechselfällen des äußeren Lebens unabhängig. Auch aus diesem Grund konnten sich die Säugetiere am stärksten von allen Tieren gegenüber der äußeren Umwelt emanzipieren!

Der Preis dafür ist die geringe Zahl von Nachkommen. Aber die wenigen, die geboren werden – oft ist es nur ein einziges Junges pro Jahr –, werden um so viel besser versorgt, daß ihr Überleben weit mehr gesichert ist.

Zu den zahlreichen Errungenschaften der Säugetiere zählt auch die Ausbildung von Zähnen als Spezialwerkzeuge zum Ergreifen und Aufarbeiten bestimmter Nahrung. Das führte zu sehr vielfältigen Anpassungen an das verschiedenartige Nahrungsangebot in der Natur und zur besseren Verwertung der Nährstoffe. Schließlich erreichte bei den Säugetieren die Ausbildung des Gehirns ihren Höhepunkt. Hochentwickelte Säuger können besser als Vertreter aller anderen Tiergruppen Informationen aus ihrer Umwelt aufnehmen und verarbeiten. Die Entwicklung des relativen Gehirngewichts steht in direktem Zusammenhang mit seiner Leistungsfähigkeit. (Es hat beim Menschen einen Gipfelpunkt erreicht als Gehirn, das in der Lage ist, über sich selbst, über sein Wesen nachzudenken und in die Zukunft zu planen.) Doch zurück zu den Säugetieren! Ihr Körpergewicht reicht von nur wenigen Gramm bei der 4 cm großen Etruskerspitzmaus bis zu mehr als 100 Tonnen beim Blauwal. So verwundert es nicht, daß die Säugetiere in eine Reihe von recht unterschiedlichen Gruppen zerfallen.

Die einfachsten und ursprünglichsten sind die *Insektenfresser.* Eine von ihnen ausgehende Sonderlinie, die *Fledermäuse,* haben sogar den Luftraum mit aktivem Flug erobert, getragen von dünnen, elastischen Flughäuten, die sich zwischen ihren Armen, Beinen und dem Schwanz ausbreiten. Auch der Igel und die Spitzmäuse zählen zu den Insektenfressern. Andere kleine Säugetiere sind die Mäuse, die aber, wie ihr Gebiß zeigt, den *Nagetieren* zugehören. Die Schneidezähne des Ober- und Unterkiefers haben sich bei ihnen in zwei große, stets nachwachsende Nagezähne umgebildet. Die *Hasen* besitzen dahinter ein weiteres Paar und werden nicht zu den Nagetieren, wie oft fälschlich angenommen, sondern zu einer eigenen Familie bzw. Ordnung, den *Hasentieren,* gezählt.

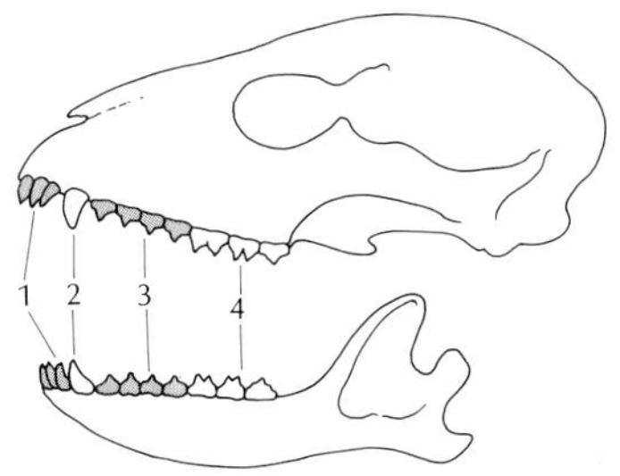

Säugetiere, Gebiß mit ursprünglicher Bezahnung: **1** Schneidezähne, **2** Eckzähne, **3** Vorbackenzähne, **4** Backenzähne

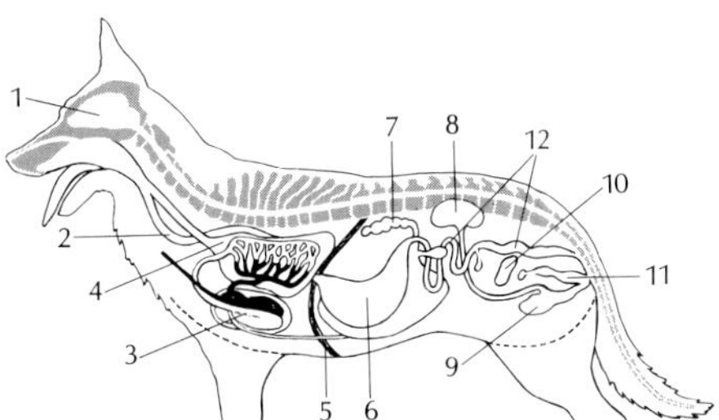

Säugetiere *(Bauplan):* **1** Gehirn, **2** Speiseröhre, **3** Herz, **4** Lunge und Luftröhre, **5** Zwerchfell, **6** Magen, **7** Bauchspeicheldrüse, **8** Niere, **9** Blase, **10** Eierstock, **11** Eileiter und Gebärmutter, **12** Dünn- und Dickdarm

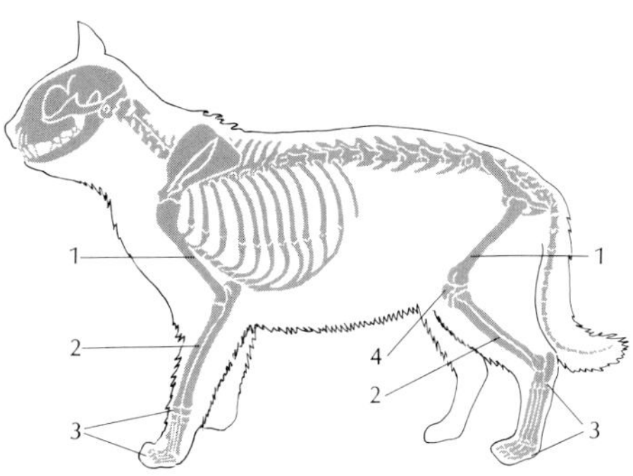

Säugetiere *(Skelett):* **1** Oberarm- bzw. Oberschenkelknochen, **2** Unterarm- (Elle und Speiche) bzw. Unterschenkelknochen (Waden- und Schienbein), **3** Knochen der Hand bzw. des Fußes, **4** Kniescheibe an den Hinterbeinen

Ebenfalls ein sehr charakteristisches Gebiß haben die *Raubtiere.* Der Eckzahn und scharfkronige Reißzähne ermöglichen Fang und Zerkleinerung der Beute.

Die *Huftiere* gliedern sich in zwei Gruppen: die Paarhufer, zu denen Hirsche, Rinder, Schafe und Schweine zählen, und die Unpaarhufer mit Pferden und Eseln.

Zu den Wiederkäuern innerhalb der Paarhufer zählen Rinder, Ziegen, Schafe, Rehe, Hirsche, Antilopen, Gazellen und andere nicht bei uns heimische Gruppen. Die beim Äsen aufgenommene pflanzliche Nahrung wird durch einen mehrteiligen, von speziellen Bakterien besiedelten Magen und einen zwischengeschalteten Wiederkäuvorgang für die Verdauung aufgeschlossen.

Ein Mischgebiß, das für Pflanzen- und Fleischnahrung gleichermaßen geeignet ist, zeigen die *Herrentiere* (Primaten), zu denen zwar keine in Mitteleuropa heimische Art, wohl aber der Mensch gehört. Schließlich eroberten zwei Linien der Säugetiere auch das Wasser, insbesondere das Meer, als Lebensraum: die *Robben* und die *Waltiere.* Aus der Verwandtschaft der Raubtiere, wahrscheinlich aus der Nähe von Bären, stammen die *Flossenfüßer* oder *Robben.* Ihre Vorder- und Hinterbeine sind zwar als solche noch gut erkennbar, funktionieren jedoch als Flossen. Noch viel stärker an das Wasserleben haben sich die *Waltiere* angepaßt, deren Abstammung noch ziemlich im dunkeln liegt. Sie besitzen eine richtige Schwanzflosse, die im Gegensatz zu der der Fische allerdings quer steht und dadurch ein besonders wendiges Auf- und Abwärtsschwimmen erlaubt. Zu den Waltieren zählen die Riesen der Säugetiere, ja die größten Tiere überhaupt, die Blauwale; dank ihrer inneren Heizung können sie bis an die Grenzen des Lebens im Eismeer der Arktis und Antarktis vordringen und die dort vorhandenen gewaltigen Nahrungsmengen nutzen. So erreichen die Säugetiere insgesamt die größte Bandbreite, da sie dank ihrer Anpassungsfähigkeit auch unter widrigsten Umweltbedingungen zu überleben vermögen. Ihre Entwicklung gipfelte schließlich in der Entstehung des Menschen, der es mit seinen Fähigkeiten nicht mehr nötig hat, sich seiner Umwelt anzupassen, sondern die Welt entsprechend seinen Bedürfnissen gestaltet.

Register

Die Seitenangaben in Klammern verweisen auf die Abbildungen

Bildnachweis

Die Ziffer in Klammern bezeichnet die Abbildung auf der betreffenden Seite

S. 20: Löbl-Schreyer
S. 22: Löbl-Schreyer
S. 23: (oben) Löbl-Schreyer
(unten) Löbl-Schreyer
S. 24: (oben) ZEFA/Damm
(unten) Löbl-Schreyer
S. 25: (oben)
Silvestris/Braunschmid
(unten) Löbl-Schreyer
S. 28: (1) H. Schrempp (2) M. Pforr
(3) Löbl-Schreyer
(4) J. Schimmitat
S. 29: (5) Löbl-Schreyer
(6) Mauritius/Gritscher
S. 30: (1) R. Chattopadhyay
(2) O. Danesch
(3) Löbl-Schreyer
S. 31: (4) O. Danesch
(5) O. Danesch
S. 32: (1) K. Wothe
(2) J. Schimmitat
(3) Mauritius/Reinhard
S. 33: Löbl-Schreyer
S. 34: (1) Löbl-Schreyer
(2) Mauritius/Freytag
(3) J. Schimmitat
S. 35: (4) Prenzel/Kronmüller
(5) O. Danesch
(6) Löbl-Schreyer
S. 36: (1) O. Danesch
(2) O. Danesch
(3) Löbl-Schreyer
S. 37: (4) A. Limbrunner
(5) W. Dreyer (6) O. Danesch
(7) Angermayer/Elfner
S. 38: (1) F. Sauer (2) A. Aichhorn
(3) Bavaria/Sauer
(4) Mauritius/Chrile
(5) Bavaria/Niestlé
S. 39: (6) W. Zepf (7) M. Pforr
(8) W. Zepf (9) W. Zepf
S. 40: (1) T. Angermayer
(2) A. Limbrunner
(3) M. Pforr (4) W. Zepf
S. 41: (5) G. Ziesler
(6) Schuster/Roberz
(7) ZEFA/Reinhard
(8) Angermayer/Reinhard
(9) ZEFA/Reinhard
S. 42: (1) A. Aichhorn (2) E. Pott
(3) A. Aichhorn
S. 43: (4) A. Limbrunner
(5) A. Limbrunner
(6) M. Pforr (7) G. Ziesler
S. 44: (1) ZEFA/Lemoine
(2) K. Wothe (3) A. Aichhorn
(4) Okapia/Zettl
S. 45: (5) K. Wothe
(6) M. Danegger
(7) A. Aichhorn
(8) A. Aichhorn
S. 46: (1) M. Danegger
(2) A. Limbrunner
(3) Prenzel/Kammermeier
S. 47: (4) Okapia/Meyers
(5) M. Danegger
(6) M. Danegger
S. 54: Prenzel/Jürgens
S. 56: Löbl/Schreyer
S. 57: Bavaria/Bormann
S. 58: ZEFA/Kalt
S. 59: ZEFA/Thonig
S. 60: J. Bibelriether
S. 61: Bavaria/Gruber
S. 64: Löbl-Schreyer
S. 65: (2) E. Pott (3) A. Limbrunner
(4) J. Schimmitat (5) R. Lasa
S. 66: (1) E. Pott (2) Roebild/Fischer
(3) E. Pott (4) J. Daudt
S. 67: Löbl-Schreyer
S. 68: (1) Roebild/Poggemeyer
(2) H. Limbrunner
(3) A. Limbrunner
S. 69: (4) E. Pott (5) E. Pott
(6) Fiebrandt
S. 70: (1) Löbl-Schreyer (2) E. Pott
(3) J. Daudt
S. 71: (4) H. Schrempp (5) M. Pforr
(6) H. Schrempp (7) M. Pforr
S. 72: (1) Löbl-Schreyer
(2) S. Sammer (3) S. Sammer
S. 73: (4) Löbl-Schreyer
(5) Fiebrandt
(6) A. Limbrunner
(7) R. Chattopadhyay
S. 74: (1) M. Pforr
(2) Bavaria/Greulich
(3) W. A. Kremnitz
(4) Löbl-Schreyer
(5) S. Sammer
S. 75: (6) Löbl-Schreyer (7) E. Pott
(8) E. Pott
S. 76: (1) J. Reichholf (2) M. Pforr
(3) Mauritius/Schrempp
(4) E. Pott (5) H. Schrempp
S. 77: (6) J. Schimmitat (7) E. Pott
(8) M. Pforr (9) J. Schimmitat
S. 78: (1) Löbl-Schreyer (2) E. Pott
(3) W. A. Kremnitz
S. 79: (4) E. Pott (5) J. Schimmitat
(6) O. Danesch (7) E. Pott
(8) T. Angermayer
S. 80: (1) Roebild/Siebert
(2) Bavaria/Sauer
(3) Prenzel/Lederer
(4) F. Sauer
S. 81: (5) F. Sauer (6) ZEFA/Harstrick
(7) W. Leis (8) A. Limbrunner
S. 82: (1) A. Limbrunner
(2) Bavaria/Sauer
(3) Angermayer/Pfletschinger (4) J. Reichholf
S. 83: (5) Angermayer/Pfletschinger (6) Okapia/Kratz
(7) M. Pforr (8) J. Reichholf
S. 84: (1) ACALUSO/Jurzitza
(2) ACALUSO/Jurzitza
(3) Roebild/Reupert
(4) L. Reupert
S. 85: (5) Okapia/Maks (6) W. Zepf
(7) Angermayer/Pfletschinger (8) Prenzel/Lederer
S. 86: (1) Silvestris/Bellmann
(2) B. Siegemund (3) W. Zepf
(4) Bavaria/Harstrick
(5) M. Pforr
S. 87: (6) F. Sauer (7) W. Zepf
(8) M. Pforr (9) A. Limbrunner
S. 88: (1) ZEFA/Layer (2) E. Pott
(3) M. Pforr
S. 89: (4) J. Kankel (5) A. Limbrunner
(6) A. Limbrunner
(7) Angermayer/Reinhard
S. 90: (1–4) M. Danegger
S. 91: (5) Angermayer/Reinhard
(6) A. Limbrunner
(7) A. Limbrunner
(8) P. Trötschel
S. 92: (1) ZEFA/Reinhard
(2) ZEFA/Reinhard
(3) Mauritius/Reinhard
S. 93: (4) A. Limbrunner
(5) M. Danegger
(6) A. Limbrunner (7) E. Pott
S. 94: (1) H. Schrempp
(2) A. Limbrunner
(3) H. Schrempp
(4) Angermayer/Reinhard
S. 95: (5) K. Wothe (6) A. Aichhorn
(7) Angermayer/Elfner
S. 96: (1) Angermayer/Elfner
(2) Schuster/Tönges
(3) Prenzel/Hoffmann
(4) M. Danegger
S. 97: (5) A. Limbrunner
(6) J. Reichholf
(7) Angermayer/Reinhard
S. 98: (1) A. Limbrunner
(2) M. Danegger
S. 99: (3) A. Limbrunner
(4) H. Schrempp
(5) Angermayer/Reinhard
S. 100: (1) Angermayer/Reinhard
(2) M. Pforr (3) F. Prenzel
S. 101: (4) Bavaria/Sauer
(5–7) Angermayer/
Reinhard
S. 102: K. Wothe
S. 103: (2) Angermayer/Reinhard
(3) Angermayer/Reinhard
(4) M. Danegger
S. 104: (1, 2) M. Danegger
(3) T. Angermayer
S. 105: (4) Angermayer/Ziesler
(5) M. Danegger
S. 122: Löbl-Schreyer
S. 124: (oben) L. Reupert
(unten) Löbl-Schreyer
S. 125: Löbl-Schreyer
S. 126: (oben) J. Reichholf
(unten) Silvestris/Schmidt
S. 127: Löbl-Schreyer
S. 130: (1) M. Pforr (2) M. Pforr
(3) E. Pott (4) M. Pforr
(5) E. Pott
S. 131: (6) E. Pott (7) M. Pforr
(8) J. Schimmitat
(9) J. Schimmitat
S. 132: (1) M. Pforr (2) E. Pott
(3) S. Sammer
S. 133: Löbl-Schreyer
S. 134: (1) M. Pforr
(2) Mauritius/Stiel
(3) R. Chattopadhyay
(4) J. Schimmitat
S. 135: (5) J. Reichholf (6) E. Pott
(7) J. Schimmitat
(8) Bavaria/Lang
S. 136: (1) M. Pforr (2) J. Schimmitat
(3) M. Pforr (4) J. Schimmitat
S. 137: (5) H. Limbrunner
(6) J. Schimmitat (7) P. Jacobs
S. 138: (1) J. Schimmitat
(2) Bavaria/Sauer (3) E. Pott
(4) J. Schimmitat
S. 139: (5) Bavaria/Schwarz
(6–8) J. Schimmitat
S. 140: (1) E. Pott (2) T. Angermayer
(3) Löbl-Schreyer
S. 141: (4) Mauritius/Thonig
(5) R. Chattopadhyay
(6) Löbl-Schreyer
S. 142: (1) Prenzel/Lederer
(2) E. Pott (3) O. Danesch
(4) M. Pforr (5) J. Schimmitat
S. 143: (6) Prenzel/Kronmüller
(7) J. Schimmitat
(8) O. Danesch
S. 146: (1) H. Schrempp (2) W. Zepf
(3) Okapia/Siebert
(4) F. Sauer
(5) Silvestris/Bellmann
S. 147: (6) Prenzel/Maier
(7) H. Schrempp (8) F. Sauer
(9) Angermayer/
Pfletschinger
S. 148: (1) F. Sauer (2) W. Zepf
(3) Mauritius/Chrile
(4) Angermayer/
Pfletschinger
S. 149: (5) ZEFA/Reinhard
(6) F. Sauer (7) H. Schrempp
(8) H. Schrempp
S. 150: (1) Angermayer/Pfletschinger (2) J. Diedrich
(3) V-Dia (4) M. Pforr
(5) Okapia/Kratz
S. 151: (6) ZEFA/Harstrick
(7) Silvestris/Kotzke
(8) R. Hess (9) Okapia/Kratz
S. 152: (1) J. Reichholf
(2) J. Reichholf (3) M. Pforr
(4) A. Aichhorn
S. 153: (5) Angermayer/
Pfletschinger
(6) Angermayer/Pfletschinger (7) H. Schrempp
(8) F. Sauer
S. 154: (1) F. Prenzel (2) F. Sauer
(3) Bavaria/Niestlé
(4) Angermayer/
Pfletschinger
S. 155: (5) F. Sauer (6) F. Sauer
(7) Okapia/Dagner
(8) Silvestris/Bellmann
S. 156: (1) Prenzel/Hoffmann
(2) ZEFA/Zettl
(3) Roebild/Siebert
(4) A. Limbrunner
S. 157: (5) Roebild/Reupert
(6) A. Limbrunner (7) E. Pott
(8) T. Angermayer
S. 158: (1) Schuster/Schrempp
(2) Silvestris/Cramm
(3) A. Limbrunner
(4) Schuster/Kunz
S. 159: (5) M. Danegger
(6) M. Danegger
(7) A. Limbrunner
(8) M. Danegger
S. 160: (1) Steinkamp/Großmann
(2) A. Limbrunner
(3) M. Danegger
(4) Angermayer/Reinhard
S. 161: (5) A. Limbrunner
(6) H. Schrempp
(7) Silvestris/Wothe
(8) G. Ziesler
S. 162: (1) G. Ziesler (2) M. Pforr
(3) Okapia/Rademacher
(4) A. Limbrunner
S. 163: (5) A. Limbrunner
(6) E. Pott
(7) Angermayer/Ziesler
S. 164: (1) M. Danegger
(2) Mauritius/Reinhard
(3) Angermayer/Reinhard
(4) A. Limbrunner
S. 165: (5) Angermayer/Reinhard
(6) A. Limbrunner
(7) A. Limbrunner
(8) K. Wothe

S. 166: (1) J. Weber
(2) A. Limbrunner
(3) K. Wothe
(4) M. Danegger
S. 167: (5) M. Danegger
(6) M. Danegger
(7) Mauritius/Reinhard
S. 182: Löbl-Schreyer
S. 184: Löbl-Schreyer
S. 185: Löbl-Schreyer
S. 186: Löbl-Schreyer
S. 187: Löbl-Schreyer
S. 188: Löbl-Schreyer
S. 189: ZEFA/Weigel
Freigabe-Nr. 04 H 353
S. 190: Löbl-Schreyer
S. 191: J. Reichholf
S. 194: (1) Mauritius/Schrempp
(2) J. Reichholf
(3) J. Reichholf
S. 195: (4) A. Limbrunner
(5) J. Schimmitat
(6) J. Schimmitat
(7) J. Reichholf
S. 196: Löbl-Schreyer
S. 197: (2) M. Pforr (3) K. Wothe
(4) E. Pott (5) M. Pforr
S. 198: (1) J. Schimmitat
(2) J. Schimmitat
(3) Mauritius/Buff
(4) E. Pott
S. 199: (5) Bavaria/Lederer
(6) Angermayer/Reinhard
(7) E. Pott
S. 200: (1) J. Schimmitat
(2) H. Schrempp
(3) J. Schimmitat (4) E. Pott
S. 201: (5) M. Pforr (6) S. Sammer
(7) E. Pott
S. 202: (1) E. Pott (2) G. Ziesler
(3) F. Sauer
S. 203: (4) F. Sauer (5) F. Sauer
(6) E. Pott (7) K. Wothe
S. 204: (1) Angermayer/Reinhard
(2) E. Pott (3) F. Sauer
S. 205: (4) Angermayer/Pfletschin-
ger (5) M. Pforr
(6) Silvestris/Rohdich
S. 206: (1) Prenzel/Lederer
(2) M. Pforr (3) M. Pforr
(4) Silvestris/Bellmann
S. 207: (5) Okapia/Sauer
(6) W. Wülker
(7) Okapia/Dagner
S. 208: (1) F. Prenzel
(2) Silvestris/Skibbe
(3) Silvestris/Jacana
S. 209: (4) M. Pforr
(5) Prenzel/Ostgathe
(6) M. Pforr
(7) Angermayer/Pfletschin-
ger (8) K. Wothe
S. 210: (1) ZEFA/Reinhard
(2) Angermayer/Reinhard
S. 211: (3–5) Bayer. Landesanstalt
für Fischerei
(6) ZEFA/Reinhard
(7) Bayer. Landesanstalt
für Fischerei
(8) Angermayer/Reinhard
S. 212: (1) Angermayer/Reinhard
(2) Bayer. Landesanstalt
für Fischerei
(3) Angermayer/Reinhard
(4) Bayer. Landesanstalt
für Fischerei
(5) Angermayer/Ziesler
S. 213: (6) E. Pott
(7) Angermayer/Reinhard
(8) Angermayer/Reinhard
S. 214: (1) Angermayer/
Pfletschinger
(2) Angermayer/Pfletschin-
ger (3) A. Limbrunner
S. 215: (4) Prenzel/Kronmüller
(5) E. Pott
(6) Angermayer/Reinhard
(7) Silvestris/Bellmann
S. 216: (1) T. Angermayer
(2) Angermayer/Reinhard
(3) G. Ziesler
S. 217: (4) A. Limbrunner
(5) A. Limbrunner
(6) G. Ziesler (7) G. Ziesler
(8) M. Pforr
S. 218: (1) H. Limbrunner
(2) A. Limbrunner
(3) M. Danegger
S. 219: (4–6) M. Danegger
S. 220: (1) A. Limbrunner
(2) Okapia/Merlet (3) E. Pott
(4) E. Pott (5) Okapia/Merlet
(6) J. Weber
S. 221: (7) H. Limbrunner
(8) T. Angermayer
S. 222: (1) Angermayer/Ziesler
(2) M. Danegger
(3) Ch. Reinichs
S. 223: (4) Angermayer/Ziesler
(5) Prenzel/Moosrainer
(6) E. Pott (7) G. Ziesler
S. 224: (1) Steinkamp/Großmann
(2) E. Pott (3) E. Pott
(4) Angermayer/Lange
S. 225: (5) Silvestris/Brosette
(6) E. Pott (7) M. Danegger
(8) M. Danegger
S. 226: (1) A. Limbrunner
(2) G. Ziesler (3) K. Wothe
(4) G. Ziesler
S. 227: (5) Prenzel/Moosrainer
(6) Silvestris/Wothe
(7) A. Aichhorn
(8) A. Limbrunner
S. 228: Mauritius/Reinhard
S. 229: (2) K. Schwammberger
(3) K. Schwammberger
(4) Angermayer/Reinhard
S. 230: (1) J. Reichholf
(2) T. Angermayer
(3) J. Reichholf
(4) J. Reichholf
S. 231: (5) Bavaria/Lee Rue
(6) Angermayer/Reinhard
(7) Okapia/Reinhard
S. 244: Deutsche Luftbild
S. 246: ZEFA/Kappelmeyer
S. 247: ZEFA/Mohn
S. 248: (oben) M. Pforr
(unten) E. Pott
S. 249: J. Weber
S. 250: ZEFA/Damm
S. 251: Silvestris/Meyers
S. 254: (1) E. Pott (2) E. Pott
(3) Prenzel/Ewald
S. 255: (4) H. Schrempp
(5) J. Schimmitat
(6) J. Schimmitat
S. 256: (1) Prenzel/Frerichs
(2) V-Dia (3) E. Pott
S. 257: (4) ZEFA/Pierer
(5) Prenzel/Ewald
(6) F. Sauer
(7) Angermayer/Köster
S. 258: (1) F. Sauer (2) H. Fechter
(3) Schuster/Schulz
(4) W. Tilgner
S. 259: (5) F. Sauer (6) J. Kinzer
(7) F. Sauer (8) E. Pott
(9) F. Sauer
S. 260: (1) F. Sauer (2) F. Sauer
(3) Silvestris/Jacana (4) E. Pott
S. 261: (5) E. Pott (6) E. Pott
(7) F. Sauer (8) F. Sauer
(9) E. Pott
S. 262: (1) F. Sauer (2) J. Kinzer
(3) J. Kinzer
(4) Silvestris/Jacana
S. 263: (5) E. Pott
(6) ZEFA/Schliemann
(7) E. Pott
(8) Silvestris/Jacana
S. 264: (1) Silvestris/Jacana
(2) Prenzel/Ewald
(3) G. Ziesler (4) E. Pott
S. 265: (5) J. Kinzer
(6) Silvestris/Maier
(7) Bavaria/Thau
(8) T. Angermayer
S. 266: (1) ZEFA/Heilmann
(2) F. Sauer (3) J. Kinzer
(4) F. Sauer (5) J. Kinzer
(6) J. Kinzer
S. 267: (7) J. Kinzer (8) J. Kinzer
S. 268: (1) A. Limbrunner
(2) Prenzel/Limbrunner
(3) Angermayer/Ziesler
S. 269: (4) J. Kankel (5) B. Siegemund
(6) G. Ziesler
S. 270: (1–4) E. Pott
S. 271: (5) Silvestris/Wernicke
(6) J. Diedrich
(7, 8) A. Limbrunner
S. 272: (1) Okapia/Gruber (2) E. Pott
(3–5) G. Ziesler
S. 273: (6) J. Weber (7) P. Jacobs
(8) J. Weber (9) E. Pott
S. 282: S. Sammer
S. 284: J. Reichholf
S. 285: ZEFA/Falconer
S. 286: Bavaria/Frischmann
S. 287: Bavaria/Mackus
S. 290: R. Lasa
S. 291: (2) J. Schimmitat (3) M. Pforr
(4) J. Schimmitat
(5) H. Schrempp (6) E. Pott
S. 292: (1) J. Reichholf
(2) Mauritius/Candelier
(3) Mauritius/Schwarz
(4) Mauritius/Reinhard
S. 293: (5) F. Sauer (6) K. Harz
(7) F. Prenzel (8) K. Harz
(9) M. Pforr
S. 292: (1) ZEFA/Brockhaus
(2) Mauritius/Harstrick
(3) ZEFA/Sauer
(4) Angermayer/Pfletschin-
ger (5) ZEFA/Sauer
S. 295: (6) M. Pforr (7) F. Sauer
(8) Silvestris/Groß
(9) Silvestris/Jacana
S. 296: (1) Angermayer/Pfletschin-
ger (2) Mauritius/Harstrick
(3) G. Jurzitza
(4) Okapia/Kratz
(5) ZEFA/Kratz
S. 297: (6) M. Pforr
(7) Prenzel/Lederer
(8) W. Leis (9) W. Zepf
S. 298: (1) E. Pott (2) W. Zepf
(3) Silvestris/Höfels (4) E. Pott
S. 299: (5) T. Angermayer
(6) ZEFA/Kratz
(7) J. Reichholf
(8) Okapia/Zettl
S. 300: (1) M. Pforr (2) V-Dia
(3) A. Limbrunner (4) F. Sauer
S. 301: (5) ZEFA/Kratz
(6) Angermayer/Pfletschin-
ger (7) Okapia/Dagner
(8) Angermayer/
Pfletschinger
S. 302: (1) A. Limbrunner
(2) Okapia/Roth
(3) Mauritius/Reinhard
S. 303: (4) F. Prenzel
(5) A. Limbrunner
(6) G. Ziesler
(7) J. Reichholf
S. 304: (1) Silvestris/Groß
(2) H. Glader
(3) Prenzel/Ostgathe
(4) Silvestris/Lehmann
S. 305: (5) Silvestris/Jäkel
(6) A. Limbrunner
(7) Angermayer/Elfner
(8) M. Pforr
S. 306: (1) H. Schrempp
(2) G. Ziesler
(3) H. Schrempp
(4) Angermayer/Reinhard
S. 307: (5–7) M. Danegger
S. 308: (1) A. Limbrunner
(2) Angermayer/Elfner
(3) Prenzel/Moosrainer
(4) E. Pott
S. 309: (5) J. Diedrich
(6) M. Danegger
(7) A. Limbrunner
(8) M. Danegger
S. 310: (1) Angermayer/Reinhard
(2) Silvestris/Bellmann
(3) M. Danegger
S. 311: (4) V-Dia
(5) Angermayer/Mönch
(6) Mauritius/Reinhard
(7) A. Limbrunner
S. 320: Löbl-Schreyer
S. 322: E. Pott
S. 323: J. Reichholf
S. 324: Löbl-Schreyer
S. 325: Löbl-Schreyer
S. 326: K. Schubert
S. 327: Löbl-Schreyer
S. 328: J. Reichholf
S. 329: A. Limbrunner
S. 330: J. Reichholf
Freigabe-Nr. GS
300/9675/84
S. 331: K. Schubert
S. 333: ZEFA/Heilmann
S. 334: (links) M. Pforr
(rechts) G. Ziesler
S. 335: J. Reichholf
S. 337: ZEFA/Reinhard
S. 344: (1–4) A. Limbrunner
S. 345: (5) T. Angermayer
(6) A. Limbrunner
(7) M. Pforr
(8) A. Limbrunner
S. 346: (1) M. Pforr
(2) A. Limbrunner
(3) A. Limbrunner
(4) M. Pforr
S. 347: (5–8) A. Limbrunner

Zeichnungen:
Robert Funk, München